ALBRECHT BAIL

Begriff und Messung der Arbeitsproduktivität im landwirtschaftlichen Betrieb

WISSENSCHAFTLICHE ABHANDLUNGEN

NR. 22

BEGRIFF UND MESSUNG DER ARBEITSPRODUKTIVITÄT IM LANDWIRTSCHAFTLICHEN BETRIEB

von

ALBRECHT BAIL

1957

DEUTSCHE AKADEMIE
DER LANDWIRTSCHAFTSWISSENSCHAFTEN ZU BERLIN

AKADEMIE-VERLAG · BERLIN

ANSCHRIFT DES VERFASSERS:
PROF. DR. ALBRECHT BAIL
HALLE A. D. SAALE, SOPHIENSTRASSE 15

1957
Herausgegeben von der Deutschen Akademie der Landwirtschaftswissenschaften zu Berlin
Vorgelegt von Prof. Dr. Hoffmann und Prof. Dr. Riedel
Redaktionsschluß 29. Februar 1956
Erschienen im Akademie-Verlag GmbH, Berlin W 8, Mohrenstr. 39 · Lizenz-Nr. 202 · 100/450/57
Satz und Druck: (III/18/203) VEB Leipziger Druckhaus, Leipzig
Bestell- und Verlagsnummer: 2068/56/22
Printed in Germany

Inhaltsverzeichnis

„Arbeit ist die Bedingung des Lebens, das Ziel Weisheit, und Glückseligkeit ... ist der Preis."
(Friedrich von Schiller)

1. Einleitung

Das betriebswirtschaftliche Denken ist im Umbruch begriffen. Das wird an zwei Stellen sichtbar: 1. Am Übergang von der bodenproduktiv ausgerichteten Wirtschafts- und Betrachtungsweise auf die arbeitsproduktiv orientierte, und 2. am Umschwung vom Denken in Durchschnittskosten zur Orientierung auf die Grenzkosten. Beides hängt enger zusammen, als es zunächst den Anschein hat: a) Bisher konnte man unterstellen, daß alle Betriebe noch im Bereiche unausgenutzter Intensität wirtschafteten, wo jeder rationelle Mehraufwand also einen gewinnbringenden Ertragszuwachs geben mußte. Das gilt indessen nur solange, wie die gegebene Bodenfläche optimal genutzt wird. In Deutschland ist sie knapp. Diesen Mangel wirtschaftlich zu überwinden, gibt es nur einen Weg, den die Industrie vorzeichnet: den Einsatz weiterer Produktionsmittel auf der gleichen Fläche. Wenn die landwirtschaftlichen Einnahmen der Betriebe je ha heute um 300% und die Reinerträge bereits um 500% schwanken, so folgt daraus, daß nicht mehr der Boden und die bewirtschaftete Fläche vor allem anderen dafür maßgebend sind, ob viel oder wenig gewonnen wird. Wer in seinem Betriebe hohe Erträge erhalten will, kann mit Betriebsmitteln aller Art, auch mit lebendiger und vergegenständlichter Arbeit, z. T. ersetzen, was an Fläche fehlt. Ob das rentabel ist, entscheiden dann die Grenz- und Schichtkosten im landwirtschaftlichen Betrieb genauso wie im industriellen. b) Das zweite Produktionselement, die Arbeit, ist heute knapp und so kostspielig geworden, daß man sich ihren Einsatz einschließlich der Arbeits- und Kraftmaschinen nur unter dem Gesichtspunkt der Rentabilität noch einigermaßen befriedigend vorstellen kann. Eine betriebswirtschaftlich tiefgreifende Maßnahme, die Rentabilität zu verbessern, ist die Steigerung der Arbeitsproduktivität. Die Arbeitsproduktivität rückt daher notwendig in den Vordergrund der Betriebslehre von der intensiven Kulturwirtschaft Deutschlands. Diese ist durch den großen Anteil fester Kosten, wozu die an sich schon hohen Kosten der Arbeit fast ganz gehören, in ihrer Organisation ziemlich festgelegt. Um so wichtiger ist die Analyse und Beeinflussung der Ergiebigkeit eines derart aufwendigen Produktionselements. Die Arbeit ist jedoch wirtschaftlich beweglicher als der Boden. Sie darf nur nicht so knapp werden im Betriebe, daß er seine übrigen Produktionsmittel nicht voll auszunutzen vermag. Dann ist an keine Rentabilität und auch an keine befriedigende Produktivität mehr zu denken. Was jene beiden Aspekte bedingt und verbindet, unter denen das betriebswirtschaftliche Denken heute umschwingt, ist letztlich also der beginnende

Mangel an einsatzfähiger Arbeit im Betriebe und ihre zunehmenden Kosten in einer mit der technischen Entwicklung auch sozial rasch fortschreitenden Volkswirtschaft. Das alles drängt die landwirtschaftlichen Betriebe in die Richtung weiterer Intensivierung. Die Arbeitsproduktivität auf diesem Wege mit zu steigern, bringt eine Fülle von Problemen mit sich und ist ungleich schwieriger als der so erfolgreiche Fortschritt über extensivere Wirtschaftsweisen.

Die Ergiebigkeit der knapp werdenden Produktionselemente berührt auch das von der Volkswirtschaft den Betrieben gestellte Ziel: möglichst vollkommen den Bedarf zu decken. Ein Maß dafür ist die Produktivität. Die Landwirtschaft hat dem ihr anvertrauten Boden nachhaltig optimale Ernten abzugewinnen. Das setzt voraus, daß die Bodenfruchtbarkeit erhalten bleibt. Nur unter diesem Aspekt kann man der Steigerung der Arbeitsproduktivität das Wort reden. Sie wird deshalb im landwirtschaftlichen Betriebe niemals im gleichen hohen Grade Ausdruck des Erfolges der Betriebswirtschaft sein wie in der Industrie. Auch von dieser Seite aus ist der landwirtschaftliche Betrieb in seiner Organisation gebunden. Die deutsche Landwirtschaft muß zu höherer Arbeitsproduktivität kommen, ohne daß die Bodenproduktivität zurückgeht, dann wird sie billiger, d. h. rentabel produzieren. *Man kann die Arbeitsproduktivität daher nur im Zusammenhang mit der Bodenproduktivität sinnvoll analysieren und beeinflussen.*

Unter diesem allgemeinen, verbindenden Aspekt glauben wir die Arbeitsproduktivität im landwirtschaftlichen Betriebe erfolgreich durch das Feuer der beiden Lehrmeinungen der landwirtschaftlichen Betriebslehre führen zu können, fruchtbar für die ältere, die den Betrieb und seinen Erfolg determiniert sieht von den richtig kombinierten Produktivfaktoren und den rationell eingesetzten Betriebsmitteln, und nützlich auch für die jüngere Auffassung, die sich die Betriebswirtschaft von Kostenerwägungen bestimmt vorstellt.

Die Analyse und Beeinflussung der Arbeitsproduktivität im Betriebe ist also eine hervorragende Aufgabe der landwirtschaftlichen Betriebslehre. Diese Wissenschaft hat im letzten Jahrzehnt eine entscheidende Wandlung vollzogen, vom qualitativen Erwägen zum quantitativen Kombinieren, von der deduktiven Erkenntnis zur maß- und rechenhaften Induktion, von AEREBOE zu BLOHM. Der Prozeß ist noch im vollen Gange. Er drängt einen ermutigenden Vergleich auf mit der Geschichte anderer (naturwissenschaftlicher) Disziplinen, wie Physik und Chemie. Immer waren ihre bahnbrechenden Fortschritte an die Entwicklung neuer Meßmethoden, an die Erfindung feinerer Meßinstrumente geknüpft. Es mag sogar allgemein gelten, daß das Wesen moderner Wissenschaft sei, sich nicht mehr auf Beschreibung und qualitative, kausale oder funktionale, Zuordnung zu beschränken, sondern die Erscheinungen zu messen und daraus Gesetze abzuleiten, um dadurch dem Menschen ein Mittel in die Hand zu geben, die bewegenden Kräfte zu beherrschen, neu hervorzubringen und ständig zu kontrollieren. Niemand wird heute mehr bestreiten, daß die vielfachen Erfolge ausgezeichneter Betriebe in großem Maße fruchtbare Ergebnisse der Vor- und Nachkalkulationen sind, die die angewandte Betriebslehre in den letzten Jahren entwickelt hat. — Diese rechnerische Betriebsdurchdringung läuft gewissermaßen

auf zwei Gleisen, einmal auf der an der Buchführung orientierten Betriebsstatistik und zum anderen am Betriebsmodell, der schon von Thünen geübten Monographie. *Alle Entwicklungen neuer Maße und Meßmethoden haben daher erstens das Bestehende zu verfeinern und abzurunden und müssen zweitens so gestaltet sein, daß sie beide Wege, die Betriebsstatistik und die Modellkalkulationen sowie ihre vielfachen Verbindungen befruchten.*
Orientiert an diesem Stande der Betriebslehre und ihrer allgemeinen Zielsetzung soll unsere Abhandlung ebenfalls dem betriebswirtschaftlichen Messen und seiner Technik dienen. Sie wird dazu in wesentlichen Teilen dem betriebsstatistischen Denken folgen. Die Statistik kann ohne klare Begriffe nicht arbeiten. *Wo sie dem Statistiker nicht gegeben werden, muß er sie sich selbst schaffen.* So ist es mit der Arbeitsproduktivität. Jeder versteht darunter etwas anderes. Wir entwickeln einen dem Wesen des Worts und seinem (von der Volkswirtschaft geprägten) Sinn entsprechenden Begriff, der für die Betriebswirtschaft gilt.
Den praktischen Zweck aller Erwägungen um die Arbeitsproduktivität finden wir in der modernen Betriebslehre vorgezeichnet im Bereich der Futterwirtschaft: Man hat allmählich erkannt, daß es nicht auf die Milchleistung je Kuh und darauf ankommt, wieviel dz Heu je ha Wiese geerntet wurden. Ausschlaggebend ist vielmehr, wieviel Gebrauchswerte der ha Wiese über die Kuh gebracht hat. Das gilt analog auch in der Betriebs- und Arbeitswirtschaft: Man weiß inzwischen, wieviel Handarbeits- und Zugkraftstunden je ha Wintergetreide oder Kartoffeln notwendig sind. Wie sich das aber auf die Ernte und auf den Ertrag bezogen darstellt, und welche Arbeitsproduktivität die Betriebswirtschaft insgesamt erreicht, wenn die Betriebszweige unterschiedlich kombiniert werden, ist weitgehend unbekannt, aber wichtig zu wissen, weil die Kosten der lebendigen Arbeit allein mehr als 50% der Produktionskosten ausmachen und gelegentlich 70% des Ertrags erreichen. *Diesem Zweck sollen die im folgenden entwickelten Maße und Maßstäbe dienen.*

Man muß der Arbeitsproduktivität und ihrer Messung im landwirtschaftlichen Betriebe schon diesen betriebswirtschaftlichen Sinn geben, wenn man aus der Sackgasse herauskommen will, in die die arbeitstechnische Betrachtungsweise den ehemaligen Unterausschuß des deutschen Reichstags für Arbeitsleistung im Jahre 1930 geführt hatte: Jenes betriebsstatistische Verfahren erfülle nämlich seinen Zweck wohl in der Industrie, wo man eben auf einen Arbeiter oder eine Arbeitsstunde bezöge, wieviel kg Fertigfabrikate im Jahre hergestellt worden seien, aber im landwirtschaftlichen Betriebe gäbe es keine direkten Beziehungen zwischen Ernte und Arbeitsaufwand, „weil die meisten bei der Pflanzenproduktion notwendigen Arbeiten unabhängig von der Höhe des zufälligen Ertrages innerhalb der einzelnen Betriebe gleichbleiben... Es war also bei den Untersuchungen (der Arbeitsleistung — A. B.) in der Landwirtschaft nicht möglich, vom Ertrage auszugehen" (370). Diese lapidare Feststellung hat den Weg zu einem Versuch verbaut, die Arbeitsproduktivität in der deutschen Landwirtschaft zu untersuchen. Wie weit das die Agrarpolitik, insbesondere die weitere Analyse der Landarbeiterfrage und der Arbeitseinkommen der bäuerlichen Familienbetriebe beeinflußt hat, wagen wir nicht zu beurteilen. Auf jeden Fall braucht die betriebswirtschaftliche Praxis ein Maß der Arbeitsproduktivität. Aus manchen Fehlschlüssen und vielen Irrwegen lernend werden wir versuchen, es heute einigermaßen hieb- und stichfest abzuleiten und zu formulieren. Wer sich der Grenzen dieses Maßbegriffs bewußt ist, wird ihn erfolgreich anwenden.

Das Ziel der Bemühungen um die Analyse der Arbeitsproduktivität ist schließlich, ihre Bestimmungsgründe so in die Hand zu bekommen, daß es gelingt, die vielen unterdurchschnittlichen und mittleren Betriebe an die Leistungen der besten heranzuführen. Einzelne Spitzenbetriebe in allen Ländern haben gezeigt, daß auch in der Landwirtschaft Arbeitsproduktivitätskennzahlen erreicht werden, die denen der Industrie nicht nachstehen. *Diese Leistungen aus dem Bereich der gefühlsmäßigen Kunst(lehre) in die Wissenschaft und damit ins Allgemeingültige und -verbindliche zu heben, scheint uns am Ende der Sinn aller Forderungen zu sein, die der landwirtschaftlichen Betriebslehre im Zusammenhang mit der Arbeitsproduktivität gestellt werden,* z. B. in (368). Unsere Abhandlung soll ein Beitrag dazu sein.

Die Untersuchung der Arbeitsproduktivität fällt in eine Zeit, die die Fortschritte in der Entwicklung der Betriebsstatistik genießt und immer fruchtbarer anwendet. *Die Arbeitsproduktivität ist eine Kennzahl darin. Ihren Charakter und ihre Darstellung wollen wir zeigen,* dagegen noch nicht, wie sie im speziellen Fall zu interpretieren ist und was sie daraus allgemeingültig aussagt.

Alle Welt ist sich der hervorragenden Bedeutung der Arbeitsproduktivität in der modernen Wirtschaft voll bewußt. Namentlich in der UdSSR und in den Staaten, die den Sozialismus aufbauen, wird seit Jahrzehnten auf diesem Gebiet geforscht. [Allerdings fängt man erst in jüngster Zeit an, sich für die Arbeitsproduktivität auch in der Landwirtschaft zu interessieren, vgl. (66), (351).] Es gibt daher eine Fülle von Literatur über die Arbeitsproduktivität. Da sie die Denkergebnisse anderer vorstellt, wäre es kurzsichtig, sie nicht heranzuziehen, wenn sie oft auch nur auf nahe verwandtem Gebiet liegen; denn jede neue Arbeit soll einen Fortschritt gegenüber bereits Bekanntem bringen. Wir haben deshalb so gründlich wie möglich gesucht, um alle wesentlichen Gedanken auszuwerten, die unser Problem lösen helfen. Von der landwirtschaftlichen Betriebslehre hat es bisher keine zusammenhängende Darstellung erfahren. Die umfangreiche Literatur verlangte, sich vielfach kritisch mit allen möglichen Auffassungen auseinanderzusetzen. Wir haben das tunlichst abgekürzt. Um aber eigenständige, der Betriebswirtschaft angemessene und der Volkswirtschaft nicht völlig unverständliche Maße und Maßstäbe darstellen zu können, blieb uns kein anderer als der eingeschlagene, etwas aufwendig scheinende Weg. Wirtschaften heißt wählen, wählen kann nur, wer wägt; wägen verlangt Meßmethoden, Maße und Zahlen: „Tolle modum, toti connexum dempseris orbi!"

1.1 Unterstellungen, Abgrenzung

Die überaus vielschichtigen Probleme um die Arbeitsproduktivität im landwirtschaftlichen Betriebe sind in eine Fülle von weiteren Fragen verknüpft. Erfolgreich lösen kann sie nur, wer wesentliche, gesicherte Ergebnisse einschlägiger wirtschaftswissenschaftlicher Forschungen, die die Praxis übernommen hat, ohne weiteren Nachweis unterstellt und die Arbeitsproduktivität in der Betriebswirtschaft abgrenzt von allen Daten, die die Volkswirtschaft, die Landbautechnik, z. T. auch die Arbeitstechnik der Betriebslehre vorgeben. Dementsprechend setzen wir voraus:

1. Die Wirtschaftsordnung der DDR ist sozialistisch. Besonders in der Landwirtschaft bestehen jedoch neben den sozialistischen noch andere Wirtschaftsformen. Die Wirtschaftsordnung der DDR steuert ihre Volkswirtschaft sowohl über die Pläne als auch über das Preissystem; die Preise werden planmäßig festgesetzt; vgl. dazu (256).

2. Jede Wirtschaftsordnung ist objektiven, ökonomischen Gesetzen unterworfen. Die sozialistische Wirtschaftsordnung nützt die ökonomischen Gesetze bewußt aus.

3. Zwar sind die Produktionsverhältnisse, z. B. die Eigentums- und Besitzverhältnisse, in Ost und West sehr verschieden, aber es gibt kaum schwerwiegende wirtschaftstechnische Unterschiede.

Das mag daran liegen, daß der Entwicklungsstand der Produktivkräfte hüben und drüben etwa das gleiche Niveau erreicht hat.

4. In der DDR hat das sozialistische Prinzip der gesellschaftlichen Bedarfsdeckung das kapitalistische Streben nach Profit abgelöst. Bedarfsdeckung und Produktivität gehen Hand in Hand.

5. Produktivität ist nicht Selbstzweck, sondern Mittel zum Zweck.

6. Der wollende, fühlende und irrende Mensch mit seinem Tun und Lassen ist nicht vollkommen in Maß und Zahl zu fassen. Das gilt besonders für den Menschen im landwirtschaftlichen und vor allem im bäuerlichen Familienbetrieb.

7. Die Betriebslehre dreht sich um den konkreten Einzelbetrieb, heute und hier, in einer gegebenen Volkswirtschaft, in der DDR in unserem Falle. Die Betriebslehre läßt sich klar von der politischen Ökonomie scheiden. Sie behandelt einen durchaus anderen Gegenstand, eben den Einzelbetrieb, mit eigenständigen Methoden (Empirie, Deduktion, Induktion), dessen (Betriebs)wirtschaft besonderen, eigenen, von der Volkswirtschaft verschiedenen Prinzipien folgt.

Da das immer wieder in Frage gestellt und oft bestritten wird, bringen wir später einige für unser Thema wichtige Gedanken zu dieser Frage: man kann sich mit vielen Thesen der Politischen Ökonomie, der Lehre von der Volkswirtschaft, zur Produktivitätsfrage fruchtbar nur auseinandersetzen, wenn man ihren Sinn und ihre Grenzen erkennt.

8. Die Betriebslehre „lebt" aber in der Volkswirtschaft, sie ist daher ihrer Entwicklung unterworfen und nur im Zusammenhang mit dem allgemeinen Wirtschaftsleben und auf der Grundlage der Politischen Ökonomie zu erfolgversprechenden Ergebnissen zu führen. Die volkswirtschaftliche Entwicklung ist z. Z. gekennzeichnet durch den Übergang von der Handarbeit zur Maschinenarbeit, durch fortschreitende Arbeitsteilung, Betriebsvergrößerung u. ä. m. Damit wächst der Festkostenanteil in den Produktionskosten, die Betriebe reagieren empfindlicher auf wirtschaftliche Schwankungen.

9. Die Wirtschaft soll zwei Aufgaben erfüllen, sie soll erstens ein möglichst großes gesellschaftliches Gesamtprodukt schaffen, d. h. viel produzieren, indem sie die Produktionsfaktoren optimal kombiniert und voll ausnutzt. Zweitens soll die Wirtschaft das gewonnene Sozialprodukt gerecht und zweckmäßig

verteilen, d. h. entsprechend der Leistung und den Bedürfnissen a) des Menschen, b) der Gesellschaft (Akkumulation, proportionale Entwicklung der Wirtschaftszweige, richtiges Verhältnis zwischen der Produktion von Produktions- und Konsumtionsmitteln usw.). Die Verteilung geht um so besser, je größer das gesellschaftliche Gesamtprodukt ist, viel ist leichter zu verteilen als wenig! Nicht die Betriebsforschung untersucht die Verteilung, das tut die Politische Ökonomie; ihre Ergebnisse sind Daten für den Betrieb. Die Produktion dagegen ist *die* Aufgabe des Betriebs, ihr Maß die Produktivität. Die Produktivität hat betriebsökonomisch nur Sinn im Rahmen des wirtschaftlichen Prinzips, das die Betriebswirtschaft am stärksten bewegt – zum Unterschied von der Volkswirtschaft, wo das wirtschaftliche Prinzip nur Erkenntnis bedingt, nicht aber auch die Eigenart der Volkswirtschaft bestimmt.

10. Jeder technische Fortschritt ist nicht zugleich auch ein wirtschaftlicher im Sinne steigender Rentabilität, es kommt u. a. auf die Kosten der Produktionsfaktoren an. Mit fortschreitender Technik und volkswirtschaftlicher Entwicklung werden die Industrie- und viele Gewerbeprodukte relativ billiger, die landwirtschaftlichen Erzeugnisse dagegen teurer. Steigende Arbeitsproduktivität wirkt dieser Tendenz entgegen. So wird die wirtschaftliche Arbeitsproduktivität, vgl. Kap. 2.1211, zu einem Maß, auf das die Preisbildung immer mehr Rücksicht zu nehmen hat.

11. „Wirtschaften heißt wählen!“ Im Rahmen der gegebenen Bedingungen zu wählen ist jedem Wirtschafter in allen landwirtschaftlichen Betrieben unabhängig vom Charakter der Produktionsverhältnisse stets möglich. Er k a n n wählen und er m u ß wählen!

Dieses Prinzip macht sich auch die sozialistische Landwirtschaft voll zunutze: „Das Neue besteht darin, daß die Kollektivwirtschaften ... nach eigenem Ermessen die Größe der Anbauflächen für die Kulturen sowie die Produktivität der Viehwirtschaft und die Stückzahl des Viehs nach Arten bestimmen“ (418), vgl. auch (425).

12. Der landwirtschaftliche Betrieb ist ein Organismus. Zwei Bereiche bilden die Betriebswirtschaft, ein naturalökonomischer, er folgt dem technischen Organisationsprinzip, und ein finanzökonomischer, er folgt dem wirtschaftlichen Organisationsprinzip. Beiden übergeordnet ist das Erfolgsprinzip. Diesen drei Prinzipien gehören eigene Rechnungen zu; die Produktivitätsrechnung erfaßt das technische Organisationsprinzip und den ihm zugeordneten Teil des Erfolgsprinzips.

13. Das Wirtschaftsleben ist bunt und vielgestaltig. Dieser Mannigfaltigkeit entsprechen viele verschiedene Kennzahlen im Betriebsvergleich besser als wenige, die die einzelnen Varianten durch allzu viele Unterstellungen, Berichtigungen und Reduktionen ausgleichen und sinnlos machen.

Statistische Daten müssen o b j e k t i v e Daten sein, frei von jeder vorgefaßten Meinung. Wer dagegen verstößt, begeht ein „Verbrechen krimineller Natur“ (Stalin).

14. Es gibt nur e i n e optimale Kombination der Produktionselemente.

15. Was die menschliche Arbeit im Betriebe energetisch leistet, steht in gar keinem Verhältnis zu dem, was die Natur am Ertrage mit schafft.

16. Auch in den nächsten zwanzig Jahren wird die intensive Kulturwirtschaft noch vielseitig sein müssen. Die Kräfte der Integrierung überwiegen die der Differenzierung. –

Ausschließlich wirtschaftstechnische Probleme untersuchend, verzichten wir grundsätzlich auf jede außerwirtschaftliche, gesellschaftliche Wertung und Beleuchtung des Problems; gelegentlich bringen wir einige unerläßliche aufschlußreiche Nuancierungen von dieser Seite. Wir beschränken uns bewußt auf den rechenbaren und rationalen Kern der Produktivität in der intensiven Kulturwirtschaft Deutschlands und auf die die Arbeitsproduktivität konkret behandelnde Literatur; sie ist schon umfangreich genug. Beim Zitieren der Quellen haben wir uns deshalb hinweggesetzt über die wohl notwendige Kritik der unterschiedlichen Lehrmeinungen. über die Auseinandersetzung mit idealistischer und materialistischer Auffassung. Der kritische Leser möge das verzeihen und auch daran keinen Anstoß nehmen, daß hin und wieder dezidierte Vertreter der bürgerlichen Politischen Ökonomie unmittelbar neben klaren marxistischen Politökonomen zu Worte kommen. Eine tiefgreifende Disputation um diese Dinge hat inzwischen vieles aufgeklärt und nachgeholt, was hier versäumt wurde. Ihre Ergebnisse werden an anderer Stelle veröffentlicht werden. Hier legen wir eine betriebswirtschaftliche Studie vor. Die landwirtschaftliche Betriebs- und Arbeitslehre blickt auf eine jahrzehntelange Tradition zurück; auf der Basis der kapitalistischen Wirtschaftsordnung gewachsen ist ihre Terminologie der deutschen bürgerlichen Politischen Ökonomie näher verwandt als der marxistischen. Da die Betriebs- und Arbeitslehre außerdem einen eigenen Gegenstand hat und spezifische Untersuchungsmethoden anwendet, hat sie, wie jede selbständige Disziplin, auch ihre eigene Terminologie und Formelsprache entwickelt. Wir verwenden die betriebswirtschaftlichen Begriffe ausschließlich in diesem Sinne. Betriebswirtschaftslehre ist nicht gleich Volkswirtschaftslehre! Wenn wir die auch von der Volkswirtschaft gebrauchten Kategorien wie Wert, Preis, Grenzkosten, Produktionsfaktor u. a. m. benutzen, so eben nur in jenem eigenständigen Denkbereich der Betriebswirtschaftslehre.

Inhaltsangabe des 2. Kapitels „Der Begriff Arbeitsproduktivität“

In diesem Kapitel entwickeln wir den Begriff Arbeitsproduktivität aus seiner Rolle in der Wirtschaftswirklichkeit. Wir zeigen nicht, was er betriebswirtschaftlich aussagt. Die Arbeitsproduktivität ist als Maßbegriff bedeutsam, und meist wird sie auch nur so definiert. Das ist unvollständig. Viele Autoren erfüllen den Begriff deshalb mit vom Zwecke seiner Verwendung gesetztem Inhalt. Das führt zu Widersprüchen und Inkonsequenzen. Wir gehen deshalb anders vor: Jedes Maß muß allgemeingültig, einheitlich, objektiv-vergleichbar und klar bestimmt sein. Diese Bestimmung erwächst aus seinem Wesen. Das suchen wir zu erkennen; wir schälen seinen betriebswirtschaftlichen Kern heraus und gewinnen auf diese Weise einen abgerundeten, sinnvollen und brauchbaren Begriff der Arbeitsproduktivität.

„Angesichts der heute vorhandenen Vielzahl von Produktivitätsbegriffen bedarf es vor allem auch der Begriffserklärung neben dem Ausbau der Berechnungsmethoden" (244).

Von den volkswirtschaftlichen Gegebenheiten ausgehend, führt unser Weg über folgende Stationen:

1. Das Wort Arbeitsproduktivität vereinigt die Begriffe Arbeit (Bestimmungswort) und Produktivität (Grundwort). Beide Teile prägen unseren Begriff.

2. Arbeit und Produktivität sind ökonomische Kategorien und reale Erscheinungen des modernen Wirtschaftslebens. Der Relationsbegriff Arbeitsproduktivität stellt 1. eine Beziehung her zwischen dem Wesen zweier Dinge (diese formt ihren gedanklichen Inhalt) und 2. zwischen den Größen zweier Dinge (diese formt ihr Maß).

3. Die ökonomische Kategorie Produktivität umschließt neun Merkmale; die wichtigsten sind: Produktivität ist die materielle Ergiebigkeit kombinierter Produktivfaktoren in Wirtschaftseinheiten, die nach dem wirtschaftlichen Prinzip produzieren. Als dynamischem Ausdruck der Spannungsüberwindung zwischen Bedarf und Deckung verbindet man mit dem Produktivitätsbegriff nachhaltige, steigende Tendenz. Er ist nur relativ zu verstehen.

4. Arbeit und Produktivität stellen sich in der Betriebswirtschaft anders dar wie Arbeit und Produktivität in der Volkswirtschaft. Abstrakte und konkrete Arbeit bilden eine Einheit, weil die konkrete Arbeit Trägerin der abstrakten ist. Für die Betriebswirtschaft steht mehr die konkrete, für die Volkswirtschaft mehr die abstrakte im Mittelpunkt ihrer Erwägungen und Maßnahmen. Betriebs- und Volkswirtschaft unterscheiden sich; auch die Volkswirtschaft rechnet mit Gebrauchswerten. Wir haben es nur mit der effektiven betriebswirtschaftlichen Arbeit und Produktivität zu tun.

5. Als allgemein-ökonomische Kategorie erscheint die Produktivität in verschiedenen Bereichen und Maßen in der Wirtschaft(swissenschaft). Solche Bereiche sind die Volkswirtschaft, ihre Wirtschaftszweige, die Betriebswirtschaft und ihre Betriebszweige. Wir messen die technische und die wirtschaftliche Produktivität in der Betriebswirtschaft. Technische Produktivität ist die Relation zwischen Produktivfaktor und erzeugten Gebrauchswerten und wirtschaftliche Produktivität der Quotient aus Rohertrag und Produktivfaktor. Die technische Produktivität ist das Erfolgsmaß der Produktion, die wirtschaftliche ist das auch, zeigt aber außerdem an, mit welchem volkswirtschaftlichen Gewicht sich der Einzelbetrieb an der Gesamtwirtschaft beteiligt, vgl. Schema 1, S. 37.

6. Die Maße der Produktivität erfassen die Summe der Gebrauchswerte und den Rohertrag, die der Gesamtbetrieb hervorbringt und beziehen sie auf die Produktivfaktoreneinheit. Eine analoge Relation für den einzelnen Betriebszweig ist auch Produktivität.

7. Produktivität ist nicht Wirtschaftlichkeit, auch nicht Rentabilität, nicht Leistungsgrad, nicht Wirkungsgrad und nicht Leistung. Sie ist ein eigenständiger ökonomisch-technischer Begriff.

8. Die Kategorie Arbeit als Produktivfaktor enthält sieben Merkmale, hier die wichtigsten: Sie ist körperlich-geistiger Kraftaufwand des Menschen in der Produktion, gerichtet auf die Erzeugung materieller Güter. Die physische menschliche Arbeitskraft wird mehr und mehr durch Maschinen ersetzt.

9. Die allgemein-ökonomische Kategorie Arbeit ist recht vielseitig, stets ist sie beides, konkrete und abstrakte Arbeit. Als Produktivfaktor in der Betriebswirtschaft messen wir nur die konkrete, nützliche Arbeit. Die Arbeit als Lebensbestätigung betrachten wir nicht. In der Betriebswirtschaft erscheinen außerdem die einfache und die komplizierte, die tote und die lebendige Arbeit, sowie die notwendige, produktive und unproduktive Arbeit.

10. Diese Eigenschaften der Arbeit sind einzeln erfaßbar. Arbeitswirtschaftlich wirken sie zusammen. Das verlangt zwar aus der Arbeitstechnik entwickelte Maße, erfordert aber auch einige rechenhafte Unterstellungen. So ergeben sich acht Maße der Arbeit als Produktivfaktor. Betriebswirtschaftlich relevant ist vor allem die gesamte lebendige und die vergegenständlichte Arbeit während eines Wirtschaftsjahres sowie ihre Zusammenfassung in einem Maß, vgl. Schema 2, S. 39.

11. Diese verschiedenen Maße und Maßstäbe unterstellend, definieren wir die Arbeitsproduktivität allgemein als den gesamten (Durchschnitts-)Ertrag, der im landwirtschaftlichen Betriebe auf den Produktivfaktor Arbeit im Zusammenwirken mit dem Boden und den Betriebsmitteln in einem Wirtschaftsjahre entfällt.

12. Unabhängig zwar von allen Gesellschaftsformen, aber eingeordnet in die bestehende Wirtschaftsordnung ist die Arbeitsproduktivität eine allgemeinökonomische Kategorie der Betriebswirtschaft. Mit angemessenen ökonomisch-technischen Maßen erfaßt, drückt sie stets nur gegebene Sachverhalte aus.

13. Die Differenziertheit des Produktivfaktors Arbeit bestimmt die vielseitigen Maße der Arbeitsproduktivität. Im wesentlichen beziehen sie das Gesamtprodukt des Betriebs oder des Betriebszweiges auf gezählte Arbeitskräfte, auf gemessene Stunden oder auf den erhobenen wertmäßigen Aufwand bzw. auf einen Ausdruck, der die lebendige und vergegenständlichte Arbeit zusammenfaßt.

14. Das Wesen ihrer Komponenten prägt die Arbeitsproduktivität zu *einem* ökonomisch-technischen Maßbegriff der landwirtschaftlichen Betriebslehre. Das impliziert zwei Begrenzungen: 1. Die Relation Gesamtprodukt zu Produktivfaktor ist eine unvollständige Kausalbeziehung, und 2. die gefundenen Kennzahlen der Arbeitsproduktivität sind betriebsanalytische Teilmaße, nicht alleinentscheidende Aussagen über zielbewußte Betriebsorganisation und zweckmäßige Betriebsführung.

„Bei der Analyse der ökonomischen Formen kann weder das Mikroskop dienen noch chemische Reagentien. Die Abstraktionskraft muß beide ersetzen.“ (Karl Marx)

„Wir müssen die Begriffe richtigstellen.“ (Konfuzius)

2. Was ist Arbeitsproduktivität?

Aus *Arbeit* und *Produktivität* zusammengesetzt wird die Arbeitsproduktivität heute überall im gleichen Maße vieldeutig verwendet wie ihre beiden Begriffsteile.

2.1 Die Produktivität

Die Produktivität begegnet uns in der Wirtschaftswirklichkeit, sie ist ein gegebener Tatbestand unseres modernen Wirtschaftslebens. Wie real sie ist, beweist die Tatsache, daß man die Produktivität mit Maß und Zahl erfaßt. Was man dabei mißt, oder durch die Messung zum Ausdruck bringen sollte, wird bestimmt vom gedanklichen Inhalt, der dem aus der Wirtschaftswirklichkeit abstrahierten Begriff der Produktivität innewohnt. Diese gedankliche Gestalt prägt die Volkswirtschaft, genauer die Wissenschaft von der Volkswirtschaft. Von der volkswirtschaftlich determinierten Kategorie Produktivität geht auch die angewandte Betriebslehre aus, sie bildet ihr Maß der Produktivität auf der theoretischen Grundlage der politökonomisch bestimmten Merkmale des Produktivitätsbegriffs. Welche Merkmale dieser Art gibt es, und wo finden sie sich in der Betriebswirtschaft wieder?

2.11 Die volkswirtschaftlich bestimmten Merkmale der Produktivität

Wirtschaften heißt u. a. die Spannung überwinden, die zwischen dem Bedarf der menschlichen Gesellschaft und den Möglichkeiten, ihn zu decken, besteht. Das Ziel, die vollkommene Befriedigung aller Bedürfnisse, ist materiell zunächst nicht erreichbar, weil die die Wirtschaft hervorrufenden Bedürfnisse so unendlich wie die menschliche Entwicklung sind, und weil desto mehr „freie Güter“ in das Wirtschaftsleben hineinwachsen, je stärker die Bevölkerung zunimmt. Die vollkommene Befriedigung aller Bedürfnisse wird damit zur regulativen Idee der Wirtschaft schlechthin und gibt auch der Forschung Richtung und Einheit, ohne sie allerdings das Ziel aller Bemühungen *erfahren* zu lassen! Darin eben unterscheidet sich die Wirtschaftswissenschaft von den angewandten Naturwissenschaften: Im Ackerbau ist der Zweck aller Maßnahmen die aus der Erfahrung abgeleitete Gare, in der (Volks)Wirtschaft ist jenes Ziel empirisch nicht zu finden. Die Wirtschaftsgeschichte zeigt, daß man ihm näherkommt: Die „Bedarfsproduktion" im Sozialismus sichert die „maximale Befriedigung der ständig wachsenden materiellen und kulturellen Bedürfnisse der gesamten Gesellschaft" (350), (255). Aber „die Steigerung der Konsumtion des Volkes überholt in der sozialistischen Gesellschaft systematisch den Produktionsstand..." (258), (259). Immerhin wächst die Kraft, die die Spannung zwischen Bedarf und Deckung überwindet. Die Kategorie, die dieses Wachstum zum Inhalt hat, nennt die Wirtschaft „Produktivität".

Produktivität = Spannungsüberwindung ist qualitativ und quantitativ zugleich gemeint. Qualitativ ist die Tatsache selbst, also die Fähigkeit der Produktivfaktoren, Gebrauchswerte hervorzubringen, vgl. unser folgendes Merkmal 1. Quantitativ wird die Menge der produzierten Gebrauchswerte bezogen auf die sie hervorbringenden Einheiten der Produktivfaktoren, das ergibt unser späteres Maß der Produktivität. Man muß das konsequent auseinanderhalten! Aus der qualitativ gemeinten Fähigkeit, Gebrauchswerte hervorzubringen, erwächst stets nur die *potentielle* Produktivität. Man kann sie schwer in Maße fassen. Die quantitative Zuordnung von Gebrauchswertmenge zu Produktivfaktor gibt die Ergiebigkeit, also die *effektive* Produktivität an. Produktivität kann nicht gleichzeitig beides bedeuten: „sachliche Ergiebigkeit" und „Ertragsfähigkeit der Produktionsmittel", wie neuerdings VOGEL (372) wieder behauptet und KLAUDER gar zu quantifizieren versucht (173).

Die Kategorie Produktivität umfaßt:

1. die Summe aller Maßnahmen – *die Kräfte, Fähigkeiten, Antriebe usw.* – die jenen Wirtschaftszweck, die Spannung zu überwinden, erfüllen helfen.

2. Der Produktivitätsbegriff an sich macht deutlich, daß die Wirtschaft ihre Anstrengungen, die Spannung zwischen Bedarf und Deckung zu mildern, auf die Seite der *Deckung* konzentriert – auf die *Produktion,* vgl. (33); sie ordnet sich damit in den großen kulturhistorisch-ethischen, gesellschaftlichen Lebenskreis ein, in dessen Raum sich die *Bedürfnisse* bilden, denen der *Bedarf* folgt.

Bedarf ist stets einem festgestellten Aufwand gleich oder leitet sich von ihm her. Wir beschränken die Produktivität sinngemäß auf die Produktionswirtschaft (im Betriebe). Die landwirtschaftliche Betriebslehre kann das, ohne die Wirklichkeit zu vergewaltigen, die industrielle oder kaufmännische darf es nicht. Denn die Maschinenfabrik mag technisch recht produktiv erzeugen bei zunächst auch vorteilhafter Marktlage; wenn der Absatz plötzlich stockt (ohne daß die Preise sinken), wird die Fabrik auf Lager produzieren, das bedeutet zunächst Verluste, später erhöhte Aufwendungen für Werbung und Verkauf usw. Die produktionswirtschaftlich so ausgezeichnete Produktivität wird damit auf der Verteilungsseite völlig kompensiert. Für die Mehrzahl der landwirtschaftlichen Betriebe kann es solche Probleme nicht geben. Wir schließen aus der Kategorie Produktivität auch aus, was immer wieder hineingenommen wird, nämlich „die Vermehrung des Volkseinkommens" (386). Das ist heute noch keine Frage der Produktivität, sondern eine Aufgabe besserer Wirtschaftlichkeit und Rentabilität. Wir sprechen noch davon, vgl. S. 26ff.

Wir haben damit dem vielfältigen Problem bereits kurzerhand die für unsere Zwecke erforderliche Wendung gegeben: Den Produktivitätsbegriff kann man nur von dem der Wirtschaft gesetzten *Ziel* her verstehen, je vollkommener es erreicht wird, um so produktiver ist sie. Aber gerade in diesem Ziel scheiden sich die Geister heute wie vor 45 Jahren (auf der Wiener Produktivitätstagung) und seit den Physiokraten. Wenn auch die vollkommene Befriedigung der Bedürfnisse des Menschen unbestritten das gewissermaßen „natürliche" Ziel der Wirtschaft ist und bleibt, so sind diese Bedürfnisse selbst stets Gegenstand einer (außer)wirtschaftlichen Wertung, die als Religion, Ethik, Soziologie, Gesellschafts- oder Wirtschaftspolitik auswählt, was befriedigt werden soll, also den Bedarf bestimmt, vgl. (255). Ihn zu decken, ist der Zweck der Wirtschaft. Ob die jeweilige Wirtschaft nun zweckmäßig organisiert und produktiv ist oder nicht, beurteilen wir „instrumental", während eine „finale Beurteilung, d. h. die Kritik der Zwecke selbst, denen ein System von Mitteln dient, bereits ein zentrales Problem der Politik ist" (348). Mit SOMBART, Spann, v. STACKELBERG, Max Weber u. a. scheiden wir wirtschaftstranszendente Ziele aus unserem Produktivitätsbegriff aus. Wir sind uns der Unvollständigkeit dieses Vorgehens durchaus bewußt, vgl. dazu (337) und (186); die bäuerliche Familienwirtschaft wird auch der unwägbaren, menschlichen Lebensbestätigung zuliebe betrieben.

Weder der Bauer noch die Landarbeiter sind in den Betrieben „pour *gagner* leur vie, mais *ils sont là pour vivre*" (95)!

3. Unsere dergestalt beschränkte Produktivität kann also nur noch ein Teilmaß für den Arbeits- und damit den Lebenserfolg dort sein. Die *ökonomischen* Probleme um die Produktivität sind jedoch bereits vielschichtig und verschlungen; wollen wir sie gedanklich durchdringen und zu praktisch verwertbaren Ergebnissen führen, müssen wir die mit der Produktivität oft verbundenen sozialen und soziologischen Fragen ausschalten. Wir lassen also die mit der Produktivitäts„idee" denkbare Wertung einer wirtschaftstranszendenten Rangordnung der mit und durch die Wirtschaft auch erreichbaren Ziele außer acht und beziehen die in der Produktivität erfaßbaren Zusammenhänge allein auf wirtschaftsimmanente Werte, vgl. (343). Das dritte Merkmal beschränkt also die Produktivität auf den *materiellen Bereich* des Wirtschaftszwecks = Bedarfsdeckung.

4. Daraus folgt sofort das nächste: Dieses 3. Merkmal verweist die Produktivität in die sachlich bestimmte, produktionswirtschaftliche Organisation, wo sie zunächst *nur in Naturalbeziehungen* zu denken ist.

5. Die im Verhältnis zum wachsenden Bedarf nie ausreichenden Mittel zwingen zu arbeiten und weiter, sie möglichst vollkommen auszunutzen, d. h. man soll mit den gegebenen Produktionsmitteln (Produktivkräften, Produktionsfaktoren) die vergleichsweise höchste Ergiebigkeit „erwirtschaften". Produktivität ohne dieses ökonomische Prinzip hat keinen Sinn; so wird die *Ergiebigkeit* zum fünften unabdingbaren Merkmal des Produktivitätsbegriffs.

Lassen wir uns von der instrumentalen Betrachtungsweise über Zweck und Mittel der Wirtschaft zur Produktivität als Ergiebigkeit führen, so müssen wir ihr auch zwei immanente teleologische Momente zugestehen: Ist die Wirtschaft als Spannungsüberwindung – auch durch außerwirtschaftliche Impulse! – erst einmal unaufhaltbar in Gang gekommen, *muß* sie *stets* produktiv sein.

„Die Gesellschaft ist nach der Verrichtung produktiver Arbeit aber nicht nur *fähig*, neue produktive Arbeit zu leisten, sie ist auch *gezwungen* dazu... Nur die Produktion befähigt die Gesellschaft zu existieren, sich unaufhörlich zu reproduzieren, zu entwickeln" (398). „... so gut wie die Gesellschaft immer konsumieren muß, so muß sie auch immer produzieren" (257). Oder noch deutlicher: die Produktivität ist „d'abord l'expression d'un impératif économique auquel nous ne sommes pas libres de nous soustraire" (385).

6. Im Begriff der Produktivität liegt also zunächst die *Nachhaltigkeit* (83) als sechstes Merkmal. Da die deutsche Landwirtschaft bereits die Stufe erreicht hat, wo die Betriebswirtschaft im Dienste der Mehrung der Bodenfruchtbarkeit steht, dürfen wir die Nachhaltigkeit auch für die Bodenproduktivität unterstellen.

7. Weil die Spannung wächst, muß die Wirtschaft nicht nur nachhaltig produktiv sein, sondern ihre Einrichtungen und Maßnahmen zur Bedarfsdeckung auch dauernd verbessern; die begrenzten Mittel schreiben zwei mögliche Wege vor: 1. Soll sich der Effekt der menschlichen Arbeit laufend vervielfachen, 2. müssen alle Produktivkräfte, Zwischen- und Endprodukte zunehmend besser ausgenutzt werden. Beides bedeutet aber, die Produktivität fortwährend zu erhöhen; der Produktivitätsbegriff ist nicht denkbar ohne dieses siebente Element, die *Steigerung*.

„In sämtlichen gesellschaftlich-ökonomischen Formationen erhöht sich die Arbeitsproduktivität. Das ist bedingt durch das allgemeine ökonomische Gesetz, daß die Produktionskosten beständig fallen, daß die lebendige Arbeit beständig produktiver wird..." (5). In der sozialistischen Wirtschaftsordnung wirkt das Gesetz vom „stetigen Wachstum der Arbeitsproduktivität" (262).

8. Wenn wir die Produktivität auch am Wirtschaftszweck orientieren, so ist sie doch stets nur Mittel und nicht selbst schon Ziel! Bereits deswegen kann es keine sinnvolle absolute Produktivität geben.

Das Absolute ist philosophisch das „Unbezogene", was also ohne Beziehung zu anderem aus sich selbst heraus besteht. Damit wird die absolute Produktivität zur Idee, zu einem „Zustand im philosophischen Sinne des Wortes" [Monnier, zitiert nach (341)]. Diese „Metaphysik" (341) und ihre Auswirkungen auf die Arbeit im Betriebe werfen Probleme auf, die man noch nicht mit wirtschaftswissenschaftlichen, sondern nur mit psychologischen Methoden zu lösen versuchen kann. Erst wenn das gelungen ist, wird die angewandte Betriebs- und Arbeitslehre die daraus erwachsenden Triebkräfte oder Hemmnisse in ihre Kalkulationen einzubeziehen vermögen.

Mit der absoluten Produktivität strebt man – von allen wirtschaftstechnischen Schwierigkeiten abgesehen – nach einem Maß, die Produktions-Wirtschaft an sich zu fassen und alle Erzeugungsvorgänge danach auszurichten. Dies und auch der Umweg über wirtschaftstranszendente Wertungen zur absoluten Produktivität bleiben indessen Spekulation, vgl. dazu (68). – Nun ist die Produktion außerdem ein praktisch endloser Prozeß, alle Faktoren sind in ständiger Bewegung und die Produktivkräfte am Ende nur in ihrer Wirksamkeit zu verstehen (die in die Zukunft weist). Und weiter ist die Produktion nicht nur ein fortwährendes Auf und Ab, sie weitet sich ebensosehr aus, bezieht neue Zweige ein, während sie alte abstößt; sie erweitert und vertieft sich also unentwegt. Das alles ist mit der absoluten Produktivität nicht zu denken.

So ist also die *Relativität* das achte Merkmal unseres Produktivitätsbegriffs. Daraus ergibt sich allerdings noch ein anderer Aspekt: Betriebe und Wirtschaftszweige sind nur produktiv, wenn ihre Ergiebigkeit in Einklang steht mit der Produktivität der anderen, vergleichbaren Betriebe und Wirtschaftszweige. Und aus dem Zweck der Wirtschaft folgt weiter, daß sich dann die Mittel ausgleichen, die Betriebe und Wirtschaftszweige im rechten Verhältnis zueinander stehen müssen.

9. Auf den Einzelbetrieb übertragen hieße das, daß nur die optimale Kombination aller Produktionsfaktoren höchste Produktivität ermöglicht. Das ist richtig, und man hat deswegen auch gelegentlich die *Entsprechung* dem Produktivitätsbegriff mitgegeben [Spann, vgl. (21), (400)]. Sie wäre unser neuntes Merkmal. Wir klammern es gedanklich ein, denn es weist bereits auf eine organisatorische Gestaltungsmöglichkeit hin, deren es so viele gibt, daß man den ohnehin schon erheblich belasteten Produktivitätsbegriff damit nicht noch schwerfälliger und unanschaulicher machen sollte. Es kommt hinzu, daß die Entsprechung nur als vollkommene Entsprechung denkbar ist; das gibt es im praktischen Wirtschaftsleben indessen kaum, Wirtschaft kann auch bei teilweiser Entsprechung schon produktiv sein.

Von allen neun Merkmalen des Produktivitätsbegriffs sind für einen Betrieb der Urproduktion vordringlich relevant der produktionswirtschaftliche Grundzug, gedacht in Naturalbeziehungen im materiellen Bereich, die Ergiebigkeit, die Steigerung und die Relativität.

2.12 Die Produktivität — eine allgemein-ökonomische Kategorie

Das Merkmal Ergiebigkeit wirft die Frage auf, welches Wirtschaftsergebnis ist produktiv, und die Relativität ist in der Praxis nur denkbar, wenn man ein Vergleichsmaß besitzt. So werden dann die Erscheinungsweisen der Produktivität und ihre Maße zu den beiden entscheidenden Seiten der allgemein-ökonomischen Kategorie Produktivität. Wir bestimmen sie kurz.
Was produktiv ist, läßt sich zunächst von zwei Blickpunkten her betrachten: 1. vom Ziel aus, das der Einsatz von Produktivkräften in der Wirtschaft erreichen will, 2. von den Mitteln her, die die Wirtschaft aufbietet, ihren Zweck zu erfüllen.

Wir bestreiten zwar, daß Produktivität *nur* „ein Zielbegriff" (167) sei, das allgemeine Ziel jeder (instrumentalen) Wirtschaft steht fest. Dort ordnet sich die Produktivität auch ein. Das haben wir gezeigt. Richtig ist dagegen, daß „eine wissenschaftliche, ja selbst auch nur eine logische Diskussion, nur innerhalb gleicher Zielbegriffe möglich ist" (167). Das einem landwirtschaftlichen Betriebe gesteckte Ziel muß notwendig einfacher, bescheidener aussehen als das der Volkswirtschaft. Es darf sich nicht in wohlgelungenen und entsprechend umstrittenen Deduktionen erschöpfen, sondern muß rechenhaft bleiben.

Zu 1. Im allgemeinen Rahmen des ökonomischen Prinzips möglichst viel materielle Gebrauchswerte (auch Betriebsmittel) von guter Qualität, d. h. mit hohen Abgabepreisen, nachhaltig zu erzeugen (oder produktiv auszunutzen), sehen wir hier an als Ziel eines konkreten landwirtschaftlichen Betriebs in einer gegebenen Volkswirtschaft.

Vgl. dazu (244) und (95): „... le but de la vie économique n'est pas de posséder, mais de produire. Le patron n'est pas là pour tirer un revenu de ses propriétés, il est là pour produire, et le revenu n'est qu'un encouragement à la production!"

Je besser der Betrieb sein Ziel erreicht, oder allgemeiner: je größer sein Ertrag ist, desto produktiver ist er, womit nicht gesagt ist, daß er dann auch am wirtschaftlichsten produziert hat!

Zu 2. Es kommt weiter darauf an, wie man die eingesetzten Mittel betrachtet, wenn man Produktivität richtig verstehen will. Produktiv können immer nur die Produktivkräfte[1]) sein, die Produktionsfaktoren oder die *Produktivfaktoren*[1]), wie wir sie von jetzt ab nennen wollen, nur diesen ist das Wirtschaftsergebnis im Sinne der Produktivität zuzurechnen.

Die landwirtschaftliche Betriebs- und Arbeitslehre befaßt sich ausschließlich mit den Beziehungen zwischen den Menschen und der Natur, den *Produktivkräften* i. w. S. Sie überläßt der Politischen Ökonomie, die andere Reihe davon „verschiedenartiger Beziehungen" (350) zu untersuchen, die „gegenseitigen Beziehungen der Menschen im Produktionsprozeß (Produktionsverhältnisse)" (350), die „Gesetze der gesellschaftlichen Produktion und Verteilung der materiellen Güter auf den verschiedenen Entwicklungsstufen der menschlichen Gesellschaft" (260), vgl. auch (302) und (256). Die landwirtschaftliche Betriebs- und Arbeitslehre geht von den gegebenen Produktionsverhältnissen aus. Wir sprechen deshalb deutlicher nicht mehr von Produktions-, sondern von *Produktiv*faktoren.

Im landwirtschaftlichen Betriebe wirken zwei Produktivfaktoren zusammen, der Boden und die Arbeit. Im Zuge der fortschreitenden Technisierung der Volkswirtschaft und der damit verbundenen Arbeitsteilung hat man sich daran gewöhnt, den Produktivfaktor Arbeit zu unterscheiden in lebendige und vergegenständlichte (tote) Arbeit, vgl. (220), (255). Das ist auch betriebswirtschaftlich zweckmäßiger. Vergegenständlichte Arbeit im landwirtschaftlichen Betrieb sind – zunächst ganz allgemein gesagt – das tote und lebende Inventar. *Boden, lebendige und vergegenständlichte Arbeit sind also die drei Produktivfaktoren, denen allein man Produktivität zurechnen kann.*

Darin sind sich Ost und West heute offensichtlich einig, wenigstens soweit der produktionswirtschaftliche Bereich betrachtet wird. Die Produktion ist aufzufassen als die produktive Kombination von Produktionsmitteln und Arbeitskraft, als Kombination produktiver Kräfte, unabhängig von der gesellschaftlichen Form (29); und „... in der Agrikultur ... wirkt die Erde selbst als Produktionsinstrument ..." (222) im Gegensatz zur Industrie, wo der Boden nur als „Platz" anzusehen ist und damit kein Produktivfaktor sein kann. „Welches immer die gesellschaftlichen Formen der Produktion, Arbeiter und Produktionsmittel bleiben stets ihre Faktoren. Aber die einen und die anderen sind dies nur der Möglichkeit nach im Zustand ihrer Trennung voneinander. Damit überhaupt produziert werde, müssen sie sich verbinden" (221), vgl. auch (25). Sie richtig zu kombinieren, ist eine der Hauptaufgaben der Betriebsorganisation; die Wirtschaftsforschung versucht das „wie" zu erkennen. *Boden- und Arbeitsproduktivität* sind daher agrarwirtschaftlich relevant. Sie sind vielfach miteinander verflochten, weil

---

[1]) Arbeitskräfte und Produktionsinstrumente sind *Produktivkräfte*. Ich fasse Arbeitskraft, Boden und Produktionsinstrumente in den Begriff *Produktivfaktor*.

„die Produktivität der agrikolen Arbeit an Naturbedingungen geknüpft ist, und sich dasselbe Quantum Arbeit je nach der Produktivität derselben in viel oder wenig Produkten, Gebrauchswerten, darstellt. Wie groß das Quantum Arbeit ist, das sich in einem Scheffel darstellt, hängt ab von der Masse der Scheffel, die dasselbe Quantum Arbeit liefert. Es hängt hier von der Produktivität der Erde ab, in welchen Mengen von Produkt der Wert sich darstellt..." (222), vgl. auch (60). Daher kennzeichnet nur „die gleichzeitige Angabe" von Boden- und Arbeitsproduktivität den „Produktivitätsstand der Landwirtschaft erst richtig" (59). Vgl. weiter (11), (18), (137), (150), (204), (343). Damit ist zunächst bloß die lebendige Arbeit gemeint (25), (26); aber auch die vergegenständlichte ist produktiv (100), (164), (254), (332), vgl. auch (17), (66), (154), (170), (255), (351); wir kommen darauf zurück: S. 49. Für das praktische Wirtschaftsleben ist dabei durchaus unerheblich, ob die menschliche Arbeit der gewissermaßen originäre, übergeordnete Produktivfaktor ist und die übrigen nur „abgeleiteter" Natur sind, vgl. (21); denn das Betriebsergebnis kann nicht nur der Arbeit allein zugerechnet werden, wenn man es in einem „Organismus" wirksam verbessern will.

Boden, Arbeit und Betriebsmittel sind freilich wesensverschiedene Produktivfaktoren. Der Boden, oder allgemeiner: die Natur, ist kein *Mittel* wirtschaftlichen Handelns, sondern eine der menschlichen Kontrolle weitgehend entzogene *Bedingung* der Wirtschaft. Die Betriebsmittel, die Technik im weitesten Sinne, nehmen eine Mittelstellung ein: Wohl hat sie der Mensch geschaffen, ihren Einsatz scheint er auch zu beherrschen, aber in Wahrheit hat die technische Ausrüstung auch im Betriebe ihre eigenen „Gesetze"; das weiß die MTS ebenso wie jeder Bauer: Mag er das Geld für die Anschaffung eines Schleppers noch aufgebracht haben, ob er ihn 500 oder 1000 Stunden im Jahr mit oder ohne Gummiwagen einsetzt, darf er sich gar nicht mehr fragen, wenn er erfolgreich weiterwirtschaften will. Nur seine eigene lebendige Arbeit vermag der Mensch noch voll bewußt und autonom einzusetzen. Um so schwerer wird es ihm, diese drei wesensverschiedenen Faktoren, die die Betriebswirtschaft bestimmen, richtig aufeinander abzustimmen und produktiv zu nutzen.

Wir fassen „unsere" Produktivität nach SOMBARTs erschöpfender Einteilung (343) nur als „allgemein-ökonomische Kategorie" und setzen mit seinem Begriff II 1a fest, daß produktiv ist, „was unmittelbar am wirtschaftlichen Prozeß teilnimmt" (343). *Danach läßt sich das dem Betrieb gesetzte Ziel beziehen auf einen der Faktoren oder auf alle drei zusammen.* Im letzteren Falle käme man zu der der Wirtschaftlichkeit nahestehenden „Gesamtproduktivität" (150), (151).

2.121 Erscheinungsweisen der Produktivität

Ziel und Produktivkrafteinsatz verschmelzen im Produktivitätsbegriff schließlich zu einer Relation, oder quantitativ gefaßt, zu einer Beziehungszahl. *Was nun aufeinander bezogen wird, bestimmt am Ende die Art des jeweils verwendeten Produktivitätsbegriffs.* Man spricht von „technischer", „wirtschaftlicher" sowie „volkswirtschaftlicher" Produktivität und ist sich keineswegs einig, was darunter zu verstehen und wie die Begriffe übereinstimmend zu verwenden wären, vgl. (21), (24), (83), (167), (230), (327), (337), (343), (348), (372), (400). *Wir* sehen dort nur *einen* wesentlichen Unterschied, nämlich den zwischen technischer und wirtschaftlicher Produktivität.

Die volkswirtschaftliche Produktivität liegt auf einer, wenn man so will, höheren Ebene; man kann sie sonst gar nicht in einen sinnvoll vergleichbaren Gegensatz zu den beiden anderen Produktivitäten stellen. Das geht eben nur, wenn man die wirtschaftstranszendenten Wertungen ausscheidet und die „wirtschaftliche" Produktivität dann als „privatwirtschaftlichen Begriff" versteht, wie es SOMBART (343) mit Recht und richtungweisend tut. Volkswirtschaftliche und betriebswirtschaftliche Produktivität stehen sich damit gegenüber oder bilden ein sinnfälliges Begriffspaar. V. STACKELBERG, der diesen Unterschied grundsätzlich nicht macht, „bezeichnet" dagegen „den Inhalt des technischen Produktivitätsbegriffs schon als einen ‚volkswirtschaftlichen'" (337). Diese Vermischung macht die Sache unklar. Die technische Produktivität mag wohl ein Bestimmungsgrund der volkswirtschaftlichen sein, aber diese selbst ist viel weiter zu fassen und insofern eben ein eigenständiger Begriff. Überspitzt möchten wir auch sagen, daß die technische — und wirtschaftliche — Produktivität an „einem jeweils bestimmten wirtschaftlichen Zweck orientiert" seien, während „die volkswirtschaftliche Produktivität am ‚Ziel' der Wirtschaft selbst orientiert sein" müsse, vgl. (337). Zweierlei wird damit deutlich: 1. Mit der Blickrichtung auf das „Ziel" der Wirtschaft wird die volkswirtschaftliche Produktivität leicht zum „meta-ökonomischen Begriff" — ihr philosophischer Einschlag mag der Volkswirtschaftsforschung erlauben, solchem Aspekt wirtschaftsrelevanten Sinn abzugewinnen, z. B. (337); dem konkreten Einzelbetrieb, heute und hier, zugewandt, vermag ihr die Betriebsforschung auf diese Ebene nicht zu folgen. 2. Die volkswirtschaftliche Produktivität ist bloß im abgrenzbaren Bereich einer größeren oder höheren (fiktiven?) Wirtschaftseinheit, eben der Volkswirtschaft, zu verstehen — die Betriebsforschung wird die besonderen Probleme der technischen und wirtschaftlichen Produktivität immer nur als betriebswirtschaftliche Erfolgsmaße behandeln.

2.1211 Die technische und die wirtschaftliche Produktivität

So instrumental wie wir hier die Wirtschaft verstehen, unterliegt sie dem gleichen Prinzip wie die Technik, beide sind „Mittelwahl bei gegebenem Zweck" (343). Zwischen gleichen Grundsätzen kann es keinen *Gegensatz* geben — „also weg mit diesem Kinderschrecken der ‚technischen Produktivität', die ein Un-Begriff ist!" sagt SOMBART folgerichtig (343). Und doch ist es ein *Unterschied*, ob der Einsatz einer gegebenen Kombination von Boden und Arbeit eine Höchstmenge an *Gebrauchswerten* schafft, oder ob dieselbe Kombination ein Optimum an *(Tausch)Wert* schöpft. Im Bereich der Mittel ist das der gleiche Unterschied wie zwischen Rationalisierung im technischen und Gewinnstreben in volkswirtschaftlich nützlichem Sinne. Das grundsätzlich gleiche Prinzip, nach dem Technik und Wirtschaft angetreten, verlangt zwar im wesentlichen auch gleiche Maßbegriffe; aber ebensowenig uniform wie das Ergebnis der Betriebswirtschaft können die Maßstäbe sein, in die jene notwendig und sinngemäß gleichen Maße gefaßt werden. Für die rechnerische Durchdringung der Betriebswirtschaft ist es *zweckmäßig, zwei* analoge Maßbegriffe der Produktivität zu bilden, die den Bereichen angemessen sind, in denen die Betriebswirtschaft abläuft, dem technischen und dem wirtschaftlichen Organisationsprinzip. Diesen beiden Organisationsprinzipien entspricht dann auch je ein Erfolgsbegriff im Bereich der Produktivität, eben die technische und die wirtschaftliche Produktivität.

Die technische Produktivität des Einsatzes unserer Produktivfaktoren in der Produktionswirtschaft ist ihre „sachliche Ergiebigkeit" (327), ihr „technischer Erfolg" (337), also *die in Naturalmaßen denkbare Relation zwischen den eingesetzten Produktivfaktoren und den erzeugten Gebrauchswerten.* Die technische Produktivität ist damit ein im Stückrechnungsstil ausgedrücktes ökonomisch-technisches Maß für das sachliche Ergebnis der technischen Organisation in der Betriebswirtschaft. Die technische Produktivität ist also ausschließlich innerbetrieblich orientiert; unabhängig von allen unmittelbaren Einflüssen der Preise ist sie ein Maß für den Erfolg der innerbetrieblichen Rationalisierung der Produktionswirtschaft.

Der technische Produktivitätsbegriff wird also „durch das quantitative Moment bestimmt. Es handelt sich hier immer um die quantitative Ergiebigkeit der Produktionsmittel, der Produktionsmethoden und der Organisation im Betriebe..., die insofern wirtschaftlich relevant wird, als die ‚technische Produktivität' sich jeweils im Rahmen des ‚ökonomischen Prinzips' bewegt. Immer werden hierbei teleologische Urteile im Sinne der Zweckrationalität gefällt... Ein Verzicht auf die höchstmögliche technische Produktivität schränkt die Güterversorgung mit unterschiedlicher gesamtwirtschaftlicher Auswirkung ein, je nachdem ob es sich um die Verminderung lebensnotwendiger oder nur lebensangenehmer Güter handelt" (337). Im letzten Satz haben wir bereits implicite den Hinweis auf die über das technische hinausgreifende, andersartige ökonomische Betrachtungsweise.

Die wirtschaftliche Produktivität. Aber auch die rationellste – die technisch produktivste – Erzeugung mag zwar ein unentbehrlicher Bestandteil der Wirtschaft sein, sie ist jedoch nicht selbst schon zweckmäßigste Wirtschaft! Denn die Wirtschaftswirklichkeit handelt keineswegs immer nach dem Wirkungsgrad-Prinzip, weil sie nicht nur produziert, sondern auch den Bedarf deckt, d. h. spontane, planbare oder geplante Nachfrage zu befriedigen hat, die sich nicht nach dem gleichen Grundsatz rationell bestimmt. Verbrauch, Nachfrage und Bedarf werten anders wie die Produktion! Die technische Produktivität gilt nur im Einzelvorgang der Produktion. Dieser Einzelvorgang wird ökonomisch bedeutsam aber erst im Gesamtzusammenhang der Wirtschaft.

Wir brauchen also noch einen Produktivitätsausdruck, der, auch betriebswirtschaftlich, mehr nach der Seite des Wirtschaftszwecks hin orientiert ist, der also ungefähr angibt, ob der technisch produktive Erzeugungsvorgang möglichst viel zur vollkommenen Bedarfsdeckung beiträgt. Das technisch-naturale Produktionsergebnis und der Bedarf begegnen sich beim Austausch (auf dem Markt) oder betriebswirtschaftlich schließlich im volkswirtschaftlich bestimmten Preis.

Die Begegnung wird zur Bedarfsdeckung freilich nur, wenn Bedarf und Kaufkraft übereinstimmen. Aber diese Seite der Produktivität ist nicht Anliegen der Betriebswirtschaft. Sie stellt nur fest: Kaufkraft sucht *Tausch*werte! Deshalb weist die Betriebsstatistik sie nach. Und noch aus einem anderen Grunde: Wenn die produzierten Gebrauchswerte genauso viel wert sind wie die eingesetzte Arbeit gekostet hat, so wäre sie noch nicht „produktiv", sondern nur „reproduktiv" aufgewendet worden, sagt man (33). Erst der Wertüberschuß zeigt dann an, ob die Arbeit volkswirtschaftlich produktiv eingesetzt war. Dieser Vergleich ist nur mit der wirtschaftlichen Produktivität möglich. Auch der Betriebswirt muß im Auge behalten: „La productivité est axée sur la notion de progrès social" (95); technischer Fortschritt und höhere Reinerträge machen ihn noch nicht aus; es muß billig produziert und abgesetzt werden. Dem Merkmal „Steigerung" entspricht oder sollte wenigstens entsprechen ein im (volks)wirtschaftlichen Rahmen denk- und durchsetzbares Fallen der *Verkaufs*preise. (Uns scheint das jedenfalls ein sichereres Kriterium für den so oft akklamierten steigenden Volkswohlstand durch wachsende Produktivität zu sein als der immer über die Wertschöpfung mehr rechenhaft ermittelte, zunehmende Beitrag eines Erwerbszweiges zu Sozialprodukt und Volkseinkommen). Aber dort liegt die Grenze der Betriebswirtschaft: Steigende betriebswirtschaftliche Produktivität hilft, die Produktionskosten zu senken; es bleibt der Agrar- und Wirtschaftspolitik anheimgegeben, wen sie diesen Fortschritt genießen lassen wollen.

Erst wenn die gegebene Produktivfaktoren-Kombination mit ihrer hohen technischen Produktivität auch ein Optimum an „wertvollen" Gebrauchswerten geschaffen hat, ist sie auch „wirtschaftlich" produktiv. Das fällt sehr oft nicht zusammen; denn mit steigender technischer Produktivität sinken die Werte der Waren (220), aber sie fallen „nicht proportional der gestiegenen Arbeitsproduktivität..." (25). Mit fallenden Werten sinken auch die Preise der Waren, aber weder sofort noch immer im gleichen Verhältnis; denn kein Gebrauchswert muß den adäquaten, oder im Sinne der Wirtschaftlichkeit „auskömmlichen" Preis erzielen, „weil es bei ihm gelungen ist, unter gleichem Arbeitsaufwand eine oder viele Einheiten mehr zu erzeugen" (371); vgl. auch (42), (125). Erst die Beziehung zwischen den eingesetzten Produktivfaktoren und dem durch sie erzeugten, in Geld bewerteten Produktionsergebnis, dem Rohertrag, die wirtschaftliche Produktivität, zeigt mithin der Volkswirtschaft richtig an, wie sich die im jeweiligen Betrieb gegebene Kombination an der Gesamtwirtschaft beteiligt hat. Sie allein bringt außerdem die Unterschiede in der Qualität der gleichen Gebrauchswerte zum Ausdruck.

Die wirtschaftliche Produktivität des Einsatzes der Produktivfaktoren im Betrieb ist ihre wertmäßige Ergiebigkeit, also die Beziehung zwischen den Produktivfaktoren und dem Rohertrag der ihnen zugeordneten Erzeugung.

Dazu noch ein paar Worte über das Grundsätzliche dieses Begriffs. Die technisch produktivste Erzeugung wird wirtschaftlich unproduktiv, wenn der Bedarf an den hergestellten Gebrauchswerten aufhört! *Technische und wirtschaftliche Produktivität sind die zwei unabdingbaren Seiten jeder wirtschaftlich sinnvollen Produktion,* ihr Ausgleich ist integrierender Bestandteil der Spannungsüberwindung auf einer tieferen Schicht und damit echte Wirtschaft.

Mit unserer wirtschaftlichen Produktivität wollen wir dem wirtschaftlichen Sinn der Produktion gerecht werden, wofür es „keinen anderen Weg gibt als die *Reduktion der Produktionsleistung auf eine wirtschaftliche Größe.* Diese Größe kann nur der Tauschwert sein, der in den Preisen zum Ausdruck kommt" (59).

Unsere wirtschaftliche Produktivität ordnet sich damit in volks- und betriebswirtschaftliche Tatbestände ein und erfüllt, was die entsprechenden Disziplinen fordern:

1. Wie wir im nächsten Kapitel noch ausführlich begründen werden, müssen diese zwei Maße, die technische und die wirtschaftliche Arbeitsproduktivität, auch mit zwei grundsätzlich verschiedenen, ihnen aber entsprechenden Maßstäben gemessen werden, mit Naturaleinheiten und mit dem Geldmaßstab. Keine Planwirtschaft kommt ohne sie aus, vgl. (157) , (180), (262), folglich auch kein Betrieb mehr. „Die Reproduktion des gesellschaftlichen Produkts geschieht im Sozialismus in zwei Formen: a) in der Naturalform, b) in der Wert- oder Geldform" (157). „Das ... Wertgesetz ... macht es notwendig, den Produktionsumfang geldmäßig zu planen und zu berechnen und nicht nur mengenmäßig" (331).

2. „Produktivität ist die Erzielung einer möglichst hohen Produktion ... unter der ausdrücklichen Voraussetzung, daß diese Menge absatzfähig bleibt" (167), vgl. auch (63), (372). Was keinen Preis erzielt, weil es sich nicht verkaufen läßt, ist eben wirtschaftlich unproduktiv erzeugt worden. Es ist am Ende der Rohertrag im Geldmaßstab, der diese Seite der Produktivität ebenso einfach wie eindeutig hervortreten läßt.

3. Wir können unsere Gliederung in technische und wirtschaftliche Produktivität schließlich auch auf BEHRENS (24) stützen, der die „abweichenden Meinungen der verschiedenen Autoren" über die Produktivität u. a. in eine Gruppe faßt, deren Glieder sich darin unterscheiden, daß sie als Ziel der Produktion „Gebrauchswerte oder Tauschwerte" betrachten.

4. Auch das technische und das wirtschaftliche Organisationsprinzip des landwirtschaftlichen Betriebs spiegeln unsere beiden entsprechenden Produktivitätsbegriffe wider. Jene Organisationsprinzipien dürften im übrigen nicht auf die landwirtschaftlichen Betriebe beschränkt sein, sondern allgemein gelten. Neuerdings hat KLANKE versucht, von der Wissenschaftsanalyse aus zu unterscheiden zwischen „Betriebswirtschaftslehre" — sie ist dem wirtschaftlichen — und „Betriebswissenschaft" (171) — sie ist dem technischen Organisationsprinzip analog.

Mit unserer wirtschaftlichen Produktivität macht der Produktivitätsbegriff noch kein Zugeständnis an den Begriff der Wirtschaftlichkeit. Es erscheint uns nur wenig sinnvoll, die Produktivität der in die volkswirtschaftliche Arbeitsteilung so eng verflochtenen intensiven Kulturwirtschaft ausschließlich unter dem Gesichtspunkt technisch rationeller Erzeugung zu betrachten. Der von der Wirtschaftlichkeit klar abgrenzbare eigenständige Produktivitätsbegriff ist nur im tatsächlichen Gesamtzusammenhang der Betriebswirtschaft, also in ihrem technischen *und* wirtschaftlichen Organisationsprinzip zu sehen.

Wir widersprechen hier ausdrücklich VOGELs (372) Auffassung, „jeder Aufwand sei technisch produktiv, wenn das Produktionsergebnis vom Markt rezipiert" werde. Er stützt sich dabei auf MERKLE (230); dieser sagt aber in unserem Sinne sehr richtig: „... nur diejenigen Leistungen, die vom Markt rezipiert werden, einen Ertrag bringen, sind wirtschaftliche-produktive ..." (230, S. 44). Das eben drückt der Rohertrag aus. VOGEL gerät auch mit seiner Begriffsbestimmung der „wirtschaftlichen" Produktivität in die Wirtschaftlichkeit hinein: Ein Aufwand sei wirtschaftlich produktiv nur dann, „wenn der Quotient der letzten Grenzproduktivitätsrate größer ist als 1. ... In diesem Zustand ist die Produktion rentabel", fährt er fort (372). Wer garantiert ihm das? Man kann eben Wirtschaftlichkeit, Rentabilität und Produktivität nicht in *einen* Begriff pressen! — Am Ende kommt das Mißverständnis her aus der verschiedenartigen Interpretation des Wortes „wirtschaftlich". VOGEL und andere mögen darunter stets ein Synonym des wirtschaftlichen Prinzips verstehen. Das muß man aber nicht. Wirtschaftlich ist zunächst einmal die adjektivische Gattungsbezeichnung des praktischen Wirtschaftslebens. In diesem Sinne sind unsere Gebrauchswerte wirtschaftlich produktiv hervorgebracht, wenn sie Ertrag bringen. Ob die Erzeugung in VOGELs Sinne wirtschaftlich war, ist keine Frage der Produktivität; ihre Kennzahl vermag das nur teilweise aufzuklären. — Wir sind physikalisch gebildete Menschen, der Zugkraftmesser ist ein physikalisches Instrument — wir sind auch musikalisch begabt, aber das Klavier ist kein musikalisches Instrument! Das Wort wirtschaftlich gehört (leider!) zur ersten Gruppe, zum doppeldeutigen „physikalisch".

Von den allgemein-ökonomischen Kategorien aus mag der oberflächliche Betrachter wohl keinen großen Unterschied zwischen Wirtschaftlichkeit und wirtschaftlicher Produktivität sehen. Wer tiefer blickt, erkennt die verschiedene Fragestellung: Wie verhalten sich Aufwand und Ertrag zueinander = Wirtschaftlichkeit; wie stehen die einzelnen Produktivfaktoren oder alle zusammen zur Produktionsleistung = Produktivität? Wie so vieles in der Betriebsforschung werden auch diese Relationen von der Fragestellung, also vom Zweck geprägt. Ihren konkreten Ausdruck finden solche Fragen stets im Maß. Erst die Maßbegriffe Produktivität, Rentabilität, Effektivität und Wirtschaftlichkeit zu unterscheiden hat daher Sinn. Wir kommen im nächsten Kapitel noch genauer darauf zu sprechen.

Die Erscheinungsweisen der Produktivität werden also nur von den beiden Blickpunkten her begreiflich, die jede Relation ausmachen: Auf der Seite der Produktion liegen die drei Produktivfaktoren, die allein produktiv sind, und auf der Seite der Deckung steht das der (Betriebs-)Wirtschaft gesteckte Ziel, die Erzeugung von materiellen Gebrauchswerten, deren Herstellung notwendig ist und damit produktiv sein kann. Was zu produzieren notwendig ist, lenkt jedes Wirtschaftssystem nicht nur über den Produktionsplan, sondern auch mehr oder weniger über Preis und Markt. Eine möglichst hohe Summe von Tauschwerten zu erzeugen, ist demnach das zweite Ziel der Produktivfaktorenkombination in der Betriebswirtschaft. Sie muß also in ihrem produktionswirtschaftlichen Bereich technisch produktiv und als Glied einer auf Austausch eingestellten Bedarfsdeckungswirtschaft auch wirtschaftlich produktiv sein. Beide Erscheinungsweisen liegen im Begriff der Produktivität.

2.1212 Die volkswirtschaftliche und die betriebswirtschaftliche Produktivität

Ökonomische Kategorien haben wirtschaftlich nur Sinn, wenn man sie in Maß und Zahl fassen kann. Wir haben das bis jetzt stillschweigend unterstellt und werden weiter unten zeigen, daß die technische und wirtschaftliche Produktivität mit Hilfe des Rechnungswesens für den Einzelbetrieb auch durchaus quantifizierbar sind. Damit stehen die technische und die wirtschaftliche Produktivität bereits im Gegensatz zur *volkswirtschaftlichen* Produktivität. In der Volkswirtschaft läßt sich kein quantitativer Unterschied zwischen technischer und wirtschaftlicher Produktivität machen, weil u. a. der ausgedehntere Bereich der Volkswirtschaft in seiner fortgeschrittenen Differenzierung durch die moderne Arbeitsteilung mit technischen Naturalmaßen rechnerisch nicht mehr sinnvoll zu durchdringen ist. Dort muß die technische zur wirtschaftlichen Produktivität und die technische damit volkswirtschaftlich zum „Un-Begriff" (343) werden.

Diese Betrachtungsweise bringt die Produktivität nun in einen anderen Sinnzusammenhang: Sie ist jetzt nicht mehr von den Produktivfaktoren oder dem Wirtschaftsziel her, sondern gewissermaßen räumlich, in abgegrenzten Bereichen, zu verstehen. Die Volkswirtschaft wäre danach eine größere Wirtschaftseinheit, vgl. (343) und in ihr erreichte – irgendwie, also wirtschaftsimmanent oder -transzendent, gesetzte – Ziele, bezogen auf bestimmte Produktivfaktoren, brächten die „volkswirtschaftliche Produktivität" zum Ausdruck. Zu dieser Vorstellung rechnet allerdings nicht nur die Produktivität der gesamten Volkswirtschaft, sondern auch die vielerörterte der einzelnen

Wirtschaftszweige einschließlich der Landwirtschaft, vgl. (51), (118), (421). Die volkswirtschaftliche Produktivität mit all ihren qualitativen und quantitativen Problemen schließen wir aus den folgenden Betrachtungen aus –

denn „Volkswirtschaftslehre und Betriebswirtschaftslehre haben nur einen großen Teil des Stoffes, aber nicht den Geist gemein. Die Volkswirtschaftslehre ist eine philosophische Wissenschaft mit den ihr anhaftenden Eigentümlichkeiten. Die Betriebswirtschaftslehre... ist dagegen angewandte Wissenschaft. Chemische und mechanische Technologie sind... ihrem Geiste... näher verwandt als die Volkswirtschaftslehre. Der Stoff allein macht nicht das Wesen eines Faches aus. Das betriebswirtschaftliche Denken ist erfüllt vom Zwecke“ (321), auch (228); also wirtschaftliches Prinzip, Mittelwahl bei gesetztem Ziel, und sehr wesentlich: Dieses Ziel ist als ganzes auch nicht, aber zum Unterschied von der Volkswirtschaftslehre hier teilweise erfahrbar; kein Betrieb wird in allen Zweigen das Optimum erreichen, wohl aber ist der Arbeitseinsatz im Betrieb des Bauern Schulze heute und hier vergleichsweise am wirtschaftlichsten und produktivsten, also am besten. –

Wir führen nur die gedankliche Ableitung weiter: *Wenn die Produktivität einen eigenständigen Sinn im abgrenzbaren Bereich einer größeren Wirtschaftseinheit, in den Wirtschaftszweigen der Volkswirtschaft, hat, so muß sie mit entsprechend abgewandelter Bedeutung auch für kleinere Wirtschaftseinheiten gelten; das eben leisten unsere beiden Begriffe der technischen und wirtschaftlichen Produktivität für den Einzelbetrieb. Sie verengen oder erweitern weniger den Produktivitätsbegriff an sich, als sie erlauben, ihn sicherer zu bestimmen, zu quantifizieren und einfacher zu handhaben.*

Wir beanspruchen damit das gleiche Recht für unsere „betriebswirtschaftliche“ Produktivität wie jene Forscher, die „ihren“ Begriff auf den volkswirtschaftlichen Bereich beschränkt haben (24), (33), (337), (343), (400). Er gilt in *beiden* Wirtschaftseinheiten, aber jede wertet, betrachtet und behandelt ihn anders. „Als hervorbringende Einheit... können wir Betriebe, Unternehmungszweige oder die gesamte Volkswirtschaft ansehen“ (337).

Wir gehen mit dieser Abgrenzung noch einen Schritt weiter: Wir zerlegen den Betrieb in seine Zweige und ermitteln die Produktivität in ihren Bereichen, vgl. (75), (301), (333). Es liegt auf der Hand, daß diese Produktivität am genauesten zu erfassen sein muß. Je weiter wir in dieser Richtung vorstoßen, desto mehr verliert aber die wirtschaftliche Produktivität ihren Sinn, um so ausschließlicher kommen wir in das Gebiet der technischen Produktivität, immer deutlicher auch im Geiste der Technik.

Niemand vermag genau zu sagen, wie hoch beispielsweise die volkswirtschaftliche Produktivität der landwirtschaftlichen Arbeit ist – weil er ihr alle übrige Arbeit zuzählen muß, die im Interesse der landwirtschaftlichen Produktion, jedoch nicht in den landwirtschaftlichen Betrieben verrichtet wird – wohl aber kann er ziemlich exakt angeben, wie groß die Produktivität der in einem bestimmten Betrieb für die Erzeugung von Weizenhochzuchtsaatgut aufgewandten Arbeitsstunden ist. Und ganz genau läßt sich bestimmen, welche Menge Kartoffeln unter bestimmten, fixierbaren Bedingungen von einer Arbeitskraft gesammelt wird – aber, ist das noch Produktivität? Im Sinne des „klassischen“ Produktivitätsbegriffes sicher nicht mehr; wir sind jetzt an die Grenze gekommen, wo Produktivität zu einem arbeitstechnischen Ausdruck werden muß.

Die Produktivität darf in dieser Richtung aufs Technische hin nicht zu weit vorstoßen, ohne ihren Sinn zu verlieren. Das glauben wir durchaus sagen zu dürfen, denn auch SOMBART weist der Wissenschaft die Pflicht zu, in klarer Weise zu bestimmen, welche verschiedenen Bedeutungen ein im täglichen Leben so häufig gebrauchtes Wort haben kann. Er geht notwendig ebenfalls vom Sprachgebrauch aus (343), (383). Und da findet sich die Produktivität heute sogar noch weit über jenen, oben abgegrenzten Bereich hinaus, immer wieder falsch verwendet, als Synonym von Wirkungsgrad oder Leistung, als „Wirkungsgrad der Arbeit" in (290), auch im Bereich der Landarbeit, z. B. (16), (173). Die Produktivität enthält immer Gebrauchswerte; nur wo sie erscheinen und hervorgebracht sind, kann man von der Produktivität von Zwischenstufen sprechen.

Die (Arbeits-)Produktivität in einzelnen Betriebszweigen zu bestimmen, ergibt sich ganz einfach und folgerichtig aus unserer Analyse des Begriffs. Wer feststellt, mit wieviel Arbeit der Bauer Schulze seinen dz Kartoffeln gewinnt, hat damit genau so viel oder genau so wenig über die Zweckmäßigkeit seiner Betriebsorganisation ausgesagt wie ein anderer, der findet, daß derselbe Bauer im langjährigen Durchschnitt 25 GE/ha mehr Zuckerrüben als Kartoffeln erntet. Es „verbietet sich, von einer Arbeitsproduktivität einzelner Früchte oder Betriebszweige zu sprechen" (118). Das stimmt nicht, und RIES (293) hat es auch nicht so gemeint. Mit einem betriebswirtschaftlichen Teilmaß kann niemand *den* Betrieb erfassen. Das liegt aber nicht am vom Begriff her konsequent entwickelten Maß! Wer 40° Fieber mißt, wird nicht das Thermometer verdammen, weil er den Scharlach plötzlich auch ohne das erkennt, sondern hoffentlich etwas für seine Diagnose dazulernen. Damit die nächste allseitig hieb- und stichfest sei, braucht er eben viele Maße. Genau so die Betriebsforschung: Die Produktivität im Betriebszweig ist ein Maß mehr, den Betriebsablauf vollständig zu erfassen. Daß man aus so gewonnenen Werten keine zu weitreichenden Schlüsse ziehen darf, liegt auf der Hand. RIES hebt es mit vollem Recht hervor (293).

2.1213 Die effektive und die potentielle Produktivität

Aus dem Wirtschaftszweck ergaben sich die technische und die wirtschaftliche, aus dem Wirtschaftsbereich die volks- und die betriebswirtschaftliche Produktivität. Das Wirtschaftsleben erzwingt eine weitere Unterscheidung: Wenn der Markt oder ein anderer überbetrieblicher Impuls den Produktionsumfang bestimmt, wird der Betrieb seine Kapazität oft nicht voll auslasten und damit *effektiv* weniger produktiv sein als er es *potentiell* sein könnte. Weil das in der Landwirtschaft vergleichsweise selten vorkommen dürfte, behandeln wir im folgenden stets nur die effektive Produktivität; dabei unterstellen wir, daß die Produktivität verschiedener Betriebe nur aus innerbetrieblichen, also betriebswirtschaftlich beeinflußbaren, Ursachen differiert, m. a. W.: Die überbetrieblichen Einflüsse drängen alle Betriebe gleichstark auf volle „Auslastung ihrer Kapazität", auf höchste „potentielle" Produktivität.

Diese vom praktischen Wirtschaftsleben gebotene Beschränkung auf die effektive Produktivität enthebt uns einer Unterscheidung, die wir sonst machen müßten: Wir brauchen die Produktionsleistung des Betriebes nicht zu trennen nach Konsumgütern und Produktionsmitteln. Jede Maschinenfabrik wird sich auf Grund der jeweiligen Marktsituation und ihrer zu erwartenden Entwicklung wohl überlegen, ob sie für den Verkauf bestimmte Einzelteile anfertige oder Drehbänke zur Ausweitung ihrer Kapazität. Mit den Drehbänken könnte sie wohl ihre technische Produktivität steigern, ihre wirtschaftliche aber nur bei günstiger Absatzlage. Die intensive Kulturwirtschaft wird dagegen stets so viel eigene Produktionsmittel erzeugen oder den Wert der gegebenen erhöhen, wie sie betriebswirtschaftlich sinnvoll einsetzen kann. –

Wer diesen Unterschied nicht sieht, kommt unweigerlich zu falschen wirtschaftsgestalterischen Schlüssen, wenn er effektiv hochproduktive Wirtschaftseinheiten potentiell „unterproduktiven" gegenüberstellt. Das gilt vor allem für Vergleiche der volkswirtschaftlichen Produktivität. Man könnte die potentielle Produktivität auch als Produktivkraft im Sinne unseres 1. volkswirtschaftlichen Merkmals, dem Leistungsvermögen, bezeichnen; die effektive ist dann realisierte Produktivkraft, vgl. S. 11.

Biologisch determiniert und naturwissenschaftlich bestimmbar hat diese potentielle Produktivität – die Produktivkraft, das Leistungsvermögen – schon eine wesentliche Bedeutung für die Landwirtschaft und für die Betriebswirtschaft. Es ist damit genauso wie mit dem technischen Wirkungsgrad: Je näher man dem optimalen Wirkungsgrade kommt, je besser der Schlepper ausgelastet ist, desto billiger wird der Einsatz der energieumwandelnden Sachgüter. Das gilt für den Boden, die Pflanzen, die Tiere und auch für den arbeitenden Menschen im arbeitstechnischen Sinne. Die Produktivität ist jedoch nur ein indirektes Maß dafür, weil sie nicht technisch, sondern wirtschaftlich-technisch zu verstehen ist.
Die Arbeitsproduktivität kann sinnvoll nur einen gegebenen Sachverhalt ausdrücken; die „potentielle" Arbeitsproduktivität wäre also ein Widerspruch in sich. Wie wir noch sehen werden, enthält das Maß, in das wir den Produktivfaktor Arbeit fassen wollen, einige Fiktion. Es bleibt aber immer ein Abbild der Wirklichkeit und somit begriffsgerechter Relat im Quotienten der effektiven Arbeitsproduktivität. Wer auf die kalkulierte „betriebsnotwendige Arbeitskraft" bezieht, um „vergleichbare Werte unter verschiedenen Betriebsgrößen zu gewinnen" (278), verstößt gegen den Sinn unseres Begriffs, vgl. dazu auch (372); wir wagen zu behaupten, gegen den Sinn *des* Begriffs; er gewinnt eben Vorstellungen nur über die potentielle Arbeitsproduktivität. Außerdem verändert er die Einteilung auf dem Fieberthermometer „Arbeitsproduktivität", nicht um vergleichbare Werte zu bekommen, wie er meint, sondern um von Natur aus Ungleiches auszugleichen. In den Nenner setzt er den kalkulierten betriebsnotwendigen AK-Besatz, in den Zähler die ebenfalls kalkulierten nachhaltig erreichbaren Durchschnittsernten, nun sind alle Betriebe unter denselben Standortsbedingungen gleich, und wir brauchen gar nichts mehr zu messen! Für die so kalkulierte – potentielle – Arbeitsproduktivität ist das Maß also nur noch Form, und das hat *auch* einen Sinn, denn die Arbeitsproduktivität kann praktisch unbegrenzt steigen (88), wenigstens dann, wenn man sie global sieht und in der Entwicklung über längere Zeiträume.
Potentielle und effektive Produktivität bringt auch durcheinander, wer nicht klar unterscheidet zwischen dem allgemeinen Begriff der Produktivität, als Fähigkeit, Gebrauchswerte hervorzubringen, und der Ergiebigkeit, als tatsächliches Ergebnis wirtschaftlichen Zusammenwirkens der Produktivfaktoren im Betriebe. Das wird oft genug verwechselt, z. B. (173), (372), vgl. S. 11.

In unserem Schema 1 haben wir die potentielle Produktivität nicht deswegen in den Bereich der Volkswirtschaft verwiesen, weil sie schließlich irgendwohin gehören muß, wenn sie in der Betriebswirtschaft keinen Raum findet, sondern weil die potentielle Produktivität in der Volkswirtschaft durchaus sinnvoll verwendet werden kann. Die effektive Produktivität stellt stets dar die innerhalb eines gegebenen *Zeitraums* auf die Produktivfaktoren bezogene reale Produktionsleistung. Der Betriebswirtschaft genügt das.

Die Volkswirtschaft fragt aber weiter, was denn aus der, in der Aufeinanderfolge solcher Zeiträume, geschaffenen Produktion werde. Was die Wirtschaft als Ganzes nicht verzehrt, steigert ihr Nationalvermögen, ihr Potential; wir können daher sagen: Die potentielle volkswirtschaftliche Produktivität bezieht das Nationalvermögen auf die Produktivfaktoren zu einem bestimmten *Zeitpunkt,* also alles was sie h e u t e besitzt, unabhängig davon, wann und wie es produziert wurde. Potentielle volkswirtschaftliche Produktivität kommt auch heraus, wenn man die (in einem bestimmten Zeitraum) produzierten „Leistungsfähigkeiten", also das von der Wirtschaft noch nicht ausgenutzte Potential, die entsprechenden Produktionsmittel, auf die Produktivfaktoren bezieht. Das alles hat betriebswirtschaftlich keine praktische Bedeutung.

2.122 Der Produktivitätsrelator

Als Maßbegriff stellt die Produktivität dar die Größe der Leistung einer Wirtschaftseinheit für die Bedarfsdeckung. Nur in diesem Maß läßt sich der Erfolg alles Wirtschaftens verfolgen und damit beeinflussen; im Bereich der Betriebswirtschaft ist das Messen schon mit zureichender Genauigkeit möglich. *Die Produktivität ist — zunächst ganz allgemein — die Relation zwischen der Gesamtheit der Erzeugnisse und der zu ihrer Produktion eingesetzten Menge an natürlichen oder erarbeiteten Produktivfaktoren im Betriebe.* „Produktivität ist der Quotient, den man erhält, wenn man die Produktionsleistung durch einen der Produktionsfaktoren teilt".[1])
Es kommt nun auf die *Maße* an, in die man die beiden Relaten, Produktionsleistung und Produktivfaktor, faßt und auf die *Maßstäbe,* mit denen man sie mißt. Die richtigen zu finden, gibt es zwei Wege: Man kann zunächst vom Produktivitätsbegriff ausgehen und die der technischen und wirtschaftlichen Produktivität angemessenen Maße und Maßstäbe begriffsgerecht definieren, oder man bestimmt sie nach dem betriebswirtschaftlichen Zweck, der die Zusammenhänge klärenden und die betriebswirtschaftlichen Erkenntnisse fördernden Deduktion. Das werden wir im nächsten Kapitel tun. Hier folgen wir erst einmal dem ersten Wege und entwickeln begriffsgerechte Maßausdrücke. Das ist aus zwei Gründen notwendig: 1. Produktivität ist etwas anderes wie Wirtschaftlichkeit und Rentabilität; der grundsätzliche Unterschied wird praktisch nur im Maßbegriff fruchtbar. 2. Die betriebswirtschaftliche und die volkswirtschaftliche Produktivität sind so verschieden wie Betriebswirtschaft und Volkswirtschaft. Das sinnvoll abgrenzen kann nur, wer den wesentlichen Unterschied zwischen Betriebs- und Volkswirtschaftslehre klar sieht. Er wird sehr deutlich an den Maßen und Maßstäben, die beide Disziplinen verwenden, um die Produktivität zu messen.
Weil nicht nur das praktische Wirtschaftsleben, sondern auch die Wirtschaftswissenschaft die Maßbegriffe Produktivität, Rentabilität und Wirtschaftlichkeit heute gerne durcheinanderbringen, z. B. in (173) und (402), ein paar Worte zur Abgrenzung ihrer eigenständigen Bereiche.

---

1) Zitiert nach (151).

2.1221 Produktivität, Wirtschaftlichkeit, Rentabilität – Maße der Produktivität

Produktivität, Wirtschaftlichkeit und Rentabilität sind als Maßbegriffe recht ähnlich, als solche haben sie unser 8. volkswirtschaftliches Merkmal gemeinsam, sie werden als Relatoren gebildet, wobei stets – ganz allgemein gesagt – Aufwendungen (eingesetzte Produktivfaktoren) auf Erträge bezogen werden (Produktivität und Wirtschaftlichkeit) oder die Aufwands-Ertragsdifferenz dem eingesetzten Vermögen gegenübergestellt wird (Rentabilität). Der entscheidende Unterschied zwischen Produktivität, Wirtschaftlichkeit und Rentabilität liegt zunächst im *Maß* der Produktionsleistung, des Ertrages.
Die Produktivität wird grundsätzlich mit dem Bruttoprodukt gebildet. In der volkswirtschaftlichen Gesamtrechnung entspricht es dem Bruttosozialprodukt, vgl. (322). Der ursprünglich als naturale Mengenrelation gedachten Produktivität folgend (Merkmal 4) zeigt es der Volkswirtschaft begriffsgerecht an, in welchem Maße die Spannung zwischen Bedarf und Deckung überwunden wird. Anders die Wirtschaftlichkeit: Sie rechnet mit der „Wertschöpfung", vgl. (105), (393), und bezieht nicht mehr den Rohertrag, das Bruttoprodukt, auf die Aufwendungen, sondern den um bestimmte Aufwandsteile reduzierten Rohertrag. Bezieht man z. B. die „Wertschöpfung" auf einen Erwerbstätigen – als Mengenausdruck des Produktivfaktors lebendige Arbeit – so entsteht ein Zwitterbegriff aus Wirtschaftlichkeit und Produktivität, den wir nicht mehr als Produktivität im originalen Sinne des Begriffs ansehen können. Die „Wertschöpfung je Erwerbstätigem" würde als „wirtschaftliche" Produktivität das mehr technisch orientierte Produktivitätsdenken ins wirtschaftliche ummünzen. Das widerspricht dem Produktivitätsbegriff offensichtlich. Weil das wirtschaftliche Prinzip, wenn überhaupt, dann vor allem der betriebswirtschaftlichen Produktivität immanent ist, bleibt unsere Produktivität „wirtschaftlich", auch wenn sie nicht das Nettoprodukt, die Wertschöpfung oder einen anderen Ausdruck aus dem Maßbereich der Wirtschaftlichkeit impliziert, sondern den Rohertrag. Um der begrifflichen Klarheit willen muß man an diesem Unterschied in den Maßen festhalten. Das schließt freilich nicht aus, die Produktivität im Zusammenhang mit der Wirtschaftlichkeit in der Betriebswirtschaft zu untersuchen und den angestrebten Einklang im „mehr und wirtschaftlicher produzieren" (366) zu fördern.
Wer vom Relaten Erzeugungsleistung Aufwandsteile abzieht, verläßt die Produktivität und kommt in den Bereich der Wirtschaftlichkeit. Damit verlöre der Produktivitätsrelator seinen ökonomischen Sinn. „Wirtschaften ist ein dauerndes Vergleichen" (328); vergleichbar sind nur auf „dieselbe Einheit" reduzierte, „daher gleichnamige, kommensurable Größen" (220); oder, allgemeiner, man soll nur methodisch gleichartig ermittelte Relatoren vergleichen. Es werden deren zwei gebildet: *Arbeits- und Bodenproduktivität.* Man kann sie nicht mehr vergleichen, wenn man die um Teile des Aufwands verminderte Bodenleistung, wie vorgeschlagen (277) auf die Arbeitseinheit und die Bruttobodenleistung, wie üblich (151), (174), auf die Bodeneinheit bezieht.

Daß von der Bodenleistung nichts abgezogen wird, wenn man die Bodenproduktivität berechnet, liegt daran, daß nur in der Landwirtschaft der Boden als Produktions-Element, als originärer Produktivfaktor an der Produktion teilhat. Den Produktivfaktor Arbeit haben alle Zweige der Volkswirtschaft gemeinsam!

Im Sinne des Merkmals 4 ist außerdem die Produktivität vorzugsweise in Naturalmaßbeziehungen zu denken. Wie will man Sachaufwendungen aller Art vom Relaten „Ernte" abziehen? Das im Geldmaß zusammenfassende Denken ist eben weitgehend wirtschaftlich, volkswirtschaftlich orientiert; PRIEBEs Arbeitsproduktivität ist daher zwar folgerichtig „ein volkswirtschaftlicher Erfolgsmaßstab" (277), auch (51), aber keine Produktivität mehr im eigentlichen Sinne. Auch im volkswirtschaftlichen Bereich ist ein Vergleich der Arbeits- und Bodenproduktivität nur möglich, wenn man beide Relatoren aus der (bereinigten) Bruttoproduktion bildet und in Naturalmaßen rechnet, vgl. (118), (136), (174), (333).

Den Produktivitätsrelator kann man also nur mit dem Bruttoprodukt richtig bilden und den Maßbegriff Wirtschaftlichkeit faßt angemessen, wer den Ertrag um die Aufwandsteile vermindert, die die jeweilige Fragestellung zu reduzieren vorschreibt. Noch stärker unterscheidet sich die Rentabilität von der Produktivität; wenn wir noch einmal vom Maß ausgehen, mit dem die im Zähler des Relators stehende Bezugsgröße gebildet wird: Dort setzt man die Differenz zwischen Ertrag und Aufwand, den Gewinn, ein und bezieht sie in der Regel auf das beteiligte Vermögen. Das hat mit Produktivität nichts mehr zu tun, ist eher noch der Wirtschaftlichkeit verwandt.

Ebenso deutlich wie die Maße, die die Bezugsglieder in den Zählern der drei Begriffe fassen, unterscheiden sich auch die Einheiten und damit die Maße, die die Bezugsglieder im Nenner ausdrücken. Der Produktivitätsrelator wird mit einem klar umgrenzten und quantifizierbaren Produktivfaktor gebildet, die Arbeitsproduktivität mit der Arbeit. Die Rentabilität impliziert das gesamte Vermögen, und (Arbeits-)Produktivität k a n n nicht dasselbe sein wie Wirtschaftlichkeit, denn der Wirtschaftlichkeitsbegriff hat nur Sinn, wenn entweder der vollständige Ertrag auf den gesamten Aufwand bezogen wird oder ein bestimmter Teil des Ertrags akkurat auf den Teil des Aufwands, der gerade diesen hervorgebracht hat. Meist fragt die Wirtschaftlichkeit noch nicht einmal nach so einer absoluten Angabe, sie begnügt sich sehr oft mit der vergleichsweisen Feststellung, daß dieses oder jenes Verfahren wirtschaftlicher ist. Für die Wirtschaftlichkeit haben die Zurechnungsprobleme, mit denen man bei solchen Fragen fertig werden muß, noch einigen Sinn. Die Produktivität kann man damit im konkreten Falle nicht aufhellen.

Aus erkenntnistheoretischen Gründen und auch weil es praktisch noch nicht möglich ist, kann man die (Arbeits-)Produktivität heute noch nicht als Relation zwischen dem gesamten (Arbeits-)Einsatz und dem durch diesen gesamten Einsatz hervorgebrachten Ertrag ausdrücken. Eine Relation zwischen dem gesamten wertmäßigen Arbeitsaufwand und dem gesamten Ertrag ist dann eben auch nicht Wirtschaftlichkeit, sondern Arbeitsergiebigkeit. Mit fortschreitenden Erkenntnissen wird die faktische Differenz zwischen den Kennzahlen der Wirtschaftlichkeit und der (Arbeits-)Ergiebigkeit immer mehr verschwinden, und zwar in dem Maße, wie es gelingt, den vollständigen Einsatz der Produktivfaktoren besser und besser zu quantifizieren; vgl. unseren Exkurs über die Produktivität als vollständiges Leistungsmaß, S. 137. Es ist allerdings die Frage, ob man nicht auch dann noch bei der Produktivitätsrechnung bleibt, also bei der Zuordnung des Gesamtertrags zu einem Produktivfaktor, weil das eben zweckmäßig ist.

Hier verläuft vorerst noch eine oft überschrittene Grenze zur Wirtschaftlichkeit; Beispiele: Die „technische Produktivität... ergibt sich immer aus dem Zusammenwirken aller Produktivfaktoren, das als ‚Aufwand' schließlich den ‚Erfolg' hervorbringt" (337). Die „Gesamtproduktivität ist das Verhältnis zwischen der gesamten Produktionsleistung und dem dafür verwendeten Aufwand für Arbeit, Kapital, Rohstoffe usw." (151). Die „günstigere Gestaltung des Verhältnisses von Aufwand und Ertrag" (337) vermag zwar unter bestimmten Voraussetzungen die Produktivität zu steigern, ist aber keine. Man sollte in den Produktivitätsbegriff nicht hineinpacken, was alles getan werden kann, sein gemessenes Ergebnis im konkreten — oder im abstrakten — Falle zu vergrößern. Das schon deswegen nicht, weil eben sehr viele Mittel die Produktivität zu steigern vermögen, keineswegs die bessere Wirtschaftlichkeit allein. —

Gelegentlich wird behauptet, die Produktivität sei „nichts anderes als eine besondere Ausdrucksform der Wirtschaftlichkeit", $P = \frac{E}{A}$ drücke nämlich die „Wirtschaftlichkeit des menschlichen Arbeitseinsatzes" aus (402). Daß das wirtschaftlicher Un-Sinn ist, liegt auf der Hand: 1,5 Stunden bringen die 100 dz Zuckerrüben nicht allein, ohne Schlepper, zur Fabrik; wer die 1,5 Stunden auf die Nutzleistung bezieht, erfährt gar nichts darüber, ob das produktiv war oder nicht. Ob der Bauer Schulze die Kartoffeln wirtschaftlicher mit der Hand oder mit der Maschine legt, ist rasch ausgerechnet, aber welches Verfahren ist produktiver? Weder die Arbeit noch die Ernte oder der Rohertrag lassen sich soweit aufteilen, daß man daraus eine sinnvoll zugerechnete Produktivitätsrelation zu machen vermag.

Wirtschaftlichkeit und Produktivität sind also auch als Beziehungszahlen praktisch wesensverschiedene Maßbegriffe: Bezugsglieder der Produktivität sind die einzeln kaum teilbaren drei Produktivfaktoren; Bezugsglieder der Wirtschaftlichkeit können in beliebiger Größe gewählt werden, wenn nur der Relator betriebswirtschaftlich brauchbares aussagt.

Die Arbeitsproduktivität ist eben *nicht der* Wert, den eine Arbeitskraft in einer bestimmten Zeit *erarbeitet,* wenn es auch PRIEBE (278) und neuerdings KLAUDER wieder behaupten; aus dieser falschen Vorstellung entspringt dann stets: „Produktivität ist ein Verhältnis von Aufwand und Ertrag" (173). Noch nie ist in der Landwirtschaft der Ertrag das ausschließliche Resultat des Aufwands gewesen und wird es auch niemals sein! Es ist nur *zweckmäßig,* die von allen Produktivfaktoren, Aufwendungen und natürlichen Kräften gemeinsam hervorgebrachte Erzeugungsleistung auf den einen oder anderen Produktivfaktor zu beziehen. Das ist dann eine statistisch-rechenhafte Zuordnung, aber keine vollständige Kausalbeziehung! —

Vom Maß her zeigt sich also, daß die Produktivität als Relator zwar ähnlich wie Wirtschaftlichkeit und Rentabilität gebildet wird, daß sie sich aber davon wesentlich unterscheidet. Am nächsten steht ihr noch die Wirtschaftlichkeit. Dort liegt mithin die eine Grenze des wirtschaftlich-technischen Bereichs, den der eigenständige Produktivitätsbegriff erfüllt, die andere liegt im arbeitstechnischen Maß, wie wir oben schon gezeigt hatten, S. 22. Alle drei Gebiete haben eigene Maßbegriffe für den Erfolg, oder wie immer man das Leistungsergebnis nennen will: Die Arbeitstechnik den Leistungsgrad, die Erwerbswirtschaft die Wirtschaftlichkeit (auch die Rentabilität) und die wirtschaftlich-technische (Produktions-Betriebs-)Organisation die Produktivität. Die Maße, Relatoren und Bezugsglieder, lassen sich klar unterscheiden.

So gerät in die beiden angrenzenden Bereiche, Wirtschaftlichkeit und Arbeitstechnik, die (Arbeits-)Produktivität verlassend, z. B. ein immer wieder mit ihr gleichgesetzter Maßbegriff hinein: Der Leistungsgrad. Dimensionslos wie alle „Grade" ist der Leistungsgrad entweder das Verhältnis von „erstellten Leistungen zu verzehrten Leistungen" (168), (423) oder die Relation zwischen vorgegebener (normaler) und erreichter Leistung im arbeitstechnischen Sinne, vgl. (89), (283). Beides kann nicht Produktivität sein. Der Leistungsgrad $I = \frac{\text{erstellte Leistungen}}{\text{verzehrte Leistungen}}$ oder $\frac{\text{Ertrag}}{\text{Ertragsaufwand}}$ (346), ausgedrückt in kommensurablen Einheiten, ist die Effektivität. Man unterscheidet wirtschaftliche, I_w, und technische Effektivität, I_t; die wirtschaftliche wird in Werteinheiten, im Geldmaßstab, und die technische in technischen Einheiten, z. B. in Calorien, ausgedrückt. I_w sollte stets größer als 1, und I_t kann immer nur kleiner als 1 sein. Das Meßprinzip entspricht also dem unserer technischen und wirtschaftlichen Produktivität, nur mit dem Unterschied, daß die Relaten dort in der Regel keine kommensurablen Einheiten sind, die Produktivität damit meist auch nicht zum „Grad" wird. „Verzehrte Leistungen" *können* zwar gelegentlich mit den Produktivfaktoren identisch sein, müssen es aber nicht; deswegen ist die Effektivität eben auch keine reine Produktivität. Mit der technischen Effektivität ist der Rechenausdruck des arbeitstechnischen Leistungsgrades $II_t = \frac{\text{tatsächliche oder Ist-Leistung}}{\text{Normalleistung oder Leistungsnorm}}$ nahe verwandt. Hier wird nun zum Unterschied von I_t im Nenner zwar immer ein Produktivfaktor oder wenigstens ein meist zurechenbarer Teil davon stehen, im Zähler dagegen nie ein vollständiger Gebrauchs- oder Tauschwert, vgl. dazu (50). BLOHM, RIEBE, VOGEL drehen erstaunlicherweise ihren Bruch noch um (50, S. 108); auf diese Weise kommen sie mit unterdurchschnittlichen Leistungen zu Leistungsgraden über 1. Der Leistungsgrad II_t ist also ebenfalls kein Produktivitätsausdruck. Auch als Maßbegriff ist die Produktivität eben stets nur im ökonomisch-technischen Sinne zu verstehen und zu verwenden. Wer das tut, sollte jedoch nicht mißverständlich von „Arbeitsstundenleistung (Ausstoß je Arbeiter)" (2) sprechen. Jeder Begriff verwirrt, den man erst in einem Klammerausdruck erklären muß; „Leistung" (16), (47), (209), „Arbeitsstundenleistung" (2), „durchschnittliche Leistung je Arbeiter" (331), (421), technische Produktivität = „Leistung per Arbeitskraft (man) oder ... (man hour)" (167) u. ä. Begriffe lehnen wir als Synonyma der Produktivität ab, weil „Leistung" auf Technik und Arbeitstechnik beschränkt bleiben soll, vgl. unser Schema „Darstellung 1" in (11). –

Dem kritischen Betrachter mag diese von Maß und Bereich geprägte Unterscheidung zwischen Leistungsgrad, Produktivität, Wirtschaftlichkeit und Rentabilität zwar sinnvoll und einleuchtend erscheinen, am Ende wird er sie aber auch nur vom Zweck gesetzt zu sehen vermögen. Damit begnügt er sich nicht; er wird die tiefere Ursache solcher Unterschiede in den wirtschaftlichen Bedingungen suchen, die die M a ß s t ä b e allgemeingültig bestimmen. Wer in dieser Richtung forscht, stößt auf die Wesensverschiedenheit von Betriebswirtschaft und Volkswirtschaft. Auf diesem Boden wachsen letztlich alle Unterschiede zwischen den genannten Begriffen, dort liegen die Bestimmungsgründe für die Maßstäbe, nur von dort aus zeigt sich aber auch, wo und wie sich die betriebswirtschaftliche Produktivität einzuordnen hat.

2.1222 Volkswirtschaft und Betriebswirtschaft – Maßstäbe der Bezugsglieder

Die technische Produktivität zu messen, ist nur betriebswirtschaftlich sinnvoll. Dafür entwickelt die Betriebslehre eigenständige, naturale Maßstäbe; Berührungspunkte mit der Volkswirtschaftslehre gibt es dabei nur insofern, als die Volkswirtschaft gelegentlich auch naturale (Mengen-)Angaben verwendet und solche Maßstäbe daher begrüßt. Die wirtschaftliche Produktivität wird im Geldmaßstab gemessen. Volkswirtschaft und Betriebswirtschaft messen im Natural- *und* im Geldmaßstab.

„Trotz der enormen Bedeutung der in Geld ausgedrückten statistischen Erfassung ist auch eine Erfassung in Naturaleinheiten notwendig. Eine derartige Erfassung gestattet, die technischen und wirtschaftlichen Indexzahlen des Plans aufzustellen, seine Erfüllung im Hinblick auf das Sortiment der Produktion und deren Qualität festzulegen und zu bestimmen, wieweit der Bedarf der sozialistischen Gesellschaft an bestimmten Gebrauchswerten befriedigt wird.
Die planmäßige Entwicklung der Volkswirtschaft der UdSSR macht eine statistische Erfassung in Geld- und Naturalform notwendig. Sonst ist es unmöglich, Material- und Finanzbilanzen aufzustellen..." (180)
Mit fortschreitender volkswirtschaftlicher Entwicklung verbessert sich die Absatzlage der Betriebe. Damit verlieren die Preisverhältnisse an betriebsgestaltender Kraft. Die Betriebswirtschaft richtet sich mehr und mehr aus nach den natürlichen Standortsbedingungen. Deshalb gewinnt auch der naturale Maßstab mit der technischen Produktivität betriebswirtschaftlich immer größere Bedeutung. Auch in diesem Punkte gehen Betriebs- und Volkswirtschaft verschiedene Wege.

Woran ist nun die Tauschwertesumme zu orientieren, die das Maß der Erzeugungsleistung im Zähler der wirtschaftlichen Produktivität bilden soll? Es wären Verfahren denkbar, wie man den von der Arbeit in jedem Betriebe reproduzierten *Wert* einigermaßen zutreffend kalkulieren könnte. Damit ist aber nur ein theoretischer Wert zu gewinnen, der von Betrieb zu Betrieb schwankt und für den faktischen Austausch zwischen Produktionsmitteln und Erzeugnissen beispielsweise ebenso irrelevant wäre, wie er es praktisch als Bezugsglied und Ausdruck für das tatsächliche Wirtschaftsergebnis ist. Der von der nützlichen Arbeit im Betrieb verzehrte Wert ist ein Kostenfaktor; deshalb muß er im Rahmen der Selbstkosten(rechnung) kalkuliert werden, vgl. (255). Die Betriebsstatistik verfügt auch über eine ganze Reihe von technisch-wirtschaftlichen Kennzahlen, die den Aufwand in verschiedenen, vergleichbaren Betrieben sicher zu beurteilen erlauben. Hier geht es dagegen um ein Datum der Volkswirtschaft für den Betrieb. Es kommt also auf den *Preis* an. Er wird nun aber nicht „auf der betriebsindividuellen Kostenstruktur aufgebaut" (62), weder in der DDR noch in der SU, vgl. (5), (7), (36), (122), (259), (260), (262), (303), (357). Damit verlöre auch jede Kalkulation des (Arbeits-)Werts zum Zwecke, einen vergleichbaren Relaten im Produktivitätsausdruck zu gewinnen, ihren Sinn. Denn der Wert, den eine gegebene Produktivfaktorenkombination im Erzeugungsvorgang des Betriebs schafft, ist keine rein betriebswirtschaftliche Größe mehr; er wird als Tauschwert in der arbeitsteiligen Volkswirtschaft stets historisch-politisch-ökonomisch bestimmt, vgl. (213); und „der Preis ist der in Geld ausgedrückte Warenwert" (28), (122), (213)!

Die Politische Ökonomie gibt uns das volle Recht, den Preis als Maßstab für die Bestandteile der Erzeugungsleistung einzusetzen, denn alle landwirtschaftlichen Produkte, auch die produzierten Produktionsmittel, sind Waren oder tragen auch in Zukunft wenigstens ihre „äußere Hülle" (255), (323) oder sind noch „der Form nach Waren, wenn sie innerhalb des staatlich-sozialistischen Sektors lediglich umverteilt werden" (326), vgl. auch (36), (231). Sie haben deswegen Werte und Preise.

Qualitativ gilt das zunächst ganz allgemein auch für Selbstverzehr und Eigenverbrauch. In „den statistischen Begriff der Ware sind auch die Produkte einbezogen, die ökonomisch keine Waren sind..." (233). Wir verstehen hier unter „Warenproduktion" nicht nur, „was die Bauern abgeben" (126), sondern alle Bestandteile der Bruttoproduktion im Sinne des „Allgemeinen Warenverzeichnisses" (361), also alle Haupterzeugnisse, zu deren Gewinnung und Absatz Landwirtschaft überhaupt betrieben wird, auch die im VEG erzeugten Produktionsmittel, Saatgut, Nutz- und Zugvieh u. ä. m. Denn wenn die Produktionsmittel auch „die Eigenschaft von Waren verlieren, so behalten sie doch die äußere Hülle von Waren. Man spricht trotzdem vom Werte der Produktionsmittel, von ihren Selbstkosten, ihrem Preis" (36), vgl. (350). Wir kommen darauf zurück, Kap. 3.32.
Die „Geldwertung der Produkte", die „Ware-Geldbeziehung" (323) wird u. a. zur „Kalkulation der Selbstkosten" benutzt (255), vgl. auch (27), (62), (213), (323), (350).

Wir dürfen daher die mit volkswirtschaftlich vertretbaren Preisen bewertete, neugeschaffene Gebrauchswertmenge mit Recht auch als Bezugsglied für den Produktivitätsausdruck verwenden. Er hat dann den gleichen Sinn (nicht das gleiche Maß!) wie die mißverständliche „Wertproduktivität" (21), (226).

Wir müssen uns hier klar von der Volkswirtschaft, der politischen Ökonomie, abgrenzen, vgl. (229). „Den Betriebswirten geht es ja nicht um die gesellschaftliche Analyse des Wertes..." (228). Der Einzelbetrieb hat nur danach zu streben, die Selbstkosten über ständig steigende Arbeits- und Bodenproduktivität zu senken; den Tauschwert seiner Erzeugnisse bestimmt er weder in der „freien" Wirtschaft noch im Sozialismus. „Diese Abgabepreise werden nicht vom Betrieb, sondern von den staatlichen Organen festgesetzt" (255), vgl. (36), (259); auch „der einzelne sozialistische Betrieb hat keinen Einfluß auf die Preisbildung..." (123).
Produktionsmittel- und Erzeugnispreise, „Material- und Absatzpreise" (255) sind also „*Daten* für den Betrieb" (47), (228)! Im BEHRENSschen Schema (29) orientiert sich die Betriebs- und Arbeitslehre unmittelbar auf die „Produktivkräfte", ihre eigenständigen Erkenntnisse reichen bis zum „Gebrauchswert". „Der Gebrauchswert als solcher gehört nicht zum Gebiet der Forschungen der Politischen Ökonomie" (364). Da der Tauschwert an den Gebrauchswert „gebunden ist" (398), benutzen wir ihn als vorgegebene Rechengröße.
Für die volkswirtschaftliche Betrachtung des Werts als „geronnene Arbeit" (398) liefert die Betriebs- und Arbeitslehre nur Bausteine, ohne diese Werttheorie selbst damit erklären oder begründen zu wollen. Das kann sie auch gar nicht. Der Wert des gesellschaftlichen Produkts setzt sich außerdem aus *drei* Teilen zusammen, nicht nur aus der Arbeit im Betriebe: „1. aus dem Wert der verbrauchten Produktionsmittel, der auf das Produkt übertragen worden ist; 2. aus dem Wertteil der neugeschaffenen Produkte, den die Arbeit für sich erzeugt hat; 3. aus dem Wertteil der neugeschaffenen Produkte, den die Arbeit für die Gesellschaft erzeugt hat" (262). Und den Wert der Waren bilden die *gesellschaftlichen* Produktionskosten, die analog wieder aus drei Teilen bebestehen, „dem Wert der verbrauchten Produktionsmittel, dem Wert des Produkts für sich und dem Wert des Produkts für die Gesellschaft" (262). Die „Produktionsverhältnisse"

bis zum „Tauschwert" sind daher autonomer Forschungsgegenstand der Gesellschaftswissenschaft sowie der Politischen Ökonomie, d. h. Daten für den Betrieb und die Wissenschaft über seinen Organismus, vgl. (364). „Die Produktionsverhältnisse können nicht Gegenstand der Wissenschaft über die Organisation des Betriebs sein" (178), „die Betriebslehre untersucht" sie daher auch nicht, vielmehr „organisiert sie die Produktion den Produktionsverhältnissen entsprechend" (302).
Es sind im übrigen nicht nur Gesichtspunkte der Systematik, die zu einer klaren Abgrenzung der Betriebslehre von der Wirtschaftswissenschaft zwingen. Was LANDGRAF gegen diese Unterscheidung einwendet (189), vermag theoretisch nicht zu überzeugen und hält vor allem auch der Praxis nicht stand. Er räumt den Wirtschaftszweigökonomiken zwar ein abgrenzbares Eigendasein in der Wirtschaftswissenschaft ein, bestreitet es aber der Betriebsökonomik. Er übersieht, daß es die Wirtschaftseinheit „Landwirtschaft" als wirtschaftlich handelnden Wirtschafter realiter gar nicht gibt. Statistisch ist jeder Wirtschaftszweig Resultat einer konventionellen Abgrenzung; seine dergestalt konstruierte „Wirtschaft" wird von solchen und anderen wirtschaftspolitischen Erwägungen stets ebenso sehr wie von eigenständigen ökonomisch-technischen Entscheidungen bestimmt. Anders im Betriebe: Er *ist* eine lebendige konkrete Wirtschaftseinheit, in der sich betriebswirtschaftliche Grundsätze früher oder später stets durchsetzen. Er ist keineswegs nur nach „einem formalen äußeren Merkmal bestimmt". Gerade das könnte man vom Wirtschaftszweig viel eher sagen! Der Betrieb ist von der Volkswirtschaft *wesensverschieden*, vgl. S. 52. Daß sich die „Besonderheiten des einzelnen Betriebes nur unter Berücksichtigung ... seines Industriezweiges erfassen lassen" (189), ist ebenso selbstverständlich wie das Euter an der Kuh und besagt gar nichts. Betrieb und Wirtschaftszweig sind aber *nicht* „organisch miteinander verbunden", wie LANDGRAF (189) behauptet. Der entscheidende Unterschied wird beispielsweise deutlich an der Divergenz zwischen Anbauverhältnis und Fruchtfolge: Während das Anbauverhältnis und damit die Produktionsrichtung im Bereich des Wirtschaftszweigs Landwirtschaft und im Betriebe in sehr ähnlichen Kategorien denkbar, planbar und erfaßbar sind, kann man die Fruchtfolge nur unter den betriebswirtschaftlichen Grundsätzen des Einzelbetriebs sinnvoll betrachten, einrichten und ausnutzen, vgl. dazu (195). Wenn man schon „der Ökonomik einen gegenüber dem der politischen Ökonomie" — mit der sie doch die ganze Art des Denkens teilt (A. B.) — „verschiedenen Gegenstand zuerkennt" (189), so sollte man sich nicht scheuen, auch die Betriebsökonomik als selbständigen Zweig der Wirtschaftswissenschaft anzuerkennen. Die fortschreitende Arbeitsteilung drängt auch die Wissenschaft ohnehin mehr und mehr in diese Richtung. Wir folgen damit der Auffassung der sowjetischen Agrarökonomen TOLKANIZA[1]), Salzman und KOLESNEV: „... Die Betriebslehre erforscht die ökonomischen Gesetze und ihre Wirksamkeit im einzelnen landwirtschaftlichen Betrieb" (303); die Betriebslehre hat es „mit eigenartigen spezifischen Gesetzmäßigkeiten organisationsmäßiger Ordnung zu tun, welche von keiner anderen Wissenschaft aufgedeckt werden können" (178)[2]). Zu dieser Auffassung sind die Wirtschaftstheoretiker in der DDR inzwischen auch gekommen: F. Oelßner hält es für „dringend notwendig, Spezialökonomiken zu schaffen". Dabei „müsse genau unterschieden werden zwischen den Ökonomiken der Wirtschafts- und denen der Industriezweige sowie der des sozialistischen Betriebes. In jedem dieser volkswirtschaftlichen Bereiche gibt es Besonderheiten des Wirkens der ökonomischen Gesetze" (424), (256), vgl. auch (367).

Weil die Betriebsökonomik besondere Forschungsmethoden anwendet und einen eigenständigen Gegenstand hat, den Betrieb, der nicht neben, sondern in der

[1]) TOLKANIZA, A., Über Gegenstand, Methode und Aufgaben der Vorlesung ‚Die Ökonomik der sozialistischen Landwirtschaft'; in der „Sozialistischen Landwirtschaft" **22.**, Nr. 12, S. 88—91; Moskau 1954.
[2]) Vgl. dazu auch die neueste Arbeit von S. G. KOLESNEV: Gegenstand, Aufgaben und Methode der Wissenschaft von der Organisation der sozialistischen landwirtschaftlichen Betriebe; Lektion aus der Vorlesung „Organisation der sozialistischen landwirtschaftlichen Betriebe"; als Manuskript des gleichnamigen Lehrstuhls an der Timirjasew-Akademie gedruckt. Moskau 1955.

Volkswirtschaft lebt, *orientiert sie die Tauschwertsumme als Relat in der wirtschaftlichen Produktivität nicht am Werte, sondern an den von der Volkswirtschaft gesetzten Preisen.* Diese Preise mißt das Geld. Wie hebt sich der vieldeutige Geldmaßstab nun betriebswirtschaftlich sinnvoll für die Produktivitätsmessung ab – neben der Wirtschaftlichkeit und der Rentabilität?

Den volkswirtschaftlich bestimmten Merkmalen 3 und 4 des Produktivitätsbegriffs wird voll nur gerecht, wer die wirtschaftliche Produktivität über den „Geld-Mengen-Begriff" (378) ermittelt. Das ist mit den Meßwerten zwar theoretisch möglich, aber betriebswirtschaftlich irrelevant, wie wir in Kap. 3.321 zeigen. Wir benützen also auch den „Geld-Nutzen-Begriff" (378) als Grundlage für den Maßstab der Geldeinheiten. So verfahren die Rentabilitäts- und die Wirtschaftlichkeitsrechnung ebenfalls. Wenn die Produktivitätsrechnung hier auch den am gleichen Prinzip orientierten Maßstab verwendet, so bleibt sie trotzdem ein eigenständiges Erfolgsmaß. Sie kommt in Kennzahlen zum Ausdruck, die in den weiten Rahmen der Betriebsstatistik passen, wo nur alle Kennzahlen zusammen und miteinander vergleichbar ein brauchbares Bild von der Betriebswirtschaft vermitteln.

Der „Geld-Mengen-Begriff" gehört zu den „Objekt-Objekt-Beziehungen", also in die Beziehungen der Güter auf Geld, zur „Geld-Wirtschafts-Technik" (378). Der „Geld-Nutzen-Begriff" dagegen ist eine echte Wirtschaftskategorie der „Subjekt-Objekt-Beziehungen" (378). Darin drückt sich eher das privatwirtschaftliche Interesse (an Rentabilität und Gewinn) in einer nicht sozialistischen Wirtschaftsordnung aus und weniger der volkswirtschaftliche Zweck, die sachliche Ergiebigkeit, die Produktivität.

Die volkswirtschaftlich sinnvolle Produktion bezweckt nicht, Gebrauchs- *oder* Tauschwerte zu schaffen. Sie bringt Gebrauchswerte hervor, die gleichzeitig Tauschwerte sind. Nur so ist am Ende auch der Kreislauf „des produktiven Kapitals" im Wirtschaftsleben zu verstehen. Wer von „Unterproduktivität" spricht (60), denkt dementsprechend auch an den Rohertrag in Tauschwerten und an einen damit möglichen Vergleich von Produktivität und Rentabilität.

Produktivität und Rentabilität sind zwar keine Gegensätze, Produktivität ist aber auch nicht als Summe aller Gewinne — „Summe der Rentabilitäten", vgl. (21), (337), (400) — der Einzelwirtschaften aufzufassen. Auch „Nutzenüberschuß" (226) ist keine Produktivität und die Produktivität betriebswirtschaftlich niemals eine „Nutzenrelation". Als Maßbegriff ist dann die „privatwirtschaftliche Produktivität auch nicht gleich der Rentabilität", was die Volkswirte aber immer wieder meinen, z. B. (42). Diese Auffassung widerspricht dem Produktivitätsbegriff, stellen wir mit FOURASTIE (95) fest. Den Antrieb, möglichst produktiv zu wirtschaften, bekommt der „Unternehmer" allerdings über die marktbestimmten Gewinnchancen. Für ihn ist es aber letztlich gleichgültig, ob er „technisch" produktiv schafft, wenn er es nur rentabel macht. Verfolgt die „Volkswirtschaft" konsequent das Ziel, die Bedürfnisse der Gesellschaft zu befriedigen, so wird *sie* die Produktion der zur Bedarfsdeckung notwendigen Güter dem Unternehmer „rentabel" machen. Produktion = Erwerb! — „Tendenz zum Ausgleich der Grenzerträge" (230). Dazu muß man voraussetzen, daß die durch Nutzen-Kosten-vergleiche entstandene Nachfrage der einzelnen Konsumenten die Preise, damit die Erträge und schließlich die Aufwendungen der Unternehmer — das Angebot — bestimmt. Die Rentabilität zeigt dann, ob die Aufwendungen im Rahmen des Bedarfsdeckungssystems wirtschaftlich waren und bestimmt so das Ausmaß der technischen Produktivität. Diesem Zusammenhang liegt die einfache Vorstellung zugrunde, daß kein Wirtschafter auf die Dauer mehr Einkommen erzielen kann, als er mit seiner

Arbeit in der gleichen Zeit (Tausch!-)Werte schafft. Die „mögliche Produktionsfähigkeit wird immer nur nach wirtschaftlichen Gesichtspunkten ausgenützt" (230).

Weil Produktion und Erwerb, Produktivität und Rentabilität in der „freien" Marktwirtschaft derartig miteinander verflochten sind, setzt man also sogar Produktivität und Rentabilität gleich. Das verwirrt ebenso wie Produktivität = Wirtschaftlichkeit. Es ist wohl richtig, den Produktivfaktoren zuzurechnen, welche Tauschwerte ihre Kombination in der Produktion geschaffen hat – wirtschaftliche Produktivität – ob sich das lohnte, ergibt aber nur eine andere Rechnung: Gegenüberstellung von Aufwand und Ertrag – Wirtschaftlichkeit oder Rentabilität i. w. S.

Technische und wirtschaftliche Produktivität sowie Rentabilität werden zwar oft im Einklang stehen, aber die Produktivität muß dabei nicht ihr Optimum erreichen. Hier wird zum anderen Male deutlich, warum die Produktivität als volkswirtschaftlicher Begriff beansprucht wird: Nur die Volkswirtschaft hat konstantes Interesse an einer hohen, nachhaltigen, steigenden Produktivität, sie wird einem darauf gerichteten Organisationsprinzip immer den Vorrang einräumen. Der Einzelbetrieb versteht die Produktivität wirtschaftlich stets als die Erfolgskategorie des ihm übergeordneten Wirtschaftsbereichs; für ihn ist daher die Rentabilität als Erfolg seiner eigenen Wirtschaft maßgebend, ihr ordnet er die Produktivität unter. „Über die technischen Produktivität steht daher die ‚technisch-ökonomische Produktivität'" (68). So wird schließlich der „Betriebsgewinn" zum „Maßstab der marktwirtschaftlichen Produktivität" (327). Dem können wir nicht folgen. Zwei Bestimmungsgründe beherrschen das ökonomische Handeln der Wirtschafter: Das wirtschaftliche Prinzip und die Nutzenhäufung; jeder Betrieb strebt nach einem optimalen Verhältnis zwischen Aufwand und Ertrag sowie nach maximalem Gewinn. Beide Grundsätze sind einander nicht zugeordnet, wirken nicht in der gleichen Richtung, in der Betriebspraxis widersprechen sie sich oft. Für unsere Betrachtung ist indessen wichtiger, daß sie auch mit der Produktivität nicht immer parallel laufen. Die Wirtschaftlichkeit ist ihrem „Erzeugnis" gegenüber gleichgültig, man kann Weizen „wirtschaftlich" ins Meer schütten und hohe Gewinne erzielen Betriebe, die mit Hilfe ihrer Monopolstellung den Markt beherrschen (und billigere Importe nicht zu fürchten brauchen), auch wenn sie nur wenig produktiv arbeiten. Man muß Wirtschaftlichkeit, Rentabilität und Produktivität wohl im Zusammenhang sehen, aber sie begrifflich sauber auseinanderhalten und nicht den einen durch den anderen erklären oder gar messen wollen. Ihre Wurzeln liegen in drei verschiedenen Bereichen des Wirtschaftslebens: der Ratio(nalität), den psychischen Antrieben und der Bedarfsdeckung.

Rentabilität und Gewinn(streben) mögen wohl maßgebend für die Ausschöpfung der Produktivfaktoren im Einzelbetrieb und damit für ihre Produktivität dort sein. Ihr *Maß* sind sie auch in der „freien" Wirtschaft nicht. Und Rentabilität der Volkswirtschaft insgesamt ist ein Un-Begriff.

Anders im Sozialismus: Hier ist die höchste Produktivität grundsätzlich auch „wirtschaftlich verwertbar"; der „antagonistische Widerspruch" zwischen Gebrauchs- und Tauschwert der Waren besteht nicht mehr (255). Produktivität und Wirtschaftlichkeit decken sich im geplanten Gesamtbereich der Wirtschaft. Für den einzelnen Betrieb trifft das jedoch nicht immer zu; denn in der Volkswirtschaft der DDR werden die Preise „nicht auf der Höhe der Selbstkosten gebildet", sondern so, daß die Gesamtproduktion rentabel ist (255) und „daß die Struktur des Warenfonds den Kaufabsichten der Bevölkerung entspricht" (125). Produktivität und Wirtschaftlichkeit der Betriebe können also auseinanderfallen, vgl. (62), (122); eben deshalb sollen sie jetzt „mehr und wirt-

schaftlicher produzieren" (366). Das Ziel, so produktiv wie möglich zu „wirtschaften", wird dem modernen Betrieb also ganz bewußt und nachdrücklich von der Volkswirtschaft gesetzt. Damit verschmilzt der Produktivitätsbegriff auch hier fälschlich mit der Wirtschaftlichkeit, obgleich er für den Sozialismus klar definiert ist (310), (317).
Wenn wir von Ware, Geld, Arbeitslohn und anderen Kategorien im Sozialismus *und* Kapitalismus sprechen, so sind diese Begriffe der Form nach, also nach „ihrem äußeren Gepräge, ... nach der Erscheinungsweise der ökonomischen Verbindungen und Beziehungen" durchaus „ein und dasselbe" (364). Darum allein geht es; daß dahinter verschiedene Produktionsverhältnisse stehen, berührt uns hier nicht, vgl. (302).

Der Erwerbs-Betrieb war ausschließlich auf Wirtschaftlichkeit und Rentabilität bedacht. Nach Produktivität strebte er nur, soweit sie der Wirtschaftlichkeit „vorgelagert" war. Die Produktivität stand im Dienste der Rentabilität. Heute sind Produktivität und Wirtschaftlichkeit gleichberechtigte und gleichwichtige Erfolgsbegriffe für den Betrieb. Um so weniger sollte man sie teleologisch verquicken. Im Gegenteil; nur getrennt, als klar definierte allgemein-ökonomische Kategorie und als richtiges Maß vermögen sie betriebswirtschaftlich aufzuklären, wo und wie Rationalisierung und wirtschaftliche Rechnungsführung anzusetzen haben.

Betriebswirtschaftlich sind Produktivität und Rentabilität zwei durchaus wesensverschiedene Dinge. Daß man zunächst in der Volkswirtschaftslehre gelegentlich Produktivität gleich Rentabilität setzt, erscheint uns gar nicht so sehr verwunderlich, wenn man bedenkt, daß sich die philosophisch bestimmte volkswirtschaftliche Betrachtungsweise stets um eine nicht in festen, selbst disponierenden Wirtschaftseinheiten zusammenlebende Summe von „Wirtschaftssubjekten" dreht. Diese Vorstellung ins äußerste erweitert, ist „die Menschheit", und es liegt auf der Hand, daß für sie tatsächlich Rentabilität und Produktivität zusammenfallen. Von dieser nicht selbst disponierenden, sagen wir einmal „konstruierten" Wirtschaftsgemeinschaft geht die Volkswirtschaftslehre und ihr Produktivitätsbegriff ursprünglich aus. Das Ziel ihrer Produktivität sei beispielsweise der optimale Volkswohlstand, vgl. (21), (167), (337), (400). Was wir hier auf den Betrieb anwenden, ist am Ende nur ein illegitimes Kind dieses Denkens. Der wesentliche Unterschied — mit dem niemand ein Werturteil verbinden dürfte — liegt also darin, daß wir den mehr oder weniger „freien" Wirtschafter in der von ihm gestalteten und geführten Wirtschaftseinheit sehen, während die Volkswirtschaftslehre bis zur politischen Ökonomie eine Summe Menschen betrachtet, die, durch meist wirtschaftstranszendente, oft politische Gesichtspunkte bestimmt, als Ganzes wirtschaftlich gar nicht ohne weiteres handlungsfähig ist. Sollte das nicht der tiefere Grund sein für die oft auseinandergehenden Interpretationen gleicher Begriffe?

Es ergibt sich also: *Sowohl in der „freien" Wirtschaft wie im Sozialismus sind Rentabilität und Wirtschaftlichkeit keine Maße für die Produktivität einer Wirtschaftseinheit. Rentabilitäts- und Wirtschaftlichkeitsrechnung sind von der Produktivitätsrechnung wesensverschieden. Die Produktivität steht heute zwar betriebswirtschaftlich nicht mehr im Dienste von Rentabilität und Wirtschaftlichkeit, ist aber vorerst nicht mehr als ein gleichrangiges Erfolgsmaß.* Da der Wert betriebswirtschaftlich irrelevant ist, die Betriebswirtschaft jedoch auf Preise und Kosten reagiert, bildet der „Geld-Nutzen-Begriff" die einwandfreie theoretische Grundlage, um daran den Geldmaßstab für die Produktivität ebenso zu orientieren wie für die Maßbegriffe Wirtschaftlichkeit und Rentabilität.

Rentabilität, Wirtschaftlichkeit, Produktivität, Leistungsgrad und Wirkungsgrad sind wesensverschiedene Begriffe, die in eigenständige Maße gefaßt und mit entsprechenden besonderen Maßstäben gemessen werden. Es ist allerdings oft *zweckmäßig*, die gleichen Maßstäbe für die unterschiedlichen Begriffe zu verwenden, weil nur ihr Zusammenspiel die Betriebswirtschaft in der Betriebsstatistik brauchbar widerspiegelt. –

Der Produktivitätsrelator impliziert außer den Bezugsgliedern noch eine Zeitvorstellung: Man stellt ihn in der Regel für die Periode eines (Kalender- oder Wirtschafts-)Jahres auf, vgl. (66).

Als Maßbegriff ist die Produktivität also ein quantifizierbarer Ausdruck für die betriebswirtschaftliche Ergiebigkeit der Erzeugung. Soweit wir in Mengenrelationen (mit Naturalmaßeinheiten) denken, beziehen wir rein „technisch-sachlich" Produktmenge auf Produktivfaktor(en) = technische Produktivität; prinzipieller Rechenausdruck: $P_t = \frac{\text{Gebrauchswerte}}{\text{Produktivfaktor}}$. Wo wir mit dem Geldmaßstab operieren, stellen wir nur scheinbar „wirtschaftliche" Relationen auf; streng genommen bleibt ebenso „technisch", was wir vergleichen. Zum Unterschied von den in Naturalmaßeinheiten gedachten Beziehungen bezeichnen wir die wirtschaftliche Produktivität (im Geldmaßstab) als „ökonomisch-technische" Relation; prinzipieller Rechenausdruck der wirtschaftlichen Produktivität: $P_w = \frac{\text{Tauschwerte (nach Abgabepreisen)}}{\text{Produktivfaktor}}$. Die „Produktivfaktoren" können in Mengen- oder Geldeinheiten, die „Gebrauchswerte" müssen im Mengen- und die „Tauschwerte" im Geldmaßstab angegeben werden.

Ein im Maßbegriff gedachter Übergang von der volkswirtschaftlichen über die (betriebs)wirtschaftliche zur (arbeits)technischen „Produktivität" hin führt ganz anschaulich vom weniger genau Bestimmbaren zu immer exakter erfaßbaren und sichereren Daten der Produktivität;

„... je mehr wir uns dem Arbeitsplatz nähern, ... um so konkreter muß diese Kennziffer (der Arbeitsproduktivität — A. B.) selbst sein" (317). —

Zwei Grenzen sind also dem Maß und damit auch dem Inhalt unserer betriebswirtschaftlichen Produktivität gesetzt: a) von der Erzeugungsleistung, dem auf die Produktivfaktoren bezogenen Betriebsergebnis, darf nichts wesentliches, nichts der betrieblichen Produktionswirtschaft immanentes, reduziert werden, wer das tut, kommt in das Gebiet der Wirtschaftlichkeit; b) die durch (menschlichen) Zeit- und Kraftaufwand hervorgebrachte Leistung im Sinne der Arbeitstechnik enthält nur Teile des Betriebsergebnisses, keine der eingesetzten Arbeit sinnvoll zurechenbaren Gebrauchswerte; der angemessene Erfolgsbegriff auf diesem Gebiet ist die Leistung oder der Leistungsgrad. Das wirtschaftliche Denken im Bereich der Volkswirtschaft und der Erwerbswirtschaft geht ebenso eigene Wege wie das technische Denken im Bereich der (Arbeits-)Technik. Die technische und die wirtschaftliche Produktivität vermögen die im dazwischenliegenden wirtschaftlich-technischen Gebiet denk- und verwendbare allgemein-ökonomische Kategorie Produktivität betriebswirtschaftlich richtig zu erfassen und zu quantifizieren.

Damit haben wir den mit so vielfältigem Inhalt beladenen Produktivitätsbegriff für unsere Zwecke eingegrenzt; Schema 1 veranschaulicht diese Ableitung und die entsprechenden Zusammenhänge.

Schema 1

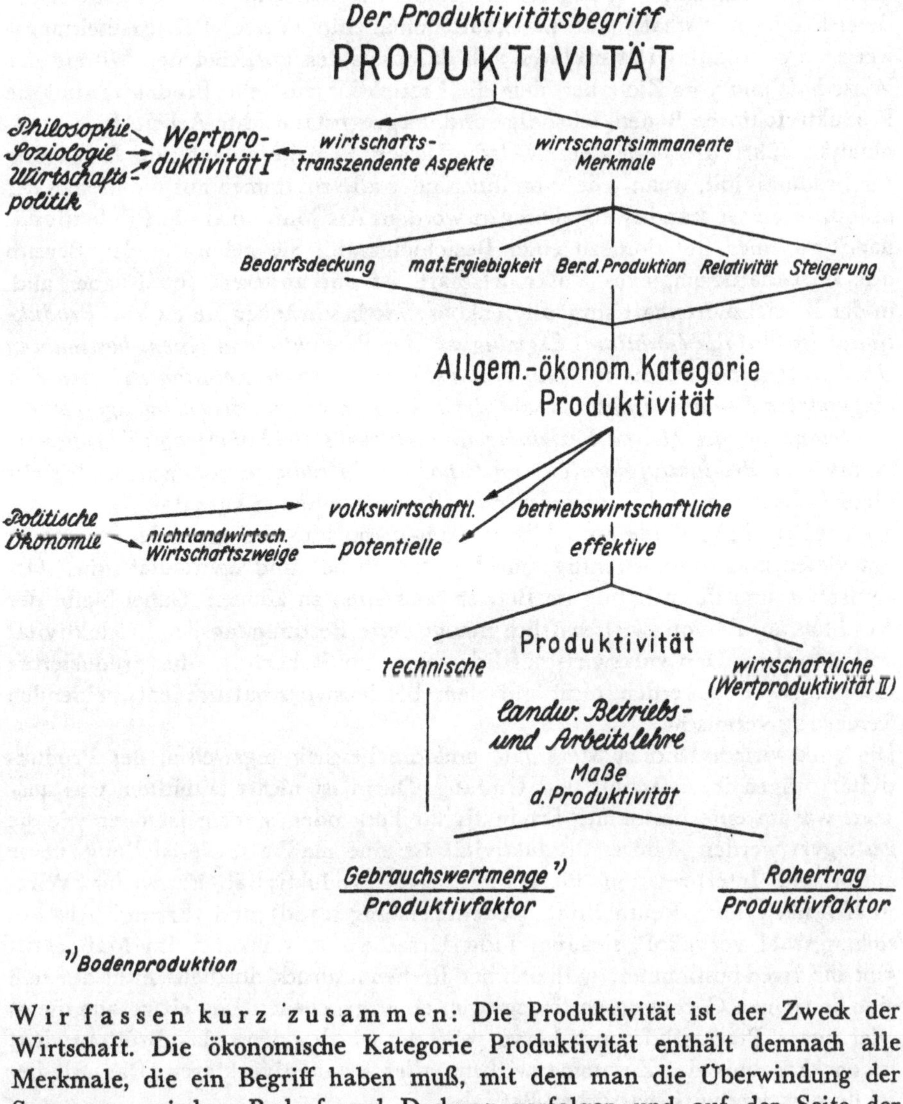

Wir fassen kurz zusammen: Die Produktivität ist der Zweck der Wirtschaft. Die ökonomische Kategorie Produktivität enthält demnach alle Merkmale, die ein Begriff haben muß, mit dem man die Überwindung der Spannung zwischen Bedarf und Deckung verfolgen und auf der Seite der Produktion, der Deckung, beeinflussen will: Materielle Ergiebigkeit, Nachhaltigkeit, Steigerung, Relativität, (Entsprechung). Diese Merkmale sind der

Produktivität in einer modernen Volkswirtschaft immanent und unabdingbar. Variieren lassen sich nur die der Wirtschaft gesetzten *Ziele*, die dem Produktivitätsbegriff entsprechenden *Erscheinungsweisen* und das *Maß*, in das man die Produktivität fassen will. Indem wir das alles bestimmen, schaffen wir einen klaren Begriff der betriebswirtschaftlichen Produktivität für unsere Untersuchung. Die wirtschaftstranszendenten Ziele scheiden aus; als „allgemein-ökonomische Kategorie"[1]) begrenzen wir die Produktivität auf den materiellen Bereich der Wirtschaft, auf wirtschaftsimmanente Werte. Die Erscheinungsweisen der Produktivität erklären sich dann aus den aufgebotenen Mitteln der Wirtschaft und vom Ziele her, dem die Produktion zustrebt. Produktiv sind die Produktivfaktoren Boden, lebendige und vergegenständlichte Arbeit. Ihre Kombination führt die nach dem wirtschaftlichen Prinzip ablaufende Erzeugung zur Produktivität, wenn jeder von ihnen oder alle zusammen auf die Menge der produzierten Gebrauchswerte bezogen werden. Als Maß wird die Produktivität damit zu einer Relation, zu einer Beziehungszahl. Sie gehört in den Bereich des Wirtschaftskomplexes Volkswirtschaft, ist mit anderem Inhalt aber auch in der Betriebswirtschaft sinnvoll denkbar; wir beschränken sie darauf. *Produktivität ist also die (sachliche) Ergiebigkeit der Produktion in einem bestimmten Wirtschaftszeitraum; die in Naturalmaßstäben denkbare Relation zwischen den eingesetzten Produktivfaktoren und der erzeugten Gebrauchswertmenge nennen wir technische, die gleiche Beziehung im Geldmaßstab, Rohertrag (Tauschwertsumme) zu Produktivfaktor(en) wirtschaftliche Produktivität.* Schema 1 stellt diese Ableitung und die entsprechenden Zusammenhänge kurz dar.

So ergibt sich: Beide sind (ökonomisch-)technische Erfolgsmaße, zusammen mit vielen anderen notwendig, um die „technische" und „wirtschaftliche" Organisation und ihren Erfolg im Betrieb beurteilen zu können. Dabei bleibt der Anschluß an die volkswirtschaftlich inaugurierte Bestimmung der Produktivität voll gewahrt: Der volkswirtschaftlich relevante Rohertrag, die produzierten Gebrauchswerte, werden nicht mit dem betriebswirtschaftlich entscheidenden Reinertrag vermischt.

Die volkswirtschaftlichen Merkmale und die Erscheinungsweisen der Produktivität prägen ihren Inhalt und Umfang. Darin ist nichts enthalten, was aussagt, warum eine bestimmte Produktivität hoch oder niedrig ist oder wie sie gesteigert werden könnte. Produktivität ist eine maßhafte Feststellung, keine apriorische Interpretation dieser Aussage! Produktivität ist weder Wirtschaftlichkeit noch Rentabilität, weder Leistung(sgrad) noch Ertrag! Als Beziehungszahl verknüpft sie auch nicht Ursache mit Wirkung. Im Maßbegriff gibt ihr zweckbestimmter, willkürlicher Rechenausdruck durchaus nicht an, daß eine bestimmte Gebrauchswertmenge von einer gegebenen Einheit gerade dieses oder jenes Produktivfaktors hervorgebracht wurde; denn das Bruttoprodukt ist das Ergebnis des Zusammenwirkens *aller* Produktivfaktoren. Das gilt besonders im landwirtschaftlichen Betrieb.

---

[1]) Im Gegensatz zur „historisch-ökonomischen" (gesellschaftlichen).

2.2 Die Arbeit

Im Nenner unseres (Arbeits-)Produktivitätsquotienten steht die Arbeit als Bezugsglied. Was bedeutet Arbeit hier, welche Kategorie ist zu wählen, und wie

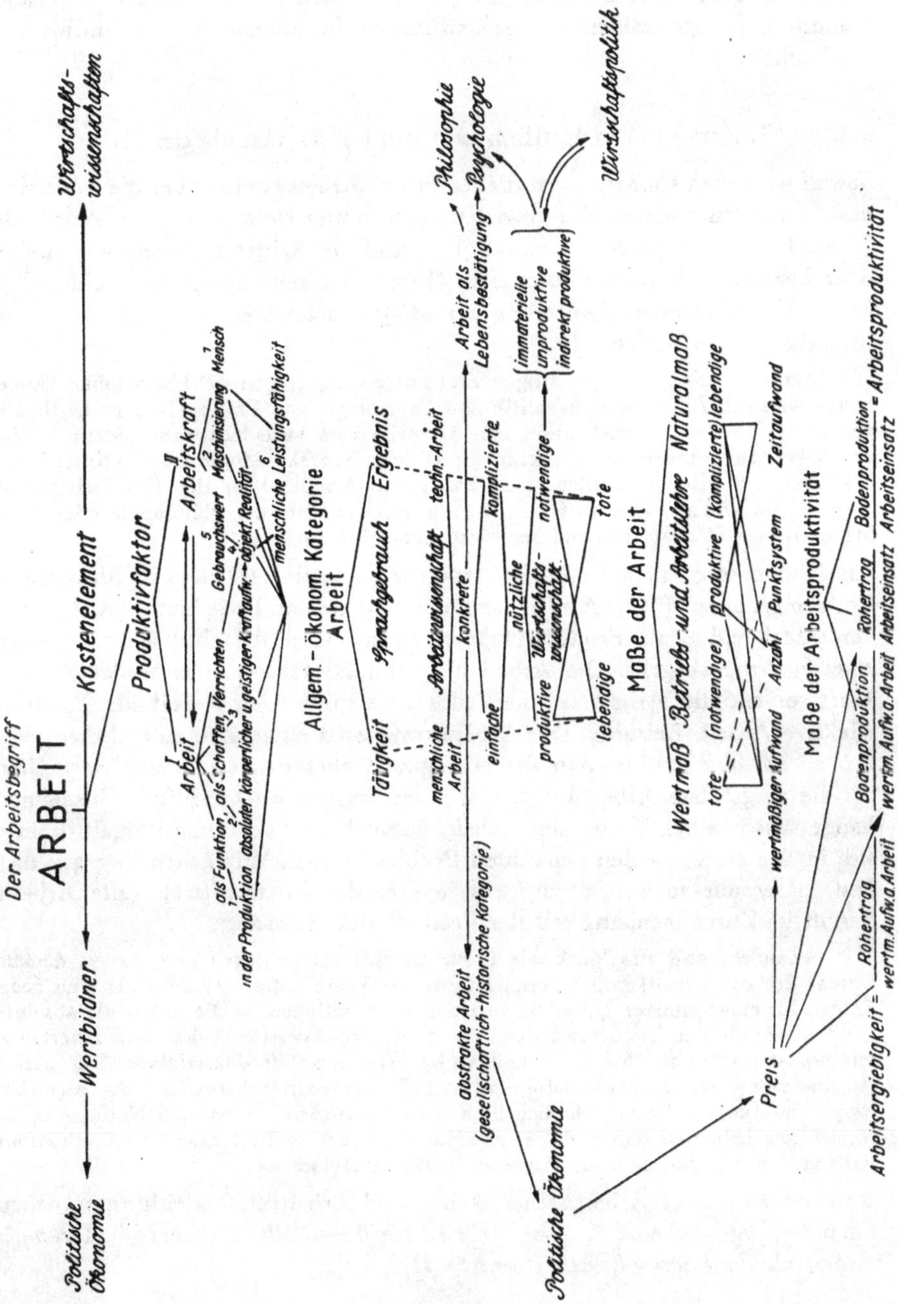

Schema 2

ist sie auszudrücken? Wir werden wieder die volkswirtschaftlichen Merkmale der Arbeit kurz streifen und daran orientiert ihre Erscheinungsweisen so darstellen, wie sich die Arbeit als Relat in der betriebswirtschaftlichen Produktivität zeigt. Mit kurzen Worten ist das nur schwer verständlich zu machen. Wir haben deshalb die systematische Gedankenführung in Schema 2 übersichtlich veranschaulicht.

2.21 Die volkswirtschaftlich bestimmten Merkmale der Arbeit

Soweit wir sehen können, weist die Kategorie Arbeit einmal über die Wirtschaft hinaus und ein anderes Mal gewissermaßen hinter sie zurück. „Die Würde der freien Tat aus dem Geiste" heraus (186) und die Arbeit als lebensnotwendiges oder lustbedingtes menschliches Tun (Essen, Tanzen) mögen die beiden Pole kennzeichnen, zwischen denen die wirtschaftsimmanente Arbeit liegt. Nur mit ihr haben wir es hier zu tun.

Die Grenzen fließen; vom jeweiligen Ziel ausgehend, mögen sie Philosophie, Gesellschaftswissenschaft, Wirtschaftspolitik und Psychologie von Fall zu Fall zu bestimmen versuchen. Wir wagen auch nicht, hier allzuviel vom wirtschaftstranszendenten Wert der Arbeit zu übernehmen; sie kann als Objekt, Subjekt, Motor, Produktivkraft und Idee Inbegriff alles sinnvollen (wirtschaftlichen) Handelns in der Gesellschaft sein, aber „... ein Werten, also ein Urteil, ist nur von der Seite der Philosophie oder Theologie, also der Weltanschauung, her vorzunehmen" (186).

Als ökonomische Kategorie ist die Arbeit wirtschaftlich relevant in „drei großen Problemgruppen" (252): Als Element, das 1. Wert und Preis bestimmt, 2. Kosten verursacht und 3. als Produktivfaktor. Jeder dieser drei Kreise prägt seinen eigenen Arbeitsbegriff. Die Arbeit als Produktivfaktor ist entweder Arbeitskraft, potentielle Arbeit, „Träger des Leistens", oder Arbeit als Funktion, effektive Arbeit, Leistung. Die Arbeitskraft wird eingesetzt, zusätzlichen Wert neu zu schaffen, mithin sind die erzeugten Gebrauchswerte stets „wertvoller" als die eingesetzte Arbeitskraft. Um diese äußerst vielschichtigen Zusammenhänge zwischen den Kosten der Arbeit, ihrem Wert und ihrem Entgelt dreht es sich in den ersten beiden genannten Problemkreisen. Wir gehen hier gar nicht und später nur so weit darauf ein, wie es der wirtschaftsrelevante Arbeitsbegriff im Zusammenhang mit der Produktivität erfordert.

Wir behandeln also alle Merkmale nicht, die mit einem Begriff der Arbeit denkbar wären, der die Arbeit(skraft) beispielsweise als Ware betrachtet oder als eine gegen Entgelt für einen anderen geleistete wirtschaftliche Tätigkeit. — Die Arbeit als absoluter Wertmesser für den Tauschwert der Waren ist betriebswirtschaftlich nicht zu erklären und besagt auch nichts über die Arbeit als betrieblichem Produktivfaktor. Die „Arbeit ist eine von allen Gesellschaftsformen unabhängige Existenzbedingung des Menschen, ewige Naturnotwendigkeit, um den Stoffwechsel zwischen Mensch und Natur, also das menschliche Leben zu vermitteln" (220). Nur damit hat es die betriebliche Produktionswirtschaft zu tun und auch die angewandte Betriebsforschung.

Im Produktivfaktor Arbeit stehen Arbeit und Arbeitskraft gleichrangig nebeneinander, vgl. Schema 2. *Der Arbeitsbegriff enthält also beide Merkmale: Arbeit als Funktion = I, Arbeitskraft = II.*

„... Die menschliche Arbeit ist – nach dem Naturgesetz von der Unteilbarkeit des menschlichen Wesens – ausnahmslos immer zweierlei: Erstens eine Kette von Verrichtungen (Funktionsfolge), als solche die äußere Erscheinung der menschlichen Leistung; zweitens Ausdruck des lebendigen Wesens dessen, der die Arbeit tut" (57).

Die wirtschaftliche Arbeit ist notwendig in der Sphäre der *Produktion* konzentriert. Zu diesem Merkmal I_1 mag man auch die Zirkulation rechnen, sie ist für die landwirtschaftliche Produktionswirtschaft indessen nicht von Bedeutung. Dagegen scheiden wir die mit der Konsumtion verbundene Arbeit aus unserem Merkmal I_1 aus.

Im Sinne des Produktivitätsbegriffs wird die Arbeit damit zum Glied in einem Prozeß, der sich selbst Zweck ist, nämlich in der Bedarfsdeckung als Inhalt der Wirtschaft. Die Arbeit hat also hier ziemlich *absoluten Charakter* = Merkmal I_2.

Wirklich absolute Arbeit ist die Arbeit nur als Selbstzweck, also als wirtschaftstranszendente Lebensbestätigung. Wirtschaftliche Arbeit verrichtet man nicht um des Tuns, um der Beschäftigung selbst willen, wie die Romantiker und Idealisten sich das vorstellten. Wir müssen hier diese klare, vielleicht schmerzliche Trennung vornehmen, weil das abzugrenzende Besondere unseres Gegenstandes sonst im Allgemeinen zu verschwimmen droht. Möge damit jedoch nie der Blick auf den in alle Bereiche des Lebens verknüpften Zusammenhang zwischen Mensch und Arbeit verloren gehen! Wir wollen uns hüten, unseren Arbeitsbegriff als absolut zu setzen.

Daraus folgt für die Arbeitskraft, daß nur der Mensch ihr Träger sein kann; „Ochse und Motor sind keine Arbeitskräfte, sondern Hilfsmittel, deren sich der Mensch bei seiner Arbeit bedient" (293), „wir unterstellen die Arbeit in einer Form, worin sie *dem Menschen* ausschließlich angehört" (220); also Merkmal II_1: *Arbeitskraft ist immer der Mensch.*

Das ergibt sogleich das nächste; wir verbinden es mit einer Definition des Arbeitsbegriffs, die jetzt aus dem vorhergehenden klar wird: „Unter Arbeitskraft oder Arbeitsvermögen verstehen wir den Inbegriff der physischen und geistigen Fähigkeiten, die in der Leiblichkeit der lebendigen Persönlichkeit eines Menschen existieren und die er in Bewegung setzt, so oft er Gebrauchswerte irgendeiner Art produziert" (220), vgl. auch (132). Merkmal I_3 ist also: Arbeiten heißt stets körperliches *und* geistiges Schaffen und bedeutet *psychophysische Anstrengung, Verausgabung von Kraft.* „... der Arbeitsprozeß vereint Kopf- und Handarbeit" (220), vgl. auch (398).

Wir scheiden hier die Gefühlsmomente aus, die mit der Arbeit verbunden sind. Wenn man sie auch quantitativ oft nicht von der Arbeit trennen kann, so hat es die Wirtschaftstheorie doch stets nur mit „der teleologisch-objektiven Seite der Arbeit, ihrem Leistungscharakter" zu tun (252). Ebensowenig zu isolieren ist die schöpferische Disposition der körperlichen und geistigen Arbeit, vgl. (132). Der Arbeitscharakter des Menschen trägt auch das alles in sich; er ist aber zu vielfältig und an sich eben nicht meßbar.

Die obige Begriffsbestimmung enthält noch ein weiteres Merkmal: Die Arbeit ist auf eine objektive Realität, auf ein wirtschaftliches Ziel gerichtet, sie produziert Gebrauchswerte. Das bringt sie bereits in engen Zusammenhang mit dem Produktivitätsbegriff. Als Produktivfaktor erscheint die Arbeit auch, wenn sie nur darauf *gerichtet* ist, etwas objektiv Reales zu schaffen oder zu erhalten, ohne daß der Erfolg unmittelbar sicht- oder meßbar sein muß. Die vierte Rüben-Handhacke oder der Eggenstrich vor dem Wolkenbruch werden die Ernte kaum beeinflussen, und die sechs Stunden, die der Bauer Schulze bei seiner kranken Kuh zugebracht hat, haben sie auch nicht schneller gesund gemacht. Es kommt also auf das Ziel an, dem die körperlich-geistig-seelische Anstrengung gewidmet ist, nicht bloß auf den Arbeitsaufwand und auch nicht allein darauf, ob das Ziel *erreicht* wurde. Unser Merkmal I_4 heißt mithin: *Arbeit ist planmäßige*, d. h. wirtschaftlich gemeinte, *menschliche Tätigkeit* oder Kraftäußerung, die auf *Schaffung* oder Erhaltung *objektiver Realität gerichtet ist.*

Solche objektive Realität werden in der Regel Gebrauchswerte sein. Hat die Arbeit sie nun hervorgebracht, so mag man diese als eine andere Form von Arbeit, als „geronnene Arbeit" (220), ansehen. Betriebswirtschaftlich gilt uns das allerdings nur qualitativ, weil wir von der konkreten Arbeit ausgehen, wie wir noch darlegen werden. Unser Merkmal I_5 wäre also *Arbeit = Gebrauchswert,* den die Arbeit I_{1-4} hervorgebracht hat.

Das wirkt zurück auf die *Arbeitskraft.* Die in Gebrauchswerte, z. B. in Produktionsmittel verwandelte Arbeit I_5 vermag – gewissermaßen im Nenner unseres (Arbeits-) Produktivitätsquotienten – die Arbeit II_1 zu ersetzen oder zu ergänzen.

Nun eine, wohl noch wirtschaftsimmanente Wertkonzeption: I_5 ersetzt zunächst unmittelbar physische, in mkg ausdrückbare Arbeit des Menschen, damit aber auch mittelbar ihn selbst, die Arbeitskraft. Dieser fortschreitende Ersatz des Menschen im Arbeitsprozeß scheint uns nicht nur Erfahrung zu sein, sondern im Zusammenhang mit den Mitteln der Wirtschaft und dem ihr gesetzten Ziel auch erstrebenswerte, vielleicht sogar determinierte Entwicklung. Der arbeitende Mensch ist sich endlich seines Wertes bewußt geworden; er setzt seine Arbeitskraft immer mehr und immer lieber dort ein, wo er als *Mensch,* d. h. geistig, zu arbeiten vermag. Das bringt eine tiefgreifende, in die Zukunft wirkende Veränderung des Produktivfaktors Arbeitskraft mit sich: Die Arbeitskraft wird immer wertvoller, die Wirtschaft ersetzt sie daher mehr und mehr durch Arbeits- und Kraftmaschinen.

Als Merkmal II_2 ergibt sich also *die fortschreitende Maschinisierung der Arbeit(skraft).*

Das ist überspitzt gesagt. Denn nicht alle von der lebendigen Arbeit hervorgebrachten Gebrauchswerte gehen als Maschinen in die gesellschaftliche Wirtschaft wieder ein. Wir klammern diesen Nebenkreislauf (lebendige Arbeit → lebensangenehme Güter → Verbrauch → lebendige Arbeit) aber besser aus, weil wir uns auf die Arbeit im landwirtschaftlichen Betriebe beschränken, und weil wir unser Schema nicht komplizieren wollen.

Die Gefahr, daß die Maschine die Arbeiter nicht nur von der Arbeit befreie, sondern auch die Arbeit vom Inhalt (220), ist für die Landwirtschaft zum Glück nicht akut, vgl. (49) und wohl auch überhaupt nicht gegeben.

Für die Arbeitskraft bedeutet die zunehmende Maschinisierung indessen einen allgemeinen Fortschritt: Mit der Verlagerung von Kraftarbeit auf Maschinen sind qualifiziertere Arbeitskräfte notwendig, sie stellen höhere Ansprüche, die nun auch befriedigt werden können. Die Arbeitskraft wandelt sich also, die Unterschiede zwischen ihren einzelnen Repräsentanten werden immer kleiner.

Wir haben eben die von der Arbeit hervorgebrachten objektiven Realitäten über materielle Gebrauchswerte als Maschinen eingesetzt angesehen. Die Arbeit I_{3-5} hat also Mittel für die Wirtschaft geschaffen. Wenn das Arbeit ist, so kann man ebenso bezeichnen, was teleologisch auf die Beschaffung von anderen Mitteln gerichtet ist: Die Ausbildung von Leistungsfähigkeiten. Es macht wohl für das Wirtschaftsleben keinen großen Unterschied, ob das jahrzehntelange Züchten von Hochleistungstieren Arbeit und die Heranbildung solcher Züchter wirtschaftsirrelevante Betätigung(sfreude) ist. Wir bezeichnen beides als Arbeit und erweitern das Merkmal I_4: Auch die auf Schaffung von menschlicher Produktivkraft gerichtete Tätigkeit ist Arbeit, weil die in der Wirtschaft „wirtschaftlich" eingesetzten Mittel eben nur durch Arbeit produziert werden können. Das ergibt das Merkmal I_6: *Arbeit als Hervorbringen von menschlicher Produktivkraft.*

Wir müssen dieses Merkmal allerdings auch wieder gedanklich einklammern; nicht so sehr des dogmenkritischen Streits wegen als vielmehr deshalb, weil es für die Produktion im normalen praktischen Betrieb noch keine Bedeutung hat. Je mehr sich die moderne Landwirtschaft aber verwissenschaftlicht, desto eher wird auch die Arbeit in der Ausbildung der Leistungsfähigkeiten zu einem Merkmal der landwirtschaftlichen Arbeit werden. –

Wir sehen damit die hier auf den Produktivfaktor sehr begrenzte volkswirtschaftliche Kategorie Arbeit bestimmt von zwei Seiten, von der Arbeitskraft und vom Ziel her, dem ihr Einsatz zustrebt. Diese Bewegung ist eben die Arbeit.

Kurz zusammengefaßt ergeben die einzelnen Merkmale etwa die Definition: Auf die Hervorbringung von Gebrauchswerten (oder menschlicher Leistungsfähigkeit) gerichteter körperlicher und geistig-seelischer Kraftaufwand ist Arbeit; in der wirtschaftlichen Produktion hat sie absoluten Charakter; ihr Träger ist allein die menschliche Arbeitskraft, fortschreitend substituiert durch Arbeits- und Kraftmaschinen.

2.22 Die Arbeit — eine allgemein-ökonomische Kategorie

Auf die dargestellten volkswirtschaftlich bestimmten Merkmale gründet sich der Begriff der Arbeit als Produktivfaktor in der Betriebswirtschaft. Seine **Eigenschaften** und sein **Maß** prägen ihn.

„... an welche Arbeit man im bestimmten Falle anknüpft", die Relation zwischen erzeugten Gebrauchswerten und eingesetzter Arbeit zu untersuchen, „hängt ab von der theoretischen Einstellung oder vom Erkenntniszweck des Untersuchenden" (337). Den Erkenntniszweck schreibt die Betriebswirtschaft vor, die theoretische Einstellung haben wir im folgenden abzuleiten.

2.221 Eigenschaften der Arbeit

Mit „Arbeit" bezeichnet zunächst der Sprachgebrauch wenigstens zwei recht verschiedene Dinge: a) Wer seelisch-geistig-körperliche Energie planmäßig aufwendet, um ein technisch-ökonomisches, wirtschaftliches, sittliches, gesellschaftlich notwendiges Ziel zu erreichen, leistet „Arbeit" – solange dieser Aufwand dauert; dieser Begriff a) meint also den Vorgang, das Schaffen, das Arbeiten schlechthin. b) Jenes Ziel selbst, der Arbeitserfolg, wird gemeinhin oft auch kurzweg „Arbeit" genannt. Für b) sagt der Sprachgebrauch besser „Leistung". Wir bleiben vorerst wieder im *technischen* Bereich, denn man kann sehr tüchtig schaffen, verrichten, arbeiten, ohne zu *wirtschaften*.

Auch andere Begriffe fassen Tätigkeit und Ergebnis des Tuns in ein Wort, z. B. „Betriebsorganisation". Sehr oft ist klar, was gemeint ist; Grenzfälle verlangen indessen eine genauere Definition. „Auch die wissenschaftliche Terminologie muß sich schließlich ... dem Sprachgebrauch fügen" (383).

Wie der Sprachgebrauch trennt nun auch die Arbeitstechnik jene beiden Begriffsteile in *menschliche* und *technische* Arbeit. Die *menschliche* Arbeit entspricht dem Vorgang, dem Schaffen, Werken, sie umfaßt die körperlich-geistig-seelischen Anstrengungen des Menschen im psycho-physiologischen Sinne. Physiologisch ist Arbeit jede Muskelbetätigung, wo ein meßbarer Stoffumsatz stattfindet. Geistig-seelische Anstrengung ist direkt nicht meßbar; man kann sie aus den Arbeitsanforderungen heraus schätzen oder vom Ergebnis her zu beurteilen suchen. Die Arbeitswirtschaft unterstellt die so von der Arbeitstechnik (mit Hilfe der Arbeitsbewertung) bestimmten Tätigkeits- und Leistungsmerkmale als quantifizierbare Größen. Analog der Leistung im Sprachgebrauch, nicht in Wissenschaft und Technik, ist die *technische* Arbeit das „Ergebnis der Tätigkeit des menschlichen (oder) und technischen Aufwands", z. B. die Menge der Erzeugnisse (89). Diese arbeitstechnischen Begriffe haben sich eingeführt und vielfach bewährt (9), (89), (119); nur kann die Wirtschaftswissenschaft noch gar nichts mit ihnen anfangen. Sie braucht einen ökonomisch-technischen Ausdruck.

Es reicht keineswegs aus, wenn man sagt: „Die betriebswirtschaftliche Arbeit ist also nicht im physikalischen Sinne Arbeit, sondern Leistung (Arbeit mal Zeit)" (420).[1]) Das ist technisch, aber nicht wirtschaftlich gedacht. Nicht die Leistung allein interessiert, sondern oft weit mehr das Leistungsvermögen, die Arbeitskapazität, die Arbeitsmacht, oder wie immer man nennen mag, was an potentieller Arbeit im Betriebe vorhanden ist und von ihm und durch ihn lebt. Es kommt entscheidend auf unser Merkmal II an.

Menschliche und technische Arbeit in der Wirtschaft ist zunächst *konkrete* Arbeit im Sinne unserer Merkmale I_{1-3}. Wirtschaftsirrelevant ist die „Verausgabung von Arbeitskraft ... als Opfer von Ruhe, Freiheit und Glück" (220). Konkrete Arbeit dieser Art tut man um ihrer selbst willen (wenn der Bauer Schulze zwischendurch jagt, Klavier spielt, tanzt oder Fußball spielt), sie ist nicht auf die Herstellung von Gebrauchswerten gerichtet. Solche Arbeit als Selbstzweck oder Lebensbestätigung scheiden wir aus.

Was nach unserem Merkmal I_3 an konkreter Arbeit im Betriebe verrichtet wird, kann nun weiter *einfach* oder *kompliziert* sein. Einfache Arbeit ist unkomplizierteste menschliche Arbeit, „komplizierte Arbeit erfordert im Verhältnis zur einfachen eine größere Geschicklichkeit und tiefere Kenntnisse ..." (116). Jede komplizierte Arbeit ist ein Vielfaches bestimmter einfacher Arbeit, „ein kleineres

---

[1]) „Arbeit mal Zeit" ist wahrscheinlich ein Druckfehler; es muß richtig heißen: Arbeit durch Zeit.

Quantum komplizierter Arbeit gleich einem größeren Quantum einfacher Arbeit" (220).

Es gibt hier keinen Gegensatz etwa im Sinne körperliche contra geistige Arbeit. Die geistige Arbeit unterscheidet sich „nur dem Grade, nicht dem Wesen nach" von der körperlichen (382). Daher jener quantitative Zusammenhang zwischen beiden, vgl. (119), (220), (262). Vom gleichen Grundgedanken geht die feinsinnige Unterscheidung in „normale" und „schöpferische" Arbeit aus (132). Volkswirtschaftlich läßt sich damit nur nach einigen gewagten Operationen kalkulieren, vgl. (132). In der Betriebswirtschaft kommen wir aus, wenn wir dieses Begriffspaar dem der einfachen und komplizierten Arbeit gleichsetzen.
Wir halten diese Unterscheidung in komplizierte und einfache Arbeit bis in seine vielleicht etwas mechanistisch anmutende Rechenhaftigkeit[1]), S. 224, für ebenso bedeutsam wie die Differenzierung in lebendige und tote Arbeit, vgl. auch (225). Mit fortschreitender Technisierung wächst der Anteil der komplizierten Arbeit im Betriebe. Die Schöpfung dieser komplizierten Arbeit, d. h. die Ausbildung der entsprechenden menschlichen Leistungsfähigkeit — Merkmal I_6 unseres Ideenbegriffs — ist jedoch genau so wenig eine produktionswirtschaftliche Aufgabe des Betriebs wie der Bau von Landmaschinen. Beides macht heute die Volkswirtschaft, im weitesten Sinne. Der Bauer Schulze bildet zwar die Träger der einfachen Arbeit in seinem Betrieb gewissermaßen nebenbei mit heran; aber an der Qualifikation des Melkermeisters hat schon der Staat erheblichen Anteil. Wir fragen also nicht mehr nur, wie wirkt die in der Melkmaschine vergegenständlichte Arbeit im Betriebe, sondern wollen auch wissen, ob sich die arbeitsteilig entwickelten Träger der komplizierten Arbeit im Betriebe ihrer Leistungsbereitschaft entsprechend mehrend an der Gesamtwirtschaft beteiligen oder nicht. Außerdem unterscheiden sich die Anteile der komplizierten Arbeit an der Gesamtarbeit in den Betrieben. Nur wer sie jeweils kennt, wird die Kennzahlen der Arbeitsproduktivität richtig interpretieren.

Wir müssen diese einfache oder komplizierte konkrete Arbeit jedoch noch genauer bezeichnen: Arbeit, „deren Produkt ein Gebrauchswert ist, nennen wir kurzweg *nützliche* Arbeit" (220).
Zu Produktivität kann strenggenommen nur *produktive* Arbeit führen, vgl. (398); welche konkrete, nützliche Arbeit ist zugleich produktiv? Dieses seit mehr als 150 Jahren von der Wirtschaftswissenschaft immer wieder abgehandelte Thema hat ebenfalls so viele Aspekte, vgl. (21), (24), (167), (343), (398), daß wir uns auf eine moderne Lehrmeinung festlegen und versuchen müssen, sie auf den landwirtschaftlichen Betrieb anzuwenden.

„Produktivität der Arbeit", „Arbeitsproduktivität" kennzeichnet einen gegebenen Sachverhalt, ohne etwas hinzuzutun oder wegzunehmen; „produktive Arbeit" soll einen zuvor bestimmten *und* abgegrenzten Sachverhalt benennen! Vgl. (343). Im zusammengesetzten Begriff Arbeitsproduktivität bestimmt die „Arbeit" das Grundwort „Produktivität" näher, „Arbeit" schränkt die allgemeine Aussage „Produktivität" ein. Die „produktive" Arbeit soll eine besondere Art Arbeit sein. Das ist auch sprachlich nicht dasselbe! Es gibt grausame Verwechslungen, z. B. (363). Niet*stahl* ist eine besondere Art von Stahl, Stahl*niet* die spezielle Art von Nieten.

Mit „produktiv" oder „unproduktiv" wird kein Werturteil abgegeben, die Begriffsbestimmungen der Philosophie berühren uns nicht; unproduktive Arbeit kann volkswirtschaftlich durchaus notwendig sein. Es geht um die ökonomische Funktion im Betriebe. Wir folgen im wesentlichen den WOLFschen Gedanken

[1]) Die Arbeit der Menschen mag kommensurabel sein, sind es die Menschen dann auch?

(398), weil sie unserer Betrachtung der Arbeit als Produktivfaktor in einem Betriebe der Urproduktion eine solide Grundlage bieten. Unabhängig von der gesellschaftlichen Form des Arbeitsprozesses ist „produktive Arbeit... zweckmäßige menschliche Tätigkeit zur Erzeugung materieller Güter", zur Produktion von Gebrauchswerten (25). Produktiv ist zunächst also tatsächlich nur die nützliche, konkrete Arbeit.

„Produktivkraft ist natürlich stets Produktivkraft nützlicher, konkreter Arbeit und bestimmt in der Tat nur den Wirkungsgrad zweckmäßiger produktiver Tätigkeit im gegebenen Zeitraum" (220).
Produktivität und Produktivkraft der Arbeit bedeuten dasselbe (25), (88), (199). Mit „Produktivkraft der Arbeit" will MARX wohl nur schärfer jene Eigenschaft der Arbeit bezeichnen (88). So kommt es zu dem rein qualitativen Begriff: „Die Produktivkraft der Arbeit ist die Fähigkeit der Arbeit, Gebrauchsgüter... zu schaffen" (3); vgl. unser Merkmal 1 des Produktivitätsbegriffs. Diese an sich recht sinnfällige Unterscheidung hat sich indessen nicht durchzusetzen vermocht. Ähnlich gegangen ist es den so scharfsinnig unterschiedenen Begriffen „Arbeit" und „Arbeitskraft" bei MARX (220): Der Arbeiter verkauft nicht seine Arbeit, sondern seine Arbeitskraft! Wo *wir* von Arbeitskraft sprechen, meinen wir entweder, was die Arbeitsphysiologie darunter versteht oder die zählbaren Arbeiter im Betriebe.

Produktiv ist weiter nur die Arbeit, die in der unmittelbaren Produktion, im Stoffwechsel zwischen Mensch und Natur, *materielle Gebrauchswerte* hervorbringt, Arbeit also, die „am Wirtschaftsprozeß unmittelbar beteiligt" ist (343).

SOMBART scheint übersehen zu haben, daß der Ton auf den „materiellen Gebrauchswerten" liegt. Nur ihre Erzeugung als produktive Arbeit zu bezeichnen, ist eben MARXens Prämisse, die er grundsätzlich und *unabhängig* von der „historisch-ökonomischen Kategorie" ‚Arbeit' macht. Wir folgen dieser Prämisse ohne Bedenken, denn die konkrete nützliche Arbeit in jedem landwirtschaftlichen Betriebe ist ausschließlich auf die Erzeugung von materiellen Gebrauchswerten gerichtet.

Das ist indessen nur die eine Seite, die des natürlichen, stofflichen Charakters der produktiven Arbeit, ihre „allgemein-ökonomische Kategorie" (343), mit der allein es die angewandte Betriebslehre zu tun hat. Vom Verwertungsprozeß her gewinnt die Arbeit ihren gesellschaftlich-historischen Charakter. Als „historisch-ökonomische Kategorie" wird sie zur abstrakten Arbeit. Sie ist Forschungsgegenstand der Politischen Ökonomie. Daher hier bloß ein paar Worte zu ihrem Aspekt der produktiven Arbeit.
Unter den ökonomischen Bedingungen des Kapitalismus ist Arbeit nur produktiv, wenn sie Mehrwert für den Kapitalisten produziert oder der Selbstverwertung des Kapitals dient (24), (220). Wir brauchen nicht weiter zu denken, was diese Variante der produktiven Arbeit für unseren Gegenstand bedeutet.

Denn 1.: Die selbständigen bäuerlichen Familienbetriebe wirtschaften zwar im Kapitalismus, aber es wäre buchstäblich eine contradictio in adjecto — besonders im betriebswirtschaftlichen Sinne —, ihre Arbeit deswegen als grundsätzlich unproduktiv zu bezeichnen; sie fällt eben nicht unter diesen Begriff, weil sie keinen Mehrwert „produziert" (24); und die deutsche Agrarverfassung wird seit 100 Jahren ausgesprochen von bäuerlichen Familienwirtschaften geprägt! Für die kapitalistische Produktionsweise und ihren

Verwertungsprozeß oder für die Klasse der Kapitalisten mag die Bauernarbeit streng genommen tatsächlich unproduktiv sein mit allen politisch-ökonomischen Konsequenzen (24). Die Bauern wirtschaften aber gar nicht für die Kapitalisten, sondern sie „produzieren Wert" (keinen Mehrwert!), den sie sich selbst aneignen (25). Für sie stehen also Arbeits- und Verwertungsprozeß in Einklang, wenigstens im Bereiche ihrer materiellen Produktion, und darauf kommt es an. Im Kapitalismus hat die Arbeitsproduktivität eben jenen doppelten Aspekt, je nachdem ob man sie vom Standpunkt des Arbeits- oder des Verwertungsprozesses des Kapitals aus betrachtet (25). „Die Produktion von Gebrauchswerten oder Gütern ändert ihre allgemeine Natur nicht dadurch, daß sie für den Kapitalisten und unter seiner Kontrolle vorgeht" (220); so ist selbst „in der allgemeinen Krise des Kapitalismus die Arbeit in der materiellen Produktion also durchaus noch im allgemeinen geschichtlichen Sinne produktiv trotz der widersprüchlichen und negativen Erscheinungen, die ihrer kapitalistischen Form entspringen" (398).

2. Unter den Bedingungen des sozialistischen Aufbaus ist „jede konkrete und nützliche Arbeit auch produktive Arbeit" (24), der (kapitalistische) Widerspruch zwischen stofflicher Form und gesellschaftlicher Hülle ist im allgemeinen beseitigt, Arbeits- und Verwertungsprozeß entsprechen sich, alle produktiven Kräfte dienen der gesellschaftlichen Bedürfnisbefriedigung, vgl. auch (291). Wir bleiben also vollständig und mit Recht im natürlich-stofflichen Bereich der produktiven Arbeit und betrachten sie allein als „allgemein-ökonomische Kategorie" (343) und nicht als gesellschaftlich-historische etwa im Sinne der Arbeit als Substanz des Warenwerts. Wir hatten oben die Produktivität auch von der Produktion — in der natürlich-sachlich-technischen Betriebsorganisation — hergeleitet und uns auf ihren „allgemein-ökonomischen" Aspekt beschränkt. Der Ring schließt sich auch andersherum: Die konkrete, nützliche, produktive Arbeit schafft die Gebrauchswerte (25), (220), und eben diese Relation ist Produktivität. „Die Frage nach der Arbeitsproduktivität ist keine Frage nach der abstrakten..., sondern nach der konkreten, d. h. produktiven Arbeit. Hier handelt es sich um Produkte und nicht um deren Werte als Waren" (398). —

Welche *konkrete, nützliche* Arbeit im Betriebe nun *produktiv* ist, läßt sich am Ende nur vom Produkt her verstehen, aber nicht definieren. Denn das materielle Ergebnis der Arbeit im Betriebe ist Relat im Maßbegriff der Arbeitsproduktivität. Nur Münchhausen konnte sich am eigenen Schopf aus dem Sumpfe ziehen, aber die Wissenschaft kann die produktive Arbeit nicht aus der Arbeitsproduktivität bestimmen! Im Produkt also begegnen sich nützliche und produktive Arbeit: Wir hatten gesagt, daß nützliche Arbeit die sei, die auf die Herstellung von Gebrauchswerten gerichtet ist. Folglich muß die produktive Arbeit einen weiter gefaßten Begriff des Gebrauchswerts implizieren, eben das „Produkt". Es enthält „drei Grundbestimmungen, materiell, Gebrauchswert, realisierter Zweck der Arbeit zu sein" (398). Darauf eingestellte Arbeit ist produktiv. „Das Produkt ist das Kriterium der produktiven Arbeit..." (398). Die produktive geht also über die nützliche Arbeit insofern hinaus, als für sie gefordert wird, die erzeugten Gebrauchswerte müßten materiell sein, und die Arbeit habe von vorneherein beabsichtigen müssen, gerade sie und keine anderen herzustellen. Von diesem letzten Wesensmerkmal aus gewinnen wir auch die Berechtigung, alle Arbeit als nützlich zu bezeichnen, die zunächst auf Gebrauchswerte nur *gerichtet* ist. Und die Frage nach der produktiven Arbeit gipfelt schließlich analog darin, welche Arbeiten im Betriebe sollen ausschließlich von vornherein bestimmte materielle Gebrauchswerte erzeugen?

Wir antworten zunächst: Jede Arbeit in der Produktion – dazu brauchen wir jedoch eine Unterstellung, wenn die produktive Arbeit einen praktischen Sinn haben soll: Alle Arbeit im landwirtschaftlichen Betriebe sei tatsächlich auf die Erzeugung von Gebrauchswerten gerichtet. Man sieht es ihr nicht immer an. Wenn der Bauer Schulze sein Gemüse einen halben Tag vor dem Wolkenbruch beregnet, so ist diese Arbeit „in den Naturzusammenhang" (398) eingegangen und damit an sich und a posteriori unproduktiv. Das gilt für viele landwirtschaftliche Arbeiten, z. B. für die „teuren, unproduktiven Füllarbeiten" in den „arbeitsärmeren Zeiten des Jahres" (124), im übertragenen Sinne auch für die „unproduktiven Stunden", wo die MTS-Schlepper warten oder leerlaufen usw. Was also a priori einen materiellen Gebrauchswert erzeugen oder erhalten soll, ist zunächst einmal produktive Arbeit, weil sie notwendig an der Produktion und Reproduktion materieller Gebrauchswerte teilnimmt (398).

Jede „bewußte, zweckmäßige Tätigkeit" (398), Merkmal I_{1-4}, ist also produktive Arbeit, auch wenn ihr „materielles Resultat" nicht gleich ein Gebrauchswert ist, sondern eben nur Phase eines Prozesses, an dessen Ende erst der fertige Gebrauchswert steht. So die Arbeit „des Bauern, der ... pflügt, eggt, düngt, sät, mäht, ... einfährt, drischt usw." (398), und des Betriebsleiters oder seiner Hilfskräfte, die leiten, dirigieren, organisieren, disponieren, usw. Ihrer aller Arbeit bleibt nun weiter solange produktiv, wie „ihre Ausschußproduktion ein normales Maß nicht überschreitet, solange die Produktion materieller Gebrauchswerte noch das hauptsächliche Resultat ihrer Arbeit ist" (398). Damit wollen wir immer rechnen.

Nun können wir allerdings nicht jede konkrete, nützliche Arbeit im landwirtschaftlichen Betriebe als produktiv bezeichnen, wenn sie nur darauf gerichtet ist, materielle Gebrauchswerte hervorzubringen. Im landwirtschaftlichen Betrieb entstehen mitunter auch Gebrauchswerte, die mit der landwirtschaftlichen Produktion unmittelbar nichts zu tun haben, z. B. das gekochte Mittagessen, das geflickte Dach, der Gabelstiel. Wir gehen deshalb einen kleinen Schritt über WOLF hinaus und stellen fest: Im landwirtschaftlichen Betrieb bleibt nur die konkrete, nützliche Arbeit produktiv, die darauf gerichtet ist, materielle Gebrauchswerte zu schaffen, *die in der Produktionsrichtung des Betriebcs liegen.* Alle übrige Arbeit ist betriebswirtschaftlich unproduktiv, volkswirtschaftlich muß sie das nicht unbedingt auch sein. Wir nennen die betriebswirtschaftlich unproduktive Arbeit daher – analog dem KRONRODschen Vorschlag – „gesellschaftlich nützliche, nicht im Produktionsprozeß geleistete Arbeit" (187) oder kürzer: *notwendige* Arbeit.

Praktisch ist es jedoch fast unmöglich, die produktiven von den unproduktiven Stunden, und „Arbeit" von „Beschäftigung", zu trennen, das Rechnungswesen gibt diesen Unterschied nicht her. *Wir richten deshalb die produktive und die unproduktive Arbeit aus nach den einzelnen produktiven und unproduktiven Arbeitskräften im Betriebe, d. h. nach der von ihnen vorwiegend verrichteten Arbeit.*

Das stimmt zwar nicht ganz genau überein, ist aber grundsätzlich richtig: „... alle Bestimmungen und Funktionen der produktiven Arbeit sind naturgemäß Bestimmungen und Funktionen des tätigen produktiven Arbeiters" (398).

Die einzelnen Gruppen von Arbeitskräften in produktive und unproduktive zu scheiden, ist Sache des Maßes. Wir kommen weiter unten darauf zurück, Kap. 2.2221, S. 57.

Im landwirtschaftlichen Betrieb ist also die konkrete, nützliche Arbeit produktiv, die materielle Gebrauchswerte in der Produktionsrichtung des Betriebs hervorbringen soll und sie auch erzeugt. Sie läßt sich praktisch in den Tätigkeitsmerkmalen der verschiedenen Arbeitskräfte besser als in ihrer Arbeit, also im Stundenaufwand erfassen. –

Der für den Produktivitätsrelator bestimmte Eigenschaftsbegriff der Arbeit hat soweit schon eine brauchbare und sinnfällige Form gefunden. Aber welche (konkrete, nützliche, produktive) Arbeit bildet nun die Produktivität, die lebendige allein oder die *lebendige und die tote?* „Die Arbeitsproduktivität ist daher ... das Verhältnis der produzierten Gebrauchswertmenge zur hierfür aufgewandten Menge lebendiger Arbeit" (25), (26), vgl. auch (398); aber: „... die Produktivität muß ihren Ausdruck in der Menge der Produkte bzw. im Wert finden, dazu gehören ... auch ... der Aufwand ... an vergegenständlichter Arbeit, ... man muß hier einen genauen Wertmesser haben, der sowohl den Aufwand an lebendiger als auch an vergegenständlichter Arbeit widerspiegelt" (254), „die Arbeitsproduktivität ist das Verhältnis zwischen der Menge der erzeugten Gebrauchswerte und der Menge der zu ihrer Herstellung benötigten lebendigen und toten Arbeit" (206), (332), vgl. auch (374). Die Betriebslehre vermag nicht zu entscheiden, welche dieser beiden Lehrmeinungen richtig ist. Am Ende braucht sie beide Aspekte, schon aus praktischen Gründen, wie wir noch zeigen werden. „Man kann die betriebliche Arbeitsproduktivität brutto und netto ermitteln" (287).

Daß viele Marxisten so streng an der scheinbar unabdingbaren Verknüpfung der produktiven mit lebendiger Arbeit festhalten, mag sich aus dem einfachen Zirkelschluß erklären: Im Kapitalismus schafft allein die lebendige Arbeit den Mehrwert, und nur die Arbeit ist dort produktiv, die Mehrwert für den Kapitalisten produziert (24). Gilt das aber auch für die einfache Warenproduktion und analog für den Sozialismus?

Neuerdings bestreitet RICHTER noch einmal, daß die vergegenständlichte Arbeit im Betriebe dem Produktionsergebnis zugeordnet werde; das dürfe man nur für ein Produkt in der gesamten Volkswirtschaft machen (289). So faßt er jedenfalls das MARXsche „Gesamtarbeitsquantum" (222) auf. Nur für die Volkswirtschaft gelte, daß die Arbeitsproduktivität steigt, während das Gesamtarbeitsquantum je Produkteinheit sinkt. Deshalb eben sollten die Betriebe nur die lebendige Arbeit der Produktionsleistung gegenüberstellen. Das ist kein Beweis. Die Betriebswirtschaft will gar nicht jene klare Beziehung zwischen Arbeitsproduktivität und Gesamtarbeitsquantum nachweisen, sondern nur die Produktivität ihrer eingesetzten lebendigen und toten Arbeit kontrollieren. RICHTERs Beispiele (289) führen auch auf Abwege, weil er nicht wie wir die Arbeitsmittel von den übrigen Betriebsmitteln trennt und damit die von ihm verurteilte Kapitalsproduktivität mit der Arbeitsproduktivität unentwirrbar vermischt. Schließlich will RICHTER möglichst hohe Kennzahlen der Arbeitsproduktivität erreichen – im praktischen Interesse der Werktätigen! Bezöge man die vergegenständlichte Arbeit ein, kämen zu niedrige Werte heraus! Abgesehen davon, daß RICHTER (289) seine These, nur die lebendige Arbeit ergäbe Produktivität, am Ende selbst in leise Zweifel zieht, dürfen wir dieses magere Ergebnis des Kampfes einiger Polit-Ökonomen gegen die tote

Arbeit im Produktivitätsrelator wohl als weiteren Beweis für die Richtigkeit unserer Behauptung in Anspruch nehmen, daß es in jedem Falle betriebswirtschaftlich zweckmäßig und sinnvoll sei, die Arbeitsproduktivität mit der lebendigen *und* der toten Arbeit zu berechnen.

Wie wir inzwischen feststellen konnten, entspricht unsere Auffassung vollkommen der Meinung des sowjetischen Betriebslehrers KOLESNEV: „... deshalb muß bei der Errechnung der Arbeitsproduktivität die Größe T (unser A — A. B.) nicht nur die lebendige, sondern auch die vergegenständlichte, frühere Arbeit umfassen. Wenn man die frühere Arbeit nicht beachtet, kann man einen großen Fehler begehen. ... Alle gegenwärtig existierenden Berechnungsmethoden für die Arbeitsproduktivität ... berücksichtigen nur die lebendige Arbeit, deshalb sind sie wenig befriedigend und nicht genau" (179), vgl. auch (227). Wie man rechnet, entwickeln wir im Kapitel 3.52.

Aus unseren Darlegungen ergibt sich jedoch eine unausweichliche Konsequenz: Völlig autonom zu gestalten vermag jeder Betrieb nur seine eigene lebendige, konkrete Arbeit, die vergegenständlichte kann er nur nach Maßgabe der volkswirtschaftlichen Arbeitsteilung technisch, und als Kostenfaktor ökonomisch einsetzen. Sie wirkt immer auf dem Wege über die abstrakte Arbeit in den Betrieb hinein. Und diese hatten wir ausdrücklich in den Bereich der Volkswirtschaft oder der Politischen Ökonomie verwiesen. Es dreht sich schließlich darum, ob die im Interesse der betriebswirtschaftlichen Erkenntnis oben vollzogene gedankliche Trennung zwischen Betrieb und Volkswirtschaft, zwischen Betriebs- und Volkswirtschaftslehre, auch hier fruchtbar zu machen ist. Wie sind also die zusammenspielenden Faktoren lebendige, vergegenständlichte und abstrakte Arbeit in ihrer Wirkung auf die betriebswirtschaftliche Arbeitsproduktivität zu sehen?

Die Vorleistungen fremder Wirtschaftszweige erscheinen betriebswirtschaftlich als Aufwendungen. So auch die tote Arbeit. Dazu rechnen wir nur die technischen Arbeitsmittel, also Zugtiere, Maschinen, Geräte, Vorrichtungen sowie ihren Unterhaltungs-, Abschreibungs- und „Betriebs"-Bedarf. Die übrigen Betriebsmittel werden entweder wie der Boden als Produktivfaktoren, Gebrauchsvermögen (Nutzviehzweige), genutzt oder dienen wie die Umlaufmittel, Verbrauchsvermögen (Dünger, Futtermittel, Saatgut), der laufenden Produktion.

Am einfachsten ist es, wenn wir die Produktivität nur mit der lebendigen Arbeit errechnen und ihre wechselnde Größe u. a. davon bestimmt sehen, wieviel vergegenständlichte Arbeit jeweils mitwirkt. Aber so leicht darf man es sich schon deswegen nicht machen, weil es eben kein volkswirtschaftliches Datum mehr ist, ob die vorhandenen Maschinen nun rationell eingesetzt werden oder nicht. Und *ein* betriebswirtschaftlicher Bestimmungsgrund dafür ist eben gute oder schlechte Produktivität der lebendigen *und* der toten Arbeit im Betriebe. *Wir ziehen den entscheidenden Trennungsstrich nicht zwischen der toten und der lebendigen, sondern zwischen der konkreten (lebendigen und toten) Arbeit im Betriebe und der abstrakten in der Gesellschaft,* vgl. dazu auch (229). Was die abstrakte Arbeit hergibt, ist der *Wert* der (toten) Arbeit, d. h. ihr Preis oder ihre Kosten, und das sind letztlich Daten der Volkswirtschaft für die Betriebswirtschaft.

An dieser Stelle wird der immer wieder herausgestellte Unterschied zwischen der betriebswirtschaftlichen und der volkswirtschaftlichen Auffassung vielleicht am deutlichsten, und von dort aus erklärt sich dann, weshalb wir im Gegensatz zu WOLF auch der toten Arbeit Produktivität zurechnen. Seit MARX sieht die Politische Ökonomie einen gesetzmäßigen Zusammenhang zwischen der (abstrakten) Arbeit, der Arbeitsproduktivität und dem Tauschwert der Gebrauchswerte: Steigende Arbeitsproduktivität bringt mehr Gebrauchswerte hervor, dementsprechend sinken die Werte (der Produkte) usw., vgl. (220), (398). In der Volkswirtschaftslehre gibt es also noch eine ursächliche funktionale Beziehung zwischen der lebendigen Arbeit und dem Wert, und darum dreht sie sich auch. Für den konkreten Betrieb in einer gegebenen Volkswirtschaft ist diese Relation irrelevant, weil seine konkrete, nützliche, produktive Arbeit in gar keinem betriebswirtschaftlich gesetzmäßigen Zusammenhang mehr mit dem Wert, der Preissumme, steht, den die von ihr erzeugten Gebrauchswerte haben, vgl. S. 34. Daraus ergibt sich zweierlei: 1. Die Preissumme des Bruttoprodukts ist nicht mehr korrelativ an Menge und Qualität der erzeugten Gebrauchswerte gebunden. Viele ausgezeichnete landwirtschaftliche Gebrauchswerte können „wertvoll" sein, sie müssen es aber nicht. Deshalb ist unsere „wirtschaftliche Produktivität" ein notwendiger Ausdruck für die volks- und marktwirtschaftliche Verflochtenheit des Einzelbetriebs mit der Gesamtwirtschaft. 2. In dem unteilbaren Kreis der Volkswirtschaft, den die Politische Ökonomie notwendig unterstellt, sieht man nur die lebendige Arbeit als produktiv an (398), dort gibt es theoretisch keine Differenz zwischen Wert und Gebrauchswert. Selbst wenn die „vergangene Arbeit als separate produktive Arbeit aufgefaßt wird, ist nicht einmal formell eine Steigerung der Arbeitsproduktivität durch Ökonomisierung des Verbrauchs der Produktionsmittel angebbar" (398). Anders im Betrieb: Dort ist eben gerade die Auffassung der vergegenständlichten als separate produktive Arbeit entscheidend wichtig für die Erkenntnis, wie, warum und wohin sich die Produktivität der lebendigen Arbeit entwickelt hat. Außerdem kann man durchaus angeben, wie die Produktivität der toten Arbeit bei rationellerem Einsatz der Betriebsmittel gestiegen ist. Im Sinne „der praktischen Wirtschaft" läßt sich eben der „ganze produktive Ertrag" nicht „bloß auf die Rechnung" der lebendigen „Arbeit stellen" (21). Hier wirkt sich auch noch ein rechenhafter Aspekt aus: Die Politische Ökonomie vermag lebendige und vergegenständlichte Arbeit in *ein* Maß zu fassen, in die Menge, vgl. MARX über die Steigerung der Arbeitsproduktivität (222, S. 289/290), vgl. auch (332), zitiert auf S. 60. So ergibt sich theoretisch die konsequente, systemgerechte und sehr handliche Vorstellung einer „Gesamtsumme der Arbeit" (199), (222), mit der sich in der volkswirtschaftlichen Gesamtrechnung wohl immer, in Teilrechnungen vielleicht kalkulieren läßt — wenn Preise und Werte übereinstimmen, vgl. (392)! Betriebswirtschaftlich kann man das nicht nachmachen. Wir haben keinen der lebendigen Arbeit völlig adäquaten Ausdruck für die vergegenständlichte. Das handlichste Maß dafür ist immer noch der Wert, genauer die Preissumme oder besser: der wertmäßige Aufwand an vergegenständlichter Arbeit. Während nun Wert und Gebrauchswert polit-ökonomisch dynamisch-kinetische Größen sind, die gesetzmäßig in proportionaler Wechselwirkung stehen, ist der Wert für die notwendig zeitgebundene Betriebswirtschaft immer etwas Statisch-potentielles, auch so gesehen eben ein Datum. Deshalb *muß* sie stets eine zweite Rechnung mit den Kosten oder den „Werten" neben der mit den Gebrauchswerten und unabhängig von ihr aufmachen. Und volkswirtschaftliche Werte erzeugt nicht nur die lebendige Arbeit im Betrieb, die vergegenständlichte Arbeit ist auch ein Wert, der sich mehrend, also produktiv an der Volkswirtschaft beteiligen soll.

Neuerdings verbindet BEHRENS (40) das „gar nicht dringendste Problem unserer statistischen Praxis, generelle Kennziffern zu berechnen, die den Wirkungsgrad der gesamten Arbeit messen" mit der Berechnung richtiger Kennzahlen der Selbstkosten. Diese Kennzahlen enthielten schon den Wirkungsgrad der toten Arbeit. Damit unterscheidet sich seine Auffassung jetzt nicht mehr so stark von der unseren. Aber die Selbstkosten sind Relat im Begriff der Wirtschaftlichkeit, und hier geht es um die

Produktivität! Wir brauchen beide Relatoren und fassen keinen richtig, wenn die Maßbegriffe durcheinander gehen. Wir entnehmen dem BEHRENSschen Vorschlag nur die Bestätigung unseres weiter unten entwickelten Maßstabes für die vergegenständlichte und die lebendige Arbeit, das Geld.

Die volkswirtschaftliche Arbeitsteilung substituiert mehr und mehr lebendige Arbeit durch vergegenständlichte; die tote Arbeit ist nur eine verwandelte, moderne Form der lebendigen, sagen wir: materialisierte, produktive lebendige Arbeit, vgl. unser Merkmal II_2. Lebendige und tote Arbeit stellen ihrem Wesen nach heute noch jene Einheit dar, die die lebendige Arbeit im reinen Handbetrieb allein verkörperte. Im Betriebe sind beide produktiv. *Deshalb bilden wir den Produktivitätsrelator grundsätzlich mit der lebendigen Arbeit und berücksichtigen dabei in jedem Falle die vergegenständlichte.* –

Wir sind mit diesen Unterscheidungen vorsichtig eigene Wege gegangen, weil wir die Betriebswirklichkeit von der konkreten, nützlichen Arbeit bestimmt sehen, während die Politische Ökonomie die abstrakte Arbeit als die gesellschaftliche Substanz des Warenwerts in den Mittelpunkt ihrer, außerdem mehr um die Verteilung konzentrierten Lehre stellt. Wir haben die Denkhilfen der Politischen Ökonomie in Anspruch genommen, um zu unserer Aussage über die produktive, die lebendige und die tote Arbeit zu kommen, weil sich der Betrieb und die Wissenschaft über seinen Organismus in die Gesellschafts- und Wirtschaftsform seiner Umwelt einordnen müssen.
Der Politischen Ökonomie *kann* diese Aussage nichts vorweg nehmen, weil das die angewandte Betriebslehre von ihrem Forschungsgegenstand aus überhaupt nicht vermag und auch gar nicht *will*, vgl. S. 32. Die Betriebslehre bezeichnet nichts den Erkenntnissen der politischen Ökonomie grundsätzlich Widersprechendes als produktive, lebendige, oder tote Arbeit; im vorgezeichneten Rahmen interpretiert sie jedoch den Begriff so, wie sie ihn zu sinnvoller Aussage braucht. Auf den prinzipiellen Unterschied zwischen beiden Disziplinen, wenn man ihre Denkformen praktisch anwendet, weist schon MARX hin: „Trotz der zahlreichen Analogien ... zwischen der Teilung der Arbeit im Innern der Gesellschaft und der Teilung innerhalb einer Werkstatt sind beide nicht nur graduell, sondern wesentlich unterschieden“ (220), vgl. auch (178), (302), (325), (326).

Konkrete, nützliche, lebendige und auch die oben dargelegte produktive Arbeit bezeichnen die maßgeblichen Eigenschaften der *technischen* Seite der Arbeit. Im modernen Arbeitsprozeß erscheint die lebendige Arbeit immer mit der vergegenständlichten kombiniert. Es gibt viele Möglichkeiten solcher Kombinationen im landwirtschaftlichen Betriebe; der Anteil der vergegenständlichten Arbeit wächst dabei mehr und mehr, und zwar wesentlich nicht durch technische Fortschritte, sondern auf Grund wirtschaftlicher Überlegungen und Handlungen. Ebenso wie der Produktivitätsbegriff von Hause aus eine *ökonomisch*-technische Kategorie darstellt, gehört heute also auch die (moderne) Arbeit dahinein.
Wir fassen kurz zusammen: Als *menschliche* und *technische* Arbeit bestätigt die Arbeitstechnik jenes aus dem Sprachgebrauch abgeleitete Begriffspaar der Arbeit als Vorgang und als (zeitlose!) „Leistung“. Dieses Paar faßt die politische Ökonomie als *konkrete* Arbeit wieder in *einen* Begriff, wobei die Arbeit als Selbstzweck ausscheidet. Die auf Herstellung von Gebrauchswerten gerichtete *einfache* oder *komplizierte* konkrete Arbeit wird zur *nützlichen*, wenn ihr Produkt ein Gebrauchswert ist, oder wenn sie wenigstens auf seine Herstellung gerichtet ist. Die nützliche Arbeit, die materielle landwirtschaftliche Gebrauchs-

werte im Sinne der betrieblichen Produktionsrichtung schafft oder von vornherein schaffen soll, ist *produktive* Arbeit. Was an nützlicher Arbeit darüber hinaus aufgewendet wird, nennen wir *notwendige* Arbeit. Mit fortschreitender Technik gewinnt die *vergegenständlichte* Arbeit immer mehr Bedeutung, daher können wir betriebswirtschaftlich auch nicht darauf verzichten, lebendige *und* tote Arbeit zu berücksichtigen. Menschliche, einfache, lebendige Arbeit bilden den einen und technische, komplizierte, tote Arbeit den anderen Teil der Eigenschaften der Arbeit. Diese Teilbegriffe vereinigt die Wirtschaftswissenschaft wieder sinnvoll. So ergibt sich ein geschlossenes System, das die ökonomisch-technischen Eigenschaften der Arbeit im landwirtschaftlichen Betrieb und sie selbst schließlich als allgemein-ökonomische Kategorie kennzeichnet, vgl. Schema 2.

Die andere Seite der „zwieschlächtigen Natur" (220) der Arbeit, ihr abstrakter Charakter, führt als „gesellschaftlich-historische Kategorie" (254) aus diesem System hinaus in Gesellschaftswissenschaft und politische Ökonomie. Alle damit zuammenhängenden Probleme zu lösen, ist nicht die Aufgabe der landwirtschaftlichen Betriebs- und Arbeitsforschung.

Die entscheidende Rolle im Produktivitätsrelator kommt der vielgestaltigen lebendigen Arbeit zu.

2.222 Erscheinungsweisen der Arbeit und Grundlagen für ihre Abgrenzung

Unsere Entwicklung der Eigenschaften der (betriebswirtschaftlichen) Arbeit hat deutlich gemacht, daß sich die beiden Grundzüge der Arbeit, Arbeit als Arbeitskraft und Arbeit als Vorgang, nicht ohne weiteres in einen einzigen Ausdruck zusammenfassen lassen, ohne die allgemein-ökonomische Kategorie Arbeit zu vergewaltigen. Arbeit und Arbeitskraft haben so vielfältige Eigenschaften, daß damit bereits sehr differenzierte Maße vorgezeichnet sind. Die Arbeit vollkommen zu erfassen, wird kaum gelingen, denn Maße vereinheitlichen, und keine der verschiedenen Eigenschaften der Arbeit läßt sich eben auf einen *allseitig* vergleichbaren *und* für den Produktivitätsrelator nützlichen Nenner bringen. Wir sehen daher auch den Maßbegriff Arbeit aus verschiedenen Teilen zusammengesetzt, d. h. wir haben zweierlei zu zeigen: 1. Welche Erscheinungsweisen des Maßes Arbeit für den Produktivitätsrelator in Betracht kommen und 2. auf Grund welcher theoretischen Konzeptionen die nützliche, lebendige, einfache Arbeit, die komplizierte, die produktive, die notwendige und die vergegenständlichte Arbeit im Betriebe abzugrenzen und später zu messen sind.

2.2221 Maße und Maßstäbe der lebendigen Arbeit

Arbeit ist nicht gleich Arbeit. Wieweit müssen wir diesem arbeitstechnischen Merkmal Rechnung tragen, wenn wir ökonomisch-technische Zusammenhänge mit Maß und Zahl erfassen wollen? *Das Maß der Arbeit im Produktivitätsrelator muß also notwendig einen Kompromiß darstellen zwischen den arbeitstechnischen Gesichtspunkten und den betriebswirtschaftlichen.* Da die betriebswirtschaftlichen Belange den arbeitstechnischen übergeordnet sind, gehen zunächst einige differenzierende arbeitstechnische Besonderheiten unter; sie werden als gleichbleibend vorausgesetzt. Das gilt als erstes für die *Arbeitsintensität.*

Arbeit ist nicht gleich Arbeit. So arbeiten zwei sonst gleiche Arbeiter sicher nicht ständig mit dem gleichen Kraftaufwand, und auch derselbe Mann wird sich nicht immer im gleichen Maße anstrengen. Trotzdem unterstellen wir hier, daß alle Arbeitskräfte mit der gleichen [„relativen" (88)] Intensität arbeiten, daß also eine Stunde des Landarbeiters Schulze beim Eggen ebensoviel Calorien verzehrt und mkg leistet wie die des Landarbeiters Müller unter den gleichen Bedingungen bei derselben Arbeit.

In Wirklichkeit dürfte schon das nicht immer der Fall sein, und wenn der Landarbeiter Müller und seine Frau eine Stunde Rüben roden, so ist der Kraftaufwand bei beiden sicher recht verschieden; daran ändert sich auch nichts, wenn man ihn auf die Nutzleistung bezieht. Das eben zeigt die Arbeitstechnik (9), und in *ihrem* Sinne begeht wirklich „einen groben Fehler", wer „in der modernen Wirklichkeit von unveränderlicher Intensität" (88) ausgeht. Aber dort liegt die Grenze für unser *ökonomisch*-technisches Maß der Arbeit: *Wir nehmen an, daß alle Arbeitskräfte in jeder Stunde mit einer mittleren, ihnen adäquaten konstanten Intensität arbeiten; diese soll insgesamt ihrer nach anderen Gesichtspunkten vorgenommenen Einstufung proportional sein.*

Die Ökonomik kann das aus einem naheliegenden Grunde recht gut voraussetzen: „... Die *Produktivität* kann im Prinzip *unbegrenzt* ansteigen, während" die Physiologie des Menschen seiner Intensität „verhältnismäßig sehr enge Grenzen setzt" (88). Zu dieser arbeitstechnischen Begründung kommt noch eine gewichtige ökonomische: Es geht heute nicht mehr so sehr um die Intensität der lebendigen, sondern um den (möglichst wirtschaftlichen) Aufwand an toter Arbeit, vgl. Merkmal II_2.

Die gröberen Maße der Arbeitswirtschaft können die feinen Maßstäbe der Arbeitstechnik durchaus entbehren, ohne wirtschaftlichen Unsinn auszusagen, denn „die Arbeitsproduktivität ist zum wenigsten das Ergebnis physischer Leistung, sondern vielmehr Ausdruck wirtschaftlicher Zusammenhänge" (278).

Wie berechtigt das ist, geht auch aus der oft beobachteten Tatsache hervor, daß die arbeitstechnische Normalleistung ziemlich konstant ist, z. B. (134); man kann bei dem geringen Schwankungsbereich der Intensität, vgl. (88), auch nichts anderes erwarten, wenn man gleiche Arbeitstechnik voraussetzt.

Wir unterstellen weiter auch gleiche „absolute" (88) Intensität; der Arbeitstag des Bauern Schulze mag drei Stunden länger sein als der des Landarbeiters Müller, aber intensiver hat er deswegen auch nicht unbedingt gearbeitet. Das stimmt freilich nur in großen Zügen. Wir haben deswegen nicht „optimale" (88), sondern mittlere gleichbleibende Intensität vorausgesetzt. Mit dieser Annahme sind nun alle denkbaren technischen und arbeitstechnischen Maße überflüssig geworden, die eine im Sinne der Technik rationale Relation bilden können zwischen der aufgewandten Arbeit in Cal oder mkg und der Leistung in $\frac{\text{mkg}}{\text{sec}}$. Auch die an sich bestechende Beziehung: Gesamt-(Arbeits)aufwand (PSh/ha zu Produkt [GE/ha]) ist ökonomisch-technisch irrelevant; denn von allen meßtechnischen Schwierigkeiten abgesehen, wird hier 1. ein ursächlicher Zusammenhang, PSh zu GE, vorausgesetzt, den man technisch wohl denken möchte, der aber landwirtschaftlich gar nicht besteht. Die Sache bekommt Hand und Fuß, wenn man nicht auf die Naturalleistung, sondern auf die arbeitstechnische Leistung, PSh/ha

Fruchtart, bezieht und — mit der Zurechnung fertig wird. 2. erfaßt sie nur die Kraftarbeit; die Arbeitsmaschinen bleiben unberücksichtigt und diese Relation damit unvollständig, was nicht ausschließt, sie zur Aussage über den Wirkungsgrad der eingesetzten Kraftarbeit vorteilhaft zu verwenden, wenn man sie, wie unter 1. angedeutet, abwandelt.

„Arbeitsproduktivität... ist die Produktionsleistung, die... bei durchschnittlicher Intensität der Arbeit (Anstrengungsgrad) auf den einzelnen Beschäftigten entfällt" (405).

Auch ein zweites arbeitstechnisches Merkmal geht unter: *Die technische Arbeit.* So sehr die Produktivität der Arbeit auch von der „technischen Leistung" (9) bestimmt sein mag, wir müssen dieses arbeitstechnische Zwischenglied überspringen, weil technische Arbeit und technische Leistung arbeitswirtschaftlich ungleichartige und daher auch nicht mehr maßhafte Merkmale im *arbeitswirtschaftlichen* Sinne sind. Die Arbeitstechnik dreht sich um *den* arbeitenden Menschen, der Arbeitswirtschaft geht es um *die* arbeitenden Menschen und ihren rationellen produktiven Einsatz in der Betriebswirtschaft.

Wechselnde Arbeitsintensität und größere oder kleinere technische Leistungen verändern also ceteris paribus die konkrete Arbeitsproduktivitätskennzahl, ohne daß sich diese vergleichsweise geringen Einflüsse im Maß der Arbeit berücksichtigen lassen.

Nach diesen arbeitstechnischen Unterstellungen ist nun jede im Betriebe geleistete Einheit einfacher Arbeit gleich jeder anderen gleich großen. Wie kommen wir jetzt zu einem Maß, das die *komplizierte* Arbeit ins richtige Verhältnis zu jener Einheit *einfacher* Arbeit setzt? Sowohl die Arbeitstechnik als auch die Betriebswirtschaft geben solche Relationen an: Die Arbeitstechnik geht vom Arbeitscharakter des Arbeitenden aus; seine Leistungsbereitschaft (Leistungsfähigkeit, Selbstbeanspruchung), den Aufwand an Zeit und Kraft vergleicht sie mit der Leistung. Das alles drückt sie in physiologischen, psychologischen, physikalischen (c-g-s-System, Arbeitsbewertung) manchmal auch in naturwissenschaftlich-landwirtschaftlichen Maßstäben aus, vgl. (9). Auf diese Weise entstehen arbeitstechnisch gut abgestufte Merkmale, die die einzelnen Arbeitskräfte nach ihrer (körperlichen) Leistungsfähigkeit in AK zu ordnen erlauben. Die Betriebswirtschaft wertet über den Lohn, die Lohngruppen, die die Tätigkeitsmerkmale und ihre Bewertung enthalten. Auch auf diese Weise kommt man zu AK. Beide Rechnungen machen die komplizierte und die einfache Arbeit vergleichlich und die Arbeitskräfte *zählbar.* Ihre Wertzahlen stimmen aber nicht überein.

Die arbeitstechnische Bewertung kommt zu anderen Ergebnissen wie die Abstufung über den „Wert", weil darauf „Preisplanung" und „volkswirtschaftliche Gesamtbilanzierung" (116), vor allem aber wohl die Arbeitskräfteplanung einwirken.

Man kann sich nun nicht für die eine *oder* die andere entscheiden; denn hier geht es nicht um einen arbeitstechnischen, auch nicht um einen wirtschaftlichen Maßbegriff der Arbeit, sondern wir brauchen einen dem Produktivitätsrelator angemessenen, also einen ökonomisch-technischen. Dieses begriffsgerechte Maß ist nur aus der Vereinigung beider Wertungen zu erreichen, also durch eine Kombination von Arbeitsbewertung und Entlohnung. Entlohnung heißt hier

Einstufung in eine Lohngruppe. Wie man das praktisch durchführt, zeigen wir weiter unten, Kap 3.5111.
Arbeitsbewertung und Lohngruppe erfassen die lebendige Arbeit im Arbeiter, in der Arbeitskraft, im Sinne unseres Merkmals II. Das ist eine zwar übliche, aber auch recht einseitige Betrachtungsweise. Sie ist betriebswirtschaftlich insofern sinnvoll, weil es der Betriebswirtschaft um die rationelle Nutzung der Produktivkräfte geht. Aber es gibt noch eine Kombination von einfacher und komplizierter Arbeit, die sich auf unser Merkmal I stützt: die Arbeitseinheiten der LPG. Da es dort im allgemeinen keine andere Möglichkeit gibt, die lebendige Arbeit zu messen, verwenden wir die Arbeitseinheit ebenfalls als Maß der lebendigen Arbeit, vgl. Kap. 3.5113. Man muß sich nur über den grundsätzlichen Unterschied zwischen dieser und jener Rechnung klar sein. Die Arbeitseinheit mißt *die Arbeit;* Arbeitsbewertung und Lohngruppen erfassen *den Arbeiter.*
Daran liegt es, daß dreierlei immer noch sehr fraglich bleibt, wenn wir die einfache und komplizierte Arbeit über Arbeitsbewertung und Lohngruppen in ein Maß vereinigen; wir müssen deshalb weiteres voraussetzen: 1. Sind alle Arbeitskräfte überall gleichmäßig eingestuft, bleibt der Landarbeiter Schulze in derselben Lohngruppe, wenn er in einen anderen Betrieb geht und dort die gleiche Arbeit verrichtet? Wir müssen das annehmen. 2. Entsprechen alle Arbeiten, die der Landarbeiter Schulze das ganze Jahr über verrichtet, den Tätigkeitsmerkmalen seiner Lohngruppe? Ganz bestimmt nicht. Wir müssen es aber vorläufig unterstellen und können das auch mit einigen Bedenken tun; denn nach dem Prinzip der wirtschaftlichen Rechnungsführung werden alle Betriebe gleichmäßig versuchen, ihre Arbeitskräfte so einzustufen, daß sie leistungsgerecht entlohnt werden und nur ausnahmsweise nach den Tätigkeitsmerkmalen anderer, niedrigerer Lohngruppen zu arbeiten haben.[1]) 3. Eine Stunde Arbeit bestimmter Qualität ist nicht zu jeder Jahreszeit und in allen Betrieben gleich einer Stunde Arbeit derselben Qualität. Bei gleicher Organisation mag der eine seinen Arbeitsbedarf in der Hackfruchtpflege mit Saisonarbeitskräften bewältigen, während der andere seine Stammbelegschaft das ganze Jahr über mehr oder weniger ausgeprägt in der Höhe halten muß, die er für diese Arbeitsspitze notwendig hat. Solche Spitzen-Stunden sind eben immer „wertvoller" als die normalen. Aber es gibt keinen Weg, das im Maß der Arbeit voll zu berücksichtigen.
Arbeitstechnisch und für den Einzelfall mag das alles sicher nicht immer zutreffen, aber theoretisch sorgt uns das auch nicht, denn hier geht es um ein ökonomisch-technisches Maß für die lebendige Arbeit; wenn qualifizierte Arbeit nur geringe Produktivität erreicht, so hat sie ceteris paribus eben nichts adäquates geleistet. Was erzeugt wurde, beziehen wir stets auf die (potentielle) Leistungsbereitschaft, erst die Produktivität ist der Ausdruck für ihre Effizienz durch die Arbeit.

---

[1]) Welche Abweichungen es trotzdem gibt und wie unterschiedlich das Arbeitsentgelt in der LPG und im VEG betriebswirtschaftlich und arbeitwissenschaftlich zu betrachten sind, haben wir jüngst dargestellt; siehe unseren Aufsatz über die „unterschiedliche Berechnung des Arbeitsentgelts . . ." in Heft 10, 7., der „Deutschen Landwirtschaft" DBV Berlin 1956.

Da es eine ökonomisch-technische rechenhafte Beziehung zwischen einfacher und komplizierter Arbeit gibt, fassen wir sie also in ein Maß. Anders bei der *produktiven* und *notwendigen* Arbeit. Hier gilt es abzugrenzen, welche Arbeitskräfte zur einen, welche zur anderen Kategorie gehören. Wir betrachten zunächst die in der Produktion Beschäftigten. Dort sind alle Arbeiten produktiv, die die verfügbaren Arbeitskräfte gegen Entgelt oder die die entsprechenden Genossenschaftsbauern gegen Arbeitseinheiten leisten. Produktiv ist auch alle Arbeit der gebundenen Arbeitskräfte und Genossenschaftsbauern, soweit sie gegen Entgelt oder Arbeitseinheiten in der Betriebsleitung, in den Nutz- und Zugviehzweigen, im Garten- und Obstbau sowie in der materiellen Produktion der technischen Nebenbetriebe geleistet wird. Fast immer ist auch die Arbeit auf dem Speicher, „in der Lagerhaltung", produktiv (4), (398); wir begehen deshalb nur einen unbedeutenden Fehler, wenn wir sie mit zu den produktiven Arbeiten rechnen. Eine zweifellos neue Form der (produktiven) Arbeit schafft der Sozialismus, indem er die „wirtschaftlich-organisatorisch" tätigen Funktionäre des Staats, der Partei usw., zu den produktiven, gebundenen Arbeitern zählt, weil sie „den gesamten materiellen Produktionsprozeß in der sozialistischen Gesellschaft unmittelbar lenken und organisieren" (187). Mit WOLF (398) rechnen wir den Parteisekretär, den BGL-Vorsitzenden und den Kulturleiter allerdings nicht zu den produktiven Arbeitern. Ebensoviel Produktives wie sie in der operativen Betriebsführung tatsächlich tun, arbeiten Betriebsleiter, Assistenten, Meister, TAN-Mann usw. gelegentlich unproduktiv, wenn sie auf die „Produktionsverhältnisse" einwirken (398). Die zwieschlächtige Funktion der (produktiven) Tätigkeit der einen wie der anderen wird damit quantitativ wenigstens insgesamt ausgeglichen.

Unproduktive gebundene Arbeitskräfte sind dagegen mit Sicherheit der Lehrlingsausbilder und der Buchhalter (Rechnungsführer), vgl. (4), (26), (187), (221), (398): Der eine, weil die „Ausbildung der Arbeitskraft ... keine materielle Produktion" ist (187), der andere, weil seine Tätigkeit „die tatsächlichen, produktiven Prozesse nur widerspiegelt, registriert, erfaßt ..." (4). Ihr Tun gestaltet, erhält oder verändert die gesellschaftlichen Beziehungen zwischen den Menschen, das eben ist unproduktive Arbeit (398).

Materielle Gebrauchswerte bringen im landwirtschaftlichen Betriebe nun auch die Handwerker und die Köchin hervor. Ihre Arbeit wäre also produktiv. Trotzdem zählen wir sie nicht zu den produktiven gebundenen Arbeitskräften, weil ihre Leistungen ebenso wie die des Rechnungsführers zwar notwendig, aber nicht unmittelbar am Zustandekommen der landwirtschaftlichen Produkte beteiligt sind. Das „kaufmännische Personal" (alle im Büro und in der Buchhaltung Beschäftigten), das „Hilfspersonal" (Betriebsschutz) und die „Nicht in der Produktion Beschäftigten" (Betriebsküche, Konsum, Kindergarten, Bibliothek, Berufsschule, Sanitätsstelle, Lehrlingswohnstätten) verrichten also allesamt unproduktive Arbeit, vgl. dazu (4). Die landwirtschaftlichen Lehrlinge rechnen dann zu den produktiven, die kaufmännischen und technischen Lehrlinge zu den unproduktiven Arbeitern. Die Trennungslinie zwischen den

produktiven und unproduktiven Arbeitern verläuft also tatsächlich nicht so, wie es die schematische Unterscheidung zwischen „Arbeitskräften innerhalb des Produktionsbereichs (produktive Arbeitskräfte)“ und „Nicht in der Produktion Beschäftigten (unproduktive Arbeitskräfte)“ (412), (414) vorsieht. Auch die sonst recht zweckmäßige und durchaus vollständige „arbeitswirtschaftliche Einteilung der handarbeitenden Belegschaft landwirtschaftlicher Großbetriebe“ (160) enthält unproduktive Arbeiter, z. B. den Nachtwächter, und schließt produktive aus, z. B. den „Betriebsleiter“ und den „Vogt“.
Genauso wie im Großbetrieb ist nun auch der überwiegende Teil der Schaffenszeit des Familienbauern und seiner Helfer produktive Arbeit. Freilich verliert er mit seinen unproduktiven Funktionen Arbeitszeit, die er „produktiv verbrauchen“ könnte (221). Die im bäuerlichen Familienbetrieb weithin fehlende Arbeitsteilung macht es indessen praktisch auch dort unmöglich, produktive und unproduktive Arbeitszeit exakt zu trennen. Wir rechnen deshalb die im Dienste der bäuerlichen Familie im Privathaushalt stehende Arbeitskraft oder ihre entsprechenden Anteile als unproduktive Arbeitskraft, vgl. Kap. 3.41. Damit dürfte der wesentliche Anteil der in diesen Betrieben geleisteten unproduktiven Arbeit erfaßt sein. Was die produktiven Arbeitskräfte dort an gelegentlich unproduktiver Arbeit verrichten, geht ihn verschlechternd in den Arbeitsproduktivitätsquotienten ein. –
Alle nützliche, konkrete Arbeit im landwirtschaftlichen Betrieb ist heute gesellschaftlich notwendig. Als Maß der Produktivität läßt sich deshalb sinnvoll auch eine Relation zwischen allen aufgewendeten Stunden, der notwendigen Arbeit, und der erzeugten Gebrauchswertmenge bilden. Wir dürfen jedoch diese Beziehung nicht allein Arbeitsproduktivität nennen; andererseits scheint es uns spitzfindig, wollten wir wiederum nur den Quotienten aus produktiver Arbeit(szeit) und erzeugter Gebrauchswertmenge so bezeichnen, wie BEHRENS das nach seiner Theorie fordert (25), (26). *Richtig ist vielmehr, beide Indizes als Arbeitsproduktivität zu ermitteln,* aus ihrem Verlaufe werden sich wesentliche Schlüsse ziehen lassen, vgl. (28), (30), (33), (144), (159), (241), (310), (398).

Die Betriebsstatistik wird vom Zweck bestimmt, und der fordert, verborgene Reserven allseitig aufzudecken und der Rationalisierung den Weg zu weisen. Deshalb brauchen wir beide Indizes.

Mit dieser Unterscheidung dürfte der praktischen Anwendung und Aussage Genüge getan sein. Die weitere Differenzierung in „mittelbare“, „unmittelbare Arbeiter“ und „Beschäftigte“ (308) geht zu weit. Sie beweist aber, daß es heute allenthalben notwendig ist, den Produktivfaktor Arbeit vollständig zu erfassen. Wir kommen demzufolge auch auf acht Maße der Arbeit, vgl. S. 62.

Eva ALTMANNs Vorschlag, das auf die *Gesamtzahl* der Beschäftigten bezogene Gesamtprodukt als „Pro-Kopf-Produkt“ zu bezeichnen, ist leider nicht beachtet worden, obwohl sie ganz treffend sagt „... die Größe des Pro-Kopf-Produkts ist Gradmesser der gesellschaftlichen Produktivität“ (3). Es ergäben sich dann zwei sinnvolle Ausdrücke: Die Arbeitsproduktivität als Quotient aus produktiver Arbeit und erzeugter Gebrauchswertmenge und das Pro-Kopf-Produkt als Relator aus allen Arbeitskräften und der Gebrauchswertmenge.

Nach einigen Unterstellungen und Kompromissen zwischen den arbeitstechnischen und den betriebswirtschaftlichen Aspekten löst sich das Maß lebendige Arbeit für den Produktivitätsrelator auf in drei Teilbegriffe: 1. die einfache und komplizierte Arbeit, 2. die produktive Arbeit, 3. die notwendige Arbeit.
Soviel über das Maß, nun noch ein paar Worte über den Maßstab, der diese drei Teilbegriffe ausdrücken soll.
Die Arbeitstechnik mißt die Arbeit im Zeitaufwand, die Betriebswirtschaft tut das auch. Aber die Arbeit als Produktivfaktor erfaßt sie besser in der Zahl der Arbeitskräfte. So verschieden wie die Blickrichtungen von Arbeitstechnik und Betriebswirtschaft sind auch ihre Maßstäbe. Hier kann es *keinen* Kompromiß geben. Man darf diese Maßstäbe nur getrennt voneinander verwenden, entweder das eine *oder* das andere, am besten beide. Die Gleichung 2400 oder 2700 Std /Jahr = 1 AK bringt nur ein dürftiges, der Wirklichkeit fernes Surrogat. Es ist nicht dasselbe, ob die Produktivität je AK oder je Arbeitsstunde steigt, vgl. Kap. 3.511.
Die Arbeitskräfte im Betriebe soll man zählen, das entspricht dem gedanklichen Inhalt der „Arbeit" und dem Sprachgebrauch der Praxis. Wo es möglich ist, soll man die lebendige Arbeit als Stundenaufwand messen und so bezeichnen; dann ist auch der Maßstab eindeutig fixiert und jeder weiß, was gemeint ist.
Im Zeitaufwand und in der ermittelten Arbeitskräfteanzahl läßt sich also die lebendige einfache und komplizierte, produktive und notwendige Arbeit einigermaßen zutreffend erfassen. Soviel über das Grundsätzliche zu Maß und Maßstab der lebendigen Arbeit. Wie man in der Betriebsstatistik zweckmäßig mißt, führen wir in Kap. 3.4 und 3.5 vor.

2.2222 Maße und Maßstäbe der vergegenständlichten Arbeit

Im modernen Wirtschaftsleben ist es unerläßlich, die insgesamt eingesetzte Arbeit, also ihre lebendige und vergegenständlichte Komponente, in alle Arbeitsrechnungen einzubeziehen. Die Arbeitswirtschaft sonst gleicher Betriebe läßt sich einfach nicht mehr sinnvoll vergleichen, wenn der eine mehr, der andere weniger Handarbeit durch Arbeits- und Kraftmaschinen substituiert, vgl. dazu z. B. (105), (131), (247), (277), (280), (397). Aber nicht nur das. Der Übergang von der Handarbeits- zur Schlepperstufe bringt eine betriebswirtschaftlich entscheidende Verlagerung von proportionalen Kosten zu fixen Kosten mit sich, deren Auswirkungen auf Wirtschaftlichkeit und Rentabilität der Betriebe nur verfolgt werden können, wenn man tote und lebendige Arbeit in der Betriebsstatistik zu quantifizieren weiß. Das ist jedoch nicht bloß ein betriebswirtschaftliches Problem Es bewegt auch die Volkswirtschaft. Dazu nur eine Stimme:

„Aus dem entscheidenden Faktor für die Einsparung an gesellschaftlicher Arbeit — der Steigerung der Arbeitsproduktivität — ergibt sich die unterschiedliche Gesetzmäßigkeit der Einsparung an vergangener und lebendiger Arbeit...
... Dabei sinkt gewöhnlich der Aufwand an lebendiger Arbeit schneller als der Aufwand an vergangener Arbeit. Die Selbstkosten je Produktionseinheit sinken jedoch langsamer als der Wert, weil der Lohn mit steigender Arbeitsproduktivität im

allgemeinen ebenfalls steigt. Die im Produkt vergegenständlichte Arbeit sinkt daher schneller, als es in den auf den Kosten basierenden Preisen zum Ausdruck kommt. Es ist notwendig, diese unserer Wirtschaftspolitik zugrunde liegende objektive ökonomische Gesetzmäßigkeit zu begreifen. Das gilt ganz besonders für das Verhältnis, das zwischen der Steigerung der Arbeitsproduktivität und der Entwicklung der Durchschnittslöhne bestehen muß" (38).

Die vergegenständlichte Arbeit im Betriebe bilden die Kraftmaschinen (einschließlich tierische Zugkräfte) und die Arbeitsmaschinen (einschließlich Geräte, Vorrichtungen u. ä. m.). Diese beiden großen Gruppen müßten in eigene Maße gefaßt werden. Man hat sich im ganzen darauf beschränkt, Maßstäbe zu entwickeln, die die gesamte vergegenständlichte Arbeit auszudrücken erlauben. Damit alleine ist der Produktivitätsrechnung nicht gedient. Sie betrachtet lebendige und tote Arbeit als eine Einheit und braucht daher Maßstäbe, die beide zusammenfassen. So läuft die Frage nach dem Maß der toten Arbeit auf eine Erörterung der Maßstäbe hinaus, die sie so zu messen gestatten.

Einen naturalen Ausdruck für die vergegenständlichte Arbeit im Betriebe bietet das HOFFMANNsche und andere Punktsysteme (93), (137), (138), (182), (208). Da sie an sich schon auf mancher Unterstellung aufgebaute Relations-Rechnungen sind, fehlt ihnen der unbedingt allseitig vergleichbare Charakter, den ein echter Maßstab haben muß, der wie hier einen fast absoluten Relaten erfassen soll. Die Punktbewertungen lassen sich indessen etwas anders orientieren als bisher vorgeschlagen. Dadurch gewinnen sie an Objektivität und Vergleichbarkeit. Ihre Daten kann man recht gut über die Indexrechnung, die dann auch die Zugkraft einbegreift, mit den Kennzahlen der lebendigen Arbeit verbinden; auf diese Weise kommt ein immerhin noch naturales und betriebswirtschaftlich sinnvolles Maß für die insgesamt eingesetzte Arbeit zustande. Wir führen es in Kap. 3.52 genauer vor.

Auch die Zugkraft, die sich in ZK gut vereinheitlichen läßt, ist nur ein Teil der toten Arbeit; man kann das Bruttoprodukt darauf allein ebenso wenig beziehen wie nur auf die verfügbaren oder nur auf die gebundenen Arbeitskräfte.

Diese Maße sind noch unvollkommen und bedürfen daher der Ergänzung durch analoge andere. Deswegen empfiehlt es sich, die tote Arbeit auch mit dem Geldmaßstab zu erfassen, also als (kalkulative) Kosten der Arbeitshilfsmittel, oder besser als wertmäßigen Aufwand an insgesamt eingesetzter, lebendiger und vergegenständlichter Arbeit, vgl. Kap. 3.53. Auch das ist nur ein umständlicher Notbehelf und eigentlich gar kein Maß. Wir wählen es aber nicht nur, weil es betriebswirtschaftlich zweckmäßig ist, sondern auch noch aus einem anderen Grunde: Das „wesentliche Kennzeichen gesteigerter" Arbeitsproduktivität „scheint die Verminderung des in die Ware eingehenden Gesamt-Arbeitsquantums zu sein". In der „einfachen Warenproduktion" und in einer sozialistischen Wirtschaftsverfassung „würde die Produktivität der Arbeit auch unbedingt nach diesem Maßstab gemessen" (222)! Das setzt aber voraus, daß sich dieses „Gesamtarbeitsquantum" tatsächlich messen und vergleichen läßt. Dafür gibt es eben nur den Geldausdruck für die aufgewandte lebendige plus tote Arbeit, vgl. (40), (75), (128), (225), (255).

Um der allseitigen Erkenntnis willen rechnen wir analog hier zusammen, was wir auch bei der Unterscheidung von produktiver und notwendiger Arbeit zunächst getrennt hatten. Wir gewinnen somit einen Maßstab, der drei entscheidende Merkmale des Produktivfaktors erfaßt: die produktive, notwendige (lebendige) Arbeit und die tote. Dieser Geldausdruck entspricht nicht dem Wert der Arbeit(skraft)! Die betriebswirtschaftliche Wertrechnung muß in ihrem Verlaufe keineswegs der Naturalrechnung proportionale Einzelgrößen ergeben. Sie ist aber das unerläßliche Hilfsmittel einer gleich wichtigen „wirtschaftlichen" Betrachtung des Betriebsablaufs.

So endet unser betriebswirtschaftliches Maß der Arbeit in einer zwar etwas helleren, aber noch ziemlich fiktiven Vorstellung. Das wird besonders deutlich, wenn wir die am Lohnarbeiterbetrieb bis hierher entwickelten Gedanken auf die bäuerliche Familienwirtschaft übertragen.

Aus der Vielfalt der Arbeitsbegriffe haben wir also den *ökonomisch-technischen* herauszuschälen versucht, mit dem es die Betriebswirtschaft allein zu tun hat.

Den Produktivfaktor Arbeit im Produktivitätsrelator betrachten wir daher nicht unter a) physikalischem Aspekt, $\frac{\text{mkg menschliche Arbeit}}{\text{mkg technische Arbeit}}$, auch nicht unter biologischem (Mensch und Leistungsbereitschaft), ebensowenig c) als technische Ausführungsform (Arbeitsbewegungen, Arbeitsverfahren, Anpassung der Arbeitshilfsmittel an den Menschen), auch nicht d) als soziale Erscheinung (arbeitender Mensch und Gesellschaft) oder e) als ethisches Lebensprinzip (freie Tat, Arbeitserlebnis) ebensowenig wie f) als kulturelle Betätigung (Arbeit als Erzieher — Arbeitsphilosophie) und g) Arbeit als historische Erscheinung (Geschichte der Arbeit). Selbst aus dem ökonomischen Aspekt scheiden wir noch die Arbeit als Wertbildner aus (abstrakte Arbeit). Das alles deutet unser Schema 2 bereits an. Da jede Arbeit aber praktisch einen mehr oder weniger großen Anteil jener sieben ausgeklammerten Aspekte (a—g) enthält, müssen wir für unseren betriebswirtschaftlich relevanten Produktivfaktor einiges unterstellen oder folgern, damit er sich in die gesellschaftliche Arbeit angemessen einordne: a) der physikalische Aspekt an sich ist irrelevant, die energetische Arbeitskomponente wird im Zeitmaßstab grob erfaßt; b) die lebendige Arbeit im Betriebe schafft mit mittlerer, dauernd zumutbarer Intensität; c) gute oder schlechte Arbeitstechnik werden als gegeben und nicht meßbar hingenommen; ihre Auswirkung spiegelt sich neben anderem auch in der Größe der konkreten Arbeitsproduktivitätskennzahlen wider; d) wer oder was im Betriebe arbeitet, erfüllt einen gesellschaftlichen Auftrag; e) wer seine lebendige Arbeit als Lebensbestätigung empfindet, muß seinen ethischen Gewinn zur Erzeugungsleistung addieren, mit Maß und Zahl ist er nicht erfaßbar; soweit besondere Arbeitsfreude den Einsatz stimuliert, geht der Zuwachs in der vorausgesetzten mittleren Intensität unter, wird entweder durch weniger leistungsbereite Arbeitscharaktere kompensiert oder kommt als eingesparte Arbeitsmenge in vergleichsweise höheren Werten des Arbeitsproduktivitätsquotienten zum Ausdruck; f) die Arbeit als kulturelle Betätigung im Betriebe kommt entweder der Gesellschaft zugute (Ausbildung der Leistungsfähigkeit), geht also betriebswirtschaftlich unmittelbar zunächst verloren, oder steigert die Arbeitsfreude der Belegschaft und damit indirekt die Kennzahl der Produktivität; g) der historische Aspekt ist für die dem Tagesgeschehen verbundene Betriebswirtschaft unerheblich; h) die abstrakte Arbeit wirkt indirekt über die Preise in die Betriebswirtschaft hinein; sie selbst wird vom Einzelbetrieb praktisch nicht meßbar beeinflußt. Aufs ganze gesehen haben wir es also im wesentlichen zu tun mit tatsächlichen Funktionen, dem effektiven Verhalten, mit statistisch erfaßbaren Auswirkungen des Produktivfaktors Arbeit im Betriebe. Das bedeutet, daß die Forschung seinswissenschaftliche Methoden anzuwenden hat.

Wir fassen zusammen: Gleichbleibende, angemessene Arbeitsintensität und einiges andere vorausgesetzt, sind Anzahl der Arbeitskräfte, Zeitaufwand der lebendigen, produktiven und notwendigen Arbeit sowie der wertmäßige Aufwand an lebendiger und vergegenständlichter Arbeit die drei Maßstäbe, mit denen der Produktivfaktor Arbeit im landwirtschaftlichen Betriebe ökonomisch-technisch erfaßt werden kann. Die vergegenständlichte Arbeit läßt sich auch im HOFFMANNschen oder einem verbesserten Punktsystem messen und, über die Indexrechnung mit der lebendigen Arbeit zum eingesetzten Gesamtquantum verbunden, wenigstens relativ ausdrücken. Im Lohnarbeiterbetrieb ist das ziemlich vollständig und recht genau möglich, in der bäuerlichen Familienwirtschaft wird man sich auf die Anzahl der Arbeitskräfte beschränken und durch besondere Erhebungen aufzuklären versuchen müssen, welche Eigenschaften des Produktivfaktors Arbeit zu hoher oder niedriger Produktivität geführt haben.

Unser Schema 2 stellt diese Beziehungen in den „Maßen der Arbeit" vereinfacht dar: Wir haben meist nur ein Merkmal aus den Paaren des Eigenschaftsbegriffs angegeben, das fehlende ist analog zu erfassen. Am Ende ergeben sich acht verschiedene Maße, in die sich der Produktivfaktor Arbeit insgesamt und seine wesentlichen Teile fassen lassen:

a) die lebendige Arbeit:

1. alle gezählten Beschäftigten,
2. die gezählten produktiven Arbeitskräfte,
3. die aufgewendeten Stunden aller Beschäftigten,
4. die aufgewendeten Stunden der produktiven Arbeitskräfte,
5. die Arbeitseinheiten (der LPG),
6. der wertmäßige Aufwand an Lohn und sozialen Kosten.

Wenn die Arbeitskräfte in Lohngruppen eingestuft sind, oder ihre Arbeitsplätze arbeitstechnisch bewertet wurden, und die Stunden auch nach Lohn- oder Bewertungsgruppen erfaßt worden sind, drücken diese Maße also die im Betrieb eingesetzte komplizierte und einfache, die produktive und die notwendige konkrete, nützliche, lebendige Arbeit richtig aus.

b) die vergegenständlichte Arbeit:

7. Kennzahlen nach Punktsystem,
8. wertmäßiger Aufwand an vergegenständlichter Arbeit (nur die Arbeitshilfsmittel).

Die Kennzahlen nach dem Punktsystem lassen sich über die Indexrechnung mit der lebendigen Arbeit zu einem das eingesetzte Gesamtquantum relativ ausdrückenden Maß verbinden; 6. plus 8. geben die insgesamt eingesetzte Arbeit wertmäßig wieder.

Der Produktivfaktor Arbeit ist also die, auch als wertmäßiger Aufwand, meßbare Menge der im Betriebe zur Hervorbringung materieller, in der betrieblichen Produktionsrichtung liegender Gebrauchswerte planmäßig eingesetzten nützlichen konkreten lebendigen Schaffenskraft einschließlich aller betriebsnotwendigen Verrichtungen und der Arbeitshilfsmittel.

2.3 Definition der Arbeitsproduktivität

Vom Begriff her gewinnt die Arbeitsproduktivität ihren Sinn aus der Wirtschaftswirklichkeit, die seinen gedanklichen Inhalt mit einer ökonomisch-technischen Bedeutung geprägt hat. Das haben wir unter dem Blickwinkel der Betriebs- und Arbeitslehre herauszuarbeiten versucht. Welche volkswirtschaftlich bestimmten Merkmale und welche Erscheinungsweisen prägen also unseren Begriff?

1. Die Überwindung der Spannung zwischen Bedarf und Deckung. Nur nachhaltige und steigende Produktivität der Arbeit vermag diesem Wirtschaftszweck zu entsprechen. Die Arbeitsproduktivität ist also ausgesprochen dynamisch-kinetisch zu verstehen. Daraus ergibt sich zweierlei: a) Die Arbeitsproduktivität muß die materielle Ergiebigkeit der Produktion zunächst mit Gebrauchswerten „technisch" ausdrücken, b) die Erzeugung ist nur produktiv, wenn sie Gebrauchswerte schafft, nach denen Bedarf besteht; die Dringlichkeit des Bedarfs spiegeln die Tauschwerte, die Preissummen der erzeugten Produkte, der Rohertrag, wider; die Arbeitsproduktivität muß mithin auch die wertmäßige Ergiebigkeit der Produktion „wirtschaftlich" zum Ausdruck bringen.

2. Die moderne arbeitsteilige Wirtschaft wird jedoch nicht bloß von der Arbeitsproduktivität bewegt. Die Produktivität der Arbeit steigt nur entsprechend ihrer Kombination mit anderen Produktivfaktoren in der Produktionswirtschaft. Die Arbeitsproduktivität ist also stets eine relative Aussage, die immer im Zusammenhang, vor allem mit der Bodenproduktivität, betrachtet werden muß.

3. Die Produktivität erscheint im Bereiche verschiedener Wirtschaftseinheiten. Es gibt nicht nur eine volkswirtschaftliche, sondern auch eine betriebswirtschaftliche Arbeitsproduktivität. Die betriebswirtschaftliche Arbeitsproduktivität enthält allein die konkrete nützliche Arbeit im „wirtschaftlich" organisierten Betriebe. Betriebs- und Volkswirtschaft sind wesensverschieden. Die Betriebs- und Arbeitslehre betrachtet die Arbeit nur als „allgemein-ökonomische" Kategorie. Die Produktionsverhältnisse, die Agrarverfassung, die Agrarpreise, die Agrarplanung usw. sind Daten für den Betrieb und für die Wissenschaft von seinem Organismus. Die effektive Arbeitsproduktivität der landwirtschaftlichen Betriebe ist also stets Produktivität der konkreten, nützlichen lebendigen und toten Arbeit im Betriebe.

4. Ebenso wie die Volkswirtschaft die Arbeitsproduktivität in ihren Wirtschaftszweigen verfolgt, kann ihr die Betriebslehre bis auf den einzelnen Betriebszweig nachgehen, aber nicht weiter. Arbeitsproduktivität im Betriebe ist also zweierlei: a) Die Beziehung zwischen dem Ertrag des Gesamtbetriebs und dem Produktivfaktor Arbeit und b) die Relation zwischen ihm, d. h. seinen entsprechenden Anteilen, und dem Ertrag der Betriebszweige.

5 Die produzierte Gebrauchs- oder Tauschwertmenge ist immer eine ziemlich unkompliziert zu vereinheitlichende Masse. Aber Arbeit ist nicht gleich Arbeit. Die unterschiedliche Qualität der Arbeit oder ihrer einzelnen Teile sowie deren

wechselnde Kombination als jeweiliger Produktivfaktor bestimmen die Arbeitsproduktivität. Ausdrücke der Arbeitsproduktivität sind daher nur vergleichbar, wenn sie auf die gleiche Einheit des Produktivfaktors Arbeit bezogen sind. Arbeitsproduktivität kann also sein a) die Produktivität der lebendigen, b) die Produktivität der toten und c) die Produktivität der lebendigen *und* vergegenständlichten Arbeit. Damit nicht genug. Die lebendige, nützliche Arbeit ist produktiv oder notwendig, einfach oder kompliziert. Produktivität der lebendigen nützlichen Arbeit kann also sein a) die Produktivität der produktiven Arbeit, b) die Produktivität der notwendigen. Dabei ist stets die komplizierte Arbeit zu berücksichtigen als ein arbeitstechnisch oder betriebswirtschaftlich bestimmtes Vielfaches einer gegebenen Menge einfacher Arbeit. Die lebendige und die vergegenständlichte Arbeit sind analog der Gebrauchswerte- und Tauschwertesumme der Erzeugungsleistung ebenfalls im naturalen und im Geldmaßstab zu erfassen.

6. Die Vielgestaltigkeit des Produktivfaktors Arbeit zwingt, die Arbeitsproduktivität in mehreren der unter 5 genannten Maße auszudrücken, wenn man sie einigermaßen vollständig erkennen will.

Obwohl wir uns bemüht haben, die volkswirtschaftlich bestimmten Merkmale und die Erscheinungsweisen der Arbeitsproduktivität im landwirtschaftlichen Betriebe nicht mit wirtschaftstranszendenten Vorstellungen zu belasten, und nachdem wir auch alle seine betriebswirtschaftlich irrelevanten Aspekte sorgfältig ausgeklammert haben, wagen wir doch nicht, eine Definition des Begriffs zu geben, die alles enthält, was die sechs Punkte zusammenfassen. Wir beschränken uns auf eine recht allgemein gehaltene Begriffsbestimmung: *Den gesamten, auf den Produktivfaktor Arbeit bezogenen (Durchschnitts)Ertrag, den die Arbeit im Zusammenwirken mit dem Boden und dem übrigen Gebrauchs- und Verbrauchsvermögen, den Betriebsmitteln, im landwirtschaftlichen Betriebe in einem Wirtschaftsjahre hervorgebracht hat, nennen wir Arbeitsproduktivität.* Den Produktivfaktor Arbeit bilden recht verschiedenartige Bestandteile, ihre Zusammensetzung wechselt, ebenso wie die Qualität der Komponenten. Die sachlich-materielle Ergiebigkeit der Arbeit in der Produktion, die „technische" Arbeitsproduktivität, ist der naturale (Durchschnitts)Ertrag des Betriebs in einem Wirtschaftsjahr, bezogen auf die verschiedenen Ausdrücke für den Produktivfaktor Arbeit; derselbe im Wertmaß erfaßte (Durchschnitts)Ertrag bezogen auf denselben Produktivfaktor Arbeit ist seine „wirtschaftliche" Produktivität.

Die Arbeitsproduktivität aus dem Wesen ihrer begrifflichen Komponenten entwickelnd, sind wir gegenüber anderen Autoren vielleicht einen Schritt weitergekommen und stellen fest, daß die Arbeitsproduktivität im wesentlichen ein Maßbegriff ist; er muß als solcher geklärt, folgerichtig durchgeführt und auch konsequent angewandt werden. Aus dieser Konzeption ergeben sich die eben dargestellten sechs zusammenfassenden Gesichtspunkte.

So sind wir am Ende zu einem relativ einfachen Ausdruck gekommen, zu einem *Maß der Arbeitsproduktivität.* Alles enthaltend, was wir bis hierher entwickelt hatten, läßt es sich mathematisch, und nun auch ganz kurz formulieren:

$A_{pr} = \frac{E}{A}$. Für E unterscheiden wir also zwei Größen: Die (naturale) Gebrauchswertsumme der Produktionsleistung und den Rohertrag, und für A gibt es dann acht, fünf im Naturalmaß (die gezählten Arbeitskräfte insgesamt, die produktiven AK, der Zeitaufwand aller AK, der Zeitaufwand der produktiven AK, die Arbeitseinheiten) und drei im Wertmaß (den wertmäßigen Aufwand an lebendiger Arbeit, den wertmäßigen Aufwand an toter Arbeit, den wertmäßigen Aufwand an lebendiger *und* vergegenständlichter Arbeit). Wie diese Größen im einzelnen berechnet werden, zeigen wir im nächsten Kapitel.

Dem *Produktivitätsbegriff* entsprechend bezeichnen wir die Relation

$$\frac{\text{E (Rohertrag)}}{\text{A (Aufwendungen für Arbeit)}}$$ als *Arbeitsergiebigkeit.*

Die Arbeitsergiebigkeit ist damit genau so viel oder so wenig ein Ausdruck für die Effizienz der Arbeit allein wie die Arbeitsproduktivität.

2.4 Schlußfolgerungen — Der Begriff Arbeitsproduktivität und seine betriebswirtschaftliche Aussage

Für die praktische Betriebswirtschaft ist die Arbeitsproduktivität ein Maßbegriff. Wie alle anderen Maße verwendet sie die Betriebsstatistik zur rechnerischen Kontrolle der Produktionswirtschaft. Die Arbeitsproduktivität erscheint dort als ein Teilmaß betriebswirtschaftlicher Leistung, wie die Wirtschaftlichkeit und die Rentabilität. Erst alle drei Maße zusammen geben ein gutes Bild von der tatsächlichen Leistung der Betriebswirtschaft. Aus dem Wesen seiner Komponenten Produktivität und Arbeit sinnvoll geprägt und in der Betriebsstatistik richtig angewandt, vermittelt das Maß Arbeitsproduktivität eigenständige Erkenntnis. Für die Betriebsanalyse vermag der Maßbegriff nicht mehr herzugeben als in ihm steckt. Man darf deshalb nicht zuviel von ihm verlangen und muß sich über den Bereich seiner Aussage klar sein. Unsere Darlegungen haben die folgenden Grenzen deutlich hervortreten lassen:

1. Als Maß stellt die Arbeitsproduktivität nur eine willkürliche rechenhafte Beziehung her zwischen (Durchschnitts)Ertrag des Betriebs und dem Produktivfaktor Arbeit, m. a. W.: Die Arbeitsproduktivität sagt nur aus, daß eine gegebene Erzeugungsleistung auf eine Arbeitseinheit entfällt und nicht, daß diese das Produktionsergebnis unmittelbar, direkt verursacht habe.

2. Es ist jedoch unvollständig, diese Arbeitsproduktivität nur als Relator zu betrachten, den betriebswirtschaftliche Nützlichkeit allein geprägt hätte. Jedes Maß hat seinen Sinn. Wir haben ihn aus den gedanklichen Merkmalen und den Erscheinungsweisen der Produktivität und der Arbeit zu entwickeln versucht. „Unsere" Arbeitsproduktivität soll also ein ebenso sinnvoller wie brauchbarer Maßbegriff sein. Wie jedes echte Maß muß auch die Arbeitsproduktivität einheitlich, vergleichbar, klar bestimmt und allgemeingültig sein. Nicht der jeweilige Zweck setzt die Arbeitsproduktivität, sondern ihr Wesen bestimmt ihre Maße.

3. Damit ist nicht gesagt, was er betriebswirtschaftlich zu leisten vermag! Aber gerade das wird fälschlich immer wieder mit der Begriffsbestimmung verquickt. Jedes Leistungsmaß gehört zur Diagnose und nicht zur Therapie. Die vollkommene Betriebsbeeinflussung braucht eine allseitige Diagnose, die viele Maße verwendet. Nur eins davon ist die Arbeitsproduktivität. Die intensive Kulturwirtschaft läßt sich nicht allein um die Arbeitsproduktivität herum organisieren. Die Arbeitsproduktivität ist nicht *das* Leistungsmaß, was die Betriebswirtschaft des intensiven Betriebes beherrscht. Die gefundenen konkreten Größen der Arbeitsproduktivität sind analytische Bausteine, mit denen der Meister zielbewußt rechnet, oder die er verwirft.
4. Der volkswirtschaftlich bestimmte Begriff Produktivität umschließt die Vorstellung der Spannungsüberwindung zwischen dem Bedarf an Gebrauchswerten und seiner Deckung. Deshalb zieht auch nicht jede volkswirtschaftliche Fragestellung Vorleistungen vom Ertrage ab. Zur Ermittlung unserer betriebswirtschaftlichen Produktivität hat es gar keinen Sinn, Vorleistungen anderer Wirtschaftszweige abzuziehen; denn sie wirken zum großen Teil als Produktivfaktor „vergegenständlichte Arbeit". Nicht hohe oder niedrige Produktivität bestimmt ihren Einsatz, sondern allein die Wirtschaftlichkeit. Wäre es anders, hätte jeder Bauer Wasserleitung, barncleaner und Vollerntemaschine.
5. Die jeweilige Größe der Arbeitsproduktivität und damit auch seine betriebswirtschaftlich wesentliche Aussage wird vorwiegend bestimmt durch den überaus differenzierten Produktivfaktor Arbeit.
6. Auf den Relator Arbeitsproduktivität wirken viele Einflüsse, nicht die Arbeit allein. Die ermittelten Werte sagen deshalb nicht aus, ob die Arbeit viel oder wenig geleistet hat, auch nicht, ob sie wirtschaftlich eingesetzt wurde. Eigenständig ausgeprägt ist die Arbeitsproduktivität weder ein arbeitstechnisches noch ein Leistungsmaß der Wirtschaftlichkeit, sondern ein *ökonomisch-technischer* Maßbegriff, der auszudrücken und damit teilweise zu erkennen erlaubt, ob die Produktionswirtschaft rationell betrieben wurde. Die Arbeitsproduktivität ist ein objektives, allgemeingültiges, unabhängig vom speziellen Zweck gebildetes Maß, das den wirklichkeitsnahesten, gegebenen Tatbestand ausdrückt.

Inhaltsangabe der Kapitel 3.1—3.3. „Die Maße der Produktionsleistung und ihre Maßstäbe" S. 71—183;

das ist der erste Abschnitt des dritten Kapitels über „die Messung der Arbeitsproduktivität".

Vorbemerkung: Die Arbeitsproduktivität stellt sich rechnerisch dar als Quotient $A_{pr} = \frac{E}{A}$; E = Erzeugungsleistung, A = eingesetzte Arbeit. Unsere Arbeitsproduktivität bleibt auf den sachlich-wirtschaftlichen Bereich beschränkt, als Maße erscheinen vor allem betriebswirtschaftlich sinnvolle Ausdrücke. Messen heißt, das Verhältnis einer Größe zu einer konstanten oder als unveränderlich gesetzten Größe gleicher Art wiederholbar feststellen. Die Messung der Arbeitsproduktivität ist am Betriebsvergleich zu orientieren und auch auf ihn zuzuschneiden. Die Arbeitsproduktivität wird in einem in sich geschlossenen Abrechnungszeitraum, dem Jahr, in der gesamtbetrieblichen Produktionswirtschaft und in ihren einzelnen Zweigen ermittelt. Die Messung hat insbesondere zwei Aufgaben, sie soll 1. den Stand der Arbeitsproduktivität eines Betriebes oder in seinen Zweigen richtig vergleichbar ausweisen und 2. handliche und anschauliche Indices aufzustellen erlauben, die die Entwicklung der Arbeitsproduktivität durch eine Reihe von Jahren kennzeichnen. Der Betriebsforschung liegt die erste Aufgabe am Herzen, weil sie die konkreten Arbeitsproduktivitätskennzahlen mit den übrigen Daten im Spiegel der Betriebsstatistik vergleicht und i. allg. mit Richtzahlen und nur selten mit relativen Entwicklungszahlen arbeitet. —

Zum Maß des E: Als Maß für das E hat man alle Ausdrücke zwischen der Bruttoproduktion und der Lohnsumme vorgeschlagen, als Maßstäbe die differenziertesten Naturaleinheiten bis zum zusammenfassenden Geld. Die Bruttoproduktion schrittweise reduzierend und die einzelnen Stufen kritisch untersuchend, kommen wir schließlich dazu, die Bodenproduktion und den reduzierten Rohertrag als die zweckmäßigen Maße zu bezeichnen, vgl. Schema 3, S. 78.

Die *Bruttoproduktion* ist nur als Maß des E der einzelnen Betriebszweige geeignet; die betriebliche Erzeugungsleistung drückt sie nicht angemessen aus, u. a. aus folgenden Gründen nicht:

1. weil die Betriebe nur willkürlich und daher uneinheitlich in Produktionsstufen gegliedert werden können,
2. weil die Bruttoproduktionskennzahl ceteris paribus um so größer wird, je kapital- oder materialintensiver ein Betrieb wirtschaftet,
3. weil man den Eigenverbrauch, den Selbstverzehr, doppelt und auch sonst mehrfach zählt,
4. weil die Bruttoproduktion nur ein dem „technischen" Denken gemäßer Relat ist, wir brauchen hier aber einen, der dem wirtschaftlichen Rechnung trägt.

Um auf ein Maß zu kommen, das dem Produktivitätsbegriff angemessen und den Produktivfaktoren Boden und Arbeit gleich gut zurechenbar ist, das andererseits aber auch die betriebliche Eigenleistung möglichst vollkommen ausdrückt, darf die Bruttoproduktion nur um die Bestandteile reduziert werden, die der Betrieb selbst hätte hervorbringen können, aber zugekauft hat, und um die Teile, die die Betriebswirtschaft in Gang halten, vor allem also um den Selbstverzehr. Jede weitergreifende Reduktion führt von der Produktivität weg in den Bereich der Wirtschaftlichkeit.

Die Bodenproduktion ist ein betriebswirtschaftliches Maß; mit einiger Einschränkung bringt sie am besten zum Ausdruck, erfaßt sie alles und ausschließlich, was der Betrieb im Untersuchungszeitraum aus eigener Kraft selbständig hervorgebracht hat. Sie zählt nichts doppelt. Auch der Volkswirtschaftsstatistik erlaubt sie, das unter Mitwirkung der eingesetzten Produktivkräfte neu Hervorgebrachte in allen Stadien der gesellschaftlichen Produktion einheitlich zu verfolgen. Die Bodenproduktion enthält die Verkäufe, die Naturalentnahmen und Naturalleistungen unter Berücksichtigung der Bestandsveränderung und nach Abzug der zugekauften Mengen an Vieh, Saatgut und Futtermitteln.

Die Nettoproduktion, ein volkswirtschaftsstatistisch inauguriertes Maß, das „volkswirtschaftliche Einkommen", soll die betriebswirtschaftliche Arbeitsproduktivität besser als Brutto- und Bodenproduktion zum Ausdruck bringen, weil sie die volkswirtschaftlichen Vorleistungen eliminiere, die die mit der Brutto- und Bodenproduktion gebildeten Kennzahlen unvergleichbar machten, denn die Betriebe nähmen diese Vorleistungen in wechselndem Umfange in Anspruch. Die Nettoproduktion wird damit jedoch zu einem Ausdruck der Wirtschaftlichkeit und kommt als Relat für die Produktivität nicht in Betracht. Wir verschließen uns indessen jenem Gedanken nicht, fassen ihn nur in ein der Produktivität adäquates Maß: Wir setzen die vergegenständlichte Arbeit, das sind die als Arbeitsmittel in den Betrieb eingehenden volkswirtschaftlichen Vorleistungen, mit der lebendigen Arbeit zusammen als A in den Nenner unseres Quotienten $\frac{E}{A}$. Als Maß für das E ist die Nettoproduktion betriebswirtschaftlich ungeeignet aus einer ganzen Reihe von Gründen, hier kurz die wichtigsten:

1. Sie läßt sich nicht mit naturalen Maßstäben messen;
2. was der Nettoproduktionswert als Vorleistungen abzieht, ist nur den eingesetzten physischen Mengen analog, aber nicht der damit erreichten Wirkung; die Nettoproduktion ist daher im Grunde nur ein fiktiver Wert;
3. als Rentabilitätsmaß entspricht der Nettoproduktionswert je Arbeitskraft ziemlich genau dem Reinertrag plus Arbeitsertrag je Arbeitskraft, er bringt deswegen keine neuen Erkenntnisse aus der Betriebsstatistik in die Betriebswirtschaft;
4. der Nettoproduktionswert ist ein schwer durchdringliches Konglomerat aus allerlei Einflußgrößen, das nur umständlich, d. h. mit Hilfe vieler weiterer Kennzahlen, zu interpretieren ist und die entscheidenden Einflüsse auf die Arbeitsproduktivität nicht so fein anzeigt wie die mit der Bodenproduktion gebildeten Produktivitätsrelatoren.

Der reduzierte Rohertrag ist *das* adäquate Maß für das E im Relator der wirtschaftlichen Produktivität in der betrieblichen Produktionswirtschaft. Seine Elemente weichen nur geringfügig von der sonst gleich gebildeten Bodenproduktion ab. Wie sie enthält der reduzierte Rohertrag die echte Erzeugungsleistung des Betriebes; daraus wie sie der Markt, die Volkswirtschaft wertet, läßt er erkennen, wie die Betriebswirtschaft werten soll.

M a ß s t ä b e f ü r d a s E u n d s e i n e B e s t a n d t e i l e. Die Betriebsstatistik mißt Bodenproduktion und reduzierten Rohertrag zweckmäßig in konstanten naturalen, und mit Maßstäben, die mit den Marktpreisen wechseln. Die in naturale

Maße gefaßte und mit konstanten Maßstäben gemessene Bodenproduktion drückt das Volumen, der mit den Abgabepreisen gemessene reduzierte Rohertrag drückt den „Wert“, die Preissumme, der Erzeugungsleistung aus.
Die naturalen Maßstäbe haben die Aufgabe, die heterogenen Bestandteile der Bodenproduktion vergleichbar zu vereinheitlichen. Das vollzieht sich nach der allgemeinen Formel:

$$A_{pr} = \frac{(p_1 \cdot a_1 + p_2 \cdot a_2 \cdots\cdots + p_n \cdot a_n) - (p_{10} \cdot a_{10} + p_{11} \cdot a_{11} \cdots\cdots + p_m \cdot a_m)}{A}$$

$p_1, p_2 \cdots p_n$ = verschiedene Erzeugnisse (Getreide, Milch usw.),
$p_{10}, p_{11} \cdots p_m$ = zugekaufte landwirtschaftliche Produkte,
$a_1, a_2 \cdots a_n$ = konstante Gewichte für die einzelnen Erzeugnisse.

Nur von dieser nüchternen Formel aus ist ein sachliches und richtiges Urteil über die vorgeschlagenen Maßstäbe möglich. Der naturale Maßstab muß also zunächst unbedingt konstant sein und bleiben. Er ist außerdem nicht an der ernährungswirtschaftlichen Verwendung der Produkte, sondern an der Produktion(swirtschaft) zu orientieren. Die Erzeugnisse der Produktionswirtschaft stehen in dreifacher Beziehung zueinander: Als Aufwands-, Ertrags- und Substanzrelationen. Nur die Getreideeinheit verbindet diese Relationen zu konstanten, betriebswirtschaftlich sinnvollen und zur Vereinheitlichung wohl geeigneten Gewichten. Die Calorie und die Nährcalorie enthalten nur die Substanzrelation, sind also produktionswirtschaftlich ungeeignet.
Aufwand und Substanz zugleich ist jedoch auch die je Erzeugnis eingesetzte Arbeit. Aber sie liefert die gesuchten Vereinheitlichungsgewichte (heute) ebenfalls (noch) nicht. Unter anderem aus diesen Gründen:

1. Die eingesetzte Arbeit je Erzeugnis bleibt nicht konstant, sie verringert sich von Jahr zu Jahr. Die Arbeit als dynamische Produktivkraft kann gar keine Grundlage für konstante Vereinheitlichungsgewichte hergeben; das ist ihrem Wesen durchaus fremd.
2. Die „Normen“ (Gewicht je Erzeugnis) werden bisher nur mit der lebendigen Arbeit gebildet.
3. Um über die Arbeitsmethode „Normen“ festzulegen, braucht man vergleichsweise gewaltsame Unterstellungen, die nicht allgemein gelten können.
4. Die gesuchten Gewichte sind noch nicht sicher bekannt, auch nach den groben Unterstellungen noch nicht.

Nun ergeben die Getreideeinheiten allerdings auch keine vollkommen befriedigenden Vereinheitlichungsgewichte, weil sie eher der Bodenleistung angemessen und auf die Futterwirtschaft mehr als auf die Arbeit ausgerichtet sind. Trotzdem soll man sie als Maßstab verwenden; denn nur mit Hilfe der Getreideeinheiten bleiben Arbeits- und Bodenproduktivität vergleichbar. Auch hängt es gar nicht immer entscheidend von der eingesetzten Arbeitsmenge ab, was an einzelnen Erzeugnissen jeweils gewonnen wird. Betriebswirtschaftlich sinnvolle Vereinheitlichungsgewichte müssen orientiert sein an den bewegenden

Kräften der Produktionswirtschaft, der Bodennutzung, der Futterwirtschaft und der Futterverwertung.

Der Geldmaßstab — für das E und seine heterogenen Bestandteile — mißt betriebswirtschaftlich niemals die Werte, sondern nur die Preise. Da die konstanten Getreideeinheiten bereits das Volumen der Erzeugungsleistung auszudrücken erlauben, bedarf es der Meßwerte zum gleichen Zweck nicht mehr. Außerdem sprechen viele Gründe gegen ihre Verwendung als Maßstab; hier einige davon:

1. Die Meßwerte implizieren das Geld nur als nominelle Recheneinheit; die Betriebsstatistik und die Betriebswirtschaft rechnen sonst aber stets mit Geld als dem Element der Preise. Zwei gleichnamige Maßstäbe mit unterschiedlichem Inhalt verwirren mehr als sie nützen.
2. Die Meßwerte bleiben nicht konstant.
3. Sie werden nicht dem betrieblichen Aufwand in der Produktionswirtschaft entsprechend gebildet, sondern auf Grund von volkswirtschaftlichen Erwägungen.
4. Sie vermögen niemals der Vielfalt wirtschaftlicher Erzeugungsmöglichkeiten zu folgen. Sie geben stets unverhältnismäßig grobe Gewichte.
5. Die Meßwerte tragen wechselnder Zusammensetzung der Produktion zwischen Basis- und Berichtsjahr, und wechselnden Preisrelationen überhaupt, nicht angemessen Rechnung.

Da die geltenden Meßwerte schließlich auch den einzigen Vorteil gegenüber den Getreideeinheiten nicht wahrnehmen, die Erzeugnisse nach ihrer Qualität einzustufen, messen wir das Volumen der Erzeugungsleistung besser gar nicht im Geldmaßstab, sondern nehmen gleich den mit der Abgabepreissumme gebildeten (reduzierten) (Roh)Ertrag. Die Abgabepreise korrespondieren mit dem wirtschaftlichen Organisationsprinzip des Betriebs und geben die effektive Produktivität marktwirtschaftlich vollkommen wieder – wenn die Abgabepreise volkswirtschaftlich „in Ordnung" sind. Getreideeinheiten und Abgabepreise sind beide unabdingbar notwendig, die Erzeugungsleistung den ökonomisch-technischen Kräften entsprechend zu vereinheitlichen, die die Produktionswirtschaft bewegen.

Bodenproduktion, reduzierter Rohertrag, Getreideeinheiten und Abgabepreise sind zwar mehr der Produktionswirtschaft als der Arbeit gemäße Maße und Maßstäbe; solange die (Arbeit in der) intensive(n) Kulturwirtschaft jedoch im Dienste des „mehr und wirtschaftlicher" erzeugen steht, also in erster Linie Naturbenutzung ist, gibt es keine besseren. Es hieße die Betriebswirtschaft umstülpen und die gesamte Betriebsstatistik konsequent auf neue, an der Arbeit orientierte Erfolgskategorien umstellen, wollte man allein auf die Arbeit aufgebaute Maße und Maßstäbe finden und einführen.

3. Die Messung der Arbeitsproduktivität

Für die landwirtschaftliche Betriebs- und Arbeitslehre ist die Arbeitsproduktivität vor allem ein Maßbegriff. Seine Komponenten und er selbst müssen quantitativ klar bestimmbar, meßbar sein; sie haben mithin – aus dem Wesen des Maßbegriffs heraus – die im folgenden dargestellten Bedingungen zu erfüllen.

3.1 Grundzüge, Bereich und Aufgabe der Messung in der rechnerischen Betriebsdurchdringung

Einige Grundzüge der Messung

1. Qualitativ wurzelt „Maß" im Ethischen: „Das rechte Maß", die „Gottheit ist das Maß aller Dinge" (Platon). Dieses „Maß ist die Kategorie des wertenden Urteils" (383). Wir betrachten die Arbeitsproduktivität als in eine, ethisch einwandfreien Zielsetzungen zustrebende Wirtschaft eingeordnet, vgl. Kap. 2.11; ihr Maß ist daher wertneutral. – Wie alle Wissenschaft strebt auch die Betriebs- und Arbeitslehre nach dem „rechten Maß" der Arbeitsproduktivität, d. h. nach der Einheit von Inhalt und Form in unserem Maßbegriff.

2. Das „Maß ist die Einheit der Quantität"; quantitativ soll jedes Maß somit „Vergleichlichkeit" gewährleisten (383). Dazu muß es konkret, eindeutig, einheitlich sein und die Maßstäbe unterteilbar; nur adäquate, zu messende Einflüsse dürfen das Maß verändern, es muß also im Rahmen seiner Bestimmung allgemein gelten und konstant sein. Das Maß begrenzt.

3. Der Maßbegriff impliziert Gleichartigkeit, Proportionalität und Perspektive. Jedes Maß muß nicht nur mathematisch einwandfrei, sondern auch sinnvoll sein.

4. Maßhafte Ausdrücke sind Zahlen und Zeichen. Ihre Symbole erfassen Zeiten (Zahlen) und Räume (Ausdehnung) anschaulich wie mathematische Sinnbilder.

5. Die Kategorien des Maßes müssen jedoch nicht immer anschaulich sein, wohl aber seine Elemente, die Maßstäbe. Größe, Länge, Breite, Tiefe, Arbeits- und Bodenproduktivität sind Maße; m, cm, mm – AK, h, ha, GE usw. sind Maßstäbe, die durch ihre Beziehung auf die Anschauung gegenständlichen Sinn erhalten. Maßstäbe beruhen auf theoretischen Prinzipien oder sind konventionelle Einheiten, als solche verlieren sie gelegentlich wieder an Anschaulichkeit (Bodenklimazahl) und an Vollständigkeit: Die Arbeitsbewertung bestimmt z. B. Geistiges quantitativ; sein Wesen ist mit Zahlen jedoch nur teilweise faßbar, wohl aber vergleichlich, also wertend beurteilbar. Maßstäbe kennen keine Grenze.

6. Der Techniker hat mit einer gegebenen Menge an Stoffen und Kräften ein Maximum an Leistung zu erzielen, das er wieder an Stoffen und Kräften mißt. Das läßt sich immer genau berechnen und mit anderen Verfahrensweisen vergleichen. Der Betriebswirt kann sich nicht auf dieses klare, naturwissenschaftlich-kausale, oft funktionale *Wirkungsgrad*-Denken, veranschaulicht in Formeln und Kurven, beschränken, weil er damit die Beziehung preisgibt zu den übergeordneten Maßstäben des Wirtschaftslebens. Die Betriebswirtschaft wird stets vorwärtsgetrieben vom „wirtschaftlichen Prinzip", mag man es nun „Senkung der Selbstkosten", „strenges Sparsamkeitsregime", „Kampf um höchste Rentabilität" nennen, oder wie man sonst will. Das zu erfassen, genügen die technischen Maßstäbe nicht. Das betriebswirtschaftliche Denken und Streben nach dem höchsten *Ergiebigkeitsgrad* verlangt, daß alle Aufwendungen und Erträge in den Geldmaßstab gefaßt werden. Die Betriebswirtschaft ist weiter darauf abgestellt, Marktbedürfnisse zu befriedigen oder Pläne zu übererfüllen; damit kommen Unwägbarkeiten und mancherlei Ungewißheit in die Rechnung, die einkalkuliert und im Maßstab berücksichtigt werden müssen, der daher um so gröber wird, je weiter er aus dem rein technischen über den ökonomisch-technischen in den Bereich der Ökonomik vordringt.

Daraus folgt: Die Arbeitsproduktivität überschreitet bereits leicht den Bereich sinnlicher Wahrnehmung, sie gerät ein wenig in den Bezirk des „wertenden Urteils". Unsere Arbeitsproduktivität muß dementsprechend erstens begrenzt bleiben auf den sachlich-wirtschaftlichen Raum; sie wird zweitens zum „rechten Maß" notwendig nur durch angemessene Vergleiche[1]). Maße und Maßstäbe müssen dazu drittens erlauben, Beziehungszahlen zu bilden und diese Kennzahlen durch Mittelwertbildung oder andere Auswertungsformen auf das wesentliche zu konzentrieren und das grundsätzliche klar erkennen zu lassen.

Zusammenfassend dürfen wir sagen: *Messen heißt, das Verhältnis einer Größe zu einer konstanten, oder als unveränderlich gesetzten Größe gleicher Art wiederholbar feststellen. Das gilt für die beiden Relaten allein und für den Quotienten* $\frac{E}{A}$.

Es kommt also darauf an, die ermittelten zahlenmäßigen Ausdrücke der Arbeitsproduktivität vergleichbaren Quotienten gegenüberzustellen und daraus ein zutreffendes Urteil über die Arbeitsproduktivität im konkreten Falle und ihr „rechtes Maß" zu finden. Für solche Vergleiche gibt es drei Möglichkeiten; jede für sich hat unter bestimmten Umständen ihren Sinn:

1. Der einbetriebliche, dynamische, oder Zeit-Vergleich der Arbeitsproduktivitätskennzahlen in verschiedenen Wirtschaftsjahren;

Vorteil: Einfache Messung, Gleichartigkeit der Meßkomponenten, sichere Aussage;
Nachteil: Die gemessenen Kennzahlen erlauben aus sich heraus kein objektives Urteil, man vergleicht gelegentlich Schlendrian mit Schlendrian;

---

[1]) „Immer ist der Begriff des ‚Maßes' verbunden mit dem des Vergleichs" (383).

2. der „statische" Vergleich der Arbeitsproduktivität in mehreren Betrieben während derselben Periode;

Vorteil: Die Kennzahlen erlauben ziemlich sicher zu beurteilen, ob die Arbeitsproduktivität hoch oder niedrig ist;
Nachteil: Diese Sicherheit des Urteils setzt richtige Gruppenbildung, vollständige und absolut vergleichbare Maße und Maßstäbe voraus; große Abweichungen erfordern, ihre Ursachen weiter zu untersuchen;

3. der Soll-Ist-Vergleich, also der Vergleich der in einem oder mehreren gleichartigen Betrieben gefundenen Kennzahlen mit dem Plandatum, wobei wir hier grundsätzlich unterstellen, daß dies keine willkürliche Kennzahl, sondern stets einer objektiven, adäquaten und erreichbaren Norm der Arbeitsproduktivität gleich sei;

Vorteil: Dieser Vergleich kommt dem „rechten Maß" am nächsten;
Nachteil: Solche Normen oder Plandaten selbst können zunächst auch nur Ergebnis vieler konkreter Untersuchungen sein; sie stehen mithin heute noch nicht fest. Vollständige Maße und Maßstäbe richtig anzuwenden, ist hier ebenso notwendig und oft genauso schwierig wie in 2.
Wir gehen auf diese „Betriebs-Vergleiche" hier nicht näher ein [das Schrifttum, z. B. (49), (65), (99), (105), (139), (182), (211), (328), (334), (377), behandelt sie ausführlich]. Die moderne Betriebs- und Arbeitslehre wird die Arbeitsproduktivität heute und morgen immer als eine technisch-wirtschaftliche Kennziffer im Rahmen der verschiedenen Betriebsvergleiche messen, vgl. unsere Beispiele in (10), (11), (13).

Das technische Hilfsmittel für solche Vergleiche ist die (Betriebs)statistik. Außer ihren eigenständigen mathematischen Problemen scheint uns jede Statistik bestimmt von drei immanenten Grundzügen: a) von der Art der Erfassung, b) von der Zusammenstellung und Aufbereitung, c) von der Auswertung, und das alles zusammen schließlich d) vom jeweiligen Zweck, dem die zu gewinnenden Kennzahlen dienen sollen. Der Zweck der statistischen Bemühungen kann immer nur die betriebswirtschaftlich sinnvolle Aussage sein, hier teleologisch beschränkt zwar auf die Arbeitsproduktivität, das aber nicht isoliert, sondern eben im organischen Kräftespiel der Betriebswirtschaft. Daher haben wir also im folgenden vor allem *abzugrenzen* erstens die zu messenden Bereiche und Zeiten (Kap. 3.1) und zweitens die zu bestimmenden Massen von Einheiten des A und E, danach zu sagen, was *erfaßt* werden muß und wie das statistisch zu geschehen hat (Kap. 3.2—3.5), sowie schließlich zu bezeichnen, was rechnerisch aufeinander zu *beziehen* und zu verfolgen ist (Kap. 3.6 und 3.7). Diese drei Gesichtspunkte bestimmen unsere Ausführungen in diesem Kapitel über die Messung der Arbeitsproduktivität.

Die Auswertung der statistischen Daten selbst streifen wir jeweils nur kurz, weil es uns richtiger scheint, das zusammen mit der Interpretation der konkreten Kennzahlen zu behandeln, vgl. (10). —

Bereich der Messung

Jene (Betriebs)Vergleiche, auch die Teilvergleiche, spielen sich in *Zeit* und *Raum* ab. Für die Messung ergeben sich daraus keine schwerwiegenden

Probleme. Wir messen die Arbeitsproduktivität in einem in sich geschlossenen *Abrechnungszeitraum*, am besten dem Wirtschaftsjahr, sowie im *Gesamtbetriebe* und in seinen einzelnen *Zweigen*.

Das neue Rechnungswesen hat das Wirtschaftsjahr durch das Kalenderjahr ersetzt. Damit ist die für viele statistische Auswertungen vorteilhafte Einheit zwischen Abrechnungszeitraum und Ernte verloren gegangen. Der Zähler unseres Quotienten, die (bereinigte) Produktionsleistung, ist dadurch scheinbar mehr als bisher das „Ergebnis" oder der „Erfolg" der im Berichtsjahre eingesetzten Arbeit.

Der landwirtschaftliche *Betrieb* ist eine organisierte, aktionsbereite, vollständige und wirtschaftlich selbständige Gesamtheit von Arbeitskraft, Boden und Betriebsmitteln; sie sind zu dauernder Kooperation in einer Wirtschaftseinheit räumlich zusammengefaßt und werden von einem einheitlichen Willen planvoll geleitet, um landwirtschaftliche Erzeugnisse möglichst wirtschaftlich und produktiv hervorzubringen.

Der landwirtschaftliche Betrieb, wie wir ihn hier verstehen, ist keine Unternehmung! Den Betrieb kann man *sehen*, die Unternehmung nicht. „Der Betriebsbegriff ergibt sich in einem vom Unternehmer losgelösten, objektiven Sinn... Betrieb und Unternehmen sind nicht identisch..." (127). — Betriebe sind „produktionstechnische Wirtschaftseinheiten auf Basis der Eigenwirtschaftlichkeit zur Erstellung von Produktionsleistungen, die im Plan festgelegt sind" (79), vgl. auch (159), (377). „Jeder Betrieb, nicht nur der sozialistische, sondern auch der kapitalistische, ist eine produktive Vereinigung von Menschen... zur Produktion materieller Güter... auf der Basis der Arbeitsteilung" (349). „Jeder Betrieb ist also im Rahmen des Planes eine wirtschaftliche selbständige Einheit" (369). Dieser Betriebsbegriff deckt sich ungefähr mit der dritten Grundform von Hax, der den Betrieb u. a. als „wirtschaftstechnische Einheit für Produktionszwecke" definiert [nach (171)].

Damit ist implicite zum Ausdruck gebracht, daß es uns hier um den „unverschuldeten, selbstbewirtschafteten und pachtfreien Betrieb" geht, oder genauer: um die *betriebliche Produktionswirtschaft*.

Die Vermögensverhältnisse des Betriebsinhabers bleiben ebenso unberücksichtigt wie seine finanzielle Lage und die „Rentabilität der Finanzierung der Produktion" (104); die Produktionsverhältnisse werden als gegeben unterstellt sowie allein in ihrer ökonomisch-technischen Gestalt behandelt; wir betrachten den Betriebsinhaber schließlich nur als Betriebsleiter und nicht als „Eigentümer von Boden und Kapital" (104).

Unser Betriebsbegriff unterscheidet die Betriebs„wirtschaft" klar von der Volks„wirtschaft"; er läßt auch den notwendigen Raum für die mannigfaltigen Betriebssysteme, in denen die Arbeitsproduktivität zu messen ist. Gerade diese Vielfalt der in landwirtschaftlichen Betrieben anzutreffenden Produktionsrichtungen erfordert, die Arbeitsproduktivität auch in den einzelnen Betriebszweigen zu messen. Ein *Betriebszweig* ist der abgrenzbare Teil eines landwirtschaftlichen Betriebes, wo entweder nur *ein* Erzeugnis gewonnen wird (z. B. Kartoffelbau) oder wo mehrere gleichartige oder zusammengehörige Produkte in einem zusammenwirkenden Bereich des Betriebs erzeugt werden (Gartenbau, Nutzviehhaltung — Milch, Fleisch — Eier, Federn). Wir unterscheiden mit BRINKMANN „Haupt"- und „Unterzweige der Bodennutzung und Veredlung"

(65). Diese Betriebszweige werden stets mannigfaltig kombiniert. Arbeitsproduktivität können wir sinngemäß nur in solchen Zweigen oder ihren Kombinationen messen, wo Gebrauchs- und Tauschwerte erzeugt werden. So kann man nicht die Arbeitsproduktivität im deutschen Feldfutterbau ermitteln, sondern nur in der Betriebszweigeeinheit Futterbau-Nutzviehhaltung eines konkreten Betriebes.

Wenn wir den Betrieb in Zweige unterteilen, so schließt das die Brigaden ein; denn die Feldwirtschaftsbrigade wird die Arbeitsproduktivität stets aus *mehreren* Unterzweigen der Bodennutzung mit ihren Erzeugnissen abzurechnen haben. Das gilt für alle Brigaden in der Außenwirtschaft, also auch für Obstbau- und Gemüsebaubrigaden, mit Ausnahme der sog. Futterbaubrigaden, ihre *Leistung* soll man feststellen und normen, aber Arbeitsproduktivität erreicht sie nur im Zusammenwirken mit den Nutzviehhaltungsbrigaden. Aus unserer Definition der Arbeit und der ihr im landwirtschaftlichen Betriebe zurechenbaren Erzeugungsleistung geht hervor, daß die Handwerker- oder Baubrigaden überhaupt keine landwirtschaftliche Arbeitsproduktivität erzielen. Man kann ihre „Leistung“ nur im eigenständigen Rahmen als Arbeitsproduktivität erfassen, also den Arbeitseinsatz dem in Meß- oder anderen Werten ausgedrückten Bau- oder Reparaturergebnis gegenüberstellen. Damit ihre Arbeit für die volkswirtschaftliche Gesamtrechnung nicht verloren gehe, und die Kennzahlen der Arbeitsproduktivität weiterhin wie gefordert durch alle Ebenen der gesellschaftlichen Arbeitsteilung vergleichbar verfolgt werden können, muß man die Bruttoproduktion der Bau- und Handwerkerbrigaden zu der der Betriebe hinzurechnen und dann alle Arbeitskräfte darauf beziehen. Diese Kennzahl ist allerdings betriebswirtschaftlich ziemlich unbrauchbar, wie die gesamte Rechnung mit der Bruttoproduktion, wie wir noch zeigen werden.

Der landwirtschaftliche Betrieb mit seinen Zweigen ist eine lebendige Ganzheit, ein Organismus, kein Mechanismus. Man kann nicht Teile herausnehmen und durch andere ersetzen, ohne schwerwiegende Störungen hervorzurufen.

Das Kausal-Gesetz wirkt im Betrieb nur eingeschränkt; 1. weil die Menschen frei sind im Denken, Fühlen, Handeln und — Irren, und weil man diese „Freiheit“ wohl beeinflussen, selbst stimulieren, aber ihre Ausgangslage nicht fixieren und sie selbst damit auch nicht messen kann; 2. weil in der außermenschlichen belebten Natur ebenfalls nicht alle Wirkungsfaktoren erkennbar sind und damit auch nicht jeder Wirkung eine eindeutige Ursache zuzuordnen ist.

Weil das so ist, versucht die Betriebsforschung, den Betriebsorganismus durch *vielseitige* rechnerische Durchdringung immer besser zu erkennen; aber es liegt dann auf der Hand, daß die Kennzahlen der Arbeitsproduktivität nur jenen *berechenbaren* Teil des Organismus zu analysieren unterstützen.

„Das Quantitative ... hat ... im Betriebe allgemein genommen keine Existenzmöglichkeit. Das Berechenbare und Meßbare ist gleichsam eingeordnet in einen allumfassenden, geistigen Zusammenhang. Die Besonderheit liegt im Lebendigen, im organischen und harmonischen Verlauf, der nicht errechnet werden kann, sondern letzten Endes verstanden werden muß“ (22)! „Ainsi l'entreprise est le cadre normal de l'activité de l'homme“ (95)!

Damit ist der Bereich, in dem wir messen wollen, eingegrenzt, sowohl räumlich (Betrieb und Betriebszweige) und zeitlich (ein Jahr), also technisch-formal, als auch inhaltlich mit Bezug auf die spätere Aussage der ermittelten Kennzahlen. Die Form unseres Maßes ist vollkommener als sein notwendig auf das Rationale beschränkter Inhalt. Vielfältige Relatoren und einfühlsame Interpretation mögen diese Differenz ausgleichen. –

Die Maße für die beiden Relaten des Produktivitätsquotienten haben sich nach der durch die oben angedeuteten Vergleiche bestimmten Fragestellung zu richten.

Danach hat die Messung drei Aufgaben:

1. soll sie den Stand, „das ‚produktive Niveau' eines konkreten (24) Betriebes", seine „individuelle Arbeitsproduktivität" (31), richtig ausweisen;

2. soll sie handliche, durch eine Reihe von Jahren sicher vergleichbare Indices der Arbeitsproduktivität aufzustellen ermöglichen.

Die erste Aufgabe ist die bedeutsamste und schwierigste. Sie ist nur mit objektiven adäquaten Maßen zu lösen, und dazu brauchen wir in jedem Falle „absolute" Größen, Richtzahlen. Hat man sie gefunden, bietet die zweite Aufgabe keine besonderen Probleme mehr. Leider wird in der volkswirtschaftlichen und polit-ökonomischen Literatur das Hauptgewicht zu oft gerade auf die Entwicklung solcher Indices gelegt, vgl. (24), (25), (31), (32), (287), (310), (317), obwohl MARX' klassische Polemik gegen den Bürger Weston (223) trefflich beweist, wie unfruchtbar das ist.

Man glaubt und weist nach, daß man das absolute Niveau der Arbeitsproduktivität verschiedener Wirtschaftseinheiten nicht mehr vergleichen könne, wenn diese mit unterschiedlichen Anteilen an Produktionsmitteln ausgerüstet sind, oder positiv: Ein solcher Vergleich wäre nur sinnvoll, wenn man jene „absoluten Größen" der Produktion „allein an Hand der lebendigen, menschlichen Arbeit, ohne Berücksichtigung vorgetaner Arbeit", auf eben diese lebendige Arbeit beziehen könnte, vgl. z. B. (310). Das ist zunächst eine Frage der Aussage, und der Messung nur insoweit, als sie dann volkswirtschaftlich nicht mehr mit der Bruttoproduktion rechnen muß, sondern entweder mit der Gebrauchswertsumme, was aber schief ist, oder mit der hier durchaus berechtigten Wertschöpfung. Im leichter zu durchschauenden Betrieb löst sich dieses Problem auf in der für alle sinnvollen Produktivitätsuntersuchungen unabdingbaren Frage nach den Größen, die die Arbeitsproduktivität konkret beeinflussen. Deshalb dürfen wir die folgende dritte Aufgabe nicht aus den Augen verlieren, auch wenn sie zunächst mit der Messung nicht unmittelbar verbunden ist.

Hier schleicht sich außerdem ein praktisch schwerwiegender Denkfehler ein: Man glaubt, daß „ein Vergleich ... bereits nicht mehr möglich" sei, wenn man Betriebe „des gleichen Produktionszweiges" aber verschiedener „Struktur des Produktionsprozesses" gegenüberstellt (32); in solchen „Fällen ist nur ein Vergleich der Veränderung der Arbeitsproduktivität möglich, der Rückschlüsse auf den absoluten Stand nicht zuläßt" (32). Wie soll ein fairer Wettbewerb jemals richtig auszutragen sein, wenn man nicht vorweg wenigstens *einmal* die Ausgangslage der Arbeitsproduktivität der Vergleichsbetriebe absolut feststellt? Sonst „gewinnt" ceteris paribus stets der Betrieb, der am tiefsten lag, weil sich seine Arbeitsproduktivität relativ am stärksten erhöhte. Wir haben deshalb bewußt jene erste Aufgabe vorangestellt; ihre Lösung erlaubt erst sinnvolle Reihenvergleiche im Zuge der zweiten Aufgabe. Dafür noch einen anderen Grund: „Die Messung der

Arbeitsproduktivität an Hand des Arbeitsaufwandes" beruht auf dem naheliegenden Vergleich zwischen „fiktiver und tatsächlicher Arbeitsaufwandssumme" (32). Wenn dieser Vergleich praktischen Sinn haben und alle Kräfte zur Steigerung der Arbeitsproduktivität „mobilisieren" soll, muß aus der „Fiktion" eine Richtzahl werden; und auch diese gewinnt man nur auf dem Wege über absolute Größen der Arbeitsproduktivität. — Im übrigen ist sich auch derselbe Betrieb oder dieselbe Volkswirtschaft nach 20 Jahren nicht mehr gleich, und doch stellt man Reihen auf, als hätte sich nichts verändert, z. B. in (32)! Das alles ist eben keine Frage der Messung, sondern nur der Aussage;

3. muß die Messung der Arbeitsproduktivität stets so fein sein, daß ihre Kennzahlen von den wesentlichen Bestimmungsgründen sicher und deutlich verändert werden, vgl. (20), (25), (31), (32), (317).

Durch die gesamte neuere Literatur über die Messung der Arbeitsproduktivität zieht sich wie ein roter Faden jene schon im vorigen Kapitel gerügte unwissenschaftliche Vermengung von Maß (Maßstab) und Aussage. Das scheint uns selbst volkswirtschaftlich unzweckmäßig; betriebswirtschaftlich ist es auf jeden Fall falsch und unnötig. Jener Irrtum leitet sich formal her von der durch *Vergleiche* zu gewinnenden Aussage und verkennt sachlich, daß vergleichen nicht gleichmachen heißt. Wir wollen nicht mit Hilfe von an die Aussage angepaßten Maßen in nach *allen* Fragestellungen vergleichbaren Betrieben zu immer gleichgroßen Kennzahlen kommen. Unsere Vergleiche sind vom Zweck bestimmt. Maß und Maßstab haben ihm zu entsprechen, d. h. zu Erkenntnissen zu führen — diese aber nicht schon selbst zu sein! — die (in unserem Falle) die Arbeitsproduktivität sinnvoll zu steigern erlauben, d. h. die *„Quellen"* und „alle vorhandenen *Reserven"* (32) zur Steigerung der Arbeitsproduktivität aufzudecken und auszunutzen. Es liegt nun einmal nicht am Thermometer, ob es im Zimmer warm oder kalt ist; und am Thermometer allein kann niemand erkennen, ob es der Ofen oder die Sonne war, die die Temperatur um 1° steigen ließ. Aber *daß* es um 1° wärmer geworden ist, wollen wir ebenso genau wissen wie klar erkennbar sein muß, womit man die Zimmertemperatur ceteris paribus wirksamer steigert, ob mit dem gas-, elektro- oder kohlebeheizten Ofen. Hinter einer ungewöhnlich hohen oder niedrigen Produktivitätskennziffer *muß* ein bedeutender wirtschaftlicher Sachverhalt stehen; *den* wollen wir erkennen und nutzbar machen oder abstellen. Von der Aussage her kann man füglich nur vollkommnere Anpassung des Maßes an den zu messenden Gegenstand oder verbesserte Feinheit des Maßstabs fordern, aber ein konstantes Maß niemals dafür verantwortlich machen, wenn sich die Kennzahlen nicht so darstellen oder entwickeln, wie man wünscht oder erwartet. Wir vermögen der *Messung* deshalb nicht mehr als diese drei eben skizzierten Aufgaben zu stellen. Sie zu erfüllen ist noch schwierig genug. —

Den drei vorgeführten Aufgaben der Messung entsprechend entwickeln wir zunächst, in welche Maße *Produktionsleistung* und *Arbeit* zu fassen und welche Maßstäbe anzuwenden sind.

Schema 3

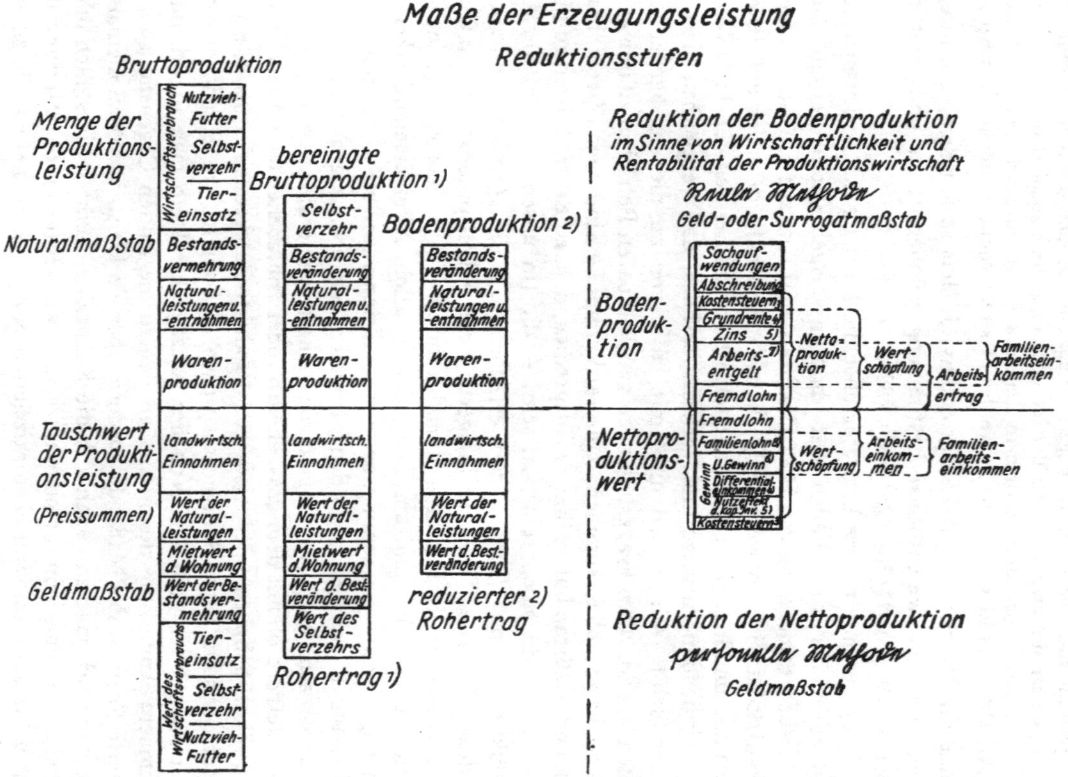
Maße der Erzeugungsleistung
Reduktionsstufen
Bruttoproduktion
Menge der Produktionsleistung
Naturalmaßstab
Tauschwert der Produktionsleistung
(Preissummen)
Geldmaßstab
Wirtschaftsverbrauch
Nutzvieh-Futter
Selbstverzehr
Tiereinsatz
Bestandsvermehrung
Naturalleistungen u. -entnahmen
Warenproduktion
landwirtsch. Einnahmen
Wert der Naturalleistungen
Mietwert d. Wohnung
Wert der Bestandsvermehrung
Wert des Wirtschaftsverbrauchs
bereinigte Bruttoproduktion 1)
Bestandsveränderung
Wert d. Best.-veränderung
Wert des Selbstverzehrs
Rohertrag 1)
Bodenproduktion 2)
reduzierter 2) Rohertrag
Reduktion der Bodenproduktion
im Sinne von Wirtschaftlichkeit und Rentabilität der Produktionswirtschaft
Geld- oder Surrogatmaßstab
Bodenproduktion
Sachaufwendungen
Abschreibung
Kostensteuern
Grundrente 4)
Zins 5)
Arbeitsentgelt 3)
Fremdlohn
Nettoproduktion
Wertschöpfung
Arbeitsertrag
Familienarbeitseinkommen
Nettoproduktionswert
Familienlohn 8)
Gewinn
U.Gewinn 6)
Differentialeinkommen
Nutzeffekt d. kap. Inv. 5)
Arbeitseinkommen
Reduktion der Nettoproduktion
Geldmaßstab

Bruttoproduktionswert

[1]) Gleich der Bruttoproduktion bzw. dem Bruttoproduktionswert enthalten Rohertrag bzw. bereinigtes Bruttoprodukt noch Erträge und Leistungen von zugekauftem Futter (Laurscher Rohertrag).

[2]) Bodenproduktion bzw. reduzierter Rohertrag enthalten die um zugekauftes Saatgut, Futter und Vieh bereinigten Produktionsergebnisse.

[3]) Einschließlich Versicherungsbeiträge und Lasten.

[4]) Grundrente ist hier eine Rechengröße; sie bedeutet dasselbe wie „Differentialeinkommen", vgl. (60).

[5]) Zins ist hier ebenfalls nur eine Rechengröße und bedeutet dasselbe wie „Nutzeffekt der Kapitalinvestition", vgl. (245).

[4]) und [5]) Grundrente und Zins, „Differentialeinkommen" und „Nutzeffekt der Kapitalinvestition" können sowohl als Beiträge zum Gewinn als auch als Kostenbestandteile angesehen werden.

[6]) Unternehmergewinn — Überschuß des Unternehmereinkommens über den Unternehmerlohn im bäuerlichen Familienbetrieb; in den LPG überplanmäßiger Gewinn durch geschickte Ausnutzung der Produktivkräfte und besonders gute kaufmännische Verwertung der Erzeugnisse; in den VEG der Teil des Direktorfonds, der als überplanmäßiger Gewinn zur Prämienverteilung kommt.

[7]) Das Arbeitsentgelt bleibt übrig, nachdem von der Bodenproduktion alle Aufwendungen sowie die Ertragsanteile für Boden -und Sachgütereinsatz abgesetzt sind, es ist deshalb gleich dem Arbeitseinkommen für den oder die Besitzer der bäuerlichen Familienbetriebe oder LPG. Es enthält auch den „Unternehmerlohn" und den „Unternehmergewinn". Im VEG fällt es mit dem Fremdlohn zusammen und bildet den Arbeitsertrag.

[8]) Familienlohn = Lohnanspruch der bäuerlichen Besitzerfamilie im Familienbetrieb. In den LPG ist er gleich dem Wert der nach Maßgabe der geleisteten Arbeitseinheiten an die einzelnen Genossenschaftsbauern verteilten Ertragsanteile. In den VEG fällt er mit den Fremdlöhnen zusammen.

3.2 Die Maße der Produktionsleistung

Als Rechenausdruck für das E in unserer Formel werden alle möglichen Maße zwischen der Bruttoproduktion und dem geschöpften Nettowert vorgeschlagen, zu Maßstäben wählt man alle Übergänge von den differenziertesten Naturaleinheiten bis zum zusammenfassenden Geld als dem „Maß der Werte" (200).

Das „rechte Maß" der Produktionsleistung zu finden, folgen wir jetzt dem naheliegenden systematischen Ordnungsschema, das die Bruttoproduktion schrittweise solange reduziert, bis über Bodenproduktion, Nettoproduktion, den geschöpften Wert usw. schließlich das Arbeitsentgelt als letzte, kleinste Größe eines Produktionsleistungsausdrucks übrigbleibt. Damit das anschaulicher wird, haben wir im Schema 3 die verschiedenen Maße der Erzeugungsleistung dargestellt, wie sie sich errechnen und wie man sie reduziert. Die Darstellung ist auf die betriebs- und produktionswirtschaftlichen Aspekte beschränkt; zur Verbindung mit der volkswirtschaftlichen Gesamtrechnung vgl. (104).

Alle diese Ausdrücke für die Produktionsleistung müssen notwendig zweierlei gemeinsam haben:

1. Sie stellen ein meßbares Wirtschafts-Ergebnis dar und sind nur als solches zu erklären und nicht von ihrer Entstehungsgeschichte in der Produktionswirtschaft her, z. B. c+v+m oder „output", „input", „value added to materials" usw. Die Produktions- oder Kostenfaktoren, deren Summe eine bestimmte Produktionsleistung zu 100% hervorbringt, antworten auf die Frage: *Wie* entsteht das Wirtschaftsergebnis und nicht *was* ist es. Allein dieses „was" braucht aber der Produktivitätsrelator, trotz aller gelegentlich notwendigen und häufig sinnvollen Verbindung beider Fragen auch für unser Problem.

Weil diese grundsätzlich verschiedenen Betrachtungsweisen oft nicht klar auseinandergehalten werden, gibt es manche Verwirrung um die Ausdrücke der Produktionsleistung, z. B. in (76), (100), (144), (146), (233), (251), (284), (287), (291). Da die Landwirtschaft ihre Preise und damit auch ihre Roherträge nicht wie die Industrie in der Regel aufbauend kalkuliert, lassen sich effektive Produktionsleistung, Rohertrag und Gesamtprodukt zu Faktorkosten hier auch ganz gut unterscheiden. Den Landwirt interessiert nicht so sehr, was seine Produktionsleistung nach ihren Selbstkosten „wert" ist, sondern wieviel Naturaleinheiten sie gebracht und was er dafür erlöst hat. Er betrachtet den Gesamtwert seiner Produktionsleistung stets weniger als Veränderung des Wertes seiner betrieblichen Substanz als vielmehr als ihren Ertrag und als Ergebnis seiner Arbeit. Der Landwirt denkt viel eher in der Kategorie Produktivität — wieviel dz Weizen habe ich je ha geerntet, wieviel kg Milch je Kuh und ha Futterfläche ermolken — als Kaufmann, Gewerbetreibender und Industrieller.

2. Produktionsleistung sind nur Gebrauchswerte, die im untersuchten Betrieb und Wirtschaftsjahr durch Aufwand an Arbeit, Boden und Betriebsmitteln ganz oder teilweise hervorgebracht wurden.

Es gilt also zunächst, unabhängig vom anzuwendenden Maßstab und von den Produktions- oder Kostenfaktoren der Produktionswirtschaft, festzustellen, in welches Maß die Produktionsleistung eines Betriebs zur Messung der Arbeitsproduktivität am besten zu fassen ist.

3.21 Bruttoproduktionsleistung, Bodenproduktion oder Nettoproduktionsleistung?

Viele Autoren halten grundsätzlich die Bruttoproduktionsleistung für allein geeignet, das E im Relator der Arbeitsproduktivität adäquat zu erfassen (20), (25), (32), (44), (126), (144), (157), (203), (240), (287), (310), (317), (331), (347), (406), aber nicht alle sagen klar, wie sie die Bruttoproduktion quantifizieren, z. B. (26), (32), (44), (287), (326), (374).

Das liegt wieder daran, daß das Maß der Bruttoproduktion genauer definiert werden muß, wenn man mehrere Betriebe vergleicht, als beim einbetrieblichen Vergleich, den die meisten Autoren fast ausschließlich im Auge haben; dort kommt es nur auf die Relationen an, dagegen nicht so sehr auf den absoluten Stand der Kennzahlen.

Die B r u t t o p r o d u k t i o n enthält nach allgemein ziemlich übereinstimmender Auffassung die Summe der Mengen aller produzierten Erzeugnisse und Dienstleistungen, unabhängig vom späteren Verwendungszweck, also auch den Eigenverbrauch des Betriebs, d. h. die Mengen der Produkte, die der Betrieb weiterverarbeitet oder braucht, um die Produktion aufrecht zu erhalten (76).

Die Bruttoproduktion setzt sich also aus zwei Bestandteilen zusammen: I. Warenproduktion (Fertigungserzeugnisse, Arbeiten und produktionsbedingte Dienstleistungen für Dritte, für Investitionen, für Generalreparaturen und zur Aufrechterhaltung der Produktion des Betriebs). II. Bestandsveränderungen (an unvollendeten Erzeugnissen sowie Betriebsmitteln eigener Fertigung, Eigenbedarf), (203), vgl. auch (240), (361). — Die Warenproduktion ergibt sich als Bruttoproduktion minus Eigenbedarf (II). Sie „enthält keine Doppelzählungen" (361).

Dazu wird die Produktion in Stufen eingeteilt; die Bruttoproduktionen jeder Stufe stellen insgesamt die Bruttoproduktionsleistung des Betriebs dar. Dies abzugrenzen ist oft schwierig und überhaupt nur mit mancherlei umstrittenen theoretischen Unterstellungen zu machen. Deshalb hat man das Verfahren vereinfacht und eine „Bruttoliste" (284) geschaffen, die alles enthält, was zur Bruttoproduktion gehört.

Für den landwirtschaftlichen Betrieb ist die Bruttoproduktion ebenfalls = Warenproduktion + Eigenverbrauch ± Bestandsveränderungen oder genauer: Die Bruttoproduktion setzt sich zusammen aus den Verkäufen, den Naturalentnahmen, dem Nutzviehfutter, dem wirtschaftseigenen Saatgut und Zugtierfutter (dem Selbstverzehr), wobei die Bestandsveränderungen an selbst erzeugbarem lebendem und totem Inventar berücksichtigt werden. Auf diese Weise hat sich der VEG-Plan 1953 die Sache leicht gemacht; er bezieht den „innerbetrieblichen Umsatz" mit ein:

„Die Bruttoproduktion setzt sich aus dem Innenumsatz plus der Warenproduktion plus den Bestandsveränderungen zusammen" (347).

Wenn wir von allen technisch-formalen Schwierigkeiten der Abgrenzung und den volkswirtschaftlich-statistischen Problemen hier absehen, so ist die Bruttoproduktion noch aus drei Gründen kein angemessenes Maß für das E im Produktivitätsrelator :

1. Die schwierige Einteilung in Produktionsstufen wirft das unlösbare Problem der Doppelzählungen auf,
2. die Bruttoproduktion verzerrt die futterwirtschaftliche Leistung in der landwirtschaftlichen Produktionswirtschaft,
3. die Bruttoproduktion ist ein technisch konzipiertes Maß, kein wirtschaftlich gedachtes.

Zu 1.: Wenn die Summe der Bruttoproduktionen jeder Produktionsstufe im Betriebe die Bruttoproduktion der Betriebswirtschaft ergeben, so muß sie ceteris paribus steigen mit der Zahl der Produktionsstufen, in die der Betrieb zerlegt wird, vgl. (146), (291). Das Maß „Bruttoproduktion" verliert damit seine Angemessenheit und inhaltliche Konstanz, es verletzt also den 2. Grundzug des Maßes auf S. 71. „Man kann die einzelnen Stufen der Produktion ... nicht einfach festlegen" oder „subjektiv bestimmen" (284), vgl. auch (126).

Neuerdings schlägt M. SCHMIDT vor, den Betrieb nicht mehr in Produktionsstufen zu untergliedern, sondern in „Produktionsphasen"; ihre Erzeugung sei dann „unvollendete Produktion" (326). Auf diese Weise unterstützt sie die von uns vorgeführte Trennung zwischen den betriebs- und volkswirtschaftlichen Aspekten. Leider können wir ihrem weiteren Vorschlag nicht folgen: Gesamtproduktion seien 1. die Warenproduktion für den Markt und 2. die Produkte, „die der Möglichkeit nach Waren sind, aber im Betrieb selbst verarbeitet werden" (326). Mit dieser eigenartigen „Begründung" läßt sie *betriebswirtschaftlich* unsinnige Doppelzählungen durch die Hintertür wieder herein. Wir kommen gleich darauf zurück. Mit recht einleuchtenden polit-ökonomischen Deduktionen versucht RAUCH den auch unserer Meinung nach unhaltbaren Standpunkt M. SCHMIDTs zu widerlegen (284), vgl. auch (202), was er nun aber als Bruttoproduktion definiert, ist ebenso unbrauchbar, vgl. unser folgendes Beispiel.

Wer die Produktionsstufen umgehen will, muß klar zu legen versuchen, welche Teile des Bruttoprodukts „ohne Warencharakter anzunehmen, in denselben Arbeitsprozeß wieder eingehen" und weiter, welche Teile verbrauchte Betriebsmittel ersetzen (284). Das ist zwar besser, aber praktisch auch nur mit allerlei Unterstellungen zu machen:

Ein Teil des selbsterzeugten Hafers geht als Saatgut in „denselben Arbeitsprozeß wieder ein", nimmt inzwischen „keinen Warencharakter an" und gehört deshalb zur Bruttoproduktion, ein zweiter Teil produziert als Kraftfutter Milch, sie gehört zum Bruttoprodukt, der Hafer nicht, und ein dritter Teil des Hafers ersetzt als Pferdefutter „verbrauchtes konstantes Kapital", eben die Pferde(arbeit); das ist ebenso Bruttoproduktion wie der weitere Teil des erzeugten Hafers, den der Bauer Schulze und seine mitarbeitenden Familienglieder als Haferflocken „individuell konsumieren", und jener letzte Teil, der als „Warenproduktion" verkauft wird [frei nach (284)]. Das ist graue Theorie.

Diese theoretischen Unterstellungen kann man eben nicht durchweg aufrecht erhalten; deshalb die „Bruttoliste", vgl. (240). Aber damit hat die Praxis nur einen formalen Ausweg gefunden, ohne die Theorie zu befruchten, denn sicher ist auf jeden Fall, daß man die Ergebnisse „innerbetrieblicher Arbeitsteilung nicht in die Bruttoproduktion" einbeziehen darf, weil dann doppelt gezählt wird (244), (284), (303).

Die VEG-Buchführung zählt dann auch nicht nur doppelt, sondern gelegentlich sogar dreifach. Auch dort wird die Produktionsleistung somit abhängig von der Häufigkeit solcher Mehrfachbuchungen, oder betriebswirtschaftlich wird sie um so größer sein, je mehr Erzeugnisse innerbetrieblich veredelt oder verwertet und damit doppelt gezählt werden.

BRJANSKIJ und DUMNOV bestätigen das neuerdings für die landwirtschaftlichen Betriebe der SU ebenfalls (66). Leider nehmen sie weder für noch gegen die Doppelzählungen im Maß unseres E in der landwirtschaftlichen Betriebsstatistik Stellung. Unterschiede bei der Erfassung der Produktionsleistung mit oder ohne Doppelzählungen seien für die Arbeitsproduktivitätskennzahlen „der einzelnen Industriezweige nicht von großer Bedeutung" (66). Die Produktionsleistung der intensiven Kulturwirtschaft wird dagegen erheblich verändert, wenn man „Stallmist, Futtermittel und Saatgut" (66) einmal mitrechnet und ein anderes Mal wegläßt! Wir kommen nicht aus, ohne diese Frage zu klären.

Jene Forderung, die Produktionsstufen zu umgehen, verlangt, praktisch die Quadratur des Kreises zu lösen. Theorie und Praxis fallen auseinander. *Deshalb lehnen wir die Bruttoproduktion als kennzeichnenden Ausdruck für die Produktionsleistung des Betriebes ab. Sie ist sinnvoll nur gelegentlich als Relat in dem Produktivitätsquotienten zu verwenden, der die Produktionsleistung einzelner Betriebszweige oder Betriebsteile (Brigaden) mißt.*

Die ganze lange theoretische Diskussion (76), (126), (146), (233), (284), (325), (326) offenbart am Ende nur zwei Möglichkeiten, die Bruttoproduktion zu quantifizieren: Entweder legt man irgendwie fest, was zur Bruttoproduktion zu rechnen ist,

das wird immer willkürlich sein und auf die Dauer nie konstant bleiben, vgl. (99), trotz aller wohlgemeinten und mehr oder weniger gut begründeten Deduktionen, in die obendrein stets theoretisch abwegige, von der Planungspraxis bestimmte Gesichtspunkte wie die „Materialbilanzierung" (284) und der „Lohnfonds" (126) hineinwirken, vgl. auch (326),

oder man zählt eben doppelt. Meist geschieht beides.

Wer mit der Bruttoproduktion überhaupt rechnet, sollte sich vor der Doppelzählung nicht fürchten. Denn der Sinn *dieses* Leistungsbegriffs ist nun einmal, *alles* zu erfassen, was die lebendige und tote Arbeit im Produktionszeitraum hervorgebracht haben. Deswegen meint man auch mit vollem Recht, der Produktivitätsrelator wäre nur mit der Bruttoproduktion exakt zu bilden, weil er alle innerbetrieblichen Veränderungen ausschalte (287), (317). Das ist ausgesprochen „technisch" gedacht, wir kommen darauf zurück, vgl. unseren folgenden Punkt 3.

Zu 2.: Die Bruttoproduktion verzerrt die futterwirtschaftliche Leistung in der Produktionswirtschaft: Der landwirtschaftliche Betrieb, die intensive Kulturwirtschaft, wird von der Futterwirtschaft[1]) geprägt. Diesem unabdingbaren Tatbestand wird ein Leistungsmaß nicht gerecht, das das absolute Nutzviehfutter einbezieht, wie es die Bruttoproduktion tut. Der landwirtschaftliche Betrieb ist daraufhin organisiert, recht viele Gebrauchswerte möglichst wirtschaftlich zu erzeugen. Beides muß in einer dem *Betrieb* – nicht der jeweiligen Produktion allein – angemessenen Leistungskennzahl zum Ausdruck kommen. Absolutes

---
1) einschl. der Futterverwertung.

Futter ist kein Gebrauchswert. Erzeugt der Betrieb A viel und der Betrieb B wenig davon, so hat bei gleichen tierischen Leistungen A zwar eine höhere, aber vergleichsweise unwirtschaftlich gewonnene Bruttoproduktion. Es zeigt sich allgemeingültig: Die Bruttoproduktionskennzahl wird ceteris paribus rein rechnerisch-statistisch um so größer werden, je kapital- oder material-intensiver ein Betrieb wirtschaftet. Wir brauchen für den Produktivitätsrelator aber nicht irgendeine technische Produktionsleistungskennzahl, sondern eine betriebswirtschaftlich sinnvolle. Sie soll deshalb Mißstände oder Vorzüge der Betriebsorganisation und -führung durchaus enthalten. Unter sonst gleichen Bedingungen soll *der* Betrieb die beste Produktionsleistungskennzahl haben, der seine selbst erzeugten Betriebsmittel (Einsatzmaterial) am produktivsten und so ergiebig wie möglich verwertet. Deshalb lehnen wir die Bruttoproduktionsleistung als Relat im Produktivitätsquotienten zum zweiten Male ab, weil sich eben der Betrieb auch technisch nach dem wirtschaftlichen Prinzip organisiert.

Betriebsstatistisch ist es nicht notwendig, das selbsterzeugte Nutzviehfutter mit zur Bruttoproduktion zu rechnen; wie wir noch zeigen werden, ist sein realer Gebrauchswert ohnehin in der Produktionsleistung enthalten. Für die Betriebsstatistik sind wesentliche Teile des Nutzviehfutters marktlose Produkte, absolutes Futter; sie lassen sich geldlich nicht bewerten; andererseits erfaßt sie aber gerade der Reproduktions„wert“ der Getreideeinheit (GE) in den tierischen Erzeugnissen so angemessen, wie die „bedingten Brennstoffeinheiten“ den Heizwert unterschiedlicher Brennstoffe und die Futtereinheiten den Futterwert verschiedener Futterstoffe vergleichbar ausdrücken, vgl. (10), (71), (72), (139), (210). Die (Leistungs)maßstäbe schließen also eine sinnvolle Erfassung des Nutzviehfutters ein oder machen sie unnötig.

Die Betriebszweige Futterbau und Nutzviehhaltung bilden eine untrennbare Einheit, das Leistungsmaß muß ihr sinnvoll Rechnung tragen; die Bruttoproduktion entspricht dieser Forderung nicht.

Zu 3.: Die Bruttoproduktion ist ein technisches, kein wirtschaftlich gedachtes Maß: Technisch gedacht insofern, als sie alles zum Ausdruck bringen soll, was die Arbeit im Berichtszeitraum hervorgebracht, geschaffen hat. Dieses Kausalitätsprinzip determiniert jedoch weder die Wirtschaft, noch die Betriebswirtschaft und schon gar nicht den Effekt der Arbeit im landwirtschaftlichen Betriebe. Trotzdem tut man immer so, als wäre die Produktionsleistung *das* Ergebnis der Arbeit, und dies soll eben recht vollständig durch die Bruttoproduktion zum Ausdruck kommen. Damit das auch tatsächlich der Fall sei, erhebt der technisch Denkende Ansprüche, die befriedigt sein müssen, wenn die Bruttoproduktion „eine völlig richtige Grundlage“ (288) als Maß des E im Arbeitsproduktivitätsrelator bieten soll. Diese Forderungen sind nicht zu erfüllen. Deshalb geht die technisch gedachte Bruttoproduktion überhaupt nicht vergleichbar zu messen, und wir brauchten uns damit nicht aufzuhalten. So einfach darf man sich die Sache aber nicht machen. Denn erstens wird dauernd versucht, mit komplizierten Rechnungen und Bereinigungen aller Art wenigstens buchführungstechnisch-formal zu erreichen, was sich im praktischen Wirtschaftsleben doch nicht durchsetzt, und zweitens steht hinter diesem technischen Aspekt eine mechanistische Auffassung der Betriebswirtschaft, die ihrem organischen Charakter niemals gerecht zu werden vermag. Daher müssen wir im folgenden vorführen, was die Bruttoproduktion will und sein soll, und etwas eingehender zeigen, daß dieses vergewaltigende Leistungsmaß die betriebswirtschaftliche Leistung nicht angemessen zum Ausdruck bringt.

Nur unter den folgenden Voraussetzungen – sagt der technisch-kausal Denkende – sei die Bruttoproduktion die „völlig richtige Grundlage" als Maß der Produktionsleistung im Arbeitsproduktivitätsrelator:

a) „wenn nur ein Erzeugnis hergestellt wird" (288) – dem könnte man noch am leichtesten mit einem vereinheitlichenden Maßstab begegnen, wenn er angemessen ist!

b) „wenn mehrere Erzeugnisse hergestellt werden", die im gleichen Verhältnis vorgeleistete und betriebliche vergegenständlichte Arbeit verbrauchen (288) – das dürfte nur äußerst selten der Fall sein und in der Landwirtschaft überhaupt nicht.

   Auch die Industrie beklagt, daß mehr oder weniger betriebsfremde Arbeit am Bruttoprodukt mitwirke und die über die Bruttoproduktion gemessene „Arbeitsproduktivität irreal" beeinflusse (241), vgl. auch (40).

c) wenn mehrere „Erzeugnisse" stets im gleichen Verhältnis zueinander „hergestellt werden" und wenn sich die Arbeitsproduktivität obendrein für alle Erzeugnisse gleichmäßig entwickelt (288) – auch das gibt es in keinem landwirtschaftlichen Betriebe.

Erfüllte die Produktionswirtschaft im Betriebe diese Voraussetzungen, wäre nicht zu bestreiten, daß die Bruttoproduktion tatsächlich ein exakt vergleichbares Maß abgäbe. Sie bildete auch dann zwar nicht *die* von *der* Arbeit verursachte Produktionsleistung, aber das könnte die Interpretation so gefaßter Kennzahlen durchaus berücksichtigen, um so mehr, wenn sie die Arbeitsproduktivität nur als eine unter vielen betrachtet.

Es ist müßig, im einzelnen nachzuweisen, daß die intensive Kulturwirtschaft jene drei Forderungen niemals erfüllen kann, wenn sie ihrer produktionswirtschaftlichen Aufgabe voll nachkommt. Das weiß jeder Landwirt. Wir gehen deshalb hier auch diesem negativen Aspekt nicht weiter nach; das mechanistische Denken überschreitet eben seinen Bereich der Technik, wenn es wirtschaftliche Zusammenhänge erfassen will, das ist unfruchtbar. Wir wollen daher lieber im Anschluß an die drei genannten Forderungen an einigen Beispielen zeigen, wie ungeeignet die Bruttoproduktion tatsächlich ist, die Produktionsleistung zu erfassen, und vorführen, wie sich der Betriebswirt hilft.

Zu a), es sollte nur ein Erzeugnis hergestellt werden: Wem es gelingt, die verschiedenartigen Produkte der Betriebswirtschaft auf einen befriedigenden gemeinsamen Nenner zu bringen, der hätte mit diesem Maßstab praktisch aus vielen Produkten ein einziges gemacht. Im Kapitel 33 werden wir solche Maßstäbe besprechen. Man braucht sie; aber man muß sich stets klar darüber sein, daß sie ungleichartiges vereinheitlichen, gleich machen, und das ist immer eine mehr oder weniger mißliche Sache, weil die unterstellten Beziehungen nicht absolute, sondern nur relative Gültigkeit beanspruchen dürfen. So kann man sich zwar helfen, weil das notwendig und praktisch auch fruchtbar zu machen ist, aber den unwiderleglichen Tatbestand, daß jeder Betrieb viele verschiedenartige landwirtschaftliche Produkte erzeugt, schafft auch der beste Maßstab nicht aus der Welt. So ist also auch vom Maßstab her unbedingt geboten, hier wirtschaftlich und nicht technisch zu denken; die Bruttoproduktion ist daher abzulehnen; überdies vermehrt sie die Vielfalt der Produkte nur noch weiter.

Zu b), die Erzeugnisse sollten im gleichen Verhältnis vorgeleistete und betriebliche vergegenständlichte Arbeit verbrauchen: Wenn ein Betrieb im Berichtsjahr sämtliche Saatkartoffeln als Hochzucht zukauft und auslegt, während ein anderer ausschließlich eigenes Saatgut verwendet, so dürfte die Bruttoproduktion des Kartoffelbaus ceteris paribus im ersten Betrieb größer sein als im zweiten und seine Arbeitsproduktivität damit „unverdient" höher liegen. Diese auch einbetrieblich denkbare Steigerung der Arbeitsproduktivität sei „rein fiktiver Natur" und „entspreche nicht der Wirklichkeit", wird immer wieder behauptet, z. B. (146), (317). Das ist an sich nur eine Frage des Standpunkts; unterstellen wir, er sei berechtigt, so müssen wir weiter fragen, ob sich diese Einflüsse rechnerisch berücksichtigen lassen. Das geht nur zum Teil: Nach Naturaleinheiten gerechnet wäre 1 dz Hochzucht gleich 1 dz selbst erzeugter Kartoffeln, die Mengen wären damit in beiden Betrieben gleich; aber die Qualitätsunterschiede, die die höhere Produktionsleistung des ersten bestimmen, blieben bestehen und damit auch die scheinbare Unvergleichlichkeit. Etwas anders wird die Sache, wenn die Bruttoproduktion über Geldeinheiten und Preise errechnet wird. Die Differenz zwischen dem Verkaufspreis seiner eigenen Kartoffeln und dem Bezugspreis der zugekauften Hochzucht schmälert den Bruttoproduktionspreis des ersten Betriebes. Es ist nun wieder rein „technisch" gedacht, wenn man den damit gebildeten Produktivitätsrelator „fiktiv" nennt. Denn der Wirtschafter mußte zunächst den Entschluß fassen, sein Saatgut zu wechseln – er tat damit das gleiche wie der Arbeiter, der sich plötzlich entschließt, statt mit einer, mit beiden Händen Kartoffeln zu legen – dann mußte er die wirtschaftlichen Bedingungen dafür schaffen, also vor allem die Mehrausgaben planen und das Geld bereitstellen – unser Arbeiter mußte inzwischen die geeignete Kartoffellegewanne und den passenden Tragegurt besorgen – schließlich mußte unser Wirtschafter den Bezug, die Lagerung und das Auspflanzen organisieren – und unser Arbeiter dafür sorgen, daß die übrigen Teile des Arbeitsverfahrens „Kartoffellegen" seiner verbesserten Technik angepaßt wurden. Der Arbeiter wird durch höhere Normerfüllung, vielleicht sogar durch eine Prämie belohnt – und dem Wirtschafter will man vorrechnen, die Frucht seiner Initiative sei nur Fiktion? Jener Standpunkt erscheint uns mithin inkonsequent, unberechtigt und un-wirtschaftlich. Auch wenn die Erzeugnisse der Produktionswirtschaft nicht im gleichen Maße vergegenständlichte Arbeit gebrauchen, der Betrieb A also weniger Saatgut je dz Erzeugnis notwendig hat als B, so kann man die Produktionsleistungen beider Betriebe noch gut vergleichen und der Arbeit gegenüberstellen, weil solche Maßnahmen wie der Saatgutwechsel der Betriebswirtschaft eben immanent sind. Die Forderung b) trifft die Bruttoproduktion nur insofern, als sie das Saatgut einbegreift. Im übrigen ist b) ausgesprochen technisch gedacht und inhibiert auf diese Weise *jedes* Maß des E. In unserem Beispiel kommt die echte Leistung beider Betriebe gut zum Ausdruck, wenn das Saatgut nicht als Produktionsleistung erscheint. Der zeitgerechtere Wechsel der Saatkartoffeln bringt dann eine wohlverdiente höhere Erzeugungsleistung. Die über Naturaleinheiten und Geld errechnete Bodenproduktion bildet den Produktivitätsrelator in diesem Falle wirtschaftlich besser vergleichlich und damit richtiger.

SAWINSKI scheint das auch empfunden zu haben; denn er gesteht zu, daß die Nettoproduktion diesen (vermeintlichen) Mangel vermeide (317). Da er andererseits aber „die Nettoproduktion für die Darstellung der Arbeitsproduktivität" ablehnt — sie werde „durch eine Reihe volkswirtschaftlicher, nicht mit der Tätigkeit des Betriebs verbundener Momente bestimmt" — dürfte unsere Beziehung (Bodenproduktion zu Arbeitseinsatz) wohl als angemessener Ausdruck übrig bleiben.

Zu c), mehrere Erzeugnisse sollten stets im gleichen Verhältnis zueinander hergestellt werden, bei allen Produkten sollte sich außerdem die Arbeitsproduktivität gleichmäßig entwickeln, oder anders, einfacher ausgedrückt, die Betriebsorganisation dürfte sich gegenüber dem Basisjahr nicht wesentlich verändert haben; hat sie das, müsse erst auf die Bruttoproduktion des Berichtsjahres umgerechnet werden (284), vgl. auch (25), bevor man vergleichen könne: Das ist zwar konsequent und richtig gedacht, macht aber deutlich, wie schwerfällig und un-wirtschaftlich dieses Maß ist. Wenn der Bauer Schulze 1931 seine Kühe und Schweine mit zugekauftem Kraftfutter versorgte und 1936 zu wirtschaftseigenem Futter übergegangen war, so ist seine Arbeitsproduktivität, über die Bruttoproduktion gerechnet, ceteris paribus tatsächlich gestiegen, ohne daß sein Betrieb mehr hervorgebracht hätte. Wenn nun der unter sonst gleichen Bedingungen wie Schulze wirtschaftende Bauer Müller 1936 noch genau so viel zugekauftes Kraftfutter fütterte wie Schulze und er 1931, so wäre die Produktivität beider Betriebe nach landläufiger Ansicht nicht mehr zu vergleichen, weil „die Ausgangslage ungleich" ist, vgl. z. B. (25). Zu diesem Schluß muß das ungeeignete Maß Bruttoproduktion folgerichtig führen. Wer sich ihm beugt, muß die Betriebsanalyse begraben und damit eins der wirksamsten Mittel wirtschaftlicher Betriebsgestaltung aus der Hand geben; denn betriebswirtschaftlich kommt es ja gerade darauf an, zu erkennen, welches Verfahren produktiver ist, d. h., ob nun Schulze oder Müller 1936 ceteris paribus mehr Gebrauchswerte hervorgebracht hat. Wer von beiden mehr (Arbeit) geleistet hat, interessiert zunächst nur den Arbeitstechniker.

Dieses Beispiel macht klar, daß die Bruttoproduktion nicht nur die futterwirtschaftliche Leistung verzerrt, wie wir schon oben gesagt hatten; hier wird deutlich, daß ein un-wirtschaftliches, ein technisches Leistungsmaß ein völlig falsches Bild gibt von der echten betrieblichen Produktionsleistung.

Was hier gemeint ist, wird am deutlichsten an der vielzitierten Erwägung um die unterschiedliche Zusammensetzung der Arbeitsmacht: Kann man Müllers Arbeitsproduktivität mit der des Bauern Schulze vergleichen, wenn Müller ceteris paribus mit einer technischen Ausrüstung von 90 und Schulze nur mit einer von 45 Punkten arbeiten? Das wird auch immer wieder verneint (104), (227), (294), (396), man rechnet deshalb auch den Selbstverzehr zur Brutto- und sogar noch zur Bodenproduktion hinzu, z. B. (104). Wir widersprechen wiederum. 1. Bleiben wir bei der an sich unwahrscheinlichen Unterstellung, daß in diesem Falle beide tatsächlich mit der gleichen Betriebsorganisation wirtschaften, so wird herauskommen, daß Müller eben produktiver als Schulze arbeitet. Gerade das wollen wir aber u. a. wissen; denn warum technisiert man sonst? Hier kommt es allein darauf an, die betriebswirtschaftliche Auswirkung der Technisierung festzustellen, und *ein* Merkmal dieser Auswirkung ist eben die gestiegene Arbeitsproduktivität. Was aus den gemessenen Größen geschlossen wird, läßt sich betriebswirtschaftlich erst beurteilen, wenn alle übrigen Kennzahlen ermittelt sind, die die im Einzelfall gestellte Frage um die Technisierung, z. B. wie weit sie wirtschaftlich ist, *allseitig* zu beantworten erlauben. Es sind nun Verfahren denkbar, Müllers arbeitstechnischen Vorsprung wegzu„rechnen", am radikalsten z. B. mit Hilfe der „Nettoarbeitsproduktivität" (277), sein A wäre dann dem Schulzeschen annähernd gleich, damit ceteris paribus auch die Arbeitsproduktivität beider Betriebe. Wem anders wäre damit gedient als einer un-wirtschaftlichen Fiktion? 2. In Wirklichkeit dürften die beiden Betriebe, deren technische Ausrüstung sich so stark unterscheidet, gar nicht gleich organisiert sein; Müllers ist sicher intensiver. Damit wirkt auf die Arbeitsproduktivitätskennzahlen ein weiterer Bestimmungsgrund, der bestimmt schwerer als der Unterschied in den technischen Ausrüstungen wiegt. Soll man sich nun ein *betriebswirtschaftliches* Urteil über die Zweckmäßigkeit dieser Kombination (hohe Intensität mit schlagkräftiger Arbeitsmacht) verbauen, weil man die Kennzahlen der Arbeitsproduktivität nicht vergleichen könne? In jeder betriebswirtschaftlichen Kennzahl stecken nun einmal solche vielfältigen Einflußgrößen, die allen wirtschaftlichen Zusammenhängen innewohnen. Auch in dem letzten Beispiel dürften sich die Produktionsleistungen der beiden Betriebe deutlich unterscheiden, wenngleich ihre Messung auch keine besonderen Probleme bietet.

Es sei uns gestattet, etwas vorgreifend, das Beispiel hier zu Ende zu führen: Was kommt heraus, wenn man den Selbstverzehr in die Bodenproduktion hineinnimmt? Soviel wie Schulzes Pferde fressen, kann Müller ceteris paribus zunächst verkaufen, die Arbeitsproduktivität bleibt also gleich in beiden Betrieben. Müllers Betrieb ist aber intensiver, und nun wird der Abstand zwischen den beiden Kennzahlen um Schulzes Pferdefutter kleiner sein, als wenn man mit unserer Bodenproduktion rechnet. Das ist schon insofern unbefriedigend, als das Pferdefutter gar nicht in den Zähler, in das E unseres Quotienten, gehörte, sondern als „Arbeitshilfsmittel" in den Nenner, zum A, wohin wir Müllers Schlepper auch rechnen müssen. Im übrigen zählt doppelt, wer den Selbstverzehr in die Bodenproduktion hineinnimmt. Es ist nun nicht einzusehen, weshalb dann nicht auch das Nutzviehfutter in den Wert des Zählers eingeschlossen wird — der Betrieb ist praktisch weder ohne das eine noch ohne das andere denkbar. Wir wollen eben mit der Bodenproduktion nichts doppelt zählen, dafür gibt es ja die Bruttoproduktion und die Bruttobodenproduktion. Im extremen Falle eines ungünstigen Jahres erzeuge ein Betrieb nur Saatgut und Zugtierfutter, weshalb soll man ihm darauf eine positive Arbeitsproduktivität ausr hnen, echte Einnahmen oder eine dem Betriebsziel entsprechende Erzeugungsleistung hat er ohnehin nicht. Der Betrieb soll sich nicht nur selbst erhalten, sondern mit seiner Produktion außerbetrieblichen Bedarf decken, das ist der Sinn der Produktivität.

Unsere Beispiele dürften zweierlei klargemacht haben: 1. Der Umstand, daß sich die Bruttoproduktion nicht den an sie gestellten Bedingungen entsprechend als „richtiges" Maß für das E erfassen läßt, besagt nicht, daß man die Produktivität unter den normalen Wechselfällen des betrieblichen Wirtschaftslebens, oder weil die Maßnahmen der laufenden Betriebsführung sie veränderten, nun gar nicht mehr vergleichbar und sinnvoll ermitteln kann. 2. Selbst wenn man die Bruttoproduktion buchführungstechnisch definiert und ausweist, so ist sie in keinem Falle geeignet, die reale Erzeugungsleistung der betrieblichen Produktionswirtschaft auszudrücken, eben weil sie ein technisch konzipiertes und kein wirtschaftlich gedachtes Leistungsmaß ist.

Damit ist das technische Denken vor eine unübersteigbare Grenze gekommen und muß dem wirtschaftlichen den Weg freigeben. Die Ökonomen sollten sich davor nicht scheuen; denn sie verkennen sonst völlig die Aufgabe und Leistung der wirtschaftlich-organisatorischen, komplizierten Arbeit im Betriebe, deren Produktivität als ein Vielfaches einfacher Arbeit auch klar zum Ausdruck kommen muß. Wie sehr wird die schöpferische, wirtschaftlich-organisatorische Arbeit gehemmt, wenn man wie in M. SCHMIDTs typischem Beispiel schließt:

„Wird ein Teil" der im Betriebe wieder eingesetzten selbsterzeugten Betriebsmittel im Berichtsjahr ceteris paribus „Waren- und damit Bruttoproduktion, so steigt die ausgewiesene Arbeitsproduktivität", aber diese „Steigerung der Arbeitsproduktivität ist keine reale, sondern lediglich eine rechnerische" (325).

Wenn ein Betriebsleiter die Leistung seines Betriebes unter sonst gleichen Umständen dadurch erhöht, daß er seinen Wirtschaftseinsatz verringert, weil er seine Futter- und Humuswirtschaft rationalisiert hat, so ist seine und die Arbeitsproduktivität in seinem Betriebe eben durchaus „real" gestiegen. Die Arbeit im Produktivitätsrelator ist unteilbar. Wirtschaftlich-organisatorische Momente sind mit den physisch-mechanischen verquickt; SCHMIDTs mechanistische Auffassung und das technische Denken i. allg. verkennen das.

Nun ist allerdings nicht gesagt, daß *alle* Veränderungen des Standes der Arbeitsproduktivität notwendig Folge rationelleren oder un-wirtschaftlicheren Verhaltens des Wirtschafters wären. Er hat z. B. auf plötzliche Preisänderungen keinen Einfluß – deshalb müßte man sie aus den verglichenen Produktivitätsrelatoren eliminieren – er vermag sich aber im Laufe des Wirtschaftsjahres u. U. darauf einzustellen, er berücksichtigt also möglicherweise ihre Auswirkungen auf das Ergebnis seiner Wirtschaft, und insoweit müßte auch die durch Preisänderungen beeinflußte Produktionsleistung real ausgewiesen werden. Auf diese Frage kommen wir im nächsten Kapitel eingehend zu sprechen, Kap. 3.32.

Aufs ganze gesehen ergibt sich also: *Die Bruttoproduktion ist kein betriebswirtschaftlich angemessenes Maß für das E im Produktivitätsrelator.* Er braucht eins, das sich besser anpaßt, elastischer ist, das nicht *alles* erfassen will, sondern nur die Gebrauchswerte, die die Volkswirtschaft der Betriebswirtschaft hervorzubringen vorschreibt. Wir müssen die Bruttoproduktion daher schrittweise reduzieren, vor allem um die Bestandteile des Wirtschaftseinsatzes.

Bevor wir das tun, zwei Vorbemerkungen:

1. eine buchhaltungstechnische: Die Bruttoproduktion läßt sich nicht durch alle Betriebsformen hindurch verfolgen; nur die volkseigene Industrie weist die Bruttoproduktion(swerte) aus; man kann sie kaum mit der Produktionsleistung der privaten Wirtschaft vergleichen, weil diese i. allg. nichts doppelt zählt; sie ermittelt annähernd die Warenproduktion (99). Die einfache Buchführung der LPG und der bäuerlichen Betriebe weist ebenfalls eher die Boden- als die Bruttoproduktion aus; auch in den nichtbuchführenden Betrieben läßt sich die Bodenproduktion stets genauer als die Bruttoproduktion ermitteln. Dagegen gibt das doppelte Aufschreibungs- und Verrechnungssystem der volkseigenen Güter wahlweise beide Produktionsleistungen her. Man wird daher die Arbeitsproduktivität durch alle Betriebsgrößen praktisch nicht mit der Bruttoproduktion, sondern nur mit Hilfe der Bodenproduktion einheitlich vergleichen können.

2. eine grundsätzliche Erwägung: Alles was von der Erzeugungsleistung abgesetzt wird, trägt *neben* dem Produktivfaktor Arbeit dazu bei, einen ceteris paribus mehr oder weniger großen Ertrag zu gewinnen, je nachdem, mit welchem Effekt jene reduzierten Bestandteile der Bruttoproduktion im Betriebe eingesetzt wurden. Wie immer ist das nun aber eine Frage der Wirtschaftlichkeit und nicht der (Arbeits-)Produktivität! Mit jedem Reduktionsschritt begeben wir uns mithin tiefer in das Gebiet der Wirtschaftlichkeit und verlassen im gleichen Maße die Produktivität. Daraus folgt zunächst, daß wir auf diesem Wege nicht weiter gehen dürfen als aus betriebsstatistischen Gründen erforderlich ist. Das braucht nicht allzu weit zu sein, wie wir gleich zeigen werden. Andererseits folgt aus dieser Erwägung, daß eigentlich nur die Bruttoproduktion der adäquate Relat im Produktivitätsquotienten sein kann; denn darin sei ja alles enthalten, was die *Arbeit* hervorgebracht habe. Aber diese Rechnung geht nur dem technisch-kausal Denkenden auf, wie wir gezeigt hatten! Der Betriebswirt weiß, daß die Arbeit in der Landwirtschaft Gebrauchswerte nur mit dem Boden und mit den Betriebsmitteln zusammen erzeugen kann, und zwar die gleiche Arbeit mehr oder weniger je nach der Qualität und Quantität des beispielsweise mit ihr kombinierten Bodens. Deshalb also dürfen wir die Bruttoproduktion um die selbst erzeugbaren Betriebsmittel reduzieren und weiterhin die geringen Teile der Bruttoproduktion absetzen, die die Betriebs„wirtschaft“ in Gang halten, also vor allem den Selbstverzehr. Denn der landwirtschaftliche Betrieb soll sich in einem möglichst großen Maße mehrend an der volkswirtschaftlichen Leistung beteiligen, und Arbeits- und Bodenproduktivität müssen sinnvoll vergleichbare Relatoren sein und bleiben. Unser Produktivitätsquotient bewahrt sein Wesen:

Auch mit einigen Abzügen vom Relaten E entartet er nicht zu einem Ausdruck der Wirtschaftlichkeit eingesetzter Betriebsmittel.

Wenn wir dem Abzuge der selbst erzeugbaren, betriebsfremden landwirtschaftlichen Produktionsmittel das Wort reden, so sind wir uns darüber klar, daß die resultierende Produktionsleistung nur scheinbar real und echt ist. Denn wir ziehen bloß die zugekauften Mengen, auch deren Tauschwerte, ab, berücksichtigen dagegen nicht ihren technischen und ökonomischen Effekt in der Betriebswirtschaft. Dieser dürfte aber stets größer sein als jenen abgezogenen Mengen und ihren Tauschwerten entspricht, denn der Betrieb kauft sie ja zu, um mehr aus ihnen zu machen, als sie ursprünglich wiegen oder wert sind. Diesen Nachteil müssen wir in Kauf nehmen; das relative Mehrprodukt ist eben ein Effekt der komplizierten Arbeit im Betriebe. Man darf mit diesen Abzügen nur nicht zu weit gehen, also nicht bis zum Absetzen aller betriebsfremden sächlichen Aufwendungen, der industriellen und gewerblichen „Vorleistungen".

„Es ist das dringendste Problem unserer statistischen Praxis . . ., daß die üblichen Kennziffern der Arbeitsproduktivität ... möglichst exakt, d. h. fehlerfrei und von fremden Einflüssen bereinigt, berechnet werden" (40). Man kann die im folgenden vorgeführten Reduktionen der Bruttoproduktion als solche Bereinigungen von fremden Einflüssen ansehen.

Im ersten Schritt reduzieren wir die Bruttoproduktion um das Nutzviehfutter zur Bruttobodenproduktion, zum Rohertrag, wenn in Geld gemessen wird. Die Bruttobodenproduktion enthält die Warenproduktion (Verkäufe), den wirtschaftseigenen Selbstverzehr, die Naturalentnahmen für Haushalt, Altenteil usw., die Bestandsveränderungen an selbsterzeugtem Inventar und die Nutzungsentschädigungen (als Naturalpacht in der Bruttobodenproduktion, als Wohnungsmiete o. ä. im Rohertrag), vgl. Schema 3. Auch dieser Ausdruck befriedigt nicht: Außer dem Nutzviehfutter setzt jeder Betrieb noch Saatgut und Zugtierfutter wieder ein, bäuerliche Betriebe haben darüber hinaus einen beachtlichen naturalen Wirtschaftsverbrauch für die Selbstversorgung. Während wir nun den Selbstverzehr ohne weiteres von der Bruttobodenproduktion absetzen können, geht das bei den Naturalentnahmen deswegen nicht, weil der Mensch kein Betriebsmittel ist, und weil wir dem Bauern Schulze nicht deshalb eine höhere Produktionsleistung ausrechnen wollen, weil er selbst und seine Familie hungern, während es sich sein Nachbar unter sonst gleichen Umständen an leiblichen Genüssen nicht fehlen läßt. Der Wirtschaftsverbrauch, die Naturalentnahmen, die Selbstversorgung der bäuerlichen Familie ist am Ende nur eine besondere Form der Verteilung der Warenproduktion. Von subjektiven Erwägungen abgesehen, ist das eine Frage der Soziologie und Wirtschaftspolitik und nicht der landwirtschaftlichen Betriebs- und Arbeitslehre. Daß es auch kein Problem der Betriebswirtschaft ist, zeigt analog der VEG Plan 1953 (240), dort weist die gesamte Belegschaftsversorgung „keine unmittelbare Beziehung zu anderen Plänen auf". Die Naturalentnahmen sind also ein echter Bestandteil der betrieblichen Erzeugungsleistung, sie müssen im Maß des E enthalten sein.

Die Bruttobodenproduktion enthält nun aber wie die Bruttoproduktion noch Erzeugnisse, die auf Betriebsmittel zurückgehen, die der Betrieb zugekauft hat, aber auch selbst hätte erzeugen können, vor allem also Leistungen von zugekauftem Vieh und zugekauften Futtermitteln. Solange man die Landwirtschaft als Bodenbenutzung ansieht, sind diese Erzeugnisse keine echten Leistungen der jeweiligen Betriebswirtschaft, jede gewerbliche Schweinemast und die Berliner Abmelkwirtschaft wären dann auch landwirtschaftliche Betriebe. Mithin müssen solche Zukäufe von der Produktionsleistung abgesetzt werden, und die Bruttobodenproduktion ist am Ende ein ebenso ungeeignetes Maß für das E im Produktivitätsrelator wie die Bruttoproduktion. Sie ist sogar noch schlechter als die Bruttoproduktion, weil sie, weder Fisch noch Fleisch, weder *alles* ausdrückt, was die Arbeit im Betriebe scheinbar hervorgebracht hat, wie die Bruttoproduktion, noch die echte Erzeugungsleistung des *landwirtschaftlichen* Betriebs darstellt, wie die Bodenproduktion. Hier gibt es keinen sinnvollen Kompromiß: Entweder *alles,* mit Doppelzählungen, Verzerrungen usw., oder *nur* die Leistung des im Betriebe genutzten Bodens.

So ist die zweite Reduktion der Bruttoproduktion vorbereitet, wir erhalten damit die Bodenproduktion. Sie kommt heraus, wenn von der Bruttoproduktion abgezogen werden der Selbstverzehr, die zugekauften und verbrauchten Futtermittel, Saatgut, Nutzvieh, die (naturalen oder geldlichen) Nutzungsentschädigungen. Oder additiv gesagt bilden die Bodenproduktion die Verkäufe (Warenproduktion), die Naturalentnahmen für Haushalt, Altenteil, Deputat u. ä., und die Bestandsveränderungen an selbsterzeugtem Inventar, vgl. auch Kap. 3.211. Wir haben damit also die Bruttoproduktion das zweite Mal reduziert und zwar bewußt nur um die Teile, die der Betrieb hätte selbst erzeugen können, aber zugekauft hat. Alles was er sonst einsetzt, die Vorleistungen anderer Wirtschaftszweige, dürfen wir betriebswirtschaftlich nicht reduzieren, weil diese Betriebsmittel ein unabdingbarer Bestandteil der modernen Betriebswirtschaft sind. Sie selbst und alle Erwägungen darum hören auf zu funktionieren, wenn es keinen Mineraldünger, keinen Brennstoff, keine Geräte, Maschinen und Gebäude mehr gäbe, sie zu „betreiben". Es geht hier noch nicht um den effektiven Beitrag des Betriebs *zur* Volkswirtschaft, sondern um die natürliche Produktionsleistung des konkreten landwirtschaftlichen Betriebs *in* einer gegebenen Volkswirtschaft. Die Bodenproduktion ist ex definitione ein richtiges, angemessenes Maß für das E der *Boden*produktivität. Wenn wir es trotzdem für die Messung der *Arbeits*produktivität verwenden, so vor allem deswegen, weil die Landwirtschaft von Hause aus vor allem Bodenbenutzung ist und bleibt. Die Arbeit steht in ihrem Dienste.

Die Bodenproduktion ist weder der „bereinigte Bruttoproduktionswert" noch der „Nettoproduktionswert" (291). Beide werden außerdem wieder von den Produktions- und Kostenfaktoren aus gebildet. Der „bereinigte Bruttoproduktionswert" käme der Bodenproduktion nur gleich, wenn der Betrieb keine selbsterzeugbaren Betriebsmittel zukaufte, denn ihre Ausbringung erhöht sonst den „bereinigten Bruttoproduktionswert", ohne eine echte Bodenleistung des Betriebs wiederzugeben. Danach wäre der Betrieb mit einer Schweinemastanstalt ceteris paribus stets produktiver als ein anderer, der seine Schweine aus der eigenen Bodenproduktion mästet. Der Nettoproduktionswert, eine volkswirtschaftliche Kategorie, enthält nur v + m (291) oder die „Wertschöpfung" (100), wobei der Sachaufwand abgezogen ist. Damit wird jedoch weniger die Bodenleistung als die Wirtschaftlichkeit gemessen.

Dem HESSELschen „Gesamtprodukt“ (126) nahe verwandt entspricht die Bodenproduktion der von Kolesnjev verwendeten „Bruttoproduktion“ ohne „Doppelbewertungen“ (303) und wenigstens dem Wesen, wenn auch nicht der Substanz nach auch der SCHMIDTschen Bruttoproduktion (326), die „die innerbetrieblichen Teilarbeiten“ nicht einbezieht, weil ihr „Resultat kein Produkt“ sei, sondern weil erst „die Kombination aller innerbetrieblichen Teilarbeiten zum Produkt“ führe (326). *Die Bodenproduktion bringt also am besten zum Ausdruck, was der Betrieb aus eigener Kraft selbständig hervorgebracht hat. Da der innerwirtschaftliche Umsatz nicht enthalten ist, zählt die Bodenproduktion betrieblich auch nichts doppelt. Sie ist der angemessene Ausdruck für das E im Produktivitätsrelator des Gesamtbetriebes.*

Er schließt gar nicht aus, daß die „Planer den Eigenverbrauch kennen“ (284) sollen; nur muß deswegen nicht unbedingt in der Produktionsleistung enthalten sein, was der Betrieb an eigenen Erzeugnissen wieder einsetzt. Diese Erwägung um den Wirtschaftseinsatz interessiert stets nur im Zusammenhang mit Kalkulationen der Wirtschaftlichkeit einzelner Betriebszweige. Und dort hat auch ein Produktivitätsrelator Sinn, der die Bruttoproduktion enthält.

Die Bezeichnung „Bodenproduktion“ weist auf einen unabdingbaren betriebswirtschaftlichen Zusammenhang hin: Alle landwirtschaftlichen Erzeugnisse sind Produkte des Zusammenwirkens von Arbeit *und* Boden, nicht der (toten und lebendigen) Arbeit allein. Unsere angemessenen Produktionsleistungsausdrücke müssen notwendig die echte, im konkreten Betrieb erzielte Bodenleistung betriebswirtschaftlich richtig wiedergeben, sonst verliert die Bodenproduktivität ihren Sinn. Darauf muß das kommensurable Maß der Arbeitsproduktivität stets Rücksicht nehmen.

Und nicht wie bei RÜHMANN (311) entarten in einen Vergleich zwischen Bodenproduktivität und Arbeitsproduktivität (= Arbeitseinkommen), die eben nur solange „vergleichbar“ in Einklang stehen, wie sich die untersuchten Betriebe noch im Bereiche unausgenutzter Intensität bewegen.

Der mit der Bodenproduktion gebildete Produktivitätsrelator stellt nun allerdings keine mehr so einfach zu durchschauende „kausale“ Beziehung her zwischen dem Arbeitseinsatz und der Produktionsleistung, wie sie sich ergibt, wenn die RICHTERschen Voraussetzungen (288) erfüllt sind. Hier wirkt jetzt eine Menge Einflüsse, die den Relator ganz unabhängig vom wechselnden Arbeitseinsatz verändern können. Das entspricht jedoch durchaus der Betriebswirklichkeit; sie rechnerisch besser zu durchdringen, soll auch die Messung der betrieblichen Arbeitsproduktivität helfen.

Der ursächliche Zusammenhang zwischen Arbeit und Leistung geht der Arbeitslehre nicht verloren; sie verweist ihn nur in den Bereich, wo er hingehört, in die Arbeitstechnik, die ihn als Leistungsgrad in der TAN-Statistik mißt, während die Produktivität eben eine wirtschaftlich-technische Kategorie ist.

Mit dieser Wendung haben wir kurzerhand die zwischen den Zeilen stehende Frage positiv beantwortet, ob man die Arbeitsproduktivität überhaupt so messen *kann,* d. h. mit einer von der Arbeit selbst ziemlich unabhängigen Produktionsleistung im Zähler. Daß man sie so messen *muß,* ergab schon unsere Definition des Begriffs in Kap. 2, die ebenso folgerichtig den Zwang, wirtschaftlich und nicht technisch zu denken, nach sich zieht.

Soviel über den wirtschaftlichen Sinn der Bodenproduktion als Maß für das E im Relator der Arbeitsproduktivität. Da wir sie aus den dargelegten Gründen als geeignetstes Maß annehmen, bleiben noch zwei Fragen zu beantworten:

1. Welche prinzipiellen Forderungen hat die Bodenproduktion im Produktivitätsrelator zu erfüllen?
2. Kann die Volkswirtschaftsstatistik einen mit der Bodenproduktion gebildeten Produktivitätsrelator gebrauchen?

Zu 1.: Die deutlich formulierbaren Forderungen der industriellen Betriebswirtschaft erfüllen Arbeitsproduktivität(sindices) und Leistung(sgrad) offenbar recht gut. Anders im landwirtschaftlichen Betriebe. Die Produktionsleistung kommt dort gewissermaßen in drei Etappen zustande, a) der Bodenvorbereitung, Saat und Pflege, der Zuchtwahl, Haltung und Fütterung, b) dem natürlichen, organischen Wachstumsprozeß, c) der Ernte, Nutzung, Ertragsveredlung. Das vollzieht sich zwar unter der organisatorischen Leitung des Wirtschafters, aber nicht immer ausschließlich in dem einen Jahr, da die Produktionsleistung gemessen wird. Die Sache wird noch schwieriger, wenn der Betrieb größere Waldanteile hat, dort erstreckt sich dieser dreiteilige Produktionsprozeß über Jahrzehnte. Die Forstwirtschaft mißt deshalb ihre Arbeitsproduktivität auch nicht, indem sie so eine variable Produktionsleistung ermittelt; sie beschränkt sich auf den „Stand der durchschnittlichen, prozentualen Normerfüllung", also auf den Leistungsgrad, weil die Messung $\frac{E}{A}$ nicht die Grundlage bilde für die Planung des Arbeitskräftebedarfs (362). Hier werden zwar wieder Aussage und Anwendungsmöglichkeit mit der Messung durcheinandergebracht; wir sehen davon und den dort (362) gezogenen Konsequenzen ab. Immerhin ist der landwirtschaftliche Betrieb ohne Zweifel in ganz ähnlicher Lage. Wieviel Arbeit wird oft aufgewendet, um ein ziemlich weit in der Zukunft liegendes Ziel zu erreichen (Aufforstung, Einrichtung einer Zucht, Grünlandansaat, Vorratsdüngung u. ä. m.), wie oft nutzt der Sohn die akkumulierte Arbeit des Vaters (Abholzung, Abbau der Bodenfruchtbarkeit, Übergang zur extensiven Nutzungswirtschaft usw.)! Wenn wir trotzdem bei dem entwickelten Maß $\frac{E}{A}$ bleiben, so vor allem aus drei Gründen: 1. Der überwiegende Teil der Produktionsleistung eines normalen landwirtschaftlichen Betriebs wird in dem gegebenen Jahr tatsächlich hervorgebracht; 2. solche Fälle wie die eben angeführten sind relativ selten; wo sie sich häufen, kann man versuchen, sie mit Hilfe der Buchführung zu isolieren oder zu bewerten; 3. dem normalen landwirtschaftlichen Betrieb ist das Ziel gesetzt, gute Leistungen nachhaltig zu erreichen, er kommt i. allg. gar nicht in Versuchung, seine Bestände auf einmal abzustoßen – wie die Forstwirtschaft, wenn sie übermäßig kahl schlägt. In der organischen Entwicklung gerade jener über Jahre ausgedehnten Teile der Produktion gleicht sich aus, was dafür aufgewendet und geleistet wird, so daß die vergleichsweise knappen

Aufwendungen, die der normale Betrieb für weit in der Zukunft liegende Ziele nur machen kann, gar nicht verfälschend ins Gewicht fallen. – In diesem Punkte dürfte der landwirtschaftliche dem industriellen Betrieb näher stehen als dem forstwirtschaftlichen; man muß daher beides messen, die Arbeitproduktivität als $\frac{E}{A}$ und die Arbeitsleistung.

Genau genommen vermag die landwirtschaftliche Betriebstatistik also nicht, die erste ROTSTEINsche Forderung zu erfüllen, die Produktionsleistung müsse alles enthalten, „was in dem Zeitabschnitt produziert wurde, für den die Arbeitsproduktivität" berechnet wird (310). Die Abweichungen dürften indessen so geringfügig sein und sich außerdem im Laufe mehrerer Jahre oder im Vergleich vieler Betriebe so weit ausgleichen, daß die gemessenen absoluten Größen die tatsächliche Produktionsleistung des landwirtschaftlichen Betriebs durchaus angemessen und signifikant ausdrücken.

Diese Forderung wirft mancherlei praktische Probleme auf, die man indessen immer richtig bewältigen wird, wenn man sich des Inhalts und der Bedeutung dieser sowie der folgenden Forderungen voll bewußt ist. Ein Beispiel mag hier für alle anderen stehen: Brutto- und Bodenproduktion müssen u. a. auch erfassen, was der untersuchte Betrieb für andere leistet, selbst wenn diese Leistungen keine ohne weiteres meßbaren Gebrauchswerte sind, z. B. Dienstleistungen. Es gibt zwei Möglichkeiten, das zu berücksichtigen: Entweder vermindert man die Größe der eingesetzten Arbeit um die Stunden, die der Bauer Schulze und seine Pferde für die Gemeinde oder gegen Entgelt Sand gefahren haben, oder diese Leistungen werden besonders ausgewiesen und geldlich bewertet. Betriebswirtschaftlich ist nur der zweite Weg richtig; denn die Arbeitsproduktivitätskennziffer soll ja gerade ausweisen, ob die gegebene Arbeitskapazität, von deren Leistungsvermögen wir immerhin schon sichere Vorstellungen haben, nutzbringend eingesetzt worden ist.

Im Anschluß an die obigen Erwägungen taucht theoretisch ein weiteres Problem auf: In bezug auf die Meßperiode müssen Zähler (E) und Nenner (A) kommensurable Größen sein, der Zähler darf nicht nur die in der Berichtszeit vollendeten Gebrauchswerte angeben, wenn sich der Arbeitsaufwand im Nenner auf die Gesamtproduktion bezieht. Brutto- und Bodenproduktion berücksichtigen das, indem sie die auch geldlich bewerteten Bestandsveränderungen einbeziehen. Der wirtschaftliche Vor- oder Nachteil – was ist günstiger, selbst erzeugte Futtermittel zu überlagern oder im nächsten Wirtschaftsjahr neue zuzukaufen? – läßt sich mit Hilfe der Bodenproduktion zutreffend kalkulieren. Damit ist aber die zweite ROTSTEINsche Forderung am Ende auch nicht ganz erfüllt – der Produktivitätsrelator müsse nämlich die „ausschließlich in dem betreffenden Zeitabschnitt erstellte Produktion" enthalten (310) – denn es wird eben mancherlei Unsichtbares, im Basisjahr produziertes, ungemessen ins Berichtsjahr übernommen; vieles ist mit Naturaleinheiten nicht erfaßbar, z. B. Zuwachs an Zuchtwert; ob es überhaupt zum Ausdruck kommt, ist eine Frage der buchhalterischen Bewertung. Da wir die Produktionsleistung in Natural- *und* Geldeinheiten messen, dürften nur geringfügige Verletzungen der zweiten ROTSTEINschen Forderung vorkommen, die hier dann ebensowenig ins Gewicht fallen wie die der ersten. –

Ohne auf weitere Einzelheiten einzugehen, fassen wir kurz zusammen, welche Forderungen die Bodenproduktion als Produktionsleistungsausdruck für den Gesamtbetrieb oder die Bruttoproduktion als Produktionsleistungsausdruck des Betriebszweigs im Produktivitätsrelator erfüllen muß und, wie wir gezeigt haben, im wesentlichen auch mit zureichender Sicherheit der Aussage erfüllen kann, vgl. dazu auch (11):

1. Die Bodenproduktion muß cum grano salis *alles* richtig erfassen, was der Betrieb im Untersuchungszeitraum erzeugt hat;
2. sie darf an sich nur enthalten, was *ausschließlich* im untersuchten Wirtschaftsjahr produziert wurde.
3. Die Bodenproduktion muß ein betriebs*wirtschaftliches* Maß bleiben; technische Ausdrücke sind keine angemessenen Relaten in ökonomisch-technischen Produktivitätsquotienten.
4. Die Bodenproduktion muß die betriebliche Gesamtleistung in allen Betriebsformen und -größen vergleichbar erfassen.

Brutto- und Bodenproduktion müssen stets so gebildet werden, daß sie

5. die betriebswirtschaftliche Produktionsleistung in Natural- und Geldeinheiten richtig wiederzugeben gestatten, vgl. Kap. 3.211 und 3.212,
6. die Boden- *und* Arbeitsproduktivität vergleichbar und betriebswirtschaftlich richtig auszudrücken erlauben,
7. die Produktivität durch alle Stufen der gesellschaftlichen Produktion einheitlich erfassen.

Zu 2.: Bodenproduktion und Volkswirtschaftsstatistik: Der Volkswirt wird nicht damit einverstanden sein, daß wir die Bruttoproduktion als angemessenen Ausdruck der betrieblichen Produktionsleistung ablehnen; denn für seine volkswirtschaftlichen Bilanzen braucht er gelegentlich (126) die tatsächliche Gesamterzeugung von Hafer, Heu, Stroh u. ä. unabhängig, wo sie und wieviel davon im einzelnen Betrieb wieder eingesetzt wurden, vgl. (361), (413). Da er sich dann mit Doppelzählungen abfinden wird, die seinen Zwecken nichts schaden, soll die Bruttoproduktion ruhig ausgewiesen werden, wo das richtig möglich ist. Man muß sich nur hüten, sie als betriebswirtschaftliches Leistungsmaß anzusehen.

Die absolute Größe des volkswirtschaftlichen Gesamtprodukts hängt von der gesellschaftlichen Arbeitsteilung ab, diese ist von der innerbetrieblichen *wesensverschieden* (220), (326). Daraus leiteten wir die Berechtigung unserer Bodenproduktion her. Die Bruttoproduktion hat allerdings auch für den Volkswirt „nur einen bedingten Aussagewert", der sinnvoll allein „im Zusammenhang mit den anderen Größen" betrachtet werden kann, „mit denen die Proportion gebildet wird" (126).

Wir begegnen uns mit diesem volkswirtschaftlichen Aspekt ohnehin in der Leistungs- und Produktivitätsbeurteilung der einzelnen Betriebszweige. Wenn wir die Arbeitsproduktivität im Getreidebau oder im Betriebszweig Futterbau—Milchviehhaltung ermitteln, so beziehen wir die eingesetzte Arbeit stets auf die insgesamt, brutto, geernteten Getreidemengen oder die insgesamt ermolkene Milch, unabhängig davon, ob und wieviel Getreide verfüttert oder wie die Milch im Betrieb weiter verwendet wurde. Es wäre denkbar, die für diese Erwägungen notwendige Feststellung der einzelnen Bruttoproduktionen in den Betriebszweigen zu addieren und damit den volks- und betriebswirtschaftlichen Belangen gerecht zu werden. Das darf dann allerdings nicht so schematisch gemacht werden wie im Betriebsplan der VEG (240). Ob es überhaupt geht, hängt wieder davon ab, ob sich der landwirtschaftliche Betrieb volks- und betriebswirtschaftlich gleich sinnvoll in Produktionsstufen gliedern läßt. Unser Kriterium dafür: Eine Produktionsstufe endet mit erzeugten Gebrauchswerten, die stets Waren sein können. Das schließt allerdings einen Teil, wenn auch nicht gleich *den* „Wert der Halbfabrikate" aus, „die im Betrieb hergestellt und weiterverarbeitet werden", wie es MOSKWIN darüber hinaus fordert (244), vgl. auch (203). Solange sich die Polit-Ökonomen allerdings nicht einig sind, was theoretisch und praktisch zur Bruttoproduktion zu rechnen ist, vgl. (146), (203), (244), (326), bleiben wir bei unserer betriebswirtschaftlichen Aussage: Die Bruttoproduktion des landwirtschaftlichen Betriebs ist kein Leistungsmaß für den Gesamtbetrieb, mithin auch keine angemessene Bezugsgröße für den Produktivitätsquotienten.

Die volkswirtschaftliche Gesamtrechnung kommt mit diesem „Hilfsmaß", der Bruttoproduktion, des Gesamtprodukts, „für die Messung der Arbeitsproduktivität aus, in einzelnen Betrieben dagegen zeigen sich erhebliche Abweichungen". Deshalb „ist es gut, dieses Hilfsmaß durch andere... Maße zu ergänzen" (126). Diese sind die Bodenproduktion und die (arbeitstechnische) Leistung.

Da das volkswirtschaftliche Gesamtprodukt den Wirtschaftsverbrauch, die Selbstversorgung der bäuerlichen Familie enthalten muß (126), ist die Bodenproduktion im wesentlichen nur um den Teil des Bruttoprodukts geringer als das HESSELsche Gesamtprodukt, den die Betriebe als Selbstverzehr und Nutzviehfutter wieder einsetzen. Diese Mengen lassen sich für eine volkswirtschaftliche Gesamtrechnung ziemlich sicher kalkulieren, so daß sich die Summe aller betrieblichen Bodenproduktionen auch als volkswirtschaftsstatistisch brauchbare Kennzahl anbietet.
Ohne besondere Schwierigkeit läßt sich also die Summe der Bodenproduktionen vom Betriebszweig über den Betrieb bis zum Wirtschaftszweig Landwirtschaft richtig und mit ausreichender Genauigkeit bilden. Damit ist die vierte ROTSTEINsche Forderung erfüllt, die Produktivität müsse in „allen Stadien der gesellschaftlichen Produktion einheitlich" erfaßbar sein (310). Da die Summe der Bodenproduktionen den „neu produzierten stofflichen Reichtum der Gesellschaft" (25) ungleich treffender und ebenso genau, wenn vielleicht auch nicht viel sicherer, zum Ausdruck bringt wie die ziemlich fiktive Summe der Bruttoproduktionen, könnte auch die volkswirtschaftliche Gesamtrechnung allmählich dazu übergehen.

Die volkswirtschaftliche Gesamtrechnung kalkuliert die landwirtschaftliche Bruttoproduktion ohnehin so grob, vgl. (126), (232), (363), daß damit kein vergleichsweise genaueres Ergebnis zu erzielen ist, als es die Summe aus Bodenproduktion plus kalkuliertem Selbstverzehr und Wirtschaftseinsatz darstellt.

Während die Bruttoproduktion sämtliche im Erhebungssystem oder der Theorie möglichen betrieblichen Doppelzählungen enthält, zählt man mit der Bodenproduktion nur die Vorleistungen der anderen Wirtschaftszweige doppelt. Das dürfte der für die Volkswirtschaftsstatistik entscheidende Unterschied sein.

Wenn wir hier vorschlagen, die Produktionsleistung des Betriebes dem Volkswirt zuliebe einmal als Bruttoproduktion und zum andern als Bodenproduktion auszuweisen, weil sie betriebswirtschaftlich sinnvoller ist, so kann das praktisch nur funktionieren, wenn man stets klar auseinanderhält, was in beiden Maßen drinsteckt und wozu man das eine und das andere braucht. Wenn das Landwirtschaftsministerium die Planerfüllung seiner VEGG über die Bruttoproduktion und die Betriebe sie über die Bodenproduktion messen, können die Güter ihren Plan im einzelnen durchaus erfüllt haben, das Ministerium dagegen nicht! Das muß nicht an falschen Plandaten liegen, sondern ergibt sich einfach aus der unterschiedlichen Berechnungsmethode. Trotzdem bleibt die Aussage aber rechenhaft, und darauf kommt es hier an. Genauso wie wir die Organisation und Leistung des Einzelbetriebs nicht nur in zwei Kennzahlen erfassen können, vermag auch die Wirtschaftsplanung nicht aus der Bruttoproduktion allein zu erkennen, was die Wirtschaftszweige nun tatsächlich wirtschaftlich geleistet haben. Wir schlagen deshalb hier keinen faulen Kompromiß vor zwischen betriebs- und volkswirtschaftlicher Betrachtungsweise; unsere *betriebswirtschaftliche* Arbeit soll vielmehr dazu anregen, neben den traditionellen auch Leistungsmaße in die Volkswirtschaftsstatistik einzuführen, die dem Wirtschaftsablauf der organischen Betriebswirtschaft besser angepaßt sind. In jüngster Zeit scheinen die Polit-Ökonomen der DDR diesem aus der betriebswirtschaftlichen Praxis gewachsenen Vorschlag endlich zugestimmt zu haben: „Danach soll die Bruttoproduktion künftig nach der Betriebsmethode (Warenproduktion plus Bestandsveränderungen) berechnet werden" (40), vgl. auch (66). —

Aus alledem ergibt sich: Die Bruttoproduktion und die Bruttobodenproduktion sind keine angemessenen, von Hause aus auf die Dauer gleichbleibenden Maße für die betriebliche Produktionsleistung. Diese wird vielmehr betriebswirtschaftlich besser, konstant und gut vergleichlich durch die Bodenproduktion erfaßt. —

Die um Selbstverzehr, Viehzukauf und Nutzviehfutter reduzierte Bruttoproduktion ergab die Bodenproduktion. Wenn darüber hinaus noch der Einsatz der sächlichen Betriebsmittel von der Bruttoproduktion abgezogen wird, bleibt die Nettoproduktion übrig. Solche „Vorleistungen" sind große Teile des c, vielleicht aus das gesamte C, vgl. (232), oder der „input". Diese Nettoproduktion geht von der Vorstellung aus, daß als das echte Produktionsergebnis eines Betriebs nur anzusehen sei, was er allein geleistet, also was er „selbst den Rohstoffen usw. an Wert hinzugefügt" (100), an „Wert geschöpft" habe, wobei mithin alles auszuschalten sei, was er als Leistungen anderer Betriebe oder Wirtschaftsbereiche in sein Gesamtprodukt oder seine Bodenproduktion mit aufgenommen hat.

Was ist das „alles", das abgezogen werden muß, und wie ist die Nettoproduktion oder die Wertschöpfung des landwirtschaftlichen Betriebs zu berechnen? Am einfachsten kommt die Nettoproduktion zustande, wenn man vom Bodenproduktionswert plus Löhne bzw. Lohnanspruch den gesamten Wirtschaftsaufwand außer Lohn bzw. Lohnanspruch abzieht, also einschließlich jener Festkostenbestandteile wie Grundsteuer, Umsatzsteuer, Abschreibungen, Versicherungen u. a. Lasten, die nicht zum Einkommen rechnen, vgl. (104), (185), (393). Die Einkommensteuer wäre danach ein Bestandteil der Wertschöpfung, vgl. (185).

Man ist sich jedoch nicht ganz einig, wie die Kostensteuern in der Wertschöpfung zu behandeln sind, vgl. (100), (118), (185), (232), (277), (278). Ihre Höhe richtet sich zweifellos nicht nach dem Umfang der Leistungen des Staates für den Betrieb, so daß man sie nicht ohne weiteres als Vorleistungen des Bereichs „Staat" ansehen kann, vgl. (100). Andererseits haben sich die Preise für Vorleistungen anderer Bereiche im Laufe der Zeit ebenfalls häufig und oft so erheblich geändert, daß man die absolute Größe der Aufwendungen oder Kosten wohl ohnehin nicht gut zum Kriterium dafür machen kann, ob der beispielsweise um das doppelte teuerere Schlepper heute genauso mit seinen vollen kalkulativen Kosten zu den Vorleistungen aus dem Bereiche Industrie gehört oder nicht. Das ist am Ende eine Frage der Auffassung. Wir betrachten die nicht mit dem Einkommen verbundenen Steuern jedenfalls als Entgelt für die staatlichen Vorleistungen. Das schon deshalb, weil die Steuern der nichtlandwirtschaftlichen Bereiche ohnehin im Preise für ihre Produkte und damit im Wirtschaftsaufwand des Betriebs enthalten sind. Die Kostensteuern werden überdies unabhängig vom Reinertrag festgesetzt nur nach Maßgabe der Erzeugungsbedingungen; die Kostensteuern sind eine unabdingbare Voraussetzung jeder landwirtschaftlichen Produktion in der modernen Volkswirtschaft, sie gehören also eindeutig zum Aufwand. Anders die Einkommensteuer: Sie ist ein dem Staat zufließender Teil des Gewinns und insofern eben durchaus Bestandteil der Wertschöpfung, vgl. Schema 3.

Andersherum gerechnet ist die Wertschöpfung die Summe der verdienten Löhne bzw. Lohnanspruch (ohne Sozialversicherungsanteile und direkte Steuern), Gewinne, Zinsen und Naturalentnahmen, vgl. (185), die Summe aller Einkommen der in der Landwirtschaft Erwerbstätigen – „Personalmethode" – vgl. (363), oder auch v+m, bzw. Bruttoproduktionswert minus c, vgl. (232). Im allgemeinen ist die „reale" Methode, die Nettoproduktion zu errechnen, der „personellen" vorzuziehen, vgl. (118), (278), (363).

Wir haben hier auf den ziemlich klaren Unterschied zwischen Wertschöpfung und Nettoproduktionswert verzichtet. In unserem Schema 3 ist er angedeutet. Beim Nettoproduktionswert wird in der Regel nur der Stoffverbrauch vom Gesamtprodukt abgesetzt, die nichtstofflichen Vorleistungen anderer Bereiche dagegen nicht, vgl. (100), (107), (118), (126), (278), (363). Stoffliches und Nichtstoffliches lassen sich methodisch oft nicht so einfach trennen, daß es schon besser ist, man bleibt dem Grundsatz – *alle* fremden Vorleistungen abzusetzen – konsequent treu. Die Wertschöpfung wäre damit „ökonomisch sinnvoller" (100).

Soviel über Größe und Errechnung der Nettoproduktion oder Wertschöpfung. Ist sie nun ein angemessenes, oder wenigstens ein besser geeignetes, betriebswirtschaftlich richtigeres Maß für das E im Arbeitsproduktivitätsquotienten der Betriebswirtschaft? Man hat sie oft als solches vorgeschlagen und gebraucht (58), (59), (76), (118), (133), (144), (151), (251), (277), (278), (294), (311).

Für dieses Maß sprächen im wesentlichen zwei Gründe, ein volks- und betriebswirtschaftlicher sowie ein betriebsstatistischer:

1. Die Nettoproduktion erlaube, *alle* Betriebe durchgängig einwandfrei zu vergleichen, weil sie die ausschließlich von den betrieblichen Ur-Produktivfaktoren, Boden und lebendige Arbeit, hervorgebrachte Produktionsleistung unverfälscht wiedergäbe.

2. Erst die Nettoproduktion gestatte, Produktionsleistungen und Betriebe untereinander „annähernd" zu vergleichen, „weil alle übrigen Kostenartengruppen (also was nicht „fremde Lohnarbeit" und „Grundmaterial" ist, A. B.) fast ausschließlich in einem bestimmten Verhältnis zum Leistungsgrundlohn und damit zum Arbeitsaufwand stehen" (133).
Beide Argumente halten betriebswirtschaftswissenschaftlicher Betrachtung nicht stand.

Zum 1.: Bruttoproduktion und Rohertrag seien keine „vergleichbaren Werte für die Produktionsleistung" (277) und an diesen verkehrten Maßen liege es auch, daß der „deutsche Bauer gegenüber dem Großbetrieb oder die ganze deutsche Landwirtschaft gegenüber der anderer Länder oder im Vergleich mit der gewerblichen Wirtschaft ganz zu Unrecht so schlecht abschneidet" (277). Damit der deutsche Bauer hinfort besser wegkäme, braucht man ein anderes Maß! Das lehnen wir ab, vgl. S. 23 und 24. Das Zitat macht aber deutlich, wofür die Nettoproduktion eigentlich gedacht ist: Für volkswirtschaftliche Vergleiche, also zu einem klar erkennbaren volkswirtschaftlich-statistischen Zweck. Dem ökonomischen Bereich der Volkswirtschaft angemessen, wird die Nettoproduktion verwendet, vgl. (107), (118), (126), (185), (363), weil sie allein die originäre Leistung *der* Landwirtschaft in der arbeitsteiligen Volkswirtschaft unverfälscht und ohne Doppelzählungen wiedergibt. Nur über die Wertschöpfung lassen sich die Leistungen des Wirtschaftszweigs Landwirtschaft in verschiedenen Ländern richtig vergleichen, z. B. (185), oder läßt sich annähernd vergleichbar ausdrücken, welche Werte die Landwirtschaft gegenüber anderen Wirtschaftszweigen selbständig, allein aus sich heraus hervorgebracht hat, z. B. (107).

Daß diese Wertschöpfung ein volkswirtschaftliches Leistungsmaß und als solches durchaus anders wie ein betriebswirtschaftliches geartet ist, mag die Tatsache unterstreichen, daß alle hervorragenden Betriebslehrer seit Laur die Wertschöpfung oder Nettoproduktion mutatis mutandis als „volkswirtschaftliches Einkommen" bezeichnen, vgl. (49), (151), (277). Die Summe der volkswirtschaftlichen Einkommen aller landwirtschaftlichen Betriebe ist allerdings nicht völlig gleich der Wertschöpfung des Wirtschaftszweigs Landwirtschaft (363). Vom Standpunkt des Betriebswirts aus betrachtet spielen diese vergleichsweisen geringfügigen Unterschiede keine entscheidende Rolle.

Es ist kein Wunder, daß der Nettoproduktion besonders in der „freien Welt" das Wort geredet wird, z. B. (59), (100), (104), (107), (118), (251), (277), (294), (393), (422), während man in der DDR darüber diskutiert (37), (133), (144), (211), (225), (291), (326), (392) und die Sowjetunion sie ablehnt (310), (317). Nur wo sich die Werte auf dem „freien" Markt spontan bilden und die Wirtschaft sich ihnen entsprechend verhält, hat es überhaupt Sinn, nach der originären Wertschöpfung einzelner Wirtschaftszweige zu fragen; andererseits kann man auch nur dort auf dem Wege über die angegebenen Berechnungen zu einem brauchbaren Ergebnis kommen, vgl. (100). In der Planwirtschaftsordnung ist es zwar durchaus zweckmäßig und möglich, die Wertschöpfung der Volkswirtschaft als Ganzes zu bestimmen, aber es hat nur akademischen Wert, nach der Nettoproduktion der einzelnen Wirtschaftszweige zu fragen und sie auszurechnen. Da faktisch alle Komponenten der Nettoproduktion geplant sind, können sich dort auch nur die planmäßig festgelegten Proportionen ergeben; man braucht also nicht mehr von unten aufbauend zu untersuchen, sondern kann von oben her analytisch aufteilen. Auf diese Weise macht es auch keine besonderen Schwierigkeiten mehr, den sonst kaum direkt feststellbaren „privaten Mehrwert", also den Gewinn der privaten Wirtschaft, einzusetzen, vgl. (126). Solange jedoch das Wertgesetz noch nicht die gesamte Volkswirtschaft planvoll beherrscht, hat es keinen praktischen Sinn, konkrete Daten für die Wertschöpfung einzelner Wirtschaftszweige in der Planwirtschaftsordnung errechnen zu wollen. Sie werden notwendig verzerrt sein. *So kann auch die Wertschöpfung des einzelnen Betriebs in der DDR niemals ein Ausdruck für seine echte Produktionsleistung sein.* Wir berechnen sie auch deshalb nicht.

RICHTER ist wohl nur scheinbar anderer Meinung: „In einer vollkommenen Planwirtschaft wird es möglich sein, die Größe $(v + m)$ unmittelbar bei den Betrieben zu erfassen." Dann „... wird der Begriff $(v + m)$ durchaus geläufig und verständlich werden" (291). Statistisch erheben, auswerten und erklären läßt sich bekanntlich alles. Von dem, was von der Volkswirtschaftsstatistik i.w.S. – z.B. von den Ministerien – zur Wirtschaftslenkung und -planung aber heute erfaßt wird, hat ohnehin nur ein bescheidener Teil praktischen Wert für die Betriebsleitung unmittelbar. Dazu gehören eben auch die Kennzahlen über die Nettoproduktion. Aus RICHTERs Zukunftsausblick wird wieder klar, daß der Nettoproduktionswert in seinem Wesen eben ein volkswirtschaftlicher Kennwert ist. Unsere betriebswirtschaftlichen Einwände sollen ihn nur in seinen eigenständigen Bereich verweisen, nicht etwa in Bausch und Bogen verurteilen.

Volkswirtschaft und Betriebswirtschaft denken wesensverschieden. Folglich kann ein volkswirtschaftsstatistisch konzipiertes Leistungsmaß betriebswirtschaftlich unzweckmäßig sein.[1]) Daß die Nettoproduktion als Maß für das E im *Produktivitäts*relator verkehrt ist, ergeben auch die folgenden Erwägungen.

Wir ziehen vom Relaten Bruttoprodukt in der Bodenproduktivität mit Recht ab, was nicht der vom Betriebe bewirtschaftete Boden hervorgebracht hat. Sinngemäß müßte das beim Arbeitsproduktivitätsrelator auch geschehen. So ist die Relation Wertschöpfung zu Arbeitskraft zu verstehen. Aber es ist eben volkswirtschaftlich gemeint, wenn man nach dem (*neu*)geschöpften Wert fragt. Genauso wenig wie man den Mineraldüngeraufwand – als volkswirtschaftliche Vorleistung – von der Ernte (je ha) abzieht, kann man die Arbeit im Betriebe um mehr als die Stunden vermindern, die sie nicht in seinem Dienste geschafft hat. Betriebswirtschaftlich interessiert nicht, was *die* Arbeit in *der* Landwirtschaft alljährlich an *Tausch*werten *neu* hervorbringt, sondern wieviel *Gebrauchs-* und Tauschwerte *der* Betrieb alljährlich *je AK* oder *je Stunde* oder *je Aufwandseinheit* des Produktivfaktors Arbeit *erzeugt*. Denn der Betrieb ist technisch zunächst einmal auf rationelle Ausnutzung der Produktivfaktoren organisiert. Ob die Produktivfaktoren nun optimal ausgenutzt werden, zeigt die Produktivität. Wertschöpfung und Wirtschaftlichkeit laufen allerdings vielfach gleich, auch deswegen wird der Wertschöpfung oft so großes betriebswirtschaftliches Gewicht beigelegt, z. B. (393). Aber die Wertschöpfungsrechnung setzt

---

1) „... eine einheitliche Berechnungsmethode der Arbeitsproduktivität, angewandt sowohl auf den Betrieb als auch auf die Wirtschaftszweige und die Volkswirtschaft insgesamt, ist nicht möglich!" (A. FRANKE, „Die Messung der betrieblichen Arbeitsproduktivität", S. 8.), DZV Berlin 1956.

Löhne, Gehälter und Sozialkosten gleich dem Wert der Arbeit. Das ist betriebswirtschaftlich richtig, aber volkswirtschaftlich recht zweifelhaft. Die Wertschöpfung bleibt eben ein Zwitterbegriff. –

Um die Wertbewegungen insgesamt verfolgen zu können, erfaßt sie die Volkswirtschaftsstatistik durch die einzelnen Wirtschaftszweige, die in dieser notwendig einseitigen Betrachtungsweise nur als Konsument von Leistungen anderer und als Hervorbringer von Wert erscheinen. *Wie* die Wirtschaftszweige das jeweils machen, muß dabei gleichbleiben und kann es auch. Um dieses „Wie" dreht sich nun aber die gesamte Betriebslehre; sie betrachtet deshalb den Betrieb nicht als eine Organisation, sondern als einen Organismus, dem man eben auch rechnerisch nicht Teile entnehmen kann, um zu sehen, was dann die übriggebliebenen noch geschafft haben. Weder die intensive Kulturwirtschaft noch die moderne extensive Nutzungswirtschaft sind zu denken ohne diesen Produktivfaktor Betriebsmittel, Kapital, Vermögen, Sachgüter, oder wie immer man ihn nennt. Es ist eine volkswirtschaftlich durchaus zweckmäßige, in ihrer starren Statik betriebswirtschaftlich jedoch völlig wirklichkeitsfremde Auffassung, die betriebswirtschaftlichen Auswirkungen der Vorleistungen – auch sie wollen wir messen – dadurch zu eliminieren, daß man ihre „Werte" einfach absetzt, die sie je Einheit einmal hatten, als sie in den Betrieb (noch nicht einmal in die Betriebswirtschaft!) eingingen. Aber man *will* sie vielleicht gar nicht eliminieren? Wenn Müller, der mit gleichem Sachgüter- und Arbeitsaufwand, auch unter sonst gleichen Bedingungen wirtschaftet wie Schulze, eine um 100,– DM/ha höhere Nettoproduktion erzielte, so hat er eben besser gearbeitet, ge„wirtschaftet"; aber das dürfte an sich gar nicht herauskommen, denn es zeigt, daß man wohl einen Ausgangs-Wert, aber niemals seine betriebswirtschaftliche Ergiebigkeit dadurch erfassen kann, daß man ihn von der Produktionsleistung abzieht. Was bei dieser Rechnung eigentlich geschieht, wird noch deutlicher, wenn Müller und Schulze die gleiche Nettoproduktion erzielen, der eine dazu aber je ha für 100,– DM mehr Sachgüter als der andere aufwendet. Wieder hat der Wert des Sachgüteraufwands keinen signifikanten Einfluß auf die Produktionsleistung; aus der Differenz zwischen Rohertrag und Aufwand ergibt sich jedoch der unterschiedliche *Erfolg* dieses Betriebsmitteleinsatzes in beiden Wirtschaften. Das ist aber etwas anderes wie die organisch zustandegekommene Produktionsleistung! Wir wollen wissen, *was* der Betrieb geleistet hat und nicht, mit welchem Erfolg es hervorgebracht wurde. Man *kann* also betriebswirtschaftlich gar nicht sinnvoll ausschalten, welchen Anteil die Vorleistungen an der Produktionsleistung haben.

Was bei dieser Rechnung als Arbeitsproduktivität gemessen wird, kann also von außerbetrieblichen Einflüssen oder gar Zufällen bestimmt sein; ein betriebswirtschaftlich aussagekräftiges Maß kommt so nicht zustande. In diesem Sinne ist wohl auch RICHTERs Einwand (288) gegen die Nettoproduktion zu verstehen; er drückt ihn nur etwas zu technisch aus: Die Restsumme, der Nettoproduktionswert, sei nicht dem „*individuellen* Arbeitsaufwand" proportional, und darauf käme es doch an. Die in der Bruttoproduktionsleistung liegenden Fehlermöglichkeiten verringern sich nicht, wenn man den Anteil der Vorleistungen von der Produktionsleistung abzieht (287)!

Man braucht sich nur zwei Fälle vor Augen zu halten, wo die Arbeitsproduktivität mit dem Nettoproduktionswert gemessen wird, um zu sehen, daß er zu bedenklichen Ergebnissen führen muß:

1. Der Betrieb unseres Bauern Schulze leiste das gleiche und wende ceteris paribus auch das gleiche auf wie sein Vetter Müller ein paar Dörfer weiter. Beide beschäftigen drei familienfremde ständige AK neben ihren Familienangehörigen; Schulze zahlt ihnen aus bestimmten Gründen im Monat 100,– DM mehr als Müller; über die personelle Methode berechnet ist seine Nettoproduktion daher um 1200,– DM im Jahr größer als Müllers. Ist Schulzes Betrieb nun wirklich um diesen Betrag produktiver? Produktionswirtschaftlich nicht; diese „Produktivität" ist eben betriebswirtschaftlich keine. Die mit der Nettoproduktion gemessene Arbeitsproduktivitätskennzahl hängt also direkt von den Löhnen (oder dem kalkulierten [!] Lohnanspruch) ab. Im „normalen" Falle muß die so gebildete Kennzahl im übrigen mit der Rentabilitätszahl gleichlaufen; wir brauchen sie daher nicht. Die mit der Bodenproduktion gemessene Arbeitsproduktivitätskennzahl dagegen hat keine Parallelen im Zahlenspiegel der Betriebsstatistik, sie trägt einen eigenständigen Charakter. Auf die Rolle des Lohns im E des Produktivitätsrelators kommen wir gleich zurück.

2. In zwei ähnlichen Betrieben mit sonst gleichen Leistungen und Aufwendungen habe der eine eine überhöhte, teure und unwirtschaftliche technische Ausrüstung; seine Nettoproduktion wird geringer sein als die des Vergleichsbetriebs. Das muß herauskommen und entspricht auch der Wirklichkeit, kann man sagen – aber was hat der unwirtschaftliche Maschinenpark mit den – nun einmal anders ausgedrückten – 40 GE Bodenproduktion je ha ldw. Nfl. zu tun? Der Nettoproduktionswert kann eben nur eine Kennzahl der Wirtschaftlichkeit oder der Rentabilität sein. Mit der realen Methode berechnet, kommt sie ohnehin nach dem üblichen Prinzip der Wirtschaftlichkeitskalkulation zustande. Anders die Produktivität: Wenn der Beitrag der Vorleistungen sowieso – additiv (Bodenproduktion) oder subtraktiv (Nettoproduktion) – im Relaten E enthalten ist, weshalb soll man sie dann aber so unvollkommen herausrechnen? Wir meinen, es sei richtiger, sie nicht im Zähler (E), also an der Produktionsleistung abzuziehen, sondern sie dort zuzusetzen, wo sie der Betrieb auch einsetzt, d. h. in den Nenner (A) unseres Produktivitätsquotienten. Der Wert des Bruchs ist in beiden Fällen nicht derselbe!

Bei einem Rohertrag von 1500 DM/ha habe ein Betrieb 750 DM/ha für seine lebendige Arbeit und 600 DM/ha für seine eingesetzten Sachgüter aufgewendet. 1 DM lebendige Arbeit hätte dann $\frac{1500}{750} = 2$ DM Ertrag gebracht (Bruttoproduktivität) oder $\frac{1500-600}{750} = 1{,}20$ DM Wert geschöpft (Nettoproduktivität). 1 DM lebendige Arbeit plus Sachgütereinsatz hätten aber $\frac{1500}{1350} = 1{,}12$ DM hervorgebracht!

Gegen die Nettoproduktion als Maß des E im Arbeitsproduktivitätsrelator wird oft, z. B. in (144), eingewandt, man dürfe die vergegenständlichte Arbeit nicht vom Bruttoprodukt abziehen, weil Steigerung der Arbeitsproduktivität bedeute, lebendige und tote Arbeit einzusparen. Dieses Argument unterstreicht unsere obige These, den Wert, oder die Menge, der Arbeitshilfsmittel in den Nenner des Produktivitätsquotienten zu setzen.

Im Sinne der Arbeitsproduktivität gilt das allerdings *nur für die Arbeitshilfsmittel.* Die übrigen Sachgüteraufwendungen gehören weder in den Nenner, noch überhaupt in diese Betrachtung. Wieviel er davon einsetzt, bemißt der Wirtschafter stets nach dem Gesichtspunkt der Wirtschaftlichkeit. Und das ist der zweite Grund, weswegen wir die Nettoproduktion als *betriebswirtschaftliches* Leistungsmaß im Produktivitätsrelator ablehnen: Die Produktivität ist von Hause aus kein Ausdruck der Wirtschaftlichkeit, sondern ein ökonomisch-technisches Maß der sachlichen Ergiebigkeit.

Man kann es betriebswirtschaftlich sinnvoll bilden, ohne es mit der Wirtschaftlichkeit durcheinander zu bringen. Es wird auch nicht dadurch verfälscht, daß wir den Wert der Arbeitshilfsmittel in den Nenner setzen. Zusammen mit der lebendigen Arbeit bilden sie eine organisch gewachsene Einheit, den Produktivfaktor Arbeit, während eine um den eingesetzten Wert der nicht selbst herstellbaren Sachgüter verminderte Produktionsleistung eben keine Produktionsleistung mehr, sondern der Teilerfolg jener Betriebsmittel ist, den man weder der Arbeit noch den Sachgütern oder gar dem Boden dadurch sinnvoll zu„rechnen" kann, daß man die „Werte" bestimmter Produktivfaktoren von der Bruttoproduktion abzieht, denn Sachgüter werden nur zugekauft, wenn man von ihrem Einsatz mehr erwartet, als nur einen „Austausch äquivalenter Mengen bzw. Werte" (104).

Der Ton liegt auf der *sachlichen* Ergiebigkeit. Da man die Nettoproduktion nun beim besten Willen nicht in naturalen Maßstäben ausdrücken kann, vgl. (151), widerspricht sie schon technisch dem wesentlichen Maß der Produktivität, das sich vom 4. Merkmal der Produktivität, S. 12, herleitet.

Als ziemlich fauler Kompromiß wird nun vorgeschlagen, den erzielten Preis je GE der Bruttoproduktion (?) zu ermitteln und dann so viel GE abzusetzen, wie die Vorleistungen gekostet haben, vgl. (278). Wie man das zu berechnen hat, deutet die „reale Methode", die Bodenproduktion zu reduzieren, in Schema 3 an. Wem sagt das was? Der Volkswirtschaft bestimmt nicht, sie wertet über den Preis, der Betriebswirtschaft nicht viel, denn dieses Surrogat ist zu undurchsichtig. Es aufzuklären, wird man stets auf die bewährten Kennzahlen der Wirtschaftlichkeit und auf Erfolgskalkulationen zurückgreifen. Die optimale Kombination der Arbeit mit dem Boden und den Betriebsmitteln zeigen Kennzahlen mit unseren klareren Begriffen der wirtschaftlichen und technischen Arbeitsproduktivität ebenso deutlich. Was die Nettoproduktion zum Ausdruck bringen soll — nach KROHN: Unterschiede 1. im Stande der Motorisierung, 2. im Stande der Landbautechnik, 3. im Stande der Veredlungswirtschaft (185) — geben die technische und wirtschaftliche Produktivität nicht nur ebenso klar, wenn auch in anderen Größen, sondern vor allem auch betriebswirtschaftlich viel richtiger wieder.

Bei KROHN klingt auch wieder jene schon oben abgewiesene Vorstellung an, daß man die absolut produktivste Landwirtschaft oder das absolut produktivste Verfahren herausbekäme, wenn die statistischen Unterlagen dafür nur vollkommener wären (185). Diese Betrachtungsweise ist mit dem Wesen der Nettoproduktivität gekoppelt und mag volkswirtschaftlich berechtigt sein. Betriebswirtschaftlich verstößt sie gegen das 8. Merkmal der Produktivität, (die Relativität, S. 14), was hier jetzt besonders deutlich wird, denn dem Betriebswirt kann es gar nicht gehen um das absolut produktivste, sondern stets nur um das relativ, das im Blick auf die Bodenproduktion und den Gewinn, produktivste Verfahren.

Nicht nur die Tatsache, daß die Nettoproduktion als Maß des E gegen die beiden genannten volkswirtschaftlich bestimmten Merkmale des Produktivitätsbegriffs verstößt, macht sie betriebswirtschaftlich unmöglich, viel mehr fällt ins Gewicht, daß sie sich betriebsstatistisch weit schwerer, d. h. kaum richtig vergleichbar durch alle Betriebsformen, ermitteln läßt als die Boden- und selbst als die Bruttoproduktion – wenn man sie nicht gleich als Erfolgs- oder Wirtschaftlichkeitskennzahl faßt. Aber auch das ist schwierig genug und nicht ohne die Sicherheit des Ergebnisses beeinträchtigende Kalkulationen möglich. Das ist der dritte Grund, weshalb wir die Nettoproduktion als Relat im Produktivitätsquotienten ablehnen.

Die Nettoproduktion ist und bleibt von Hause aus ein Rentabilitätsmaß, denn sie „ist dem Betriebseinkommen äquivalent" (105). *Somit stellt sie auch keinen neuen Ausdruck dar, der die damit gebildeten (Arbeits)Produktivitätskennzahlen anders zu interpretieren erlaubte als Rein- und Arbeitsertrag.* Der $\frac{\text{Nettoproduktionswert}}{\text{AK}}$ entspricht ziemlich genau dem $\frac{\text{Reinertrag} + \text{Arbeitseinkommmen}}{\text{AK}}$ und ist damit eben ein Ausdruck der Rentabilität und nicht der Produktivität.

Das geht eindeutig hervor auch aus PRIEBEs vergleichenden Untersuchungen der Arbeitsproduktivitäts- und anderer Kennzahlen in sieben verschiedenen Betriebssystemen (279), (281): Nettoproduktionswert und Reinertrag je AK laufen völlig gleich, der Rohertrag je AK dagegen zeigt einen davon weitgehend unabhängigen Verlauf.

Betriebswirtschaftlich wird man das nie anders sehen können. Dazu noch ein Beispiel aus der sozialistischen Wirtschaftspraxis: Dort ist es üblich, die Arbeitsproduktivität und den Lohnfonds miteinander zu vergleichen. Wenn der Lohn, wie im Arbeitseinkommen oder auch in der „Nettoarbeitsproduktivität" PRIEBEs, im Zähler des Arbeitsproduktivitätsrelators steht, verliert dieser Vergleich seinen Sinn, weil gewissermaßen ausgeklammert wird, was untersucht werden soll. Die Arbeitsproduktivität ist eben ein eigenständiger ökonomisch-technischer Maßbegriff.

Auch in der *sozialistischen* Volkswirtschaft sieht das etwas anders aus: Dort ist der Arbeitslohn ein Bestandteil des Nationaleinkommens und gehörte mit Recht in den Zähler der aber hier wohl nicht üblichen, adäquaten Wertschöpfungsrechnung. Womit nur wieder bewiesen ist, daß betriebswirtschaftliche Maßbegriffe volkswirtschaftlich oft keinen Sinn haben und umgekehrt.

Wir lehnen die Nettoproduktion noch aus einem vierten Grunde als Produktivitätsrelat ab: Im Zuge der modernen, feineren betriebsstatistisch-rechnerischen Durchdringung der Betriebswirtschaft geht es nicht mehr an, vieles geheimnisvoll in einer Kennzahl auszudrücken, die dann nichts konkretes aussagt, vielmehr erst wieder analytisch aufgelöst werden muß. Die „Nettoproduktivität ist weder ein Maßstab" für die „technische Ergiebigkeit noch für die Rentabilität" (372). Es ist ja gerade der Sinn tieferer betriebsstatistischer Durchdringung, aufzuklären, weshalb Wirtschaftlichkeit und Rentabilität eines Betriebs oder der Erfolg seiner Produktionswirtschaft nicht befriedigen oder die normalen Kennzahlen übertreffen. Und dazu eben ist ein weiteres spezielles Leistungsmaß unabdingbar erforderlich; sein eigenständiger Charakter muß aber voll gewahrt bleiben; also keine Zwitterbegriffe aus Wirtschaftlichkeit, Rentabilität und Produktivität, sondern reine Produktivität mit der originären Produktionsleistung des Betriebs im Zähler ihres Quotienten! *Die* Kennzahlen sind die besten, die auf Grund einfacher Zuordnung anschaulich gebildet, klar definiert und leicht zu interpretieren sind. Das werden wiederum die Kennzahlen sein, die relativ fein reagieren, also leicht ansprechen. Von zwei ähnlich gebildeten Kennzahlen ist dann die die beste, die unter wechselnden Voraussetzungen die jeweils größeren Ausschläge anzeigt, und das alles tun die Bodenproduktion und der reduzierte Rohertrag im E entschieden besser als die Nettoproduktionswerte dort, vgl. die Kennzahlen in (345). –

Wir dürfen also zusammenfassend gegen Punkt 1, das erste Argument *für* die Nettoproduktion, sagen, daß sie weder ein eigenständiges Maß für das E im Produktivitätsrelator darstellt noch betriebsstatistisch zweckmäßig ist. Außerdem gibt sie weder die originäre Produktionsleistung der betrieblichen Produktivfaktoren betriebswirtschaftlich richtig wieder, noch läßt sie sich ohne weiteres vergleichbar durch alle Betriebsformen einwandfrei ermitteln. Aus allen diesen Gründen lehnen wir die Nettoproduktion als Relat im Arbeitsproduktivitätsquotienten ab.

Zum 2. Argument, S. 100: Es ist etwas ungenau formuliert. Immerhin klingt an, was wir oben forderten: Zum Arbeitsaufwand zu rechnen, also in den Nenner des Produktivitätsrelators zu setzen, was betriebswirtschaftlich dorthin gehört. Damit ist die positive Seite dieses Gedankens schon erschöpft. HEYDE (133) selbst sieht im wesentlichen nur rechnerische Schwierigkeiten, die sich wohl überwinden ließen. Unser Einwand richtet sich zunächst wieder gegen die aus Kostenarten aufgebaute Zusammensetzung der Produktionsleistung; das verwirrt. Außerdem stimmt durchaus nicht in allen Fällen, daß die angegebenen Kostenartengruppen „fast ausschließlich in einem bestimmten Verhältnis zum Arbeitsaufwand stehen". Wir brauchen nicht erst nachzuweisen, daß v und m in der Wirtschaftspraxis keineswegs gleich laufen. Aber HEYDE denkt (eben fälschlich!) sicher nicht so sehr an das in der Nettoproduktion nun einmal enthaltene problematische m als vielmehr an ausgesprochene Kostenarten. Nun sind aber Einsatzmaterial und Arbeitsaufwand höchstens umgekehrt proportional! Und andere Kostenarten, wie z. B. der Teil des Direktorfonds, der sich nicht nach dem Bruttolohn bemißt, oder die Versicherungsprämien, die Abgaben, Gemeinkostenmaterial, Mieten, Pachten und manche Sondereinzelkosten hängen im landwirtschaftlichen Betriebe noch weniger vom Arbeitsaufwand ab als die Erträge, vgl. auch (142). Unterschiedlich hohe Kosten dieser Arten können ceteris paribus zu durchaus gleichen Nettoproduktionsleistungen führen, aber die in den verglichenen Betrieben eingesetzte Arbeit wäre keineswegs gleich produktiv, weder im betriebs- und schon gar nicht im volkswirtschaftlichen Sinne.

So stimmt für den landwirtschaftlichen Betrieb also weder die von HEYDE unterstellte Relation zwischen Arbeitsaufwand und übrigen Kostenarten, noch verlaufen beide überhaupt in einem stets gleichbleibenden Verhältnis zueinander, wenn man viele Betriebe vergleicht. Deshalb ist die Nettoproduktion, die das einbegreifen soll, eben kein betriebswirtschaftlich einwandfreies Maß für das E im Produktivitätsrelator.

Für die industrielle Betriebswirtschaft mag die Nettoproduktion ein brauchbares Maß für die Erzeugungsleistung und die Wertschöpfung sein; aber auch dort dürfte sie mehr in den Bereich der Wirtschaftlichkeit als der Produktivität gehören. So lehnt DAMM die Bruttoproduktion als Produktivitätsrelat ebenfalls ab; aber was er über die Nettoproduktion je Arbeiter in zwei Industriebetrieben für die Arbeitskräfteplanung recht eindrucksvoll errechnet und begründet (76), läßt sich auf landwirtschaftliche Betriebe nicht sinnvoll übertragen. –

Alles in allem ergibt sich also: Die Nettoproduktion ist kein angemessener Ausdruck für die Erzeugungsleistung im Arbeitsproduktivitätsrelator der Betriebswirtschaft. Sie ist nicht das dafür notwendige eigenständige Maß, sondern ein volkswirtschaftsstatistisch determinierter Ausdruck für die Wirtschaftlichkeit. Sie erscheint als Produktionsleistungsausdruck, weil statische Zusammenhänge in sie statistisch hineingerechnet werden, die dann aber kein klares Maß mehr für die Produktivität ergeben, sondern bereits eine Kennzahl, die den wirtschaftlichen Effekt des eingesetzten Inventars darstellt. Die mit der Nettoproduktion gebildete Produktivität je Erwerbstätigem entspricht der Rentabilität, nur mit dem Unterschied, daß die „Wertschöpfung" nicht auf das Betriebsvermögen, sondern auf die (naturale) Arbeitskraft bezogen wird. Das ist keine Produktivität. –

Wir hatten die Bruttoproduktion bisher in drei Schritten reduziert, zur Bruttobodenproduktion, zur Bodenproduktion und zur Nettoproduktion (Wertschöpfung). Die letzte mögliche Reduktionsstufe der Bruttoproduktion ist der Lohn, oder schließlich auch das Arbeitseinkommen, vgl. Schema 3. Diesen letzten Schritt geht LUDOLPH, er reduziert die Bruttoproduktion bis auf das v (211). Das tut er bezeichnenderweise aus einem Vorbehalt – er hat betriebswirtschaftlich keine Bedeutung – gegen die Nettoproduktion als Relat im Produktivitätsquotienten, er sagt nämlich, der Nettoproduktionswert sei gar nicht bestimmbar, weil man niemals das m kenne. Denn das Mehrprodukt brauche nicht dort realisiert zu werden, wo es erzeugt worden ist (211). So denkt der Volkswirt. Betriebswirtschaftlich geht es diesem „Wert" ebenso wie allen anderen: Wir kennen sie allesamt nicht. Wir rechnen deshalb auch nicht mit Werten, sondern mit Preisen. Was meist als Nettoproduktions„wert" gemeint wird, ist die „Restpreissummme vom Bruttoproduktionswert in unveränderten Preisen" (287). Ob sie nun mehr oder weniger große Anteile von m oder gar nichts davon enthält, ist betriebswirtschaftlich irrelevant. Man setzt eben die auf die volkswirtschaftlichen Daten gegründete, als Nettoproduktion berechnete konkrete Preissumme ein. Der von LUDOLPH gegen DAMM erhobene Vorwurf trifft die Betriebswirtschaft nicht. Weil man das m nicht kennt, schlägt LUDOLPH darüber hinaus vor, den Nettoproduktionswert gleich um dieses unbekannte m zu bereinigen, also der Messung der Arbeitsproduktivität den genau erfaßbaren Lohn „unter Abstraktion von der Lohnveränderung zugrunde zu legen" und die „angegebenen Lohnmengen auf eine feste Produktionsstruktur" zu beziehen (211).

Was LUDOLPH meint, ist später von M. SCHMIDT unterstützt worden: „Entweder man fragt nach der verausgabten toten und lebendigen Arbeit und erhält als Resultat das Bruttoprodukt, oder man fragt nach der verausgabten lebendigen Arbeit und erhält als Resultat das Nettoprodukt" (326). Damit ist das Nettoprodukt zwar anerkannt und sehr einfach bestimmt, aber es bleibt eine betriebswirtschaftliche Fiktion. Schon deshalb, weil es nur als Nettoproduktions*wert* berechnet werden kann. Wie es mit diesen Werten bestellt ist, zeigt M. SCHMIDT sehr eindringlich (326); betriebswirtschaftlich läßt sich damit nicht kalkulieren, ohne die Wirklichkeit zu verlassen. Leider hat M. SCHMIDT auch versäumt, ihre elegante Formulierung an wirklich überzeugenden Beispielen aus der Wirtschaftspraxis zu überprüfen. Sie würde dann auf die gleichen Schwierigkeiten stoßen wie alle Praktiker, die sie kritisiert und die sie nun ihrerseits widerlegen, z. B. (284), vgl. auch (202). Denn ihre These hat praktische Bedeutung nur in einer Wirtschaftsordnung, die sie als Kommunismus bezeichnet.

Die Vorstellung, ein landwirtschaftlicher Betrieb erzeuge Lohn, ist zumindest produktionswirtschaftlich absurd. Da sich der Wert der eingesetzten lebendigen Arbeit betrieblich auch nicht anders wie als Lohn bestimmen läßt, so muß ein so errechneter Produktivitätsrelator stets gleich eins sein. Die „abstrahierte" Lohnveränderung mag das zwar variieren, ändert aber nichts daran, daß dieser Quotient die Arbeitsproduktivität an ihrem eigenen Schopf aus dem Sumpfe ziehen will. Es mißt auch keine Arbeitsproduktivität, wer den Arbeitseinsatz auf die „Kosten (in DM)" bezieht, wie MARR das tut (218). Der Anteil der Arbeitskosten an den Produktionskosten ist zwar eine betriebswirtschaftlich hochbedeutsame Kennzahl, aber keine Arbeitsproduktivität; Kosten sind schließlich nur ein negatives Produkt, oder die inverse Form des Ertrages, wenn man so will. Außerdem verfallen MARR (218) und auch LUDOLPH (211) wohl in einen noch schwerer wiegenden systematischen Fehler: „Dieselbe Arbeit erzeugt in derselben Zeit stets dieselbe Wertgröße" (220); durch die betrieblichen Kosten und die abstrahierte Lohnveränderung macht sich das zwar nicht unmittelbar bemerkbar, aber man kann eben prinzipiell nur die Arbeit, aber niemals ihre Produktivität am Werte der Arbeit messen, den in dieser Rechnung das Arbeitsentgelt, der Lohn (!), ja praktisch darstellt. (Wir kommen beim Geldmaßstab noch einmal darauf zurück). Hier fällt der wesentliche Unterschied zwischen Produktivität und Wirtschaftlichkeit (Rentabilität) wohl am besten in die Augen: In dem Wirtschaftlichkeits(Rentabilitäts)maß Nettoproduktion ist der Lohn, das Arbeitsentgelt, ***Ertragsbestandteil,*** deshalb steht er stets im *Zähler* des entsprechenden Quotienten, was auch durchaus dem Denken in Rentabilität und Einkommen (personelle Methode der Nettoproduktionswertberechnung!) gemäß ist. Anders bei der Produktivität: Hier entspricht der Lohn als *Aufwandsbestandteil* dem Arbeitseinsatz, den aufgewendeten Stunden, und ist damit auch ein Maß für den Produktivfaktor Arbeit (die lebendige Arbeit); deshalb gehört er stets in den *Nenner* des Produktivitätsquotienten. Daß das gar nicht anders sein kann, lehrt ein Blick auf die technische Arbeitsproduktivität. Nach der Nettoproduktionswertrechnung müßten wir schreiben:

$$A_{pr} = \frac{\text{Stunden} + \text{originäre Produktionsleistung}}{\text{Arbeitseinsatz (AK)}}$$

Die Arbeitskraft produziert Stunden! Wozu anders hat sie der Betrieb? Erzeugt die Kuh Heu, das Mastschwein Kartoffeln? Die Relation steht Kopf – aber eben nur im Sinne der *Produktivität;* denn welches Arbeits*einkommen* der Landarbeiter Fleißig hat, hängt durchaus von seinen geleisteten Stunden ab. *Damit wird schließlich sehr deutlich, daß alle über die Bodenproduktion hinausgehenden Reduktionen der Bruttoproduktion für die Produktivitätsmessung betriebswirtschaftliche Abwege sind.* Sie führen immer tiefer in den Bereich der Wirtschaftlichkeit hinein.

Das gilt auch für die Synonyma „Arbeitsertrag" (118), (251), „Arbeitsverdienst" nach Laur (118) und „Arbeitseinkommen" (49). Diese Begriffe sind nur im Bereiche der Wirtschaftlichkeit sinnvoll, mit Produktivität haben sie nichts zu tun; Laur, Blohm, Münzinger u. a. verwenden sie auch ausschließlich so. Und HARRACH (118), der im Arbeitsertrag ein betriebswirtschaftliches Leistungsmaß für den Produktivitätsrelator sehen möchte, gerät unversehens ebenfalls auf das Gebiet der Wirtschaftlichkeit hinüber: „Mit dem Arbeitsertrag dürfte in der Tat der Teil des Ertrags bestimmt sein, auf den sich der Arbeitsaufwand am sinnvollsten beziehen läßt" (118). Die Grundformel der *Wirtschaftlichkeit* heißt aber nun einmal „Wirtschaftlichkeit $= \frac{\text{Ertrag}}{\text{Aufwand}}$" (423).

Bei HARRACH schleicht sich überdies eine ausgesprochen technisch orientierte Betrachtungsweise ein: Der Arbeitsertrag spiegele „ganz eindeutig den auf den Arbeitsaufwand des Betriebes zurückzuführenden Anteil des Gesamtertrages am zutreffendsten wider" (118). Wenn der Arbeitsertrag alle übrigen Ertragsfaktoren ausklammert, muß das rechnerisch wohl so sein, aber damit wird wirtschaftlich nur vorgetäuscht, was HARRACH gerne sehen möchte. Abgesehen von der Fiktion um den Zinsanspruch des Gutskapitals bei der Errechnung des Arbeitsertrags braucht man nur die Arbeitserträge verschiedener Betriebe zu vergleichen oder die gleichen Arbeitserträge verschiedener Bauern zu untersuchen, um wieder festzustellen, daß diese einfache, technische Zurechnung durchaus kein wahres Bild von der Produktivität der *Arbeit* ergibt. Was herauskommt, ist der wirtschaftliche Erfolg der eingesetzten Arbeit im Betriebe; denn gleiche Arbeitsintensität führt ceteris paribus noch oft genug zu ganz unterschiedlichen Arbeitserträgen, eben weil man „die Wirkungen der verschiedenen Aufwandseinheiten nicht messen kann" und nur ihre „physischen Mengen" aussondert. Außer der technischen Leistung gibt es aber kein objektiv richtiges Maß, die tatsächliche, unmittelbare Effizienz der Arbeit zu messen, auch mit den kompliziertesten Rechnungen nicht. In diesem Sinne bleiben alle Reduktionen der Bodenproduktion durchaus „Fiktionen", wie wir wohl frei nach SOMBART (343) sagen dürfen.

Man muß sich stets über die Begrenztheit einer Aussage über die *Leistung* eines Betriebes klar sein, wenn man sie mit Hilfe der eingesetzten Aufwendungen bestimmt. Die Erzeugungsleistung *ist* das Ergebnis des Zusammenwirkens der Produktivfaktoren; das läßt sich aus der Leistung so nicht mehr betriebswirtschaftlich richtig auseinander*rechnen.*

Wir sind deshalb diesen Weg, die Bruttoproduktion Schritt um Schritt zu reduzieren, auch nur um der systematisch klareren Darstellung willen gegangen. Man sollte die Produktionsleistung eines „Organismus" als tatsächliches Ergebnis

betrachten und nicht als eine aus mehr oder weniger genau bestimmbaren Bausteinen zusammengesetzte und beliebig reduzierbare Konstruktion.
Diese Forderung bringt uns zu einer anders orientierten Betrachtungsweise, die wir am Schluß unserer Erwägungen um das betriebswirtschaftlich richtige Maß des E im Produktivitätsrelator noch kurz behandeln müssen. Der eben genannten Forderung wird nämlich eine Fragestellung besser gerecht, die die Leistung(sbegriffe) mehr von ihrer späteren Verwendung aus darstellt: Soll die Boden- oder die echte Marktleistung (Warenproduktion) als Produktionsleistung im Produktivitätsrelator erscheinen? Unter echter Marktleistung oder Warenproduktion verstehen wir hier, was der Betrieb an den Markt (ab)liefert, verkauft, absetzt.
Für diese Marktleistung spricht der gelegentlich vertretene Gedanke, produktiv sei eine Erzeugung nur, wenn sie tatsächlich absetzbar sei (63), (167), d. h. volkswirtschaftlich gerechtfertigten Bedarf befriedige, und das erkenne man eben nur an der realisierten Marktleistung.

Dieses Maß hat auch BLOHM offensichtlich im Auge, wenn er die Arbeitsproduktivität als „Roheinnahmen je AK" ausdrücken will (49). Streng genommen entspräche der Quotient Marktleistung zu Arbeitseinsatz vollkommen unserer wirtschaftlichen Produktivität. Aber es hängt eben auch von der überbetrieblichen Organisation der Wirtschaft ab, ob eine mögliche Produktivität Wirklichkeit wird, vgl. (33). Wenn der Bauer einmal die Eier selber ißt, die er nicht mehr los geworden ist, so würde damit am Ende der Bedarf nur getauscht; wirtschaftlich produktiv bleibt seine Erzeugung immer noch.

Der Wirtschaftsverbrauch, der Selbstversorgungsbedarf oder die Belegschaftsversorgung wären dann genau so zu betrachten wie der Wirtschaftseinsatz bei der Bodenproduktion. Diese Vorstellung mag immerhin berechtigt sein, weil es naheliegt zu sagen, die Berufszugehörigen der Landwirtschaft müßten ohnehin versorgt werden, und man vereinfache sich die Ernährungsbilanz, wenn man ihren Bedarf gleich am Orte der Produktion und des Konsums bei der Errechnung der Produktionsleistung saldiert. Wir lehnen das ab, denn die Arbeitsproduktivität wird als technisch-wirtschaftliche Kennzahl bereits von so vielen Einflüssen bestimmt, daß jede weitere, vom Betriebsziel her nicht unbedingt geforderte Einschränkung besser unterbleibt. Sonst wäre es noch schwieriger, die Größen verschiedener Kennzahlen zu analysieren. Außerdem ist die bäuerliche Selbstversorgung auch heute noch ein wesentlicher Bestimmungsgrund für die Organisation der Familienwirtschaften[1]), ihre Befriedigung gehört also dort zum Betriebsziel, mithin in die Produktionsleistung dieser Betriebe.

Von der Betriebswirtschaft aus gesehen, dürfte damit genügend begründet sein, daß die Warenproduktion oder Marktleistung keinen geeigneten Relaten für unser E darstellt. Wir wollen aber nicht verschweigen, daß es uns für den volkswirtschaftlichen Zusammenhang bedenklich erscheint, wenn man im E stets *nur* die Bodenproduktion sieht. Denn höchste Marktleistung geht mit bester Bodenproduktion keineswegs immer Hand in Hand. Wenn die Erwerbstätigen in Schulzes Betrieb 70% der Bodenproduktion verzehren und 20% abliefern, während Müllers Hof unter sonst gleichen Bedingungen von

[1]) Auch in der LPG. Dort bestimmt die Nutzungsrichtung der Individualwirtschaft die Betriebsorganisation der LPG mit, im Typ I deutlicher als im Typ III. Die Selbstversorgung greift hier über die Hauswirtschaft hinaus, ihre Bestandteile werden zum Produktionsmittel in der Individualwirtschaft des Genossenschaftsbauern.

der genauso großen Bodenproduktion 50% abliefert und nur 30% für seine Erwerbstätigen verbraucht, so hat dieser für die Volkswirtschaft zweifellos „mehr" geleistet. Dieser Fall wird zwar selten vorkommen; denn in der Regel dürfte Schulze eben mehr landwirtschaftliche Berufszugehörige (Altenteiler usw.) haben als Müller, die sonst von „der" Volkswirtschaft leben müßten. Aber immerhin — im volkswirtschaftlichen Sinne ist wohl tatsächlich nur die Arbeit wirtschaftlich produktiv, die mit dem gegebenen Arbeitseinsatz möglichst viel Gebrauchswerte *an den Markt* liefert. Der Relator Warenproduktion zu Arbeitseinsatz wäre demnach kein grundsätzlich verkehrter, wohl aber ein betriebswirtschaftlich irrelevanter Ausdruck der effektiven Produktivität.

Damit lassen wir allerdings einen bedeutenden Vorteil der Marktleistung fahren: Ihre, auch in den bäuerlichen Familienwirtschaften, genaue Erfaßbarkeit aus dem üblichen Geschäftsverkehr in einer modernen Volkswirtschaft.

Ganz so einfach berechnet sich das aber auch nicht immer: Ist die Warenproduktion vergleichbar, wenn sich ein Betrieb vom Zuckerrübenbau auf Rübensamen- und Kohlbau umstellt und sein Rindvieh dann vorwiegend aus Feldfutter und natürlichem Grünland ernährt? Diese Probleme um die „vergleichbare Warenproduktion" werden im industriellen Rechnungswesen vielfach erörtert, vgl. (115), (153), (231), (415). Es kommt dabei sehr auf den Maßstab an. Vergleichbar ist an sich nur materiell gleiches. Solche tiefgreifenden Umstellungen der Betriebswirtschaft sind Ausnahmeerscheinungen; unbedeutendere, die häufiger vorkommen, soll der vereinheitlichende Maßstab erfassen. Wir können das unbesorgt unterstellen, denn der trockene Sommer im Berichtsjahr verschiebt das Verhältnis zwischen Hackfrucht- und Getreideernte gegenüber dem Basisjahr mindestens ebenso stark wie eine Ausweitung des Getreidebaus auf Kosten der Hackfrüchte.

Mit der Bodenproduktion erweitern wir also gewissermaßen den Begriff der Warenproduktion um den Wirtschaftsverbrauch der landwirtschaftlichen Berufszugehörigen in den Betrieben; dem stimmt die volkswirtschaftliche Statistik gelegentlich ausdrücklich zu: Der Eigenverbrauch ist „unter die Warenproduktion zu rechnen, sofern es sich um einen dem Endzweck der Ware entsprechenden Verbrauch handelt" (415), vgl. S. 91.

Aufs ganze gesehen ergibt sich: Als betriebswirtschaftlich sinnvoller Ausdruck der Produktionsleistung eines landwirtschaftlichen Betriebs ist allein die Bodenproduktion anzusehen. Die Produktionsleistung der Betriebszweige erfaßt die Bruttoproduktion am besten; wenn es sich nicht auch dort gelegentlich empfiehlt, eine um den innerbetrieblichen Einsatz und die Zukäufe bereinigte, der Bodenproduktion entsprechende Produktionsleistung zugrunde zu legen.

3.211 Die Bodenproduktion

Die Bodenproduktion ist also das Maß für das E im Produktivitätsquotienten $\frac{E}{A}$.
Es fragt sich nun weiter, wie das E hier gemeint ist, als Grenz- oder als Durchschnittsertrag. Wir gehen diesem Problem nicht weiter nach und übernehmen den Durchschnittsertrag.

Im Anschluß an v. STACKELBERG (348) und im Einklang mit Sombart und Manoilesco hat HARRACH (118) ausreichend begründet, daß der Durchschnittsertrag allein richtig sei, wenn man die Arbeitsproduktivität tatsächlich messen wolle; denn „die Produktivität eines Produktionsfaktors" müsse sich auf jede seiner Einheiten „in gleicher Weise beziehen" (251). Auch JASTREMSKIJ hat offensichtlich den Durchschnittsertrag im Auge (158). Den Grenzertrag kann man wohl einmal im Produktivitätsrelator eines Betriebszweiges verwenden, besser aber auch dort nur bei einer einzigen Produktion, z. B. bei Weizen oder Milch, denn nur dabei läßt sich versuchsmäßig und rechnerisch einigermaßen sinnvoll isolieren, welchen Grenzertrag man der eingesetzten Arbeit zuordnen kann. Betriebswirtschaftlich erscheint uns heute noch als Fiktion, wollte man jedem Produktionsmittel seinen Grenzertrag zurechnen, indem man dieses eine variiert, alle übrigen gleichhält und den jeweils gewonnenen Ertrag dividiert durch die fortlaufend mehr eingesetzte Menge jenes Produktionsmittels. Man verfährt so bei der Vorkalkulation. Da wir hier die effektive Arbeitsproduktivität messen wollen, bewegen wir uns ausschließlich im Bereiche der Nachkalkulation. Dort hat allein der Durchschnittsertrag wirtschaftlichen Sinn. Im übrigen kommt dem Denken in Grenzerträgen Bedeutung vorwiegend im Rahmen der Wirtschaftlichkeitsrechnung zu. Die Produktivität ist aber wesentlich ein ökonomisch-technischer, in Naturaleinheiten zu fassender Begriff.

Die auf die eingesetzte Arbeit im Durchschnitt entfallende Bodenproduktion des Gesamtbetriebs in einem Wirtschaftsjahr wäre also Arbeitsproduktivität im Sinne dieses Maßes.

Was wir hier Bodenproduktion nennen, umfaßt

1. die verkauften pflanzlichen und tierischen Erzeugnisse,
2. die Naturalentnahmen oder den Eigenverbrauch an selbst erzeugten tierischen und pflanzlichen Produkten in den Haushaltungen des Bauern, des Altenteilers und der vom Betrieb versorgten Arbeitskräfte, den „Naturallohn",
3. unentgeltliche Naturalleistungen, wie Naturalpachten, Weideüberlassung, oder dem Altenteil ähnliche Verpflichtungen, und Dienstleistungen, wenn sie an nicht mit dem Betriebe verbundene Nebengeschäfte abzustatten sind,
4. den Mehrbestand an landwirtschaftlichen Erzeugnissen und Vieh am Ende des Wirtschaftsjahres gegenüber seinem Anfang.

Von der Summe 1–4 sind abzuziehen:

a) die Minderbestände an Bodenerzeugnissen und Vieh am Ende des Wirtschaftsjahres gegenüber seinem Anfang, sowie b) die zugekauften Mengen an Saatgut, Futtermitteln und Vieh. Wir haben die Bodenproduktion hier in Anlehnung an die übliche betriebswirtschaftliche Terminologie so bezeichnet, wie sie für die bäuerliche Familienwirtschaft gilt. Die Bodenproduktion des VEG wird analog erfaßt. In der LPG rechnet sinngemäß zur Bodenproduktion:

1. Pflichtablieferung und freier Verkauf, d. h. die verkauften Mengen der pflanzlichen und tierischen Erzeugnisse,
2. der Wirtschaftsverbrauch der LPG,
3. die an die Mitglieder verteilten Naturalien (für Arbeitseinheiten und Bodenanteile),
4. Zuführungen zum Hilfsfonds (Naturalien),
5. Vieh- und Vorrätebestandsvermehrungen.

Von der Summe 1–5 sind abzuziehen:

a) die Verminderungen in den Beständen an Vieh und Vorräten sowie

b) die zugekauften Mengen an Saatgut. Vieh und Futtermitteln.

Unsere Bodenproduktion deckt sich mit dem „bereinigten Naturalertrag" (E. HOFFMANN), der „Netto-Bodenleistung" oder der „ernährungswirtschaftlichen Leistung" (139), oder der „Erzeugungsleistung" (120), (285), ungefähr auch mit dem „bereinigten Rohertrag" (118), oder dem „zukaufsfreien Rohertrag" (104). BLOHMs und WOERMANNs „ernährungswirtschaftliche Leistung" enthält nur unsere obigen Bestandteile 1—3, den 4. schließt sie begriffsgerecht aus, vgl. (49), (394). Deshalb müssen wir BLOHMs Maß der Arbeitsproduktivität -- „ernährungswirtschaftliche Leistung je AK" (49) — als unvollständig ablehnen. Vom Rohertrag unterscheidet sich die Bodenproduktion im wesentlichen nur dadurch, daß er a) die Erzeugung und Einnahmen aus zugekauften Futtermitteln und Saatgut, vgl. (91), und b) den Mietwert der Wohnungen mitenthält, den die Bodenproduktion, ebenso wie die oben genannten Leistungsbegriffe, bewußt herausläßt, vgl. (139). Wir kommen gleich darauf zurück. Wie man die Bodenproduktion berechnet, ist so oft dargestellt worden, daß wir hier auf Einzelheiten verzichten können, vgl. die Berechnungsbeispiele in (118) und (285) sowie weiter (10), (49), (105), (138), (139), (251).

Aufs ganze gesehen befriedigen alle Maße für die Erzeugungsleistung als Ausdrücke des E im Arbeitsproduktivitätsrelator nicht. Die Maße Bruttoproduktion bis Bodenproduktion enthalten Bestandteile, die nicht von der Arbeit hervorgebracht werden, und die Nettoproduktion bis zum Lohn täuschen durch die dabei vorgenommenen, zwar volumengleichen, aber nicht effekt-äquivalenten Reduktionen nur vor, daß diese Maße theoretisch einwandfrei zum Ausdruck bringen, was die Arbeit allein produziert habe. Die Bodenproduktion drückt mit einiger Sicherheit und i. allg. auch richtig aus, was auf dem im Betriebe bewirtschafteten Produktivfaktor Boden erzeugt wurde. Deshalb orientieren wir den Ausdruck für das E im Arbeitsproduktivitätsrelator daran. Da sich der wirtschaftliche Effekt des Sachaufwandes ohnehin nicht einwandfrei reduzieren läßt, erscheint es uns richtiger, den Sachaufwand, soweit er als Arbeitshilfsmittel vergegenständlichte Arbeit darstellt, in den Nenner des Produktivitätsrelators einzusetzen. Der Quotient wird damit zu einem wirklichkeitsnahen Ausdruck, der die originäre, betriebliche Erzeugungsleistung den Produktivfaktoren lebendige und tote Arbeit oder dem Boden zuordnet, wobei man zweierlei unterstellt: 1. Diese Leistung kommt durch das Zusammenwirken der Produktivfaktoren zustande, das kann man rechnerisch nicht isolieren; 2. an dieser Leistung sind außerdem Sachaufwendungen beteiligt; sie wirken ebenfalls auf die Erzeugungsleistung, und zwar steigern sie sie um so mehr, je besser sie mit den Produktivfaktoren kombiniert eingesetzt werden. Diese mehr oder weniger vollkommene Kombination ist aber auch eine Leistung der im Betriebe eingesetzten (komplizierten) Arbeit, die Bodenproduktion enthält ihren Effekt deshalb ebenfalls. —

3.212 Der reduzierte Rohertrag

Weiter oben haben wir auseinandergesetzt, daß die Produktivität in zwei Maßstäbe zu fassen ist, in naturale Einheiten und Geld. Wir gehen jetzt einmal von der Voraussetzung aus, daß das auch möglich ist. Weiter unten werden wir uns mit dem Für und Wider kritisch auseinandersetzen und genauer zeigen, welche Maßstäbe im einzelnen anzuwenden sind. Nachdem wir die Bodenproduktion mehr aus dem Denken in Gebrauchswerten entwickelt hatten, wie es dem

Produktivitätsbegriff auch angemessen ist, haben wir hier noch kurz darzustellen, ob sich der altbewährte, stets in Geld gemessene Rohertrag als Maß der Produktionsleistung im Produktivitätsrelator eignet.

Das wird nämlich immer wieder behauptet oder ohne nähere Begründung als richtig unterstellt: Man berechnet die Arbeitsproduktivität vielfach als Quotient aus Rohertrag und Arbeitseinsatz, z. B. (44), (182), (215), (251), (253), (345), (353), (357). Hier scheint uns das wirtschaftlich gesunde Empfinden des Praktikers durchzubrechen: Er fragt nämlich nicht nach einer irgendwie definierten Produktionsleistung, die dann so oder so bewertet wird, auch nicht nach einem aufbauend kalkulierten Ertrag, sondern er sagt schlicht und einfach, der Rohertrag, also was der Betrieb aus seiner wirtschaftlichen Tätigkeit im letzten Wirtschaftsjahr gewonnen hat, *sei* eben schon seine Leistung. Das ist grundsätzlich richtig gedacht, und man sollte im Prinzip dabei bleiben. Die in den letzten Jahren fortgeschrittene Betriebsstatistik hat jedoch inzwischen Leistungsmaße entwickelt, die die echte Leistung des Betriebes genauer wiedergeben als der etwas grobe Rohertrag. Im Produktivitätsrelator sollte ihn nur verwenden, wer die Bodenproduktion nicht ermitteln kann.

So erheben sich zwei Fragen: *1. Ist der Rohertrag überhaupt ein Leistungsmaß, wenn ja, ist er dann 2. in wesentlichen Teilen anders wie die Bodenproduktion zusammengesetzt?*

Zu 1.: Weil Rohertrag und Bodenproduktion so nahe verwandt sind, brauchen wir hier die *prinzipielle Eignung* des Rohertrags als Leistungsmaß nicht mehr eingehend zu begründen. Es fragt sich nur, ob der Rohertrag in unserem obigen System nicht noch so nahe an der Bruttoproduktion steht, daß er ebenso wie sie als *betriebswirtschaftliches* Leistungsmaß ausscheiden muß. „Der Wert des Rohertrags oder des Bruttoprodukts ist gleich dem Wert des vorgeschossenen und in der Produktion verzehrten Kapitals, des konstanten und variablen, plus dem Mehrwert, der sich in Profit und Rente auflöst" (222), also Rohertrag = Bruttoprodukt = c + v + m. So verfährt auch die Buchführung der VEG 1953, nur nennt sie den Wert ihrer Bruttoproduktion nicht mehr Rohertrag, sondern nur noch „Ertrag" (240). Dieser (Roh-)Ertragsbegriff ist als betriebswirtschaftliches Leistungsmaß ungeeignet, wie wir oben dargelegt haben. Es können eben nicht alle wiedereingesetzten und zugekauften Rohstoffe und ihre Veredlungsprodukte Bestandteil des Rohertrags sein – sagen die landwirtschaftlichen Betriebslehrer seit LAUR (196). Sie begründen das mit dem Sinn des Begriffs, er soll das „Ergebnis" sein „der wirtschaftlichen Tätigkeit eines Jahres, das sich ausdrückt in der Menge und dem Wert der durch diese Tätigkeit neuerzeugten und dem Mehr-Wert veredelter, durch Tausch erworbener oder auch nur neu geschätzter Vermögensbestandteile" (152). Der Rohertrag wird damit mutatis mutandis tatsächlich zu einem allgemein benutzten „Maßstab für die Wirtschaftsleistungen" (91), (120), (138), der außerdem ein „zahlenmäßiger Ausdruck ist für die geldliche Erzeugungsergiebigkeit und damit zugleich ein Maßstab für den Grad der Marktverflechtung des Betriebes" [v. Kunowski, zit. nach (49)]. So brauchen wir ihn als Relat im Quotienten der wirtschaftlichen Produktivität.

Es sind wieder die verschiedenen Betrachtungsweisen, die die beiden Auffassungen grundsätzlich unterscheiden: Der Volkswirt und Polit-Ökonom sieht c + v + m nebeneinander in der Wirtschaft eingesetzt und additiv zum Ergebnis kommen, das u. a. seine Wert- und Preistheorien belegen, z. B. den gesellschaftlichen Wert analysieren helfen soll, während der Betriebswirt die organisch gewachsene Leistung des Betriebes eben nur funktional zu betrachten vermag.

Da der betriebswirtschaftliche Rohertrag ex definitione enthält, was wir von einem angemessenen wirtschaftlichen Produktionsleistungsmaß fordern – es ist in Mengen- und Werteinheiten auszudrücken, gibt die Marktverflechtung an und enthält nur den Wert der neuerzeugten Produkte – übernehmen wir ihn hier ohne weitere Begründung. Die funktionale Betrachtungsweise der Betriebsforschung wirft indessen eine neue Frage im Zusammenhang mit dem Rohertrag als Maß des E im Produktivitätsrelator auf: Darf man den Rohertrag eigentlich reduzieren, geht die Beschränkung auf den neugeschaffenen Wert nicht doch zu weit, denn Arbeit wird auch eingesetzt, wenn der Betrieb seinen Viehbesatz zehnmal im Jahre umschlägt?

In diesem Falle – der Bauer Schulze braucht nur nebenbei Viehhändler zu sein – enthält die Rohertragsrechnung der Arbeit vor, was sie „produziert" hat, denn die Viehzukäufe werden bekanntlich abgezogen. Das mag ein übertriebenes Beispiel sein, aber in bescheidenerem Umfange ist es in allen Betrieben so, und hier geht es um die grundsätzliche Erkenntnis. Wenn wir einmal von dem Vorteil absehen, daß der Bauer Schulze mit seinem Viehhandel mehr Mist gewinnt und mit seinen Ställen etwas anders eingerichtet sein dürfte als sein Nachbar Müller, wird jener unter sonst gleichen Umständen eine höhere, über den Rohertrag gerechnete, wirtschaftliche Arbeitsproduktivität erreichen als Schulze, eben weil Müller die mit dem Viehhandel verbundene Arbeit nicht hat. Trotzdem ist der Rohertrag das richtige Maß für die wirtschaftliche Produktivität, aus zwei Gründen: 1. Die eingesetzte Arbeit in der Landwirtschaft ist niemals direkt, unmittelbar Ursache des gemessenen Rohertrags, als Leistungsmaß wird er ihr nur willkürlich zugeordnet und stellt mit ihr zusammen eine Kennzahl dar, die die Produktions*wirtschaft* des Betriebs zu beurteilen erlauben soll. Es wäre überdies ein ausgesprochener Rückfall ins technische Denken, wollte man hier plötzlich Ursache mit (scheinbarer) Wirkung verknüpfen und den Rohertrag nicht um unechte Leistungsbestandteile reduzieren. 2. Man darf nie vergessen, daß die Arbeit nur *ein* Produktivfaktor im landwirtschaftlichen Betrieb ist; den Ertrag des Pferdehandels kann aber niemand sinnvoll auf die Bodeneinheit beziehen. Arbeits- und Bodenproduktivität müssen immer vergleichbar bleiben! Außerdem wollen wir dem landwirtschaftlichen Betrieb auch nur eigene landwirtschaftliche Erzeugnisse als wahre Leistung anrechnen. Es steht im übrigen nichts im Wege, Schulzes Pferdehandel gewissermaßen als Nebenbetrieb zu betrachten und seine Produktivität so zu berechnen, wie es in Handel und Gewerbe üblich ist.

Der Einwand, den wir hier entkräftet zu haben glauben, nimmt zunächst den ROTSTEINschen Gedanken wieder auf, der uns weiter oben schon bewegte, vgl. S. 95, das E müsse *alles* enthalten, was durch die im Betriebe eingesetzte Arbeit im Berichtsjahr hervorgebracht worden sei. Wer das konsequent durchführen will, muß, sich über die betriebswirtschaftlichen Zusammenhänge hinwegsetzend, den Wert der Bruttoproduktion nehmen, einen anderen Ausweg gibt es vom Maß her jedenfalls nicht. Indessen hat jener Einwand noch einen tieferen Grund: Mit der Bodenproduktion, dem (bereinigten) Rohertrag u. ä. Maßen, erfaßt man wohl die Bodenleistung betriebswirtschaftlich richtig, also was man sinngemäß dem Produktivfaktor Boden im Betriebe zuordnen kann. Mit dem Maßstab der GE berechnet ergibt sich so die objektiv richtige originäre Erzeugungsleistung allein des Bodens. Wenn der Bauer Schulze 70% Schweine u. a. tierische Produkte und 30% feldwirtschaftliche Erzeugnisse „bereinigt" hervorbringt, der Bauer Müller ceteris paribus die gleiche Leistung erzielt, aber umgekehrt mit 30% tierischen und 70% pflanzlichen Rohertragsbestandteilen, so haben beide zwar eine vergleichbare „richtige" Bodenleistung erzielt, aber Schulze hat dazu mehr Arbeit aufgewendet, d. h. seine Arbeitsproduktivität wäre so gemessen eben geringer. Darf man also so rechnen? Verstößt das nicht gegen unsere dritte Forderung an die Messung der Arbeitsproduktivität, man müsse so fein messen, daß ihre Kennzahlen von den wesentlichen Bestimmungsgründen sicher und deutlich verändert würden, S. 77?

Diese Frage hat wieder zwei Aspekte, der eine verlangt, sie vom Maß, der andere, sie vom Maßstab her zu untersuchen. Hier betrachten wir nur den ersten, auf den zweiten kommen wir weiter unten zurück, S. 148 ff. Zunächst ist der mit der Bodenproduktion gebildete Produktivitätsrelator fein genug, auf diesen Unterschied zwischen Müllers und Schulzes Erzeugungsleistungen überhaupt anzusprechen, für Schulzes Arbeit weist er bloß eine geringere Produktivität nach. Und das wiederholt sich auch ganz allgemein in allen Betrieben, die gleiche (Boden)Produktionsleistungen erzielen, dafür aber vergleichsweise desto mehr Arbeit aufwenden, je intensiver sie sich organisieren, weil es eben arbeitsproduktiver ist, das Getreide vom Felde weg zu verkaufen als es über die Schweinehaltung zu veredeln.

Damit ist allerdings nichts bewiesen, denn daß das so ist, liegt ja gerade an dem mit diesem Maß gebildeten Relator. Wir müssen deshalb dem Zusammenhang zwischen Intensität und Arbeitsproduktivität ein wenig weiter nachgehen. Dabei geraten wir mit der folgenden Überlegung zwar wieder in das oben abgelehnte technische Denken hinein, aber eine technische Kausalbeziehung liegt am Ende eben *auch* im Maßbegriff der Arbeitsproduktivität. Um der Lösung näher zu kommen, gehen wir nun einen Schritt zurück, auf den Betriebszweig, die darin aufgewendete lebendige Arbeit und die von ihr jeweils hervorgebrachte naturale Bruttoproduktion in dz Erzeugnis. 1,5–5 Hh braucht man zur Erzeugung von 1 dz Kartoffeln, Rüben, Heu, um 5 Hh für 1 dz Getreide und einige Massengemüse, rund 10 Hh für 1 dz Zwiebeln, Erbsen, Tomaten, Gurken, etwa 15–20 Hh für Pflückerbsen, Bohnen, Ölfrucht; 100 kg Milch erfordern 20 Hh, 1 dz Mastschwein 40, 1 dz Mastrindvieh 80, 1 dz Eier 120 und 1 dz Wolle rund 480 Hh.

Diese Zahlen entsprechen dem normalen Arbeitsaufwand größerer vielseitig organisierter Betriebe in Deutschland mit mittelmäßiger technischer Ausrüstung. Im Einzelfalle gibt es erhebliche Abweichungen nach oben und unten; hier kommt es indessen nur auf die Relationen an. Unser eigener Beitrag zu solchen Zahlen folgt später, vgl. (13).

Ein einfacheres, deutlicheres *technisches* und „objektiveres" Maß der Arbeitsproduktivität kann es wohl nicht geben, und ebenso klar ist auch seine Aussage: Je mehr sich die Produktion von den Massenerzeugnissen, von Heu und Getreide weg und „wertvolleren" Produkten zuwendet, desto geringer wird die Arbeitsproduktivität, sie fällt weiter, je mehr sich ein Betrieb auf die Erzeugung von tierischen Produkten ausrichtet, wobei dann die Milch beispielsweise wesentlich besser als die Wolle abschneidet. [Das gleiche kommt übrigens auch heraus, wenn man über Futter- oder Getreideeinheiten rechnet, vgl. dazu (49), (72), (293).] Dieses anschauliche technische Maß führt also am Ende zum wenigstens im Prinzip gleichen Ergebnis wie unser mit der Bodenproduktion gebildeter Relator: Weil der Bauer Schulze größere Teile seiner Produktion veredelt, hat er eben eine geringere Arbeitsproduktivität als sein Nachbar Müller, der das nicht tut. An diesem Resultat ändert sich auch nichts, wenn man den Betrieb in Produktionsstufen einteilt, um der über die einzelnen Betriebszweige zustande kommenden Arbeitsproduktivität damit besser gerecht zu werden.

Wer nun immer noch meint – und diese Meinung hat schon ihre Berechtigung – dem Mehraufwand in der Veredlungswirtschaft stehe keine der Arbeit adäquate Erzeugungsleistung gegenüber, kann den Maßstab ändern, d. h. die wertvolleren Veredlungsprodukte mit irgendeinen größeren Koeffizienten wiegen – aber wie gewinnt er ihn? Und vor allem, was kommt dabei heraus? Wir sagten es schon oben: Von Natur aus Ungleichartiges wird gleich gemacht, und dann ist schließlich Schulzes Arbeitsproduktivität genauso groß wie Müllers. Das vergewaltigt die Wirklichkeit.

So bleibt von jenem Einwand endlich nur noch ein Gesichtspunkt übrig: Wenn Schulze nebenbei eine gewerbliche Schweinemast mit zugekauftem Futter betreibt, so wird ihm mit der Bodenleistung – über den Futterabzug und die GE-Rechnung – wohl die Bodenproduktivität „richtig" nachgewiesen, bei der Arbeitsproduktivität schneidet er insofern relativ schlechter ab, weil er jetzt (rechnerisch) nicht mehr die Möglichkeit hat, das sonst in die Schweinehaltung gesteckte Futter vorher „arbeitsproduktiver" zu verkaufen, wie er es, gleich Müller, mit dem selbsterzeugten hätte machen können. Wer sich in diesem Falle nicht mit dem durchaus nicht unberechtigten betriebswirtschaftlichen Maß (dem Laurschen Rohertrag) begnügen mag, denn schließlich ist es ja immer noch derselbe Bauer Schulze, und seine übermäßige Schweinemast *führt* halt nun einmal zu einer geringeren Arbeitsproduktivität im Vergleich zum Nachbarn Müller – wer das ablehnt, muß die Schweinemast isolieren, ihren Arbeits-, Futter- und sonstigen Aufwand ermitteln und der erzielten Leistung gegenüberstellen, er muß also die Schweinemast als Nebenbetrieb mit eigener Kalkulation auffassen und entsprechend durchrechnen. Das läßt sich in so einem Falle meist noch ziemlich sicher machen. Damit wäre dann ohne Zweifel eine „richtigere" Kennzahl für Schulzes Arbeitsproduktivität gewonnen. Aber wem nützte sie? Der Bauer Schulze kalkuliert seine Schweinemast niemals nach der dort erzielbaren oder erzielten technischen Arbeitsproduktivität; ob man so einen Nebenbetrieb aufnimmt oder nicht, entscheidet stets die Wirtschaftlichkeit und der zu erwartende Gewinn. Für den Betriebsvergleich genügt es, wenn man im Falle Schulze und Müller angeben kann, daß Schulzes wirtschaftliche Arbeitsproduktivität wegen seiner Schweinemast größer ist. Schulzes Schweinemast ist dann eben der Bestimmungsgrund für seine vergleichsweise niedrige technische und die gute wirtschaftliche Arbeitsproduktivität, die die Maße, wie gefordert, sicher zum Ausdruck bringen.

Das ist die eine Möglichkeit, die zweite, wo nun Boden- und Arbeitsproduktivitätskennzahlen unterschiedlich zusammengesetzt sind, verdeutlichen wir etwas: Schulzes LPG setzt für 180,– DM/ha ldw. Nfl. zugekaufte Futtermittel ein, Müllers verwendet nur wirtschaftseigene Futterstoffe. Die mit der Bodenproduktion gebildete Bodenproduktivität bei Schulze ist ceteris paribus vergleichsweise niedriger als in Müllers LPG, die mit der Bruttobodenproduktion, dem Rohertrag, errechnete Arbeitsproduktivität relativ höher. Wer diese Kennzahlen vergleicht, wird auch daraus erkennen, daß die Ernten in Schulzes LPG eben noch nicht befriedigen, die hohe wirtschaftliche Arbeitsproduktivität also dort aus betriebsfremden, aber offensichtlich gut verwerteten Vorleistungen – wenn man so will – zustande kommt.

Wir ziehen die erste Möglichkeit vor, halten sie sogar für die allein richtige. Denn wenn man den zweiten Fall weiter denkt und zum Prinzip erhebt, so kann man am Ende – gewerbliche Schweinemast – Arbeitsproduktivitätskennzahlen verschiedener landwirtschaftlicher Betriebe weder miteinander noch mit den Bodenproduktivitätskennzahlen überhaupt noch ohne Schwierigkeit vergleichen. Es wirken dann auf die Größe der Arbeitsproduktivität soviel Bestimmungsgründe, die sich landwirtschaftlich gar nicht mehr ohne weiteres erklären lassen, daß der ohnehin schon komplexe Maßbegriff zu keiner Richtzahl mehr werden kann. Es scheint uns ein unbestreitbarer Vorteil, die konkreten Arbeitsproduktivitätskennzahlen gewissermaßen über den Boden-Einsatz betriebswirtschaftlich zu wiegen. Wir kommen noch einmal darauf zurück, S. 148 ff.

Am Ende läuft diese ganze Frage hinaus auf eine vernünftige Interpretation der – wie üblich! – mit konventionellen Maßen und Maßstäben gewonnenen Kennzahlen! Richtig urteilen kann schließlich nur, wer die Maße genau kennt, wer weiß, wie sie zusammengesetzt sind und was sie leisten. Deshalb müssen wir uns hier so eingehend damit auseinandersetzen. Der Rohertrag ist also durchaus ein geeignetes und betriebswirtschaftlich sinnvolles Maß für das E im Produktivitätsrelator.

Zu 2.: Wie stark weichen die Elemente des Rohertrags von der ähnlich gebildeten Bodenproduktion ab? Der Laursche Rohertrag umfaßt:

1. die landwirtschaftlichen oder Wirtschaftseinnahmen,

reduziert um Beträge für Wiederverkäufe, Rückerstattungen und Beihilfen für Anschaffungen sowie für Mieten oder Pachten; denn der Rohertrag soll nur für den selbstbewirtschafteten landwirtschaftlichen Betrieb gelten,

2. den Wert der Naturalleistungen an den Betriebsinhaber, seine Familie, Altenteiler und an Lohnarbeitskräfte (Deputate) sowie an nicht mit dem Betriebe verbundene Nebengeschäfte,
3. den Wert des Mehrbestandes an Vieh, Pflanzen und selbsterzeugten Vorräten,
4. den Mietwert der Wohnung.

Von der Summe 1–4 sind abzuziehen a) der Wert eines Minderbestandes an Vieh, Pflanzen und selbsterzeugten Vorräten, b) die Werte zugekaufter Tiere, Pflanzen, genutzter Weiden und noch nicht verbrauchter, selbst erzeugbarer Rohstoffe; die Wertvermehrung von Boden-, Gebäude-, Maschinen- und Gerätevermögen bleibt unberücksichtigt, vgl. (49), (91), (120), (138), (152), (285) u. a.

Dieser Laursche Rohertrag ist ein typisches Beispiel für ein vom Zweck bestimmtes betriebswirtschaftliches Leistungsmaß. Man hat hier gegenüber dem volkswirtschaftlich gedachten Rohertrage (c + v + m) Abzüge machen müssen, obwohl „es schwer ist, eine Grenze zu ziehen“, wo man mit dem Reduzieren aufhören muß, damit am Ende vom Rohertrag nicht nur der Reinertrag und der Arbeitsaufwand noch übrig bleibe (196). Weil LAUR jene Grenze offenbar an der richtigen Stelle gezogen hat, genügte sein Rohertrag solange als zusammenfassendes Leistungsmaß vollauf, bis die Naturalrechnung und der Stückrechnungsstil so weit entwickelt waren, daß sich die bereits von LAUR erkannten Schwierigkeiten – die wieder im Ausmaß der Reduzierung lagen – durch genauere Kalkulationen der Betriebszweige überwinden ließen und bis ein dem Gelde analoger vereinheitlichender Maßstab gefunden war, der die echte Produktionsleistung des Betriebes im Naturalmaßstab zu erfassen erlaubte. Daraufhin wurde der Rohertrag vielfach fallen gelassen, z. B. (138). Wir nehmen ihn wieder auf, weil wir in der wirtschaftlichen Produktivität erkennen wollen, wie sich die tatsächliche Marktverflochtenheit des Betriebes über seine Organisation und Führung auf die technische Produktivität und die Rentabilität auswirkt. Damit das ohne systematische Fehler möglich sei, müssen beide Leistungsmaße analog zusammengesetzt sein.

Die ersten drei Elemente des Rohertrags entsprechen vollkommen den vieren der Bodenproduktion, vgl. S. 112.

Auch die Abzüge unter a) sind analog. Es bleiben also nur zwei wesentliche Unterschiede: 1. Der Rohertrag enthält als Leistung den Mietwert der Wohnung mehr als die Bodenproduktion, und 2. werden beim Rohertrag nur das zugekaufte Vieh, dagegen nicht auch die Saatgut- und Futtermittelzukäufe abgezogen. Ceteris paribus wird also der Rohertrag in der Regel größer sein als die – wenn wir einmal so sagen dürfen – in Geld bewertete Bodenproduktion. Der Mietwert der Wohnung macht je nach Betriebsgröße und Höhe des Rohertrags 1,2–8% des Rohertrags aus, vgl. Beispiele in (196), (248), (271), (309), (338). Da er nur eine kalkulatorische Größe ist und in der Regel gesondert ausgewiesen wird, kann man ihn unschwer herauslassen. Der Schweizer Bauernverband führt ihn ohnehin unter den „Rohertrags-Ergänzungskonten“ (338).

Wo der Rohertrag nur als Ganzes angegeben ist, oder wo der Mietwert der Wohnung mit dem Eigenverbrauch oder mit anderen Bestandteilen des Rohertrags zusammengefaßt ist, legt man am besten die jeweiligen steuerlichen Richtsätze der Finanzverwaltung zugrunde, die ihn in DM/ha Nutzfläche für die verschiedenen Betriebsgrößen- und Ertragswertklassen auszudrücken erlauben, vgl. dazu (309), (251).

Weit schwerer wiegt, daß der Rohertrag die aus zugekauftem Futter und Saatgut erzeugten und in Verkauf, Haushaltsverbrauch oder Bestandsvermehrung eingegangenen Produkte mit enthält. Dadurch können sich von Fall von Fall erhebliche Unterschiede gegenüber der Bodenproduktion ergeben. Man denke nur an zwei sonst völlig gleiche VEGG, von denen eins eine Schweinemastanstalt unterhält.

Weiter oben hatten wir für diesen Fall zunächst den Laurschen Rohertrag in Erwägung gezogen, weil er ja die Effizienz der zugekauften Futtermittel enthält und damit ein wenigstens wirtschaftliches, wenn auch der eingesetzten Arbeit nicht entsprechendes Äquivalent zum Ausdruck bringt. Damit verläßt man aber den natürlichen Organismus des Landwirtschaftsbetriebes, der Boden entartet am Ende dieser Gedankenreihe zum reinen Standort und verliert völlig seinen Charakter als Produktivfaktor – wie in Industrie und Gewerbe. Man muß daher die Arbeitsproduktivität in der gewerblichen Schweinemastanstalt mit dem Laurschen Rohertrag, der bereinigten Bruttoproduktion, messen. Nebengewerbe im landwirtschaftlichen Betriebe erfordern eine analoge Sonderkalkulation – wie das ja auch für alle Fragen der Wirtschaftlichkeit und Rentabilität in solchen Fällen ohnehin üblich ist – aber eine der *Arbeit* adäquate (Mehr)leistung kommt damit auch nicht heraus, und das ist entscheidend. Mit der gleichen Menge oder dem gleichen Wert zugekaufter Futterstoffe können verschiedene Betriebe Schweine mästen, Pelztiere züchten, Geflügel halten oder nebenher ein Fuhrgeschäft betreiben, das mag wieder die gleichen Werte der Erzeugnisse oder Dienstleistungen ergeben, trotzdem ist die Ergiebigkeit der eingesetzten Arbeit in diesen vier Fällen bestimmt nicht gleich. Der Laursche Rohertrag ist also kein sicherer Ausdruck der wirtschaftlichen Arbeitsproduktivität im landwirtschaftlichen Betriebe. Er führt die Arbeitsproduktivität auf einem Abwege hinaus aus dem System der vergleichbaren und einander zuzuordnenden betriebsstatistischen Kennzahlen.

Hier kommen wir also nicht aus ohne eine, dem Abzug unter b) bei der Bodenproduktion analoge weitere Reduktion des Rohertrags. Das wird meist ohne Schwierigkeiten möglich sein, denn die Saat- und Futtermittelzukäufe weist auch die einfache Buchführung stets genauso aus wie den Viehzukauf. Damit haben wir aber den Laurschen Rohertrag verlassen. Deshalb nennen wir den um den Mietwert und die Saatgut- und Futtermittelzukäufe verminderten Rohertrag besser den „reduzierten Rohertrag". Seine Zusammensetzung entspricht dann im wesentlichen der Bodenproduktion.

Freilich gibt es immer noch geringfügige Unterschiede, die im Wesen der beiden Leistungsmaße und ihrer jeweiligen Berechnung liegen. Im gegebenen Falle enthält der

Rohertrag z. B. die Versicherungsentschädigungen mit, bei der Bodenproduktion kann man dann nur vermerken, warum sie so niedrig oder geringer ist, als man erwartete. Auch die Vermehrung des Feldinventars wird bei beiden Leistungsmaßen nur übereinstimmen, wenn man die richtig geschätzten Zunahmen in gleicher Höhe für die Geld- und Naturalrechnung zugrunde legt. Bei den abzuziehenden Viehzukäufen berechnet L. REISSIG die zugekauften betriebsnotwendigen Pferde nur mit dem Schlachtpreis (285), weil die Wertdifferenz sonst in kleinen Betrieben die Roherträge zu stark mindere. Aber das alles ist von Fall zu Fall zu entscheiden. Je genauer die Buchführungsunterlagen sind, desto eher kann man solche Feinheiten berücksichtigen. Grobe Fehler können auch ohne diese Möglichkeit nicht entstehen, dafür mag das Beispiel von FENSCH ein Beweis sein: Er hat die Roherträge einmal mit der begriffsgerechten Ausschaltung der Viehzukäufe und der Wertvermehrungen berechnet und einmal ohne sie. Die Unterschiede waren für seine Betrachtungen belanglos (91). Da der Rohertrag im Produktivitätsrelator immerhin auch ein absolutes Maß sein soll, können wir allerdings nicht darauf verzichten, den Viehzukauf so auszuschalten, wie es schon der Laursche Begriff vorsieht.

Als Beispiel geben wir an, wie sich der reduzierte Rohertrag in der LPG zusammensetzt:

1. Einnahmen aus der tierischen und pflanzlichen Produktion (Pflichtablieferung und freier Verkauf),
2. Werte des LPG-Wirtschafts-Verbrauchs,
3. Werte der an die Mitglieder verteilten Naturalien (für Arbeitseinheiten und Bodenanteile),
4. Werte der Naturalien, die dem Hilfsfonds zugeführt werden,
5. Werte der Vieh- und Vorrätebestandsvermehrungen.

Von der Summe dieser Positionen ist abzuziehen:

a) Die Werte der Vieh- und Vorrätebestandsverminderungen, b) die Summe der Aufwendungen für zugekauftes Futter, Saatgut und Vieh.

Der reduzierte Rohertrag ist ein der Bodenproduktion analoges Leistungsmaß. Wie sie enthält er die echte Erzeugungsleistung; daraus wie sie der Markt, die Volkswirtschaft, bewertet, läßt der reduzierte Rohertrag erkennen, wie die Betriebswirtschaft werten soll. Der reduzierte Rohertrag ist aber nicht einfach die in Geld einheitlich bewertete Produktionsleistung, sondern der effektive reale Beitrag, den der Betrieb für die Volkswirtschaft tatsächlich geleistet hat. Der Unterschied liegt eben nicht im Maß; Bodenproduktion und Rohertrag sind gleiche Maße. Aber der Rohertrag wird nicht im stets gleichen Maßstab gemessen wie die Bodenproduktion durch die Getreideeinheiten; der reduzierte Rohertrag mißt vielmehr die Produktionsleistung im vielfach wechselnden Maßstab der tatsächlich erzielten Marktpreise – wenn wir von den bei jeder Ertragsermittlung notwendigen Bewertungen nach Schlüsselpreisen einmal absehen und hier die sich mit den Marktpreisen ändernden Erzeugerpreise unterstellen. Nur in dieser Form hat es betriebswirtschaftlich Sinn, den Geldmaßstab anzuwenden; denn jeder Maßstab repräsentiert eine bestimmte Vorstellungswelt; das Geld kennzeichnet nun einmal die arbeitsteilige Verflechtung des Betriebes in die

Volkswirtschaft, und die mit dem Geld gebildeten betriebsstatistischen Kennzahlen beeinflussen Produktionsrichtung, Intensität und den wahlweisen Einsatz verschiedener Betriebsmittel, während die in Naturaleinheiten ausgedrückten Kennzahlen die (innerbetriebliche) Produktionswirtschaft zu beurteilen und zu gestalten erlauben. Welche Maßstäbe haben wir nun aus der Fülle der vorgeschlagenen auszuwählen, und wie haben wir sie über diese kurzen Bemerkungen hinaus im Produktivitätsrelator zu verstehen?

3.3 Maßstäbe zur Vereinheitlichung der heterogenen Bestandteile von Bodenproduktion und reduziertem Rohertrag

In Kap. 2.1211 haben wir dargelegt, daß die Produktionsleistung im Produktivitätsbegriff notwendig zwei Maßstäbe erfordert: Natural„werte" *und* Geld. Darüber kann es keine Diskussion mehr geben. Während volkswirtschaftliche Planung und Statistik noch mit einer, nach einem Maßstab gemessenen Kennzahl auskommen, braucht die Betriebswirtschaft wenigstens zwei, besser noch mehr, um den betrieblichen Tatbestand einwandfrei analysieren und sicher lenken zu können. Das Schwergewicht liegt auf den naturalen Maßstäben.

Eßlen hat das schon 1910 betont: Ein Maßstab für die Produktivität eines Wirtschaftszweiges könne sich nur aus dem Charakter der von ihm hergestellten Güter ergeben, zit. nach (251). Und der Betriebslehrer BRINKMANN sagt von der Arbeitsintensität analog, daß das „Maß der Arbeitsleistung auch bei gegebenem Geldaufwand recht erheblich schwanken kann". Das Geld ist daher kein einwandfreier Maßstab für die Beurteilung des Arbeitseinsatzes im Betriebsvergleich (65). — Schließlich sei es zum Unterschied von der Politischen Ökonomie gerade die Aufgabe der Betriebsforschung, „Stand und Entwicklung der Produktion in Naturalmaßen und in Verhältniszahlen" anzugeben (349). Die betriebsstatistische Praxis ist dieser Erörterung bereits vorausgeeilt. Gelegentlich werden die entwickelten Maße und Maßstäbe zur Arbeitsproduktivitätsmessung bereits angewandt, z. B. (410), und wir haben das auch schon wiederholt getan (10), (11), (13). Es gilt aber, sie hier im einzelnen zu begründen, abzugrenzen und vor allem auf den Stand gesicherter Erkenntnis zu bringen.

Im Laufe der letzten Jahre sind eine ganze Reihe solcher Maßstäbe vorgeschlagen, angewendet und kritisiert worden. Im Prinzip geht es stets darum, die so unterschiedlichen Erzeugnisse der Verbundproduktion des landwirtschaftlichen Betriebes mit Hilfe eines geeigneten Maßstabes auf einen sinnvollen gemeinsamen Nenner zu bringen, zu vereinheitlichen, damit sie alle als ein einziges Produkt erscheinen.

Gelegentlich wird allerdings behauptet, die „Anzahl der pflanzlichen Produkte in der Landwirtschaft" sei „verhältnismäßig gering", eine „Naturalrechnung" daher „entsprechend einfach und möglich" (125). Das kommt auf die gruppenmäßige Zusammenfassung und den Zweck der Rechnung an. Für grobe Vergleiche der landwirtschaftlichen Arbeitsproduktivität im internationalen Rahmen mag so ein Vorgehen ausreichen, um überschlägliche Vorstellungen zu gewinnen, vgl. (421). In diesem „Wochenbericht" (421) werden vier große Erzeugnisgruppen unterschieden (Feldprodukte — ohne Sonderkulturen —, Viehbestände, Milch, Eier), die nicht zusammengefaßt, sondern einzeln auf die eingesetzte Arbeit bezogen werden. So ergeben sich vier Indices für jedes Land, die keine vergleichbare Gesamtkennzahl der Arbeitsproduktivität liefern können, weil eben die Einzelindices nicht gewogen sind. Insoweit bleibt die gewonnene Aussage grob und unsicher. Der Volkswirtschaftsstatistik nützt das nicht viel und der Betriebswirtschaft gar nichts. — Mit einer Gesamtleistung, die aus 5–10 verschiedenen Positionen gebildet ist, läßt sich auch nicht mehr rechenhaft „einfach" kalkulieren. Deswegen benutzt die volkswirtschaftliche Gesamtrechnung die vereinheitlichenden Meßwerte als Maßstab, sofern sie nicht mit Plan- oder Abgabepreisen rechnet. Die Betriebswirtschaft muß die Gesamtleistung ebenfalls auf einen Nenner bringen. Sie kalkuliert nur die Produktionsleistung der Betriebszweige gelegentlich mit den angestammten Naturalmaßstäben, dz, kg, hl, Stück.

Die Diskussion wäre oft weniger leidenschaftlich, dafür aber fruchtbarer gewesen, hätte man stets klar gemacht, daß es hier um den einfachen rechenhaften Zusammenhang geht, den folgende Formeln ausdrücken

$$\text{(I)}\quad APr = \frac{E}{A}$$

$$\text{(II)}\quad APr = \frac{(p_1 \cdot a_1 + p_2 \cdot a_2 + p_3 \cdot a_3 \cdots + p_n \cdot a_n) - (p_{10} \cdot a_{10} + p_{11} \cdot a_{11} \cdots + p_m \cdot a_m)}{A}$$

APr = Arbeitsproduktivität,
E = Erzeugungsleistung,
A = eingesetzte Arbeit.

$p_1, p_2, p_3 \cdots p_n$ = verschiedene Erzeugnisse (Getreide, Kartoffeln, Milch, usf.);
$p_{10}, p_{11} \cdots p_m$ = zugekaufte landwirtschaftliche Produkte (Futtermittel, Nutzvieh usf.);
$a_1, a_2 \cdots a_n$ = konstante Gewichte für die einzelnen Produkte.

Formel (II) vereinheitlicht die gesamte Produktionsleistung, also das Ergebnis der wirtschaftlichen Tätigkeit des Betriebes in einem (Berichts)Jahre; stellt man es im Vergleich zu dem Ergebnis aus dem Basisjahr, so ergibt sich die prozentuale Steigerung der Produktionsleistung

$$\text{(III) Steigerung in \%} = \frac{(p_1 \cdot a_1 + p_2 \cdot a_2 + p_3 \cdot a_3 \cdots + p_n \cdot a_n) - (p_{10} \cdot a_{10} + p_{11} \cdot a_{11} \cdots + p_n \cdot a_n) \cdot 100}{(p_{b1} \cdot a_1 + p_{b2} \cdot a_2 + p_{b3} \cdot a_3 \cdots + p_{bn} \cdot a_{bn}) - (p_{b10} \cdot a_{10} + p_{b11} \cdot a_{11} \cdots + p_{bn} \cdot a_n)}$$

$p_{b1}, p_{b2} \cdots p_{bn}$ = erzeugte oder zugekaufte Produkte im Basisjahr und die Steigerung der Arbeitsproduktivität nach Formel (IV)

$$\text{(IV)}\quad P' = \frac{((p_1 \cdot a_1 + p_2 \cdot a_2 + p_3 \cdot a_3 \cdots + p_n \cdot a_n) - (p_{10} \cdot a_{10} + p_{11} \cdot a_{11} \cdots + p_n \cdot a_n)) \cdot A_b \cdot 100}{((p_{b1} \cdot a_1 + p_{b2} \cdot a_2 + p_{b3} \cdot a_3 \cdots + p_{bn} \cdot a_n) - (p_{b10} \cdot a_{10} + p_{b11} \cdot a_{11} \cdots + p_{bn} \cdot a_n)) \cdot A_{bc}}$$

P' = Steigerung der Arbeitsproduktivität in %,
A_b = eingesetzte Arbeit im Basisjahr,
A_{bc} = eingesetzte Arbeit im Berichtsjahr.

Es kommt also nur darauf an, die konstanten Gewichte, unser $a_1 \cdots a_n$, für die Erzeugnisse zu bezeichnen. Damit enden dann auch alle Diskussionen um den Maßstab, wenigstens die konstruktiven; aber man braucht dazu wirklich nicht die ganze Politische Ökonomie oder die Ernährungsphysiologie aufzubieten — am Ende läuft es doch auf eine Konvention hinaus, wie alle menschlichen

Maßstäbe nun einmal Konventionen sind. Genausowenig wie die Pferdestärke (= 75 mkg/sec) der Stärke eines Pferdes wirklich entspricht, brauchte 1 Meter gerade der vierzigmillionste Teil eines Erdvollmeridians zu sein – er weicht ohnehin um etwa 0,01% davon ab – der fünfunddreißigmillionste Teil hätte einen „Meter“ von 114 heutigen cm ergeben, und die Menschen wären es ebenso zufrieden gewesen, wie sie früher mit ihren „Ellen“ und „Schuhen“ auskamen, die überdies von Ort zu Ort verschieden bemessen wurden. Gerade das metrische System beweist am besten, daß es gar nicht so sehr um die absolute Größe des Maßstabs geht, sondern daß es darauf ankommt, daß die Relationen zwischen den einzelnen Maßstäben (Längen-, Flächen-, Körpermaße) rechenhaftpraktisch gewählt werden, und daß jeder dieselbe Dimension unter der einmal festgelegten Bezeichnung versteht. Weshalb also der Streit um Getreide-, Stärke-, Arbeitseinheiten, Nährcalorien, Meßwerte usw. als Maßstab für die Bodenproduktion? Dreht es sich hier nicht auch nur um die Frage, ob man die Spanne vom Eisschmelzpunkt bis zum Wassersiedepunkt, bei 760 mm Hg, in 100, 80 oder 180 gleiche Abschnitte unterteilen soll? Für den praktischen Gebrauch wäre eins so gut oder so schlecht wie das andere – solange es um die mit so einem Maßstab ausgedrückten Relationen geht und damit um relative Veränderungen der Arbeitsproduktivität oder um den Vergleich ihrer Kennzahlen im selben Betrieb oder Betriebszweig bei relativ gleichbleibender Produktion. Da die meisten Kritiker der Naturaleinheiten stets diesen einbetrieblichen Vergleich der Arbeitsproduktivität im Auge haben, spielt für sie der Maßstab schließlich keine entscheidende Rolle mehr. Anders dagegen, wenn man, wie wir auch, den Stand, das effektive Niveau, der Arbeitsproduktivität verschiedener Betriebe vergleichen und beurteilen will. Dann kommt es nicht mehr nur darauf an, daß die Gewichte konstant sind, sondern auch darauf, daß sie die wechselnden Mengen der unterschiedlichen Erzeugnisse tatsächlich vergleichbar wiegen. Was ist also der Ausgangspunkt, die Basis, die Bezugsgröße, auf die der Maßstab aufbaut, und auf Grund welcher Überlegung, Kausalkette oder Zielsetzung werden seine Intervalle und Vereinheitlichungsrichtzahlen bestimmt, die schließlich die Vergleichlichkeit gewährleisten, vgl. den Grundzug 2 der Messung, S. 71.

Das ist und bleibt am Ende a u c h stets der Konvention und der Zweckmäßigkeit anheimgegeben, wobei oft Zufälligkeiten den Ausgangspunkt bestimmen. Man denke an die „Pferdestärke“; oder: Fahrenheit wählte (aufs Geratewohl?) die tiefste Temperatur des Winters 1709 in Danzig, den Nullpunkt seiner Skala festzulegen – die englisch sprechenden Länder messen heute noch nach Fahrenheits Skala! Beim Messen und Rechnen kommt es nun einmal in erheblichem Maße darauf an, daß handlich, zweckmäßig und einigermaßen anschaulich ist, womit als Maßstab gearbeitet wird. Hier darf man aber nicht vergessen, daß Zweckmäßigkeit des Maßstabs eine durchaus eigenständige Forderung vom Maßbegriff aus bedeutet und nicht gleich ist der Zweckmäßigkeit der damit von Fall zu Fall erzielten Aussage! Wenn der Sack zwei Zentner wiegt, so wird er nicht leichter, wenn man sagt, er wiege „nur“ einen dz, aber der dz paßt ins metrische System, der Zentner nicht. Wir brauchen keinen Maßstab, der *immer* eine möglichst hohe Arbeitsproduktivität ausweist, weil wir sie unter dem allgemeinen volkswirtschaftlichen Merkmal der Steigerung betrachten!

So gibt es am Ende nur zwei Möglichkeiten, einen vereinheitlichenden Ausdruck für das E im Produktivitätsrelator zu finden und in Maßstäbe zu fassen:

1. Man wählt ein Basiserzeugnis, auf das alle übrigen Produkte „irgendwie" vergleichbar bezogen werden. Das Basiserzeugnis bestimmt dann die konstanten Vereinheitlichungsgewichte. So kommen der naturale Maßstab (GE) und die Meß„werte" in Geldeinheiten zustande.
2. Der allen Produkten gemeinsame Ausdruck ist ihr (Abgabe)Preis. Man kann nun nicht wieder, wie unter 1., von einem Basiserzeugnis ausgehen und die übrigen Produkte im Verhältnis dazu über die Preise vereinheitlichen, weil diese Preise nicht konstant bleiben. Insofern ist dieser zweite Weg grundsätzlich anders wie der erste; er mißt beispielsweise den reduzierten Rohertrag ebenfalls in Geldeinheiten, aber die sind dann an den schwankenden Abgabepreisen orientiert.

Wir haben es also mit drei verschiedenen Maßstäben, ihrer Substanz, Aussage und Leistungsfähigkeit, zu tun:

a) mit dem naturalen Maßstab; als Produkt aus Bodenproduktion und naturalen Vereinheitlichungsgewichten erfaßt er *das Volumen* der erzeugten Produkte, Kap. 3.311, 3.313;
b) mit den Meß„werten" in Geldeinheiten; das Produkt aus Bodenproduktion und konstanten Preisen drückt ebenfalls *das Volumen* der Produktionsleistung aus, Kap. 3.321;
c) mit den Abgabepreisen in Geldeinheiten; das Produkt aus Bodenproduktion und Abgabepreisen, der reduzierte Rohertrag, stellt die *„Tauschwert"summe des Produktionsertrages* dar, Kap. 3.322.

3.31 Die naturalen Maßstäbe zur Vereinheitlichung der verschiedenartigen Bestandteile der Bodenproduktion

Im Maßstab sind die Einheit, in der gemessen werden soll, und die Gewichte genau zu definieren. Die Bodenproduktion ist in der Regel aus einer ganzen Reihe verschiedener Produkte zusammengesetzt. Zum Vergleich der Steigerung sind sie nach Formel (III) mit Hilfe konstanter Gewichte zu vereinheitlichen. Zum Unterschied vom Rohertrag müssen hier Einheit *und* Gewichte konstant bleiben; den Rohertrag wiegen wir als konstantes Maß mit (durch die Marktpreise) wechselnden Gewichten. *Für die Messung der Bodenproduktion gilt also zunächst durchgängige, absolute Konstanz des Maßstabs.*

Für das System oder Zahlenverhältnis, in dem die Größen der Gewichte für die einzelnen Produkte zueinander stehen, ist nicht so sehr die absolute Ur-Bezugsgröße entscheidend, also nicht Getreide-, Heu-, Fleisch- oder ähnliche „Werte" – was die maßgeschichtlichen Exkurse beweisen sollten – vielmehr kommt es darauf an, die jeweiligen Faktoren dem Produktivitätsbegriff gerecht und damit dem betrieblichen Produktionsziel entsprechend betriebswirtschaftlich

richtig festzulegen. Wie die gesamte Betriebswirtschaft sind also auch diese Gewichte eindeutig zweckbezogen und bestimmt vom Wesen der betriebswirtschaftlichen Zusammenhänge.
Die Produktionswirtschaft im Betriebe hat die Aufgabe, Rohstoffe für die menschliche Ernährung zu erzeugen. Diese Produkte setzt der Volkswirt in seine Ernährungsbilanz ein, betrachtet sie folgerichtig unter ernährungswirtschaftlichen Gesichtspunkten und mißt sie also auch mit ernährungsphysiologischen „Werten". Volkswirtschaftliche Vergleiche der Bodenproduktion und der mit ihr gebildeten Boden- und Arbeitsproduktivität werden daher zweckmäßig mit Calorien, Jahresnahrungen o. ä. Maßstäben gezogen, z. B. (51), (140). Der Volkswirt hat damit den *Verwendungs*zweck der landwirtschaftlichen Erzeugnisse in den Mittelpunkt seiner Betrachtungen gestellt. Der Verwendung geht die *Produktion* voraus, und vor allem um sie dreht sich die Betriebswirtschaft. Sie braucht daher einen Maßstab, der die Bodenproduktion und den Rohertrag konsequent produktionswirtschaftlich, aus dem Erzeugungsvorgang heraus und ihm angemessen, mißt und nicht mit Maßstäben, die die verbrauchsfähigen Nahrungsmittel (und ihre Rohstoffe) vereinheitlichen.
Man muß diese beiden grundsätzlich verschiedenen Gesichtspunkte — hie ernährungswirtschaftliche Verwendung, hie produktionswirtschaftliche Erzeugung — scharf auseinanderhalten, es gibt da keinen Kompromiß, obwohl man sie immer wieder vorgeschlagen und zu schließen versucht hat. Ein typisches Beispiel dafür ist BÖHMEs Calorien-Rechnung (53), vgl. dazu (236).

Man *braucht* auch gar keinen solchen Mittelweg, auf dem doch immer nur die beiden Seiten vergewaltigt werden; am Ende führt er weder zu einem klaren Bild von der Bodenproduktion noch von der ernährungsphysiologischen Produktionsleistung. Man kann ruhig in Kauf nehmen, daß die ernährungswirtschaftliche Leistung anders ist wie die Bodenproduktion, auch wenn beide als Maße z. T. von denselben Bestandteilen gebildet werden. „Einen Generalnenner für alle Leistungsbereiche zu erstreben ... heißt, einem Phantom nachjagen" (391), vgl. auch (114). Deswegen muß man durchaus nicht darauf verzichten, einen geeigneten Maßstab zu finden, der ein *bestimmtes* gefragtes Maß richtig erfaßt. Der Zweck, die Fragestellung entscheidet.

3.311 Getreideeinheit, Calorie oder Nährcalorie?

Für einen zweckmäßigen Maßstab, der die unterschiedlichen Bestandteile der Bodenproduktion produktionswirtschaftlich sinnvoll vereinheitlichen soll, kann es nur einen Grundsatz geben, der dann konsequent durchzuhalten ist: Die einzelnen Gewichte müssen so schwer sein wie der Unterschied beim jeweiligen Aufwand je Einheit im Verhältnis zur Einheit des Produkts ausmacht, das die Bezugsgröße des Maßstabs bildet. Man kann das auch mehr vom Produktionsergebnis, vom Ertrag, ausgehend formulieren: Auf eine sie hervorbringende Einheit richtig bezogen müssen normale, nachhaltig erzielbare Produktionsleistungen verschiedener Fruchtarten, Nutztiere oder technischer Nebengewerbe mit konstanten Gewichten so gewogen werden, daß der Vereinheitlichungsausdruck gleiche Leistungen ergibt. Vom Erzeugnis her betrachtet erscheinen die wesentlichen Bestandteile der hervorgebrachten landwirtschaftlichen Produkte allein entscheidend, die Gewichte zu bestimmen, weil die ernährungswirtschaftlichen Rohstoffe wohl die einzige Einheit bilden, die aus der Natur der Erzeugnisse unmittelbar entspringt.

Wir haben also gewissermaßen drei ineinander verzahnte unabdingbare Bestimmungsgründe für die Gewichte des produktionswirtschaftlichen Maßstabs: die Aufwandsrelation, die Ertragsrelation und die Substanzrelation. Unter dem ausschlaggebenden Gesichtspunkt der *Produktionswirtschaft* hier einen Kompromiß zu schließen, scheint durchaus sinnvoll. Für diese produktionswirtschaftlichen Aufwands- und Ertragsvergleiche kommt es also darauf an, zweierlei zu finden: 1. Die gemeinsame Substanz, die die Gewichte hergibt und 2. den Aufwandsfaktor, den man für entscheidend hält und deshalb der Gewichtsbildung zugrunde legt.

Um 1 hl Milch zu produzieren, werden Futter, Arbeit, Kühe und andere Betriebsmittel in wechselnden Verhältnissen kombiniert. Welcher Aufwandsfaktor ist für die Produktionswirtschaft typisch?

Bei seiner Kritik des Geldwerts für diesen Zweck kommt RHEINWALD (286) zu analogen Forderungen, wenn wir ihn recht verstehen. Er meint, man brauche einen „richtigen" Ausdruck „für den Produktionsaufwand für die einzelnen Erzeugnisse" — unter 2. — und eine „richtige" Kennzahl „des inneren Werts der Produkte" — unsere gemeinsame Substanz.

Jene drei Bestimmungsgründe, Aufwands-, Ertrags- und Substanzrelation, sind produktionswirtschaftlich derartig vielfältig und so innig miteinander verflochten, daß es beim besten Willen nicht möglich ist, sie um der systematischen Darstellung willen auseinanderzureißen und hier getrennt zu behandeln. Da der Produktionswirtschaft die *Aufwandsrelation* vollkommen gerecht wird und die *Getreideeinheit* die entsprechenden Forderungen am besten erfüllt, stellen wir beide in den Mittelpunkt der folgenden Erwägungen.

Die landwirtschaftlichen Erzeugnisse bestehen aus Kohlehydraten, Fetten, Eiweiß, Mineralstoffen und Vitaminen. Wieviel Kohlehydrate, Fette und Eiweiß die einzelnen Erzeugnisse enthalten, weiß man so genau, daß sich damit gut rechnen läßt. Gemeinsame Nenner für diese drei Nährstoffe sind die Calorie, die Stärkeeinheit oder die Futtereinheit u. a. m., wenn man von Energieumsatz, Fettansatz oder Milchproduktion ausgeht. Dabei werden die drei Nährstoffe jeweils in ein anderes Wirkungsverhältnis zueinander gesetzt. Weil das Eiweiß als Lebensträger eine besondere Rolle spielt, bringt es die Getreideeinheit in ein günstigeres Wirkungsverhältnis: Kohlehydrate : Fett : Eiweiß = 1 : 2,4 : 2,5, vgl. (394). Bezieht man nun den Nährstoffgehalt nach diesem Wirkungsverhältnis bei allen feldwirtschaftlichen Produkten auf Getreide, so ergeben sich mutatis mutandis die bekannten Gewichte der „Getreideeinheit" (49), (139), (234), (235), (394) mit ihren z. T. aus Ertragsvergleichen gewonnenen Richtzahlen (z. B. für Sämereien und Sonderkulturen). Die tierischen Erzeugnisse werden mit ihren „Reproduktionswerten" (394) gewogen. Die Getreideeinheit ist damit ein echter Maßstab, der die verschiedenartigen Bestandteile der Erzeugungsleistung produktionswirtschaftlich richtig vereinheitlicht: Die wichtigsten feldwirtschaftlichen Erzeugnisse wiegt sie dementsprechend in der

Substanzrelation der Nährstoffe, die übrigen in der *Ertragsrelation*, im Vergleich zu ähnliche Ansprüche stellenden Fruchtarten, und die tierischen Produkte in einer von sicheren Normen ausgehenden *Aufwandsrelation*. Damit ist das Wesen der Produktionswirtschaft im landwirtschaftlichen Betriebe zwar richtig erfaßt, aber es liegen einige Einwände nahe. Sie richten sich

1. gegen diese Dreiteilung überhaupt, geben
2. dem einen oder anderen Bestimmungsgrund mehr Gewicht als die Getreideeinheit unterstellt oder greifen
3. die Nährstoffe als Substanz an.

Zu 1.: Zuzugeben ist, daß die Getreideeinheit jene drei, recht heterogenen Gesichtspunkte vereinigt; „... der Getreidewert ist als eine Mischung von Energiewert, Aufwandswert und Betriebsbeurteilungswert zustande gekommen", meint PREUSCHEN (275). Da der Ertragsrelation bei der Anwendung des Maßstabes praktisch keine ausschlaggebende Bedeutung zukommt – man kann sie überdies zur Substanz- oder zur Aufwandsrelation gehörig betrachten, das ist Auffassungssache – spitzt sich das Problem auf die Frage zu, ob man die Substanz- mit der Aufwandsrelation überhaupt kombinieren darf. Diese Frage drängt sich eben auch deswegen auf, weil die Nährstoffe mit dem Aufwand gar nichts zu tun haben.

Daß die Getreideeinheit das Eiweiß höher als Calorie, Futtereinheit und Stärkeeinheit bewertet, ist kein prinzipieller, nur ein gradueller Unterschied gegenüber jenen drei Maßstäben; außerdem haben das die deutschen Betriebslehrer wohl beweiskräftig genug begründet (49), (139), (140), (394). Im übrigen ist es durchaus ein Vorzug dieses Maßstabs – die Calorien-, Futtereinheits-, und TDN-Rechnungen haben ihn auch –, daß er das Eiweißverhältnis konstant unterstellt; wäre es anders, ließe sich nichts mehr vergleichbar vereinheitlichen. „Ein Leistungsmaßstab muß ohne Vorbehalte anwendbar sein, sonst ist er nicht richtig" (236). – PETERSEN (268) übersieht, daß die Getreideeinheit nicht zu futterwirtschaftlichen Zwecken allein geschaffen wurde. – Ebenso wenig ist PREUSCHENs Ansicht ein grundsätzlicher Einwand: Man sollte einen vereinheitlichenden „Wertmaßstab wählen, der aus der Verwertung der Erzeugnisse stammt". Er schlägt dann die „Jahresnahrung" vor, weil 95% der Marktleistung dem direkten Nahrungsverzehr dienten und die Marktleistung daher „bevorzugt eine Ernährungsleistung" sei (275). PREUSCHEN hat also auch vorwiegend die *Verwendung* der landwirtschaftlichen Erzeugnisse im Auge. – Die Getreideeinheit impliziere „immer eine produktionstechnische Vorstellung" (275). Damit bestätigt er, was wir suchen! – Seine und PETERSENs (268) Kritik ist insofern durchaus berechtigt, als der „Getreidewert" in Verbindung mit der „ernährungswirtschaftlichen Leistung" geschaffen und zunächst auch so angewandt wurde (49), (394), vgl. auch (66). HOFFMANN hat inzwischen nachgewiesen, daß der „Getreidewert ... den ernährungsphysiologischen Wert nicht wiedergibt", daß es aber durchaus möglich ist, den Nahrungsbedarf in Getreidewerten auszuweisen, wenn man die Zusammensetzung der Kost nach pflanzlicher und tierischer Herkunft kennt (140). Damit ist die Verbindung zwischen der Jahresnahrung und der Getreideeinheit hergestellt, weil „eine der Grundlagen für beide Werte der Energiewert ist" (140). Die Getreideeinheit erfaßt die Produktionsleistung, die Jahresnahrung mißt die Nahrungsleistung landwirtschaftlicher Betriebe, vgl. (140).

Man hat die Substanzrelation mit der Aufwandsrelation deswegen kombiniert, weil man ursprünglich einen betriebswirtschaftlich richtigen Maßstab für die

„ernährungswirtschaftliche Leistung" schaffen wollte (49), (394). Nachdem sich gezeigt hat, daß sich die Getreideeinheit dazu nicht eignet, vgl. (140), sollte man vielleicht nach einem Maßstab streben, der keine grundsätzliche Divergenz zwischen Substanz und Aufwand enthält, wo also die Substanz gleich der Aufwandseinheit ist. Dieser Einwand trifft die Getreideeinheit nur zur Hälfte: 1. Ihr „Reproduktionswert" verfährt schon so, 2. gerade weil sie eine Kombination zweier Gesichtspunkte enthält, sind die mit der Getreideeinheit gewogenen, direkt verzehrbaren Erzeugnisse ihrer Natur nach eben relativ genausoviel „wert" wie die Veredlungsprodukte. Mit den notwendigen futtertechnischen und -wirtschaftlichen Unterstellungen kann man also die direkt verzehrbaren Ackerbauprodukte, in Getreideeinheiten, als futterwirtschaftliche Rohstoffe ansehen, die dann voll vergleichbar sind.

So verschiedenartige Bestimmungsgründe in einem Maßstab zu vereinigen, ist immer eine mißliche Sache, schon allein deshalb, weil auf diese Weise nur ein sehr grober Maßstab zu gewinnen ist, und das ist die Getreideeinheit ohne Zweifel. Aber das liegt in der Natur eines jeden Maßstabs, der heterogene Produkte auf einen Nenner bringen soll. Für alle feineren Untersuchungen sind eben weitere, genauere, aber auch enger begrenzte Analysen notwendig. Man wird die Arbeitsleistung im Kartoffelbau genausowenig mit Getreideeinheiten messen, wenn man wissen will, wie sie zu steigern ist, wie die Milchleistung einer Kuh, wenn man ihre Futterration verbessern möchte.

Es ist im übrigen keineswegs so, daß die Calorienrechnung nun mit genaueren „Werten", sagen wir besser mit genaueren Gewichten vorgeht als die Getreideeinheitsrechnung. Man sollte sich darüber klar sein, daß jeder Vereinheitlichungsmaßstab *durchschnittliche* Verhältnisse unterstellen muß. 1 kg Schweinefleisch enthält z. B. 1500—5000 Calorien je nach seinem Fettgehalt, man kann es aber nur mit einem Durchschnittsgewicht vereinheitlichen; das ist eben nicht immer unbedenklich, vgl. (6).

Zu 2.: Aufwandsrelation oder Substanzrelation? Wir neigen an sich dazu, unserer obigen Definition gemäß, der Aufwandsrelation den Vorzug zu geben und die Substanz des Maßstabs danach zu bestimmen. Ein solcher Maßstab könnte die „Arbeitsnorm" sein, wenn sie sich praktisch sinnvoll schaffen ließe, wir kommen darauf zurück, Kap. 3.312. Und hier liegt der entscheidende Vorzug der Getreideeinheit: Sie *ist* ein in der betriebsstatistischen Praxis vielfach bewährter und allgemein anerkannter Maßstab zur Vereinheitlichung der Bodenproduktionsbestandteile.

Man geht damit nur einen kleinen Schritt weiter als die in der dänischen und sowjetischen Landwirtschaft üblichen Vergleiche der in Futtereinheiten ausgedrückten Erzeugungsleistungen einzelner Fruchtarten, vgl. (52), (70), (71), auch (10), (13), (72).

PREUSCHEN bestreitet das ausdrücklich, denn die Getreideeinheit „gibt für das Viehfutter nur die induzierte Bodenleistung an", außerdem verdecke sie die „Unterschiede der Betriebsorganisation" (275). Sein Einwand richtet sich also gegen die Aufwandsrelation in der Getreideeinheit, aber die Gründe überzeugen nicht, weil er das Wesen des Maßstabs verkennt. Je produktiver die Futterwirtschaft ist, desto mehr Getreideeinheiten leistet sie; das wollen wir wissen; ob „das Mißverhältnis zwischen Futterproduktion und Viehleistung" (275) an schlechten Ernten auf der Futterfläche, unzweckmäßiger Fütterung oder mangelhafter Leistungskondition der Nutztiere liegt, ist mit einem Maßstab, der die Gesamtleistung vereinheitlicht, genausowenig zu bestimmen, wie das Fieberthermometer angibt, ob der Patient Blinddarmentzündung oder Scharlach hat.

Das gilt auch gegen KLAUDERs (173) analogen Einwand. Die Aufwandsrelation in der Getreideeinheit bringt die „Produktivität der Tiere" (173) durchaus zum Ausdruck, ganz besonders sogar in dem von KLAUDER so falsch verstandenen Sinn seiner „Produktivität", worunter er leider auch hier wieder ein Aufwands-Ertrags-Verhältnis versteht. – Ohne normale Richtzahlen kommt im übrigen kein Wirtschaftsberater aus; nur darf man mit Kennzahlen der Betriebsdiagnose nicht ohne weiteres planen, das hat PREUSCHEN (275) bei seiner Kritik offenbar verwechselt. Wie man die Getreideeinheit in der Futterwirtschaft sinnvoll verwendet, hat HOFFMANN deutlich gemacht (139), (140), vgl. auch (10), (141), (234). Daß mit ihr gebildete „Futternormen" konstant und richtig sind, erkennt auch die Praxis mehr und mehr, vgl. (315).

Die Unterschiede in der Betriebsorganisation kann die Getreideeinheit gar nicht verdecken; denn sie ist ein Maßstab nur für die Produktionsleistung, und diese ist wiederum bloß *eine* Kennzahl, die die Betriebsorganisation zu beurteilen erlaubt.

Auch RHEINWALD wendet sich gegen die Aufwandsrelation, mit der die Getreideeinheit die tierischen Erzeugnisse wiegt: Die Getreideeinheit gebe nur „fiktive Mengen" der abgelieferten Veredlungsprodukte wieder, denn die „Getreidewerte in Form von tierischen Erzeugnissen sind ja gar nicht verfügbar...; sie waren einmal vorhanden in Form der Stoffe, die die Tiere aufgefressen haben..." (286), vgl. auch (162), (173). Das ist nur z. T. richtig. In jedem Produkt lassen sich die Faktoren vertauschen, ob man 2 dz Schwein nun mit 5 oder 6 GE wiegt, ändert nichts daran, daß diese 2 dz erst einmal erzeugt wurden. 10 oder 12 GE bleiben eben zwei dz Schwein. Der Accent liegt nicht auf den GE-Gewichten und damit auch nicht auf den vom Schwein gefressenen und veredelten Futterstoffen, sondern auf den abgelieferten 2 dz.

Hier zeigt sich deutlich, wie notwendig es um der klaren Erkenntnis willen ist, auseinanderzuhalten, was Verwendungszweck und Produktionswirtschaft vom Maßstab fordern. Auch KAMPFFMEYER meint, daß „die Getreidewerte bei den Fleischprodukten gar nicht in vollem Umfange für die Ernährung zur Verfügung stehen" (162). Es ist zuzugeben, daß die Nährstoffe in den vegetabilen Erzeugnissen über die Getreideeinheit nicht ohne weiteres mit den in den tierischen Produkten zu vergleichen sind, jedenfalls nicht für die menschliche Ernährung. Damit kann man die Getreideeinheit als Maßstab jedoch nur für die „ernährungswirtschaftliche Leistung" ablehnen, aber nicht generell.

Die recht gesicherte Aufwandsrelation hat aber zur Folge, daß die Produktionsleistung zweier Betriebe in GE ceteris paribus gleich sein kann, während sie beim einen zu 50% und beim anderen zu 20% aus tierischen Produkten besteht. Man kann aus dieser Leistung dann „in keiner Weise Rückschlüsse ziehen, ob der Umfang der Veredlung zu groß ist oder nicht" (286). Das stimmt zwar, aber wer will denn aus der Produktionsleistung allein auch *diese* Rückschlüsse ziehen?

Es ist wieder so wie mit dem Fieberthermometer oben. Man kann dies auch mit den futterwirtschaftlichen Kalkulationen vergleichen: Niemand wird bei halbwegs vollständiger Untersuchung sagen, daß er die Milchleistung seiner Kühe mit einer Million Stärkeeinheiten zustande bringe, er wird außerdem stets angeben, wieviel davon Eiweiß war. Wenn ein Betrieb 40 GE/ha ldw. Nfl. hervorgebracht hat, so wird man — um RHEINWALDs Forderung zu entsprechen — dazu sagen, daß 15 GE aus der Nutzviehhaltung stammen. Die in der Feldwirtschaft und in der Nutzviehhaltung erzeugten GE sind produktionswirtschaftlich *vergleichbar;* und darauf kommt es an!

RHEINWALD entschied sich schließlich für die Jahresnahrung als *betriebswirtschaftlichem* Leistungsmaßstab, weil sie angebe, ob der „Veredlungsumfang das richtige Maß" annimmt oder darüber hinausgeht (286). Aus dem Maßstab allein lassen sich keine normativen Vorstellungen über das rechte Maß gewinnen! RHEINWALD leitet sie schließlich auch anders ab und setzt rund 21% tierische Erzeugnisse in der Marktleistung als Richtzahl an (286). Damit postuliert er, was sich betriebswirtschaftlich nicht halten läßt — ernährungswirtschaftlich scheint es auch bedenklich — denn über Jahresnahrungen gerechnet kämen die Betriebe mit zunehmenden Anteilen von Veredlungsprodukten in ihrer Leistung zu immer niedrigeren Kennzahlen. Das machte zwar den Betrieben nichts aus, denn sie würden sich nach solchen Kennzahlen überhaupt nicht richten, aber eine solche mit dem *Maßstab* gekoppelte Zielsetzung (21% Veredlungsprodukte an der Marktleistung) verletzt das entscheidende Prinzip jeder rationellen Betriebsführung: Wirtschaften heißt wählen. Der Maßstab muß die echte Leistung *aller* Betriebsformen angemessen wiederzugeben erlauben, von der bäuerlichen Familienwirtschaft bis zum VEG. *Urteile oder Richtzahlen darf man nicht mit dem Maßstab, sondern nur mit dem Maß verbinden. Deshalb kann der Maßstab, der die Produktionsleistung erfaßt, nicht ohne Aufwandsrelation bestehen!*

Im übrigen fallen alle einer Fiktion anheim, die die Calorien- der Getreideeinheitsgewichtung gegenüber als den *wahren* Leistungsmaßstab bezeichnen. Denn auch die Caloriengewichtung induziert eine bestimmte Bodenleistung über die tierischen Produkte, sie wiegt sie nur anders, eben niedriger. Der vereinheitlichende Maßstab nimmt stets die Form unserer Gewichte, Formeln II bis IV, an; ob sie i. g. schwerer oder leichter sind, ist für den Maßstab und seine Richtigkeit belanglos, man muß damit errechnete niedrigere oder höhere Kennzahlen nur entsprechend interpretieren. Entscheidend ist immer, wie die Gewichte im einzelnen gebildet werden, welcher innere Zusammenhang zwischen ihnen besteht. Im Maßstab ist der Unterschied zwischen der Getreideeinheits- und der Calorien-Gewichtung also bloß graduell; beide sagen prinzipiell gleiches über die Bodenleistung aus, aber die Calorien-Gewichtung macht nur die Nährstoffe, also die Substanz der Produkte kommensurabel, während die Getreideeinheitsrechnung auch den Aufwand dafür einbegreift. —

Das weist einer der hartnäckigsten Kämpfer gegen die Getreideeinheit, C. BÖHME (54), unwillkürlich sehr schön nach: Ein ha guter Weide liefert 4000 kg Milch oder 500 kg

Fleischzuwachs, das sind in beiden Fällen jeweils rund 30 GE — aber 2,8 jn in der Milch und 0,6 jn im Fleisch! — Wie unzweckmäßig die Calorienrechnung die Produktionsleistung erfaßt, hat MIELCK bereits klar auseinandergesetzt (236). Daß man auch die Produktionsfähigkeit größerer Gebiete agrarwirtschaftlich nicht mit „Ernährungswerteinheiten" ohne weiteres vergleichen kann, zeigt NIEHAUS (250). „Calorien sind als Maßstab wenig geeignet, da sie weder die physiologischen noch die ökonomischen Relationen zwischen den einzelnen Agrarprodukten wiedergeben" (185).
Alle Einwände gegen die induzierte Bodenleistung, die bei der Gewichtung der Veredlungsprodukte ermittelt werden, überschätzen schließlich, was die Buchführung in den Betrieben heute praktisch herzugeben vermag. Um die effektive Erzeugung von Futterstoffen direkt zu wiegen (wie z. B. notwendig hat, wer die Bruttoproduktion erfassen will), muß man erst einmal wissen, wieviel dz tatsächlich von der absoluten Futterfläche geerntet wurden. Was darüber bekannt ist, sind meist nur grobe Schätzungen, die über die wirkliche Bodenproduktion am Ende viel weniger aussagen als die mit konstanten Gewichten vereinheitlichten Veredlungs- und Verwertungsprodukte.

Zu 3.: Sind nun die Nährstoffe die Substanz, nach der sich die Gewichte bestimmen sollen? Wir bejahen es; denn sie verkörpern die eigenständige Natur der landwirtschaftlichen Produkte am klarsten. Die Physiologen bestreiten, daß man einen „Wert finden" könne, „der in sich alle verschiedenen Eigenschaften der Produkte vereinigt", und von einem „Maßstab, der sämtliche Werteigenschaften" landwirtschaftlicher Produkte einbegreift, „sind wir noch ziemlich weit entfernt" (286). Man muß also zunächst einmal zwischen den Nährstoffen und den anderen „wertbildenden" — wir sagen besser vereinheitlichenden — Substanzen *wählen* und dann zusehen, welches der möglichen Vereinheitlichungssysteme am zweckmäßigsten ist. Bleiben wir vorerst noch bei den Nährstoffen. Was sie als Substanz im Maßstab bedeuten, soll man nicht überschätzen. Nachdem klar geworden ist, daß er ohne Aufwandsrelation produktionswirtschaftlich keinen Sinn hat, nehmen die Nährstoffe und ihr Vereinheitlichungssystem nur den Charakter statistischer Gewichte an, deren absolute Größe ziemlich gleichgültig ist.

Die Getreideeinheit erfaßt also „den pflanzlichen Bodenertrag und das Umwandlungsergebnis in tierische Erzeugnisse mit einem einheitlichen Leistungsmaßstab. Der Getreidewert beruht zwar auf ernährungsphysiologischen Werten, gibt aber — als Maßstab der betriebswirtschaftlichen Produktionsleistung verwendet — nur den Bodenproduktionswert ... wieder" (140).

Nicht daß die Getreideeinheit das Eiweiß im Wirkungsverhältnis höher und damit „richtig" wertet, macht ihren Vorzug aus, sondern daß sie eine Aufwandsrelation unterstellt, ist entscheidend. Und das ist theoretisch auch bei einem ungünstigeren Wirkungsverhältnis für das Eiweiß möglich.
Es bringt aber keine neuen Erkenntnisse, wenn KLAUDER das in der Getreideeinheit zweckmäßig konstant unterstellte Wirkungsverhältnis dadurch „verbessern" will, daß er es so wechselnd einsetzt, wie es den naturbedingten Fähigkeiten der Pflanzen entspricht, die eben unabhängig von Aufwand- und Standortverhältnissen bei „normalen Ernten" verschieden hohe Nährstoffleistungen hervorbringen (173), vgl. auch (274). Was KLAUDER ziemlich willkürlich beweist, ist nicht mehr als die bekannte Tatsache, vgl. (237), daß die Kartoffeln

eben höhere Nährstoffleistungen vom ha erreichen als der Getreidebau. Jeder Bauer weiß das. „... Die Auswahl der anzubauenden Früchte beeinflußt die Menge der zu erntenden nutzbaren Stoffe" (173).

KLAUDER (173) vermengt hier noch deutlicher als VOGEL (372) das Merkmal 1 (das „Leistungsvermögen" usw., vgl. S. 11) der Produktivität mit ihrem quantifizierbaren Maßbegriff. Man kann schon „das den einzelnen Kulturpflanzen innewohnende Ertragsvermögen als ihre Produktivität bezeichnen" (395), aber man muß diese beiden Teilbedeutungen unseres Begriffs stets nacheinander und nicht durcheinander betrachten. Denn es hängt eben nicht allein von der Produktivität (= Leistungsfähigkeit) der Rüben ab, ob sie eine hohe Produktivität (= Maßbegriff) erbringen, sondern von der Intensität der Bewirtschaftung — was *dabei* herauskommt, interessiert den Betriebswirt, er fängt bei den pflanzenbaulich-naturwissenschaftlichen Erkenntnissen ja erst an und will nicht sie, sondern Eigenständiges herausbekommen!

Wenn auch gegen die Getreideeinheitsrechnung gerichtet, trifft KLAUDERs Deduktion jedoch völlig daran vorbei. Mit den Getreideeinheiten wird eine *konkrete* feldwirtschaftliche Bodenleistung nach dem mittleren Nährstoffgehalt ihrer Bestandteile gewogen. Sie wird um so höher sein, je mehr nährstoff-„starke" Fruchtarten in ihr enthalten sind. Dabei kommt ein effektives Ergebnis heraus, also eine tatsächlich erzielte Gesamtleistung. KLAUDER induziert *potentielle* Leistung, Leistungsmöglichkeit. Wer seinen Betrieb so organisiert, wie KLAUDERs Leistungsdaten der Fruchtarten ausweisen, kommt bei den *unterstellten* Ernten auch über die Getreideeinheitsrechnung zu annähernd den gleichen Abstufungen wie KLAUDER. Hier geht es aber gar nicht um unterstellte Ernten und Leistungsmöglichkeiten, sondern um einen Maßstab, der effektive Leistungen ausdrückt. Da die Getreideeinheit ebenfalls auf den Nährstoffen aufgebaut ist, kann sie im Prinzip zu gar keinem anderen Ergebnis kommen wie KLAUDER auch. Die Zuckerrüben bringen eben *i. allg.* die doppelte Nährstofferntе vom ha wie Getreide — nach KLAUDER: Weizen = Produktivitätsziffer 6, Zuckerrüben = 15; eine mittlere Weizenernte liefert 30 GE und eine mittlere Rübenernte 75 GE — im VEG A mag das jedoch durchaus anders sein, vielleicht hat es keinen Rübenboden; dann nützt ihm die KLAUDERsche Relation gar nichts. Wieviel es aber im Vergleich mit der Nachbar-LPG tatsächlich insgesamt geleistet hat, läßt sich gut über die Getreideeinheit ausdrücken. KLAUDERs „Produktivitätsziffern" bringen also praktisch kein anderes Ergebnis zustande wie die Getreideeinheitsrechnung mit den gleichen Unterstellungen. Da die „Produktivitätsziffern" nur die feldwirtschaftlichen (Nähr)Früchte erfassen, widerlegen sie auch die Aufwandsrelation nicht. Neu daran ist indessen die Berechnungsmethode: KLAUDER gewinnt seine „Produktivitätsziffern" als „gewogene geometrische Mittel" aus der jeweiligen Eiweiß- und Stärkeeinheitenleistung der einzelnen Fruchtarten bei normalen Ernten, weil damit die „gemeinsame Nutzwirkung" von Eiweiß und Stärkeeinheiten „am geeignetsten gemessen" werde (173). Nun sind die Resultate der geometrischen Mittelbildung bekanntlich kleiner als die der arithmetischen und größer als die der harmonischen. Sie mögen also der „wahren" Mitte am nächsten kommen — sollte das der Grund für diese seltsame Rechnung sein? Sie führt praktisch zu erstaunlichen Ergebnissen. Das wird besonders deutlich, wenn das Produkt aus Eiweiß- und Stärkeeinheitenleistung verschiedener Erzeugnisse gleich ist, z. B. beim dz Heu und Kartoffelflocken. Dann stimmen auch die geometrischen Mittel überein, und damit müßte nach KLAUDER die gemeinsame Wirksamkeit von Eiweiß und Stärkeeinheit beider Produkte ebenfalls gleich sein. Wer glaubt das wohl? Da die Stärkeeinheiten eines Erzeugnisses das Eiweiß mit enthalten, muß zu „falschen" Werten führen, was ihr Produkt und die Wurzel daraus ergibt. KLAUDER hat das sicher deswegen übersehen, weil er nicht vom dz Erzeugnis, sondern von der Erzeugungsleistung je ha Anbaufläche ausgegangen ist. Wenn wir es ebenso machen und in unserem Beispiel mit normalen Ernten von 50 dz/ha Kartoffelflocken und 75 dz/ha Heu rechnen, so ergibt die Gewichtung mit den geometrischen Mitteln aus Eiweiß und Stärkeeinheitenleistung – bei jeder Rechnung – immer den anderthalbfachen Wert für das Heu. Sollen sich die Betriebe danach organisieren? Die Gesamtleistung kann man auf diese Weise jedenfalls nicht sicher vergleichbar ausdrücken.

Sehr viel klarer und auf den gleichen Zweck konsequent begrenzt, stellt POZDENA (274) die unterschiedliche Energieerzeugung der feldwirtschaftlichen Produkte bei normalen Ernten dar. Bedenklich ist dort auch, daß er den Eiweiß- und Stärkewerteertrag zusammenzählt; jedoch führen diese Summen nicht zu solchen absurden Ergebnissen wie die geometrischen Mittel bei KLAUDER. Trotz einiger wohl dadurch bedingter Differenzen stimmen die Rangfolgen beider Autoren einigermaßen überein. POZDENA verzichtet aber darauf, seine sauber errechneten Daten mit der Produktivität in Verbindung zu bringen. Dafür entwickelt er eine Aufwandsrelation für die Einordnung der Veredlungsprodukte; sie ist der bei der Getreideeinheitsrechnung unterstellten sehr ähnlich. Bezeichnenderweise hält sie auch POZDENA wieder konstant, womit am Ende erneut „bewiesen" wird, daß es zweckmäßig und notwendig ist, die Bodenleistung zu „induzieren". Die Nährstoffe *sind* also gut geeignet, Gewichte abzugeben, und es kommt vorerst tatsächlich nicht so sehr darauf an, daß man sie nach der letzten Stärkeeinheit genau abstuft. Es sind eben nur Gewichte für einen relativ groben Maßstab, der eine heterogen zusammengesetzte Gesamtleistung vergleichbar machen soll, und nicht mehr.

KLAUDERs Deduktion mag aber einen über diese unmittelbar mit dem Maßstab verbundenen Überlegungen hinausgreifenden Sinn haben. Dazu sei ein kurzer Exkurs gestattet, den wir auch im Hinblick auf das für notwendig halten, was KAMPFFMEYER will. Zunächst aber erst einmal dessen Methode:
KAMPFFMEYERs „Nährkalorie" will die Nährstoffe ebenfalls „richtiger" bewerten. Er nennt seine „Nährkalorie" darüber hinaus ausdrücklich einen „Maßstab zur Arbeitsproduktivität in landwirtschaftlichen Betrieben" (162). KAMPFFMEYER unterscheidet drei Werte: den Ernährungswert, den Realwert und den Produktionsaufwandswert. Alle drei lassen sich zum Brotgetreide in Relation setzen, so daß eine im Prinzip ähnliche Anwendungsweise wie bei den Getreideeinheiten möglich ist. Der „Ernährungswert" ist der absolute Wert der erzeugten Produkte, den sie für die menschliche Ernährung haben, also ohne Abfälle, bei normaler Verdaulichkeit und im „durchschnittlichen europäischen Nährstoffverhältnis aus der Kostform für Friedenszeiten". Die

Calorie, bei der sich tierisches Eiweiß : pflanzlichem Eiweiß : Fett : Kohlehydraten = 0,5:0,5:0,86:5,2 verhalten, ist danach eine KAMPFFMEYERsche „Nährcalorie“ 1). Der „Realwert“ enthält den Ernährungswert plus Abfälle (= Ausfall für die menschliche Ernährung, wie Kleie, Haut, Knochen, Innereien u. ä. m.). Der „Produktionsaufwandswert“ ergibt sich genau so wie bei der Getreideeinheit aus der Verwertung und Veredlung der Futterstoffe durch die Nutztiere. Trotz seiner Kritik an der Getreideeinheit hat KAMPFFMEYER also auch keine Patentlösung gefunden, die alle Eigenschaften der Produkte unter den verschiedenen Gesichtspunkten der Produktion *und* Verwendung sofort vergleichbar macht. Sein Maßstab ist indessen deutlicher und auch konsequenter als die Getreideeinheit: Er trennt die ernährungs- von den produktionswirtschaftlichen Aspekten, schaltet die Preisrelationen als „Bewertungsgrundlage“ aus und gewinnt schließlich ein vollständigeres System. Es ist am Ende auch nicht schwieriger anzuwenden als die Getreideeinheitsrechnung – aber es bringt produktionswirtschaftlich nichts entscheidend neues, so daß es für unseren Zweck nur den Nachteil hätte, daß man die Nährcalorienwerte mit den vielfach veröffentlichten GE-Kennzahlen nicht mehr vergleichen kann. Es wäre allerdings zu wünschen, daß man die „Getreidewerte“ teilweise nach den KAMPFFMEYERschen Erkenntnissen berichtigte.

Wir verzichten hier auf einen solchen Versuch; denn wesentliche Abweichungen zeigen sich nur bei einigen weniger bedeutsamen Produkten, so z. B. bei Fischmehl, Butter, Sauerrahm, Magermilch und Leinsamen, vgl. (161). Daß KAMPFFMEYER den Getreidearten je nach Nährstoffgehalt fünf verschiedene Gewichte gibt, macht seine Rechnung allerdings nicht einfacher. Produktionswirtschaftlich wird damit größere Genauigkeit bloß vorgetäuscht, denn die über die Veredlungsprodukte gemessene tatsächliche Bodenleistung ist eben auch „nur“ induziert und hängt damit von betriebswirtschaftlich viel durchschlagenderen Bestimmungsgründen ab, als daß es viel Sinn hätte, das letzte Glied der Kette mit einem so ins einzelne gehenden Maßstab erfassen zu wollen. Die Getreideeinheiten fassen größere Gruppen in ihre Gewichte. Damit rechnet es sich nicht nur einfacher, diese Methode entspricht auch der in der volkswirtschaftlichen Gesamtrechnung üblichen, die beispielsweise die Meßwerte für zusammengefaßte Warengruppen festsetzt, vgl. (94).

Die Nährcalorienrechnung bleibt bewußt und konsequent auf die Ernährungsleistung beschränkt und ist damit betriebswirtschaftlich unvollständig. Sie legt die „Ernährungsnutzfläche“ zugrunde und schließt alle nicht der menschlichen oder der tierischen Ernährung dienenden Produkte der Sonderkulturen aus (162). Sie verzichtet also auf den Ertragsvergleich. Wenn schon vereinheitlicht wird, dann muß der Maßstab auch alles erfassen, was auf der landwirtschaftlichen Nutzfläche hervorgebracht wird.

Gegen den Ernährungs- und Realwert als Maßstab für die verschiedenartigen Bestandteile der Bodenproduktion spricht schließlich, was wir oben schon gegen

1) Das ist ernährungswirtschaftlich nicht unbedenklich. Die Kriegs- und Nachkriegszeit hat gezeigt, wie man über ein weiteres Nährstoffverhältnis zu viel höheren als den so berechneten Nährcalorienleistungen kommen kann. Man braucht nur an die „Schweinemorde“ zu denken oder daran, daß die Japaner ihren Bedarf an tierischem Eiweiß aus dem Meere decken. Die Unterernährung mag verhindern, daß eine bestimmte Grenze in der Kostform unterschritten wird, aber schon die Tatsache daß das unterstellte Nährstoffverhältnis auf die Dauer eben nicht sicher fixierbar ist, macht die Nährcalorie und ihre Gewichte recht fragwürdig. Naturale Maßstäbe müssen konstant bleiben und ohne Vorbehalt gelten!

die Calorie sagten: Damit errechnete Werte machen produktionswirtschaftlich sinnvolle Vergleiche verschieden zusammengesetzter Produktionsleistungen unmöglich. –

Nun verfolgt KAMPFFMEYER indessen noch ein anderes Ziel: Seine Nährcalorie erfaßt nicht nur die ernährungswirtschaftliche *Leistung* des Betriebes; mit der ziemlich ähnlichen „physiologisch nutzbaren", oder besser, der physikalischen Calorie läßt sich auch der gesamte Energie*aufwand* im Betriebe ausdrücken. Das Verhältnis zwischen diesen beiden Größen nennt KAMPFFMEYER die „Betriebsproduktivität" (162), die dann statistisch den Charakter eines Grades, man darf vielleicht sogar eines Wirkungsgrades sagen, annimmt.

Genau genommen ist es allerdings keiner; denn der technische (physikalische) Wirkungsgrad muß stets kleiner als 1 sein. Der Wert des Grades, den die „Betriebsproduktivität" erreicht, wird schon deswegen größer als 1 werden, weil die Wirkung der wichtigsten Energiequelle – der Sonne – im Aufwand gar nicht enthalten ist. Die gleiche Sonnenenergie wirkt indessen recht unterschiedlich, je nachdem wie die Feldwirtschaft im Betriebe organisiert ist, und wohl kaum in irgend einer einigermaßen konstanten Relation zum übrigen betrieblichen Energieaufwand. Das beeinträchtigt die Aussage über die so ermittelten Kennzahlen! Man sollte auch die Arbeitsproduktivität deshalb nicht mit dem „Wirkungsgrad der Arbeit" gleichsetzen, wie es so oft geschieht, z. B. (34). Auch die intensivste lebendige Arbeit schafft keinen besseren Wirkungsgrad als 40%. Die Arbeitsproduktivität soll aber Kennzahlen über 1 ergeben. – Nicht ganz so weit wie KAMPFFMEYER ging schon BÖHME (53), der aber die Leistung konsequent in Calorien maß und davon dann den ebenfalls in Calorien ausdrückbaren Brennstoffaufwand der Schlepper absetzte, um mit den Pferdebetrieben im gleichen Bilde zu bleiben. Das ist kaum richtiger, außerdem umständlich und unnötig. – Ob die der KAMPFFMEYERschen Vorstellung analoge „Leistungsgrad"-Produktivität, vgl. S. 41, dazu auch (168), für *die* Industrie mehr Sinn hat, scheint ebenso zweifelhaft; denn auch dort wird im Nenner sicher nicht die volle Summe der „verzehrten Leistungen" erfaßt. Außerdem rechnet KIENZL (168) mit Preisen! Man sollte wirtschaftliche Beziehungen nicht mit „physikalischen Grundgesetzen" verquicken; der KIENZLsche „Leistungsgrad" *muß* keineswegs kleiner als 1 sein.

Auf den ersten Blick scheinen solche Vorschläge recht bestechend zu sein. Zweierlei ist einzuwenden:

1. Zähler (E) und Nenner (A) werden zwar mit recht ähnlichen, aber eben mit doch nicht gleichen Dimensionen gemessen (Calorie und Nährcalorie). Selbst das A enthält z. T. Arbeit, z. T. Leistung, Calorienaufwand beim arbeitenden Menschen, motPSh beim Schlepper; die Vereinheitlichung bietet allerlei Probleme; noch vermag die Arbeitstechnik solchen zusammengefaßten Arbeitseinsatz nicht einwandfrei auszudrücken, ganz abgesehen davon, daß sie nur mit sehr groben Werten kalkulieren kann. Wieviel Cal wendet denn der Bauer Schulze am 27. August tatsächlich auf, oder wieviel mkg leistet er an diesem Tage? Es liegt schließlich im Wesen der Nährcalorie, daß mit ihr gebildete Grade zu methodologisch verschiedenen Werten führen, wenn die Arbeitsmacht ceteris paribus das eine Mal im wesentlichen aus toter und das andere Mal aus lebendiger Arbeit besteht.

2. Was bei dieser Rechnung herauskommt, mag wohl volkswirtschaftlich, vor allem aber technisch interessant sein, betriebswirtschaftlich sagt es nicht viel. Hier geht es niemals darum, was die kinetische Energie leistet, sondern was die potentielle hervorbringt, oder deutlicher: Nicht die aufgewendeten Calorien der Menschen oder die geleisteten motPSh sind wirtschaftliche Bezugsgrößen, sondern die Zahl der Arbeitskräfte oder die Stärke der gegebenen Arbeitsmacht. *Wir müssen arbeitswirtschaftlich und nicht (arbeits)technisch denken.*

Die KAMPFFMEYERsche Methode auf einzelne Betriebszweige oder Arbeitsgruppen anzuwenden, bringt auch nichts ein, denn die vielseitige intensive Kulturwirtschaft kann sich nicht nach technischen Wirkungsgraden organisieren. Auch hier überlagern die arbeitswirtschaftlichen Gesichtspunkte die arbeitstechnischen. Das Wirkungsgrad-Denken mag wohl einmal für Arbeitsspitzen angebracht sein, aber dafür reichen die einfacheren technischen Methoden völlig aus; man kann also für unseren Zweck auch auf die problematische Berechnung nach KAMPFFMEYER verzichten.

Exkurs: Produktivität — ein vollständiges Leistungsmaß? Aus KLAUDERs und POZDENAs Darstellungen läßt sich ableiten, daß die Produktionsleistungen nicht das ausschließliche Ergebnis allein aus dem unmittelbaren Zusammenwirken der im Betriebe kombinierten drei Produktivfaktoren ist; deswegen stellen sie die Rangfolge der Früchte nach ihrer natürlichen Produktivität auf (173), (274). KAMPFFMEYER geht einen Schritt weiter, indem er den gesamten Energieaufwand erfassen will und die Sonnenenergie wenigstens erwähnt, wenn auch nicht quantifiziert (162). (Unter bestimmten Bedingungen vermögen die Pflanzen heute schon bis zu 60% der Sonnenenergie zu binden. Auf dem Felde schwankt ihre Fähigkeit dazu allerdings um wesentlich niedrigere Werte). Hier offenbart sich eine für jede fortschreitende Wissenschaft typische Entwicklungslinie: Je weiter sie kommt, desto vollständiger werden ihre Methoden, um so vielseitiger ihre Aspekte und desto erschöpfender schließlich ihre Erkenntnisse. Was KLAUDER und KAMPFFMEYER, zwar nicht expressis verbis, hier vorwegnehmen, ist vorerst nur die Frage nach der quantifizierbaren Ganzheit der Produktivfaktoren, auf die „eigentlich" bezogen werden müßte, was sie hervorbringen. Denkt man das zu Ende, hätte man also mit Maß und Zahl erfaßt, welche Produktiveinheiten diese Ganzheit bilden, so wäre damit unser Einwand abgetan, Produktivität sei nicht gleich Wirtschaftlichkeit. Produktivität und Wirtschaftlichkeit würden dann zusammenfallen und ein Begriff sein. Um dieses Glücks einer späten Zukunft willen sollte aber niemand versäumen, den konkreten Problemen um die Produktivität nachzugehen, so wie es der dem Heute und Hier zugewandten Betriebsforschung ohnehin angemessen ist. Und unter diesem Gesichtspunkt gewinnt die Sache einen ganz anderen Aspekt: Die Produktivität als Ganzes vollständig zu erfassen, wird in absehbarer Zeit keiner noch so komplizierten Methode gelingen. Man wird sich mit den bekannten Behelfen der Boden-, Arbeits- und Betriebsmittelproduktivität begnügen — aber niemand sollte mehr überschätzen, auch nicht unterschätzen, welchen Anteil der Mensch mit seiner lebendigen Arbeit unmittelbar an der Produktionsleistung hat. Er ist nicht so groß, daß man heute noch sagen könnte, *er* habe *die* Produktionsleistung *erarbeitet,* aber auch nicht so bescheiden, daß man resignieren müßte: Was macht schon die lebendige Arbeit aus — die Natur hat allemal das größere Gewicht in der Kalkulation[1]). Erst dann, wenn einmal die heute möglichen und auf dem Bekannten

1) Eine Folge davon ist — sie greift über unser Problem hier hinaus — daß die als Arbeitsproduktivität ermittelte Kennzahl nur ein Teilmaß ist für das, was der Mensch als Arbeitserfolg erstrebt oder auch empfindet. Er muß nur auch in diesem Sinne das rechte Maß halten zwischen übertriebenem Leistungsstreben und beschaulichem Trott, zwischen Arbeit und Beschäftigung.

fußenden Methoden die Arbeitsproduktivität zur sicheren und geläufigen Kennzahl gebracht haben werden, wird es Sinn haben, vollständige Methoden zur Messung der Gesamtproduktivität anzuwenden. Sie zu suchen, sollte man nicht säumen. Aber das übersteigt im Ansehen der komplizierten Problematik um diese Dinge weit, was die Betriebsforschung allein zu leisten vermag. Soviel läßt sich nämlich schon heute übersehen: Jene Ganzheitsproduktivität wird durch eine solche Fülle verschiedener Faktoren bestimmt, daß man mit der heutigen vergleichsweise primitiven, meist in Kausalbeziehungen denkenden Rechnungsweise nichts erkennen kann. Dann wird man die Funktionalbeziehungen sehen und rechnerisch durchdringen müssen. Welcher Betriebswirt beherrscht heute schon die dazu notwendige Mathematik, wer gibt die Formeln? Ausgerechnet werden sie dann bald sein! Außerdem ist für die Auswertung dieses Zukunftstraums notwendig, daß man auch in anderer Weise umdenken lernt: Nicht Kosten-Nutzen-Erwägungen sind das Klima, wo eine vollständige Produktivität zu gedeihen vermag — die optimale Bedarfsdeckung dreht sich um echtes Denken im volkswirtschaftlich bestimmten Begriff der Produktivität. Dann wird die Bedeutung der Wirtschaftlichkeit zurückgehen, sie wird nur noch interessieren, soweit sie der Produkivität vorgelagert ist — nicht umgekehrt, wie heute![1]) — Auch von der Volkswirtschaft her entwickelt sich eine neue Disziplin in dieser Richtung, die „energy value theory", die „Energiewirtschaftslehre", vgl. (401). Sie geht analog aus vom natürlichen Kreislauf der Materie und der Energie in der Wirtschaft, wobei die eingesetzte Energie dem Energiewert des Volkseinkommens („energetische Grundgleichung") gegenübergestellt wird; damit greift eine energetische Betrachtungsweise Platz neben der „tauschwertmäßigen (geldlichen) und der nutzwertmäßigen (psychologischen)", vgl. (401). — So zeigt die Wissenschaftspraxis, in welcher geistigen Situation die konkrete Diskussion um die Produktivität heute steht, welche Station sie etwa erreicht hat. Zur aufgezeigten Entwicklung vermag die Betriebsforschung zunächst nur klarere Erkenntnis um die Anwendung und Aussage in ihrem Bereich beizutragen. Und dort ist die Produktivität vorerst noch weit davon entfernt, ein vollständiges Leistungsmaß zu sein. (Ende des Exkurses.)

KAMPFFMEYERs Vorschläge sind ihrer Zeit voraus. Um Erkenntnisse über die Arbeitsproduktivität zu gewinnen, braucht man heute noch keinen so genau sein sollenden Maßstab. Trotzdem enthält er wertvolle Hinweise; sie zu prüfen und praktisch anwendbar zu machen, ist eine Gemeinschaftsaufgabe der Ernährungswirtschaftler und Betriebsforscher. Die Nährcalorie gehört von Hause aus nicht zur Arbeitsproduktivität der Produktionswirtschaft.

Damit, daß wir den KAMPFFMEYERschen Maßstab als unzweckmäßig ablehnen, ist nichts gegen seine theoretisch richtige Deduktion gesagt. Sie bestätigt nämlich vollkommen, was wir beweisen wollten: *Die Nährstoffe sind nicht nur die natürliche, angestammte Substanz landwirtschaftlicher Erzeugnisse, sie geben auch ein geschlossenes Vereinheitlichungssystem ab, das zur letzten möglichen Vollendung führt, denn weiter als bis zu einem Grad läßt sich der Produktivitätsquotient theoretisch-statistisch nicht entwickeln.* Diese Erkenntnis ist deswegen so wichtig, weil wir nur von ihr aus die notwendige Grundlage gewinnen, um uns sine ira et studio allein vom Maßstab und seiner Zweckmäßigkeit her sachlich auseinanderzusetzen mit dem „klassischen" Einwand gegen die Nährstoffe als Substanz und sein praktisches Resultat:

---

[1]) Vgl. dazu: „Produktivität ist nicht Selbstzweck, sondern Mittel zum Zweck. Selbstzweck der Erwerbswirtschaft ist die Rentabilität" (396)!

3.312 Die „Arbeitsnorm"

Wir hatten gesehen, daß ein produktionswirtschaftlich sinnvoller Maßstab nicht ohne Aufwandsrelation auskommt. Das wird niemand bestreiten. Es fragt sich nur: Aufwand woran? Von allen möglichen Aufwandsarten kommen nur zwei ernstlich in Betracht: Die Nährstoffe und die Arbeit. Der mit den Nährstoffen gebildete Maßstab hat zwei Bestimmungsgründe, die Substanz- und die Aufwandsrelation. Das mag die Ursache für manche Einwände gegen die Getreideeinheits- und die verwandten Rechnungen sein. Jene Zwieschlächtigkeit wiegt jedoch bloß akademisch schwerer. Denn tatsächlich werden etwa 70%, und praktisch lassen sich runde 90–100% der feldwirtschaftlichen Produktion eines Betriebes über die Nutzviehhaltung verwerten und veredeln – gerade diese *Möglichkeit* macht e i n e n, wenn nicht sogar d e n wesentlichen Teil der Produktions*wirtschaft* aus, die ohnehin weitgehend Futterwirtschaft ist. Damit sind so gebildete Maßstäbe produktionswirtschaftlich nahezu *reine*, wir dürfen wohl sagen potentielle Aufwandsrelationen einheitlichen Charakters.

Vielleicht geht es aber auch ohne dieses einschränkende „nahezu"? Es gibt ja einen Bestimmungsgrund für alle Erzeugnisse, der Aufwand und Substanz zugleich ist: Die Arbeit. Die in der Mengeneinheit eines jeden landwirtschaftlichen Produkts verkörperte Menge von Einheiten der Arbeit gäbe dann die Gewichte ab, mit denen man den allen gemeinsamen Nenner bilden könnte. Dieses oft vorgeschlagene und viel diskutierte Verfahren (35), (75), (96), (168), (304), (310), (317), (342) hat ROSENKRANZ erstmalig für die landwirtschaftlichen Betriebe konkretisiert (304). Danach entspricht je ein dz Getreide = 8 Stunden lebendiger Arbeit, Zuckerrüben = 1,9, Mastschweine = 44 usw. Diese Richtzahlen (ROSENKRANZ nennt sie „Normen") lassen sich heute individuell mit einiger Sicherheit angeben, wenn man von einer bestimmten Lehrmeinung ausgeht — d. h. z. B. konventionell festlegt, wo der Arbeitsaufwand für 1 dz Schwein beginnt; vielleicht beim Schälen des Kartoffelackers –, die vergegenständlichte Arbeit unberücksichtigt läßt und Sicherheit nicht im Sinne von ‚absolut einwandfrei', sondern als ‚praktisch brauchbar' versteht. Wer den Arbeitsaufwand für die einzelnen Fruchtarten und Betriebszweige sowie deren Ernten, Leistungen und Erträge kennt, vermag solche „Arbeitsnormen" rasch auszurechnen, vgl. dazu z. B. (150), (296), (355) und unseren Beitrag zu diesen Zahlen in (13): Unterstellen wir also, die „Arbeitsnormen" seien richtig. Damit hätte man dem mittleren Zeit-Aufwand entsprechende, die gemeinsame Substanz enthaltende Gewichte, mit der sich die Bodenproduktion vereinheitlichen und in „erarbeiteten Stunden" (304) – nicht sehr glücklich – ausdrücken ließe.

Bis hierher ist bereits zweierlei klarzustellen: 1. Diese „erarbeiteten Stunden" je Erzeugniseinheit sind nicht die „gesellschaftlich notwendige Arbeitszeit", wie ROSENKRANZ (304) versehentlich meint, sondern bestenfalls nur die in *der* (?) Landwirtschaft durchschnittlich aufgewendeten Stunden lebendiger Arbeit. Die gesellschaftlich notwendige Arbeit muß „notwendig" auch enthalten, was eben die Gesellschaft an Arbeit in ihre von den landwirtschaftlichen Betrieben eingesetzten Vorleistungen gesteckt hat. 2. Solche Richtzahlen zu ermitteln, bietet die gleichen und noch keineswegs geklärten Schwierigkeiten, wie sie von der Kostenrechnung her bekannt sind, also komplizierte Verteilungsprobleme (nach welchem „richtigen" Schlüssel verteilt man die den Gemeinkosten entsprechenden, nicht produkt-spezifischen Arbeitsstunden?), Zuschlagskalkulationen (welche Anteile der aufgewendeten Arbeit rechnet man der Milch, welche dem Fleisch zu, wie verfährt man bei Arbeitskühen?), Bewertungsprobleme (wieviel Arbeitsstunden ist ein dz Sojaschrot „wert"?) u. a. m. Die Richtzahlen sind also von Hause aus nicht unbedingt richtig. Wir unterstellen das hier nur.

Der große Vorzug der ROSENKRANZschen Methode und ihrer „Normen" ist, daß sie Richtzahlen angibt, die einen zwischenbetrieblichen Vergleich erlauben und nicht bei dem wenig ergiebigen einbetrieblichen stehenbleiben. So hat er seine „erarbeiteten Stunden" offenbar gemeint; BEHRENS' Kritik (35) hat das völlig übersehen und trifft daher vorbei. Wir kommen beim Geldmaßstab noch einmal darauf zurück, vgl. auch S. 298.

Vier Gründe sprechen allerdings überzeugend dagegen, dieses Verfahren schon jetzt allgemein zur Vereinheitlichung der Bestandteile der Bodenproduktion anzuwenden:

1. Der Arbeitsaufwand kann niemals konstante Gewichte hergeben. Was hier eingesetzt wird, ist das Ergebnis der ermittelten Arbeitsproduktivität; ein entscheidendes von der Volkswirtschaft gesetztes Merkmal war und ist ihre Steigerung, Merkmal 7, S. 13. Dabei wollen wir hier ganz davon absehen, daß die Arbeitsproduktivität der Futterbau- und Melkergruppe wächst, wenn die Milchleistung der Kühe steigt, wenn sich also die natürlichen, von der unmittelbaren konkreten Arbeit weitgehend unabhängigen Leistungsbedingungen verbessern! Es widerspricht geradezu dem Wesen des Arbeitseinsatzes und seinem wirtschaftlichen Ziele, wollte man davon ausgehen und im Maßstab voraussetzend unabänderlich verankern, daß um das gleiche Produkt hervorzubringen, nicht laufend weniger, sondern stets die gleiche Menge Arbeit aufgewendet wird. Damit hängt ein weiteres eng zusammen: In der modernen arbeitsteiligen Volkswirtschaft bestimmt niemals die lebendige Arbeit allein, ob ein bestimmtes landwirtschaftliches Erzeugnis nun mit höheren oder niedrigeren „Normen" an erarbeiteten Stunden zu vereinheitlichen ist. Wenn man die Arbeit dafür überhaupt heranziehen will, dann nur ihren Gesamteinsatz, also was an lebendiger *plus* toter Arbeit jeweils aufgewendet wurde. Wie will man sie aber sicher auf *einen* geeigneten gemeinsamen naturalen Nenner bringen? Selbst wenn das möglich wäre, bliebe immer noch bestehen, womit wir begannen: Der Gesamtarbeitseinsatz verringert sich laufend.

Die „Verminderung des in die Ware eingehenden Gesamtarbeitsquantums scheint ... das wesentliche Kennzeichen gesteigerter Produktivkraft der Arbeit zu sein, gleichgültig unter welchen gesellschaftlichen Bedingungen produziert wird" (222). „In einer kapitalintensiven Wirtschaft kann das Produktionsergebnis nicht allein auf den Arbeitsaufwand bezogen werden" (2). „... Dieses Verfahren (die Arbeitsmethode — A. B.) ist im Grunde nicht richtig ... Der Wert des Produkts wird nicht nur durch die Menge der ... lebendigen Arbeit bestimmt, sondern auch durch die Menge ... der vergegenständlichten Arbeit ... Aber auch in diesem Falle ist die Umrechnung z. B. von Wolle in Getreide immer noch ungeklärt" (66).

Da man dieses komplizierte Zusammenspiel von toter und lebendiger Arbeit beim Zustandekommen der Produktionsleistung „vergessen" wird, weil es eben sehr schwierig zu durchdringen ist, kann die Arbeitsmethode zu so gefährlich irreführenden Schlüssen führen wie diesem: Man könnte damit die Arbeitsproduktivität der Landwirtschaft in der Volkswirtschaft einheitlich messen, ohne daß die „Kennziffern ... weder durch Verschiebungen im Produktionssortiment noch in den sogenannten Vorleistungen beeinflußt würden" (35).

Weder über die lebendige Arbeit noch über die insgesamt eingesetzte Arbeitsmenge sind also konstante Gewichte zur Vereinheitlichung der Bestandteile der Bodenproduktion zu gewinnen.

Das geht aus H. SIEBERs (342) Bemerkungen über die Messung der Arbeitsproduktivität auf Grund technischer Arbeitsnormen — einem i. g. dem ROSENKRANZschen sehr ähnlichen Verfahren — deutlich hervor. Die Basis, auf die die TAN-Statistik die Ausgangsproduktivität bezieht, sind TAN, die für ein Jahr im Kataloge festgelegt werden; der Grad der Normerfüllung gebe dann ein Maß ab für die Steigerung der Arbeitsproduktivität, denn „jede Abweichung von dieser Soll-Zeit ist natürlich nur auf Veränderung des Wirkungsgrades der lebendigen Arbeit, also auf Veränderung der Arbeitsproduktivität zurückzuführen" (288). „Nach Ablauf des Jahres wäre der Katalog nach Maßgabe des erreichten technischen Fortschritts zu überarbeiten ... der überarbeitete Katalog hätte die Grundlage für die Berichterstattung des nächsten Jahres zu bilden" (342). So ist der Arbeitsbegriff konsequent und damit allein wesensgemäß und richtig aufgefaßt. Nun springt aber sofort ins Auge, daß dieses Verfahren, selbst wenn es auf den landwirtschaftlichen Betrieb zu übertragen wäre, keinesfalls geeignet ist, konstante Vereinheitlichungsgewichte zu bilden. Wendete man die von SIEBER dargestellte Methode *hier* trotzdem buchstabengetreu an, so ergäben sich zwar aufschlußreiche Vergleiche der vorgegebenen mit den erreichten Normen, aber niemals Kennzahlen über die Arbeitsproduktivität. Denn die TAN im landwirtschaftlichen Katalog sind nie auf das fertige Produkt, sondern im allgemeinen auf Flächen, Mengen, Stücke bezogen und enthalten in keinem Falle den für die Erzeugung der Produkte insgesamt notwendigen Arbeitsaufwand. Der Vergleich nach SIEBER zeigte dann nichts anderes wie die üblichen Gegenüberstellungen des Arbeitsstundenaufwands je ha ldw. Nfl. mit den entsprechenden Richtzahlen. „Eine weitere Unzulänglichkeit" dieser Methode „ist die Tatsache, daß ... nur der Teil der Produktion erfaßt wird, der technisch genormt werden konnte, während der übrige Teil unberücksichtigt bleibt ... es müßte aber die gesamte Produktion beobachtet werden ... Dieser Mangel kann aber weder jetzt noch in Zukunft restlos beseitigt werden, da gewisse Teile der Produktion ihrer Natur nach stets außerhalb jeder technischen Normung bleiben müssen" (342). Auch in der Landwirtschaft werden „längst nicht alle Arbeiten im Leistungslohn verrichtet", d. h. genormt, „und werden sich auch nicht verrichten lassen" (304), vgl. auch (35), (272). Wenn ROSENKRANZ diesem Mangel nun dadurch aus dem Wege geht, daß er gewaltsam scheinbar konstante Gewichte einführt, so verliert das ganze Verfahren seine der Arbeit adäquate Grundlage und damit seinen propagierten Sinn.

2. Die über den Arbeitsaufwand je Erzeugniseinheit ermittelten Gewichte sollen nun — das ist ihr unabdingbarer Sinn — eben *sicher* vergleichbar angeben, wieviel Arbeitseinheiten der dz Schwein gegenüber dem dz Getreide, gemessen an der Arbeit, mehr wiegt. Das geht nur mit so peremptorischen Unterstellungen wie dieser: In einem Betriebe werde Rindvieh ausschließlich zur Mast gehalten und nur mit Heu und Grünfutter ernährt; der Arbeitsaufwand für die Futtergewinnung und für die Futterverwertung ist dann recht einfach zu ermitteln

und der Arbeitsaufwand je dz Rindfleisch – die gesuchte Gewichtungsgröße – „einwandfrei festzustellen“; den Arbeitsaufwand je dz Milch stellt man in einer Abmelkwirtschaft, und je dz Schwein in einem reinen Schweinemastbetrieb „genau fest“ (304). So kommen Gewichte zustande, die weitgehend verloren haben, was sie gegenüber der Getreideeinheitsrechnung auszeichnen soll: Ihre den konkreten Arbeitseinsatz sicher kennzeichnende Vergleichbarkeit. Es sind eben Gewichte – ihre Allgemeingültigkeit mag man konventionell bestimmen – die nur noch nominell durch *die* Arbeit gebildet sind; *die Absicht, „Normen“ festzulegen, hat zu wesensfremden Unterstellungen geführt und zu ebenso „abstrakten Größen“*, wie sie die Meßwerte verkörpern, die ursprünglich auch von realen Zusammenhängen und Daten ausgingen. Das wird besonders deutlich, wenn man daran denkt, daß nicht nur die heterogenen Erzeugnisse, sondern auch vereinheitlicht werden muß, was im Maßbegriff der Bodenproduktion abzuziehen ist, also die Zukäufe an Saatgut, Futtermitteln und Vieh. Wie soll der Zuchtbulle oder der dz Eiweißkonzentrat über die Arbeitsmethode „richtig“ bewertet werden? Sie kommt hier in ebenso komplizierte Bewertungsprobleme wie die Produktionskostenrechnung, aber die sind nun einmal jeder Betriebsabrechnung immanent, während sie dem dynamischen Arbeitsbegriff förmlich ins Gesicht schlagen. All das würde also die quantifizierte Substanz „Arbeit“ soweit aufheben, daß man praktisch bei der vorteilhafteren Getreideeinheitsrechnung bleiben kann.

3. Damit ist nicht gesagt, daß man in einer weiter fortgeschrittenen Volkswirtschaft nicht zu einem derartigen Verfahren kommen könnte. Aber das setzt eben voraus, daß man sicher kennt, was ROSENKRANZ bereits als bekannt unterstellt, nämlich den durchschnittlichen, repräsentativen Gesamtarbeitseinsatz je Mengeneinheit der Erzeugnisse. Dieser Kenntnis stehen nicht nur ungeklärte Probleme des Rechnungswesens entgegen, Fragen auch, die der volkswirtschaftlichen Gesamtrechnung näher als der Betriebsforschung verwandt sind, viel schwerer wiegen die betriebs- und arbeitswirtschaftlichen Zusammenhänge, die ceteris paribus zu ganz unterschiedlichen Richtzahlen führen. Selbst wenn wir einmal annehmen, daß der Arbeitsanspruch in beiden Fällen dem Leistungsvermögen der Arbeitsmacht optimal angepaßt, die Arbeitswirtschaft also in Ordnung ist, so wird der Bauer Schulze in seiner vorbildlichen Abmelkwirtschaft in der Börde doch sehr viel mehr Arbeit je hl Milch und je dz Rind einsetzen als der Bauer Claasen in seinem modernen holsteinischen Weidebetrieb. Die ermittelten „Normen“ mögen für beide richtig sein – das hatten wir ja zunächst unterstellt – aber mit welcher wiegt man nun *den* dz Rind und *die* 100 l Milch?

Dieses einfache Beispiel wird noch komplizierter, wenn man einbezieht, was die Industrie den „Beschäftigungsgrad“ nennt. Die Landwirtschaft kennt diese Probleme ja auch zur Genüge. Man denke an das rationell arbeitende VEG mit seinen teuren Lohnarbeitern, die 2400 Std. im Jahre zu arbeiten Anspruch haben, an die LPG, die ihre Bauern nur beschäftigt, wenn sie Arbeit hat, und an die Familienwirtschaft mit ihren vielen „Beschäftigungsstunden“, vom Leerlauf usw. dort abgesehen. – Ähnliches gibt es –

leider! – überreichlich. Das Schulbeispiel gegen die Produktionskostenkalkulation des Weizens, den die für den Rübenbau bestimmten Saisonarbeiter hacken müssen, gehört auch hierher. Auch PETTER (272) wendet sich vor allem gegen die jeweils unterstellte einseitige Produktionswirtschaft der Nutzviehzweige. Am Rande sei vermerkt, daß die „Arbeitsmethode“ zu Gewichten führt, die die Erzeugnisse der Nutzviehhaltung wesentlich günstiger abschneiden lassen als die reinen Ackerbauprodukte. Die intensive Kulturwirtschaft hält Nutzvieh aber in erster Linie, um Futter zu verwerten. Dünger- und arbeitswirtschaftliche Gründe rangieren danach. Es ist daher auf jeden Fall richtiger, nach futterwirtschaftlich fundierten Gewichten zu wägen. Es wird nun wohl niemand auf den Gedanken kommen, daß man für jeden Betriebstyp besondere „Normen“ ansetzen müsse. Wer das dennoch meint, hätte die Grenzen zu definieren – das ist eine Sisyphus-Arbeit – und außerdem verwechselte er hier betriebsanalytisches Denken mit den Grundbegriffen der Meßtechnik. Wollte er trotzdem so verfahren, könnte er schnellstens das metrische System abschaffen und seine Utensilien, mit denen er dann ausrechnet, was wir für Unsinn halten, wieder nach bayerischen Thalern, Hamburger Schillingen, Hannoverischen Groschen, badischen Kreuzern und Braunschweiger Silberpfennigen kaufen und darüber abrechnen!

Man kann den zweiten Schritt nicht vor dem ersten tun und um einer eleganten Fiktion willen auf wenigstens einigermaßen gesicherte und konstante Maßstäbe verzichten. Maß und Aussage gerieten ins Schwimmen. Wem wäre damit genützt? Bleiben wir dabei, daß Schulze und Claasen 0,7 GE für ihren hl Vollmilch einsetzen müssen – das ist tausendfach nachgewiesen und wird in absehbarer Zeit auch kaum anders werden. Von diesem sicheren Wissen ausgehend, läßt sich erst erkennen, wieviel lebendige und tote Arbeit je hl Milch und dz Rind „normalerweise“, d. h. in der Weidewirtschaft und im Zuckerrübenbetrieb, eingesetzt wird – das ist schon schwierig genug. Wenn das einmal ebenso klar sein wird, wie die Effizienz der verfütterten Nährstoffe, mag getrost damit vereinheitlichen, wer – glaubt, daß er ohne konstantes Maß auskomme oder es in der eingesetzten Arbeit sieht.

Man *soll* auch den zweiten Schritt nicht vor dem ersten tun: Bevor man nicht sichere Kennzahlen über den durchschnittlichen Arbeitsaufwand je Erzeugniseinheit hat, darf man sie nicht zur Gewichtung heranziehen. BEHRENS hat die Diskussion über diesen Punkt – faktischen oder durchschnittlichen Arbeitsaufwand? – sehr richtig zusammengefaßt: „Der Ausgangspunkt der Messung der Arbeitsproduktivität muß ... der faktische Arbeitsaufwand sein. Seine Senkung ... führt zur Senkung auch des gesellschaftlich notwendigen Arbeitsaufwandes, also der Werte, die in den Preisen zum Ausdruck kommen“ (34), (35).

Aus allen Betriebstypen abgeleitet und für alle geltend, liefert die „Arbeitsmethode“ nur überaus grobe, ja ungenaue Gewichte, sie vereinheitlicht also mehr technisch als betriebswirtschaftlich richtig. Als Ganzes mag die „Arbeitsmethode deswegen eher geeignet sein, den L e i s t u n g s g r a d *zu ermitteln als die Arbeitsproduktivität im Betriebe.*

An diesem Punkt, den Leistungsgrad, angehängt, wird die Arbeitsmetode und ihre Vorstufe recht fruchtbar; sie krankt nur daran, daß sie in der Landwirtschaft tun will, was die Industrie so elegant vormacht: Sie will eine einfache und sichere Beziehung finden zwischen dem Arbeitseinsatz und dem Produktionsergebnis. Solche Normen sind keine für die landwirtschaftlichen Betriebe, weil man in diese arbeitswirtschaftliche Kalkulation einen falschen Relaten einsetzt, den Natural- oder Rohertrag. Mit dem richtigen Relaten kann man das jedoch gleich vom Kopf auf die Füße stellen, wenn man die Arbeit nämlich statt anfechtbar auf das E, auf die Bodeneinheit bezieht. Es gibt heute genügend Erkenntnisse aus aller Welt über diese auch methodisch ziemlich klaren Zusammenhänge. Damit kommt man dann zwar noch nicht zu einem Maß der Arbeitsproduktivität oder gar zu Vereinheitlichungsgewichten für das E in ihrem Relator, wohl aber zu einem auch quantitativ sehr bedeutsamen Bestimmungsgrund für die Größe konkreter Arbeitsproduktivitätskennzahlen, zum Arbeitseffekt, zur „labor efficiency", zum „arbeidseffect", zu „indirekten Kennzahlen der Arbeitsproduktivität", z. B. in (145), (217), (372), oder wie immer man das Verhältnis zwischen dem Leistungsvermögen der Arbeitskraft und ihrer effektiven Inanspruchnahme nennen will. Ein großer Vorzug des „Arbeitseffekts" ist, daß er kein technischer, sondern ein arbeits- und betriebswirtschaftlicher Maßbegriff ist, der gerade zum Ausdruck bringt, wonach die Betriebswirtschaft zu trachten hat, wenn sie die Arbeitsproduktivität betriebswirtschaftlich richtig, nachhaltig und wirksam steigern will: Durch Anpassung des Leistungsvermögens der Arbeitskraft und -macht an den Arbeitsanspruch der Betriebsorganisation. Welche Unterschiede es dabei gibt, haben wir in (12) und (13) zu zeigen versucht; zum weiten Spielraum und zu den Möglichkeiten, mit wachsendem Arbeitseffekt auf die Arbeitsproduktivität einzuwirken, und wie das zu machen ist, vgl. (217).

Reduzieren wir also die Arbeitsmethode zunächst auf die Feststellung des Arbeitseffekts; diesen Schritt können wir heute unschwer tun; wem die daraus erwachsenden Zusammenhänge klar und quantitativ sicher sind, der mag den nächsten Schritt machen – er wird damit auch noch nicht zu an Arbeitsbedarf und -aufwand orientierten allgemeingültigen Vereinheitlichungsgewichten kommen.

Ein weiterer Vorzug der Arbeitseffektsrechnung ist, daß man damit auch nach dem Prinzip des Voranschlags den Arbeitseffekt in den Betriebszweigen kalkulieren kann. So benutzt ihn neuerdings auch die Industrie, vgl. (218). Er verbindet also sehr schön das technische mit dem betriebswirtschaftlichen Denken. Nur mit der Arbeitsproduktivität unmittelbar hat die Arbeitseffektsrechnung ebenso wenig etwas zu tun wie die Standardstunden („standarduuren") Methode der Holländer, vgl. (145).

Man darf dieses Verfahren allerdings nicht überschätzen, denn es mißt den Arbeitseffekt ausschließlich an der Beziehung Gesamtstundenaufwand zu Arbeitsbedarf. Bei dieser Rechnung geht völlig unter die jahreszeitliche Verteilung der Arbeit; ohne Zeitspannenkalkulation bleiben aber alle Aussagen über den tatsächlichen arbeitswirtschaftlichen Effekt der eingesetzten Arbeitskraft Stückwerk. *Die Arbeitseffektsrechnung vertieft die Aussage über den angemessenen Arbeitsbesatz, mehr kann sie nicht leisten.*

4. Wer über die Arbeitsmethode vereinheitlicht, nimmt schließlich entscheidenden Einfluß auf die Aussage der Produktivitätsquotienten. Unterstellen wir einmal, der Arbeitseinsatz für jedes einzelne Erzeugnis wäre objektiv richtig; die Vereinheitlichung hat dann den Sinn festzuhalten, daß bei entsprechendem Arbeitsaufwand im Betriebe keine Änderung der Gesamtarbeitsproduktivität entsteht, wenn bloß die Zusammensetzung der Bodenproduktion ceteris paribus wechselt. Denn jeder Änderung in der Zusammensetzung der Bodenproduktion stünde eine proportionale Änderung des Arbeitseinsatzes gegenüber, was bedeutet, daß der ursprünglich nachgewiesene Produktivitätsgrad also immer derselbe bleibt. Das will man auch mit der Arbeitsmethode erreichen, das ist

ihr Sinn, demzuliebe sie die Industrie anwendet. Wer ihn aufgibt, entzieht der Arbeitsmethode die wesentliche wirtschafts-theoretische Begründung als statistische Grundlage. Dabei ist also eine klare kausale Beziehung unterstellt zwischen Arbeitsaufwand und Produkt. Obwohl das im landwirtschaftlichen Betrieb keineswegs der Fall ist, wollen wir das als zweites auch noch voraussetzen, um klarzumachen, daß die Arbeitsmethode die Ergebnisse von vornherein erheblich beeinflußt. Denn unstreitig wirkt bei der Erzeugung unablässig ein Betriebszweig auf den anderen ein, jede Veränderung im einen zieht einen Wechsel in den Produktionsbedingungen des anderen nach sich, wie es in einer echten Bodennutzungs-, Betriebsmittel- und Verwertungsgemeinschaft auch nicht anders sein kann. Das findet arbeitswirtschaftlich seinen Ausdruck in der zeitlichen Verteilung des als konstant unterstellten Arbeitsaufwandes, und damit ist die wie oben gebildete Aussage von vornherein der Wirklichkeit entfremdet, denn den Arbeitseinsatz für ein landwirtschaftliches Produkt bestimmen immer zwei Komponenten: a) der Arbeitsaufwand insgesamt, b) seine zeitliche Verteilung. So kann der Produktivitätsgrad im Grunde genommen gar nicht gleich bleiben, wenn sich nichts weiter ändert als die Zusammensetzung der Produktion, als die Nutzungsrichtung oder das Anbauverhältnis. Die Arbeitsmethode verbaut sich aber das Urteil über die wirkliche Produktivität, wenn sie dies unterstellt. Man kann das natürlich in Kauf nehmen und die Kennzahlen richtig zu interpretieren versuchen. *Die ganze Überlegung zeigt aber schon, daß es sehr gefährlich ist, die Arbeitsproduktivität mit einem Maßstab zu messen, der sie selbst schon vorwegnimmt.* Diese Methode hat nur eingeschränkt Sinn, wenn man die Produktivität einzelner Betriebszweige vergleichen will.

Dieser Gesichtspunkt rührt an den Sinn der Vereinheitlichung überhaupt, deswegen noch ein kurzes Wort dazu. Jene kausale Beziehung zwischen Arbeitsaufwand und hervorgebrachtem Produkt wäre als statistische Vereinheitlichungsgrundlage betriebswirtschaftlich durchaus sinnvoll, wenn alle Erzeugnisse oder alle Betriebszweige den gleichen innerbetrieblichen Wert hätten. Das ist nicht der Fall. In der Betriebswirtschaft geht es nie darum, ob Roggen oder Kartoffeln angebaut oder ob Milch oder Jungvieh hervorgebracht werden sollen, sondern darum, wieviel von jedem zweckmäßig zu produzieren ist. Der Zweck dieser Erwägungen und der daraus abgeleiteten Maßnahmen ist stets eine möglichst große Gesamtleistung, ein recht hoher Ertrag der Produktionswirtschaft. Daraus ergibt sich außer anderem hier zweierlei: a) Die Betriebswirtschaft braucht ein Maß, das diese Gesamtleistung richtig wiedergibt und das in einem Maßstab gemessen wird, der nicht gleich macht, was in der betriebswirtschaftlichen Dynamik niemals gleich ist; b) die intensive Kulturwirtschaft benutzt als Maß ihrer Gesamtleistung stets die Bodenproduktivität; sie spiegelt die Gesamtleistung der in der Betriebswirtschaft kombinierten, innerbetrieblich verschieden wertvollen Zweige und Unterzweige angemessen wider. Die Arbeitsproduktivität des Gesamtbetriebes muß dieser Vorstellung entsprechend gemessen werden. *Über die Arbeitsmethode vereinheitlicht, ergibt sich stets ein Maßstab, der bestenfalls der Arbeit, aber niemals der Betriebswirtschaft entspricht.* –

Gegen die ROSENKRANZsche „Arbeitsmethode" ist nun aus vielfach falsch angewandten betriebswirtschaftlichen Vorstellungen heraus mancherlei eingewendet worden (35), (109), (163), (272), (314). Die gleiche Arbeit führt zu höherer Produktivität, damit zu anderen Gewichten, wenn die Bodengüte zunimmt. Weil das so ist, berichtigt GÜNTHER die ROSENKRANZschen Normen um Koeffizienten, die er über die „Differentialfruchtbarkeit" nach den Bodenklimazahlen gewinnt (109). Daß das nicht geht, haben BEUTMANN, KASCH und PETTER ausreichend begründet (44), (163), (272). Hier offenbart sich indessen zweierlei: 1. Was die Höhe der ermittelten Kennzahlen der Arbeitsproduktivität bestimmt, darf keinen Einfluß auf den Maßstab haben. Erweisen sich einige dieser Bestimmungsgründe – der Boden ist nur einer davon – als übermäßig durchschlagend, so beweist das wieder, daß ein mit der Arbeitsmethode gebildeter Maßstab eben in weiten Grenzen schwankt und entweder unbrauchbar oder nur gewaltsam zurechtzuschneiden ist. 2. Ein Maßstab, der so angelegt ist, daß er die Aussage vorwegnimmt, oder alle möglichen Aussagen gleich machen will, ist keiner. Auf gutem Boden *muß* die Arbeitsproduktivität eben höher sein als auf schlechtem. Was GÜNTHER und seinen Epigonen (109), (163), (314) hier vorschweben mag, ist auch etwas ganz anderes, viel schwierigeres: Sie suchen nach einem Mittelwert, nach einer die Vereinheitlichung allgemeingültig fixierenden, *dem Durchschnitt entsprechenden* Norm, die den Gewichtungsmaßstab für *den* dz Getreide und *den* dz Fleisch, Zuckerrüben usw. hergibt. Es liegt klar auf der Hand, daß die richtigen, normalen, durchschnittlichen Gewichte deduktiv (!) *so* nicht zu finden sind. Das kann erst möglich sein, wenn man das Gewicht der vielen, sehr unterschiedlich wirkenden Bestimmungsgründe für die Arbeitsproduktivität sicher kennen wird. Es führt zu gar nichts, wenn man wie GÜNTHER den Boden und wie SACHSE die TAN in diesem Zusammenhange überschätzt, vgl. dazu (35), (109), (272), (314), (336). Alle diese Einwände werden aber heraufbeschworen, wenn man einen Maßstab auf so unsicheren Grundlagen aufbauen will wie die allgemeine Kenntnis der aufgewendeten Arbeit je dz Erzeugnis.

Daraus entspringen unmögliche Forderungen: Man müsse den „betrieblichen gesellschaftlich notwendigen Arbeitsaufwand fixieren" (272), vgl. dazu (34), (35). Das heißt wieder, die Quadratur des Zirkels zu lösen! Und ebenso verhängnisvoll ist BEHRENS' Schlußfolgerung, daß „hinsichtlich der Messung der Veränderung der Arbeitsproduktivität in Industrie und Landwirtschaft prinzipielle Unterschiede nicht bestehen" (35). Das kann nur sagen, wer die natürlichen Zusammenhänge zwischen Arbeitseinsatz und Ertrag im landwirtschaftlichen Betriebe nicht übersieht, vgl. dazu (44), (272), (314). Er muß aber zu diesem Schlusse kommen; denn die Arbeitsmethode will schon jetzt ein, selbst für die Industrie der Sowjetunion noch nicht anwendbares Verfahren auf *die* Landwirtschaft übertragen, bevor die Grundlagen dazu geschaffen sind. Erst solche grundlegenden Erkenntnisse werden nach und nach all die berechtigten Einwände klären, die aus der langen Diskussion darüber (35), (44), (66), (86), (109), (163), (272), (310), (314) übrig bleiben.

Die Arbeitsmethode ist also für die Wägung der heterogenen Produktionsleistung vor allem deshalb ungeeignet, weil sie die Arbeit als Produktivkraft nicht ihrem Wesen gemäß verwendet und weil vorerst noch nicht genau genug bekannt ist, welcher durchschnittliche Arbeitseinsatz je Erzeugniseinheit notwendig ist. Auch das mit den Gewichten, die die Arbeitsmethode liefert, erzielbare statistische Ergebnis ist nicht vollkommener als das über die GE-Rechnung erreichte. Die Arbeitsmethode drückt Zähler und Nenner unseres technischen Produktivitätsquotienten in gleichen Einheiten aus; das ergibt einen Grad als vollendetes Produktivitätsmaß. Wir sahen schon, daß das gleiche auch die Substanzrelationen in den Nährstoffeinheiten wenigstens im Prinzip ermöglichen. Die Arbeitsmethode hat also auch in dieser Hinsicht nichts voraus.

Wir sagten weiter oben, daß man unter bestimmten Voraussetzungen, die sich allenthalben schaffen lassen, für den einzelnen Betrieb ziemlich sicher ermitteln kann, wieviel lebendige Arbeit er für ein Jahr, oder auch für eine Reihe von Jahren je Erzeugniseinheit aufgewendet hat. Ceteris paribus lassen sich damit dann Gewichte bilden, mit denen man die Bodenproduktion nach der Arbeitsmethode wägend vereinheitlichen und sichere Aussagen über die *Entwicklung* der Arbeitsproduktivität in diesem Betriebe gewinnen könnte. Wer sich nur für die Produktivität der lebendigen Arbeit interessiert, mag das unterstellte ceteris paribus für die tote hinnehmen – die Betriebsorganisation wird sich i. allg. auch in längeren Zeitabschnitten vergleichsweise wenig ändern – steigende Kennzahlen geben dann schon richtig an, was er sucht. Lohnt diese mühsame Rechnung nun den damit verbundenen Aufwand? Wir verneinen das, denn ihr Ergebnis bleibt genau genommen auf den einzelnen Betrieb beschränkt, gilt also nur relativ, und erlaubt nicht, die Arbeitsproduktivitätskennzahlen verschiedener Betriebe horizontal zu vergleichen. „Es sei aber ausdrücklich darauf hingewiesen, daß die Ermittlung der Arbeitsproduktivität eine absolute Bedeutung hat. Auch in dieser Hinsicht stimmen die Auffassungen der sowjetischen Kollegen mit unseren überein – im Gegensatz zu bei uns immer wieder anzutreffenden, meist Nichtökonomen ..." (303). *Den über die Arbeitsmethode ermittelten Gewichten fehlt also die universelle Geltung.*

So kommen wir allein auf Grund dieser praktischen Erwägungen bereits zum analogen Ergebnis wie ROTSTEIN. Er „bezeichnet" zwar „den Arbeitsaufwand als den einzig akzeptablen Vergleichsmaßstab bei der Berechnung der heterogenen Produktion ..., vertritt" aber „die Ansicht, daß die Preismethode der Produktionsberechnung bis auf weiteres in der sowjetischen Industrie die populärste und am meisten verbreitete Methode darstellen wird ..., denn in der Praxis ist die Anwendung der sog. Arbeitsmethode mit erheblichen Schwierigkeiten verbunden" (86) vgl. (310) und (66).

Die Preismethode ist der Arbeitsmethode heute ebenso wesensfremd wie die Getreideeinheitsrechnung.

Im übrigen kommt es auf die Fragestellung an, ob man sich für die Arbeits- oder die Preismethode entscheiden soll. Die Volkswirtschaftsstatistik in aller Welt zieht die Preismethode vor, vgl. (310) und (121), weil sie eben klarere und vor allem volkswirtschaftlich sinnvoller vergleichbare Ergebnisse bringt als die Arbeitsmethode; denn das Wirtschaftsleben bewegen nicht nur Kosten- (also Wertgesetz-), sondern ebenso auch Nutzenkalkulationen, die über die Stundenkaufkraft am Ende wieder mit Arbeitsproduktivität und Lohn zusammenhängen, daher also die Preismethode gebieterisch fordern. Das scheint uns jedenfalls der tiefere Sinn zu sein, aus dem heraus ROTSTEIN (310) und HECHT (121) die Arbeitsmethode verwerfen, ohne es so klar zu begründen wie wir eben; denn das ist noch kein zureichendes Argument: „... price-weighted indexes have shown a greater increase in all agricultural production and in total labor productivity than similar labor-weighted indexes during these recent years..." (121).

Für den mehrbetrieblichen Vergleich ist die Arbeitsmethode also noch nicht reif. Alle Korrekturen, sie dafür geeignet zu machen, verfälschen ihren Sinn so weit, daß was dabei herauskommt, am Ende nichts anderes und nichts Besseres ist wie die übrigen „Surrogatmethoden" (310), von denen die Getreideeinheitsrechnung überdies den Vorteil konstanter und der Natur der Produkte angepaßter Gewichte mit sich bringt. *Richtig angelegt, ebnet aber jede konkrete Untersuchung der Arbeitsproduktivität im landwirtschaftlichen Betriebe der Arbeitsmethode den Weg, indem sie zu Richtzahlen führt, die eine Wägung danach erlauben. Man muß sich jedoch darüber klar sein, daß diese Gewichte von Natur aus nicht konstant sein können.* Das wird die damit arbeitenden Methoden stets fragwürdig und ihre Aussagen zweifelhaft machen.
Aufs ganze gesehen ist die Arbeitsmethode notgedrungen willkürlich und damit angreifbar. Ihre Gewichte werden selbst im besten Falle außerordentlich grob sein und die Methode daher auch nur zu sehr unsicheren Kennzahlen führen. *Die Arbeit ist also am Ende wohl qualitativ die gemeinsame Substanz der heterogenen Produkte, aber sie wird in so wechselnden Quantitäten je Erzeugniseinheit eingesetzt, daß wir mit den über die Nährstoffe gebildeten konstanten Aufwandsrelationen Sichereres aussagen können.* Darauf kommt es an.

3.313 Die Getreideeinheiten als Vereinheitlichungsgewichte

Wenn wir uns nach alledem für die Getreideeinheitsrechnung und gegen die Arbeitsmethode entschieden haben, so läßt sich dagegen einwenden, womit wir uns schon oben beim Maß auseinandersetzten: *Die Getreideeinheiten bringen die heterogenen Bestandteile der Produktionsleistung zwar auf einen produktionswirtschaftlich richtigen Nenner, aber dieser ist dem Boden, nicht der Arbeit adäquat* und daher nur bedingt geeignet, das E im *Arbeits*produktivitätsrelator auszudrücken. Die Getreideeinheitsrechnung impliziert wohl eine Aufwandsrelation, aber diese ist ausschließlich futterwirtschaftlich orientiert oder nach dem Ertrage ausgerichtet: Wenn das VEG A mehr Erzeugnisse seiner Feldwirtschaft veredelt, so hat es über GE gerechnet ceteris paribus zwar die gleiche Bodenproduktivität, aber eben eine geringere Arbeitsproduktivität als das Nachbargut B. Das wäre unangemessen, besonders heute, wo die Landwirtschaft mehr und mehr dazu übergeht, zugekaufte Futterstoffe zu verwerten und zu veredeln. Die Getreideeinheitsrechnung bringe also die produktive Leistung der in der Veredlungswirtschaft eingesetzten Arbeit nicht entsprechend zum Ausdruck – im Vergleich mit der Arbeitsproduktivität bei der Erzeugung zur direkten Verwertung.

Das ist richtig, sie kann das nicht. Wir benutzen deshalb noch einen zweiten Maßstab, der den (besseren) Arbeitseffekt in der Veredlungswirtschaft bei der Vereinheitlichung deutlich macht: Den Geldmaßstab im reduzierten Rohertrag. *Ist die Getreideeinheitsrechnung nun jenes Einwandes wegen abzulehnen?* Nein, aus den folgenden sieben Gründen nicht:

1. Es gibt keinen besseren naturalen Maßstab; daß die Arbeitsmethode gerade dafür besonders ungeeignet ist (Zurechnungsproblem, weite Streuung u. ä. m.) hatten wir nachgewiesen.

2. Arbeits- und Bodenproduktivitätskennzahlen müssen vergleichbar bleiben; die Produktionsleistungen, die Bezugsglieder E, in den Relatoren also in denselben Maßen und Maßstäben zum Ausdruck kommen.

3. Die Produktionswirtschaft in einen direkt verwerteten und veredelte oder verwertete Zweige zu zerlegen, also rechnerisch erst trennen und dann zuordnen zu wollen, führt zu praktisch unbrauchbaren Ergebnissen, weil sich wegen der innigen betriebswirtschaftlichen Verflechtung von Bodennutzung, Veredlung und Verwertung weder Arbeitseinsätze noch Produktionsleistungen klar trennen, abgrenzen und sicher zurechnen lassen.

4. Einen objektiv richtigen Maßstab, der die größere produktive Leistung der Arbeitskräfte in der Nutzviehhaltung sicher und allgemeingültig vereinheitlichend zum Ausdruck bringt, dürfte es kaum geben. Das ist das erste, was aus C. CLARKs scharfsinnigen Untersuchungen über die Arbeitsproduktivität klar hervorgeht: "An analysis carried out in this manner may be gravely distorted by an equally important variable, namely fodder input" (73). Auch der Geldmaßstab im reduzierten Rohertrage wiegt schließlich nach Gesichtspunkten, die sich kaum nach der jeweils eingesetzten Arbeit richten!

5. Die Effizienz der in der Nutzviehhaltung eingesetzten Arbeit im Betriebe hängt eben so stark von den jeweiligen futterwirtschaftlichen Besonderheiten ab, daß es geradezu sinnvoll ist, die Produktionsleistungsbestandteile über die futterwirtschaftliche Aufwandsrelation zu vereinheitlichen; das geht aus CLARKs Untersuchungen ebenso eindringlich hervor, vgl. (73).

6. Ob ein Betriebszweig mehr oder weniger Erzeugnisse hervorbringt als ein anderer, hängt ohnehin nicht unmittelbar von der eingesetzten Arbeit ab. Die Einrichtung solcher arbeitsintensiven Betriebszweige ist darüber hinaus vor allem betriebswirtschaftlich und nicht arbeitstechnisch determiniert; deshalb braucht der Maßstab, der die Erzeugungsleistungen vereinheitlicht, auch nicht unbedingt nach der Arbeit abgestuft zu sein. Man sollte das auch nicht tun, denn ein solcher Maßstab verwischte alle Unterschiede der Arbeitsproduktivität in

den einzelnen Betriebszweigen und gliche aus, was von Hause aus nicht gleich sein kann.

Bei der Getreideeinheitsrechnung ist das anders, da gibt es nur zwei Möglichkeiten, die Ernte nämlich entweder direkt zu verwerten oder zu verfüttern, außerdem sind Futteraufwand und tierische Leistung naturwissenschaftlich ziemlich sicher quantitativ zugeordnet. Anders die Arbeit: Der Betrieb kann sie mit unterschiedlichen Wirkungsgraden recht vielseitig einsetzen; ihre Effizienz im einzelnen wollen wir dann ebenso „genau" wissen wie ihre gesamte produktionswirtschaftliche Produktivität.
Wer den Vereinheitlichungsmaßstab (für die heterogenen Bestandteile des E im Produktivitätsrelator) dennoch nach den verschiedenen Arbeitsansprüchen der einzelnen Betriebszweige ausrichtet, verfährt wie die „Betriebswirte", die „minderwertiges" Grünland in vollwertiges „umrechnen" und nach der so reduzierten Futterfläche bestimmen, welche Leistung sie hervorgebracht hat; das gibt keine brauchbaren Daten im Betriebsvergleich; wer die Futterwirtschaft danach beurteilt, wird sie nie vernünftig und wirklichkeitsnah zu beeinflussen vermögen.

Das ist bei der in diesem Punkte weniger umstrittenen Bodenproduktivität ebenfalls nicht anders: Auch dort hängen Ernte und Rohertrag keineswegs von der eingesetzten Bodenmenge und -güte allein ab. Wir wollen noch gar nicht einmal vom Düngeraufwand reden, der die „Boden"produktion kräftig variieren kann, mindestens ebenso wirksam sind betriebsorganisatorische Maßnahmen (Fruchtfolge, Ausdehnung und Einschränkung der Bodenruhezeiten u. ä. m.).
Dazu treten noch zwei rechnerische Probleme, mit denen kein vereinheitlichender Naturalmaßstab fertig werden kann: a) Zu gleichen Roherträgen können durchaus unterschiedlich zusammengesetzte „Betriebsmittelgemeinschaften" führen; die lebendige Arbeit ist nur e i n e Komponente; b) ein dz Erzeugnis ist nicht immer gleich dem anderen, ein dz ausgelesene Saatkartoffeln enthält mehr Arbeit als die gleiche Menge unmittelbar vom Acker, ein dz Mastschwein weniger Arbeit als ein dz Zuchteber usw. Wenn sich also bereits in den einzelnen Betriebszweigen nicht sicher und vor allem nicht rechenhaft wiegen läßt, wieviel Arbeit im jeweiligen Enderzeugnis nun tatsächlich mehr als im Durchschnittsprodukt steckt, so kann zu keinem praktisch brauchbaren Ergebnis führen, wenn man versucht, die produktivere Leistung der Arbeit in den Nutzviehzweigen etwa mit höheren Gewichten im Maßstab zu vereinheitlichen.
7. Die intensive Kulturwirtschaft ist vielseitig. In ihrem organischen Betriebe wirkt eine arbeitswirtschaftliche Maßnahme immer irgendwie auf andere wesentliche Bestandteile der Betriebsorganisation. Arbeit (und Boden) werden eingesetzt mit dem Ziele, auch der letzten aufgewendeten Einheit einen angemessenen Ertragszuwachs zu sichern.

Und auch dazu der rechenhafte Aspekt: Der Einwand, mit dem wir uns hier auseinandersetzen, möchte gerne die Erzeugungsleistung schwerer wiegen im linear proportionalen Verhältnis zu den in einzelnen Betriebszweigen höheren Arbeitsansprüchen. Gerade dieses technisch-lineare Denken — es entspricht dem Kalkulieren mit Durchschnittskosten — ist ausgesprochen un-wirtschaftlich. Ob es ihm paßt oder nicht: Der moderne Betriebswirt *muß* in Grenzkosten und Grenzerträgen denken. Im allgemeinen steht die intensive Kulturwirtschaft nie vor der Frage, die Rindviehhaltung ganz aufzugeben, weil ihr Durchschnittsertrag nicht befriedigt, sie hat sich nur zu entscheiden, ob sie mehr oder weniger Kühe halten will, und das bringt allein die Grenzertragsrechnung heraus,

d. h., jeder mehr eingesetzten Kuh steht nicht der verhältnisgleiche Ertragszuwachs gegenüber; echte Wirtschaftsrechnungen involvieren nicht lineare Beziehungen, sie brauchen deshalb auch keine gewaltsam in diese Richtung gepreßten Maßstäbe. Was ihnen im einzelnen an Genauigkeit und technisch-rationaler Konsequenz fehlt, ersetzen Vielfalt und wirtschaftliche Adäquanz der Maße und Maßstäbe.

Um das zu verfolgen, braucht man einen vereinheitlichenden Maßstab, der diese produktionswirtschaftlichen Verflechtungen in der Gesamtleistung impliziert. Man kann diesen produktionswirtschaftlich-einheitlichen Maßstab nicht teilen zugunsten einer „richtigeren" (?) Arbeitsproduktivitätskennzahl, ohne den betriebswirtschaftlichen Zusammenhang zu zerstören und mit den Aussagen ins Schwimmen zu kommen. Im organischen Betriebe läßt sich weder die Produktionsleistung noch die Arbeitsproduktivität vom Arbeitsanspruch der einzelnen Fruchtarten oder Betriebsweige ableiten, sondern nur von ihrem über den Bodeneinsatz i. w. S. zu vereinheitlichenden Zusammenwirken. Wir machen damit bewußt ein Zugeständnis an den Vorrang des Produktivfaktors Boden. „... Die landwirtschaftliche Erzeugung beruht zunächst völlig auf der Bodennutzung ... ihre Leistungen setzen sich aus der Höhe dieser Erzeugung und dem Wirkungsgrad ihrer Verwertung zusammen" (139). „Der Landbau ist und bleibt eben in erster Linie Naturbenutzung, und demgemäß empfängt auch seine Betriebsweise den Hauptcharakter durch die Anpassung an die Natur" (65) – die Betriebsweise und ihre rechnerische Durchdringung!
Das ergibt sich auch ganz organisch aus der Tatsache, daß uns heute die Ergiebigkeit des Bodens und der eingesetzten Futterstoffe sowie der Nährstoffgehalt der Erzeugnisse viel weiter und sicherer bekannt sind als das analoge von der Arbeit her. Die Vereinheitlichung schließt sich also an wissenschaftlich gesicherte Zusammenhänge an – ein Umstand, der allen modernen Maßstäben gemein ist.

Die Arbeitsproduktivitäts-Kennzahl ist überdies nur eine im Verbande der übrigen, die alle gemeinsam zum Urteil über die betriebliche Leistung führen. Kein Betrieb wird in allen Zweigen das beste leisten; wir sind daran gewöhnt, daß die Gesamterzeugungsleistung, auf die es allein ankommt, in der Regel vergleichsweise niedriger liegt als sie sein müßte, wenn der Betrieb in allen Zweigen so Hervorragendes leistete wie in seinem besten. Und „Leistungsprämien für die einzelnen landwirtschaftlichen Erzeugnisse sind unerwünscht, denn sie fördern nur die Einseitigkeit der Erzeugung" (53). Das gilt analog auch für die betriebswirtschaftlichen Leistungskennzahlen: Es ist wichtiger, daß Maß und Maßstab der Arbeitsproduktivitätsrelatoren kräftige Unterschiede hervortreten lassen, als daß sie zu stets recht günstigen Werten führen. Schon der Verlauf von technischer und wirtschaftlicher Arbeitsproduktivität muß sich nicht decken, wenn man Betriebe vergleicht; auch den übrigen Kennzahlen, die zum Urteil über die Gesamtleistung herangezogen werden, sind sie nicht unbedingt korrelativ zugeordnet, weder der Bodenproduktivität, noch dem Arbeitsertrag, noch dem Roheinkommen oder dem Reinertrag. Damit ist es also genau so wie mit den guten oder schlechteren Leistungen in den Betriebszweigen: Ein besonders günstiger Reinertrag muß beispielsweise durchaus nicht mit hervorragender wirtschaftlicher Arbeitsproduktivität verbunden sein, vgl. die Betriebe A und N im Jahre 1950/51 in (10). Entscheidend ist die Gesamtleistung. Im Betriebsvergleich ist ihre Größe weniger vom konventionellen Maßstab aus bedeutsam als vielmehr von den bekannten Richtzahlen aus zu verstehen und zu werten. Die zentrale Bedeutung, die der konkrete Arbeitsproduktivitätsrelator für den Industriebetrieb als *die* Leistungskennzahl hat, kann er für die vielseitige intensive Kulturwirtschaft Deutschlands nie gewinnen. Deswegen ist auch jene einseitige – für den Industriebetrieb noch zu vertretende – technische Betrachtungsweise, die die Vereinheitlichungsgewichte nach dem Arbeitsanspruch der Produkte bestimmt, für den landwirtschaftlichen Betrieb abzulehnen.

Wenn auch etwas simplifizierend, so mögen KLAUDERs (173) mathematische Verwandlungen doch immerhin klarmachen, daß ein Wettbewerb von Produktivitätsarten keinen Sinn hat, daß man also auch rein rechnerisch der (der Bodenproduktivität) kommensurablen Arbeitsproduktivität keine Vorteile zuschanzen sollte, die zwar der Arbeit adäquat sein mögen, aber niemals der organischen Betriebswirtschaft. Nach hoher oder bester Arbeitsproduktivität zu streben, „löst stets große Risiken aus. Der Betriebsleiter soll" die Produktivitätsarten „nicht gegeneinander ausspielen, sondern in eine möglichst gute Harmonie bringen" (173). –

Zum Schluß bleibt noch ein Einwand übrig, der sich gegen die Vereinheitlichungsmethode überhaupt richtet, nicht gegen die so oder so vorgenommene Wägung dazu: Man könne verschiedenartige Produkte über naturale Maßstäbe überhaupt nicht sinnvoll auf einen Nenner bringen, vgl. (33), (66), (75), (287), (288). Das kommt auf den Zweck an. Naturwissenschaft und Technik verfahren oft so, wenn sie ungleichartiges zusammenfassen und auf eine von allen gemeinsam oder von einzelnen Faktoren hervorgebrachte Leistung beziehen und diese Kennzahlen vergleichen. Das hat nur Sinn für Analysen, und auch nur für solche in größerem Rahmen. Feinere Analysen der einzelnen Produktionsvorgänge sind mit jenen zusammenfassenden Maßstäben genau so wenig fruchtbar zu machen, wie man damit planen kann.

Dafür nur ein bezeichnendes Beispiel: Weil die Brennstoffe fest, flüssig oder gasförmig sein können, und weil sie sich auch in ihren Heizwerten unterscheiden, vereinheitlicht man sie für statistische Zwecke auf einen „bedingten Brennstoff", von dem ein kg 7000 Calorien hergibt, wenn er verbrannt wird, vgl. (210). Die „bedingten Brennstoffe" sind also auch über ihre physisch-physikalische Substanz vereinheitlicht und nicht über den zu ihrer Erzeugung notwendigen durchschnittlichen Arbeitsaufwand! Man kann nun den Brennstoffverbrauch für verschiedene Leistungen oder für die gleiche Leistung mit verschiedenen Brennstoffen bequem vergleichen, also x „bedingte Brennstoffeinheiten" je kWh Strom, je t Stahl, je t geförderte Kohle usw. Diese Kennzahlen können aber ebenso wenig wie „der theoretische (physikalische) Verbrauch als Plannorm dienen". Dazu stellt man den „durchschnittlichen tatsächlichen Brennstoffverbrauch je Einheit" fest. Auf diese Weise ergeben sich „Normen des Materialverbrauchs" (210). Jede t Stahl, jede kWh „induziert" also ebenfalls eine bestimmte „bedingte" Brennstoffleistung, wenn man so will.

Dieses Vereinheitlichungsverfahren wird in der Landwirtschaft ebenfalls häufig angewandt; man denke an die GV-Rechnung, z. B. in (16), (316), (340), (411), oder an den „ha mittleres Pflügen". Damit kann man aber weder einen Futter- noch einen Düngerplan machen, vgl. (141), und auch keinen realen Arbeitsplan für die MTS! Das den „bedingten Brennstoffen" (210) analoge sind die Futtereinheiten, mit denen entweder der Futtereinsatz je 100 kg Milch verglichen (266) oder die Erzeugung verschiedener Futterflächen gegenübergestellt (316) wird, vgl. auch (70), (71), (282)! Ebenso wie dort die Leistung der Futterflächen in Futtereinheiten erfaßt wird, läßt sich die Erzeugungsleistung aller Fruchtarten in Stärkeeinheiten vergleichbar ausdrücken (358). *Damit haben sich also die naturalen Aufwands- und Ertragsrelationen bereits in der Praxis durchgesetzt als Vereinheitlichungsgrundlagen für die Wägung heterogener Produkte.* Das ermöglichte, die Betriebswirtschaft wirksam zu rationalisieren. Die dadurch steigenden Gesamtleistungen der Landwirtschaft beweisen eindringlicher als alle Deduktionen, daß richtig ist, was so vereinheitlicht und erfolgreich angewandt wird.

RINTELEN führt die Leistungssteigerung in der Landwirtschaft immerhin zu 40 bis 50% auf solche Maßnahmen zurück, die die Betriebsorganisation verbesserten, nur 30% kommen auf bessere Technik und 20% auf zweckmäßigere Viehwirtschaft (297). Zwei Drittel der erreichten Ertragssteigerung lassen sich mit Hilfe „betriebsorganisatorischer Maßnahmen" (297) eben nur zuwege bringen, wenn man das notwendige betriebsstatistische und -planungstechnische Handwerkszeug *hat* und zu Diagnose und Therapie möglichst überall fachmännisch benutzt, vgl. (10). Solche nach und nach entwickelten und vielfach erprobten Werkzeuge sind die zweckentsprechend und richtig gebildeten Vereinheitlichungsmaßstäbe.

Jene Einwände gegen die Vereinheitlichung in der GE-Rechnung, also mit einem nur betriebswirtschaftlich sinnvollen Schlüssel, übersehen, wie notwendig die moderne Betriebswirtschaft diese Vereinheitlichung braucht. Auf die kürzeste Formel gebracht, ist das Ziel der Wirtschaft der Ausgleich der Grenzerträge (oder der Grenzkosten) im Betriebe. Da die einzelnen Zweige und Unterzweige nun aber unterschiedliche Grenzerträge bei gleichem Aufwand bringen, kommt es eben darauf an, sie so zu kombinieren, daß sie sich ausgleichen, weil dann die höchstmögliche Gesamt-Produktionsleistung mit dem gegebenen Aufwand erzielt wird, die Betriebe also unter ihren jeweiligen Bedingungen am wirtschaftlichsten und produktivsten erzeugen. Diese Zusammenhänge quantitativ durchdringen kann nur, wer einen Maßstab hat, der die verschiedenen Erzeugnisse betriebswirtschaftlich sinnvoll vergleichbar auszudrücken erlaubt. Den dz Rüben kann man dabei nicht mit dem dz Hafer vergleichen, und die Gesamtleistung an Butter, Eiern, Weizen, Kartoffeln und Wolle, ausgedrückt in dz, wird nur betriebswirtschaftlichen Analphabeten Freude machen, aber keine Wirtschaftlichkeitskalkulation befruchten. Kein geringerer als CHRUSTSCHOW selbst hat diese vereinheitlichende Rechnung jüngst im richtigen betriebswirtschaftlichen Sinn gebraucht, um seinen Funktionären und Landwirten klar zu machen, daß die Produktivität beim Maisbau um das doppelte höher ist als beim Sonnenblumenbau, um das vierfache größer als beim Futterrübenbau usw. Diesen Vergleich konnte er schlüssig nur führen, weil er alle Erzeugnisse auf einen Nenner gebracht hatte, auf die Futtereinheiten (72). Die Futtereinheiten verkörpern dasselbe Prinzip wie die Getreideeinheiten, die Unterschiede sind nur graduell, so wie zwischen Reaumur- und Celsius-Graden. Damit ist der Konvention anheimgegeben, ob man besser mit den einen oder den anderen rechnen soll. Für unsere Deduktion hier zum angemessenen Maßstab ist diese Frage irrelevant.

So ist wiederum deutlich geworden, daß es am Ende doch die Nährstoffe sind, die die zur Vereinheitlichung geeignete, quantifizierbare und konstante Substanz abgeben. Dieser realen Tatsache haben sich schließlich auch die Verfechter der „Arbeitsmethode" gebeugt,

— sonst dürfte PETERSEN seinen Futtervollhektar, der „eine gewisse Ähnlichkeit mit dem Getreidewert hat" (268), nicht ausschließlich über die Ernten abstufen (268) und ROSENKRANZ die Gerstenwerte nicht zur Vereinheitlichung der Futterstoffe zum Zwecke, sie gerecht und einwandfrei zu verteilen, für die LPG empfehlen (340), wo sie inzwischen auch angewandt werden (411), denn beiden ist wohl bekannt, daß besseres Grünland mit der gleichen Arbeit höhere Ernten als schlechteres bringt und daß sich Kohlrüben zu Gerste nach der „Arbeitsmethode" wie 8:1 und nach der Gerstenwertrechnung wie 10:1 verhalten, vgl. (268), (304), (340) —

und mit ihren anderen, der Getreideeinheitsrechnung sehr nahe verwandten Methoden unfreiwillig bewiesen, daß sich damit allgemeingültige konstante Vereinheitlichungs-Gewichte am sichersten gewinnen lassen.

Nach alledem dürfen wir also die Getreideeinheits-Rechnung als die z. Z. vollkommene Methode ansehen, mit der sich die heterogenen Bestandteile der Bodenproduktion betriebswirtschaftlich richtig und der Produktionswirtschaft angemessen mit konstanten Gewichten vergleichbar vereinheitlichen lassen. Im Zähler E des Produktivitätsrelators steht damit eine Gebrauchswertesumme.

Der Ton liegt im übrigen auf der betriebswirtschaftlichen Richtigkeit. Denn man darf die Getreideeinheitsrechnung keinesfalls als einen Maßstab mißverstehen, der allen volkswirtschaftlichen Ansprüchen genügte, wie HAHLBROCK (114) sie fälschlich auffaßt. Außer ähnlichen Einwänden wie PREUSCHEN und RHEINWALD, vgl. S. 129 bis 131, behauptet er, die Getreideeinheitsrechnung erfasse nicht den Grad, mit dem sich das Produktionsgefüge an die besonderen Bedürfnisse der Volkswirtschaft angepaßt habe (114). Das tut sie nur insoweit, wie die Volkswirtschaft eine möglichst hohe Produktionsleistung von den Betrieben verlangt. Mehr kann die Getreideeinheitsrechnung nicht und braucht sie auch nicht. Die Volkswirtschaft wertet immer über den Preis; deswegen ist jede betriebswirtschaftliche Produktionsleistung erst dann vollständig erfaßt, wenn man sie auch als reduzierten Rohertrag ausdrückt und damit die wirtschaftliche Produktivität darstellt. Vom Ochsen kann man nur Rindfleisch verlangen und von den Getreideinheiten eben auch bloß betriebswirtschaftlich sinnvolle Vergleichlichkeit, keine ernährungsphysiologisch und keine volkswirtschaftlich befriedigende Aussage.
Gelegentlich muß die Volkswirtschaft nun aber auch mit naturalen Größen rechnen; sie tut das dann konsequent, indem sie entweder die einzelnen originalen Produkte in ihren physischen Dimensionen einsetzt, also mit Hafer, Milch und Schweinefleisch kalkuliert, oder das alles in einigen Ausnahmefällen vereinheitlicht nach den volkswirtschaftlichen Bedürfnissen und Zwecken. Die Austauschrelationen beim Ablieferungssoll — Milch gegen Fleisch, Getreide gegen Kartoffeln, Ölfrucht gegen Milch, Schwein (lebend) gegen Eier u. ä. m., vgl. (404) — sind Beispiele dafür. Diese Austauschrelationen werden dann auch sinngemäß angewandt, um den naturalen Entgelt für Dienstleistungen des Staates, der Volkswirtschaft, zu vereinheitlichen, z. B. für die Naturallohntarife der MTS. Seine verschiedenen Bestandteile werden in einen Wert zusammengefaßt und in dz Getreide ausgedrückt, wobei also „die gesamte erhaltene Produktion in Getreide nach Koeffizienten umgerechnet wird, die für den Ersatz des Getreides durch andere Erzeugnisse bei den Pflichtablieferungen festgesetzt sind" (19), (66). Auch in diesem Falle wird wieder nicht durch die „Arbeitsmethode" vereinheitlicht! Die Relationen ändern sich nun aber häufig, eben nach den unterschiedlichen volkswirtschaftlichen Bedürfnissen. Man kann deshalb daraus keine konstanten Vereinheitlichungsgewichte für die heterogenen Bestandteile der Bodenproduktion in der Produktionswirtschaft

bilden. Letztlich entscheidet mithin stets der Zweck über die Methode, Naturalmaßstäbe zu gewinnen, und den hatten wir oben klar definiert: Es sind konstante Gewichte notwendig, die sichere Aufwands-, Ertrags- und Substanzrelationen involvieren.

3.32 Der Geldmaßstab

Mit dem naturalen Maßstab, der Getreideeinheit, messen wir das Volumen der Produktionsleistung und gewinnen damit den Relator der *technischen* Produktivität. Jetzt wollen wir die *wirtschaftliche* Produktivität ermitteln, dazu brauchen wir einen Maßstab, der „der Wirtschaft" möglichst nahe steht. Das ist das Geld. In welcher Form soll es verwendet werden?

Was die Betriebsforschung hier in Geld mißt, sind niemals *Werte,* sondern stets *Preise* im Sinne der politischen Ökonomie. An dieser Stelle wird unsere im ersten Kapitel gezogene Abgrenzung der beiden Disziplinen voneinander erneut fruchtbar; hier ist sie unerläßlich, wenn man sich nicht dauernd mißverstehen will. Deshalb eine Vorbemerkung:

Alle landwirtschaftlichen Produkte, die heterogenen Bestandteile des E, der Produktionsleistung in unserem Produktivitätsrelator, sind Waren. Unter allen gesellschaftlichen Verhältnissen hat die Ware Gebrauchswert, Wert und Preis, vgl. (36), (364). Der Gebrauchswert gehört in unser, der Wert in das Gebiet der politischen Ökonomie. „Der Wert ist eine rein gesellschaftliche Erscheinung. Er ist eine historische Kategorie." In ihm ist „nicht ein Atom Naturstoff enthalten" (364). Mithin ergibt „dieselbe Arbeit in *denselben Zeiträumen* stets *dieselbe Wertgröße,* wie immer die Produktivkraft wechsle" (220). Man kann also die Arbeitsproduktivität nicht am Werte messen, „weil das Wertprodukt je Zeiteinheit von der Produktivkraft der Arbeit nicht unmittelbar berührt wird" (36). Wenn die gleiche lebendige Arbeit nun in der Zeiteinheit aber mehr Gebrauchswerte hervorbringt, wenn ihre Produktivität steigt, so verteilt sich ihr unveränderter Wert auf eine größere Menge von Erzeugnissen, d. h. deren Werte sinken mit wachsender Arbeitsproduktivität.

„Die Werte der Waren wechseln direkt wie die auf ihre Produktion angewandten Arbeitszeiten und umgekehrt wie die Produktivkraft der angewandten Arbeit" (224). Aber das gilt nur für die Volkswirtschaft als Ganzes und obendrein nur eingeschränkt, weil eben außerdem noch die beiden anderen Teile den Wert der Produkte bilden, die verbrauchten Produktionsmittel und die Arbeit für die Gesellschaft (262). Das ergibt dann wohl das zweite:

Am Sinken der Warenwerte können wir „die Steigerung der Arbeitsproduktivität nur kontrollieren, nicht messen" (25)! Vgl. auch (342).

Weitgehend unabhängig vom betrieblichen Arbeitsaufwand bilden sich die Preise, sie sind ein volkswirtschaftliches Datum für den Betrieb, nach denen er sich wirtschaftlich organisiert.

„Die Preise werden... nicht nach dem individuellen Arbeitsaufwand, sondern nach ihrem Wert festgelegt" (36), vgl. auch S. 31.

Hier gibt es also keinen direkten kausalen Zusammenhang zwischen Arbeitsaufwand und der Höhe des Preises für die Wareneinheit. Es ist nur betriebswirtschaftlich *zweckmäßig,* die im Betriebe eingesetzte Arbeit auf die Preissumme im reduzierten Rohertrag zu beziehen — völlig unabhängig von jeder polit-ökonomischen Wertung oder Werttheorie. Es geht hier gar nicht um den Inhalt des Werts, sondern nur um eine seiner Ausdrucksformen, den volkswirtschaftlich bestimmten, in Geld gemessenen Preis der Waren.

Wir haben das bewußt schärfer getrennt als unbedingt notwendig ist. Man „muß" aber auch „zwischen Form und Inhalt des Wertes streng unterscheiden" (364). Denn die „Steigerung der Arbeitsproduktivität... senkt den Wert der einzelnen Ware" (25), aber erstens verhalten sich die Wertelemente dabei nicht gleich, vgl. (25), und zweitens ist *der Preis,* mit dem die Betriebswirtschaft rechnet, nur in den seltensten Fällen *dem Werte* gleich, mit dem sie eben grundsätzlich nichts anfangen kann. Wer Preis und Wert nicht klar und konsequent auseinanderhält, redet am anderen genau so vorbei wie BEHRENS an ROSENKRANZ, vgl. (35), (304). Denn die Produktivität der Arbeit „gehört ihrer konkreten, nützlichen Form an" (25), auch (398) — mit der wir es hier allein zu tun haben — der Wert „abstrahiert" aber von dieser Form der Arbeit! Die abstrakte Arbeit als Wertsubstanz und ihre Quantifizierung sind Gegenstand der Politischen Ökonomie, vgl. Schema 2.

Nun wäre allerdings ein Vergleich zwischen dem Werte, also der quantifizierten abstrakten, der durchschnittlich notwendigen, gesellschaftlichen Arbeit und der aufgewendeten konkreten nützlichen Arbeit sehr aufschlußreich für die Politische Ökonomie sowie für die Volkswirtschaftsplanung und die Preisgestaltung. Im praktischen Wirtschaftsleben gibt es zahlreiche Produkte, deren Werte man zwar nach der abstrakten Arbeit theoretisch bestimmen kann, die sich jedoch niemals danach austauschen werden, das Extrablatt, die Nordlandreise, ein Gemälde von Rembrandt u. ä. m. Die Politische Ökonomie hätte diesen Bereich klar zu umreißen, wo Preise und Werte voneinander abweichen müssen, die Messung der Arbeitsproduktivität mit dem Geldmaßstab zum Zwecke des Wertvergleichs also keinen Sinn haben kann. Dort liegt überhaupt *das* Problem um die Arbeitsproduktivität für sie. Wo das Wertgesetz uneingeschränkt gilt, hätte ein solcher Vergleich besonders aufschlußreichen Sinn. Aber das alles zielt am Ende auf die abstrakte Arbeit; die konkrete, nützliche soll sie dabei nur aufhellen — und diesem Gesichtspunkt können wir hier nicht weiter nachgehen.

3.321 Die Meß„werte"

Rein mathematisch entspricht die Meßwertrechnung voll und ganz der GE-Rechnung, d. h. den Rechenoperationen, die unsere Formeln II—IV auf S. 123 angeben. Die Meßwerterechnung erfaßt auch das Volumen der Produktionsleistung. Es kommt also statistisch auf das gleiche hinaus, ob die konstanten Gewichte, $a_1 \ldots a_n$, nach dem GE- oder dem Meßwertschlüssel bestimmt werden. Entscheidend für diese Maßstäbe ist nur, daß jene Gewichte eben konstant sein — und bleiben müssen.

Wenn wir hier von Meß„werten" sprechen, so meinen wir Wert auch im mathematischen Sinne als Bezeichnung einer in Zahlen ausdrückbaren Rechengröße. Wir dürfen dementsprechend Meßwert schreiben.

Sind diese Meßwerte nun geeignet als solche betriebs- und produktionswirtschaftlich angemessenen Vereinheitlichungsgewichte, sind sie vielleicht gar besser als der GE-Schlüssel? Nein, sie sind es nicht.

Zur Begründung müssen wir davon ausgehen, was sie eigentlich sollen und was sie sind. Mit der Arbeitsproduktivität soll nicht die Produktion von Werten, sondern die Erzeugung von Gebrauchswerten gemessen werden, deshalb müssen Preisänderungen ausgeschaltet werden (258), dafür also die Meßwerte.

„Obwohl in Geldeinheiten gemessen wird, haben wir es mit einem Mengenausdruck zu tun" (104). Meßwert = „Geld-Mengen-Begriff", vgl. S. 33. Die Meßwerte „... dienen ... ausschließlich ... zur Berechnung der Arbeitsproduktivität ..." (169) — der Volkswirtschaft! Als „volkswirtschaftlicher Maßstab" spiegeln sie sie „relativ exakt" wider (86).

Die Meßwerte verkörpern eine bestimmte Wertvorstellung, die zunächst auf ihrem Maßstab beruht, auf den Geldeinheiten. Losgelöst von seinen jeweiligen besonderen Aufgaben ist das Geld die Einheit der Preisrechnung und ein Zahlungsmittel. Das ist es unabhängig vom konkreten stofflichen Geldmaterial, eben weil es nur ein Hilfsmittel ist, den Verkehr oder die Übertragung von „Werten" in der Wirtschaft zu vermitteln. Wenn die Meßwerte das Geld zwar offensichtlich als Preisrechnungseinheit beanspruchen, so ist damit doch implicite verbunden, daß sie eben auch einen realen oder realisierbaren „Wert" — Preise oder Kosten, Einnahmen oder Ausgaben — zu verkörpern erlauben, oder zumindest darzustellen scheinen. Diese nicht unbedenkliche Vorstellung ergibt sich zwingend aus dem Maßstab der Meßwerte, den Geldeinheiten (Geld = Zahlungsmittel).

Der Wert als Recheneinheit drückt in der sozialistischen Wirtschaftsordnung „allerdings nicht mehr den seiner Natur entsprechenden Inhalt aus, denn der Wert und seine Formen sind Formen der Warenproduktion" (364).

Die Meßwerte beruhen also von Hause aus auf einer dem Geld nicht völlig adäquaten qualitativen Konzeption.

Als Preisrechnungseinheit i. e. S. ist das Geld, im Sozialismus, „das Maß der Werte" (180), (200), ein „Instrument zur Berechnung der ... gesellschaftlichen Arbeit" (200). Diese Vorstellung findet ihren wirtschaftswissenschaftlichen Ausdruck gewöhnlich im von der *abstrakten* Arbeit ausgehenden Wertgesetz. Damit wird der Wert in Geldeinheiten festgelegt, und von dieser Konzeption leiten sich die Meßwerte nun quantitativ ab.

Wir verzichten hier auf den für unser Thema unwesentlichen Unterschied zwischen der abstrakten Arbeit und der gesellschaftlich notwendigen, vgl. dazu (7). Entscheidend ist wieder nur die klare Trennung zwischen der abstrakten Arbeit als qualitative und quantitative Wertsubstanz und der konkreten Arbeit. Dieser Unterschied ist deswegen so bedeutsam, weil er hier verwischt wird durch den gleichen Maßstab für beide Eigenschaftsbegriffe der Arbeit, die Geldeinheiten. Zur polit-ökonomischen Ableitung dieser Unterscheidung vgl. (7) und (201).

Wir bestreiten im übrigen gar nicht, daß diese Divergenz zwischen dem Geld als Maß der Werte und dem Geld als Zahlungsmittel für die Volkswirtschaftsplanung unerheblich, ja ihre Kombination im Geldmaßstab geradezu „objektiv notwendig" ist, vgl. dazu (364). Nur hat das eben betriebswirtschaftlich keinen Sinn und ist auch gar nicht erforderlich, weil die Betriebswirtschaft viel besser als die Volkswirtschaftsstatistik mit Naturalmaß(stäb)en rechnen kann und muß und durch die Preispolitik des Staates eben direkt angesprochen wird und darauf auch reagiert, vgl. das folgende Zitat aus (200) über das Geld in den Preisen als Agens der Produktion.

Der Geldmaßstab mißt aber auch die Kosten — ebenfalls im Sozialismus und wieder als „Maß der Werte", vgl. (7), (200), (201), (213) — d. h. die Produktionskosten im Betriebe, und ist somit ein Maßstab für die dort eingesetzte *konkrete,* nützliche Arbeit, neben den anderen Kostenarten. Noch mehr: „Das Geld als Maß der Werte wird demnach in Form der Preise als wirksamer Hebel zur Entwicklung der Produktion angewendet, wobei ... auch die Preise vom Werte abweichen..." (200)! Damit sind wir wieder am Ausgangspunkt angelangt: Das Geld ist eben immer *mehr* als nur rechenhafte Maßeinheit, es *soll* die Wirtschaft direkt beeinflussen und tut das auch, vgl. Geld als Maß der Werte, als Zirkulationsmittel, als Akkumulations- und als Zahlungsmittel! Dem Gelde wohnt die Wertvorstellung eben unabdingbar inne. Aber *das Geld ist damit auch ein ausgesprochen unbeständiger Maßstab!*

Vorwiegend zwar volkswirtschaftlich determiniert werden die Meßwerte auf diese Weise jedoch auch produktionswirtschaftlich beeinflußt. In der Natur der Meßwerte liegen mithin einige divergierende Momente, die dem Wesen eines Maßstabs abträglich sind, der möglichst klar und vor allem konstant sein und bleiben soll. Dreierlei sehen die Genossenschaftsbauern ihrer Produktionsleistung von 100000 DM in Meßwerten nämlich nicht an: 1. Was können wir uns dafür denn tatsächlich für unsere LPG leisten? 2. Wenn sie nun wirklich nur eine Rechengröße sind, sind die 100000 DM dann ein volkswirtschaftlicher Wert, von dem der Staat etwas hat, wonach er vielleicht unsere Betriebssteuern festsetzt, oder sind sie 3. ein sicheres Abbild unserer betriebswirtschaftlichen Leistung, das sie ebenso einwandfrei vergleichbar wiedergibt, wenn wir unseren Betrieb im nächsten Jahr von der Jungviehaufzucht zur Milchproduktion umstellen?
Das ist nicht nur unseren LPG-Bauern unklar, auch die Statistiker, Polit-Ökonomen und Betriebswirte sind sich nicht einig. Sie sehen z. T. sogar noch eine weitere Alternative: Die Meßwerte sind weder volks- noch betriebswirtschaftlich determiniert, sondern willkürliche Gewichte;

„... Die Meßwerte lassen in ihrer augenblicklichen Konstruktion keinen unmittelbaren Vergleich mit irgendeinem anderen Wert zu" (76). „... Die theoretische Ableitung dieser konstanten Zahlen, ... Meßwerte, braucht ursprünglich nicht von den ökonomischen Kategorien Wert und Preis auszugehen" (233). „Der Meßwert verkörpert ... keinen Wert mehr, sondern stellt nur noch eine abstrakte Größe dar" (342). Die Meßwerte „haben überhaupt nichts mit Geld zu tun. Man kann sie als ... Punktbewertung für die einzelnen Waren bezeichnen ..." (354).

Damit haben die Meßwerte ihre sinnvolle Grundlage verloren, und das macht entmutigend deutlich, wie zwiespältig das Wesen dieses Maßstabs nun einmal ist.

„... Die gleichbleibenden Preise beruhen doch auf einer realen Basis und sind keineswegs bloße ‚Hausnummern', wie ... zum Teil von Statistikern fälschlich angenommen wird" (413), vgl. auch (326). Es liegt in der vieldeutigen Natur der Sache, daß man sich in diesem Punkt wohl niemals einigen wird.

Darin also finden unsere speziellen Bedenken gegen die Meßwerterechnung ihre mittelbare Begründung. Mittelbar insofern, als sie vom Wesen und der Substanz des Geldes als Maßstab ausgeht.

Jede Rechnung mit Meßwerten oder unveränderlichen Planpreisen ist im Grunde eine Mengenrechnung. Das ist die GE-Rechnung auch. Wir haben daher die Frage zu beantworten, ob die Rechnung mit Meßwerten besser, betriebswirtschaftlich sinnvoller wäre als die Vereinheitlichung mit Getreideeinheiten. *Die Rechenformeln sind für beide gleich!* Als betriebs- und produktionswirtschaftliche Gewichte für die Vereinheitlichung der heterogenen Bestandteile der Bodenproduktion sind die heutigen Meßwerte unmittelbar ungeeignet aus folgenden vier Gründen:

1. *Die Meßwerte bleiben nicht konstant.* Sie ändern sich, weil zweierlei ihre Bildung beeinflußt:

a) Jede Wirtschaft entwickelt sich, sie muß dynamisch sein; jede Konstanz irgendwelcher Werte wird ihr daher immer zutiefst wesensfremd sein. Dementsprechend wechselt das Meßwerteniveau mit dem allgemeinen Preisniveau – das wäre mit Indices statistisch noch zu bewältigen – schlimmer ist, daß während der Geltungszeit der festgesetzten Meßwerte neue Waren erzeugt werden, für die neue Meßwerte gebildet werden müssen; das verschlimmert dann noch den häßlichsten, statistisch undurchdringbaren Übelstand: Die ursprünglich festgelegten Wertrelationen verschieben sich, sie verlieren ihren wirtschaftlichen Sinn und die Meßwerte damit auch; man muß sie neu zusammenstellen.

„Mit zunehmender zeitlicher Entfernung vom Basisjahr (nach dessen Preisniveau die Meßwerte gebildet wurden, A. B.) verliert sich die Eignung der konstanten Preise als Wägezahlen immer mehr, weil die Knappheitsverhältnisse und Qualitätsmerkmale der Güter ... sich inzwischen meist weitgehend verschoben haben" (105). Hier bricht übrigens auch wieder die Vorstellung durch, wonach die Meßwerte eben tatsächlich „werten" und nicht nur Recheneinheiten sind!

b) Die Meßwerte bleiben nicht konstant wegen der ewig ungeklärten Frage: Sollen sie nach volkswirtschaftlichen Gesichtspunkten gesetzt, also als Tauschwerte kalkuliert werden, oder hat man sie nach betriebs- und produktionswirtschaftlichen Gründen, d. h. nach dem Aufwand, zu bestimmen?

Die Geschichte der Meßwerterechnung beweist klar, daß das so abläuft; in der Planwirtschaft der UdSSR hat man die Industrieproduktion bis 1927 nach den Preisen von 1911/12 bewertet; der erste Fünfjahresplan und die Produktion der staatlichen Industrie bis 1948 wurden nach den unveränderlichen Preisen von 1926/27 kontrolliert, seit 1949 plant und erfaßt man die sowjetische Industrieproduktion nach Großhandelspreisen, 1952 nach ihrem Stande vom 1. Januar 1952, vgl. (102), (157), (193). „Vom 1. Januar 1956 an werden bei der Planung und Erfassung der Bruttoproduktion ... die betrieblichen Großhandelspreise vom 1. Juli 1955 als vergleichbare Preise verwendet." Dieser Übergang auf die Preise vom 1. Juli 1955 „bedeutet eine wesentliche Annäherung der vergleichbaren Preise, die für die Ermittlung des Volumens der Bruttoproduktion verwendet werden, an die geltenden Großhandelspreise".[1]) In der DDR „beträgt die stärkste positive Abweichung der Meßwerte von den Effektivpreisen einer Planposition 8100:100 und die stärkste negative 1,6:100" (326)!

---

1) LJUBIMOW, N., Fragen der Anwendung der Großhandelspreise für die Ermittlung des Volumens der Brutto- und Warenproduktion der Industrie; in den „Westnik Statistiki" Nr. 4; Moskau 1955.

Wie schwierig, ja wie unmöglich es sogar oft ist, konstante Festpreise selbst in einem vergleichsweise übersichtlichen Wirtschaftszweig zu ermitteln und vorzugeben, zeigt NEUWIRTH sehr eindringlich für die Bauindustrie (249). Mit diesen betriebswirtschaftlich determinierten, durchschnittlichen Festpreisen dürfte der Betriebswirt durchaus einverstanden sein, aber die so heterogene Landwirtschaft setzte einem derartigen Unterfangen unüberwindlichen Widerstand entgegen, vgl. u. a. unseren folgenden 3. Grund. Überträgt man aber den NEUWIRTHschen Vorschlag sinngemäß auf den Wirtschaftszweig Landwirtschaft, so läßt sich damit die Getreideeinheitsrechnung hervorragend stützen.
Aus den unentwegten Diskussionen um die konkrete Fixierung der Meßwerte in der Wirtschaftspraxis der DDR erhellt jenes zweite unlösbare (?) Problem — hie volkswirtschaftlich, hie produktionswirtschaftlich bestimmte Meßwerte, vgl. u. a. (76), (94), (212), (233), (249), (273), (319), (325), (326). „... Die Meßwerte stehen weder zu den heutigen Effektivpreisen noch zu den Werten in einem richtigen Verhältnis" (40), (94), (233), (325), (326)! Betriebswirtschaftlich determiniert sind sie auch nicht. Es gibt auch keinen befriedigenden Kompromiß zwischen diesen drei Bestimmungsgründen. Maßstäbe sind zwar stets der Konvention anheimgegeben, aber die hilft hier nicht über das Dilemma, denn in Gelddingen gibt es keine; weil das Geld eben nicht nur eine konventionelle Maßeinheit, sondern unersetzlicher Vermittler des Wirtschaftsvollzugs, das Blut des Wirtschaftskörpers ist, solange die Wirtschaft Waren produziert.

Die Meßwerte bleiben also nicht konstant. Das kann nun die statistische Durchdringung der gewerblichen Wirtschaft viel eher vertragen als die landwirtschaftliche Betriebskalkulation. Denn erstens setzt die Landwirtschaft ihre Produktion nur einmal im Jahre um, man braucht also schon allein deswegen konstante Maßstäbe über eine ganze Reihe von Jahren, ehe statistisch einwandfreie Richt- und Kontrollzahlen gewonnen sind, und zweitens wirken auf die jeweilige Höhe der ermittelten Kennzahlen so viele Bestimmungsgründe, daß ihre ohnehin schon schwierige Interpretation nahezu unmöglich wird, wenn sich zu allem anderen auch der Maßstab, hier also die Meßwerte, noch ändert.

2. *Die Meßwerterechnung vermag niemals der Vielfalt der wirtschaftlichen Produktionsmöglichkeiten zu folgen.* Die unzähligen Waren, die die Wirtschaft der DDR erzeugt, sind in 40000 Warengruppen zusammengefaßt, die 40000 Meßwerte bekamen, entsprechend dem gewogenen Mittel der in einer Gruppe enthaltenen einzelnen Waren. Das ist sehr grob, läßt sich aber aus technischen Gründen nicht genauer machen, vgl. (94), (326). Die Meßwerte weisen nun in zwei Fällen nichts richtiges mehr aus:

a) Wenn sich das Verhältnis verschiebt, nach dem ein Betrieb zwei Produkte herstellt, die in einer Warengruppe, also unter einem Meßwert zusammengefaßt sind, und

b) wenn sich das Verhältnis ändert, nach dem ein Betrieb zwei Produkte herstellt, die zwar verschiedene Meßwerte haben mögen, wo diese Meßwerte aber nicht einer betriebswirtschaftlich relevanten Aufwandskomponente entsprechend gebildet sind.

Das zweifelhafte Ergebnis der Meßwerterechnung im Fall b) ist wohl unbestreitbar, wir setzen uns unter Punkt 4 noch mit einer Variante davon auseinander. Im Fall a) haben wir die praktisch unübersteigbare Grenze erreicht, die der Meßwerterechnung nun einmal gesetzt ist: Sie kann nicht so fein differenzieren, wie es einer vielseitigen, dynamischen Wirtschaft angemessen ist. Die „Kuh zur Milchgewinnung“ ist nach der „Warennummer 11822100“ 900,– DM wert (352), ganz gleich, ob sie der Betrieb mit 5 oder mit 3,5 dz abliefert! Das machen selbst die sonst noch gröberen GE-Gewichte besser. Sie versagen wie die Meßwerte, wenn sie die 100 Konsumeier, die der Bauer Schulze am 20. Dezember abliefert, mit denselben 0,25 GE oder 10,– DM (352) bewerten wie die 100, die er am 20. April zur Sammelstelle bringt. Das gilt für alle saisonabhängigen und nicht billig lagerfähigen Erzeugnisse. Am Ende läuft diese Frage darauf hinaus, wie die unterschiedliche Qualität der einzelnen gleichartigen Waren zu bewerten ist. Wir kommen darauf zurück, S. 169 ff. Aber auch hier wird schon klar, daß nur die differenzierte Wertung nach Abgabepreisen, also der reduzierte Rohertrag, die Vielfalt der Produktionsleistungen landwirtschaftlicher Betriebe angemessen auszudrücken vermag.

3. Die betriebsstatistischen Kennzahlen kann man mit Aussicht auf erfolgverheißende Erkenntnis stets nur aus ihrem Zusammenhange heraus richtig beurteilen. Dazu müssen sie aber in einigermaßen vergleichbaren, geläufigen und auch anschaulichen Maßstäben ausgedrückt sein. *Im Zahlenspiegel der landwirtschaftlichen Betriebsstatistik stünde die in Meßwerten erfaßte Arbeitsproduktivität jedoch hoffnungslos isoliert, unverständlich und ohne jede sichtbare Beziehung zu den übrigen verbindlichen und freigestellten Kennzahlen,* weil diese niemand in Meßwerten ausdrückt, aus guten Gründen. Damit verlöre eine solche Arbeitsproduktivitätskennzahl jede Bedeutung für die Beurteilung der gegebenen Betriebsorganisation. Nach jahrelangen einbetrieblichen Vergleichen mag sie allmählich zu beschränkten Einsichten über die Entwicklung der Betriebsorganisation führen, aber ehe sich diese dann fruchtbar kontrollieren ließe, haben sich die Meßwerte bereits wieder geändert, vgl. Punkt 1. Die Arbeitsproduktivität bleibt ihrem Wesen nach ein Relativum, auch hier, in diesem Sinne: Erst und nur durch ihre Beziehung auf andere Kennzahlen wird sie selbst verständlich, beurteilbar und vermag ihrerseits aufzuklären, was jene anzeigen. Dem teilweise abzuhelfen, gibt es theoretisch nur die eine Möglichkeit, weitere Kennzahlen in Meßwerten zu erfassen. Das müßte dann konsequent auf die gesamte Geldrechnung ausgedehnt werden – und das kann der Betriebsstatistiker ernsthaft nicht vorschlagen, kein Bauer würde mehr seine wirklichkeitsfernen Zahlen verstehen, von der endlosen Rechnerei ganz zu schweigen. Am Ende wäre damit jede vernünftige Planung und Kontrolle, jede Vor- und Nachkalkulation, der wirtschaftlichen[1]) Organisation und Führung des Betriebs unmöglich gemacht.

Die Betriebswirtschaft bewegt sich nun einmal unabänderlich zwischen Preisen und Kosten, genauso wie die Volkswirtschaft zwischen Bedarf und Deckung. Die Betriebswirtschaft ist ohne das an den realen Preisen ansetzende wirtschaftliche Prinzip nicht zu denken.

---

1) Zum Unterschied vom „technischen“ Organisationsprinzip des Betriebes

Nur *zwei* bäuerliche Stimmen zu dieser Frage: „Zwei Wertmesser in einer Wirtschaft, die sich nicht immer ergänzen, sondern öfter gegeneinander stehen, müssen zum Ruin der Wirtschaft führen" (336). „Besonders wichtig für den Einnahmen- wie auch für den Ausgabenteil des Planes ist, richtige Preise für die Produkte einzusetzen, welche der Realisierung unterliegen — sowie der Preise für die Produkte und Materialien, die eingekauft werden müssen — denn davon ist in hohem Maße die Realität des Planes abhängig" (69).

Mit der in Meßwerten gemessenen Produktivität „kann ein Vergleich mit der Lohnsumme nicht auf realer Grundlage durchgeführt werden... Erst recht aber ist für einen zwischenbetrieblichen Vergleich die Berechnung der Arbeitsproduktivität aus der Bruttoproduktion nach Meßwerten unbrauchbar" (212).

Es ist zwar kein Beweis, wenn PIELERT vorführt, daß die Meßwerte falsch sind, *weil* die Abgabepreisrechnung richtig ist (273), seine Zahlen zeigen aber sehr deutlich, daß man die Meßwerteergebnisse mit anderen betriebsstatistischen, wirklichkeitsnahen Kennzahlen nicht sinnvoll vergleichen kann, weder mit der Entwicklung von Arbeitsaufwand und Lohnsumme noch mit der Planung der Arbeitskräfte o. ä.

In diesem Zusammenhang treten weiter auf a) eine „Preis"frage, b) ein Buchführungsproblem und c) ein Verstoß gegen die Äquivalenz.

Zu a): Man könnte ja versuchen, mit den Meßwerten wenigstens einigermaßen in der Nähe der Wirklichkeit zu bleiben und dem Beispiel der UdSSR folgend — wahrscheinlich macht man es dort eben auch gerade deswegen so — Meßwerte nach den durchschnittlichen Abgabepreisen festsetzen. Frage: Richtet man sich dann, bei den gespaltenen Märkten der sozialistischen und volksdemokratischen Staaten sowie der DDR, nach den Preisen für den freien Aufkauf, den Preisen für die Pflichtablieferung oder nach den Bauernmarktpreisen? Es liegt auf der Hand, daß jede an den volkswirtschaftlichen Durchschnittspreisen orientierte Gewichtung wieder zu ausgesprochen unwirklichen und damit unbrauchbaren Kennzahlen für den einzelnen Betrieb führen muß. Die gestellte Frage ist also für die landwirtschaftlich-rechnerische Betriebsdurchdringung in der DDR nicht zu beantworten. Es gibt nur einen Ausweg, allerdings ohne Meßwerte: Man bewertet mit Erzeugerpreisen und berechnet dann eben nicht mehr das Volumen, sondern die Preissummen des reduzierten Rohertrags; offenbar hat man auch in der sowjetischen Betriebsstatistik keine im Prinzip andere Möglichkeit gefunden, vgl. (94), auch (357) und S. 159.

Man muß aber mit der Interpretation und eventuellen Planungsmaßnahmen sehr vorsichtig sein, wenn man beides tut, d. h. die Arbeitsproduktivität in Meßwerten *und* nach Abgabepreisen berechnet, auch das geschieht in der Landwirtschaft, in den Abschnitten B der AQ/L- und AM/L-Meldungen (347), und in der Industrie, vgl. (212). Dann kann vorkommen, daß das Volkswirtschaftsplandatum zur Entwicklung oder Steigerung der Arbeitsproduktivität nach Meßwerten ceteris paribus nicht, nach Abgabepreisen aber übererfüllt wird, wenn sich die Produktion ändert. Was soll die Praxis von solchen Zahlen halten? Die Meßwerte verkörpern tatsächlich eine Wertvorstellung, man kann sie deshalb nicht bloß als Rechengewichte abtun.

Zu b): Um das Volumen berechnen zu können, müssen die zu wiegenden *Mengen* (in natura) ausgewiesen werden. Das geschieht in der Buchhaltung der VEG nur sehr unvollkommen, zumindest im entscheidenden Jahresabschluß. Man könnte sich helfen, indem man die nach Abgabe-, Plan- oder sonstigen Preisen ausgewiesenen Bestandteile der Preissummen mit den Meßwerten entsprechenden Indices wiegt und zusammenfaßt. Wem diese Rechnerei nicht zu viel wird, vergewissere sich, daß die „Werte", von denen er ausgeht, tatsächliche Mengenäquivalente der Bestandteile der Bodenproduktion sind. Auch das ist keineswegs sicher!

„Ebenso unzweckmäßig wäre eine Trennung zwischen Mengen- und Wertstatistik, die dadurch herbeigeführt werden könnte, daß man zwar die Bruttomengen erfaßt, die dazugehörigen Werte jedoch so ermittelt, daß man sie dem Produktionsabsatz der Betriebe entnimmt" (146). Gerade das kommt aber vor, wenigstens in der Industrie, vgl. (146).

Wenn die erzeugten Mengen nicht zu ermitteln sind, läßt sich das Volumen der Bodenproduktion eben überhaupt nicht ausdrücken; damit verzichtet man aber nur auf die Kennzahl der technischen Arbeitsproduktivität, die wirtschaftliche kommt über den dann schon eher erfahrbaren reduzierten Rohertrag immer heraus. Auch deswegen brauchen wir diesen Relator.

Zu c): Der Maßbegriff impliziere Proportionalität, Gleichartigkeit und Perspektive, hatten wir oben gesagt, Grundzug 3 des Maßes, S. 71. Das heißt, die Maßstäbe, die die Relaten in einer Beziehungszahl messen, müssen wenigstens kommensurabel und einander adäquat gebildet sein. Die ziemlich willkürlich und am Ende doch nur als Rechengewichte fixierten Meßwerte bringen als Vereinheitlichungsergebnis einen Produktionsleistungswert zustande, der, durch die Meßwertekalkulation theoretisch determiniert, der potentiellen Leistung des Betriebs weit eher als der tatsächlichen entspricht. Im A enthält der Produktivitätsrelator aber in jedem Fall eine reale Größe, die auch in anderen betriebsstatistischen Kennzahlen wiederkehrt. *Die Maßstäbe, die E und A messen, sind nicht äquivalent gebildet, wenn das E über die Meßwerterechnung vereinheitlicht wird.* Der Bodenproduktionswert würde dann die potentielle Erzeugungsleistung darstellen und das A den effektiven Arbeitseinsatz. Mißt man diesen auch noch in Meßwerten, so ergibt sich, nun vom Maßstab aus, eine willkürlich manipulierbare, potentielle Arbeitsproduktivitätskennzahl, ein Maß, das wir bereits im zweiten Kapitel als betriebswirtschaftlich sinnlos abgelehnt hatten. – Die Maßstäbe, die die Relaten messen, müssen zwar nicht gleich, aber sie sollen wenigstens äquivalent gebildet sein. *Volkswirtschafts-statistisch bestimmt fallen die Meßwerte aus dem betriebswirtschaftlichen Maßsystem hinaus, das den Arbeitseinsatz eigenständig mißt.* Die Meßwerterechnung führt also zu einem betriebswirtschaftlich unsinnigen Maß.

Schwerer noch als diese drei bereits entscheidenden Einwände gegen die Meßwerte wiegt unser

4.: Wenn die Meßwerterelationen für die Bewertung der einzelnen Bestandteile der Bodenproduktion nicht dem Aufwand entsprechend gebildet worden sind – meist sind sie das auch nicht – verschieben sich die Produktivitätskennziffern sofort, und zwar ganz unabhängig von der eingesetzten Arbeit, dem Boden und den übrigen Betriebsmitteln, wenn sich die Produktion ändert und die Erzeugungsleistung daher gegenüber dem Basisjahr anders zusammengesetzt ist.

Solche Kennzahlen kann man nicht mehr interpretieren. Hier ist es jedoch grundsätzlich anders wie bei unseren Vergleichen mit dem Fieberthermometer oben: Wer mit Hilfe so eines ungeeigneten, falschen Maßstabs die Arbeitsproduktivität im landwirtschaftlichen Betriebe beurteilt, tut das gleiche wie jemand, der die Leistung einer Kraftmaschine ermitteln will, indem er sie wiegt. Was die Meßwerte hier herausbringen, ist den ebenfalls nicht vom Aufwand bestimmten Preissummen im reduzierten Rohertrage analog. Nach jenem organisieren sich aber die Betriebe wirtschaftlich, nach den Meßwerten niemals, auch in der Planwirtschaft nicht; deshalb haben sie eben auch betriebswirtschaftlich keinen Sinn.

Weiter oben haben wir eingehend zu begründen versucht, daß die Vereinheitlichungsgewichte zwar dem Aufwande entsprechend gebildet sein müssen, daß das aber nicht dem Arbeitseinsatz entsprechend geschehen muß. Deswegen dürfen wir zunächst die futterwirtschaftlich orientierten Getreideeinheiten als geeignete Gewichte annehmen. Das Ziel mögen dem Arbeitseinsatz entsprechende Vereinheitlichungsgewichte sein – auf jeden Fall folgt auch daraus, daß von jedwedem betrieblichen Aufwand unabhängig gebildete Gewichte abzulehnen sind.

Dieses Problem, wie man über die Meßwerterechnung zu vernünftigen Arbeitsproduktivitätskennzahlen komme, wenn sich die Produktion ändert, bewegt Industrie und gewerbliche Wirtschaft sicher mehr als die Landwirtschaft, vgl. z. B. (212), (233), (273). Man glaubt es gelöst zu haben, indem man versucht, ihm rechnerisch zu begegnen: Die durchschnittliche Steigerung der Arbeitsproduktivität werde dadurch „richtig“ erfaßt, daß an Stelle des ungewogenen Mittels aus der Veränderung der Produktivität, ermittelt auf Grund jeder einzelnen der erzeugten Waren, ein gewogenes Mittel für die Gesamterzeugung berechnet wird. Als Gewichte dienen entweder das Verhältnis, in dem die einzelnen Waren im Basiszeitraum produziert wurden, vgl. (25) oder der Anteil der für die einzelne Ware verausgabten Arbeitszeit an der Gesamtzeit im Basiszeitraum, vgl. (287). Da beide Methoden zu grundsätzlich gleichen Ergebnissen führen, untersuchen wir hier nur am Beispiel der ersten, ob die Meßwerterechnung mit ihrer Hilfe brauchbare Kennzahlen bringt. In ihrer an der industriellen Wirtschaft orientierten schwierigen Abstraktion sind BEHRENS' rechnerische Exempel dazu nicht ohne weiteres in die Sprache der landwirtschaftlichen Betriebslehre zu übertragen. Wir bilden daher ein eigenes vereinfachtes Beispiel, um daran zu zeigen, was jene Gewichtung auszusagen erlaubt.

Ein Betrieb von 10 ha erzeuge (nur) 100 dz Getreide, 400 dz Kartoffeln und 25 dz Schweine im Jahre als Bodenproduktion. Im Betrieb seien zwei AK eingesetzt: Die 525 dz Getreide, Kartoffeln und Schweine zu erzeugen, genügen 2700 Stunden, auf Grund der Richtzahlen nach ROSENKRANZ (304); insgesamt ergibt sich somit eine Bodenproduktivität von 30 GE/ha und eine technische Arbeitsproduktivität von 150 GE/AK. Als Meßwerte setzen wir die abgerundeten Preise ein, die unsere mitteldeutschen Großbetriebe im Wirtschaftsjahr 1950/51 erlösten, vgl. (10). Wir vergleichen jetzt ein Basisjahr mit vier verschiedenen Folgejahren, wo die Produktionsleistung jeweils etwas anders zusammengesetzt war, und die Arbeitsproduktivität für die einzelnen Erzeugnisse zwar wechselte, aber jedesmal die gleiche, um 100 dz größere Gesamtmenge (gegenüber dem Basisjahr) produziert wurde:

Basisjahr

Erzeugnisse	Erzeugte Menge	Meßwert	Volumen = Menge × Meßwert	Eingesetzte Arbeitszeit	„Wirtschaftliche" Arbeitsproduktivität		Veränderung der Arbeitsproduktivität
	dz GW²)	DM/dz	DM	Std. Az	DM/Std.	in Relativzahlen, Basisjahr = 100	Spalten 2 × 7
1	2	3	4	5	6	7	8
Getreide	100	24	2 400	800	3,00	100	10 000
Kartoffeln	400	9	3 600	800	4,50	100	40 000
Schweine	25	330	8 250	1100	7,50	100	2 500
Summen u. Mittel	525		14 250	2700	5,30	100	52 500 : 525 = 100

Was wir hier als „wirtschaftliche" Arbeitsproduktivität bezeichnen, entspricht unserem weiter oben gebildeten Begriff nur im Grundzuge, daher die Anführungsstriche. Unsere wirtschaftliche Arbeitsproduktivität wird nicht mit Meßwerten, sondern mit den erzielten Marktpreisen, dem Rohertrag, gebildet. — Alle Zahlen sind gerundet.

Im ersten Vergleichsjahr A hat der Betrieb nun mit Hilfe verbesserter Ernteverfahren und durch vorteilhaftes Wetter begünstigt 200 dz Getreide erzeugt, ohne mehr Arbeit dafür aufzuwenden:

Vergleichsjahr A

1	2	3	4	5	6	7	8¹)
Getreide	200	24	4 800	800	6,00	200	20 000
Kartoffeln	400	9	3 600	800	4,50	100	40 000
Schweine	25	330	8 250	1100	7,50	100	2 500
Summen u. Mittel	625		16 650	2700	6,18	117	62 500 : 525 = 119

Den für die Meßwerterechnung entscheidenden Gang vollzieht Spalte 8: Hier werden die Steigerungssätze einzeln gewogen mit den im Basiszeitraum erzeugten Mengen an Getreide, Kartoffeln und Schweinen. Die Summe daraus – die Rechnung muß immer dieselbe Zahl ergeben – wird durch die im Basiszeitraum produzierte Gesamtmenge in dz, also 525, dividiert; so kommt die gewogene durchschnittliche Steigerung der Arbeitsproduktivität heraus. Was bringt nun die letzte Spalte, wenn der Betrieb im Vergleichsjahr B eine normale

---

1) Spalte 2 (Basisjahr) × Spalte 7 (Vergleichsjahr). 2) GW = Gebrauchswerte.

Getreideernte wie im Basisjahr macht, dafür aber 100 dz Kartoffeln mehr erntet und dabei seine Arbeitsproduktivität erhöht?

Vergleichsjahr B

Erzeugnisse	Er- zeugte Menge dz GW	Meß- wert DM/dz	Volumen = Menge × Meß- wert DM	Einge- setzte Arbeits- zeit Std. Az	„Wirtschaftliche" Arbeits- produktivität DM/Std.	in Relativ- zahlen Basisjahr = 100	Veränderung der Arbeits- produktivität Spalten 2[1]) × 7[2])
1	2	3	4	5	6	7	8
Getreide	100	24	2400	800	3,00	100	10000
Kartoffeln	500	9	4500	800	5,60	125	50000
Schweine	25	330	8250	1100	7,50	100	2500
Summen u. Mittel	625		15150	2700	5,60	106	62500 : 525 = 119

Im Vergleichsjahr C soll nun der in der Praxis unwahrscheinliche, aber diese Rechnung kennzeichnende Fall eintreten, daß der Betrieb ganz hervorragende Getreide- und Kartoffelernten macht, davon wieder so viel wie im Basisjahr abliefert und mit dem Rest in Verbindung mit besonders vorteilhafter Fütterungs- und Arbeitstechnik 125 dz Schweine erzeugt, ohne mehr Arbeit dafür aufzuwenden als im Basisjahr:

Vergleichsjahr C

Erzeugnisse	Er- zeugte Menge dz GW	Meß- wert DM/dz	Volumen = Menge × Meß- wert DM	Einge- setzte Arbeits- zeit Std. Az	„Wirtschaftliche" Arbeits- produktivität DM/Std.	in Relativ- zahlen, Basisjahr = 100	Veränderung der Arbeits- produktivität Spalten 2[1]) × 7[2])
1	2	3	4	5	6	7	8
Getreide	100	24	2400	800	3,00	100	10000
Kartoffeln	400	9	3600	800	4,50	100	40000
Schweine	125	330	41250	1100	37,60	500	12500
Summen u. Mittel	625		47250	2700	17,50	337	62500 : 525 = 119

[1]) Basisjahr. [2]) Vergleichsjahr.

Im letzten Vergleichsjahr D habe unser Betrieb wieder die gleiche gute Ernte eingebracht wie in C, verwerte sie jetzt aber anders, indem er bei (gegenüber dem Basisjahr) gestiegener Arbeitsproduktivität vergleichsweise weniger Schweine erzeugt, dafür aber mehr Getreide und Kartoffeln direkt verkauft:

Vergleichsjahr D

1	2	3	4	5	6	7	8
Getreide	150	24	3 600	800	4,50	150	15 000
Kartoffeln	425	9	3 815	800	4,75	106	42 500
Schweine	50	330	16 500	1100	15,00	200	5 000
Summen u. Mittel	625		23 915	2700	8,85	167	62 500 : 525 = 119

Als wesentliches Ergebnis bringen diese Rechnungen zunächst, was nach BEHRENS (25) und RICHTER (287) herauskommen soll: Verschiebt sich die Zusammensetzung der Erzeugungsleistung, so bleibt der Durchschnitt der steigenden Arbeitsproduktivität doch gleich, nämlich 119 in unserem Falle, auch wenn sie ganz unterschiedlich zunimmt. Es ist kein Zufall, daß die Summen aus den Spalten 2 in den Spalten 8 verhundertfacht wiederkehren. Der Rechengang in Spalte 8 entspricht stets dem BEHRENSschen (25) Schema $A_p = \frac{\Sigma J_2 \cdot \Sigma M_1}{\Sigma M_1}$.
Sein Ergebnis ist nun aber viel einfacher zu bekommen, man braucht in diesem Fall nur das gewogene arithmetische Mittel über die Mengenvergleiche im Verhältnis zur jeweils eingesetzten Arbeit zu berechnen nach der Formel $\frac{\Sigma \, AzBa}{\Sigma \, GwBa} \cdot \frac{\Sigma \, GwV}{\Sigma \, AzV} \cdot 100$. Ihr Resultat muß immer dasselbe ergeben wie die BEHRENSsche Rechnung. Damit wird deutlich offenbar, was daran bedenklich ist: *Die immer gleichbleibende durchschnittliche Veränderung der Arbeitsproduktivität wird erkauft durch eine Gewichtung über die Mengen, oder genauer, durch die stete Beziehung auf die Zusammensetzung der Produktion im Basisjahr.*

Wer über die Mengen wiegt, kann sich die Meßwerte(rechnung) sparen! Unser Beispiel führt sie ad absurdum. Die im Basisjahr irgendwie zusammengesetzte Produktion als Fixum zu nehmen, ist vom rein rechnerischen her irrelevant. Ob es wirtschaftlich richtig ist, kann nur die ökonomische Zweckmäßigkeit entscheiden. Wir betrachten die Arbeitsproduktivität unter dem Merkmal der Steigerung; Maß und Maßstab dafür müssen zwar wertneutral sein, sie dürfen eine Wertung aber auch nicht präjudizieren. Gerade das geschieht nun, wenn man es immer auf die Produktion bezieht, wie sie einmal in der Basisperiode zusammengesetzt war, gleichgültig, ob sie auf ein vernünftiges Betriebsziel zugeschnitten war oder nicht. Wie anders sähen die Kennzahlen in unserem Beispiel aus, wenn wir das Vergleichsjahr C als Basis gewählt hätten!

Hier ergibt sich zweierlei:

a) Ob man „richtig“ oder „falsch“ rechnet, bleibt am Ende stets eine Frage der Wirtschaftstheorie und der Betriebspraxis, rechnerische Kapriolen führen nicht weiter. Man muß deshalb die Meßwerte unter wirtschaftlichen Aspekten betrachten, wie wir es schon getan haben.

Vgl. BEHRENS a. a. O. in ähnlichem Zusammenhange: „Es zeigt sich somit, daß es sich hier nicht um ein sogenanntes ‚statistisches‘ Problem handelt, sondern daß hier ein Problem der Politischen Ökonomie vorliegt“ (25).

b) Die Meßwerte als solche sind nicht in der Lage, eigenständig „auszuschalten“ oder auszugleichen, was zu wechselnder Arbeitsproduktivität bei sich ändernder Produktion führt. Das zeigen ganz klar unsere gewogenen arithmetischen Mittel aus den Spalten 4 und 5 in der Spalte 6, Summen- und Mittelzeile. Daß dort immer wechselnde Kennzahlen der Arbeitsproduktivität erscheinen, schadet auch gar nichts, denn es ist eben wieder wirtschaftlicher Un-Sinn, daß die Arbeitsproduktivität im Vergleichsjahr C auf dieselbe Kennzahl, 119, gestiegen sein soll wie im Vergleichsjahr B – auch wenn das rechnerisch richtig ist. Das ist es schließlich nur deswegen, weil die Rechnung hier etwas gleich macht, was in der Wirtschaft niemals gleich ist: 1 dz Getreide = 1 dz Kartoffeln = 1 dz Schwein.

Wir wollen nicht einmal davon sprechen, daß sich die angeführte Rechnung im normalen landwirtschaftlichen Betriebe unserer Zeit noch gar nicht aufmachen läßt. Man muß schon sehr zufrieden sein, wenn die Buchführung die insgesamt geleisteten Stunden hergibt, um sie der Gesamterzeugungsleistung gegenüberstellen zu können – von den Zurechnungsproblemen ganz zu schweigen, die bewältigen muß, wer auf das einzelne Produkt bezieht.

Auch mit Hilfe solcher Rechenkunststücke ist die Meßwerterechnung nicht zu retten für die Vereinheitlichung der heterogenen Bestandteile der Bodenproduktion. Unsere Vorbemerkung gegen die Meßwerte und die vier folgenden Einwände widerlegen die formalistische Behauptung VOIGTs, die Mängel der Meßwerterechnung ließen sich durch eine „Korrektur des bestehenden Meßwertesystems beseitigen“ (375). Die Fehler der Meßwerterechnung gehen auch keineswegs darauf zurück, wie VOIGT fälschlich meint, daß das Verhältnis der Meßwerte zueinander den gesellschaftlich notwendigen Arbeitsaufwand nicht widerspiegele. Die Meßwerte sind eben ein betriebswirtschaftlich sinnloser Maßstab. Betriebswirtschaftlich funktionieren sie nur richtig, wenn bloß ein einziges Erzeugnis hergestellt wird – aber dann brauchen wir sie eben auch nicht. Die Meßwerterechnung kann betriebsstatistisch nur verstehen und richtig beurteilen, wer von unseren Formeln auf S. 123 ausgeht.

Mangelnde Konstanz, unklare, betriebswirtschaftlich meist unsinnige Bildung, Ungeeignetheit für den Betriebsvergleich, weil sie wechselnder Zusammensetzung der Produktion ebensowenig angemessen Rechnung trägt wie die grobe un-wirtschaftliche Bildung der Meßwerte, das sind also die vier entscheidenden Schwächen der Meßwerterechnung.

Dies sind die wesentlichen Mängel der Meßwerte. Wir halten sie für so bedeutsam, daß wir diesen Maßstab zur Vereinheitlichung der heterogenen Bestandteile des E betriebswirtschaftlich ablehnen. Wird das immer so bleiben? Die aufgezeigten Schwächen sind der Meßwerterechnung immanent und nicht zu beseitigen, ohne das ganze Prinzip aufzugeben. Die Meßwerterechnung hat aber – oder kann wenigstens haben – drei große Vorteile gegenüber den Getreideeinheiten. Sollten sie an Gewicht gewinnen, müßte unser Urteil revidiert werden. Diese Vorzüge sind:

1. Die Meßwerterechnung könnte Unterschiede in der Qualität der einzelnen Produkte ohne weiteres berücksichtigen,
2. die Meßwerte könnten als „Natural"-Maßstab, als „Geld-Mengen-Begriff", den unterschiedlichen Arbeitseinsatz enthalten,
3. die Meßwerte sind allein geeignet, weiträumige, überbetriebliche Vergleiche wirtschaftsstatistisch richtig abzurechnen.

Der erste Vorteil hat betriebswirtschaftlich auch heute schon einiges Gewicht, deshalb vor allem ein paar Worte dazu.

Zu 1. Während 1 dz Schwein = 5 GE ist, ganz gleich ob der Betrieb eine alte abgesäugte Sau oder einen wertvollen Zuchteber für 2000,– DM abliefert, könnte der Zuchteber einen höheren Meßwert haben als die Sau. Aber auch das ist eigentlich nur eine Fiktion; denn die Meßwerte rechnen im Grunde genommen nur noch mit nominellem Gelde, gar nicht mit Werten, wie wir gezeigt haben, und wie es hier eigentlich notwendig wäre. Der Zuchteber ist eben nur „wertvoller", wenn man einen Maßstab hat, der das angemessen einschließt. Um wieviel ist denn nun der Eber mehr wert als die alte abgesäugte Sau? Auf diese Frage gibt die Konstruktion der Meßwerte keine überzeugende Antwort, es ist ja dasselbe Problem, das wir schon oben in Punkt 3 unserer Einwände als de facto ungelöst vorstellten. Erzwingt man eine Bewertung, so wie sie die Warennummern 11825100 und 11825800 tatsächlich vorsehen (352), so wird sie willkürlich sein; dann kann man mit demselben Recht dem Zuchteber auch n GE mehr als dem „normalen" Schwein anschreiben und bliebe damit bei einem betriebswirtschaftlich wenigstens sonst angemessenen Maßstab. Diese notgedrungen willkürliche Bewertung lehnen wir aber ab, denn sie würde die Getreideeinheitsrechnung ihres heute noch ziemlich sicheren betriebswirtschaftlichen Sinnes entkleiden. So zu rechnen ist auch gar nicht notwendig: Der Markt, der Plan, die Volkswirtschaft, werten im Abgabepreis schon „richtig" und der Betrieb richtet sich danach.

Weil wir die Meßwerterechnung für betriebswirtschaftlich ungeeignet halten, verzichten wir hier darauf, die im wesentlichen an den durchschnittlichen Sollpreisen orientierten landwirtschaftlichen Meßwerte (352) zu kritisieren. Wenn man sie sich näher betrachtet, wird allerdings noch ein diesem Maßstab immanentes Problem offenbar, besonders wenn man damit die Qualität der Produkte richtig wiedergeben will: Wertvollere Produkte machen mehr Arbeit, „verdienen" daher höhere „Werte". Aber nicht immer sieht man ihnen das an;

bei der Meßwertebildung geht viel von der Arbeit (und dem Risiko!) unter, das sie gelegentlich zu tragen haben; nur ein Beispiel: Pflanzkartoffeln und Stecklinge haben jeweils nur einen Meßwert, ganz gleich, ob sie im Herbst oder im Frühjahr abgeliefert werden – das macht die GE-Rechnung zwar ebenfalls nicht besser, aber sie kann es auch nicht, während die Meßwerte das eigentlich berücksichtigen sollten. Denkt man dies nun aber weiter – manche tun das, ein Beispiel dazu aus der Brauerei ist besonders eindrucksvoll (319) – so kommt man bei den nahezu unerschöpflichen Möglichkeiten produktionswirtschaftlicher Vielseitigkeit in der Landwirtschaft zu einer theoretisch annähernd unendlichen Zahl von Meßwerten, die praktisch unhandlich und ewig unvollendet blieben. Das gilt sogar für die Industrie, vgl. (76). Damit wäre nichts gewonnen. Beschränkt man sich auf das Wesentliche, läßt man also jenen Vorteil fahren, feiner differenzieren zu können, mag man es bei den Getreideeinheiten bewenden lassen, die eben schon von Hause aus ein grober Maßstab sind.

Die Praxis der Meßwertefestsetzung legt diesen Schluß auch nahe: „Derartige festgesetzte konstante Durchschnittspreise für Gruppen von Erzeugnissen bezeichnen wir als Meßwerte. Ihre Anwendung hat den Nachteil, daß bei qualitativen Verbesserungen infolge höherer Aufwendungen für vergegenständlichte und lebendige Arbeit sowie bei Sortimentsänderungen innerhalb einer Gruppe von Erzeugnissen, für die ein Meßwert festgesetzt ist, keine Veränderungen in der Höhe der Produktion ausgewiesen werden" (233).

Die Meßwerterechnung in der DDR nimmt also diesen, der GE-Rechnung gegenüber möglichen Vorteil, die unterschiedliche Qualität der Erzeugnisse zu bewerten, nur sehr eingeschränkt wahr. Sie bleibt daher praktisch fast ebenso grob. Ihre gewichtigen Nachteile überwiegen. Für die heutigen Meßwerte mag mithin schon gelten, daß sie nicht dafür geschaffen sind, „die absolute Höhe der Arbeitsproduktivität zwischen zwei Betrieben zu vergleichen" (233) – jedoch MICHAEL steht ziemlich allein mit dieser Behauptung, und seine etwas dürftigen Beweise überzeugen noch nicht.

Aber was theoretisch schon nicht möglich schien, läßt sich eben auch in der Planungskontrollpraxis nicht durchführen. Das ergibt sich ganz klar. Es hat nun keinen Sinn, an den Meßwerten herumzukalkulieren, sie „verbessern" und auf solche betriebswirtschaftlichen Zwecke zuschneiden zu wollen, wie immer wieder versucht wird (66), (94), (233), (319). Am Ende käme man zu betriebswirtschaftlich differenzierten *und* volkswirtschaftlich grob abgestuften Meßwerten, und die schon jetzt große Verwirrung vernichtete dann die letzte Einsicht in den tatsächlichen Ablauf der Wirtschaft.

Die ausgesprochen unfruchtbare Diskussion, ob man betriebswirtschaftlich sinnvolle *oder* volkswirtschaftstatistisch nützliche Meßwerte bilden sollte, darf vernünftigerweise weder auf ein Miteinander noch auf ein Gegeneinander hinauslaufen; in der Planwirtschaftsordnung hat nur ein *Neben*einander Sinn. Hier gibt es keinen Kompromiß, die unterschiedlichen, wesensverschiedenen Zwecke entscheiden; das sollte man klar erkennen und nicht drum herumreden wie FORBRIG (94), der aber im übrigen das ganze Für und Wider mit Zahlenbeispielen anschaulich vorführt. Die Betriebe müssen dann ihre Erzeugungsleistung eben zweimal ausweisen, einmal nach Abgabepreisen für ihre eigene (Nach)kalkulation und ein andermal in Meßwerten für die Volkswirtschaftsplankontrolle. Auf diese Weise bleibt es bei den vergleichsweise grob zusammengefaßten Warennummern, d. h. bei wenig Positionen und praktisch bei geringer Rechenarbeit im Betriebe; während das Hereinnehmen betriebswirtschaftlicher Gesichtspunkte in die Meßwerte diese Rechnung nur schwerfälliger und auch nicht brauchbarer macht. Je mehr sich die Meßwerte schließlich, dem sowjetischen Beispiel folgend, den Abgabepreisen angleichen, desto weniger Fehlplanungen wird es geben. Wir kommen auf S. 179 noch einmal auf dieses Problem zurück.

Wir wollen mit dieser Feststellung, daß die derzeitigen Meßwerte ziemlich ungeeignet sind, die Qualität der verschiedenen Erzeugnisse richtig zum Ausdruck zu bringen, nicht die große Bedeutung vertuschen, die eine befriedigende Erfassung der Qualität der Produkte im E unseres Quotienten für die Arbeitsproduktivitätsmessung hat. Denn wohl immer steckt im höherwertigen Produkt gleicher Art auch mehr Arbeit und Sachgüteraufwand, oder, vom Ergebnis her gesehen, ist das wertvollere Erzeugnis eben genau genommen ein anderes, ein neues, das nicht mehr mit dem normalen Gewicht vereinheitlicht werden sollte.

Von diesem Gesichtspunkt aus läßt sich die ganze Sache nun auf *eine* klare Linie bringen und anschaulich eingrenzen: Die außerordentliche Mannigfaltigkeit landwirtschaftlicher, nun noch nach der Qualität fein differenzierter Produkte macht eine fast unendliche Zahl von „Werten" notwendig, wenn man *alle* genau erfassen will – das ist das eine Extrem. Die andere Grenze bildet der „Wert", der nun alles Verschiedene in *eine* Zahl pressen will. Die Betriebsstatistik bewegt sich praktisch zwischen diesen beiden Extremen: Die Getreideeinheiten liegen näher am zweiten, sie sind vergleichsweise grob, die Meßwerte stehen dem ersten nahe, sie sind relativ fein oder könnten es wenigstens sein. Nun ist es aber doch nicht nur eine einfache Ermessensfrage, ob man sich für den gröberen oder feineren Maßstab entscheidet, wenn auch der gleiche Rechengang die Volumina in beiden Fällen leicht durchschaubar quantifiziert. Das ist keine Ermessensfrage, weil hier wieder Tatbestände der Wirtschaftswirklichkeit analysiert werden sollen, denen eben der eine Maßstab besser als der andere gerecht wird. *Ein solcher Tatbestand ist die unterschiedliche Qualität der Erzeugnisse. Wie ist sie nun wirklichkeitsnahe zu erfassen?*

Sieht man die verschiedenen Qualitäten nur an als eine Vermehrung der Zahl der Erzeugnisse, so gilt für oder besser gegen ihre Erfassung in Meßwerten zunächst alles, was wir schon oben in unseren vier Einwanden sagten. Aber die Qualität ist auch wieder mehr als nur eine oder viele Zahlen, sie ist eben etwas Neues, das „wirtschaftlich" und nicht mathematisch oder technisch betrachtet werden muß.

Der Begriff Qualität drückt außerordentlich verwickelte Zusammenhänge aus; er reicht von der „Summe der objektiven Realitäten" bis zur „ästhetischen Qualität" als rein subjektive Wertung (23). Die Güte eines dz Hochzuchtsaatweizen wird ziemlich vollkommen objektiviert, in Maß und Zahl ausgedrückt;

aber von zwei völlig gleich tüchtigen und gleichaltrigen Stuten bezahlt der Bauer Schulze für den Rappen gern 150,– DM mehr als für den Fuchs, weil er sie „schöner" findet. Wollten wir die Qualität der landwirtschaftlichen Produkte objektiv beurteilen, am Ende also quantifizieren, müßten wir die subjektiven Wertungen ausscheiden und die Aussage bliebe unvollständig. Das muß in Kauf nehmen, wer das *Volumen der Erzeugungsleistung* erfassen will.
Die objektivierte Qualität kommt dann wieder durch Vergleiche zustande, vgl. die Grundzüge 2 und 3, S. 71; d. h. durch Vergleich des jeweiligen Erzeugnisses mit anderen, für den gleichen Zweck ebenso geeigneten Gütern; diese „Gebrauchsqualität" (23) wird schließlich zum Standard. „Die objektive Gebrauchsqualität eines Gutes wird durch die Summe der nachprüfbaren Eigenschaften bestimmt, die zur Erfüllung seiner bestimmungsgemäßen Aufgaben wesentlich sind" [Tiburtius; zitiert nach (23)]. Die in vielen, recht verschiedenen Betrieben wirtschaftende deutsche Landwirtschaft war bisher solchen Standardisierungen wenig zugänglich, irgendwelche Qualitätsschlüssel sind also kaum zu finden. Von Jahr zu Jahr wachsen jetzt aber immer schneller neue Standards für ihre Erzeugnisse heran, so daß in absehbarer Zeit tatsächlich eine grobe Wertung der Gebrauchsqualität für alle Hauptprodukte auch der bäuerlichen Familienwirtschaften möglich sein wird. *Trotzdem reden wir einer Einarbeitung der so objektivierten Gebrauchsqualität in die Messung der Erzeugungsleistung noch nicht das Wort; aus drei Gründen:*

a) Der landwirtschaftliche Betrieb erzeugt fast täglich etwas und außerdem fast jeden Tag etwas anderes. Während sich nun die Mengen aufschreiben und in größeren Zeitabschnitten abrechnen lassen, müßten die Qualitäten praktisch unmittelbar nach der Erzeugung, oder wenigstens bei der Ablieferung, ermittelt, aufgeschrieben und abgerechnet werden. Das ist in größerem Rahmen weder anzuleiten noch zu kontrollieren; Ungenauigkeiten und Täuschungen würden das wahre Bild verfälschen; damit errechnete Kennzahlen wären ziemlich unbrauchbar.

b) Unterstellen wir Ehrlichkeit und besten Willen der Abrechnenden, *womit* sollen sie vergleichen und *wie* sollen sie es machen? Jeder Betrieb müßte die Standards als Muster, und vielfach genauere Meßinstrumente haben als die menschlichen fünf Sinne. Außerdem wäre dazu ein Stab von Gütekontrolleuren notwendig, wie ihn größere Industriebetriebe tatsächlich haben. Die objektive Gebrauchsqualität im landwirtschaftlichen Betriebe festzustellen, ist also technisch heute noch nicht möglich.

c) Selbst wenn man sie vielleicht später einmal vollkommen, handlich und allgemeinverständlich für jedes Erzeugnis haben sollte, selbst dann ist noch nichts gewonnen für die Richtigkeit der damit gebildeten Aussage, weil noch zu klären bleibt, wie diese unterschiedlichen Qualitäten nun in die Gewichte einzustufen sind. Für die Vergleichbarkeit richtige Gewichte kommen nur zustande, wenn man nach dem Aufwande differenziert. Aber das wird ein theoretisches Postulat bleiben; denn wieviel Arbeit oder Futter (?) steckt nun in einem dz Zuchteber tatsächlich mehr als in der alten abgesäugten Sau? Wieviel Arbeit, Futter und Betriebsmittel muß der Bauer Schulze für die 100 Eier am 20. Dezember mehr als am 20. April für die gleiche Menge einsetzen?

Selbst wenn sich auch das noch einigermaßen bestimmen ließe, bei den Eiern dürfte es vergleichsweise besser als bei den Zuchttieren gehen, so wird hier schon ein sehr schwieriges volkswirtschaftstheoretisches Problem deutlich, es offenbart sich am klarsten in der Quantifizierung der ästhetischen Qualität: Den Wert einer Ware bestimmen niemals allein die Kosten (im weitesten Sinne, also der zu seiner Erzeugung getriebene Aufwand), sondern zu einem erheblichen Teil auch der davon erwartete Nutzen, und der noch um so mehr, je knapper die betreffende Ware ist. Wir deuten das nur an; die betriebliche Produktionswirtschaft kann kaum etwas zur Lösung dieser Frage beitragen. Es liegt auf der Hand, daß die Meßwerte ziemlich unabhängig von solchen Erwägungen festgesetzt und daher schon aus ihrer Substanz heraus ungeeignet sind, alle Qualitätsunterschiede richtig widerzuspiegeln.

Im Volumen der Erzeugungsleistung ist also die unterschiedliche Gebrauchsqualität gleichartiger Erzeugnisse nicht so einwandfrei zu erfassen, daß richtige Vergleiche durchgängig gewährleistet sind.

Das Volumen der Bodenproduktion kann theoretisch bestenfalls nur die objektivierte Gebrauchsqualität enthalten. Das ist am Ende recht unvollständig, denn in allen Ländern und zu allen Zeiten ist die Qualität gerade der landwirtschaftlichen Erzeugnisse immer zu einem guten Teil nach subjektiver Präferenz gewertet worden. Man denke z. B. an die Kolchosmärkte in der SU, an die Bauernmärkte in der DDR. *Die Gebrauchsqualität gibt eben nur die halbe Wahrheit wieder.*

Wenn nun die objektive, richtige, Vergleichlichkeit gewährleistende Erfassung der Gebrauchsqualität nicht möglich und, wie wir weiter gezeigt haben, auch unvollständig ist, bleibt nur ein Ausweg, nämlich die gesamte „objektive" und „ästhetische" Qualität so zu bewerten, wie es in Wirklichkeit auch geschieht: Nach dem Plan, auf dem Markt, jedenfalls im Abgabepreis, und zwar im tatsächlich erzielten.

Das dürfte sich auch für die Planwirtschaftsordnung sehr empfehlen. Hier muß die Qualität ohnehin in naturalen Größen definiert, abgerechnet und kontrolliert werden; jede Zusammenfassung macht die Kontrolle des tatsächlichen Wirtschaftsablaufs nahezu unmöglich, vgl. den analogen Übergang vom ha-mittleren-Pflügens auf den Real-ha. Wenn ein VEG 20 Zuchteber liefern soll, so muß es diese 20 Tiere nachweisen und nicht 20000 DM für Zuchteber, was den Verkauf von 15 (wertvolleren) ebensogut wie von 25 (minderwertigen) Tieren bedeuten kann. Das schließt keineswegs aus, unterschiedliche Sorten im Finanzplan vorzugeben und zu kalkulieren, aber eine echte Qualitätsbewertung kommt nur mit dem Ist-Abgabepreis zuwege und die Erfüllung des (Finanz) Planes nach Sorten wird kontrolliert, indem man den „durchschnittlichen Ist-Abgabepreis mit dem durchschnittlichen geplanten Abgabepreis" vergleicht (15).

Wir stehen mit diesem Ergebnis, die unterschiedliche Qualität gleichartiger Erzeugnisse nur im Abgabepreis zu erfassen, nicht ganz allein. In der Industrie der SU verfährt man so (15), und BEHRENS stellt unmißverständlich fest: „Die Steigerung der Arbeitsproduktivität um einen bestimmten Prozentsatz ist nur dann real, wenn die produzierten Waren in Auswahl und Qualität den Anforderungen entsprechen, die die Konsumenten an sie stellen" (38). Diese Konsumentenanforderungen objektivieren sich eben im Marktpreis, im erzielten Abgabepreis – wenn er richtig gebildet ist: „Der Preis muß bei gleichen oder austauschbaren Erzeugnissen das Verhältnis ihrer Gebrauchswerte widerspiegeln“ (193)! Damit ist die Qualität freilich nicht objektiv, d. h. hier ceteris paribus konstant bewertet. Gleichwertige Zuchthengste können in diesem Jahr 2000 und im nächsten 3000 DM bringen. Die Preise auf den Auktionen bilden sich nach der Marktlage! Die Abgabepreise bewerten die Qualität also stets nur relativ, zeitbedingt. Aber sie bewerten sie eben überhaupt betriebswirtschaftlich relevant; das ist das Entscheidende.

Die Meßwerte könnten also sehr wohl rechnerisch-statistisch die unterschiedliche objektive Gebrauchs-Qualität der einzelnen Produkte enthalten, dies wäre auch dem Grundsatz angemessen, nach dem sie gebildet werden. Solange jedoch nicht klar ist, in welchen Größenordnungen die Meßwerte dabei wirtschaftlich einwandfrei abzustufen sind, und solange sie sich im Betriebe nicht ohne weiteres und überall gleichmäßig anwenden lassen, ist dieser erste Vorzug mehr theoretischer als betriebswirtschaftlich-praktischer Natur.

Zu 2.: *Die Meßwerte sind der einzige „Natural“maßstab, der wenigstens theoretisch die Mehrarbeit berücksichtigen könnte,* die in den Veredlungserzeugnissen gegenüber den direkt verwerteten Produkten steckt. Dieser Vorzug ist heute betriebswirtschaftlich noch irrelevant. Es ist hier aber das gleiche wie bei der „Arbeitsmethode“: Jede konkrete Untersuchung der Arbeitsproduktivität ebnet den Meßwerten den Weg, die diesen „Mehrarbeits“-Gesichtspunkt einbegreifen wollen.

Zu 3.: *Für alle überbetrieblichen weiträumigen internationalen Vergleiche der Produktionsvolumina eignet sich kein „Natural“maßstab besser als die Meßwerte,* weil sie alle Preisrelationen und Preisschwankungen in den einzelnen Volkswirtschaften und zwischen den verglichenen Ländern ausschalten; außerdem machen sie auch vergleichlich, was über die Getreideeinheiten nicht ohne gewagte Unterstellungen auszugleichen ist: Die unterschiedlichen Produktionsrichtungen der Betriebe, z. B. auf Schweizer Käse, Datteln, Rinderhäute, Olivenöl, Baumwolle, Renntiere u. a. m., was dann in der Produktionsleistung, im Relaten E erscheint. Dabei ist die Bewertung allerdings noch schwieriger; aber man braucht auch nicht so genau zu sein; grobe Meßwerte genügen. Betriebswirtschaftlich dürfte dieser Vorteil kaum Bedeutung gewinnen.

Die Meßwerte werden als gewogene Durchschnittspreise aus „je 50 Abgabepreisen für ähnliche Erzeugnisse errechnet“ (94), daher sind sie so grob. Diese zusammenfassende, vergröbernde Festsetzung der Meßwerte hat allerdings triftige Gründe: „... sie ist einfach deshalb notwendig, weil die zentralen Planungsbehörden unmöglich die Entwicklung eines jeden einzelnen Erzeugnisses verfolgen können“ (94), (325). Der mit konstanten Preisen „gewogene Mengenindex ist in erster Linie für die Beurteilung ... der landwirtschaftlichen Produktion eines ganzen Landes gut geeignet“ (270). Die Meßwerte dienen eben der *Volkswirtschafts*planung und -kontrolle, nicht der Betriebswirtschaft!

Wir fassen kurz zusammen: Das Volumen der Bodenproduktion richtig und für allseitige Vergleiche betriebswirtschaftlich sinnvoll zu messen, sind die Meßwerte ungeeignet. Da sie in praxi auch die unterschiedlichen Qualitäten der Erzeugnisse kaum berücksichtigen, sind sie nicht viel feiner als der recht grobe Maßstab der GE, mit der dann das Volumen der Bodenproduktion besser, einfacher und betriebswirtschaftlich richtiger auf einen Nenner kommt. Dabei gehen freilich die Qualitätsdifferenzen unter. Aber das darf nicht sein, weil es die Arbeitsproduktivitätskennzahlen unzulässig verfälschte. Die wechselnden Qualitätsmerkmale lassen sich jedoch weder als Gebrauchsqualität noch als ästhetische Qualität so objektivieren, daß sich ein richtiger und praktisch brauchbarer Vereinheitlichungsmaßstab für die heterogenen Bestandteile der Bodenproduktion ergibt. Wir verzichten deshalb auf eine unvollkommene Messung der Qualitätsunterschiede im *Volumen* der Bodenproduktion und erfassen die vollständige Qualität gleichartiger Erzeugnisse dort, wo es die Wirtschaftswirklichkeit auch tut, *im Ertrag*, d. h. *im erzielten Abgabepreis* (auf dem Markt). Erlöse (und Kosten) variieren mit der Zeit und im Raum genau wie die Betriebswirtschaft und die Marktpreise. Das ergibt zwanglos die richtige Zuordnung.

3.322 Der Abgabe-, Markt- oder Erzeugerpreis

Im ersten Kapitel haben wir nachgewiesen, daß Volks- und Betriebswirtschaft wesensverschieden sind und daher eigenständiger Maße und Maßstäbe bedürfen, ihre Leistungen zu messen. Wir können die verschiedenen Maßstäbe jetzt auf eine klare Linie bringen, um daran u. a. zu erkennen, daß auch der Standort der einzelnen (Wirtschafts)wissenschaftsdisziplin einen bestimmten Maßstab jeweils determiniert.

Stark vereinfachend dürfen wir wohl so sagen: Am einen Ende steht die Volkswirtschaft, am anderen die Arbeitstechnik, in der Mitte die Betriebswirtschaft. Alle arbeiten mit maß- und rechenhaften Vorstellungen, d. h. sie müssen ihre jeweilige Wirklichkeit quantifizieren, vereinheitlichen, rechnerisch durchdringen, anschaulich und begreiflich machen. Die Volkswirtschaft hat es mit den unterschiedlichsten Waren und einer solchen Fülle verschiedenartiger Wirtschaftsabläufe von der Produktion bis zur Konsumtion zu tun, daß sie ohne grobe Vereinheitlichung und mancherlei Fiktion gar nicht auskommt. Dabei gehen die Feinheiten verloren. Die errechneten Tatbestände spiegeln nicht den realen Wirtschaftsablauf im einzelnen wider, sie geben vielmehr nur große Linien, Trends, an. *Maße und Maßstäbe der Volkswirtschaft sind daher notgedrungen grob und wirklichkeitsfern,* (wenn man sie von irgendeinem Standpunkt aus betrachtet, der nicht gerade der des Volkswirtschaftsstatistikers ist). In der naturwissenschaftlich bestimmten Arbeitstechnik sehen wir heute schon recht genau bekannte und ermessene Größen effektiven Leistungen zugeordnet, die sich ebenso einfach messen lassen, sie erscheinen ohne Fiktion und kalkulierte Vereinheitlichung, so wie sie wirklich sind. *Maße und Maßstäbe der Arbeitstechnik sind daher eindeutig, wirklichkeitsnahe und vergleichsweise fein.* Die Betriebsstatistik kommt dagegen mit solchen kausalen Beziehungen nicht aus, die Betriebswirtschaft ist ökonomisch determiniert. Die

Betriebsstatistik erfaßt das mit Hilfe von Beziehungszahlen und Vereinheitlichungsgewichten, die notwendig Normen aller Art unterstellen müssen und daher für den einzelnen Betrieb nur noch als Richtzahl stimmen. Im Prinzip hat die Betriebsstatistik das mit der Volkswirtschaftsstatistik gemeinsam, aber ihre Unterstellungen stehen dem tatsächlichen Wirtschafsablauf im einzelnen Betriebe wesentlich näher; sie erfassen den Betriebsablauf ebenso rasch und real wie die Arbeitsstudie den Arbeitsablauf. *Die Maße und Maßstäbe der Betriebswirtschaft sind daher zwar nicht allzu fein, aber geeignet, die tatsächlichen wirtschaftlichen Vorgänge wirklichkeitsnah wiederzugeben.*

Von der Volkswirtschaft bis zur Arbeitstechnik werden die Maße und Maßstäbe also genauer, feiner, klarer bestimmt und wirklichkeitsnäher. Ebensowenig wie sich mit der Taschenuhr oder gar der AK-Rechnung allein feststellen läßt, ob es der Bauer Schulze tatsächlich leichter hat, wenn er seinen Wagen Rüben nicht über die Hand auflädt, ebensowenig kann ihm die in den volkswirtschaftlich bestimmten Meßwerten vereinheitlichte Bodenproduktion sagen, ob er den Rohertrag seines Betriebs steigern wird, wenn er im nächsten Jahr fünf Mastschweine abliefert statt 100 dz Kartoffeln. *Maße und Maßstäbe sind „richtig", wenn sie die jeweiligen Vorgänge so genau erfassen, daß sich ihr zukünftiger Ablauf nach den errechneten Kennzahlen oder -daten wirtschaftlich ausrichtet.*

Die Betriebswirklichkeit spiegeln der Stück- und der Geldrechnungsstil vollständig wider; die jeweiligen Kennzahlen bestimmen die technische und wirtschaftliche Organisation und Führung des Betriebs. *Richtig ist nun allein der Geldmaßstab, der das wirtschaftliche Organisationsprinzip wirklichkeitsnahe erfaßt, das sind die jeweils erzielten Erzeuger-, Abgabe-, Marktpreise,* oder wie man sie sonst nennen mag. Sie messen allerdings nicht mehr das Volumen, sondern den effektiven „Wert", den tatsächlichen „Tauschwert" der Bodenproduktion; und diese Preissumme ergibt sich als der reduzierte Rohertrag, wie wir schon oben gezeigt hatten. In dem vorigen Kapitel über die Meßwerterechnung haben wir immer wieder nachgewiesen, daß allein die Rohertragsrechnung geeignet ist, die Nachteile der Meßwerte zu vermeiden und wirklichkeitsnahe Kennzahlen der Betriebsleistung zu erbringen.

Hier sind noch sechs vom Geldmaßstab bestimmte Besonderheiten dieser Rohertragsrechnung nachzutragen:

1. Der Rechengang ist grundsätzlich anders wie bei der GE- und Meßwerterechnung. Was dort zu rechnen ist, zeigten unsere Formeln auf S. 123. Hier haben die Preise nicht mehr den Charakter vereinheitlichender Gewichte, hier wird überhaupt nichts vereinheitlicht, sondern nur der aus der Buchführung gewonnene und wie im Kap. 3.212, S. 121, beschriebene reduzierte Rohertrag auf den Produktivfaktor Arbeit bezogen. Dabei gibt es dann kein direktes und vor allem kein im Laufe der Jahre konstantes Verhältnis mehr zwischen Menge und Preissumme, die Mengen-Wert-Äquivalenz ist also nicht ohne weiteres gegeben. Wir unterstellen aber ordnungsgemäße Buchführung, so daß die rechnerische Richtigkeit durch die übliche Abstimmung gewährleistet ist.

In der Rohertragsrechnung ist das Geld also nicht mehr Maß der Werte in erster Linie, sondern Einheit der Zahlungsmittelsumme und Ausdruck der Wertveränderung sowie Maß des Wirtschaftsverbrauchs in den Teilen des Rohertrags, die bewertet werden. Die Meßwerte können nur den jeweiligen *Wertzuwachs* (z. B. in der angestiegenen Qualität, oder in der Mehrerzeugung überhaupt) zum Ausdruck bringen; die Preissumme im Rohertrag enthält diesen Wertzuwachs auch, aber darüber hinaus noch den *Zuwachs an Wert* (der einzelnen Produkte gleicher Gebrauchsqualität, wenn die Preise steigen!).
Hier wird deutlich, daß die so gemessene wirtschaftliche Produktivität etwas grundsätzlich anderes ist wie die technische. Die wirtschaftliche Produktivität folgt nicht proportional, wenn die technische steigt. Aber das soll sie auch gar nicht, denn wir wollen ja nicht mit dem einen Ausdruck den anderen kontrollieren, wie MICHAEL sich das denkt (233), sondern die Arbeitsproduktivität im Verbande der übrigen Kennzahlen analysieren, diese mit ihrer Hilfe besser verstehen und den Betrieb dann nach allen zusammen zum Leistungsoptimum hin organisieren und führen.
Dieser erste Gesichtspunkt ergibt allgemeingültig: Wer das Volumen der Bodenproduktion (oder auch der Bruttoproduktion) nachweisen will, kann das nicht mit den Abgabepreisen als Vereinheitlichungsgewichten machen. Oder positiv: *Mit Abgabepreisen kann nur rechnen, wer das Volumen der Produktionsleistung mit einem anderen, am besten also einem naturalen Maßstab auszudrücken vermag.* Deswegen sind die Meßwerte ein volkswirtschaftlicher Maßstab, weil es dort keinen anderen gibt, die Entwicklung des Volumens einwandfrei zu kontrollieren, deswegen lehnen fast alle Volkswirte den von uns vorgeschlagenen und nur betriebswirtschaftlich sinnvollen Abgabepreismaßstab für den reduzierten Rohertrag rundweg ab.

Zum Beispiel „... Zahlen der Bruttoproduktion in geltenden Großhandelspreisen können nicht die Änderung des mengenmäßigen Produktionsumfanges aufweisen, weil Kennziffern der Bruttoproduktion in geltenden Preisen durch Preissenkungen beeinflußt werden" (102), vgl. dazu auch (73), (218), (331) und das Beispiel in (413).

Das nicht nur, weil Volks- und Betriebswirtschaft wesensverschieden sind, sondern weil es eben auch unterschiedlich zweckmäßig ist, wo und wann mit Meßwerten oder mit Abgabepreisen gerechnet wird. Die Planwirtschaftsstatistik mißt dementsprechend das Volumen der Erzeugungsleistung im E unseres Relators der Arbeitsproduktivität im gewissermaßen naturalen Maßstab der Meßwerte. Die Erfüllung des Finanzplans und den Verlauf von Selbstkosten und Preisen kontrolliert sie, indem sie die Warenproduktion in geltenden, also wechselnden Preisen mißt, vgl. dazu (102). Dieses Vorgehen belastet den Betrieb nicht mit aufwendiger sowie in der Aussage zweifelhafter Indexrechnerei und offenbart andererseits sehr schön eine entscheidende Nahtstelle zwischen Betriebs- und Volkswirtschaftsstatistik: Beide benötigen für ihre eigenständigen Zwecke brauchbare Kennzahlen über die Entwicklung der technischen Arbeitsproduktivität, aber gleichzeitig brauchen sie auch konkrete Daten über die tatsächliche Reaktion ihrer Wirtschaft auf die Preispolitik. Deshalb ist es durchaus sinnvoll, die Brutto- oder Bodenproduktion über einige kennzeichnende Warengruppen in Meßwerten für die Volkswirtschaftsplankontrolle im Betriebe zu vereinheitlichen und gleichzeitig den reduzierten Rohertrag mit der Abgabepreissumme auszudrücken, um damit die wirtschaftliche Arbeitsproduktivität ebenso wie Wirtschaftlichkeit und Rentabilität verfolgen zu können.

Da wir in Kap. 3.311 bereits nachgewiesen haben, daß sich das Volumen der Erzeugungsleistung eines landwirtschaftlichen Betriebs gut und richtig vergleichbar in Getreideeinheiten natural messen läßt, wäre damit die Aufgabe gelöst, die SCHOLZ der „Statistik der Arbeitsproduktivität" im Jahre 1954 stellt: Sie soll „Methoden der Produktivitätsmessung auf Grund von Naturaleinheiten ... neben der Preis- oder Wertmethode in den Zweigen" anwenden, wo das möglich ist (332). Also Volumen *und* Preissumme!
Damit bleibt die wirkliche Divergenz zwischen dem Verlauf der Erfüllung von Finanzplan (Abgabepreise) und Produktionsplan (Meßwerte oder Getreideeinheiten) zumindest theoretisch gewahrt und eine Korrelationsrechnung, wie sie LANGE vorschlägt (190), ebenso unsinnig wie jeder Versuch, eine gleichlaufende Proportion aufzufinden zwischen Volumen- und Preissummenentwicklung der Gesamterzeugung. In der ökonomischen Analyse sind hier nicht nur volks- und betriebswirtschaftliche Zwecke scharf auseinanderzuhalten, auch die grundsätzlich verschiedenen statistischen Rechenoperationen darf man nicht zu korrelieren versuchen!

2. Wir haben hier immerfort vorausgesetzt, was noch zu beweisen wäre, daß sich nämlich die Betriebsorganisation und -führung tatsächlich nach den erzielten Preisen, nach den Roherträgen richtet. Für den privatkapitalistischen Sektor und den der kleinen Warenproduktion ist das selbstverständlich, vgl. (59), für die Kolchosen im Sozialismus auch, sonst hätte die Preispolitik des Staates keinen Sinn, vgl. Beispiele in (193), (260), (350), (357). Die sozialistischen VEG mögen zwar durch den Plan stärker gebunden sein als die übrige Landwirtschaft, aber sie stellen ihn zunächst einmal selbst auf, und da sie sich u. a. auf Erzielung eines möglichst hohen „Reineinkommens", vgl. (371), hin organisieren, werden sie alle Chancen voll ausnutzen, die die staatliche Preispolitik auch ihnen bewußt bietet.

Der Wert und seine Formen, u. a. also die Geldwertung der Produkte, die Preise, treten in den Staatsbetrieben der sozialistischen Wirtschaftsordnung in doppelter Weise in Erscheinung: a) Beim wirtschaftlichen Umlauf der Produktionsmittel berechnet die Geldwertung nur die verausgabte gesellschaftliche Arbeit, das Geld fungiert als reines Maß der Werte, nicht als Zahlungsmittel oder „allgemeines Äquivalent", weil die „Produktionsmittel keine Waren" sind, vgl. dazu (364). Der Jahresabschluß eines VEG benutzt diese Wertvorstellung, die schon immer mancherlei Fiktionen einschloß und zu allen Zeiten vom Verkehrswert abwich, zur Bewertung der Grund- und Umlaufmittel, also cum grano salis in sinnvollem Zusammenhange. Im übrigen behalten die Produktionsmittel „doch die äußere Hülle von Waren". Sie haben daher auch Preise (36), die vom Werte abweichen! b) Bei der „Warenzirkulation spielt der Wert die Rolle eines Regulators, allerdings in bestimmten Grenzen" (364). Da die Produkte der VEG im wesentlichen Waren sind, sollen die Abgabepreise also auch in der sozialistischen Wirtschaftsordnung lenken helfen, was erzeugt wird.

Betriebsorganisation und -führung haben sich mithin nach den Roherträgen zu richten.

3. Die Abgabepreissumme im reduzierten Rohertrag enthält nicht nur die feinste Qualitätsabstufung der Erzeugnisse, sie allein gibt auch repräsentativ an, was tatsächlich abgesetzt worden ist, sie spiegelt also die effektive Produktivität marktwirtschaftlich vollkommen wider.

Dabei haben wir unterstellt, daß die Preise marktwirtschaftlich richtig kalkuliert sind, ein Problem, das allerdings nicht in die Betriebslehre gehört. Wie schwer es zu lösen ist, beweisen nicht nur die heutigen Agrarpreise der DDR, sondern auch die Tatsache, daß sechs wirtschaftspolitische Bestimmungsgründe in der Planwirtschaftsordnung maßgebend sind, die richtigen Preise für die einzelnen Produkte zu bilden: a) das Wertgesetz, b) der volkswirtschaftliche Bedarf, c) der Ausgleich der Grenzkosten, d) die Relation zwischen Betriebsmittel- und Verbrauchsgüterpreisen zu den Abgabepreisen der Betriebe, e) die Erfassung der Differentialrente I, f) die Möglichkeit, einen angemessenen Gewinn zu erzielen, vgl. dazu (40), (193), (357). Diese z. T. divergierenden Gesichtspunkte unter einen Hut zu bringen, wird schwerlich vollkommen gelingen. Um so wichtiger ist es, die wirtschaftliche Produktivität nachzuweisen, weil sie einiges auszusagen vermag, wonach die Preise außer anderem auch zu kalkulieren wären. Das ist deswegen wesentlich, weil Arbeitseinkommen und Arbeitsproduktivität in der sozialistischen Volkswirtschaft eng zusammenhängen. Die in den letzten Jahren aus wirtschaftspolitischen Gründen vorgenommenen Lohnerhöhungen und die z. T. erheblich übererfüllten (Mengen!)Leistungsnormen haben das Arbeitseinkommen ansteigen lassen; bis zu welchem Maße das mit der wachsenden Arbeitsproduktivität einigermaßen real im Einklang stand, kann auch die Volkswirtschaftsstatistik niemals aus der mit dem Volumen über Meßwerte gebildeten technischen, sondern allein aus der mit den wirklichen Preisen berechneten wirtschaftlichen Arbeitsproduktivität erkennen. Die Volkswirtschaft *braucht* diesen Einklang notwendig, der einzelne Betrieb nicht unmittelbar; deswegen gehen wir diesem wichtigen Problem hier nicht weiter nach. Immerhin hat sich die Wirtschaftsplanabrechnung unserem Standpunkt schon etwas genähert: Die statistischen Vergleichspreise der SU sind die „Großhandelspreise der Betriebe nach dem Stande vom 1. 1. 1952“, sie bilden die Grundlage für „die Messung der Arbeitsproduktivität und ihrer Steigerung“ (5), vgl. auch S. 159. Man verwendet also an den Abgabepreisen orientierte Meßwerte und ermittelt damit bereits *die* Arbeitsproduktivität und nicht mehr nur ihre Steigerung, also nicht das, was unsere Polit-Ökonomen fast ausschließlich tun, die stets bloß die Veränderungen im „relativen Stande“ der Arbeitsproduktivität messen, z. B. (32), (287).
Was die Abgabepreise im reduzierten Rohertrag zum Ausdruck bringen, ist nur eine wirtschaftliche Teilwahrheit im Sinne der Produktivität. Denn die volle Wahrheit setzt eben voraus, daß die Preise und Preisrelationen allen oben genannten Bestimmungsgründen entsprechend gebildet werden, weil sie sonst gar nicht in der Lage sind, zu ermöglichen, daß der wirkliche Bedarf befriedigt wird. Das Festpreissystem kann den mit dem (Wirtschafts)leben wechselnden Knappheitsverhältnissen beispielsweise kaum folgen und versucht es auch nur selten. Daß die Preise produktionswirtschaftlich ebenfalls nicht befriedigen, geht schon aus der beklagenswerten Tatsache hervor, daß die Mehrzahl der sozialistischen Landwirtschaftsbetriebe unrentabel produziert oder andersherum ausgedrückt: Die Unrentabilität der sozialistischen VEG ist irreal, und das so lange, bis die Grundkonzeption des Preissystems alle Bestimmungsgründe der Preise zu einem wirtschaftlich sinnvollen Ausgleich gebracht hat. So ist der Geldmaßstab eben auch unvollkommen, ein Grund mehr, die technische *neben* der wirtschaftlichen Arbeitsproduktivität auszuweisen.

Preise und Absatz hängen im übrigen zusammen. Das aber nicht nur in der einfachen Proportion, wonach der Betrieb seine Produktion auf die Erzeugnisse mit den höchsten Preisen einstellt. Diese Funktion ist in dem wenig

reagiblen Landwirtschaftsbetrieb viel verwickelter. Nicht *der* Preis ist der beste, der den höchsten Gewinn bringt, sondern der, der den Betrieb seine Produktivkräfte am besten ausnutzen läßt und auf diese Weise einen organischen Ausgleich der Grenzerträge der einzelnen Betriebszweige oder Betriebsmittel ermöglicht. Denn mehr als anderswo kommt es im landwirtschaftlichen Betriebe auf eine gute Gesamtleistung an, weil nur sie zur höchsten Produktivität und Wirtschaftlichkeit führt. Der reduzierte Rohertrag gewährt also wesentliche Einblicke in die Betriebswirtschaft, die zweifellos vertieft werden, wenn man ihn nicht nur als Relat im Maß der Wirtschaftlichkeit benutzt, sondern seine Aussage gerade darüber besser verständlich macht, indem man ihn als Maß des E im Arbeitsproduktivitätsrelator verwendet.
Im reduzierten Rohertrag kommt schließlich viererlei zum Ausdruck: 1. Die produzierte Menge – also das analoge, was die GE-Rechnung im Volumen mißt; 2. die Qualität der Produktion – darauf hat der Betrieb Einfluß; 3. die Höhe der Marktpreise – darauf hat der Betrieb keinen Einfluß, sie sind Daten für ihn; 4. die kaufmännische Verwertung der Produktion – sie ist ebenfalls eine echte Leistung des Betriebes, die bei der Meßwerterechnung im übrigen notgedrungen untergeht, vgl. dazu auch (372). *Damit ist der reduzierte Rohertrag nicht nur ein dem wirtschaftlichen Organisationsprinzip des Betriebes angemessenes Maß, sondern außerdem auch ein vollständigeres als das Volumen der Erzeugungsleistung.*

Die kaufmännische Verwertung der Produktion ist sehr weit zu fassen: Früh- oder Spätgemüse, Zucht- oder Nutzvieh, Abgabe in großen Einheiten oder kleinen (in Fuhren oder kleinen Gebinden), Verkauf an die VEABB, an den Groß- oder Einzelhandel oder an private Abnehmer, Lieferung frei Haus usw.

4. Der Rohertrag ist nicht vollkommen. Es liegt an den Abgabepreisen, die ihn bilden; daß er nur eine Teilwahrheit wiedergibt, hatten wir schon festgestellt. Ein zweiter, konkreter Nachteil entspringt der Tatsache, daß im Rohertrag immer ein mehr oder weniger großer Teil „Bewertung" steckt, z. B. in der Bestandsvermehrung und im Eigenverbrauch der bäuerlichen Familienwirtschaft. Der Wertansatz geht aus entweder vom Anschaffungswert oder vom „Marktzeitwert", meist vom ersten. Das ist mehr als nur ein störender Schönheitsfehler; denn die Betriebseinnahmen, der Hauptbestandteil des Rohertrags in der Regel, verwenden die Preise der Gegenwart, die „Marktzeitwerte", während die Bestandsveränderung nach den Preisen der Vergangenheit gemessen wird. Wenn das VEG A eine tragende Färse im Jahre für 900,– DM verkauft und sein Nachbar ein gleichwertiges Tier in seinen eigenen Bestand einstellt, so hat er ceteris paribus einen um 450,– DM niedrigeren Rohertrag als das VEG A. Die landwirtschaftliche Buchführung muß schon aus steuerlichen Gründen an dieser unterschiedlichen Wertung festhalten. Die korrekte Messung der wirtschaftlichen Arbeitsproduktivität kann dem dadurch Rechnung tragen, daß sie nur solche Kennzahlen miteinander vergleicht, die etwa den gleichen Anteil derartiger Bewertungen enthalten.

Wir haben uns damit kurzerhand für e i n e der vielen Bewertungsmöglichkeiten entschieden, weil die Betriebe ihre Bilanz praktisch bereits so aufstellen, die entsprechenden Werte also stets vorhanden sind und ausgewiesen werden. Das muß nicht so sein und hat auch nur für die Nachkalkulation Sinn. Die Vorkalkulation wird betriebswirtschaftlich richtig immer vom Wiederbeschaffungswert ausgehen, und damit in der Bewertung und bei allen davon abhängenden Kostenarten oder Ertragsbestandteilen, z. B. bei der Abschreibung oder der Verzinsung, den analogen Marktzeitwert einsetzen, den auch die Abgabepreise darstellen. Die steuerrechtlich bedingte, betriebswirtschaftlich nicht sehr glückliche Bewertung überträgt mithin einen Teil der den abgelehnten Meßwerten anhaftenden Nachteile auch auf das Rohertragsmaß. Das ist vorerst nicht zu ändern, macht aber auch nicht viel aus, weil der Ertrag im großen Durchschnitt nicht mehr als 10 v. H. solcher Bestandsveränderungen enthält, die ihrerseits wahrscheinlich auch nur zu im Mittel höchstens 30 v. H. von den Marktzeitwerten abweichen, so daß sich insgesamt ein Fehler von etwa 3 v. H. des Ertrags ergibt. Das kann man im allgemeinen vernachlässigen. Hohe Anteile Freier-Spitzen-Verkäufe bei wesentlichen Bestandseinbußen und die z. T. bis zu 90 v. H. des Ertrags erreichende Selbstversorgung müssen allerdings besonders behandelt werden; aber das zeigt sich dem Kundigen auf den ersten Blick.[1])

5. *Die Abgabepreise sind zeitnahe Tagespreise, das ist ihr entscheidender Vorteil für die dem Heute und Hier zugewandte Betriebswirtschaft. Darin liegt aber auch ein ebenso wesentlicher Nachteil für jeden über einige Jahre hinausgreifenden vertikalen Vergleich.* Unter Umständen täuscht er, und das um so mehr, je kräftiger sich die Preise verschoben haben. Bei Gemüse, Obst und Zuchtvieh kann es da schon von einem Jahr zum anderen ganz erhebliche Schwankungen geben. Wer also die Entwicklung der Arbeitsproduktivität einwandfrei über mehrere Jahre hin vergleichen will, *muß* mit den Volumina der Bodenproduktion rechnen, d. h. mit der konstanten mengenäquivalenten und aufwandsbestimmten Getreideeinheitsrechnung.

Beide Maßstäbe, die GE und die Abgabepreise, versagen allerdings, wenn man die Arbeitsproduktivität der Landwirtschaft in verschiedenen Ländern horizontal und vertikal vergleichen will: Die Getreideeinheiten sind der *deutschen* Produktionswirtschaft entsprechend gebildet, und jede Devisenumrechnung nach dem allgemeinen Kurs führt zu wirklichkeitsfremden, un-wirtschaftlichen Ergebnissen, weil man dabei die betriebswirtschaftlich entscheidenden, für die einzelnen Wirtschaftszweige von Land zu Land aber sehr verschiedenen Relationen zwischen den zahlreichen Ertrags- und Kostenfaktoren notgedrungen nivellieren muß und damit tötet, was die Betriebswirtschaft eigentlich bewegt, letztlich aber auch den Markt bestimmt, denn die Preisrelationen richten sich praktisch ebensowenig nach dem Devisenkurs wie die Stundenkaufkraft! Alle Aushilfen — Meßwerte, vgl. S. 174 — sind derbe Surrogate; womit wiederum nur bewiesen sei, daß die Volkswirtschaftsstatistik eben relativ grob und wirklichkeitsfremd vorgehen muß.

6. Wenn wir hier den reduzierten Rohertrag und die Erzeugerpreissumme zu Maß und Maßstab als besonders geeignet herausstellen, so dürfte bei all ihren Vorzügen wohl endgültig klar geworden sein, daß wir damit den eigentlichen (naturalen) Bereich der Produktivität, Merkmal 4, S. 12, in dem Augenblick verlassen haben, als wir die Übereinstimmung von Mengen- und Wertentwicklung preisgaben, also darauf verzichten mußten, das Volumen der Produktions-

1) Die Marktzeitwerte oder die tatsächlich erzielten Abgabepreise werden errechnet als gewogene Mittel aus den verkauften Mengen und den für Soll und „freie Spitzen" jeweils erzielten Preisen.

leistung mit dem „Geld-Mengen-Begriff“ sinnvoll auszudrücken. Denn ihrem gedanklichen Inhalt getreu ist die Produktivität ein Maß der Erzeugung von *Gebrauchswerten*, nicht von *Werten*, wie sie der Rohertrag nun einmal darstellt. Daß nicht nur die Betriebswirtschaft, sondern auch die Volkswirtschaft diese wirtschaftliche Produktivität und damit den Geldmaßstab braucht, hatten wir bereits im zweiten Kapitel nachgewiesen. Hier ist nun von eben diesem Maßstab her deutlich geworden, daß nur die Abgabepreissumme betriebswirtschaftlich Sinn hat. Ihr volkswirtschaftlicher Aspekt ist unstreitig: Während die technische Produktivität ein mehr auf die Erzeugung, auf die *Deckung* des Bedarfs gerichtetes Maß ist, konzentriert sich die wirtschaftliche mehr auf den *Bedarf* selbst, dessen Wertung sie impliziert. Die beiden charakteristischen Seiten des Produktivitätsbegriffs bleiben also gewahrt. Dem Merkmal 4 wird nur insofern Gewalt angetan, als unsere wirtschaftliche Produktivität den zu einseitigen, engen Rahmen rein technischer Betrachtungsweise notgedrungen sprengt, in einer hochentwickelten arbeitsteiligen Volkswirtschaft jedoch durchbrechen muß, wenn das mit der Produktivität erstrebte Ziel, den Bedarf zu decken, nachhaltig erreicht werden soll. *Mit der Abgabepreissumme gemessen, offenbart sich jetzt unsere Produktivität selbst deutlich als ökonomisch-technisches Leistungsmaß.*

Wir fassen kurz zusammen: Die Betriebswirtschaft dreht sich um Erlöse und Kosten. Einen bestimmten Bereich in dieser Bewegung hat die Arbeitsproduktivität inne, sie steht nicht isoliert *neben* dem, was sich zwischen Ertrag und Aufwand abspielt. Deshalb muß sie in Kennzahlen zum Ausdruck kommen, die in die Betriebswirtschaft passen. Eine davon ist die wirtschaftliche Arbeitsproduktivität. Sie mißt das E in ihrem Relator nicht als Volumen, sondern mit dem Geldmaßstab, den wechselnden Abgabepreisen, als effektive Tauschwertsumme wirklichkeitsnahe im reduzierten Rohertrag. Damit ist die wirtschaftliche Produktivität von der technischen grundsätzlich verschieden. Die Abgabepreise enthalten zwei Ergebnisse der Arbeit im Betriebe, die bei der Volumenberechnung mit den Getreideeinheiten und den Meßwerten untergehen; a) die unterschiedliche Qualität der Produkte und die in den erzielten Preisen zum Ausdruck kommenden saisonbedingten Lieferungen, b) die kaufmännische Verwertung der Produktion. Diesen Vorteilen stehen zwei Nachteile gegenüber, a) die Abgabepreise spiegeln die Wirklichkeit wirtschaftlich sinnvoll nur wider, wenn sie richtig festgesetzt sind; das ist ein volkswirtschaftliches Problem; die Betriebswirtschaft wird sich stets so verhalten, als wären die Abgabepreise richtig; b) der reduzierte Rohertrag wertet nach zwei Ansätzen, dem Marktzeitwert und dem steuerlichen oder außerbetrieblich bestimmten Richtwert. Das muß man hinnehmen. Es ist aber bei der Interpretation der so errechneten Kennzahlen zu beachten. Vollkommen vergleichbar sind nur solche, die einen gleichhohen Anteil gleichartiger Produkte nach Richtwerten bewerten.

Am Ende ergibt sich: Das Volumen der Bodenproduktion wird mit den konstanten Getreideeinheiten nach unserer Formel auf S. 123 vereinheitlicht und in einer (mengen-äquivalenten) Zahl ausgedrückt. Damit bilden wir das E der technischen Arbeitsproduktivität. Mit der Summe aus den schwankenden Abgabepreisen gibt der reduzierte Rohertrag den Wert der Bodenproduktion betriebswirtschaftlich sinnvoll wieder. Wir bilden damit das E im Relator der wirtschaftlichen Arbeitsproduktivität. Da die Volkswirtschaftsplankontrolle einen für ihre eigenständigen Zwecke – z. B. zum Vergleich der Produktivität verschiedener Wirtschaftszweige – geeigneten Vereinheitlichungsmaßstab braucht, empfiehlt es sich, die sehr grobe Vereinheitlichung der verschiedenen Warengruppen in der Bodenproduktion über die Meßwerterechnung so einfach wie möglich vorzunehmen. Die so errechneten Kennzahlen haben keinen betriebswirtschaftlichen Aussagewert. –

In den Getreideeinheiten und Abgabepreisen werden im Bereich der Betriebswirtschaft Anfang und Ende einer Entwicklungslinie sichtbar, die sich durch die gesamte Wirtschaftsstatistik zieht und sich in diesen beiden Maßstäben manifestiert. Die Getreideeinheiten verkörpern das konstante, statistische, naturwissenschaftliche Prinzip, das den Wirtschaftsablauf am normalen Schema wissenschaftlich-normativ mißt, während die Abgabepreise die Betriebswirtschaft am ewigen Wechselspiel der wirtschaftlichen Kräfte gleitend und zeitnahe orientiert sehen. Die Betriebswirtschaft und ihre rechnerische Durchdringung folgen damit der augenfälligen wirtschaftlichen Entwicklungslinie vom Denken und Kalkulieren in *Durchschnitts*„werten" (Getreideeinheiten) zum Denken in *Grenz*„werten" (Tagespreise). Die Betriebslehre sieht sich so erfreulich Schritt haltend angemessen eingeordnet in den weitgespannten Rahmen des wirtschaftswissenschaftlichen Fortschritts. Aber wir verhehlen nicht, daß das in hohem Grade noch Zukunftsmusik ist. Dem Heute und Hier verpflichtet betrachtet die Betriebslehre jene beiden Maßstäbe wohl besser als sich notwendig ergänzende *Polaritäten,* analog dem technischen und wirtschaftlichen Organisationsprinzip des Betriebes, wiederkehrend in den (polaren) Begriffspaaren Statistik–Planung, Nachkalkulation–Vorkalkulation, Durchschnittsrechnung–Zuwachsrechnung, stabil–flexibel, Getreideeinheiten–Tagespreise.

Inhaltsangabe der Kapitel 3.4 und 3.5 „Die Maße der Arbeit und ihre Maßstäbe" S. 186–281; das ist der zweite Abschnitt des dritten Kapitels über „die Messung der Arbeitsproduktivität"

Den vielgestaltigen Produktivfaktor Arbeit in Maße zu fassen und mit geeigneten Maßstäben zu messen, ist außerordentlich kompliziert. Die Messung der Arbeitsproduktivität fordert, daß wir arbeitswirtschaftlich und nicht arbeitstechnisch denken. Außerdem kommt es darauf an, das Leistungsvermögen und weniger die Leistung der Arbeit zu erfassen.

Maße und Maßstäbe der lebendigen Arbeit. Die Arbeitskräfte im Betriebe soll man zunächst *zählen.* Wir unterstellen, daß sie mit mittlerer, zumutbarer Intensität arbeiten. Eine Arbeitskraft ist nicht gleich jeder anderen. Qualifikations-, Leistungsbereitschafts-, Tätigkeitsmerkmale und Leistung differenzieren sie. Man kann das mit arbeitstechnischen und mit betriebswirtschaftlich determinierten Maßstäben zu erfassen suchen. Beides ist richtig. Wir entscheiden uns für den betriebswirtschaftlichen Weg und sagen zunächst: Wer vom Betriebe lebt, auf ihm wohnt und dort schafft, ist eine Arbeitskraft, gleichgültig in welchem Maße er leistungsbereit ist und wieviel er leistet. Die unterschiedliche Leistungsbereitschaft und die verschiedenen Tätigkeitsmerkmale stuft der Lohngruppenkatalog anschaulich ab; danach läßt sich die komplizierte in einfache Arbeit umrechnen. Die Zahl der nichtständigen Arbeitskräfte ist gesondert anzugeben; über den Lohn gerechnet ergibt sich ein betriebswirtschaftlich brauchbarer Ausdruck für die ständigen und die nichtständigen Arbeitskräfte zusammen. Die produktiven und notwendigen Arbeitskräfte lassen sich in allen Betriebsformen einigermaßen genau unterscheiden. Das alles wird in der Zahl der Arbeitskräfte ausgedrückt. Sie stellt das nutzbare Leistungsvermögen unverfälscht dar.
Die Arbeitskräfte zu vereinheitlichen, kombiniert man in der Regel zwei Betrachtungsweisen in den Maßstab AK: Die unterschiedliche Leistungsbereitschaft und die verschiedene Zahl der im Jahre gearbeiteten Stunden. Das ist unsinnig und entspricht dem heutigen Stande der Wissenschaft nicht mehr. Die gearbeiteten Stunden sind ein eigenständiger Maßstab, und die unterschiedliche Leistungsbereitschaft wird allein nach Alter und Geschlecht nicht richtig abgestuft. Wir verbinden deshalb die Grundsätze der Arbeitsbewertung mit der Einstufung in Lohngruppen zu einem Maßstab der lebendigen Arbeit, der die Zahl der Arbeitskräfte im Betrieb anschaulich vereinheitlicht und sehr fein abstuft, vgl. die Arbeitswerte auf S. 224. Die unterschiedliche Arbeitsdauer ist keine angemessene Vereinheitlichungsgrundlage.

Die Zahl der gearbeiteten Stunden ist das unterteilbare und den Betriebszweigen gut zurechenbare Maß der lebendigen Arbeit. Der Stundenmaßstab hat kein Wertäquivalent in der Betriebsstatistik, er ist rein natural. Die gearbeiteten Stunden geben als Maß des A stets die Summe der Schichtzeiten wieder. Jede Reduktion auf Teilzeiten ist betriebswirtschaftlich unsinnig und dem Produktivitätsbegriff nicht angemessen. In den Lohnarbeiterbetrieben

werden die Stunden aufgeschrieben; in der bäuerlichen Familienwirtschaft kann man sie heute ziemlich sicher schätzen und in der LPG vorerst noch unvollkommen aus der Zahl der angeschriebenen Arbeitseinheit ableiten.
Die Arbeitseinheit als Produkt aus Tagesarbeitsnorm und Bewertungsfaktor ist ein eigenständiger, reiner Leistungsmaßstab der LPG. Die Bewertungsfaktoren stufen nicht den Menschen ein – wie bei der Arbeitsbewertung – sondern bloß seine Arbeit. So ist die Arbeitseinheit zwar auch ein naturaler Maßstab, er hat aber nur lose Beziehungen zu Stunde und AK. Das bringt einige Nachteile mit sich:

1. Die Arbeitseinheit ist ein Ausdruck der Leistung, nicht des Leistungsvermögens.
2. Sie ist weder konstant noch ohne weiteres für (zwischen)betriebliche Vergleiche verwendbar, weil sie von LPG zu LPG variieren kann.

Die Arbeitseinheit ist aber ein für die spezielle Produktionswirtschaft der LPG sinnvoller und zweckmäßiger Maßstab zur Vereinheitlichung der lebendigen Arbeit. Da die Arbeitseinheiten stets genau ausgewiesen werden, und weil sich die Betriebswirtschaft der LPG am Ende darum dreht, kann die Produktivitätsmessung diese Nachteile in Kauf nehmen.
Die natürliche Zahl der Arbeitskräfte, oder ihre in AK vereinheitlichte Menge, die summierten Stunden und die Arbeitseinheiten sind also die drei verschiedenen Maßstäbe, die die ständigen und nichtständigen, die produktiven und notwendigen Arbeitskräfte und ihren Einsatz im Betriebe erfassen, wobei es jeweils möglich ist, die einfache und komplizierte Arbeit richtig miteinzubegreifen.
Maße und Maßstäbe der vergegenständlichten Arbeit. Zur toten Arbeit rechnen die Kraftmaschinen und Zugtiere sowie die Arbeitsmaschinen, Geräte und Vorrichtungen, dagegen nicht die Gebäude. Tote und lebendige Arbeit lassen sich nicht auf einen gemeinsamen, absoluten, naturalen Nenner bringen. Wir müssen sie aber vereinheitlichen, um das Gesamtquantum des A ausdrücken zu können.

Einen naturalen Maßstab für die vergegenständlichte Arbeit entwickeln wir aus drei Komponenten: a) dem Grad der technischen Ausrüstung, b) der Ausstattung der Arbeitskraft mit Fremdkraft, c) dem Motorisierungsgrad. Diese drei Bestimmungsgründe verbinden wir über die Indexrechnung mit der eingesetzten lebendigen Arbeit im Betriebe zu einem relativen Maß der lebendigen und der toten Arbeit, auf das sich die Erzeugungsleistung sinnvoll beziehen läßt. Die technische Ausrüstung mit Arbeitsmaschinen wird in einem am Maximalaufwand orientierten Punktsystem erfaßt, 5 mechanische PS je Arbeitskraft bilden das Optimum der Ausstattung mit Fremdkraft, und als Motorisierungsgrad nehmen wir den potentiellen, nicht den effektiven. Nicht vom Betrieb gehaltene, aber dort eingesetzte vergegenständlichte Arbeit läßt sich ohne große Mühe herausrechnen. In Zukunft wird sich die etwas komplizierte Erhebung vereinfachen lassen, wenn man die Betriebe in arbeitstechnische

Stufen einordnet und deren arbeitswirtschaftliche Bedeutung allseitig erforscht haben wird.
Auch der Geldmaßstab der toten und lebendigen Arbeit bleibt systematische Schätzungstechnik. Was er vergleichbar ermittelt, ist nicht genauer als die naturalen Maßstäbe, nur gibt er ein absolutes, objektives und einheitliches Maß des eingesetzten A, das dem ebenfalls absoluten E adäquat ist. Dieses Maß können nicht die Kosten der Arbeit sein, sondern nur der wertmäßige Aufwand an lebendiger und vergegenständlichter Arbeit im Betriebe. Gedanklich entspricht er dem Stundenmaßstab, drückt also auch weniger das Leistungsvermögen aus als vielmehr bereits in Anspruch genommene Kapazität. Der wertmäßige Aufwand kommt in der Buchführung vergleichsweise besser zum Ausdruck als die Kosten der Arbeit. Er setzt sich zusammen aus dem Gesamtlohnaufwand (Barlohn, Naturallohn, Lohnanspruch), dem wertmäßigen Aufwand für Zugtiere, Kraft- und Arbeitsmaschinen (Abschreibung, Futter, Brennstoffe, Schmiermittel, Reparatur, Unterhaltung, Pflege, Tierarzt, Gebäudemiete), Betriebsstoffe, Strom, Heizmaterial und Handgeräte.
So ergeben sich zwei Maßstäbe für die vergegenständlichte Arbeit, beide sind zwanglos mit den Maßen der lebendigen Arbeit zu verbinden: Der naturale Maßstab multiplikativ über die Indexrechnung und der Wertmaßstab additiv im wertmäßigen Gesamt-Aufwand an Arbeit.

3.4 Maße der Arbeit

Wenn wir kurz überschauen, was wir bis hierher im Kapitel „Messung der Arbeitsproduktivität" entwickelt haben, so wird deutlich, daß sich das E im Produktivitätsrelator vergleichsweise einfach messen läßt. Anders beim Produktivfaktor Arbeit. Wir sagten es schon oben, er ist recht vielgestaltig und seine jeweils adäquate Messung macht nicht nur begriffliche Schwierigkeiten bei der richtigen Abgrenzung und Fragestellung, auch die Meßmethoden sind weitaus komplizierter oder können es wenigstens sein, wenn man sich nicht dauernd vor Augen hält, daß es hier um arbeits- und betriebswirtschaftlich sinnvolles Messen geht, nicht um minutiöses arbeitstechnisches. Die Arbeitstechnik mißt der Physik analog im c-g-s-System, sie mißt Zeiten, Kräfte (Antriebe) und Bewegungen, während Arbeits- und Betriebswirtschaft im Z-M-W-System messen, Zeiten, Mengen und Werte kalkulieren. Das geht nicht ab ohne einige, die „wahre" Arbeitstechnik vergröbernde Unterstellungen. Wir dürfen sie machen, weil es der Betriebs- und Arbeitswirtschaft im allgemeinen und der Produktivitätskalkulation im besonderen darum geht, das gegebene Potential, das Leistungsvermögen aller Arbeitskräfte im Betriebe aufs ganze gesehen optimal zu nutzen und nicht wie der Arbeitstechnik und dem ihr gemäßen Leistungsdenken darum, was jede einzelne Arbeitskraft bei der jeweiligen Verrichtung leistet oder schaffen könnte. Wir müssen auch hier arbeitswirtschaftlich und nicht arbeitstechnisch

denken! Nur damit entgehen wir den nahezu unendlichen Komplikationen, die die allseitige rechnerische Durchdringung des so vielfältigen Produktivfaktors Arbeit sonst praktisch unmöglich machen.
Aus den in Kapitel 2.222 definierten Begriffen der verschiedenen Arbeitsarten entwickeln wir hier zunächst die **Maße** der Arbeit und danach die **Maßstäbe**, mit denen sie zu messen sind.
Der Produktivitätsbegriff verlangt naturale Maßstäbe für das A mehr noch als für das E im Relator; denn die Arbeit ist ein naturaler Produktivfaktor, dessen technische und wirtschaftliche Ergiebigkeit vergleichbar festgestellt werden soll. Daß wir mit den naturalen Maßstäben nicht auskommen, rührt her aus der Vielgestaltigkeit dieses Produktivfaktors, der nur angemessen Rechnung tragen kann, wer ihn auch im alles vereinheitlichenden Wertmaßstab ausdrückt.
Wir haben hier die zwei wesentlichen Maße des Produktivfaktors Arbeit zu untersuchen, die lebendige und die tote Arbeit sowie ihre Zusammenfassung im „Gesamtarbeitsquantum". Das ergibt diese Reihenfolge:

A Die lebendige Arbeit:
1. die einfache und komplizierte,
2. die notwendige und produktive,
3. die ständige und nichtständige.

B Die vergegenständlichte Arbeit:
1. die Kraftmaschinen und Zugtiere, die Fremdkraft,
2. die Arbeitsmaschinen, Geräte, Werkzeuge, Vorrichtungen und übrigen Arbeitshilfsmittel.

Dabei muß man sich stets über eins klar sein: Alle Produktivfaktoren sind nur in ihrem Zusammenwirken zu verstehen. Auch die Teilbegriffe, in die wir das Maß der Arbeit zerlegen, *scheinen* nur ihre allseitige Verflochtenheit, ihre gegenseitige, nie isolierte Wirkung aufzuheben. Wir müssen das Maß und seine Teile, auch die Maßstäbe, daher stets unter übergeordneten betriebswirtschaftlichen Gesichtspunkten betrachten im Sinne einer echten Betriebsmittelgemeinschaft.

„Der Mensch ist das Maß aller Dinge."
(Protagoras)

3.41 Maße der lebendigen Arbeit

Die lebendige Arbeit erscheint in der Betriebswirtschaft immer in zweifacher Gestalt, a) als Arbeitskraft, b) als Lebensäußerung dieser Arbeitskraft, als Arbeit, vgl. Schema 2 und S. 41. Beide Formen wirken nebeneinander in der Wirtschaft. Das zeichnet schon zwei verschiedene Maße vor, die wir im Sinne des Produktivitätsbegriffs als Quantifizierungshilfen zur Bestimmung von nutzbaren Potentialen betrachten müssen. Das eine Maß hat die Arbeitskraft, das andere die Arbeit, das Schaffen, Verrichten zu messen.

Menge und Zeit sind die naturalen Maße der Betriebswirtschaft; damit erfasse man die *Zahl* der eingesetzten Arbeitskräfte, und die von ihnen geleisteten Stunden gäben die *Zeit* der lebendigen Arbeit, das Schaffen, Verrichten, im Betriebe an; das sei alles bekannt oder vergleichsweise einfach zu ermitteln, lange Erörterungen darum könne es gar nicht geben. Wer das meint, übersieht zwei Probleme: 1. Eine Arbeitskraft ist nicht immer gleich einer Arbeitskraft, eine Arbeitsstunde nicht gleich jeder anderen Arbeitsstunde, und 2. welche Arbeitsmenge wird einer bestimmten Erzeugungsleistung in der so vielfältig verflochtenen Produktionswirtschaft richtig zugeordnet? Die erste Frage hat außerdem zwei durchaus verschiedenartige Aspekte: a) einen arbeitstechnischen: Wie sind der VEG-Betriebsleiter Schulze, der Familienbauer Müller, der Melkermeister Lehmann, die Altenteiler-Oma, der Schlepperfahrer, die Familienbäuerin, ihr elfjähriger Sohn und die Landarbeiterin zu „vereinheitlichen", damit man sie eben wirklich richtig zählen kann und nicht bloß addiert; b) arbeitswirtschaftlich ist die Stunde des Landarbeiters Fleißig bei der Rübenernte im Herbst „wertvoller" als im Januar, und die Stunde der Witwe Hurtig, die nur zum Heumachen kommt, ist sicher anders zu beurteilen als die Stunde der Landarbeiterin Frieda, die beanspruchen darf, das ganze Jahr über 2400 Stunden beschäftigt und entlohnt zu werden.

Versuchen wir, zunächst die arbeitstechnische Frage zu beantworten. Im Grunde genommen wiederholt sich hier, was wir schon beim Maße der Erzeugungsleistung besprachen: Es dreht sich um die Vereinheitlichung heterogener Bestandteile des A und damit um die Quantifizierung unterschiedlicher Qualitäten oder hier der verschiedenen *Qualifikations-* und *Tätigkeitsmerkmale,* vielleicht auch der *Intensität* und *Leistung* der Arbeitskräfte im Betriebe. Wie man das im einzelnen am besten abstuft, ist Sache des Maßstabs, wir besprechen ihn im nächsten Kapitel. Das Maß muß klar bezeichnen, was damit zu messen ist, wir müssen mithin hier abgrenzen. *Die Frage heißt also: Soll die lebendige Arbeit nach arbeitstechnischen oder betriebswirtschaftlichen Merkmalen vereinheitlicht werden, wenn ja, nach welchen?*

Die Fragen des geeigneten Maßes und der entsprechenden Maßstäbe für den Produktivfaktor Arbeit sind offensichtlich so eng miteinander verknüpft, daß sie sich gedanklich nicht so sauber trennen und nacheinander behandeln lassen, wie wir es mit den Maßen und Maßstäben für das E im Produktivitätsrelator getan haben. Wir werden daher die Erörterung um die Maße gleich hier so führen, daß damit auch die theoretischen Grundlagen klar werden, auf denen die Maßstäbe aufzubauen haben. Das Maß begrenzt, sagte der zweite Grundzug der Messung, S. 71. Wir werden daher im folgenden vor allem auch abzugrenzen haben, was zu den einzelnen Kategorien der lebendigen Arbeit gehört, und wie diese Kategorien zu quantifizieren sind: Einfache und komplizierte, notwendige und produktive, ständige und nichtständige Arbeit.

Wer im Betriebe arbeitet, schafft stets mit der ihm angemessenen mittleren Leistungsbereitschaft, seiner mittleren Intensität, hatten wir unterstellt. Damit ist sein nutzbares und für die Produktivität entscheidendes Potential umschrieben; ob es tatsächlich genutzt wird, kommt in der Leistung unmittelbar und damit in den Arbeitsproduktivitätskennzahlen auch mittelbar zum Ausdruck.

Diese klare Unterscheidung zwischen den Begriffspaaren Intensität—Leistung und Kapazität—Produktivität ist zunächst einmal unerläßlich, weil sich das Potential sonst nicht sinnvoll vereinheitlichen läßt. Andererseits entfernt sich von der Wirklichkeit, wer gleichbleibende Leistung unterstellte.

Die Grenze der Intensität konkreter Arbeit liegt bei 2500 kcal/Tag. Die Leistung sinkt, wenn die Arbeit schwerer wird, „weil der menschliche Muskelmotor sich anscheinend auf die zuträgliche Höchstbelastung von selbst einreguliert“ (106). GLÄSERs Versuche bei der Waldarbeit haben das neuerdings wieder anschaulich bestätigt, vgl. (106). Die Arbeitsintensität bedingt zwar die Leistung, aber diese Größen stehen in außerordentlich unterschiedlichen Verhältnissen zueinander; das gilt analog auch für die Beziehungen zwischen Kapazität = Leistungsvermögen und Produktivität, ein gegebenes Potential kann zu ganz unterschiedlichen Produktivitätskennzahlen geführt werden. Wer sie richtig messen will, muß zunächst das Potential zutreffend ausdrücken.

Die Arbeitstechnik behandelt und quantifiziert die lebendige Arbeit daher auch im wesentlichen unter zwei Gesichtspunkten, als Leistungsbereitschaft *des (einzelnen) arbeitenden Menschen* und als Leistung. Davon ausgehend werden wir im folgenden die betriebswirtschaftlichen Gesichtspunkte mit diesen beiden Aspekten und mit jedem einzelnen abwägen, um eine dem Maßbegriff der Produktivität entsprechende Vereinheitlichungsgrundlage zu gewinnen. Unser Problem spitzt sich also auf zwei Teilfragen zu: a) Die lebendige Arbeit ist mehr oder weniger „wert“, je nach der Leistungsbereitschaft der einzelnen Arbeitskraft, je nach ihrer Qualifikation und ihren jeweiligen Tätigkeitsmerkmalen, b) auch die unterschiedliche Leistung beeinflußt die Arbeitsproduktivitätskennzahlen; sind diese beiden Bestimmungsgründe in das Maß einzubeziehen? Das kann man nicht mit ja oder nein schlüssig und überzeugend beantworten. Es kommt auf die Fragestellung und den Zusammenhang an. Betrachten wir zunächst sechs Gründe *gegen* die differenzierende Berücksichtigung der Leistung und der Leistungsbereitschaft im Maß des A. Wir behandeln gleichzeitig die damit im engen Zusammenhang stehende arbeitstechnische Unterscheidung und Abstufung der einfachen und komplizierten Arbeit.

1. Die intensive Kulturwirtschaft erzeugt alle ihre Produkte arbeitsteilig, so daß niemals *einer* bestimmten Arbeitskraft sinnvoll zugerechnet werden kann, welche und wieviel Gebrauchswerte gerade sie allein hervorgebracht hat. Während man die *Leistung* jedes einzelnen bei jeder Arbeit, auch seinen Leistungsgrad, stets ermitteln kann, ist die Produktivität des Landarbeiters Wilhelm Fleißig grundsätzlich nicht meßbar, weil sie eben gar nicht gegeben ist; vgl. dazu BEHRENS: „Sie ist eine rein rechnerische Größe“ (33). Deshalb muß zunächst die Leistung, als prinzipiell im *arbeitstechnischen Bereich* sinnvoll meßbares Phänomen, als Maß für den *Produktivfaktor Arbeit* untergehen. Die Verhältniszahl Arbeitsproduktivität hat im Nenner die Einheit einer statistischen Masse stehen, also einen Mittelwert, wenn man will.

Die vom Betriebsleiter geleistete Arbeit steht über, die vom Invaliden geleistete bleibt unter dem Mittelwert. „Die von ihnen geleistete Arbeit fällt nicht mit der gesellschaftlich notwendigen Arbeit ... zusammen“ (206).

Da der einzelnen konkreten Arbeitskraft also nicht zuzuschreiben ist, was sie hervorgebracht hat, kann man auch die arbeitstechnische Bewertung fallen lassen.

Wer das tut, macht nichts falsch; aber er erschwert sich den Betriebsvergleich und die Interpretation der gefundenen Kennzahlen. Denn der Bauer Schulze mit seiner kränklichen Mutter, dem invaliden Sohn und zwei halbwüchsigen Töchtern mag wohl auch fünf Arbeitskräfte auf die Beine stellen wie der Nachbar Müller mit seiner rüstigen Frau und drei Söhnen im Alter von 20–25 Jahren, aber Müllers Potential ist um wenigstens eine AK stärker als Schulzes. Die Zusammensetzung der Arbeitskraft zu kennen, ist stets nützlich. Sonst steht wohl eine statistische Masse im Nenner des Quotienten, aber sie ist nicht einheitlich. – Man kann so oder so niemals auf *die* Arbeitsproduktivität *des* Landarbeiters Fleißig kommen, aber man müßte wohl die Produktivität der vergleichbaren Einheit einer zu vergleichenden Masse des Produktivfaktors lebendige Arbeit angemessen darstellen können. Deswegen überzeugt dieser Grund gegen die arbeitstechnische Differenzierung voll nur gegen die Leistung.

2. Niemand wird ernstlich bestreiten, daß sowohl unterschiedliche Leistungsbereitschaft als auch größere oder geringere Leistung die Kennzahlen wesentlich beeinflussen können. Aber eins von beiden muß man schon deswegen vernachlässigen, weil hohe Leistungsbereitschaft nicht stets gleich entsprechend hoher Leistung ist. Entweder unterstellt man relativ gleiche Leistung, d. h. Normerfüllung von täglich 100% und stuft nach der Leistungsbereitschaft ab, oder man sieht von der verschiedenen Leistungsbereitschaft ab und geht von den zu messenden (!) Leistungen aus. Beides *zusammen* ist rechnerisch nicht einwandfrei zu bewältigen, ganz abgesehen von der Unmöglichkeit, beide Größen in ihrer gegenseitigen Abhängigkeit einigermaßen sicher zu verfolgen. Es scheint uns daher richtiger und auch wirklichkeitsnäher, relativ gleiche Leistungen zu unterstellen. Denn die Leistung läuft am Ende der Intensität ziemlich gleich, weil niemand mehr schaffen kann, als er Kraft hat, und diese eben ist begrenzt.

Das ist zwar nicht zu bestreiten, trifft aber nur zur Hälfte zu: Beim gleichen Calorienverbrauch wird die eine ceteris paribus mit beiden Händen aus der umgehängten Wanne mehr Kartoffeln legen, also mehr leisten als die andere, die den Henkelkorb trägt und nur mit einer Hand legt. Wer das berücksichtigen will, muß die größere geistige Anstrengung bei der ersten erfassen, und das tut er am richtigsten, indem er sie höher einstuft, denn sie arbeitet ja auch qualifizierter. Damit wäre die unterstellte relativ gleiche Leistung aller AK zwar einigermaßen gerechtfertigt, aber das Beispiel zeigt schon, welche subtile Kleinarbeit notwendig ist, das angemessen festzuhalten.

Die Leistungsbereitschaft innerhalb eines Arbeiterkollektivs wird um so vollkommener berücksichtigt, je richtiger die einzelnen Arbeitskräfte eingestuft sind. Die Leistung kommt dann mittelbar zum Ausdruck in den jeweiligen konkreten Produktivitätsquotienten, als ein Bestimmungsgrund unter vielen. Man kann also nur vom einen *oder* anderen ausgehend exakt zu vereinheitlichen versuchen, nach der Leistung oder nach der Leistungsbereitschaft. Beide schwanken und bieten daher keine vollkommene Vereinheitlichungsgrundlage, die Leistung noch weniger als die Leistungsbereitschaft.

3. Gegen die Leistung im A unseres Produktivitätsrelators spricht auch, daß die Leistung selbst ein Quotient ist $\left(\frac{\text{mkg}}{\text{sec}} \sim \frac{\text{Menge}}{\text{Zeit}} \sim \frac{\text{ha}}{\text{Std}}\right)$, der im landwirtschaftlichen Betriebe die verschiedensten Größen in buntem Gemisch enthält: Flächen, Stücke, Gewichte, Mengen und technische Einheiten aller Art. Das läßt sich rechnerisch niemals auf einen Nenner, in ein wirklichkeitsnahes gewogenes Mittel bringen.

Das ist mathematisch so zu verstehen: Die Arbeitsproduktivität Apr ist $= \frac{E}{A}$, wobei A die Zahl der Arbeitskräfte ist, AK, und E = nGE. Setzen wir nun $A = \frac{\text{nStd}}{\text{AK}} = \frac{t}{\text{AK}}$, so ist $A_p = \frac{E}{\frac{t}{\text{AK}}} = \frac{E \cdot \text{AK}}{t}$. Das ist zur Not vorstellbar und wäre als Kennzahl im Betriebsvergleich mit einiger Mühe auch noch anschaulich zu machen als $\frac{\text{nGE} \cdot \text{AK}}{t}$. Nur ist damit die Leistung noch nicht richtig ausgedrückt. Im einfachsten Falle wäre die Leistung eine einfache Beziehung zwischen $\frac{\text{Std}}{\text{AK}}$ und ha, die viele Feldarbeiten vollständig erfaßte. Der Arbeitsproduktivitätsquotient lautete dann

$$\text{Apr} = \frac{\text{nGE}}{\frac{\text{ha}}{\frac{\text{Std}}{\text{AK}}}} = \frac{\text{nGE}}{\frac{\text{ha AK}}{\text{Std}}} = n \cdot \frac{\text{GE} \cdot \text{Std}}{\text{ha} \cdot \text{AK}}.$$

So ein Quotient ist nicht mehr ohne weiteres verständlich; dabei enthält er noch jene ziemlich grobe und wirklichkeitsfremd unterstellte einheitliche Leistungsbeziehung $\left(\frac{\text{ha AK}}{\text{Std}}\right)$. Wie kompliziert wird der Ausdruck erst, wenn all die vielen Leistungskomponenten auch noch einbezogen sind! Solche Formeln sind wohl als Rechenhilfen oder sogar als die Erkenntnis logischer Zusammenhänge förderndes Substrat möglich und erwünscht, aber nicht als Beziehungszahl im Spiegel der Betriebsstatistik. Wir müssen sie dort ablehnen, weil auf die einfachste Beziehungszahl bereits so viele Einflußgrößen wirken, daß sie nur dadurch überhaupt verständlich wird, wenn man sie im Verbande recht vieler anderer, die Betriebswirtschaft kennzeichnender Daten sieht. Sie alle in eine Formel einzufangen, dürfte unmöglich sein. Wir müssen also bei dem alten Verfahren des Teilvergleichs bleiben, und dazu sind einfache, anschauliche Beziehungszahlen notwendig, keine schwer durchdringbaren Formelausdrücke. — Wenn sie von gleichen Voraussetzungen ausgehen, mögen mathematische und betriebsstatistische Methoden am Ende zum gleichen praktischen Ergebnis kommen. Nur macht die Betriebsstatistik alles fein säuberlich getrennt *nacheinander* (Teilvergleiche), während die Mathematik die gesamte Betriebswirtschaft *gleichzeitig* (in einer Formel) rechnerisch durchdringt. Das geht auf Kosten der Anschaulichkeit und der Verständlichkeit und stellt damit vielfach auch die praktischen Möglichkeiten, wirksam und schnell zu rationalisieren, in Frage.

Es gibt also praktisch gar kein vollständiges Leistungsmaß. Die technische Leistung gehört als Erfolgskriterium ebenso sicher in die Arbeitstechnik wie die Produktivität in die Betriebslehre.

4. Vielfach wird versucht, die Leistung in anderer Form in das Maß einzubegreifen, als Anzahl der gearbeiteten Stunden, also Leistung = Stundenhergabe. Man tut das, ohne sich über diese Verbindung zwischen Leistung und Maß der lebendigen Arbeit (= Leistungsbereitschaft) immer klar zu sein. Sehr oft verfährt man nur so, um die schwer zu quantifizierende Leistungsbereitschaft, oder noch simpler, die einfache Zahl der Arbeitskräfte sicherer in den Griff zu bekommen. Ist diese Kombination ohne Widersprüche möglich und hat sie betriebswirtschaftlich Sinn? Um diese Frage zu beantworten, werden wir davon ausgehen, ob und wie vereinheitlicht wird, damit wir von den vorgeschlagenen und angewandten Verfahren aus zu weiteren Gründen gegen oder für die arbeitstechnisch wertende Vereinheitlichung kommen.
Die Meinungen, ob man vereinheitlichen soll oder nicht, gehen weit auseinander: a) DieVereinheitlichung hat keinen Sinn: „Einheitliche Schlüssel für die Einstufung nach Alter und Geschlecht sind praktisch kaum verwendbar" (278); „Die arbeitstechnisch aufgefaßte Arbeitskrafteinheit läßt sich nicht objektiv anwenden. Darüber hinaus verkennt sie den Sinn der menschlichen Arbeit vollkommen" (105). b) Die Einschätzung der Arbeitskräfte unter „Benutzung allgemein gebräuchlicher Schlüsselzahlen erscheint als die einfachste Methode, ... die landwirtschaftlichen Arbeitskräfte sind in Arbeitskrafteinheiten zu berechnen" (372). c) Jene Schlüssel werden ohne nähere Begründung verwendet z. B. in (138), (251), (285), (426). Als Vereinheitlichungsschlüssel wird vorgeschlagen: 1. „Als eine Arbeitskrafteinheit gilt, wer an allen Arbeitstagen eines ganzen Jahres die zumutbare Arbeitsleistung einer erwachsenen Person vollbringt" (372). Hier sind bereits zwei divergierende Bestimmungsgründe enthalten: Die AK muß a) an allen Arbeitstagen gearbeitet haben, das führt zu der üblichen Gleichung: 1 Ak = 2700 oder 2400 Stunden (49), (333), b) einer erwachsenen Person äquivalentes geleistet haben. 2. Alle Arbeitskräfte werden in Männereinheiten umgerechnet, wie unter 1, nur mit dem Unterschied, daß die erwachsene Person hier ein Mann (über 18 Jahre alt) ist; eine Frau gilt dann 0,7 ME, vgl. (248), (285); "farm labor *requirements* are expressed in terms of man-*equivalent* hours that is, the farm time used by average adult males in performing farm operations" (121). 3. „Die Arbeitsproduktivität wird völlig falsch ermittelt, wenn die Kolchose die Bruttoproduktion nicht auf die Einheit der Arbeitszeit berechnen (Arbeitseinheit umgerechnet auf Arbeitstage nach dem entsprechenden Koeffizienten), sondern auf einen im Kolchos arbeitenden Arbeitsfähigen" (195), vgl. dagegen (66).
Für die weit überwiegende Mehrzahl aller landwirtschaftlichen Betriebe Deutschlands können wir einen zu annähernd gleichen Teilen aus männlichen und weiblichen Arbeitskräften zusammengesetzten Besatz annehmen. Männer und Frauen verrichten dort spezifische Arbeiten, wo beide Geschlechter voll leisten; die Männereinheit ist also eine wirklichkeitsfremde Unterstellung. In den USA bleibt die Einstufung außerdem „dem Beurteilungsvermögen des jeweiligen Betrachters" anheimgegeben (372). Das scheint uns eher ein Nachteil zu sein! Wir lehnen die Männereinheit ab, vgl. auch (49), (172), (277).

1b und 3 enthalten wieder das Leistungsmaß. Während VOGEL (372) sich nur falsch ausgedrückt haben dürfte und Arbeit an Stelle von Leistung meint, hat dieses Maß für die lebendige Arbeit in den Kolchosen und LPG eine gewisse, wenn auch keine alleinige Berechtigung.

Das geht schon aus der zweckbestimmten Begründung hervor, die wieder keine ist: „Durch diese falsche Methode der Berechnung (wenn die Erzeugungsleistung auf den Arbeitsfähigen bezogen wird, A. B.) vermindert sich die Arbeitsproduktivität, weil nicht alle Kolchosbauern in vollem Maße an der gesellschaftlichen Arbeit teilnehmen" (195).

Die Arbeitseinheit ist nämlich der einzige Maßstab, der Qualifikation, Tätigkeitsmerkmale und Leistung in idealer Verbindung darstellt. Wir kommen darauf zurück, Kap. 3.5113.
1a setzt eine AK irgendwelchen Tages = Stundenhergaben gleich. Wenn das auch immer wieder gemacht wird, so ist es doch für die Quantifizierung des A unsinnig. Und das einfach deswegen, weil die Stunde ein *grundsätzlich anderer Maßstab* ist wie die AK. Das wird besonders deutlich, wo dieser Schlüssel eine Arbeitskraft = 1 AK auch dann setzt, wenn sie wesentlich mehr als 2400 oder 2700 Stunden im Jahre arbeitet, vgl. (105), (372). Man kann also immer nur nach Stunden rechnen, dann sind eben 3000 Std./Jahr/AK = 1,2 AK. Aber das wird ausdrücklich abgelehnt (372), obwohl man andererseits 1 AK mit 1800 Std./Jahr nur zu 0,75 rechnen soll. Hier gehen Arbeit und Arbeitskraft, oder menschliche Arbeit und technische Arbeit durcheinander. Das sollte man auch betriebswirtschaftlich vermeiden, weil die ganze von der Arbeitstechnik ausgehende Arbeitskalkulation sehr zweckmäßig unterscheidet zwischen dem Arbeits- und dem Zeitbedarf.

„*Die Jahresarbeit einer Person* muß unabhängig von der Stundenzahl *als 1 AK* gelten" (277), sagt man, aber das bedeutet wieder einen Kompromiß, weil die „Jahresarbeit" auch nur in Zeiteinheiten auszudrücken ist!

Eine Arbeitskraft ist ein unteilbarer arbeitender Mensch, während die 2700 Stunden auch von mehr als nur von einer Person allein gearbeitet werden können. Das ist arbeitswirtschaftlich nun aber durchaus nicht gleichgültig, denn 2700 Std. einer AK kosten erheblich weniger „Erhaltungsfutter" als dieselben 2700 Stunden von 1,5 AK! Dieser Zusammenhang wird stets übersehen, weil man sich daran gewöhnt hat, die lebendige Arbeit als bewegliche Kostenart zu betrachten und stillschweigend davon ausgeht, daß nur bezahlt wird (daß nur kostet), was als registrierbare Arbeitsstunde „geleistet" wird. Es ist wirklichkeitsnäher und im Sinne wohlverstandener Arbeitstechnik und Arbeitswirtschaft auch viel richtiger, die lebendige Arbeit im Betriebe als *Arbeitskraft* aufzufassen, Arbeit I im Schema 2, – und zu messen, d. h. zu *zählen* – die gehalten wird, a) *Stunden zu leisten* – die man ebenfalls registrieren muß – und b) *Erzeugnisse hervorzubringen,* die man auch messen muß. Das sind eben drei verschiedene Dinge, die wohl zusammenwirken, das aber nicht nach starren, unterstellbaren Regeln tun, sondern so vielfältig und mit so unterschiedlichen Wirkungsgraden, wie es im praktischen Wirtschaftsleben nun einmal allenthalben gang und gäbe ist.

Die Stundenrechnung zeigt scheinbar, daß man Arbeit nicht horten kann; die drei Stunden, die der Landarbeiter Fleißig in der vorigen Woche versäumt hat, hat er heute nachgeholt; aber a) mit schlechterem Wirkungsgrad und vielleicht bei einer weniger produktiven Arbeit; und wenn wir annehmen, Fleißig wäre der Melkermeister gewesen, wo dieses a) praktisch nicht in Frage käme, so wäre b) damit verwischt, was die Arbeitswirtschaft im Grunde bewegt: Die Ausnutzung der Arbeitskapazität der Arbeitskräfte im Betriebe (ihr Leistungsvermögen, ihre Überlastbarkeit u. ä. m.). Eine Stunde ist eben nicht gleich jeder anderen Stunde und die Leistung deshalb kein angemessener Vereinheitlichungsmaßstab für die lebendige Arbeit im Produktivitätsrelator.

Die Arbeitskraft ist also unteilbar und im Maß der geleisteten Stunden nicht angemessen wiederzugeben. Damit sind wir zu den beiden letzten sehr wesentlichen Gründen gekommen, weswegen die ganze Vereinheitlichung hier auch *arbeitstechnisch* eigentlich keinen Sinn hat:

5. Im Betriebe arbeiten durchaus verschiedene Menschen, aber wenn sie schaffen, sind sie voll dabei, sie können sich nicht selbst teilen und nur zur Hälfte mitwirken. Niemand wird auf die abwegige Idee kommen, die fünf Schlepper eines Betriebs oder gar seine Pferde nach der Zahl der von ihnen gearbeiteten Stunden zu vereinheitlichen – aber beim Menschen möchte man das, obwohl er sicher mehr feste Kosten macht als der Schlepper im Großbetrieb und das Pferd in der bäuerlichen Familienwirtschaft.

6. Alles Vereinheitlichen setzt voraus, daß kommensurabel ist, was zusammengefaßt wird. Das sollen hier die menschlichen Leistungen sein und damit am Ende die Menschen selbst. Im bürgerlichen Leben sind wir das bestimmt nicht, und auch die Arbeitscharaktere der Menschen sind so verschieden, daß auf eine ziemlich üble und willkürlich-schematische Gleichmacherei hinausläuft, was hier aufeinander bezogen und miteinander verbunden wird.

Ihre gedankliche Stütze findet jene viel geübte Vereinheitlichung in AK wohl im arbeitswirtschaftlichen Leistungsverhältnis der ZK, das über das arbeitstechnische und die Jahresleistungsfähigkeit der Zugtiere gebildet wurde und zur ZK führte. Dort mag das angehen, denn in der Tat „ersetzen" zwei Ochsen im Jahreslaufe wohl ein Pferd. Aber wieviel Töchter wiegen den Familienbauern Schulze auf? Oder um wieviel AK-Einheiten ist der Betriebsleiter Schulze des VEG „wertvoller" als der zwanzigjährige Landarbeiter? Um gar keine, nach dem üblichen Schlüssel! Die lebendige Arbeit ist eben nicht ohne weiteres kommensurabel. „Das Wesen der menschlichen Arbeitsleistung ist nicht der Zeitaufwand, sondern die Hergabe und Anspannung von Kräften." Das sind „jedoch sehr vieldeutige und mehrgründige Tatbestände, die nicht genau gemessen werden können" (147).

Aufs ganze gesehen zeigen unsere vier Gründe schon, daß die arbeitstechnische Vereinheitlichung der Arbeitskräfte im Betriebe nach ihrer Leistung nicht möglich ist und auch für den Produktivitätsrelator keinen Sinn hat. Etwas anders ist es mit der Vereinheitlichung nach der Leistungsbereitschaft. Das wird zwar vollkommen auch nie gelingen, ist aber immerhin besser möglich und gibt der betriebswirtschaftlichen Produktivität schon eher eine theoretische

Grundlage, weil die Leistungsbereitschaft das nutzbare lebendige Potential zu erfassen scheint.

Ehe wir nun ein genaueres Maß der lebendigen Arbeit formulieren, hier noch einige Gründe, die *für* die arbeitstechnische Vereinheitlichung der lebendigen Arbeit in der AK über die Leistungsbereitschaft sprechen:

1. Wenn wir einmal vorübergehend konstante natürliche und wirtschaftliche Standortsbedingungen unterstellen und nun in einer bäuerlichen Familienwirtschaft im Zeitraffer in 15 Jahren drei gleich starke Generationen mit gleichbleibender Absterbeordnung einander folgen sehen, deren Glieder als Arbeitskräfte alle ausschließlich vom Betriebe leben, so wäre der Arbeitsbesatz praktisch immer gleich, d. h. die Schicksalskurve zur geraden Linie geworden. Das ist wirklichkeitsfremd; mit diesen Arbeitskräften, als A im Nenner, errechnete Arbeitsproduktivitätszahlen müßten „falsch" sein.

2. Wer die Arbeitskräfte nicht irgendwie angemessen vereinheitlicht, kann auch horizontal Betriebe nicht richtig vergleichen.

Es ist nämlich keineswegs so, wie GEUTING großzügig behauptet, daß „der Betriebsleiter ... durchaus in der Lage" sei, „körperliche und geistige Mängel seiner Mitarbeiter durch Zuweisung für sie besonders geeigneter Arbeiten weitgehend auszugleichen, so daß der Wirkungsgrad der menschlichen Arbeit darunter kaum zu leiden braucht" (105). Gibt es nur einen Invaliden oder Altenteiler in der bäuerlichen Familienwirtschaft, mag GEUTING recht haben. Je weniger Arbeitskräfte aber ein Betrieb hat, desto mehr beeinträchtigen solche Mängel geminderter Leistungsbereitschaft den Wirkungsgrad der lebendigen Arbeit. Das wird man nicht übergehen dürfen.

Beide Gründe wiegen schwer, besonders der zweite. Wer nur *einen* (seinen) Betrieb untersucht, kann auf die Vereinheitlichung verzichten, für ihn sind die unterschiedlich leistungsbereiten, wohlbekannten AK bereits ein konkreter Bestimmungsgrund für die hohe oder zu geringe Arbeitsproduktivität; er wird ohnehin nicht vereinheitlichen. Anders im zweiten Fall: Wer mehrere (also *viele*) Betriebe vergleicht, kennt keinen so genau, daß er allen Bestimmungsgründen im einzelnen nachgehen kann, er muß generalisieren und wird daher nicht auskommen, ohne nach der Leistungsbereitschaft zu vereinheitlichen.

Denkt man das weiter, kommt die Volkswirtschaft beim nächsten Schritt, wo nun *alle* Betriebe verglichen werden, und wo es dann ohne Vereinheitlichung überhaupt nicht abgeht. Weil die einzelne Arbeitskraft mehr oder weniger vom gesellschaftlich notwendigen Mittel abweicht, „ergibt sich die Notwendigkeit, die verschiedenen Arten der Arbeit auf einen einheitlichen Nenner — den Wert — zu bringen ..." (206). Die Betriebswirtschaft muß nicht so weit gehen, sie kann schon noch mit naturalen Schlüsseln vereinheitlichen; es fragt sich eben nur, ob das Sinn hat.

Diese beiden Gründe kommen indessen aus einer ganz anderen Blickrichtung wie unsere Gegenargumente oben; jene versuchten zu zeigen, daß es dem Wesen der betriebswirtschaftlichen Arbeitsproduktivitätsquotienten widerspräche, wenn die Arbeitskräfte arbeitstechnisch vereinheitlicht würden. Diese Gründe hier sagen nur, daß es für den Betriebsvergleich *zweckmäßig* sei, das zu tun. Die ziemlich unbestreitbare Zweckmäßigkeit erkennen wir nur für den zweiten Grund an.

Das allerdings auch nur mit halbem Herzen. Denn wer weiß, daß *nicht* vereinheitlicht ist, wird seine Kennzahlen entsprechend interpretieren, was zu keinen größeren Fehlern führen muß als jene grobe schematische Einstufung über die (arbeitstechnisch bestimmte) AK-Rechnung. Das kommt am Ende auf das gleiche hinaus, wie wenn die GV das eine Mal nach dem üblichen Gewichtsschlüssel (49), (138), das andere Mal nach dem dänischen Futterverbrauchsschlüssel (55) und das dritte Mal nach dem RIESschen „Arbeits-GVE"-Schlüssel (295) berechnet werden. Solange man weiß, wie es jeweils gemacht ist, und daß es für die verglichenen Betriebe einheitlich durchgeführt wurde, lassen sich sowohl die relative Veränderung als auch die absolute Größe des Viehbesatzes und alle darauf bezogenen sinnvollen Kennzahlen richtig beurteilen.

Ein wirklich gleichwertiger Grund *für* die Vereinheitlichung müßte einen besser geeigneten, also betriebs- und arbeits*wirtschaftlich* fundierten Schlüssel dem arbeits*technischen* gegenüberstellen. Das ist eine Frage des Maßstabs, vgl. Kap. 3.51. Wenn es einen arbeitswirtschaftlich richtigen, dem arbeitstechnischen nicht widersprechenden Vereinheitlichungsschlüssel gibt, muß er angewandt werden; die Frage, ob vereinheitlicht werden soll oder nicht, wäre damit bejaht. Aber auch der vollkommenste Schlüssel kann nur die Leistungsbereitschaft (im weitesten Sinne) einstufen. Hier geht es noch um die Abgrenzung, also um die Frage, ist eine Arbeitskraft, die auf dem Betriebe wohnt, teilweise von ihm lebt und 1200 Stunden dort arbeitet, aber auch 1200 Stunden woanders tätig ist, ist diese Arbeitskraft nun gleich 0,5 AK, ist sie mehr oder weniger?

Wir führen hier die Stundenrechnung nicht durch die Hintertür wieder ein; nur wird so am einfachsten gesagt, was wir meinen; in Geld ausgedrückt, wäre es undeutlicher.

Diese Frage stellen, heißt zugeben, daß sie nicht einwandfrei und rechenhaft beantwortet werden kann. Denn 1. die 1200 Stunden sind in der Vegetationsperiode mehr als im Winter wert; 2. außer der Wohnung belasten bestimmte fixe (Verwaltungs-)Aufwendungen den Betrieb und damit die Kosten jener Arbeitskraft mehr als nur die 1200 Stunden unmittelbar verzehren; 3. andererseits stehen nahezu alle Nebenberufe in irgendeiner Wechselbeziehung zum landwirtschaftlichen Betrieb, die sich als Mehr gegenüber der Leistung von nur 1200 Stunden quantifizieren lassen müßte.
Rechenhaft antworten kann hier nur, wer für diese drei Punkte mittelwertähnliche Richtzahlen oder logisch-verbale Abstraktionen unterstellt. Damit vergröbert die Vereinheitlichung den wirklichen Tastbestand jedoch ebenso gefährlich wie die AK-Rechnung über die arbeitstechnische Bewertung. Und doch haben wir damit den einzigen betriebswirtschaftlich vertretbaren Ansatzpunkt erfaßt, von dem aus eine Vereinheitlichung der lebendigen Arbeit überhaupt Sinn haben kann. Die Menschen sind nicht kommensurabel; das weiß niemand besser als die Arbeitstechnik, die sich deshalb mit aller Arbeitsbewertung auch so schwer tut. Die *Betriebswirtschaft* setzt sich notgedrungen über solche *arbeitstechnischen* Bedenken hinweg, sie macht gleich und stuft quantitativ ab, indem sie nach Lohngruppen (= Qualifikation und Tätigkeitsmerkmalen) bezahlt, *sie unterstellt also schon:* 2400 Stunden komplizierte Arbeit des Betriebsleiters sind gleich 4450 Stunden des Landarbeiters nach Lohngruppe III, vgl. (407). Wer

das bereits voraussetzt, kann ohne einen großen Fehler zu machen weiter annehmen, daß sich Punkt 2 (negative Wirkung) und Punkt 3 (positive Wirkung) gegeneinander aufheben. Punkt 1 gilt für jeden Saisonarbeiter ebenfalls, bedarf also auch einer betriebswirtschaftlich sinnvollen Unterstellung. Wie man das praktisch macht, folgt im nächsten Kapitel über die Maßstäbe.
Hier ergeben sich indessen noch zwei schwierige Teilfragen: a) Wir haben die Abgrenzung in unserem Beispiel über die gearbeiteten Stunden vorgenommen, nachdem wir sie als Maß für die AK bereits abgelehnt hatten. Dafür hatten wir gute arbeitstechnische Gründe. Wie hilft sich die Betriebswirtschaft? b) Der bäuerliche Familienbetrieb rechnet weder nach Stunden noch nach Lohngruppen; wie stuft man die Arbeitskräfte dort betriebswirtschaftlich richtig ab?
Für den Fall a) bleibt nur eine Lösung: Die normale Bruttolohnsumme jeder Arbeitskraft im Jahre gibt für jede Lohngruppe das Maß einer vollen Arbeitskraft, das weiter abzustufen ist in AK nach den tariflichen Lohndifferenzierungen.

Die Sache hat den großen technischen Vorteil, daß man das in allen Lohnarbeiterbetrieben ohne allzugroße Schwierigkeiten aus der üblichen einfachen Buchführung (auch ohne genaue Arbeitstagebücher!) entnehmen kann und außerdem den sehr wesentlichen sachlichen Vorzug, daß damit das genutzte Potential unanfechtbar und vor allem sicherer erscheint als nach der Stundenrechnung (man denke an die Gehaltsempfänger und die im Stückleistungslohn bezahlten Arbeiten). Hier ein stark vereinfachtes Beispiel: Ein 100-ha-Betrieb habe 20 Arbeitskräfte, 2 werden nach Lohngruppe VIII (2400 Std. × 1,70 DM/Std. = 3550,– DM/Jahr), 7 nach Lohngruppe IV (2300,– DM/Jahr) und 11 nach I (1920,– DM/Jahr) bezahlt. 1920,– DM/Jahr/Arbeitskraft in der Lohngruppe I sei gleich 1 AK, dann sind 2300,– DM/Arbeitskraft/Jahr (Lohngruppe IV) = 1,2 AK und 3550,– DM/Arbeitskraft/Jahr (Lohngruppe VIII) = 1,85 AK.

In der Lohngruppe VIII	erhielt	1 Arbeitskraft	3550,– DM	=	1,85 AK
In der Lohngruppe VIII	erhielt	1 Arbeitskraft	2500,– DM	=	1,3 AK
In der Lohngruppe IV	erhielten	3 Arbeitskräfte	6900,– DM	=	3,6 AK
In der Lohngruppe IV	erhielten	2 Arbeitskräfte	2300,– DM	=	1,2 AK
In der Lohngruppe IV	erhielten	2 Arbeitskräfte	5000,– DM	=	2,6 AK
In der Lohngruppe I	erhielten	7 Arbeitskräfte	13450,– DM	=	7,0 AK
In der Lohngruppe I	erhielten	4 Arbeitskräfte	6400,– DM	=	3,3 AK
		20 Arbeitskräfte	40100,— DM	=	20,80 AK

20 Arbeitskräfte erhielten brutto 40100 DM/Jahr, das entspricht nach den obigen Einstufung 21 AK. Die Arbeitskräfte sind damit zunächst nach ihrer in den Lohngruppen bewerteten *Leistungsbereitschaft* betriebswirtschaftlich sinnvoll abgegrenzt und eingestuft. In der Bruttolohnsumme steckt aber zum andern auch noch im Leistungslohn bezahlte Mehr*leistung*, z. B. in 2 Arbeitskräften der Gruppe IV (5000 DM = 2,6 AK). Für die AK-Abgrenzung ist dabei unterstellt, daß die Mehrleistung einer Arbeitskraft, genauer, was ihr dafür bezahlt wird, gerade dem analogen Vielfachen des Leistungsvermögens von 1920,– DM = 1 AK entspricht. Weiter ist ausschließliche Barentlohnung angenommen und vorausgesetzt, daß die von den Arbeitern und Angestellten gezahlte Miete die Kosten der Landarbeiterwohnungen tatsächlich deckt.
Wir leiten die Begründung dazu aus einem analogen Gedanken von PRIEBE her: „Man unterstellt also, daß im Leistungslohn für den gleichen Betrag das entsprechende Arbeitsmaß wie im Stundenlohn geleistet wird, wenn auch in anderer Zeitdauer" (277).

Im übrigen haben wir uns hier eine tragfähige Brücke für dieses kompakte Maß nur bauen können mit Hilfe einer kräftigen Anleihe aus dem Bereich des „Wert"-Maßes. Wir mußten das tun, weil allein die Geldwertung jenen unendlich vielfältigen Produktivfaktor lebendige Arbeit allgemein-verbindlich und rechenhaft vereinheitlicht. Über den Wert berechnet wird jede „kompliziertere Arbeit" zu „multiplizierter einfacher Arbeit, so daß ein kleineres Quantum komplizierter Arbeit gleich einem größeren Quantum einfacher Arbeit" (220).

Im Fall b) kann man diese Rechnung nicht nachmachen, was aber auch zu verschmerzen ist, denn der bäuerliche Familienbetrieb schafft nicht arbeitsteilig, bei der körperlichen Arbeit kann jeder jeden vertreten (das stimmt zwar nicht ganz genau, gilt aber für den Notfall doch), nur der Bauer macht eine Ausnahme – manchmal allerdings auch die Bäuerin! Wir geben ihm das gleiche Vielfache wie dem VEG-Betriebsleiter gegenüber dem Landarbeiter in Gruppe III, also zählt er 3 AK. Im übrigen müssen wir, weil es nicht anders zu machen ist, unterstellen: 1 Arbeitskraft = 365 Kosttage und 365 Wohntage; wer also nur 200 Tage am Hofe ißt und wohnt, rechnet 0,55 AK; 365 Wohntage allein (ohne Arbeit) zählen 0,15 AK.

Von diesem Gedanken aus können wir nun auch allgemeingültig eine einfache Definition für *die Arbeitskraft* als Maß des A geben, die auf ihre Anzahl abzielt, als natürliches Maß für das Potential der lebendigen Arbeit als Produktivfaktor: *Wer von dem Betrieb lebt, auf ihm wohnt und dort schafft, ist eine Arbeitskraft, gleichgültig, in welchem Maße er leistungsbereit ist und wieviel er leistet.*

Damit haben wir die arbeitstechnische Einstufung bereits verlassen und sind auf diesem Wege zu einem entsprechend groben betriebswirtschaftlichen und nicht immer befriedigenden Maße der lebendigen Arbeit gekommen. Wir haben dabei angenommen: a) Wer auf dem Hofe ißt, arbeitet auch dort; b) in der Familie bekommt jeder, was er bedarf, deshalb leistet er auch, was notwendig ist, d. h. unter Umständen mehr, als wozu er bereit ist; c) das gilt auch für die Wohnung: Wer auf dem Hofe wohnt, aber einen Nebenberuf ausübt, stellt seine Arbeitskraft auch während der Dauer seiner Berufs-Arbeit gelegentlich zur Verfügung; d) da die Zahl der Arbeitskräfte von Jahr zu Jahr abnimmt, die verbleibenden aber ebenso fortschreitend durch technische Hilfsmittel unterstützt werden, gleicht sich das allmählich tatsächlich aus; was sie zu leisten fähig sind, bestimmt weniger ihre Körperkraft als vielmehr ihr Einsatz im Betriebe; das betrieblich nutzbare Leistungsvermögen der bäuerlichen Arbeitskräfte wird also praktisch fast gleich, seine Inanspruchnahme hängt daher vorwiegend vom bäuerlichen Betriebsleiter ab.

Mit dieser Deduktion nähern wir uns der Auffassung von RIES: Die Vereinheitlichung „vermindert höchstens etwas die Ungleichheit und Unvergleichlichkeit, sie beseitigt sie aber nicht. Zwei Vollwertige und zwei Halbwertige, die zusammen 3 Männereinheiten ergeben, bedeuten für den Familienbauern mehr als 3 Vollwertige ..." (293). Deshalb zählen wir die Arbeitskräfte zunächst ohne zu vereinheitlichen.

So wäre nun ein Maß für die Zahl der AK gewonnen, das wir jenen abgelehnten arbeitstechnischen Vereinheitlichungsprinzipien gegenüberstellen. Ist es besser als jene? Nur in seiner der Betriebswirtschaft und damit dem Produktivitätsrelator besser angemessenen Konzeption, aber nicht im Grade der Genauigkeit. Auch das müssen wir noch einschränken: Die Produktivitätskennzahl soll zeigen, wie das gegebene Potential genutzt wurde, unser Maß der lebendigen Arbeit auf dem Lohnarbeiterbetriebe geht aber viel zu stark von der tatsächlichen Leistung, d. h. hier von der bezahlten Bruttolohnsumme aus. Danach kann man wohl abstufen, aber kein Potential sicher bemessen. Deshalb betrachten wir jenen Vorschlag auch nur als überschläglichen Notbehelf.

Das abgeleitete Maß ist am Ende eine betriebswirtschaftliche Größe, die von arbeitstechnischen Bedingungen mitbestimmt wird. Unser Maß wird vollkommener, wenn man die danach abgestuften Arbeitskräfte darüber hinaus *zählt* und drei Gruppen bildet: a) volle AK sind die, die in einer betriebseigenen Wohnung hausen und nur vom Betriebe leben, b) volle AK sind auch die, die nur vom Betriebe leben, auch wenn sie nicht auf ihm wohnen, c) wer seinen Lebensunterhalt noch aus einem zweiten Beruf neben der Betriebsarbeit verdient, rechnet ebenfalls voll, ist aber als „Zusatzkraft" gesondert auszuweisen; Ausdruck: Das VEG hat x (volle) AK und y AK Zusatzkräfte.

Nun kann man noch unsere quantifizierten Unterstellungen anfechten. Zugegeben; aber darüber läßt sich reden. Wir behaupten nicht, damit die objektive Wahrheit gefunden zu haben. Am Ende dürfte es auf einen Kompromiß hinauslaufen, ob man den Familienbauern mit 1–2 oder mit 3 AK bewertet. Daß man aber methodisch so und nicht anders abstufen muß, scheint uns unbestreitbar, weil wir hier wie schon bisher immer von den der Betriebswirtschaft *gegebenen Daten* ausgegangen sind, nach denen sie sich so oder so zu richten hat und das auch tut.

Hier wird nun klar, daß wir jene eingangs gestellte Frage – soll man die Arbeitskraft vereinheitlichen, wenn ja, nach arbeitstechnischen oder betriebswirtschaftlichen Merkmalen? – damit nur scheinbar schlüssig beantwortet haben: Man kann vereinheitlichen, aber nur nach betriebswirtschaftlichen Merkmalen. Denn gegeben ist der Betriebswirtschaft nämlich beides, die Arbeitstechnik ebenso wie die am Ende agrar- oder gar volkswirtschaftspolitisch bestimmte Lohndifferenzierung. *Es kommt also auf die Auffassung des Untersuchenden an, welcher Seite er zuneigt. Wir haben uns zu der betriebswirtschaftlich-, agrar- und volkswirtschaftlich determinierten Abstufung bekannt,* nicht allein der angeführten Gründe wegen, sondern erstens noch deshalb, weil die Volkswirtschaft der Betriebswirtschaft stärkere Impulse als die Arbeitstechnik gibt und zweitens, weil wir, soweit wir nicht davon schon überzeugt sind, wenigstens hoffen dürfen, daß sich die volkswirtschaftliche Abstufung der Arbeitskräfte nicht ohne oder gänzlich unabhängig von der arbeitstechnisch bestimmten vollzieht. Denn die volkswirtschaftliche Differenzierung hat eigentlich nur den Geldfaktor anzugeben, mit dem eine Stunde in jeder Lohngruppe multipliziert wird, was und wer in die Gruppen gehört, sollte sie der Arbeitstechnik überlassen.

Das heißt also: Wir fassen die Arbeitskräfte nach ihrer *Anzahl* zusammen, indem wir sie so addieren, wie es ihrem Einsatz im Betriebe entspricht. Dieser

Einsatz wird bestimmt a) von den betriebswirtschaftlichen Merkmalen, die die Arbeitskräfte differenzieren, also vor allem von ihrer Bezahlung, ihrem naturalen Entgelt und von ihrer Einsatzdauer, b) von den arbeitstechnischen Merkmalen, wie Qualifikation und Tätigkeitsmerkmalen der Arbeitskräfte. Das ergibt zwei grundsätzlich verschiedene Schlüssel, wobei der betriebswirtschaftliche gleitender, anpassungsfähiger ist.

Auf den arbeitstechnischen dürfen wir schon deswegen nicht verzichten, weil wir auch die heterogenen Bestandteile des E zunächst nach einem vorwiegend naturwissenschaftlich determinierten Maßstab, den GE, vereinheitlicht haben. In unserem betriebswirtschaftlichen Maß der AK steckt ein Schuß mehr „Wirtschaft“ als in der Getreideeinheit, die indessen auch einige wirtschaftliche Zusammenhänge impliziert — und wenn es bloß der Ertragsvergleich ist. Soll die Lohngruppendifferenzierung nicht am Ende auch nur ein Kostenvergleich sein?

Mit dieser Feststellung sind wir bereits etwas über die andere eingangs gestellte Frage (komplizierte – einfache Arbeit?) hinausgegangen. Wir haben bejaht, daß sich die Arbeitskräfte arbeitstechnisch und betriebswirtschaftlich auch für den Produktivitätsrelator sinnvoll unterscheiden lassen nach ihrer mehr oder weniger komplizierten bzw. einfachen Arbeit. Das ergibt zwei Ausdrücke für die lebendige Arbeit. Dazu kommt noch ein gröberer, der diese beiden, den arbeitstechnischen und den betriebswirtschaftlichen, zusammenfaßt nach dem Charakter des Einsatzes der Arbeitskraft im Betriebe: Die Arbeitskraft läßt sich also für den Produktivitätsrelator auf dreierlei Weise ausdrücken:

1. Im Betriebe sind n volle Arbeitskräfte und m Zusatz-Arbeitskräfte.

2. Im Betriebe arbeiten n Arbeitskräfte, die über ihre Bruttolohnsummen in AK vereinheitlicht sind, wobei 1 AK gleich der Jahresbruttozeitlohnsumme einer Arbeitskraft der Lohngruppe I gesetzt wird. In der bäuerlichen Familienwirtschaft rechnen alle Arbeitskräfte, die vom Betriebe leben und auf ihm wohnen, gleich 1 AK, der Bauer = 2 AK.

3. Im Betriebe arbeiten n Arbeitskräfte, die über eine der üblichen arbeitstechnischen Bewertungen – mit Ausnahme der Männereinheiten und der Stundenrechnung – in AK vereinheitlicht sind.

Diese Maße gehen stets von der *Zahl* der im Betriebe arbeitenden Menschen aus. Ein vergleichsweise vollkommener Ausdruck ergibt sich also, wenn man den ersten mit dem zweiten (oder dritten) vereinigt: Im Betriebe arbeiten n volle Arbeitskräfte, das sind o AK, und m Zusatz-Arbeitskräfte, das sind p AK.

Wir haben hier nur das Prinzip vorgeführt, um uns von dort her mit einigen theoretischen Problemen auseinandersetzen zu können. Deshalb fehlt hier noch ein Hinweis darauf, wie man die Arbeitskräfte in der LPG vereinheitlichen soll. Wir kommen im Kapitel über die Maßstäbe noch darauf zu sprechen. Es liegt indessen auf der Hand, daß man die Genossenschaftsbauern so wie hier nicht ohne gewaltsame Unterstellungen in AK zusammenfassen kann.

Unsere Ausdrücke vermeiden jene verwirrende Vereinheitlichungsmanie, die allmählich dazu führt, daß man die Ergebnisse verschiedener Untersuchungen überhaupt nicht mehr vergleichen kann. Denn fast jeder verwendet einen anderen Umrechnungsschlüssel und gibt seine Arbeitskraft danach in AK an; die gleiche Anzahl Arbeitskräfte können dann viel oder wenig AK sein. Unsere Ausdrücke erlauben zumindest jedem, diese Arbeitskraft auch nach seinem Schlüssel zu vereinheitlichen und andere Ergebnisse mit seinen Kennzahlen richtig zu vergleichen.

Darüber hinaus ist nur ein Ausdruck, der die tatsächlich vorhandenen Arbeitskräfte physisch voll wiedergibt, für die Betriebe der Zukunft richtig zu verwenden. Denn schon heute zeichnet sich ein erreichbarer Mindestbesatz für die einzelnen Betriebstypen ab, ein Besatz also, der zu keiner Zeit des Jahres unterschritten werden darf, soll die Betriebswirtschaft rationell geführt werden. Diesen Mindestbesatz kann man dem Betriebe weder in Stunden noch in AK vorgeben, weil die in Zukunft noch stärker in Erscheinung tretende Arbeitsteilung eben an jedem Arbeitsplatz gleichzeitig mindestens *einen* Menschen verlangt. Man braucht sich nur einen der zukünftigen intensiven volltechnisierten Betriebe mit 6 AK/100 ha im einzelnen vorzustellen, um das zu verstehen. Im übrigen scheint es auch in vielen Betrieben der Industrie schon heute so zu sein; dort werden die Arbeitskräfte, soweit uns bekannt ist, grundsätzlich nur gezählt: 1 Mensch = 1 Arbeitskraft. Die Arbeitskalkulation braucht also die physische Zahl der Arbeitskräfte ebenso, wie die „Normalarbeitsstundenmethode" (145) nicht ohne sie auskommt.

Wir müssen an dieser Unterscheidung zwischen AK-Bewertung und reiner Zählung der Arbeitskräfte auch noch aus einem anderen Grunde festhalten: Die Produktivität wird von zwei Faktorengruppen beeinflußt: a) von der reinen Technologie der Erzeugung her und b) von der Nutzbarmachung der Arbeitskraft aus (Auslastung der Arbeitskraft). Betriebswirtschaftlich verkehrte oder zu weit getriebene Vereinheitlichung bringt die Gefahr mit sich, daß der zweite Gesichtspunkt, b), nicht deutlich genug hervortritt.

Es ist schon so, wie wir eingangs sagten, die Frage ob die Arbeitskräfte arbeitstechnisch oder betriebswirtschaftlich zu vereinheitlichen sind, läßt sich nicht schlüssig beantworten. Die angeführten Gründe überzeugen auch nicht vollkommen. Wir haben deshalb, und weil die arbeitstechnischen und die betriebswirtschaftlichen Bestimmungsgründe für einen angemessenen, einheitlichen Ausdruck so ineinander verflochten sind, zwei Auswege gewählt, um der betriebsstatistischen Aufgabe, die Produktivität zu messen, gerecht zu werden: 1. Unser Vereinheitlichungsgrundsatz stellt eine Kombination aus betriebswirtschaftlichen und arbeitstechnischen Bestimmungsgründen dar; 2. weil Maße schwer zu interpretieren sind, die mit solchen Kombinationen gebildet werden, haben wir außerdem mehrere vorgeschlagen, die verschiedene Produktivitätskennzahlen ergeben; wer sie im konkreten Falle vergleicht, wird ein sichereres Urteil über die Arbeitsproduktivität gewinnen, als ihm aus einer einzigen kompliziert zusammengerechneten Kennzahl entgegenspringt. –

Wir sind hier eigene Wege gegangen, um zu den drei genannten Ausdrücken zu kommen. Dabei haben wir uns kurzerhand über einige Bedenken hinweggesetzt, die gegen Teile unserer Deduktion gelegentlich ins Feld geführt werden. Deshalb einige Worte dazu. „Diese Unterscheidung der Arbeitskräfte nach ihrer Leistungsfähigkeit ist zweifellos erwünscht. Doch ist es schwierig, einen Umrechnungsschlüssel aufzustellen, der allen Anforderungen gerecht wird" (10). So ist es. Die Betriebswirtschaft scheint unseren Weg vorzuschreiben, deswegen gelten unsere Ausdrücke auch nur für die betriebliche Arbeitsproduktivität. – Es sei „grundsätzlich falsch, alle Familienangehörigen ohne eigenen Beruf einfach als volle Arbeitskräfte des Betriebes zu werten. In keinem anderen Beruf ist ein solches Verfahren üblich" (278). Falsch muß das wohl deswegen sein, weil diese Art der Berechnung eine zu niedrige Arbeitsproduktivität und vor allem ein zu bescheidenes Arbeitseinkommen und damit einen zu schlechten Lebensstandard der *einzelnen* bäuerlichen Familienkräfte ausweist, vgl. (278). PRIEBE will hier wieder das Maß der Aussage anpassen. Das soll man nicht tun, weil man damit aus der „Wirtschaft" ins „Werten" kommt, was grundsätzlich andere Forschungsmethoden erfordert als sie der Betriebs- und Arbeitslehre zur Verfügung stehen. Bäuerliche Familienangehörige ohne eigenen Beruf *arbeiten* und leben im Betriebe, sie tragen zur Produktionsleistung bei, mithin ist es auch sinnvoll, sie auf die im Betriebe *Lebenden* zu beziehen. Wie der Bauer nun sein Familieneinkommen verteilt, ist eine andere Frage. Sie läßt sich am Ende ebenso wenig genau beantworten, wie niemand sagen kann, wie groß die Arbeitsproduktivität des zweiten Sohnes Fritz im Betriebe unseres Familienbauern Schulze tatsächlich war. Weitere als betriebswirtschaftliche Folgerungen soll man aus unseren Kennzahlen nicht ziehen; damit kommen wir PRIEBE entgegen, und recht hat er auch, wenn er fordert, die im Haushalt Tätigen nicht zur landwirtschaftlichen Arbeitskraft zu rechnen.

Im übrigen darf man aber PRIEBEs Ziel (278) wohl in Frage stellen: Wollen wir überhaupt einen möglichst niedrigen Arbeitskräftebesatz? „Die Aufgabe ist vielmehr, je Kopf und je ha möglichst viel zu erzeugen. Ist der Wirkungsgrad der Arbeit dabei hoch genug, so ist es für uns um so vorteilhafter, je mehr Arbeit wir je Flächeneinheit einsetzen" (293). Dem Produktivitätsbegriff wohnt die Relativität unabdingbar inne.

PRIEBE will damit sicherlich auch erreichen, daß die Landwirtschaft nicht schlechter abschneide als andere Berufsgruppen. Das ist zwar betriebswirtschaftlich irrelevant, hat aber einen wesentlichen arbeitswirtschaftlichen Aspekt: Nicht nur die Haushaltsarbeit dient nicht dem Betriebe direkt; genau genommen darf man dann weder Schulkinder noch Greise als Arbeitskräfte zählen, weil sie keine landwirtschaftlichen Erwerbstätigen sind. Wir lassen sie deshalb auch weg. Auf diese Fragen des Maßstabs kommen wir noch zurück.

Durchaus unbefriedigend ist GEUTINGs Meinung: Er betrachtet die Arbeitskrafteinheit zwar als eine ökonomische Maßeinheit, die in „erster Linie eine Beurteilung der Arbeitsproduktivität gestatten soll", lehnt aber die *Leistungsbereitschaft* als Bestimmungsgrund für die Arbeitskrafteinheit rundweg ab,

weil sie „überhaupt nicht zutreffend eingeschätzt werden kann" (105). Damit geht er entschieden zu weit; die ganze moderne Arbeitswissenschaft bemüht sich seit Jahren mit Erfolg um eine gerechte Arbeitsbewertung, vgl. z. B. (389). Ob man die lebendige Arbeit als Produktivfaktor nach der Leistungsbereitschaft abstufen soll, ist zwar zunächst Auffassungssache, wir sagten es schon, aber wenn man abstuft, dann kann es sinnvoll nur danach geschehen. Denn erstens kennt man die Leistung nicht, kann sie auch niemals vollständig ermitteln, und zweitens verändert sich die Leistung vergleichsweise viel weniger als die Leistungsbereitschaft differiert, eben weil die menschliche Leistung der Intensität parallel läuft und damit ziemlich eng begrenzt ist. Ernster zu nehmen ist GEUTINGs zweiter Einwand gegen die arbeitstechnische Einstufung: Sie ergäbe „niemals eine objektive", sondern müsse „zwangsläufig stets eine mehr oder weniger willkürliche und damit – im Hinblick auf den Betriebsvergleich – unvergleichbare Größe sein" (105). Zugegeben, die Gefahr besteht noch; aber dieser Vorwurf bleibt an der Oberfläche hängen. Im Prinzip wird hier *geschätzt;* jede Schätzung ist aber nun einmal mit den gerügten subjektiven Fehlermöglichkeiten behaftet. Wenn GEUTING hier das Schätzen ablehnt, müßte er auch gegen die Ergebnisse der Einheitsbewertung Einspruch erheben. Das tut er nicht, im Gegenteil. Auch die Landwirtschaft wird noch zu einer brauchbaren, objektiv vergleichbaren Arbeitsbewertung kommen, genauso wie die Industrie! GEUTINGs Einwände gegen die Leistungsbereitschaft vermögen also nicht zu überzeugen.

GEUTING fordert dagegen die Leistung, „die zur Verfügung gestellte Arbeitszeit", als geeignetes Vereinheitlichungsmaß „ohne Rücksicht auf die Arbeitsfähigkeit der ... Arbeitskräfte ..., die ... stets in der erzielten Arbeitsproduktivität mit zum Ausdruck kommen" müsse (105). Die Leistung sind 2400 Stunden im Jahr (= 1 AK), wer mehr macht, zählt ebenfalls nur = 1 AK (105).

Hierin widerspricht er sich zunächst: „Da die Führung eines Arbeitstagebuchs durchaus zu den seltenen Ausnahmen zählt, stößt schon die Feststellung der von den einzelnen Arbeitskräften im Laufe eines Jahres dem Betriebe tatsächlich zur Verfügung gestellten Arbeitszeit auf kaum zu überwindende Schwierigkeiten" (105). Sehr richtig; deshalb können die Stunden niemals der einzige Maßstab sein, die AK zu bestimmen.

Er dreht also unsere These um: Die *Leistung* benutzt er als Maß der lebendigen Arbeit, und die *Leistungsbereitschaft* erscheint ihm dann als hohe oder niedrige Produktivitätskennzahl. Damit steht die Produktivität Kopf. Die Leistungsbereitschaft seiner Arbeitskräfte ist dem Betriebe nämlich genauso gegeben, wenn auch nicht ganz so unabänderlich, wie der Boden, das Klima, die Gebäude, das Vieh und die technische Ausrüstung. Er hat sie möglichst voll auszunutzen und mit den anderen Produktivfaktoren und Produktionsmitteln geschickt zu kombinieren; das kann er mit durchaus unterschiedlichem Wirkungsgrad fertig bringen. Aber den wollen wir in der Arbeitsproduktivitätskennzahl eben gerade erkennen, genauso wie wir wissen wollen, ob das VEG B auf seinem Rüben-Weizenboden im Mittel der Jahre auch wirklich 300 dz/ha Rüben geerntet hat und nicht umgekehrt, ob das VEG A mit Erfolg Klee anbauen kann, weil es in den letzten Jahren stets 300 dz/ha Rüben geerntet hat. Die Produktivität gibt stets an, mit welchem Ergebnis ein gegebenes Potential genutzt wurde – Merkmale 1 und 5, Kap. 2.11, – ein solches Potential ist die lebendige Arbeit. Ihre Leistung ist bereits ein eigenständiger Ausdruck für die Intensität der lebendigen Arbeit und insofern ein andersartiger, annähernd analoger Ausdruck des Arbeitseffekts wie die Arbeitsproduktivität. *Das Maß für A ist das richtigste, das den Charakter des Potentials der lebendigen Arbeit als Produktivfaktor am klarsten zum Ausdruck bringt.* Das kann niemals die bereits mehr oder weniger Inanspruchnahme implizierende Leistung sein.

Daß wir unser Maß für das A nicht ganz ohne Leistungskomponenten bilden können, ist zweifellos ein Nachteil, der aber zunächst noch dadurch bedingt ist, daß es kein besseres, leistungsfreies Maß gibt. Das ideale Maß wird es einmal sein.

GEUTINGs Argumentation dreht sich im Kreise: Die arbeitstechnische Abstufung lehnt er ab, aber nicht wie wir, weil sie betriebswirtschaftlich wenig Sinn hat und unzweckmäßig ist, sondern weil sie technisch unmöglich sei. Dafür setzt er die Leistung als Maß, eine Größe, die man meist nicht kennt und die außerdem selbst bereits Wirkungskomponenten betriebswirtschaftlicher Maßnahmen enthält, also gar kein reines Maß des zu nutzenden Potentials mehr sein kann. Aus seiner falsch motivierten Ablehnung der arbeitstechnischen Abstufung heraus verfällt GEUTING in seinen am schwersten wiegenden Fehler: Er vereinheitlicht über die gearbeiteten Stunden, wobei er 1 Std. komplizierter gleich 1 Std. einfacher Arbeit setzt. – Das alles ergibt ein wirklichkeitsfremdes, weder an die Arbeitstechnik noch an die Betriebswirtschaft richtig angelehntes Maß.

Ob man die Zahl der Arbeitskräfte irgendwie abgrenzen, sie irgendwie gleichnamig machen soll, rührt am Ende ein tiefer liegendes Problem auf, nämlich die Frage, warum das zu geschehen habe. Wer vereinheitlicht, macht nicht nur den Arbeitsbesatz verschiedener Betriebe vergleichbar – oder glaubt wenigstens, das zu tun – er nimmt auch eine oder mehrere Größen (Leistungsbereitschaft, Tätigkeitsmerkmale und Leistung) vorweg, die die Arbeitsproduktivität beeinflussen; jede Vereinheitlichung ergibt also eine manipulierte Kennzahl schon rein rechnerisch. Während wir die heterogenen Bestandteile der Bodenproduktion über einen futterwirtschaftlichen Maßstab vereinheitlichten oder sie, anders ausgedrückt, an der Bodenproduktivität wogen, also ein gewissermaßen neutrales Maß anlegten, verwendet man hier eins, das in der Materie selbst liegt und das deshalb bedenklich ist, eben weil es die Ergebnisse u. U. gerade so *wesentlich* bestimmt wie die Arbeitsmethode die Größe der Bodenproduktion im Produktivitätsrelator von vornherein festlegen würde. Auch die Volkswirtschaft kann diesem Abgrenzungsprinzip nicht ohne weiteres zustimmen. Es ißt, wohnt und beansprucht soziale Leistungen der Gesellschaft auch, wer nicht vollwertig arbeitet. Außerdem müßte die Volkswirtschaft *alle* ihre Arbeitenden, in allen Wirtschaftszweigen zusammen, nach irgendeinem Schlüssel vereinheitlichen, wenn sie diesem Prinzip konsequent folgte. Sie kann das nicht und tut das nicht, sie zählt die Menschen. Dem kann sich die Betriebswirtschaft nicht verschließen! Und wenn vereinheitlicht wird, weil man die Betriebswirtschaft als Ganzes voll erfassen will, muß es so geschehen, daß ein möglichst objektiv einwandfreies und betriebswirtschaftlich vernünftiges Bild der eingesetzten Arbeitskraft entsteht. So segelt die Messung gefährdet dahin, bedroht von der Scylla der Unvergleichbarkeit, wenn man nur die natürlichen Grundzahlen einsetzt, und bedrängt von der Charybdis manipulierter Aussagen, wenn man zu weit geht und zu viel oder betriebswirtschaftlich unsinnig vereinheitlicht. Welchem Felsen die Messung dabei näher kommt, bleibt am Ende eine Sache der jeweiligen Auffassung.

Bezeichnen wir noch einmal das Ziel des Maßes für den Produktivfaktor lebendige Arbeit und fassen wir kurz zusammen: Es soll ein möglichst wirklichkeitsnahes Bild geben von dem Potential der lebendigen Arbeit, das der Betrieb im Durchschnitt des Jahres eingesetzt hat. Jeder Betrieb disponiert mit Menschen. Deshalb entfernt sich von der Wirklichkeit, wer ihre Zahl nicht angibt. Da die beschäftigten Menschen aber unterschiedlich leistungsbereit, also nicht ohne weiteres zu addieren sind, versucht man sie gleichnamig zu machen. Die Arbeitstechnik gibt dazu gewisse Verhältniszahlen an, bei denen es am Ende so aussieht, als „ersetzten" zwei Kinder eine Frau oder 1,5 Altenteiler einen Mann usw. Das stimmt nicht, denn die Menschen sind nicht kommensurabel. Sie werden allerdings in der Betriebswirklichkeit, bei der Entlohnung, behandelt und verwaltet, als ob sie's wären. Deshalb kann man sie über ihre Lohnstufen betriebswirtschaftlich sinnvoll vereinheitlichen; *das A wird aber nur vollständig gemessen, wenn man die natürliche Zahl und die vereinheitlichte Menge (AK) der Arbeitskräfte angibt.*

Nachdem wir im Zuge unserer Deduktion eines Vereinheitlichungsgrundsatzes zum ökonomisch-technischen Maß des A inzwischen die *komplizierte* und *einfache* Arbeit ins „rechte" Maß gebracht haben, bleibt uns jetzt zu unterscheiden zwischen der *notwendigen und produktiven.* Da wir die effektive Arbeitsproduktivität messen, vorwiegend im Stile der Nachkalkulation, hat „notwendig" hier nicht den quantitativen Sinn von erforderlich oder planbar, sondern gilt nur qualitativ, wobei unterstellt ist, daß *alle* Arbeit, die im Betriebe im Laufe des Jahres verrichtet wurde, einen betriebswirtschaftlichen Sinn habe, also im Dienste der Produktion stehen sollte und nicht bloß als Beschäftigung gedacht war. Der landwirtschaftliche Betrieb ist weder eine Strafanstalt noch ein Kasernenhof, auch kein Erziehungsinstitut für arbeitsscheue Elemente! Trotzdem kann und muß man fragen, ob jede Arbeit im Betriebe wirklich nötig war. Aber das hat mit dem Maß der Arbeit insofern nichts zu tun, als wir die Arbeitsproduktivität auf den gegebenen Arbeitsbesatz beziehen und nicht auf einen von vornherein kalkulierten.

Was zur produktiven Arbeit gehört, oder deutlicher, welche Arbeitskräfte produktive Arbeiter sind, hatten wir oben schon definiert, vgl. S. 57 ff. Die Unterscheidung zwischen produktiven und notwendigen Arbeitskräften hat den praktischen Zweck, die Arbeitskräfte der Produktionswirtschaft als besondere Gruppe aus der Gesamtzahl der im Betriebe Beschäftigten herauszutrennen. Hier gilt es jetzt genauer abzugrenzen. Man ist sich wohl allgemein darüber einig, daß die Erzeugungsleistung zunächst einmal auf *alle* Arbeitskräfte zu beziehen ist, also auf die notwendigen Arbeiter und Angestellten, auf das Technische, das Verwaltungs-, Betreuungs- und Hilfspersonal, kurzum auf alle im Betriebe Beschäftigten. Darüber hinaus sollte es noch eine Kennzahl der Arbeitsproduktivität „pro Werktätigen" (159), geben, vgl. auch (387). Die Arbeitskräfte weiter aufzuteilen, hat keinen Sinn, weil diese Gliederung nur die Arbeitskraft zu charakterisieren vermag; ihren Komponenten kann niemand eine genau bestimmbare Produktionsleistung zuordnen, denn die Glieder der Arbeitskraft verteilen sich zu unterschiedlichen Anteilen auf die einzelnen Betriebszweige. Die Produktivitätsmessung muß sich also auf die zwei Kennzahlen beschränken: a) Bodenproduktion zu allen Beschäftigten und b) Bodenproduktion zu den produktiven Werktätigen.

Wer wird als produktive Arbeitskraft gerechnet? Im Lohnarbeiterbetrieb, im VEG, gehören dazu das Technische Personal und die Produktionsarbeiter einschließlich der landwirtschaftlichen Lehrlinge, aber mit Ausnahme der Handwerker, (Nomenklatur nach [347]), alle übrigen arbeiten unproduktiv. Wir haben hier die Lehrlinge im Gegensatz zu LEHMANN und PAENTZ, die sie zu den unproduktiven Arbeitern zählen (198), (264), zu den Produktionsarbeitern gerechnet. Sie arbeiten zwar im wesentlichen zu ihrer Ausbildung im Betriebe, aber sie verrichten dort ohne Zweifel das gleiche wie die Landarbeiter, wenn sie arbeiten und nicht gerade Unterricht haben. Da der Unterricht etwa 20%, also nur einen Bruchteil ihrer Jahresarbeitszeit in Anspruch nimmt, und ein weiterer Abschlag dafür an der Zahl der Lehrlinge ihre Abgrenzung nur kompliziert, rechnen wir sie hier also zu den produktiven Kräften, wie es auch ihrem Einsatz in den bäuerlichen Familienwirtschaften entspricht. Das Verwaltungs-, Hilfs- und Betreuungspersonal bildet die unproduktiven Beschäftigten, eine recht sinnvolle Abstufung, denn sie alle dienen dem ganzen Betrieb, nicht einem Zweige allein. Ihre Arbeit bringt die Bodenproduktion des Betriebs mit hervor, man kann sie insgesamt also den unproduktiven Arbeitskräften ebenfalls zuordnen.

Für die Produktivitätsmessung in der bäuerlichen Familienwirtschaft erhebt sich die schwer zu beantwortende Frage: Wie ist die Arbeit im Haushalt abzugrenzen, ist sie überhaupt notwendige Arbeit? Weil das schwierig ist, erfaßt man hier zweckmäßigerweise erst einmal *alle* Arbeitskräfte „einschließlich der im ‚Haushalt' tätigen Personen" (120). In der bäuerlichen Familienwirtschaft sind Lebens- und Arbeitsbereich identisch, deshalb ist jeder, der vom Hof lebt und zu ihm gehört, auch eine Arbeitskraft. Andererseits ist es in keinem anderen Berufe, auch im landwirtschaftlichen Lohnarbeiterbetrieb nicht üblich, die Kindererziehung, das Kochen, Waschen, Backen, Nähen und die Krankenpflege im eigenen Haushalt zur Betriebsarbeit zu rechnen, selbst wenn sie zur Erhaltung der eigenen Arbeitskraft dient. Diese Frage wird noch komplizierter, wenn man bedenkt, daß im bäuerlichen Familienhaushalt sehr oft ledige Arbeitskräfte mitversorgt werden, eine Arbeit, die keinem normalen „Privat"-haushalt einfällt. Wir werden den privaten vom betrieblichen Haushalt trennen müssen, um zu vergleichbaren und richtigen Vorstellungen über den der Produktionswirtschaft zur Verfügung stehenden Besatz zu kommen. Wir scheiden also die Arbeit der Bäuerin (oder ihrer weiblichen Angehörigen) aus, die sie als Mutter und Gattin verrichtet; das ist nicht mehr notwendige Arbeit im Sinne unserer Definition, sondern private oder konkrete Arbeit als Lebensbestätigung, vgl. Schema 2. Was sie tut, wenn sie ihre mitarbeitenden Familienangehörigen und die ledigen Fremdarbeitskräfte des Betriebes betreut, ist ebenso notwendige und unproduktive Arbeit wie bei der Köchin und ihrem Hilfspersonal auf dem VEG.

Das zu quantifizieren, dürfen wir weder PRIEBEs Gedanken folgen und „für den Haushalt je Betrieb eine volle Kraft abziehen" (277) noch dem anderen Vorschlag, wonach „für jede vom Haushalt versorgte Person 0,2 Arbeitskrafteinheiten ... in Abzug gebracht werden" (120). PRIEBEs Abzug mag für den Durchschnitt aus allen Familienbetrieben gelten, für den einzelnen ist er zu grob. Der andere Vorschlag paßt sich schon besser an, aber jene 0,2 AK bedeuten nur 540 Stunden im Jahr oder 1,5 Std./Tag je Vollversorgungsperson, wenn man mit 2700 Std./AK rechnet, oder 600 bzw. 1,7 Std. je Vollversorgungsperson bei 3000 Std./AK. Diese Zahl stammt aus der Vorkriegszeit. DERLITZKI hatte allerdings 1938 auch schon rund 2,3 Std. je Vollversorgungsperson festgestellt (79). Wegen des inzwischen angestiegenen Lebensstandards und aus mancherlei anderen Gründen werden heute 758 bzw. 2,4 Std. Haushaltsarbeit je Vollversorgungsperson in bäuerlichen Familienbetrieben im Mittel aufgewendet (112), eine recht gut gesicherte Richtzahl also, vgl. (79), — mit städtischen Verhältnissen verglichen ist sie ohnehin noch niedrig genug. Die Zahl der Vollversorgungspersonen, die im Betriebe mitarbeiten, multipliziert mit $\frac{758}{2700} = 0{,}3$ AK ergibt mithin die unproduktiven AK in der bäuerlichen Familienwirtschaft.

Das ist etwas grob und schematisch, auch methodisch bedenklich, denn hier werden wieder Stunden in AK umgerechnet, also ein Schlüssel angewandt, den wir ablehnen. Es ist ohne Zweifel richtiger, den Haushaltsbedarf in Stunden von den Gesamtstunden abzuziehen. Aber noch ist in der Praxis die Trennung nicht durchweg vollzogen zwischen Zahl der Arbeitskräfte und ihrem Stundenaufwand, so mag man unseren Vorschlag (0,3 AK) als ein bewußtes Zugeständnis auffassen. Das läßt sich aus praktischen Gründen wohl verantworten, denn es ist nicht mehr als eine rhetorische Abgrenzung, wenn VOGEL sagt, zu den unproduktiven Kräften gehörten „alle Haushaltkräfte und sonstiges Personal, das durch seine Arbeit nicht in die landwirtschaftliche Produktion eingreift" (372). Für den Lohnarbeiterbetrieb kann man diese Kräfte isolieren, aber in der bäuerlichen Familienwirtschaft, von der wir hier reden, geht es eben doch nur grob zu machen und deshalb genügt auch unser etwas kurzgefaßter Ausdruck.

Jenen Gedanken, die Bäuerin als Arbeitskraft des Betriebes nicht mitzuzählen, vertreten auch BLOHM (49) und HOFFMANN (138). Sie sei mit der Kindererziehung, der Hauswirtschaft, der Arbeit im Garten und in der Kleintierhaltung sowie in der Mithilfe bei der Betriebsleitung bereits voll beschäftigt und müsse daher „bei der Bemessung der Arbeitskapazität der Bauernfamilie unberücksichtigt" bleiben (49). Das gilt oder sollte gelten für den Arbeitsvoranschlag der Familienwirtschaft sowie für die statistischen Erwägungen und die anderen Zwecke, zu denen die BLOHMsche Arbeitskapazität gebraucht wird. Die Messung der Produktivität geht aber von der Wirklichkeit aus, und die zeigt leider noch, daß die Bauersfrau im Betriebe, in der Produktionswirtschaft, z. T. erheblich mitarbeitet, besonders heute, wo sie so oft invalide Bauern oder halbwüchsige Söhne zu vertreten hat und vielfach auch in der Betriebsleitung selbst hervorragend mitwirkt, ganz abgesehen von ihrem oft nicht unbedeutenden Anteil an der Produktionsleistung durch die von ihr betreuten Kleintiere. Uns scheint es deshalb richtiger zu sein, nicht die Bäuerin schematisch voll abzusetzen, sondern nur ihre im reinen privaten Konsumtions- und Familienbereich geleistete konkrete Arbeit. Das gleiche Prinzip vertritt praktisch auch NOWACK (251). Diese elastischere Rechnung paßt sich wechselnden Verhältnissen besser an, ist nach den inzwischen vorliegenden Untersuchungsergebnissen, z. B. (112), auch zureichend genau und nicht sehr umständlich, wenn man sie so einfach macht, wie wir vorschlugen.

Private Haushaltsarbeit sind die Kinder- und Krankenpflege sowie die allgemeinen eigenständigen Hausfrauenpflichten. REISSIG bewertet die kinderlose Hausfrau mit 0,8 AK (285), gibt ihr also für den eigenen Pflichtenkreis 0,2 AK; dem wird man auch nach HAGEs und NOSS' Ergebnissen zustimmen können. Diese beiden stufen weiter ab: Für Kleinstkinder = 4,4 Std./Tag = 1450 Std./ Jahr = 0,5 AK, für 2–4jährige Kinder = 1 Std./Tag = 0,13 AK, für 4–12jährige Kinder = 0,5 Std./Tag = 0,06 AK (112). Kinder im Alter von 10–14 Jahren dürften bereits so viel im Haushalt mithelfen, „wie sie an anderer Stelle Arbeit verursachen" (285). Sie können daher aus der Privat-Arbeit herausbleiben. Die Krankenpflege schlägt nicht sehr zu Buche, 8 Std./Jahr je Vollverpflegungsperson, vgl. (112), kann man in der obigen, noch recht groben Rechnung vernachlässigen. Damit ist die private Arbeit einigermaßen anpassungsfähig zu ermitteln und für die Bestimmung der notwendigen Arbeitskraft von den insgesamt vorhandenen bäuerlichen Arbeitskräften abzuziehen.

Wer so rechnet, wird bei großen Familien gezwungen sein, mehr als 1 Arbeitskraft für diese private Sphäre zu subtrahieren. Das soll man auch nicht fürchten; denn wer, wie früher vorgeschlagen, nie mehr als 1 AK dafür ansetzt (182), rechnet mit einer unwirklichen Überlastung der Bäuerin. HAGE und NOSS bringen Beispiele, die unsere Auffassung stützen (112).

Hier müssen wir noch eine Einschränkung machen: In Großbauernbetrieben kann man nicht mehr jeden als Arbeitskraft rechnen, der am Hofe wohnt, ißt und von ihm lebt; das gilt nur für Betriebe bis 33 ha, weil dort jeder mitarbeiten muß, vgl. (49). Man wird von Fall zu Fall bestimmen oder zählen müssen, wer tatsächlich zum Arbeitspotential gehört und wer nicht. Das trifft dann auch für die Haushaltsarbeit zu, sie wird dort ebenso wie im VEG bewertet. Wo sich das nicht genau oder nicht schnell genug feststellen läßt, mag man BLOHMs Vorschlag folgen, den er zur Bemessung der bäuerlichen Arbeitskapazität macht: In Betrieben zwischen 34 und 50 ha arbeiten die abwandernden Kinder nicht mehr mit, und in Betrieben zwischen 51 und 100 ha arbeiten nur noch der Bauer und der Hoferbe (49).

Mit der Betriebsgröße steigt der Lebensstandard der Bauernfamilie. Das wirkt sich auch auf die Arbeitskräfte im Haushalt aus: FREDEMANN (98) rechnet mit folgendem Haushalts-AK-Einsatz im Osnabrücker Südland mit seinem „hohen Lebensstandard":

Betriebe unter	5	ha ldw. Nutzfläche =	0,6–0,7 AK
	5–14,9	ha ldw. Nutzfläche =	1,3 AK
	15–29,9	ha ldw. Nutzfläche =	1,8 AK
	30 und mehr	ha ldw. Nutzfläche =	2,0 AK.

Wer diesen Unterschied zwischen produktiven und notwendigen Arbeitskräften machen will, wird den Einfluß der Betriebsgröße nicht übersehen dürfen, er muß die jeweiligen Arbeitskräfte daher im einzelnen genau erfassen.

In der bäuerlichen Familienwirtschaft gibt es also genau genommen eine dreifache Gliederung der Arbeit: 1. Die Gesamtarbeit – das ist die gesamte konkrete Arbeit, im Betrieb und in der privaten Sphäre der Familie, 2. die notwendige Arbeit (einschl. der produktiven), das ist die Gesamt-Arbeit, reduziert um die Privat-Arbeit in der Familie und 3. die produktive Arbeit, das ist die nützliche Arbeit in der Produktionswirtschaft. Nach den angegebenen Umrechnungssätzen sind die drei Arbeitsarten hinreichend genau zu quantifizieren, wenn auch methodisch nicht ganz einwandfrei.

In den landwirtschaftlichen Produktionsgenossenschaften lassen sich die Mitglieder ebenso in produktiv und unproduktiv tätige unterscheiden wie im VEG. Wer über Arbeitseinheiten rechnet, mag analog verfahren; er schaltet indessen die individuelle Produktionswirtschaft der Einzelbauern aus. Es kommt auf die jeweilige Fragestellung an, ob man das tun soll. Betriebswirtschaftlich ist die Produktivität der genossenschaftlichen Arbeit wohl allein wesentlich, vgl. dazu (66). Wer die Arbeitsproduktivität der LPG „Karl Marx“ *und* der Hauswirtschaft des Genossenschaftsbauern Schulze erfassen möchte, muß sich darüber klar sein, daß er Schulzes Arbeitsproduktivität aus *zwei* Betrieben in *einen* Ausdruck zusammenfassen will. Das geht deswegen nicht ohne weiteres, weil er für die Genossenschaft nur die *mittlere* Arbeitsproduktivität jedes Mitglieds herausbekommt, vgl. S. 189, während die Arbeitsproduktivität in seiner Individualwirtschaft vom Bauern Schulze tatsächlich im wesentlichen selbst bestimmt wird. Man kann das zur Not in Kauf nehmen, wenn man sich auf einen Umrechnungsschlüssel zwischen Arbeitskraft und Arbeitseinheit einigt und dem Bauern Schulze nun soviel von der genossenschaftlichen Gesamtleistung zurechnet, wie er insgesamt Arbeitseinheiten im Abrechnungsjahre geleistet hat. Dieser Weg dürfte besser sein als die andere Möglichkeit, die Arbeitskraft in der Individualwirtschaft in Arbeitseinheiten auszudrücken etwa nach dem in der jeweiligen Genossenschaft üblichen Stande.

Damit ergibt sich eine klare Antwort auf die Frage nach der Unterscheidung des Produktivfaktors lebendige Arbeit in notwendige und produktive: In den VEG und LPG läßt sich die Zahl der Arbeiter bzw. Genossenschaftsbauern in die zwei charakteristischen Gruppen der produktiven und notwendigen fassen und, wenigstens im VEG, nach dem betriebswirtschaftlichen oder arbeitstechnischen Maßstab vereinheitlichen. Ausdruck: Im Betriebe sind n notwendige Arbeitskräfte (Genossenschaftsbauern), darunter m produktive, das sind x bzw. y AK im VEG. In der bäuerlichen Familienwirtschaft sind n Arbeitskräfte insgesamt, davon sind m notwendige Arbeitskräfte, das sind x AK, und y AK produktive.

Was hier produktiv und „unproduktiv“ ist, haben wir ganz bewußt von der Zahl der Arbeitskräfte aus dargestellt, weil sich diese Unterscheidung nur unter diesem Aspekt einigermaßen sicher quantifizieren läßt. Damit ist freilich nicht gesagt, daß nun jede produktive AK auch stets produktiv arbeitet. RÜHNER, WANDER und VOGEL haben rund 50% unproduktive Arbeit während der Gesamtarbeitszeit in der Landwirtschaft festgestellt (299), (373). Der Anteil ist deswegen so hoch, weil diese Autoren nur die Hauptzeit als produktive Arbeitszeit rechnen — eine Vorstellung, deren Prinzip wir bestreiten, weil nicht jede Hauptzeit schon von Hause aus vollständig produktiv ist, man denke nur an das sogar als Beispiel herangezogene Küheputzen im Winter. Außerdem kann man als wirklich unproduktive Zeiten nur die tatsächlich verbummelten Stunden oder die gesuchten Beschäftigungen betrachten, dagegen nicht die unabänderlichen Neben-, Rüst-, Verlust- und Wegezeiten. Weil die beiden Betrachtungsweisen nichts miteinander zu tun haben, ist es grundsätzlich falsch, die Teilzeiten des Zeitgliederungsschemas mit dem Produktivitätsbegriff zu verknüpfen. Diese Einwände ändern allerdings nichts daran, daß jene Vorstellung berechtigt ist, im Betriebe gäbe es neben den unproduktiven Arbeitskräften auch einen erheblichen Teil unproduktiver Arbeitszeiten. Sie gehören nur nicht a priori in das Maß der Arbeit im Produktivitätsquotienten; sie spiegeln sich vielmehr in den Produktivitätskennzahlen selbst wider. Die Produktivität gibt an, wie ein gegebenes Potential genutzt wurde! Die unproduktiven Stunden sind bereits ein der Leistung analoges Ergebnis eingesetzter Arbeit, nicht mehr ihre Eigenschaft davor, vgl. S. 45; aber eben darum geht es hier. Deshalb bleiben wir also bei unserem von der Zahl der Arbeitskräfte ausgehenden Maß der lebendigen Arbeit, unterschieden in notwendige und produktive. — Auch in Industriebetrieben ist der Anteil unproduktiver Arbeiter gelegentlich erstaunlich hoch, vgl. (312), und gerade auf die Arbeitsstatistik des Industriebetriebs und des Bauwesens soll das Maß des A abgestimmt sein, vgl. (66); deswegen beide Maßstäbe, Zahl und Stunde, Kap. 3511.

Wie ist nun weiter zwischen den *ständigen* und den *nichtständigen* Arbeitskräften abzugrenzen? Damit versuchen wir gleichzeitig die analoge Frage zu beantworten, ob und um wieviel die Arbeitsstunde des Landarbeiters Müller in der Gemüsepflege oder in der Hackfruchternte wertvoller ist als dieselbe Stunde zu irgendeiner Zeit während der Wintermonate. Man begeht keinen Fehler, wenn man es ebenso macht wie in der Futterwirtschaft und sagt: Im Betriebe sind n ständige Arbeitskräfte (= x AK) und o nichtständige Arbeitskräfte (= y AK), das sind n + o Arbeitskräfte insgesamt, vgl. n ha Hauptfutterfläche + o ha Zusatzfutterfläche = n + o ha Gesamtfutterfläche.

Alle Vergleiche hinken, auch dieser. Denn die Futterflächenrechnung hat einen anderen betriebswirtschaftlichen Charakter: Die Zusatzfutterfläche ersetzt zugekaufte Futterstoffe, sie stellt sie gewissermaßen aus eigenen Mitteln im Betriebe selbst her, sie löst also Kapital durch Arbeit ab — die nichtständigen Arbeitskräfte können aber nur von außen her in den Betrieb hereinkommen, er kann sie nicht aus eigenem wahlweise herstellen. Deshalb kann man sehr wohl die Zusatzfutterfläche „als Aufwand für den Bodennutzungszweig Hauptfutterfläche" (105) betrachten, und auch darauf beziehen, genau so wie den Kraftfuttereinsatz und andererseits auch die Leistung. Aber gehört es noch zur „Kunst des Landwirts", die Erzeugungsleistung mit möglichst geringem Arbeitsbesatz, aber mit entsprechend viel Saisonarbeitskräften hervorzubringen? Das mag wohl wirtschaftlich sein, aber der einzelne Betrieb kann meist nur wenig dazu tun, wenn er nicht gerade im Industriegebiet liegt. Deshalb befriedigt dieser kombinierte Ausdruck, den auch die AM/L-Meldung (347) benutzt, nicht recht, man muß schon nach einem irgendwie vereinheitlichten streben.
Diese Futterflächenkennzahl hat im übrigen eine ganz charakteristische Entwicklung durchgemacht, deren Ergebnis wir hier bereits analog übernommen haben. BLOHM und HOFFMANN (49), (138) rechnen noch mit der halben Zuckerrübenfläche als Zusatzfutterfläche, während sich inzwischen die volle durchgesetzt hat, vgl. (105), (120), also nichts mehr reduziert wird. Man will eben auch hier nicht die Leistung, sondern das Potential ausdrücken. Die bedeutenden Unterschiede in den Ernten und Erträgen der Zusatzfutterflächen kann man mit einem generellen Umrechnungsschlüssel genau so wenig erfassen wie die unterschiedliche Inanspruchnahme von Saisonarbeitskräften. Daß Zusatzfutterfläche und Saisonarbeitskräfte jedoch vergleichsweise weniger leisten als die Hauptfutterflächen und die ständigen Arbeitskräfte im Jahr, weiß man ebenso, wie man die unterschiedliche Leistung(sfähigkeit) der Pferde und Schlepper heute nach analogem Schluß nicht mehr in einem Maßstab, die ZK, faßt, sondern nebeneinander ausdrückt.

Die Landwirtschaft ist ein Saisongewerbe, das im Sommer stets höheren Arbeitsbedarf hat als im Winter. Deshalb ist eine „sommersüber voll zur Verfügung stehende" Arbeitskraft (182), die wenigstens „150 Arbeitstage" leistet (207), einer vollen AK gleichzustellen, weil diese ständigen Arbeitskräfte „in arbeitsstilleren Zeiten nicht immer voll ausgenutzt sind" (182), (207). Wer so verfährt, gewährleistet „die Vergleichbarkeit mit solchen Betrieben, die zur Brechung der Arbeitsspitzen auf einen ständigen Arbeitskräftebesatz angewiesen sind" (182). Diese Vorstellung läuft also am Ende darauf hinaus, als eine AK jede Arbeitskraft zu rechnen, die Arbeitsspitzen brechen hilft, gleich wo sie liegen und wie lange sie dauern. Das ist recht bestechend, und wir folgen ähnlichen Erwägungen, wenn es darum geht, das Leistungsvermögen der Arbeitskraft im Betriebe besser auszunutzen, vgl. (12). Aber hier ist diese Deduktion doch sehr bedenklich, denn man will vergleichen, was es in Wirklichkeit gar nicht gibt. Ein Betrieb, der keine nichtständigen Arbeitskräfte bekommt, wird von vornherein auf ausgeprägte Arbeitsspitzen im Sommer verzichten und unter normalen Preisverhältnissen und Erzeugungsbedingungen nicht 5 AK/100 ha mehr durchhalten, nur um mit ihnen 1 ha Pflückerbsen anbauen zu können. So ein Betrieb muß sich unter dem Zwang des Arbeitsausgleichs organisieren und tut das auch, vgl. (12). Arbeitswirtschaftlich mag jene Gleichung 1 Saisonarbeitskraft = 1 AK wohl berechtigt sein, als betriebswirtschaftliches Maß des Produktivfaktors lebendige Arbeit kann man sie nicht ohne weiteres gelten lassen.

Ohne nähere Begründung und Beziehung auf das eben gesagte steht jener Auffassung eine andere diametral entgegen: „Bei den zusätzlichen Arbeitskräften werden 300 Arbeitstage bzw. 2700 Stunden als 1 Arbeitskraft bewertet... und die Zahl der zusätzlichen Arbeitskräfte entsprechend der geleisteten Arbeitstage" (138), vgl. auch (66), (120).[1]) Diese voraussetzungslose und rechenhafte Vorstellung ist als Maß für die lebendige Arbeit viel besser geeignet, aber zweierlei ist zu bedenken: 1. KLARE, PRIEBE und das RKTL meinen, die zusätzlichen Arbeitskräfte leisteten mehr als die ständigen, deshalb seien „bereits 200 Tagewerke" (277) oder 1500 Stunden (172) einer vollen AK gleichzusetzen. Dabei ist nicht ganz klar, was die Autoren unter Leistung verstehen. Wahrscheinlich haben sie weniger den arbeitstechnischen Inhalt im Auge als vielmehr den größeren Arbeitserfolg, der dadurch zustande kommt, daß die zusätzlichen Arbeitskräfte in den Hillezeiten ‚arbeiten' und nicht so oft nur ‚beschäftigt' werden, also im Grunde die gleiche Vorstellung wie oben, vgl. auch (182), (207), oben, nur etwas gemildert und insofern hier wohl berechtigt. 2. Die nichtständigen Arbeitskräfte machen dem Betrieb vorwiegend tatsächlich nur bewegliche Kosten; hier wäre es also durchaus angebracht, die AK über Stunden oder Tage zu berechnen, aber das müßte eben mit der übrigen AK-Bewertung in Einklang stehen.

Wir sehen dahin nur einen Weg. Er mag etwas gewaltsam sein, aber er ist immerhin ohne große Schwierigkeiten gangbar und fügt sich gut in den oben

[1]) Rein rechnerisch verfährt man damit wie ILJEWSKI (155).

vorgeschlagenen Rechengang ein: die nichtständigen Arbeitskräfte werden in der Regel in der Buchführung ordentlich erfaßt, wo keine ist, wird der meist bare Entgelt doch stets irgendwo aufgeschrieben, so daß man in allen Betrieben rasch herausbekommt, in welchen Zeitspannen nichtständige Arbeitskräfte beschäftigt waren (d. h. also x Tage) und wieviel Lohn sie dafür erhalten haben. Da dieser Lohn wiederum in der Regel etwas über dem Jahresdurchschnittslohn der vergleichbaren ständigen Arbeitskräfte liegt, kommt darin auch die zweifellos gegebene Mehrleistung zum Ausdruck. So ergeben sich zwei Formeln, von denen wir die erste, rein naturale für weniger gut halten, weil eben Stunde nicht gleich Stunde und Arbeitstag nicht gleich Arbeitstag ist; vgl. auch Kap. 3.41, S. 197.

a) $\frac{\text{Einsatztage je AK}}{\text{Jahresarbeitstage einer AK}} = \text{n AK},$

b) $\frac{\text{Saisonarbeitslohn je AK}}{\text{Jahreslohn einer AK } (= 1920 \text{ DM})} = \text{n AK, vgl. S. 197.}$

Wir sind damit mehr dem zweiten oben angegebenen Wege (Umrechnung der Saisonkräfte in AK über ihr Arbeitsentgelt im Lohn) gefolgt, weil er das Potential an lebendiger Arbeit im ganzen Jahre klarer, d. h. ohne die Aussage beeinflussende Unterstellung widerspiegelt. Was dabei herauskommt, entspricht rein rechnerisch dem an den Zeitspannen ihres Einsatzes gewogenen Mittel der jeweils verschieden starken Arbeitskraft im Betriebe, berichtigt durch die über den Lohn vollzogene Beziehung auf das Jahresentgelt einer Arbeitskraft. Für den Lohnarbeiterbetrieb bieten die Beschaffung der notwendigen Unterlagen und die Berechnung keine besonderen Schwierigkeiten. In der Familienwirtschaft wird man die Bezugsgröße, jene 1920,– DM, nicht ohne weiteres parat haben. Man könnte das Arbeitseinkommen des jüngsten Bauernsohnes oder des Kleinknechts zugrunde legen – aber das sind am Ende ziemlich fiktive Größen. Da man auf die Dauer auch den Werktätigen in der bäuerlichen Familienwirtschaft mindestens denselben Lebensstandard wünschen mag wie den Landarbeitern, sollte man den in den Lohnarbeiterbetrieben üblichen oder vereinbarten Satz, die unterste Lohnstufe schlugen wir vor, auch dort ansetzen, um so mehr, als die Saisonkräfte überall nach den Landarbeitertarifen entlohnt werden dürften.

Die Frage, ob und um wieviel die Stunde des Landarbeiters Müller zur Hackfruchternte wertvoller ist als im Januar, ist damit auch beantwortet: Sie ist wertvoller, aber diese Differenz messen wir nicht an einem fiktiven Ertrage, sondern an den Lohnkosten, selbst auf die Gefahr hin, daß sie dann ganz untergeht. Denn es gibt immer nur zwei Möglichkeiten, festzustellen, ob dasselbe Arbeitspotential heute wertvoller ist als übermorgen, entweder mißt man das an der Erzeugung, die es heute bringt – d. h. bringen kann in der Landwirtschaft – oder an den unterschiedlichen Kosten. Da wir die letzteren ziemlich sicher zuordnen können, die mögliche Erzeugungsleistung dagegen kaum zu kalkulieren, geschweige denn einigermaßen einwandfrei zu bewerten ist, bleibt

praktisch kein anderer Weg als der gezeigte übrig. Wir stufen die AK dabei nicht mehr über die alles nivellierende Zeit ab, sondern verfeinern das Maß über den unterschiedlichen, betriebswirtschaftlich aber sehr entscheidenden Lohn.
Der nach unserem Vorschlag berechnete Arbeitsbesatz wird ceteris paribus stets niedriger sein als er herauskommt, wenn man jede Spitzenkraft = 1 AK setzt. Damit gleichen sich die Arbeitsbesatzkennzahlen von Betrieben, die mit Saisonkräften verschieden stark besetzt sind, gut aus – und darauf kommt es auch an; denn bei ordentlicher Arbeitswirtschaft müssen Leistungsvermögen der Arbeitsmacht und Arbeitsanspruch der Betriebsorganisation im Einklang stehen; zu welcher Produktivität das führt, wollen wir wissen. Wer sich für den Leistungsgrad oder den Arbeitseffekt, die „labor efficiency" interessiert, verwende das Maß von S. 191. Damit das positive jener Arbeitseffekts-Konzeption nicht untergehe, unsere Kennzahlen im übrigen gut zu interpretieren bleiben und um schnell, ohne Zwischenrechnungen zu Produktivitätsdaten zu kommen, empfehlen sich wieder zwei Ausdrücke für die lebendige Arbeit: Im Betriebe sind vorhanden a) n ständige und o nichtständige Arbeitskräfte und b) x AK Ständige und y AK Nichtständige, also (x + y) AK insgesamt.
Eine analoge Abgrenzung zwischen ständigen und nichtständigen Arbeitskräften erzwingt der Einsatz der MTS in der LPG, vgl. (66). Die in der LPG eingesetzten MTS-Brigaden-Gruppen sind ebenso produktive Arbeitskräftegemeinschaften wie die Genossenschaftsbauernbrigaden, nur gehören sie verschiedenen Betrieben an. Da wir die Arbeitsproduktivität im einzelnen landwirtschaftlichen Betriebe messen, müssen wir die betriebsfremde Arbeit gesondert erfassen. Das gilt für die MTS-Arbeit genau so wie für die eben abgehandelten nichtständigen Arbeitskräfte, vgl. (66). Was die MTS in der LPG nicht macht, müßten die Genossenschaftsbauern selbst verrichten. Es erscheint deshalb sinnvoll, die MTS-Arbeit mit den „Werten" in die Arbeitskräfterechnung einzusetzen, die den jeweiligen genossenschaftlichen Arbeitsnormen und Arbeitseinheiten entsprechen. Im Arbeitseinsatzplan wird die MTS-Arbeit von der insgesamt zu leistenden Arbeit abgezogen, um die Tagesnormen und die Arbeitseinheiten herauszubekommen, die für die Genossenschaftsbauern allein geplant werden müssen, vgl. (46), (306). Dementsprechend weist auch die Abrechnung der Arbeitseinheiten am Jahresende aus, wieviel Arbeitseinheiten die Genossenschaft aus eigener Kraft und wieviel Arbeitseinheiten die MTS geleistet hat. So ergeben sich zwei Kennzahlen für das A im Produktivitätsrelator für die LPG: a) In der LPG sind insgesamt n Arbeitseinheiten geleistet worden, darunter waren b) x Arbeitseinheiten der MTS (oder anderer nichtbetrieblicher und nichtständiger Arbeitskräfte). Die Erzeugungsleistung ist zu beziehen erstens auf n und zweitens auf n minus x. Wer die durchschnittliche Arbeitsproduktivität der MTS-Brigade-Gruppe in der LPG und der Genossenschaftsbauern selbst getrennt nachweisen will, muß die Gesamtproduktionsleistung g der Genossenschaft anteilig den beiden Arbeitsgruppen zurechnen, also für die Genossenschaftsbauern:

$\varnothing\, Apr_{Gen} = \frac{(n - x) \cdot g}{n}$ und für die MTS $\varnothing\, Apr_{MTS} = \frac{x \cdot g}{n}$.

Bis auf die eben vorgeführte letzte Abgrenzung *haben wir, von den gezählten Arbeitskräften ausgehend, damit Maßausdrücke gefunden, die betriebswirtschaftlich sinnvoll zu unterscheiden erlauben zwischen einfacher und komplizierter, notwendiger und produktiver, ständiger und nichtständiger l e b e n d i g e r Arbeit.*

Hier noch eine kurze Zusammenstellung dieser Maße:

1. Im Betriebe sind n volleistungsfähige Arbeitskräfte (Genossenschaftsbauern) und m minderleistungsfähige, oder insgesamt x Arbeitskräfte;

2. Im Betriebe arbeiten n Arbeitskräfte, die über eine der üblichen arbeitstechnischen Bewertungen – mit Ausnahme der Männereinheiten und der Stundenrechnung – in AK vereinheitlicht und als x AK insgesamt ausgedrückt werden;

3. Im Betriebe arbeiten n Arbeitskräfte, die über ihre Bruttolohnsummen in AK vereinheitlicht sind, wobei 1 AK gleichgesetzt ist der Jahresbruttozeitlohnsumme einer Arbeitskraft der Lohngruppe I; in der bäuerlichen Familienwirtschaft rechnen alle Arbeitskräfte, die vom Betriebe leben und auf ihm wohnen, als 1 AK, der Bauer = 2 AK;

4. Im Betriebe sind n notwendige Arbeitskräfte (Genossenschaftsbauern), darunter m produktive, das sind x bzw. y AK im VEG; in der bäuerlichen Familienwirtschaft sind n Arbeitskräfte insgesamt (= z AK), darunter sind m notwendige (= x AK), n produktive (= y AK);

5. Im Betriebe arbeiten n ständige Arbeitskräfte (Genossenschaftsbauern) = x AK und o nichtständige = y AK; das sind n + o Arbeitskräfte (Genossenschaftsbauern) insgesamt = z AK im VEG.

5a. Eine nichtständige Arbeitskraft = m AK =
$$\frac{\text{Saisonarbeitslohn einer Arbeitskraft}}{\text{Jahreslohn einer AK (1920 DM)}}$$

6. In der LPG sind insgesamt n Arbeitseinheiten geleistet worden, darunter waren m Arbeitseinheiten, die durch die MTS oder nichtständige Arbeitskräfte gegeben wurden. (Mit diesem Ausdruck ist aber einigermaßen einwandfrei nur ein einbetrieblicher Vergleich möglich!)

3.42 Maße der vergegenständlichten Arbeit

Zur vergegenständlichten Arbeit im A unserer Produktivitätsrelatoren gehören alle Arbeits- und Kraftmaschinen im Betriebe, dazu die Zugtiere und die Geräte sowie die übrigen Arbeitshilfsmittel, Vorrichtungen und dgl. Die Gebäude rechnen nicht dazu, denn sie stehen nicht aus arbeitstechnischen Gründen da. Viele Gebäude, also hohes in Gebäuden festgelegtes Vermögen, müssen unter sonst gleichen Umständen keineswegs arbeitswirtschaftlicher sein als wenige Gebäude. Für die Arbeitswirtschaft entscheiden nicht Zahl und Größe der Gebäude, und damit ihr Vermögenswert, sondern ihre arbeitstechnische Einrichtung und ihre Lage zueinander. Diese Komponente läßt sich vielleicht quantifizieren, aber wir verzichten darauf; denn ebenso wie die arbeitstechnischen Bedingungen der Gebäude den Arbeitsaufwand in der Innenwirtschaft beeinflussen, tun es auch Lage, Form, Größe der Schläge, die Wegeverhältnisse und die Meliorationen im Bereich der Feldwirtschaft. Das begreift niemand in das A ein, weil es sich einfach nicht allgemeingültig ausdrücken läßt. Beides wirkt sich aus, aber sinnvoll nicht vorneweg in damit vergewaltigten Relaten, sondern nachher in den hohen oder niedrigen Quotienten.

„Der wirkliche Wert landwirtschaftlicher Gebäude... geht keineswegs proportional der Aufwendigkeit der Bauweise." Außerdem haben die Gebäude auch keinen Verkehrswert. Sie „bilden also in gewissem Sinne einen Fremdkörper in der Bewertung der Bestandteile landwirtschaftlicher Betriebe" (300). „Für den Betriebsvergleich" ist es daher „zweckmäßig, sich auf die Arbeitshilfsmittel im engeren Sinne zu beschränken, die Aufwendungen für Gebäude und bauliche Anlagen also" in die kalkulativen Kosten der Arbeit „nicht einzubeziehen" (105).
Im übrigen sind die Gebäudekosten relativ konstant; denn „im Hinblick auf die verschiedene Lebensdauer der Gebäude ist die jährliche Belastung mit Gebäudekosten gleich, sowohl bei aufwendiger als auch bei billiger Bauweise" (48). Da wir die vergegenständlichte Arbeit in Geldeinheiten messen müssen, wird der „Fehler" also stets ziemlich gleich groß sein, der in den einzelnen Betriebsgrößenklassen entsteht, wenn wir die Gebäudekosten weglassen.

Damit sind drei große Gruppen der Arbeitshilfsmittel, der vergegenständlichten Arbeit, abgegrenzt a) die Zugtiere, b) die Kraftmaschinen, c) die Arbeitsmaschinen, Geräte und Vorrichtungen. Wie mißt man sie einzeln und wie bringt man sie zusammen und mit der lebendigen Arbeit auf einen betriebswirtschaftlich sinnvollen Nenner? Dazu nützt nicht viel zu wissen, daß die Arbeitshilfsmittel Produkte lebendiger Arbeit sind und deren energetischen Anteil, ihre in mkg ausdrückbare Komponente, fortschreitend ablösen; auch mit der Vorstellung, Arbeits- und Kraftmaschinen bildeten eine wirtschaftliche Einheit, ist nichts gewonnen. Selbst die betriebswirtschaftlichen Wechselbeziehungen zwischen der lebendigen und vergegenständlichten Arbeit führen nicht weiter:

Schlepper zu Pferd → mehr substitutiv als komplementär;
Handarbeit zu Maschinenarbeit → mehr komplementär als substitutiv;
Hand zu Kraftmaschine → mehr komplementär als substitutiv;
Hand zu Arbeitsmaschine → mehr substitutiv als komplementär.

Das alles läßt sich eben nicht ohne weiteres quantifizieren oder gar in naturale Maße fassen und vereinheitlichen. Wir können die vergegenständlichte Arbeit daher nicht so weitgehend und fein abgrenzen und einstufen wie die lebendige oben. Wir müssen uns auf die grobe Einteilung in die angegebenen drei Gruppen beschränken und können ihre Zusammenfassung und Kombination mit der lebendigen Arbeit im A des Produktivitätsrelators erst behandeln, nachdem wir die Maßstäbe der Arbeit bestimmt haben.

3.5 Die Maßstäbe der Arbeit

Der Maßstab erlaubt, vereinheitlichte, gleiche Teile einigermaßen homologer Massen anschaulich zu messen oder zu zählen. Je gleichartiger diese Massen sind, desto eher kommt man zu naturalen Maßstäben. Eine solche ziemlich homologe Masse ist die lebendige Arbeit, sie läßt sich also ganz gut in naturale Maßstäbe fassen. Bei der recht diversen vergegenständlichten Arbeit geht das kaum noch, und die lebendige und die tote Arbeit sind bereits so ungleich, daß sich ein vernünftiger absoluter naturaler Maßstab für alle beide zusammen schwerlich finden lassen dürfte. Wir haben somit naturale und Wert-Maßstäbe zu bestimmen.

3.51 Maßstäbe der lebendigen Arbeit

3.511 Naturale Maßstäbe

Im Kapitel 3.41 hatten wir bereits eingehend nachgewiesen, *daß es nur zwei geeignete Maßstäbe für die lebendige Arbeit gibt: a) Die Zahl der eingesetzten Arbeitskräfte, b) die gearbeiteten Stunden.* Dem Produktivitätsbegriff als Ausdruck der Ergiebigkeit eines Potentials entspricht an sich nur die Zahl der Arbeitskräfte, weil ihre an den einzelnen Menschen gebundene Leistungsbereitschaft im Betriebe genutzt wird. Die gearbeiteten Stunden sind bereits ein Produkt dieser Inanspruchnahme und damit kein reines (nutzbares) Potential mehr. Trotzdem hat der Stundenmaßstab Sinn im Produktivitätsrelator, denn der Betrieb kann einen erheblichen Anteil der gearbeiteten Stunden wahlweise produktiv oder unproduktiv verwenden. Um seine Produktivität zu steigern, muß der Betrieb notwendig beide Wege gehen: Die Arbeitskräfte möglichst voll auslasten und einen recht hohen Anteil der gearbeiteten Stunden nutzbringend und werteschaffend einsetzen.

Nun besteht zwar das „Wesen des Gesetzes" vom „stetigen schnellen Wachstum der Produktivität der gesellschaftlichen Arbeit" in der „systematischen Einsparung von Zeit", das ist gleichbedeutend mit abnehmendem Arbeitsaufwand (5). Der Zeitmaßstab allein genügt aber der Betriebswirtschaft nicht, denn es ist ihr keineswegs gleichgültig, ob die bewußten 2700 Arbeitsstunden im Jahr von einer oder von eineinhalb Arbeitskräften geleistet werden. — Das scheint uns nicht im Widerspruch zu stehen zu der auf MARX zurückgehenden und von den Politökonomen immer wieder zitierten und abgewandelten Fassung der lebendigen Arbeit in Arbeitszeit(einheiten): „Unter *Erhöhung der Produktivkraft der Arbeit* verstehen wir hier überhaupt eine *Veränderung im Arbeitsprozeß*, wodurch die zur Poduktion einer Ware gesellschaftlich erheischte Arbeitszeit verkürzt wird, ein kleineres Quantum Arbeit also die *Kraft* erwirkt, ein größeres Quantum Gebrauchswert zu produzieren" (220), vgl. auch (5), (342), (374). Dieser Hinweis zeigt nur, wie wichtig es ist, die lebendige Arbeit auch in Stunden zu messen. Daß wir außerdem die Zahl der Arbeitskräfte, also ein „Quantum" ganz anderer Art erfassen, halten wir für betriebswirtschaftlich zweckmäßig, ohne damit eine politökonomische Frage lösen zu wollen. Wie notwendig die Praxis *beide* Maßstäbe braucht — eben weil sie für *verschiedene* Zwecke unerläßlich sind, weil die Menge, die Zahl, der Arbeitskräfte nicht der Zeit, der gearbeiteten Stunden, äquivalent ist — zeigt ein instruktives Beispiel von LAZAR (197) sehr schön und auch BRJANSKI und DUMNOV fordern nach beiden Maßstäben gemessene Kennzahlen: Sie „sind durch die Anzahl der im Jahresmittel direkt in der Landwirtschaft Beschäftigten *und* durch die Zahl der in der Landwirtschaft gearbeiteten Personentage gegeben" (66) (Hervorhebung von mir, A. B.).

Die Zahl der Arbeitskräfte stellt das voll nutzbare Potential, und die Anzahl der gearbeiteten Stunden das mindestens schon zur Hälfte in Produktivität umgesetzte Leistungsvermögen der lebendigen Arbeit(skraft) dar. Die über die Stunden errechneten Produktivitätskennzahlen haben daher einen vergleichsweise geringeren Spielraum als die über die Zahl der Arbeitskräfte gebildeten. Der Stundenmaßstab gibt also ceteris paribus kleinere Ausschläge.

„Die stündliche Arbeitsproduktivität bestimmt am allergenauesten das Niveau der Arbeitsproduktivität" (92); wir setzen hinzu: Wenn die Stunden richtig ermittelt und der entsprechenden Produktionsleistung einwandfrei zugerechnet wurden. Wir werden uns zu diesen Punkten noch äußern.

Da die Betriebsstatistik aus bekannten Gründen auf eine Vielzahl von Kennzahlen angewiesen ist, wird sie mit beiden Maßstäben errechnete Quotienten begrüßen, um so mehr als die meisten Kalkulationen um Lohn und Arbeitsentgelt stets von der Zahl der gearbeiteten Stunden ausgehen.

„Je mehr wir uns dem Betriebe und dem Arbeitsplatz nähern, desto mehr steigert sich die Anzahl der geprüften Kennziffern" (92)! Die Arbeitskräftepläne der Industriebetriebe werden jetzt auch auf Stundenbasis und statistisch, über die Arbeitskräftestatistik, die man weiter verfeinern will (!) abgerechnet, vgl. (381).

Eine besondere Rolle spielen die *Arbeitseinheiten der LPG* in diesem Zusammenhang. Wir werden sie daher als *dritten Maßstab der lebendigen Arbeit* gesondert behandeln.

3.5111 Die Zahl der eingesetzten Arbeitskräfte

Wer die Arbeitskräfte eines Betriebes zählt, muß wissen a) wen er als Arbeitskraft zu rechnen hat und b) ob er sie für einen Zeitpunkt oder einen Zeitraum feststellt. Im Lohnarbeiterbetrieb macht beides keine Schwierigkeiten.

Wer Lohn empfängt, ist eine Arbeitskraft, solange seine Beschäftigung dauert oder solange der Betrieb Sozialbeiträge für ihn zahlt. Aus der Lohnrechnung und den AQ/L- bzw. AM/L-Meldungen läßt sich außerdem erkennen, wieviel Arbeitskräfte in den einzelnen Monaten des Jahres beschäftigt waren, daraus kann man das Jahresmittel der Arbeitskräfte bilden, vgl. auch (66). Um auch die Zahl der Arbeitskräfte in den einzelnen Betriebszweigen der dort gewonnenen Produktionsleistung gegenüberstellen zu können, muß die Zahl der in den Betriebszweigen Arbeitenden errechnet werden durch Relation mit den dort aufgewendeten Stunden im Vergleich zum Gesamtstundenaufwand des Betriebes, vgl. auch dazu (66). Beispiel: Ein VEG beschäftigte 200 produktive Arbeitskräfte, im Betriebszweig Futterbau-Nutzviehhaltung wende es 40% aller Arbeitsstunden und für den Ölfruchtbau 10% davon auf. Dann sind im erstgenannten Betriebszweig $\frac{200 \cdot 40}{100} = 80$ Arbeitskräfte und im Unterzweig Ölfruchtbau $\frac{200 \cdot 10}{100} = 20$ Arbeitskräfte eingesetzt usw.

Solche aus den Monatsbestandszahlen über die Arbeitskräfte errechneten Jahresmittel genügen allerdings nicht für Betriebe mit zeitweise hohem Saisonarbeitskräftebesatz. Er schwankt oft erheblich von Woche zu Woche; dort muß man also ein Mittel aus den

52 Wochen der Lohnrechnung bilden, wenn man einigermaßen vergleichbar zählen will. Welche Unterschiede und Schlüsse sich daraus ergeben können, haben wir an anderer Stelle vorgeführt (12), (13).

„Bedeutend schwieriger ist das Bestimmen des Arbeitsaufwands in den Kolchosen" (66). In der Sowjetunion weisen die Rechenschaftsberichte monatlich aus, wieviel Kolchosmitglieder, getrennt nach Alter und Geschlecht, in der gesellschaftlichen Produktionswirtschaft gearbeitet haben (66). Diese Berichte sind indessen oft ungenau (344), weil die Kolchosmitglieder nicht an den Zahlen über den Arbeitsbesatz, sondern vielmehr an der richtigen Erfassung der angerechneten Arbeitseinheiten „interessiert sind" (344). In der LPG gibt es solche Berichte über den monatlichen Arbeitsbesatz noch nicht. Im „Jahresabschlußbericht" wird die Zahl der „arbeitsfähigen Mitglieder" als „Arbeitskräfte" ausgewiesen, getrennt in Männer, Frauen und Lehrlinge (426). Diese Angaben mögen wie im VEG als Grundlage dienen, die Zahl der Genossenschaftsbauern (Arbeitskräfte) im Jahresmittel darzustellen.

Auf die einzelnen Betriebszweige werden sie analog aufgeteilt, d. h. hier nach den entsprechend zugerechneten Arbeitseinheiten im Verhältnis zu den insgesamt geleisteten. Auch die MTS-Arbeit im Dienste der Genossenschaft läßt sich über die mittlere Arbeitseinheitenleistung je Mitglied in Personen umrechnen und nach unseren Formeln auf S. 213 und 214 berücksichtigen. Aber das ist sehr ungenau und befriedigt nicht; denn auch für diese Form des sozialistischen Großbetriebs gilt das für das VEG oben Ausgeführte und in (12), (13) näher Erläuterte über das Auseinanderfallen von Jahresmittel und wöchentlichem Arbeitsbesatz. „Da es nicht möglich ist, die Saisonabhängigkeit der Arbeit ... zu beseitigen, sagt die ... Zahl der im Jahresdurchschnitt erforderlichen Arbeitskräfte nichts über den wirklichen Arbeitskräftebedarf im Verlaufe des Jahres aus ..." (344). Was SONIN hier für die Planung, die Vorschau, sagt, gilt für unsere auf die Rückschau, auf die Betriebsstatistik, gerichteten Erwägungen ebenso. Wir werden uns deshalb im Kapitel 35113 noch mit dem anderen Maßstab für das A im Produktivitätsrelator der LPG auseinandersetzen, mit den Arbeitseinheiten.

In der bäuerlichen Familienwirtschaft ist nun nicht jeder, der dort wohnt, ißt und vom Hofe lebt, gleich einer Arbeitskraft, wie wir oben der Einfachheit halber zunächst angenommen hatten. Schulpflichtige Kinder bis zum Alter von 14 Jahren und Altenteiler über 60 (Frauen) und über 65 Jahre (Männer) zählen nicht mit,

denn „wir wollen vermeiden, daß das Arbeitsvermögen der Landwirtschaft durch Bewertung der Kinderarbeit höher erscheint als das anderer Berufsgruppen" (182), vgl. auch (207); das gilt auch für die Altenteiler. Schulkinder und Altenteiler haben einen anderen „Hauptberuf", sie sind eben noch nicht oder nicht mehr Arbeitskräfte des Betriebes; sie leben zwar vom Hofe, aber nicht von ihrer Arbeit, sondern von seinem Ertrag.

In den Produktivitätsrelator gehört auch die Bäuerin mit hinein, denn sie hat nicht nur physisch, sondern vor allem auch psychisch wesentlichen Anteil an der Produktionsleistung, vgl. S. 207. Den Zeitraum, für den gezählt wird, ermittelt man durch Befragen oder unterstellt, was normal ist, nämlich daß alle gezählten Arbeitskräfte im Berichtsjahr im Betriebe gearbeitet haben.

Damit ist der einfachste Maßstab bestimmt, der die lebendige Arbeit im Betrieb erfaßt. Er gibt die Arbeitskräfte wieder, indem er sie alle gleichmacht, unab-

hängig von ihrer Leistungsbereitschaft, ihren Tätigkeitsmerkmalen und ihrer Leistung im Betriebe. Das ist sehr grob, zu grob, und beeinträchtigt die Vergleichbarkeit.

Die ungleichartigen Arbeitskräfte einigermaßen vergleichbar zu machen, muß man sie vereinheitlichen, auf einen Nenner bringen; das geschieht nach den gleichen Formeln, die wir bereits auf S. 123 zur Vereinheitlichung der heterogenen Bestandteile der Bodenproduktion angegeben hatten. Der Schlüssel ist hier die Arbeitskrafteinheit, AK. Man kann sie, wie wir schon darlegten, betriebswirtschaftlich und arbeitstechnisch ableiten. Die Produktivitätsmessung braucht beide Maßstäbe. Ihre theoretische Grundlage finden sie in der Arbeitsbewertung, die die Faktoren zu bestimmen und zu quantifizieren sucht, die die Arbeit und damit die Arbeitskräfte unterscheiden.

Die Arbeitsbewertung „legt den *wertmäßigen,* nicht jedoch den geldlichen Gehalt, sondern die Schwierigkeit der vollbrachten Arbeit im Rahmen eines bestimmten, einheitlichen *Bewertungsverfahrens* fest" (57). Wie schwer eine Arbeit ist, äußert sich in den „Anforderungen, die sie an die seelisch-geistigen und körperlichen Kräfte der Arbeitenden stellt" (380). Die Arbeitsbewertung macht mithin „die Unterschiede in den *Anforderungen* an das *Können,* an die *Verantwortung* und etwaige *Risiken* des Arbeiters, soweit sie sich aus der gestellten *Arbeitsaufgabe* ... ergeben, ... mit einem einheitlichen, neutralen Maß ... *erfaßbar* und *rechenbar*" (57). Die Arbeitsbewertung muß objektiv, d. h. gerecht, richtig und dem Arbeiter voll verständlich sein, vgl. (147), (380); sie schlägt die Brücke vom arbeitstechnischen Maß der Arbeit zum entsprechenden Lohn, sie bietet damit die wissenschaftliche Grundlage, den Leitsatz „gleichen Lohn für gleiche Arbeit" zu verwirklichen. Gleiche, vereinheitlichte, rechenhafte Arbeit ist auch der Maßstab für die lebendige Arbeit(skraft), den wir suchen. An diesem „Wert" orientiert sich schließlich auch die denkbare und theoretisch einwandfrei Kombination des arbeitstechnischen Bewertungsschlüssels mit dem betriebswirtschaftlichen, jene Verbindung, die wir oben schon vorwegnahmen, um die Arbeitskräfte maßhaft voneinander abzugrenzen.

Das Ergebnis der Arbeitsbewertung ist die quantifizierte Maßeinheit, der Maßstab, mit dem die lebendige Arbeit vereinheitlicht und damit vergleichbar gemessen werden kann. Das ist der Arbeitswert. Der Arbeitswert ist seinem Wesen nach Leistungsbedarf, „der Bedarf einer Arbeit an absoluter menschlicher Normalleistung" (298) oder das „Maß für die Gesamtheit der Anforderungen, die die Ausführung einer bestimmten Arbeit an einem Arbeitsplatz an den Ausführenden bei Normalleistung stellt ... Über die absolute Lohnhöhe sagt der Arbeitswert nicht aus" (89).

Wert ist wieder nicht im politökonomischen Sinne gebraucht. Wir können hier nur nicht gut Arbeitseinheit sagen, was viel besser zuträfe, weil die Arbeitseinheit = Tagewerk bereits ein eingebürgerter Begriff für das Arbeitsmaß in der LPG oder der Kollektivwirtschaft geworden ist.

In der obigen Definition kommt etwas kurz, was der Arbeitende selbst bietet; darum geht es der praktischen Arbeitsbewertung aber *auch.* Die Fülle der

Anforderungsmerkmale, die die zahllosen Bewertungssysteme enthalten, läßt sich in ein einfaches Schema bringen, in die Wechselbeziehung zwischen Mensch und Arbeit oder hier besser:

Anforderungen	→	Leistungsbereitschaft
(der Arbeit)	←	(des Arbeitenden)

Beide Seiten kann man endlos auf- und untergliedern, z. B. in

körperliche Anforderungen
an die Sinne
an die Bewegungsfähigkeit
an die Muskeln

Anforderungen an Verstand und Geist
Konzentration
Urteilskraft
Erfindungsgabe

moralische Anforderungen

berufliche Verantwortung
für Mitarbeiter
für Material

Arbeitsbedingungen
Unfallgefahr
Risiko
Umwelteinflüsse usw.

Leistungsfähigkeit
Alter
Beweglichkeit
Kräftezustand

Selbstbeanspruchung
Wille zur Arbeit
Reaktionsfähigkeit
Bewußtseinsstand
menschliche Haltung
Ausbildung
Erfahrung
Fertigkeit
Gewöhnung
Empfindlichkeit usw.

oder ganz primitiv in

schwere Arbeit oder hohe Anforderungen	Gelernte
mittlere	Angelernte
leichte Arbeit oder geringe Anforderungen	Ungelernte

oder

was tut der Arbeiter? (199)	was kann der Arbeiter? (199)

welche Verantwortung trägt er? (199)

Anforderungen und Leistungsbereitschaft sind offensichtlich Spiegelbilder, das eine sehen wir von der Arbeit, das andere von der Arbeitskraft her. Welche Merkmale soll man nun auswählen, und wie sind sie zu bewerten? Zwei Möglichkeiten bieten sich an: a) Man versucht *möglichst alle* Merkmale zu erfassen und zu bewerten, oder b) man beschränkt sich auf wenige typische, vgl. (389). Die Landarbeitsforschung wird den Weg b) wählen.

Aus zwei Gründen, 1. einem sachlichen: Die Landarbeitsforschung hat bisher kaum ernstzunehmende Versuche einer allgemeingültigen Arbeitsbewertung unternommen, sie muß daher erst einmal die groben Unterschiede in den Griff kriegen, das können nur wenige typische, aber ausschlaggebende Merkmale sein, 2. aus einem sachlich-politischen: Zu viele Merkmale und Anforderungsarten machen den Bewertungsplan unübersichtlich. Der Bewertende hat Schwierigkeiten bei seiner Anwendung, der Arbeiter versteht ihn nicht; entweder wird er dann übervorteilt, oder er lehnt so ein weit differenziertes Bewertungssystem von vornherein ab. Daraus entspringen (lohn)politisch orientierte Einwände aller Art, vgl. (184), (242). Je mehr Anforderungsarten ein System enthält, desto größer ist die Gefahr, daß manche doppelt bewertet werden. Welche Fehlschlüsse daraus erwachsen können, zeigt ROEPKE (298).

Rund 15 Anforderungsarten genügen bereits, um „alle für die Beurteilung der Arbeitsschwierigkeiten wichtigen Gesichtspunkte zu berücksichtigen“ (389), sie dürften auch ausreichen, „alle wichtigen qualitativen Ähnlichkeiten oder Abweichungen ausdrücken zu können, die vernünftigerweise auch ihren Niederschlag in den Löhnen finden sollten“ (389). Die westliche Welt hat sich 1950 auf das sogenannte „Genfer Schema“ geeinigt; es gliedert die Anforderungsarten wie folgt (101), (389):

	Fachkönnen	Belastung
1. Geistige Anforderungen	×	×
2. Körperliche Anforderungen	×	×
3. Verantwortung	—	×
4. Arbeitsbedingungen	—	×

Diese vier Arbeitsmerkmale lassen sich weiter unterteilen, das ergibt dann eine recht sinnvolle Ordnung in 16 Anforderungsarten, vgl. (389), die sich für die Landarbeit etwas abwandeln, aber sonst sehr wohl übernehmen ließe. Wir führen das hier nicht weiter aus; für unsere folgenden Überlegungen um den richtigen Maßstab genügen die vier großen Gruppen; denn bis heute ist nicht bekannt, ob die Differenzierung der Landarbeit überhaupt schon nach diesem groben Schlüssel vorgenommen wird. Zur Arbeitsbewertung i. allg. und in einigen Wirtschaftszweigen vgl. (90), (101), (113), (147), (156), (165), (184), (199), (242), (380), (389), (390).

Das Anforderungsschema muß aufgestellt sein, bevor man mit der Bewertung an den Arbeitsplätzen beginnt. Dabei muß festgelegt werden, was noch als Anforderungsart gilt. Man beschränkt sich zweckmäßig auf den rein arbeitstechnischen Bereich und überläßt der Tarifgestaltung, z. B. Nachtarbeit höher zu bewerten.
Im „Genfer Schema“ und in manchen anderen auch scheint uns eine Anforderungsart zu kurz zu kommen, die bei der Landarbeit eine erhebliche Rolle spielt, das sind die seelischen Anforderungen. Jeder Mensch handelt nicht nur rational, sondern auf weiten Strecken emotional, besonders der dem Lande und der Landwirtschaft mit ihren vielen Wechselfällen bei der Arbeit verbundene Werktätige. Die Plackerei in der bäuerlichen Familienwirtschaft, im Kuhstall oder im Weinberg „versteht“ nur, wer das bedenkt, und kann nur richtig quantifizieren, wer diese Anforderungen nicht ebenso unterbewertet wie es der ganzen Landarbeit allenthalben widerfährt. Dieser „Arbeitsenthusiasmus“ ist freilich nicht an die bäuerliche Familienwirtschaft allein gebunden. Man denke an die großen Appelle an die Komsomolzen, Neuland in Kultur zu nehmen in Südsibirien, Kasachstan u. a. Gebieten. Diese im Anfang mit mancher Entbehrung verbundenen Arbeiten fordern eben auch die höhere Selbstbeanspruchung bewußt gebrachter Opfer — das darf in der objektiven Bewertung der Landarbeit niemals fehlen; darin unterscheidet sie sich jedoch nicht nur von der Industrie, sondern auch ihre eigenen Arbeitsarten stellen verschieden hohe seelische Anforderungen: Tägliches Kochen, Melken, Füttern muß höher bewertet werden als die Arbeit im Gutsbüro.

In der analytischen Arbeitsbewertung werden die im arbeitenden Menschen und seiner Tätigkeit kombinierten Wesensmerkmale und Anforderungsarten quantitativ so abgestuft, wie es die Vielfalt der Arbeitsverhältnisse erfordert. Gerade das hat die landwirtschaftliche Betriebs- und Arbeitslehre immer wieder gefordert, vgl. z. B. (275), aber bisher weder ernsthaft genug gesucht noch gefunden. –

Die Arbeitswerte werden in Ost und West mit „Hilfe der analytischen Methode auf wissenschaftlicher Grundlage bestimmt“ (199), vgl. auch (89).

Die analytische Methode ordnet „den einzelnen Anforderungsarten systematisch Punkte zu“, die „die Höhe der einzelnen Anforderungen“ bewerten. „Die Summe der Punkte aller Anforderungsarten stellt den analytisch gefundenen Wert der betrachteten Arbeit dar“ (89). Die analytische Methode „untersucht im einzelnen die einzelnen Faktoren, die die Qualität der Arbeit in der Regel bestimmen, und legt den Grad der Schwere und Kompliziertheit der Arbeiten in Verbindung mit der volkswirtschaftlichen Bedeutung fest. Dabei spielt die Vergleichlichkeit der unterschiedlichen Arbeiten mit der einfachen Arbeit eine wichtige Rolle, denn Karl Marx lehrt uns, daß jede komplizierte und schwere Arbeit multiplizierte einfache Arbeit ist“ (199).

Die Zielsetzung ist zwar verschieden, aber formal verfahren Ost und West also in gleicher Weise. Nur ein Unterschied besteht: In der DDR bezieht man die „volkswirtschaftliche Bedeutung“ ein (199), also den Geldfaktor, mit dem die Arbeitswerte multipliziert und zu Lohnsätzen werden, während die westliche Welt diesen Weg in zwei Schritten macht: „Die Feststellung des Arbeitswerts ist eine technisch-betriebswirtschaftliche Aufgabe; die Festlegung der Lohngruppen und des Geldfaktors ist eine sozialwirtschaftlich-lohnpolitische Aufgabe. Letztere gehört nicht in den Bereich der Arbeitsstudie“ (89) und auch nicht in den Bereich der Landarbeitsforschung. Der Preis wirkt über den Stundenlohnsatz von außen auf den Betrieb ein, vgl. Schema 2. Auch in der DDR wird man praktisch erst die Arbeitswerte bestimmen und danach die Lohngruppen, wenn sich das auch aus der Literatur nicht ohne weiteres klar belegen läßt. Es gibt oder gab immerhin eine „Wertzahlentabelle“, mit deren Hilfe „eine den Betriebsverhältnissen entsprechende Einstufung erreicht“ wird, die dann über den Lohngruppenkatalog zum jeweiligen Lohnsatz führt. „Die Einstufung der auszuführenden Arbeit nach dem Schwierigkeitsgrad sichert erst die richtige Entlohnung der qualitativen Arbeitsleistung“ (390). „Voraussetzungen und Grundbedingungen der TAN: 4. Qualitative Bewertung jeder Arbeit nach Schwierigkeitsgrad, Einordnung in die entsprechende Lohngruppe“ (aus „Land und Forst“ im August 1950). In der Metallindustrie gibt oder gab es ein „derart feines System zur Eingruppierung der Arbeiter nach objektiven Leistungsmerkmalen“. Dort wurden „Ausbildung“, „geistige und körperliche Beanspruchung“, „Schwere der Verantwortung“ und „erschwerte Arbeitsbedingungen“ in ein Punktzahlensystem gebracht. Ein Arbeiter, der für seine Tätigkeitsmerkmale usw. danach 18 Punkte bekäme, würde in Lohngruppe 6 eingruppiert, „entsprechend der Zuordnung der Lohngruppen zur Wertzahlsumme ...“ (74), also in der Tat das gleiche Verfahren, wie es für die Landwirtschaft entwickelt werden müßte.

Die analytischen Methoden ergeben am Ende alle eine in zwei Schritten aufgebaute Punktbewertung. Sie legen a) die zu bewertenden Anforderungsarten fest und definieren sie = „qualitative Analyse“ (389); b) wiegen sie die Wertigkeit der einzelnen Anforderungsarten untereinander so ab, daß die Punktzahlen im gleichen Verhältnis zueinander stehen wie die Schwierigkeiten der bewerteten Arbeitsmerkmale, vgl. (57) = „quantitative Einstufung“ (389). Wir hätten mithin zunächst die vier Anforderungsarten von S. 221 zu definieren, und zwar an sich für jede einzelne Arbeit im landwirtschaftlichen Betrieb. Indem wir jedem der sechs Merkmale 0–100 Punkte geben, lassen sie sich zahlenmäßig darstellen. Wenn das gelungen ist, wird sich zeigen, daß viele Arbeiten mit ähnlicher Punktezahl bewertet sind. Damit heben sich Tätigkeitsbereiche mit ziemlich gleichen Anforderungen heraus. Zweckmäßig faßt man sie dann abschnittsweise zusammen und erhält auf diese Weise einigermaßen sicher bestimmte (Lohn)gruppen.

Diesem wissenschaftlich einwandfreien Wege können wir nicht folgen, weil er einmal weit über den Rahmen unserer Abhandlung hinausführt und zum anderen voraussetzt, daß man sich über die Gewichtung der einzelnen Anforderungsarten im Punktschema klar ist. Denn es liegt auf der Hand, daß alle irgendwie extremen Arbeitswerte, die beispielsweise Seltenheit verkörpern, aber sonst nicht überragen, im Durchschnitt untergehen (also z. B. der lahme Melker im Vergleich zum vollkräftigen Landarbeiter), wenn alle Anforderungsarten mit gleicher Punktzahl bedacht werden, wie wir es der Einfachheit halber oben angenommen hatten. Die gleichmäßige Gewichtung führt zu objektiv richtigen und adäquat-vergleichbaren Arbeitswerten nur, wenn alle Anforderungsarten im konkreten Falle in gleichmäßiger Stärke „gut gemischt" vorkommen. Diese Gewichtung ist ein außerordentlich kompliziertes Problem, wenn man es wissenschaftlich lösen und nicht subjektiv werten will. Aus 14 deutschen Systemen ergab sich beispielsweise ein Mittel von 22% der möglichen Gesamtpunktezahl für Ausbildungsanforderungen, 34% für geistige, 24% für körperliche Anforderungen und 20% für äußere Einflüsse. Die deutschen Systeme messen den geistigen Anforderungen das schwerste Gewicht zu, die amerikanischen der Ausbildung (156), (389).

Die Landwirtschaft wird die Anforderungen an die Ausbildung sicher höher bewerten müssen, denn die „negative Auslese" am Landvolk hat ihr Ende noch nicht erreicht, vgl. (265). „In einigen landwirtschaftlichen Betrieben der DDR beträgt die Zahl der Beschäftigten, die keine Berufsausbildung genossen haben, z. B. 66,5%, in der Industrie dagegen nur 11%" (305)! „Die Produktivität der Landwirtschaft ist ... eine Bildungsfrage" (237)! Darauf haben bereits AEREBOE, Howard und Roemer mit allem überzeugendem Nachdruck immer wieder hingewiesen, vgl. (1, S. 659). Auch im Ausland herrscht die gleiche Auffassung: „Das Tempo der Vergrößerung der landwirtschaftlichen Produktion und die Steigerung der Produktivität der landwirtschaftlichen Arbeit hängen in großem Maße davon ab ..., inwieweit die landwirtschaftlichen Arbeiter sich die neuesten Erkenntnisse der Wissenschaft zu eigen gemacht haben und diese in ihrer Tätigkeit anwenden" (188). Wird das entsprechend hoch bewertet und — bezahlt, so kann man damit rechnen, daß die negative Auslese allmählich in eine positive umschlägt und tüchtige Arbeiter aus den übrigen Wirtschaftszweigen der Landwirtschaft zurückgewonnen werden.

„Es gibt keine wissenschaftliche Methode, mit deren Hilfe das Problem der Gewichtung einwandfrei zu lösen wäre" (389). Das ist sicher überspitzt gesagt, vgl. dazu (101), macht aber deutlich, wie schwierig hier ein befriedigendes Ergebnis zu finden sein wird, und drängt den Schluß auf, daß *die* „Gewichtung richtig ist, die den jeweiligen betrieblichen und branchenbedingten Verhältnissen am besten gerecht wird" (389). Das dürfte in der Regel die Lohnstruktur tun, aus der man die Gewichtung schließlich auch ableitet; damit ist dann allerdings allerlei betriebs- und volkswirtschafts-politischen Einflüssen Tor und Tür geöffnet [Beispiele in (184), (242), (389)], so daß die arbeitstechnisch einwandfreie Arbeitsbewertung am Ende davon ziemlich totgeschlagen wird – ein Beweis für die auf der Betriebsebene so entscheidend zusammentreffenden und ineinander verschlungenen arbeitstechnischen, betriebs- und volkswirtschaftlichen Bestimmungsgründe für den Arbeitswert, den Maßstab der lebendigen Arbeit. Er kommt also nicht durch rein arbeitswissenschaftliche Induktion zustande, sondern als ihre Kombination mit betriebs-volkswirtschaftlich-lohnpolitischen Komponenten. Daraus sollte man jedoch nicht schließen, daß der rein arbeitswissenschaftliche Weg keinen Sinn habe. In der Landwirtschaft wurde er bisher nur kaum gesucht, deswegen folgen wir notgedrungen dem einfacheren Wege über die Lohngruppen zum Arbeitswert.

Nach den Anforderungsarten Qualifikation (Kenntnisse, Ausbildung, Fertigkeit, Leistungsfähigkeit), Tätigkeit (einschl. Arbeitsbedingungen, Schwierigkeitsgrad der Arbeit) und Verantwortung (für ordentliche Arbeit, für Menschen und für Material) sind die Arbeiten in der Landwirtschaft in acht Lohngruppen eingestuft (8), (199), (407), die nach der Zeitlohntabelle folgende Staffelung der Arbeitswerte ergeben, wobei wir eine Werteinheit = 1 AK setzen:

	DM/Std.	DM/Monat [1])	Arbeitswerteinheitten = AK
I	0,80	160,–	1
II	0,83	166,–	1,04
III	0,90	180,–	1,13
IV	0,96	192,–	1,20
V	1,03	206,–	1,29
VI	1,11	222,–	1,39
VII	1,27	254,–	1,59
VIII	1,48	296,–	1,85
M I	.	340,–	2,12
M II	.	410,–	2,56
M III	.	505,–	3,16
TA V [2])	.	530,–	3,32
TA VI [2])	.	585,–	3,65

Dazwischen liegen noch einige Lohn- oder Gehaltsgruppen von technischen und kaufmännischen Angestellten, von Lehrausbildern, nicht in der Produktion Beschäftigten usw., und darunter die Facharbeiterlehrlinge mit 90,– DM/Monat = 0,6 AK. Alle Zwischenwerte sind nach der Formel $\frac{\text{Monatslohn}}{160} = n$ AK leicht zu berechnen. Da von den in Lohngruppe I eingestuften Arbeitskräften bereits die Leistung eines Vollerwerbsfähigen erwartet wird, deckt sich unsere AK mit der üblichen Definition: Sie muß „die zumutbare Arbeitsleistung einer erwach-

[1]) 1 Monat = 200 Std./Arbeitskraft.
[2]) Höchstsätze nach (407).

senen Person vollbringen" (372), bereinigt hier allerdings von der „zur Verfügung gestellten Jahresarbeitszeit". Eine Arbeitskraft in der Lohngruppe VI gilt stets 1,39 AK, *unabhängig davon, wieviel Stunden sie geleistet hat.* Die Monatsstundenentgelte benutzen wir hier nur, um die fehlenden Punkte der Arbeitsbewertung in der Rechnung zu ersetzen; deswegen gehen wir durchweg von 200 Std./Monat aus.

Wir haben damit eine dem Sinn der analytischen Arbeitsbewertung wenigstens im Prinzip entsprechende Staffelung und Vereinheitlichung der lebendigen Arbeit in vergleichbare Arbeitswerte, in AK = Arbeitskrafteinheiten, erreicht. Da die Anforderungen der Arbeit (Verantwortung, Arbeitsbedingungen, Tätigkeit) und die Qualifikationsmerkmale (Kenntnisse, Ausbildung) für die einzelnen Lohngruppen im Tarif, vgl. (407), beschrieben sind, *läßt sich praktisch jede Arbeitskraft in der Landwirtschaft der DDR nach unserem Schlüssel unabhängig von ihrer Leistung in AK bewerten und die gesamte Belegschaft, auch bäuerlicher Familienwirtschaften und landwirtschaftlicher Produktionsgenossenschaften, in einer Summe mit der Dimension AK ausdrücken.*

Von den drei möglichen Verfahren der analytischen Arbeitsbewertung — der sehr groben Gesamteinschätzung, den Richtbeispielen (Lohngruppenkatalog)[1]) und der Punktbewertung[2]), vgl. (57) — ist damit ein nur mittelmäßig genaues und sicheres, vor allem aber sehr starres Verfahren zum Zuge gekommen. Es steht und fällt mit den Richtbeispielen; nur wenn sie zutreffend erkannt, definiert und verständlich dargestellt sind, besteht wenigstens die *Möglichkeit,* alle Arbeitswerte danach richtig zu bestimmen. Welche Differenzen durch menschliche Unzulänglichkeit hineingetragen werden, kennt die Landwirtschaft aus ihren Erfahrungen mit der nach dem gleichen Prinzip vorgehenden (Reichs)bodenschätzung. „Jedes vergleichende Einordnen kann aber, wenn viele verschiedene Einflußgrößen vorhanden sind, sehr leicht an *wesentlichen* Einflüssen vorbeisehen und somit zu *oberflächlicher* Urteilsbildung führen" (57). Zu diesem wohl für alle Verfahren mehr oder weniger zutreffenden Nachteil kommt noch ein zweiter, recht schwerwiegender: Im Zuge des raschen Fortschritts der Landarbeitstechnik veralten die Richtbeispiele „schneller als man glaubt" (57). Auf die Dauer wird das starre Lohngruppenverfahren daher dem betrieblichen Arbeitsleben kaum gerecht werden. Über die Vorzüge der Punktbewertung gegenüber den Richtbeispielen vgl. (57), (389). Ein akuter Mangel belastet im übrigen das Ganze in der DDR: „... die Einstufung der Arbeiter in die Lohngruppen erfolgt noch nicht nach wissenschaftlichen Gesichtspunkten entsprechend ihrer Qualifikation und der Schwere der Arbeit. Unser Tarifsystem hinkt auf einem Bein, weil wir noch keine Lohngruppenkataloge haben" (199). Da die Arbeiter in allen Betrieben jedoch bereits eingestuft *sind,* brauchen wir unseren obigen Vorschlag nicht zurückzunehmen; wir bewerten die Arbeit, *als ob* es Lohngruppenkataloge gäbe. Wenn sie geschaffen sind — wie es geschehen sollte, haben wir kurz gezeigt[3]) — werden sie unsere Arbeitswerte vielleicht etwas modifizieren, am Prinzip der Bewertung ändert das nichts und damit auch nicht am Maßstab, der im übrigen genauso konventionsgebunden ist wie jeder andere.

Für die praktische Einstufung der Betriebsarbeiter ergeben sich noch vier Probleme:

---

1) = „summarische Methode" (389).
2) = „analytische Methode" (389).
3) Dabei sind wir den einzigen geraden Weg gegangen: *Erst* analytische Arbeitsbewertung, *dann* Einstufung in Lohngruppen „zum Zwecke der leichteren Lohnfestsetzung" (389). Das summarische Lohngruppenverfahren, das den tariflichen Lohngruppen, und damit auch unserem Maßstab, wahrscheinlich zugrunde liegt, ist sehr viel unsicherer, gibt aber die zur Zeit einzige praktische Grundlage.

1. Wie ist eine Arbeitskraft zu rechnen, die zwar in Gruppe VIII = 1,85 AK eingestuft ist, aber für längere Zeit nur Arbeiten verrichtet, die nach Gruppe VI = 1,39 AK bewertet werden? Der „Arbeiter hat Anspruch nur auf die Lohngruppe, die seiner tatsächlichen Arbeit entspricht“ (199). Diese Antwort ist bezeichnend für das unentwickelte Anfangsstadium, in dem die praktische Arbeitsbewertung in der DDR noch steckt. Soweit es darum geht, den Lohnanspruch des Arbeiters arbeitsrechtlich zu regeln, nimmt man dieses Dekret hin – der Betrieb richtet sich danach, wir folgen ihm im Geldmaßstab – aber es ist unwissenschaftlich. Denn mit der nachgewiesenen Qualifikation des Arbeiters ist es wie mit der Miete für eine preisrechtlich einwandfrei bewertete Sache: Man muß sie zahlen, gleichgültig, ob man die gemietete Sache voll, halb oder gar nicht nutzt. Deswegen bewerten wir die Arbeitskräfte nach den Lohngruppen, in die sie eingestuft sind, unabhängig davon, wie sie im einzelnen bezahlt werden, und was sie geleistet haben, also stets nach dem Zahlenschema auf S. 224. Aber das ist noch keine wissenschaftliche Begründung; sie liegt tiefer und leitet sich von der weiter oben dargestellten Wechselbeziehung zwischen Mensch und Arbeit her, jenen Polen, die *beide zusammen* im Arbeitswert quantifiziert werden. Im Grundsatzschema auf S. 221 sind sechs Wesensmerkmale der Arbeit enthalten, die bewertet werden; die Qualifikation ist gewissermaßen zweimal dabei, erstens beim „Fachkönnen“, dort ist sie unabänderlich, wie gegeben, und zweitens bei der „Belastung“. Dort wird nur eingesetzt, bewertet, was in Anspruch genommen wird. Jene unbefriedigende Antwort oben ist also einseitig, nur auf die Belastung abgestimmt, und deswegen unwissenschaftlich. Im übrigen ist die Qualifikation ein latenter Bestandteil jeder Arbeit und jeder Leistung, potentielle Arbeit, potentielle Leistung! Man muß den Arbeiter *und* seinen Tätigkeitsbereich einstufen, nicht die einzelne Arbeit. Bei dem der Landwirtschaft immanenten Arbeitenwechsel ist das ohnehin nicht gut anders zu machen.

Hier tritt allerdings ein viel weiter greifendes Problem zutage: Das Grundsatzschema und die ganze Arbeitsbewertung selbst beruht letztlich, zwar nicht ausschließlich, aber doch in hohem Grade, auf der Vorstellung des Spiegelbildes, das nämlich den Anforderungen der Arbeit auch die Leistungsbereitschaft des Menschen entspreche. Wir lassen dahingestellt, wie weit das praktisch zutrifft, oder wie weit man es mit hinreichender Sicherheit unterstellen kann. Daß das im Betriebe oft anders aussieht, beweist schon die Parole „den richtigen Mann auf den richtigen Platz“[1]). Darf eine wahre Theorie der Arbeitsbewertung also wirklich von jenem Spiegelbild ausgehen?

2. Mit diesem Problem eng zusammen hängt ein anderes, das die theoretische Grundlage unseres Maßstabs in Frage stellen kann: Der Arbeitswert unterstellt „menschliche Normalleistung“, und die Arbeitswerte beruhen letztlich auf der Überlegung: Die Arbeit wird unabhängig vom Arbeitenden bewertet = Wertung der Merkmale einer Tätigkeit; d. h. wenn der, der diese Arbeit macht, dabei normales leistet, ist er eben mit der Arbeitsbewertung selbst ein-

---

[1]) Die im übrigen genauso sinnwidrig ist wie die verkehrte Losung „den höchsten Ertrag mit dem niedrigsten Aufwand“ hervorzubringen. Richtig heißen muß es: Den richtigen Mann auf den gegebenen Platz oder den gegebenen Mann auf den richtigen Platz, und den relativ höchsten Ertrag mit dem gegebenen Aufwand oder den gegebenen Ertrag mit dem niedrigstmöglichen Aufwand hervorbringen!

gestuft. Stimmen nun die Werte noch, auch wenn der Eingestufte weder normal leistungsbereit ist noch normales leistet? Die Werte stimmen schon, nur treffen sie auf den Bewerteten nicht zu. Wie groß der Fehler ist, richtet sich a) nach dem, was als Normalleistung angesehen wird und b) nach der Zahl der im Betriebe Arbeitenden; je mehr es sind, desto kleiner wird der mögliche Fehler, denn 15% Minderleistenden stehen sicher 15% überdurchschnittliche Arbeiter gegenüber, so daß sich's am Ende aufhebt. Wer kleine Belegschaften richtig einstufen will, muß sich die einzelnen Arbeitskräfte ansehen und gegebenenfalls umstufen, vgl. (356), das gilt vor allem für Invaliden, Rentner, Schwangere u. ä. Mitarbeiter. Man muß sie neu einschätzen; dabei hat man den jeweiligen Begriff der Normalleistung(sbereitschaft) zu Grunde zu legen. „Die Normalleistung bestimmt das normale Arbeitstempo während des eigentlichen Vollzugs menschlicher Arbeit bei gleichzeitig normaler Arbeitswirksamkeit. Der Normalleistung entspricht die Normalzeit, d. h. diejenige menschliche Arbeitszeit (ohne Verlust- und Erholungszeit), die der Arbeiter bei normaler Leistung im Mittel benötigt“ (56). Das ist zu allgemein; konkret gibt es wohl drei Begriffe der Normalleistung: a) die Zeitlohngrundleistung, b) die Stücklohngrundleistung, c) die überbetrieblich fixierte Durchschnittsleistung, vgl. (135). Die TAN-Richtlinie 1952 formuliert einen überbetrieblichen Richtsatz: Als Normalleistung gilt „das Mittel zwischen den fortschrittlichen und den durchschnittlichen Arbeitern“, vgl. (134). Wer dieses Mittel nicht erreicht, muß herabgestuft werden; die Lohngruppen beschreiben die Tätigkeitsmerkmale genau genug, um das einigermaßen richtig machen zu können. Was dabei herauskommt, hängt wesentlich vom Schätzenden ab. Unser Zahlenschema vermag indessen auch diesen Gesichtspunkt zu erfassen; wir können also mit gutem Grund dabei bleiben.

Mit diesen notgedrungen knappen Bemerkungen zur Normalleistung ist ihre vielschichtige Problematik bei weitem nicht erschöpft, nicht einmal voll angedeutet. Hier spielen viele überbetriebliche Gesichtspunkte hinein, z. B. der, daß die Normalleistung, oder besser die Bezugsleistung, dem Zeitnehmer oder auch dem Betrieb nicht völlig freigestellt, sondern durch die Tarife arbeitsrechtlich festgelegt ist. Das gilt für unsere Erwägungen um die Arbeitswerte um so mehr, als sie nicht aus ihrer Kombination mit dem lohnpolitisch bestimmten Geldfaktor zu lösen sind. Außerdem sind die Überlegungen um diese Dinge in der DDR noch so im Fluß, vgl. (199), daß es wenig praktischen Sinn hat, jetzt und hier mehr darüber zu sagen. Fest steht nur, daß es „ganz verschiedene Begriffe über Normalleistung gibt“ (134); man kann sie z. B. auch so fixieren: a) Auf der Höhe der *Best*leistung, b) auf der Höhe einer *mittleren* Leistung, c) auf der Höhe einer Leistung, die von jedem ausreichend geeigneten Arbeiter bei voller Übung und Einarbeitung sowie befriedigendem Einsatz erreicht werden kann (56), z. B.: „Bei der quantitativen Bewertung der Arbeit ist die Menge des Resultates der Arbeit pro Zeiteinheit auf der Grundlage der *Durchschnittsleistungen* bei subjektiv und objektiv guten Voraussetzungen als Maßstab anzuwenden“ (aus „Land und Forst“, Berlin, August 1950 — Hervorhebung von mir, A. B.). Heute heißt es ähnlich: „Zur Bestimmung des quantitativen Anteils der Arbeitsleistung ist die Menge der zu leistenden Arbeiten pro Zeiteinheit auf der Grundlage der Durchschnittsleistung der fachlich qualifizierten, fortschrittlichen Arbeiter zu ermitteln“ (239). In der LPG soll allerdings wieder eine höhere Durchschnittsleistung gelten, nämlich „Tagesarbeitsnormen, die zwischen den Durchschnittsleistungen und den Leistungen der besten Genossenschaftsmitglieder liegen“

(46). Es zeigt sich wieder die enge, ja unauflösliche, dem Arbeitswert immanente Verbindung zwischen Mensch und Arbeit, Anforderung und Leistung. Wir brauchen die Gefahr, die die Richtigkeit der Arbeitswerte von dieser Seite her bedroht, andererseits nicht zu überschätzen; sehr gründliche Studien im artverwandten Forstbetrieb haben immerhin gezeigt, daß sich eine, von sehr vielen Arbeitern erreichte und nicht über ± 5% schwankende Grundleistung – ohne Lohnanreize – gut fixieren läßt (134) und im Arbeitswert daher mit ausreichender Sicherheit unterstellt werden kann.

3. Unsere Arbeitswerte sind eigentlich gar kein naturaler Maßstab der lebendigen Arbeit, sondern ein in wesentlichen Teilen wertbestimmter. Er enthält das Prinzip der sozialistischen progressiven Staffelung der Lohnsätze. Unsere Arbeitswerte zeigen die progressive Zunahme der Tarifkoeffizienten ganz deutlich, S. 224, vgl. dazu (199).

„Die Lohngruppen sind das Instrument, welches die Qualifizierung der Arbeiter beschleunigt und dazu anreizt" [W. Ulbricht, zitiert in (390)]. Dieses Prinzip gibt es allerdings nicht nur unter der sozialistischen Wirtschaftsordnung. In der Bundesrepublik trägt es z. B. der „Tatsache Rechnung, daß die Arbeitsqualifikationen in den höheren Schwierigkeitsstufen nicht nur absolut, sondern auch relativ seltener sind", d. h. je schwieriger die Arbeit wird, desto weniger Menschen gibt es dafür (389). Viele Tarifverträge bleiben aber trotzdem bei der arithmetischen Progression der Lohnsätze, vgl. (389): „Die lineare Steigerung der Lohnkurve ist am gebräuchlichsten."

Unabhängig von geometrischer oder arithmetrischer Progression der Lohnsätze fragt sich jedoch, ob wir bei diesem pseudo-„naturalen" Maßstab bleiben dürfen. Den Lohnwert y bestimmt folgende allgemeine Gleichung: $y = a + b \cdot x$ (a = Grundbetrag, 0,80 DM/Std. Gruppe I; b = Tarifkoeffizient, Steigerungsfaktor, 1,04 von Gruppe I zu II; und x = Arbeitswert, jeweilige Punktzahl, vgl. dazu (389). Aus dieser Gleichung können wir x jedoch nur bei arithmetischer Progression der Steigerungsfaktoren ausrechnen. Bei unregelmäßiger Progression wie in unserem Falle, vgl. S. 224, fehlt der vom Arbeitswert bestimmte Koeffizient, nach dem der Steigerungsfaktor von Stufe zu Stufe wächst, damit sind zwei Größen unbekannt, der Arbeitswert x läßt sich nicht errechnen. Man kann die Gleichung nach x hin sowieso nicht mit „richtigem" Ergebnis auflösen, weil die jeweilige Größe des Arbeitswertes von a bestimmt wird, also vom Stunden-, Monats- oder Jahreslohn. Wer das offen läßt, muß den niedrigsten Arbeitswert = 1 setzen, damit bleibt er eine hier von der Rechnung bestimmte Relativzahl, die keineswegs besser, sogar wirklichkeitsfremder ist als unser Schema auf S. 224. Wir halten also daran fest, müssen aber in Kauf nehmen, daß die höheren Anforderungsarten wahrscheinlich überbewertet sind gegenüber den analytisch zu ermittelnden (rein naturalen) Arbeitswerten.

Mit fortschreitender Arbeitsteilung gewinnen allerdings die Spezialkräfte im Zuge der Intensivierung und Technisierung immer mehr an Bedeutung und damit auch an Wert; einen ähnlichen Wertvorsprung dürfen wir wohl den disponierenden Arbeitskräften im Betrieb zugestehen, so daß auf's Ganze gesehen jene Überbewertung der höheren Anforderungsarten kaum allzu bedenklich sein dürfte.

4. Außer der annähernd geometrischen Progression der Lohnsätze verschiebt – wenigstens theoretisch – noch ein weiterer Faktor den Arbeitswert: Die Orts- oder Betriebsklassendifferenzierung, die auch im Lohnsatz enthalten ist, vgl.

Übersicht 1: Einige Schlüssel, nach denen ve
Arbeitsk

Merkmale der Arbeitskräfte	LPG (426) männlich und weiblich	WEBER (384) männlich und weiblich	KLARE (172) männlich und weiblich	LANGE (192) männlich und weiblich	RKTL 105 (182) männlich und weiblich	HOFF-MANN (143) männlich und weiblich	PREU-SCHEN (276) männlich und weiblich	KLAUDER (175) männlich und weiblich	LÖ (20 männ und we
Alter in Jahren									
10—12	.	0,33—0,5	0,25	0,50	—	0,25	.	0,5	—
13	.	0,33—0,5	0,50	0,50	—	0,25	.	0,5	—
14	.	0,33—0,5	0,50	0,50	[3]	0,25	0,4	0,5	
15	.	0,5 —1,0	0,50	0,66	[3]	0,50	0,4	0,7	
16	.	0,5 —1,0	0,50[2]	0,66	[3]	0,50	0,4	0,7	
17	.	0,5 —1,0	1,00	0,66	1,0	0,50	0,7	0,7	1,0
18	1,0	0,5—1,0	1,00	1,00	1,0	1,00	0,7	0,7	1,0
19	1,0	1,0	1,00	1,00	1,0	1,00	1,0[4]	1,0[4]	1,0
20—60	1,0	1,0 bzw. 0,66[1]	1,00	1,00	1,0	1,00	1,0	1,0	1,0
61—65	.	.	.	.	[3]	0,25	0,6	0,6	
über 65	.	.	0,50[3]	.	[3]	0,25	0,3	0,3	
Landarbeits- bzw. Landwirtschafts-Lehrlinge	0,3	.	.	.	.	.	0,5[5] 0,7[6]	.	.
Leistungsfähigkeit	.	.	> 50% = 1,0 < 50% = 0,5	.	> 50% = 1,0 < 50% = 0,5	.	0,5[7]	.	
Vollarbeitskraft									
1 AK = ··· Tg/Jahr	.	300	300	.	300	280	—	300 290[8]	300
1 AK = ··· Std/Jahr	.	.	.	.	.	.	.	2400 2320[8]	.
Aushilfskraft									
1 AK = ··· Tg/Jahr	.	.	.	.	.	.	.	.	150
1 AK = ··· Std/Jahr	2100	.	1500	.	150	.	.	.	.

1) bei Rechnung in Einheitsmännertagen;
2) wenn zwei und mehr Jugendliche im Betrieb arbeiten;
3) entsprechend der jeweiligen Leistungsfähigkeit umzurechnen;
4) die Bäuerin rechnet 0,6 AK;
5) unter 18 Jahre;
6) über 18 Jahre alt;
7) für Personen, die nur unter dauernder Aufsicht arbeiten können;

8) die niedrigere Zahl gilt für katholische Gegender
9) nach ihrer tatsächlichen Arbeitsfähigkeit einschätz
10) oder laut Tarif;
11) in der 1. Auflage von (49);
12) Abschläge für Alter, Körperbehinderung, Neben den Betrieb nicht erreicht wird;
13) nach Leistungsfähigkeit und Arbeitsdauer abschät

...rbeitskräfte in Arbeitskrafteinheiten umrechnen
...nden

HOFFMANN (138) männlich und weiblich	HOFFMANN (139) männlich und weiblich	GRUSCHWITZ (108) männlich und weiblich	BLOHM (49) männlich und weiblich	HAUPTVERBAND (120) männlich und weiblich	PRIEBE (277) männlich und weiblich	VOGEL (372) männlich und weiblich	REISSIG (285) männl. u. wbl.	männl.	wbl.	SPECKS (345) männl.	wbl.
.	.	.	0,5	—	[9])	0,7	0,5	0,5	0,35	.	
.	.	.	0,5	—	[9])	0,7	0,5	0,5	0,35	.	
0,66	0,66	0,4	0,5	0,5	0,5	0,7	0,5	0,5	0,35	.	
0,66	0,66	0,5	0,7	0,5	0,5	0,7	0,6	0,6	0,42	0,7[16])	
0,66	0,66	0,6	0,7	0,5	0,5	0,7	0,6	0,6	0,42	0,7	
0,66	0,66	0,7	0,7	1,0	0,8	0,7	0,8	0,8	0,56	0,8[17])	
1,00	1,00	0,8	1,0	1,0	0,8	0,7	0,8	0,8	0,56	0,8[16])	0,8[19])
1,00	1,00	0,9	1,0	1,0	1,0	1,0	1,0	1,0	0,70	1,0[17])	0,5[20])
1,00	1,00	1,0	1,0	1,0	1,0	1,0	1,0	1,0	0,70	0,9	
										bis[18])	
0,66	0,66	.	0,6 (0,25)[11])	1,0	1,0	1,0	0,6	0,6	0,42	2,0	
0,66	0,66	.		0,3	0,5[14])	0,6	0,3	0,3	0,21	0,6	
.	[3])	0,5	.	.	.	[9])	0,8	0,8	0,56	.	
[9])	[3])	.	[13])	[12])	[9])	[9])	.	.	.	[18])	
300	.	300	.	.	300	.	300	300		.	
2700	2700[10])	2700	2700[10])	2400	2400—2700	2400	2700[15])	.		.	
300	[3])	150	.	.	200	260	250	250		.	.
2700	[3])	.	.	2400	.	.	.	.		2700	2700

...die geforderte jährliche Arbeitszeit für

14) bis 70 Jahre;
15) in Württemberg 2800 lt. Tarif;
16) familienfremde Jugendliche;
17) Bauernsöhne im elterlichen Betrieb;
18) nach Tätigkeitsmerkmalen und Entlohnung abgestuft;
19) weibliche Arbeitskräfte, die ganzjährig im Betrieb arbeiten;
20) Bäuerinnen, Töchter und Mägde, die sowohl im Haushalt als auch im Betrieb arbeiten.

(199), (389). Das kann in doppelter Weise geschehen, a) durch Variierung des Grundbetrages bei gleichem Steigerungsfaktor (also Ortsklasse A = 0,80 DM/Std., B = 0,85 DM/Std. und C 0,90 DM/Std.) oder b) durch Variieren des Geldfaktors bei gleichem Grundbetrag für alle Ortsklassen. Diese Frage ist vorerst irrelevant, weil die Landwirtschaft der DDR keine Ortsklassendifferenzierung kennt. Da aber Betriebsklassen festgelegt werden sollen, „in die die einzelnen Betriebe eines Wirtschaftszweigs je nach ihrer Bedeutung eingestuft werden" (199), können weitere von der Arbeit selbst unabhängige Komponenten in unseren Maßstab eindringen. Wir begegnen dieser Entwicklung mit der Forderung, solche Differenzierungen erst einzuführen, nachdem die Arbeitswerte nach der analytischen Methode, vom Lohn zunächst unabhängig, festgelegt sind.

So stehen wir wieder am Scheidewege: Sollen wir der reinen naturalen Arbeitsbewertung, also der üblichen AK-Abstufung, folgen oder unserem Vorschlag, S. 224, nachgehen? Wir sagten schon oben, eine überzeugende Antwort – die r i c h t i g e – gibt es nicht, vielleicht n o c h nicht. Wir entscheiden uns für den betriebswirtschaftlich angemessenen Weg und opfern dabei vorerst noch einige arbeitstechnische Merkmale – solange die Landarbeitsforschung die Landarbeit nicht analytisch bewertet hat.

Das fällt heute auch nicht sehr schwer, weil es keine klare, einheitliche Linie in der üblichen AK-Rechnung gibt und diese selbst weder nach den dargelegten Anforderungsarten noch so fein und damit besser abgestuft ist wie unser Vorschlag, S. 224. Wir haben dieses noch zu beweisen und damit die Frage zu beantworten, ob der von uns vorgeschlagene Schlüssel wirklich besser ist als die bisher gebräuchliche AK-Rechnung. Deshalb noch ein paar Worte dazu.

Ein erster Blick auf die folgende Übersicht 1 zeigt die ganze Uneinheitlichkeit schon recht deutlich; sie entspringt der theoretischen Unklarheit, es fehlt die arbeitswissenschaftlich einwandfreie Grundlage. In Übersicht 1 ist zusammengestellt, wie einige Autoren die Arbeitskräfte in AK aufschlüsseln. Die Einheit der lebendigen Arbeit, der Maßstab, den die Forscher hier ermitteln und anwenden, ist die „Arbeitskrafteinheit" AK oder AKE. Die einzelnen Autoren definieren sie zwar verschieden, aber im Grunde kommt alles auf dasselbe heraus: „Als *Arbeitskraft* (AK) bezeichnen wir eine ganzjährig im Betrieb tätige Kraft, die *vollwertige* Arbeit leisten kann. Diese Voraussetzung gilt im allgemeinen bei einer Beschäftigungsdauer von rund 300 Tagen ..., entsprechend 2400 bis 2700 Stunden im Jahr, als erfüllt ... *Die Jahresarbeit einer* Person muß unabhängig von der Stundenzahl *als 1 AK* gelten" (277). Diese Definition zerbricht an dem entscheidenden Widerspruch zwischen der Leistungsbereitschaft (AK = Kraft, die vollwertige Arbeit leisten *kann*) und der Inanspruchnahme (AK = 2700 Std./Jahr) – Jahresarbeit eines Menschen = 1 AK, unabhängig von der Stundenzahl! Entweder ist eine AK = 2700 Arbeitsstunden im Jahr, dann kann man gleich mit Stunden oder Tagen rechnen und braucht diesen ganzen roßtäuschenden Schlüssel nicht, oder eine AK ist eben voll leistungsbereit, dann ist sie das immer, und die Stunden- oder Tagesverschlüsselung ist mithin unsinnig. Dieser Widerspruch steckt in der ganzen Bewertung, auch in (426) noch. Sie rechnet einmal Jugendliche mit 0,5 AK, weil sie nicht so stark, fertig, verantwortungsbewußt und fleißig sind wie der Bauer Schulze oder der 40jährige Landarbeiter, und zum anderen bewertet sie eine Arbeitskraft, die nur 1200 Stunden im Jahre arbeitet, mit 0,5 AK. Das sind zwei so divergierende Betrachtungsweisen, daß es einfach keinen sinnvoll vereinheitlichenden Schlüssel dafür geben kann. Das geht genau so wenig, wie es gelingt, den Arbeitsaufwand für die Feldwirtschaft mit seiner zeitlichen Verteilung in *eine* vernünftige Kennzahl zu bringen.

Von den aufgeführten Maßstäben hat nur einer diesen Widerspruch konsequent vermieden, PREUSCHENs (276): „Voll-Arbeitskräfte sind männliche und weibliche Betriebsangehörige, die gesund, kräftig und zwischen 18 und 60 Jahre alt sind". Leider fehlt jeder Hinweis auf unser Problem genauso wie die Begründung dafür, daß weder die AK noch die Aushilfskräfte wie üblich in Stunden oder Tagen ausgedrückt werden. PREUSCHENs Maßstab ist aber der einzige, der sich ausschließlich auf die Arbeitstechnik orientiert und die AK nur nach der Leistungsfähigkeit abstuft. Ist die Abstufung nach diesem Merkmal richtig? Sie ist wohl möglich aber unvollständig, wie wir gleich zeigen werden.

Sehen wir also von jenem immanenten Widerspruch ab und betrachten wir die beiden Komponenten der Arbeitswerte – *Leistungsfähigkeit und Arbeitsdauer* – nacheinander, um ihre wissenschaftliche Brauchbarkeit zu prüfen.

Zunächst zur Leistungsfähigkeit: Alle Forscher bis auf SPECKS (345) geben für die Abstufung der unterschiedlichen *Leistungsbereitschaft* nur zwei Kriterien an, ein konkretes, das Lebensalter oder das Geschlecht, und ein ungreifbar verschwommenes, die tatsächliche gegebene oder wenigstens geschätzte Leistungsfähigkeit. Unstreitig leistet die Frau bei *der* Landarbeit physisch weniger als der Mann, weil sie nicht so viel Arbeitscalorien herzugeben vermag wie er, vgl. (246). Die Männereinheiten sind also rein arbeitstechnisch wohl begründet.

Arbeitstechnisch, aber nicht über die Lohnsätze, die man so oft dafür heranzieht, vgl. z. B. (285), (345), (384)!

Man lehnt sie heute allgemein ab, z. B. in (425), wir auch, aus ebenso guten arbeitswirtschaftlichen Gründen. Beim derzeitigen Stand der technischen Ausrüstung der Betriebe und ihrer Arbeitswirtschaft ist das auch richtig. Ob es aber für alle Zeiten gilt, fragt sich sehr. Der Anteil typischer Frauenarbeiten, wo Mann und Frau gleiches leisten, geht mit zunehmender Technisierung und Rationalisierung zurück. „... die Arbeitsproduktivität auf Feld und Hof hat eine sehr unterschiedliche Förderung erfahren" (129). Allmählich mag sich auch das bei der gleichen Bewertung von Mann und Frau unterstellte ausgeglichene Verhältnis zwischen Männern und Frauen in der Produktionswirtschaft zugunsten der Männer verschieben, weil die Ansprüche an den Lebensstandard wachsen. Dem vermag das alte Schema nicht zu folgen. Unsere Lohngruppenordnung ist dagegen elastisch genug, diesen Bedingungen Rechnung zu tragen.

Die Unterstellung Mann = Frau, oder 1 Mann = 1,5 Frauen, ist heute im Grunde ebenso überholt wie jene primitive, die das ganze System beherrscht:

Das Lebensalter bestimme die Leistungsbereitschaft, die Qualifikation und die Tätigkeitsmerkmale, also wird danach abgestuft. Sehen wir wieder ab von den nirgendwo wissenschaftlich begründeten Schwankungen bei dieser Schätzung – anders können die Werte und ihre Unterschiede in der Übersicht schließlich nicht zustandegekommen sein – so dürfen wir heute sagen, daß das Lebensalter höchstens die Leistungsfähigkeit bedingt.[1]) Nun ist aber in den letzten Jahren immer mehr körperliche durch geistige Arbeit abgelöst worden, mit der Intensivierung der Betriebe und der Flucht aus der Landarbeit wuchs daneben die Verantwortung, die die einzelne Arbeitskraft trägt, so daß heute die übrigen Anforderungsarten (Selbstbeanspruchung, geistige Beweglichkeit, Wissen, Können, Verantwortungsbewußtsein) die Arbeitskräfte entscheidenend differenzieren. Was ein alter Genossenschaftsbauer z. B. körperlich weniger leistet, kann er durch geistige Mehrleistung durchaus wett machen, weitere Beispiele in (275), (293), (344). Diesen Merkmalen muß das Vereinheitlichungssystem Rechnung tragen – die Abstufung nach Lohngruppen tut es, die alte Einstufung nicht.

Im Zeitalter der Arbeitsbewertung genügt es auch nicht mehr zu sagen, man müsse die Arbeitskräfte nach ihrer tatsächlichen Arbeits- oder Leistungsfähigkeit abschätzen und einstufen, man muß schon angeben, wie das geschehen soll oder wenigstens nach welchen Anforderungsarten. Die Übersicht 1 bietet nur die Aufforderung dazu und einige sehr grobe Schätzungen (KLARE, PREUSCHEN, RKTL). Das ist aber auch das Positive und Bleibende daran: Die Arbeitsbewertung ist am Ende nämlich ebenfalls nur ein Schätzen, zwar ein verfeinertes, sogar wissenschaftliches, wenn man so will. Es wird gewiß zu sichereren, nachprüf- und wiederholbaren Werten führen, es darf aber vom alten Maßstab her auch die Gewißheit mitnehmen, daß die neuen Werte, nach der prinzipiell gleichen Methode gewonnen, für die praktische Betriebsstatistik erfolgreicher sein werden wie die alten.

Die analytische Arbeitsbewertung hebt die Einstufung der Arbeitskräfte auf eine höhere Stufe; sie erweitert die einseitig-primitive Differenzierung nach dem Lebensalter auf die übrigen, viel wesentlicheren Anforderungsarten wie Leistungsbereitschaft, Tätigkeitsmerkmale, Verantwortung usw. Sie bedient sich dabei der gleichen, heute nur besser fundierten und verfeinerten Methode des Schätzens. Die Betriebsstatistik gewinnt dadurch sichere Kalkulations- und Vergleichsgrundlagen. –

Zur Arbeitsdauer: Die zweite Komponente jenes Maßstabs, die Arbeitsdauer, ist mit der analytischen Arbeitsbewertung, also arbeits*technisch*, nicht zu fassen; sie ist etwas grundsätzlich anderes, sie ist arbeits*wirtschaftlich* bestimmt. Wo kein Arbeitstagebuch, keine Lohnlisten und kein Nachweis über geleistete Arbeitseinheiten geführt werden, muß man schätzen oder danach fragen, wie lange die einzelnen Arbeitskräfte im Betriebe während des Berichtsjahres

1) Dabei unterstellen wir, daß zunächst die gesetzlichen Bestimmungen und Verordnungen zur Klassifizierung der Arbeitskräfte eingehalten wurden. In der SU werden z. B. die Gruppen von 12--15jährigen und der Männer im Alter von 16—59 Jahren sowie die Frauen von 16—54 Jahren in der Bevölkerungsstatistik und dementsprechend auch in der Arbeitskräftebilanz besonders ausgewiesen, vgl. (344).

gearbeitet haben. Wer das schätzt, macht den Fehler nicht größer, wenn er seine Schätzung gleich in Stunden oder Tagen ausdrückt, wie er sie erfahren hat; er braucht also gar nichts irreführend in AK umzurechnen. Das gilt für die ständigen Arbeitskräfte ohne Einschränkung. Anders bei den Nichtständigen, die man irgendwie vergleichen möchte. Die Übersicht zeigt erstaunliche Unterschiede, von 150 Tg/Jahr = 1 AK bis 300 Tg/Jahr = 1 AK. Beide Auffassungen sind berechtigt; wir folgen der zweiten, weil sie die bessere Vergleichlichkeit bietet, besonders wenn man über die Lohnsummen rechnet, wie wir vorschlugen, vgl. S. 224. An dieser Stelle zeigt sich jedoch zweierlei am deutlichsten: 1. Die Arbeitsdauer ist eine sehr zweifelhafte Vereinheitlichungsgrundlage, wenn man erst einmal von ihrem angestammten Maßstab, der Zeiteinheit, abgekommen ist. Das eben wertet den wissenschaftlichen Gehalt der alten AK weitgehend ab. 2. Jeder Maßstab beruht auf Konvention; eine Übereinkunft zwischen 150 und 300 mit dem Siege der 150 tröstet aber nicht darüber hinweg, daß die Konvention hier mit großer Wahrscheinlichkeit auf Kosten der Wirklichkeitsnähe gegangen ist. Korrekturen um 100% erschlagen jeden Maßstab, der einen naturwissenschaftlich-technologischen Zusammenhang wiedergeben soll.
Dieser Einwand gilt auch gegen unseren Vorschlag. Wir haben deshalb bei der Abgrenzung im Maß der Arbeit gesagt, man müsse die nichtständigen Arbeitskräfte zusätzlich ausweisen wie die Zusatzfutterfläche und zählen. Für den Maßstab folgt daraus, Ständige und Nichtständige nach der analytischen Arbeitsbewertung oder den Lohngruppen abzustufen und *beide* Kategorien in AK auszudrücken, aber nicht ohne weiteres zusammenzuzählen. Wer den *Notbehelf* der Umrechnung über 300 Tage oder die entsprechenden Lohnsummen anwendet, muß sich über die Willkür seiner Aussage klar sein und diesen Rechengang unbedingt deutlich angeben.

Die Übersicht 1 offenbart also drei entscheidende Mängel der üblichen AK-Bewertung

1. Die bisherige AK-Rechnung versucht zwei divergierende Gesichtspunkte in einen Maßstab zu bringen, die Leistungsfähigkeit und die Arbeitsdauer. Diese Widersprüchlichkeit stellt jede an der Wirklichkeit orientierte Vergleichbarkeit ernstlich in Frage.

2. Die Leistungsfähigkeit wird sehr primitiv bewertet. Außerdem ist sie das einzige Kriterium der Leistungsbereitschaft, das für alle übrigen Wesensmerkmale der Arbeit und des arbeitenden Menschen steht; das ist unsicher und für die rechnerische Durchdringung der modernen intensiven Kulturwirtschaft völlig unzulänglich.

3. Die Arbeitsdauer ist keine angemessene Vereinheitlichungsgrundlage für einen Maßstab, der das nutzbare Potential an lebendiger Arbeit(skraft) wirklichkeitsnahe wiedergeben soll. Die Arbeitskräfte muß man zählen, die Arbeitsdauer in Zeiteinheiten messen. Jede Kombination führt zu bedenklichen Konventionen.

Das gilt für alle Maßstäbe der Übersicht 1 mit Ausnahme des SPECKSschen. Seine Arbeitswerte lassen sich, wie man sieht, gar nicht mehr ohne weiteres in das althergebrachte Schema einordnen. Von der Überlegung aus, daß die AK-Abstufung nach dem Lebensalter nur die körperliche Leistungsfähigkeit berücksichtige und damit keinen vollgültigen Maßstab mehr abgebe, ist er über die Löhne bzw. die Lohnansprüche bereits einen ähnlichen Weg gegangen, wie wir ihn oben mit der Lohngruppenbewertung vorschlugen. SPECKS sieht die Arbeitskräfte differenziert von drei Bestimmungsgründen: 1. ihrer verschiedenen Leistungsfähigkeit, 2. dem Verhältnis von Angebot zur Nachfrage nach Arbeitern und 3. von der Rücksichtnahme auf Familienstand, Kinderzahl und Dauer der Betriebszugehörigkeit des Arbeiters (345). Vom zweiten Gesichtspunkt meint er, er wirke auf alle Arbeitergruppen in gleicher Stärke, verändere also nicht die hier entscheidende quantitative Relation zwischen ihnen, und den 3. eliminiert SPECKS, indem er die Mehraufwendungen dafür abzieht. Diese und manche andere seiner Deduktionen und Kalkulationen mag man mit guten Gründen bestreiten. Sein Prinzip aber ist richtig. Der Betriebleiter rechnet bei SPECKS mit 1,3 bis 2 AK, abgestuft nach Betriebsgrößenklassen, und die Spezialarbeiter bewertet er mit 1,1–1,3 AK, je nachdem, wie groß ihr Verantwortungsbereich ist. Alles übrige geht aus der Übersicht 1 hervor. Etwas willkürlich scheint die Wertzahl für Frauen, er hat sie mit 0,65 AK über die Löhne errechnet, aus geschichtlichen Gründen aber auf 0,8 AK festgelegt. Die Saisonarbeiter vereinheitlicht er ebenfalls über die Löhne, d. h. diesmal genauso, wie wir es auch vorschlugen. Wir haben den SPECKSschen Gedanken also bereits theoretisch weitergeführt – er sieht nicht die volkswirtschaftspolitischen Aspekte bei seinen Werten und vergißt die grundlegende Arbeitsbewertung mit ihren klaren Beziehungen zu den Löhnen – daß man so mit Erfolg rechnen kann, die Sache also praktischen Sinn hat, hat er im Prinzip wohl nachgewiesen mit seinen danach errechneten Kennzahlen.

Was SPECKS und wir hier vorführen, liegt im übrigen gewissermaßen in der wissenschaftlichen Luft — bloß hat es niemand bisher so klar ausgesprochen oder gar überzeugend begründet. Da GEUTING nur die althergebrachte Arbeitskräfteumrechnung kennt, hat er schon recht, wenn er meint, daß sich die so ermittelte „arbeitstechnisch aufgefaßte Arbeitskrafteinheit nicht objektiv anwenden läßt" (105). Er sieht zwar nicht die im Wesen der Sache liegenden Gründe dagegen, und seine schroffe Ablehnung bringt ihn dann auch auf den bereits auf S. 204 abgewiesenen Fehlschluß; daß diese Rechnung aber tatsächlich zu verkehrten Urteilen führen muß, geht schon aus einem der üblichen Beispiele hervor, es mag hier für alle übrigen stehen: GRUSCHWITZ (108) bewertet in einem 77-ha-Betrieb den Betriebsführer, einen Unterschweizer und eine Hausfrau (?) mit je 1 AK. Das ist eben so unvergleichbar und damit falsch. SPECKS würde 1,8 + 0,9 + 0,5 (?) AK herausbekommen und wir 2,6 + 1,3 + 1,2 (selbständige Betriebsköchin) AK. Da diese Arbeitskräfte nicht im Verhältnis 1:1:1 in den Betrieben gehalten werden, ergeben SPECKS' und unsere Arbeitswerte dem unterschiedlichen Gewicht der Arbeitskräfte im Betriebe entsprechende besser vergleichbare und damit richtigere Kennzahlen.

GEUTING ist im übrigen, genauso konsequent wie PREUSCHEN, vgl. S. 230, zum — gegenteiligen Schluß gekommen. Während PREUSCHEN die Arbeitskräfte nur nach der Leistungsfähigkeit vereinheitlicht und die Umrechnung nach der Jahresarbeitsdauer wegläßt, lehnt GEUTING dagegen die arbeitstechnische Bewertung rundweg ab und beschränkt seine Rechnung ausdrücklich auf die „zur Verfügung gestellte Arbeitszeit", die der einzig richtige Maßstab für die AK sein müsse (105). Wir haben uns schon damit auseinandergesetzt, S. 203 ff. GEUTINGs (105) und PREUSCHENs (276) so entgegengesetzte Schlüssel mögen aber beweisen, daß die Sache in Fluß gekommen ist und so oder so entschieden werden muß.

Die übliche AK-Rechnung kommt eben ohne einen am Ende in Stunden zu messenden unterstellten Zeitaufwand nicht aus, wenn sie die Arbeitskraft differenzieren will: „Als *Arbeitskraft* gilt die Einheit einer vollwertigen Arbeitskraft, die ... etwa 300 Tage voll im Betriebe tätig ist ... nur zeitweise Beschäftigte sind entsprechend einzustufen" (277). Warum Arbeitskraft sagen, wenn man an Stunden denkt? Es ist ohnehin noch genug Fiktion im Maß der Arbeit! Wir widersprechen also dem PRIEBEschen Satz, daß „die Arbeitsstunde als Bezugswert nur für arbeitstechnische Einzeluntersuchungen brauchbar" sei (277). Seine „Arbeitskraft" ist nur ein anderes Wort für den gleichen gedanklichen Inhalt. *Diese* Arbeitskraft ist nicht das angestammte Maß der arbeitswirtschaftlichen Rechnung, *ihre* Stunde aber auch nicht das geheiligte Maß der Arbeitstechnik. Vollständige Erkenntnis läßt sich nur aus einem Vergleich von Relatoren gewinnen, die beide Relaten, die gezählten AK *und* die aufgewendeten Stunden enthalten, vgl. (66), (159). Wer die Stunden oder Tage nicht weiß, bleibt auf Zählen und Fragen angewiesen; er kann und muß auf die unterstellten 300 Tage usw. ohnehin verzichten. PRIEBE übersieht hier, daß auch *die Arbeitsstunde* mehr als nur ein arbeitstechnischer, und hier überhaupt ein *anderer* Maßstab ist. Sie steht im Produktivitätsrelator nur als kleinste Recheneinheit der Jahresarbeitssumme. Wenn man ihn hat, trifft der Gesamtarbeitsstundenaufwand besser zu oder ist wenigstens ebenso genau wie die alte AK, die bisher freilich immer noch das handlichste und allgemeinste Maß der lebendigen Arbeit war. Man muß sich nur klar werden über seine Grenzen und die potentielle Ungenauigkeit damit gebildeter Aussagen.

Die wesentlichen Mängel der althergebrachten Arbeitskräfteumrechnung fühlten auch SUDAU (356) und PRIEBE (277), (278). SUDAU zog daraus den richtigen Schluß für die Praxis seiner Untersuchung, andere folgten ihm darin, vgl. (121): Seine Bewertungsmethode „weist insofern gegenüber irgendwelcher schematischen Bewertung geringere Fehlerquellen auf, als eine genaue Beurteilung der einzelnen Arbeitskraft in ihrer Arbeitsfähigkeit an Ort und Stelle in den Betrieben vorgenommen werden konnte" (356). Er verzichtet also auf schematische Vereinheitlichung — der zweifellos beste Weg, wenn richtig, d. h. vergleich- und wiederholbar geschätzt wird; es geht also auch hier nicht ohne Arbeitsbewertung. — „Die Bewertung sollte sinngemäß und nicht schematisch erfolgen. ... ältere und junge Personen werden am besten nach ihrem *tatsächlichen Leistungsvermögen* eingestuft" (277). So weit gut und praktisch brauchbar. Nun kommt PRIEBE aber auch zu einem theoretisch kaum zu vertretenden Schluß; er will das „Betriebsergebnis auf die betriebsnotwendige Arbeitskraft beziehen" (278). Damit entgeht er der Vereinheitlichung auch nicht, wenn er Betriebe vergleichen will, bekommt aber eine neue kalkulative Komponente in sein Maß, das den Maßstab bestimmt und damit das Ergebnis vorwegnimmt, vgl. S. 145 und (372).

Die Wissenschaft sucht offensichtlich nach Besserem, die analytische Arbeitsbewertung vermag es ihr zu bieten; es gilt sie zu entwickeln.

Die Bewertung der Landarbeit steht im Umbruch. Die alte AK-Rechnung befriedigt nicht mehr, neue Wege sind gewiesen. Solange niemand sie geht, bleibt nur eine Lösung: Die auf der Hand liegende Kombination zwischen der angedeuteten arbeitstechnischen und der betriebswirtschaftlich-volkswirtschaftspolitischen Abstufung, wie sie in den Lohngruppenkatalogen bzw. in den Tätigkeitsmerkmalen bereits vorliegen. Das Resultat dieser Verbindung sind unsere auf S. 224 vorgeführten Arbeitswerte.

Trotz der zeitbedingten Mängel, die unserem Maßstab noch anhaften, am schwersten wiegen dabei die fehlenden analytisch ermittelten Arbeitswerte, zeigt er sich in seiner einheitlichen Linie und in dem klaren Prinzip seiner Aufstellung sowie in der Anpassungsfähigkeit an wechselnde Verhältnisse schon jetzt dem alten Verfahren deutlich überlegen. Er ist allerdings nicht unbedingt konstant über alle Zeiten, jetzt noch nicht, weil er lohnpolitische Komponenten enthält, auch später als reiner Arbeitswert vielleicht nicht, weil sich eben das Verhältnis von Mensch zu Arbeit auch nicht über die Jahrzehnte hin gleich bleibt. Diesen Nachteil soll man nicht überschätzen. Ein Blick auf die Übersicht 1 zeigt schon, daß jene Schlüssel auch schon recht verschieden sind; und tatsächlich ändern sich die Beziehungen zwischen Mensch und Arbeit mit der Zeit; dem folgt unser Maßstab entschieden besser als die üblichen AK-Schlüssel. Außerdem haben wir als einfachsten Kontrollmaßstab stets die natürliche Zahl der Arbeitskräfte daneben, so daß die mit beiden Maßstäben gebildete Aussage wohl sicher genug sein dürfte.

Diese notwendig knappen Darlegungen über die Rolle der Arbeitsbewertung bei der Entwicklung eines arteigenen naturalen Maßstabs für die verschiedenartigen Bestandteile der lebendigen Arbeit in der Landwirtschaft haben dreierlei klar gemacht:

1. Eine ernstzunehmende rein arbeitswissenschaftlich orientierte Bewertung der Landarbeit liegt bis jetzt nicht vor. Was davon da ist, ist sehr grob und erfüllt nicht, was man von einem Maßstab fordern muß, der den vielfältigen Beziehungen zwischen Mensch und Arbeit im Betriebe arbeitswissenschaftlich und betriebswirtschaftlich voll Rechnung tragen soll.

2. Wir haben kurz vorgeführt, welchen Weg man gehen kann, um auch in der Landwirtschaft zu einem arbeitswissenschaftlich einwandfreien Maßstab zu kommen, der dann den arbeitstechnischen Aspekt so rein und vor allem sicher genug verifiziert, daß ihn die Betriebsstatistik mit Erfolg verwenden kann.

3. Die zur Zeit einzige Möglichkeit, einen wirklichkeitsnahen Arbeitswert allgemeingültig zu bestimmen, besteht in der Kombination zwischen der arbeitstechnischen und betriebs- bzw. volkswirtschaftspolitischen Wertung, wie sie vorerst nur im Lohngruppenkatalog oder in der Tarifordnung vorliegt. Unser daraus entwickelter Schlüssel erlaubt, alle landwirtschaftlichen Arbeitskräfte nach ihren Tätigkeitsmerkmalen, ihrer Qualifikation und den jeweiligen Arbeitsbedingungen einzustufen, in AK zu bewerten, zu vereinheitlichen und mit Hilfe dieses Maßstabes in einer Summe mit der Dimension AK auszudrücken.

3.5112 Die eingesetzte Arbeitszeit

Die Welt des Lebendigen ist so bunt und vielfältig, daß es vermessen erscheinen mag, wenn wir im vorigen Kapitel versuchten, die Arbeit in ein Schema einzufangen und sie mit Maß und Zahl zu erfassen. Unstreitig schwanken und streuen alle irgendwie ermittelten Größen bei der Arbeitsbewertung, sie hängen von so vielen unwägbaren Einflüssen körperlicher, seelischer und technischer Natur ab, daß man von vornherein nur betriebsbrauchbare Näherungswerte und keine physikalischen Präzisionszahlen erwarten darf, deren zahlenmäßiger Genauigkeitsgrad sich mit mathematischen Methoden beliebig steigern ließe, wie es die Technik sonst gewöhnt ist. Was bei der Erfassung des Lebendigen herauskommt, sind in Wahrheit stets relative Aussagen, Beziehungen zu Richtzahlen. Schätzen ist die Methode, mit der man solche Kennzahlen gewinnt. Sie bewegen sich in vergleichsweise weiten Toleranzen. Hinzu kommt noch, daß allen Lebensvorgängen Entwicklung immanent ist. Das bedeutet, daß grundsätzlich nicht konstant, unstabil, ist, was als Zahl da steht. Man braucht das nicht tragisch zu nehmen; die Biologie, die Betriebs- und Arbeitsforschung sind eben keine exakten Naturwissenschaften wie die Physik und die Astronomie. Unsere Maßstäbe müssen nur folgerichtig aufgebaut, vom untersuchten Gegenstand bestimmt sowie in den notwendigen und erreichbaren Grenzen auch zuverlässig sein. So dürfen wir aus dem letzten Kapitel schließen: *Die menschliche Arbeit ist nicht in absoluten Maßstäben (im c-g-s-System) auszudrücken, sondern nur in eigenständigen, für diesen Zweck eigens gefundenen und gesetzten Relaten.*

Unter diesem Aspekt ist auch der Zeitmaßstab zu verstehen, in den wir die lebendige Arbeit aus naheliegenden Gründen ebenfalls zu fassen haben. Stunden und Minuten sind wertneutrale, objektive und obsolute Maßstäbe der Naturwissenschaft. Mit diesem und ihrem universalen Charakter verträgt es sich nicht, wollte man alle jene Gesichtspunkte, die die Arbeitenden differenzieren, auf die Zeitrechnung übertragen. Trotzdem hat dieser physikalische Maßstab seinen Sinn für die Erfassung der lebendigen Arbeit, *denn die Zeit ist proportional der Arbeitsdauer.* Sie kann nicht und sie soll auch nicht sagen, wer gearbeitet hat und wieviel er leistete, sondern nur zum Ausdruck bringen: *In x Stunden ist gearbeitet worden,* das Leistungsvermögen der Arbeitskraft stand der Produktionswirtschaft x Stunden lang zur Verfügung. Damit schließt sich der Ring; das naturale Maß, das das Potential der lebendigen Arbeit erfaßt, wird vollständig: Zwanzig verschiedene Arbeitskräfte schaffen im Betriebe, das sind 25 AK; diese 25 AK haben ihr Leistungsvermögen 55000 Stunden in der Produktionswirtschaft eingesetzt. Nach diesen beiden Gesichtspunkten wertet auch die Wirtschaft, sie entlohnt die gearbeitete Zeit und den so oder so bewerteten Arbeitenden.

Und die Leistung, wird man einwenden, wo bleibt sie? Sie steckt im Grunde genommen auch in der Zeit; denn jeder Leistungslohn beruht auf der Erwägung, daß sich die zu vergütende Leistung als Summe der erreichten Zeit/Mengennorm ergibt, von denen jede vorgegebene ein bestimmtes Arbeitszeitmaß darstellt. So ist also diese Leistung nur ein Vielfaches der kalkulierten Zeit und nicht diese Zeit schon selbst. Wenn einer in acht Stunden so viel schafft wie ein anderer, sagen wir schon der Normalleistende in zwölf Stunden, hat er eben doch noch nicht 12 Stunden gearbeitet; denn die Zeit ist nur der Arbeitsdauer proportional, nicht der Leistung. Das schließt wie gesagt nicht aus, die Leistung in Zeiteinheiten auszudrücken, aber damit bekommt der Zeitmaßstab bereits eine übertragene Bedeutung, genauso wie das Getreide in der Getreideeinheit. Der Leistungslöhner hat eben zunächst Minuten oder Stunden „verdient", das Vielfache seiner Arbeits- oder Zeitnorm. Die Vorgabe*zeit* hat dabei den Charakter eines Meß*werts*; so jedenfalls betrachtet sie der Industriebetrieb, vgl. z. B. (43).

Wenn die Arbeitszeit also ein wertneutrales Maß ist, dann müssen ihre Maßstäbe das auch sein; wir haben daher hier 1. nur einen zweckmäßigen Maßstab – Tag, Stunde, Minute – zu bestimmen, über ihn selbst ist dann nichts weiter zu sagen; zu umreißen bleibt 2. seine Rolle im Produktivitätsrelator, die er dort im Vergleich mit den anderen Maßen und Maßstäben spielt; und 3. haben wir noch zu sagen, wie die Arbeitsstunden jeweils ermittelt werden sollen.

3.51121 *Tag, Stunde oder Minute als Maßstab?*

Wie man die Arbeitsdauer in der Landwirtschaft auch immer erfassen mag – was herauskommt, wird stets ziemlich ungenau sein; deshalb hat es keinen Sinn, in Minuten oder Bruchteilen von Stunden zu rechnen, das täuscht nur eine Präzision vor, die der lebendigen Arbeit am Lebendigen fremd ist und auch gar nicht erreicht werden kann. Man soll also schon deshalb nicht in Minuten messen, ganz abgesehen davon, daß dieser Maßstab relativ hohe und entsprechend unanschauliche Kennzahlen brächte.
Auch der Tag ist kein geeigneter Maßstab. Er umschließt die 24 Stunden des täglichen *Lebens,* aber nicht dieses gehört in das A unseres Relators, sondern der Teil des Tages, an dem gearbeitet wird. Die Arbeitstage der Landwirtschaft sind verschieden lang, daran ändert auch der Achtstundentag vorläufig noch nichts. Jede Vereinheitlichung vergewaltigt die Wirklichkeit, Sommer- oder Winter-, Männer-, Frauen- oder Kinderarbeitstage komplizieren Darstellung und Aussage. Ziemlich unsinnig erscheint uns auch eine Bestimmung wie diese: „Die Arbeitsdauer umfaßt nur die wirklich geleisteten bzw. zu leistenden Arbeitstage ohne Rücksicht darauf, ob eine Stunde oder acht Stunden am Tage gearbeitet wurden" (416). Das ist nicht Fisch, nicht Fleisch, täuscht wieder nur vor, was gar nicht gegeben ist; zehn Tage, an denen nur eine Stunde gearbeitet wurde, sind eben keine Arbeitstage. Dann ist schon richtiger, die monatliche Durchschnittszahl der Arbeiter zu Grunde zu legen und die Produktionsleistung darauf zu beziehen; denn nicht der Tag schlechthin wird bezahlt, sondern der arbeitende Mensch; man denke bloß an die Gehaltsempfänger und die hohen Festkosten, die die einzelne Arbeitskraft im landwirtschaftlichen Betriebe macht. So bleibt schließlich die Stunde übrig. *Sie wird als zweckmäßigster Maßstab der Arbeitsdauer in unsere Rechnungen ebenso klar und unverfälscht eingesetzt wie in der reinen Naturwissenschaft. Hier wie dort ist Stunde = Stunde, ganz gleich ob Sonntags-, Über-, Normalarbeits- oder Leistungslohnstunde.*

Es ist im übrigen auch nicht sinnvoll, die im Industriebetrieb üblichen Meßverfahren mit den Kennzahlen der stündlichen, täglichen, monatlichen, quartalsweisen und halbjährlichen Arbeitsproduktivität, vgl. (103), (416), *nebeneinander* für den landwirtschaftlichen Betrieb zu übernehmen. Aus zwei Gründen sollte man das nicht tun: 1. Der normale Industriebetrieb stellt ceteris paribus täglich oder wenigstens monatlich die ziemlich gleichbleibende Zahl von *Gebrauchswerten* her. Den wirtschaftlichen Erfolg, mit dem das geschieht, muß die Betriebsleitung laufend kontrollieren können, dazu braucht sie jene drei maßstabsverschiedenen Kennzahlen und die Relationen ihrer wechselseitigen Veränderung. Die Phasenverschiebung zwischen Arbeit und Ertragsgewinnung sowie die unterschiedlichen Rhythmen der Produktionsprozesse und ihre in der Regel lange Dauer im Landwirtschaftsbetriebe zwingen dazu, die Produktivität nur einmal im Jahre mit der Jahresarbeit und Produktionsleistung (an Gebrauchswerten) abzurechnen, vgl. (66). Sie auf Tage oder Monate aufzuteilen, bedeutete nur Zahlenspielerei. Weil erst Monate später als Gebrauchswertsumme erscheint, was aus der Arbeit im Juli hervorgegangen ist, hat es keinen Sinn, ihr irgendwie Produktivität zurechnen zu wollen. Der zweite Grund gilt allgemein:

Die moderne Arbeitsforschung verfolgt die Arbeitswirtschaft im Betriebe, indem sie Bedarf und Aufwand an Arbeit im Stundenmaßstab erfaßt und mit den Kostenstellen der Betriebszweige verbindet. Dieses Verfahren hat eine Menge Richtzahlen im Laufe der Zeit ergeben, jeder kennt sie und verbindet daher anschauliche Vorstellungen mit dem Stundenmaßstab, der dann im übrigen weiter benutzt wird, die Beziehungen zwischen Arbeitszeit und Lohn und die Auslastung der Arbeitskräfte zu verfolgen. Deswegen lehnen wir Tage und Minuten als Maßstäbe zur Erfassung der lebendigen Arbeit ab.

Jene Unterscheidung in stündliche, tägliche und monatliche Arbeitsproduktivität hat allerdings ihre politökonomische Bedeutung. Denn bei Kurzarbeit, Teilarbeitslosigkeit und anderen Krisenerscheinungen wird die stündliche Arbeitsproduktivität stets vergleichsweise weit über den anderen Kennzahlen liegen und manchen Mißstand verschleiern. Betriebswirtschaftlich ist das ziemlich unerheblich; denn die Auswirkungen solcher Krisen spürt der Betrieb stets über den Preis oder andere überbetriebliche Einflüsse, die er als Daten hinnehmen muß. Auch betriebsstatistisch ist die Sache irrelevant. Wir haben hier stets betont, daß man klare, anschauliche und möglichst einfache Kennzahlen entwickeln soll. In der vierteljährlichen Arbeitsproduktivität stecken aber z. B. Fehlschichten, Halbtagsarbeit u. a. m., wenn man über die Tage oder gar die Arbeitsmonate rechnet, wie in (416) vorgesehen. Das sind bereits zwei Größen in einer Grundzahl (die Tage oder Monate und die Auslastung der Arbeitskräfte), die den damit gebildeten unklaren Quotienten zu interpretieren erschweren. Die Betriebsstatistik verwendet für diesen verwickelten Zusammenhang zweckmäßig zwei Kennzahlen: a) die Beziehung zwischen lebendiger Arbeit in Stunden, in der Anzahl der Arbeitskräfte oder in der Summe der AK, und der Produktionsleistung und b) bezieht sie die gearbeiteten Stunden auf die Anzahl der eingesetzten Arbeitskräfte. Wir bleiben also bei unseren beiden naturalen Maßstäben, weil sie betriebswirtschaftlich *zweckmäßig* sind. Mit diesen Kennzahlen wird am besten kontrolliert, ob die Betriebswirtschaft die ihr von der Volkswirtschaft auf diesem Gebiete gesetzten Ziele erreicht hat.

3.51122 *Die Stunde als Maßstab der Arbeitsdauer im Produktivitätsrelator*

Gegenüber der Zahl der Arbeitskräfte als Maßstab der lebendigen Arbeit *bietet die Stunde einige wesentliche Besonderheiten.* Die Arbeitskraft läßt sich nicht teilen. Sie arbeitet aber täglich und im Jahreslaufe in verschiedenen, oft in allen Betriebszweigen, deren Produktivität gemessen werden soll. Dazu braucht man dann *den Stundenmaßstab; er ergibt das unterteilbare und daher den Betriebszweigen am feinsten zurechenbare Maß der lebendigen Arbeit.*

In unserer AK-Rechnung haben gleiche Mengen auch gleiche Werte, weil sie nach unserer Deduktion alle Vielfache von 160 DM/Monat = 1 AK sind. *Auf diese Wertäquivalenz verzichtet der Stundenmaßstab, weil sie seinem physikalischen Charakter nicht angemessen ist. Die Stunde ist damit der vorerst einzige rein naturale Maßstab für die lebendige Arbeit im Nenner A des Produktivitätsquotienten.*

Die Stunde ist der Maßstab der Zeit, welcher Zeit, und wie ermittelt man sie? Wir sprechen von Arbeitsdauer, damit ist der betriebs- und arbeitswirtschaftliche Aspekt klar bezeichnet, es gibt noch den arbeitstechnischen. Er gehört nicht in dieses Maß, das die *Produktivität* ausdrücken soll und nicht die *Leistung*. Für die Leistung (des Arbeiters!) entscheidet, wie er die Auftragszeit genutzt hat, dort ist die unstreitige Domäne der Arbeitsstudie mit ihren Zeitgliederungsschemen, den Teilzeiten aller Art und der aus der gemessenen Leistung ermittelten, durch Vergleiche erhärteten Vorgabezeit – als Ziel aller Bemühungen. Da der Landarbeiter nun aber in einer Acht-Stunden-Schicht nicht Gebrauchswerte aus Rohstoffen herstellt wie der Bäcker oder der Weber, sondern weil sein Produktionsprozeß am Lebendigen eben viel länger dauert und weit komplizierter ist, unterscheiden sich Leistung als Erfolg der Arbeitstechnik und Produktivität als Erfolg der Betriebswirtschaft so wesentlich, daß auch die Maße und Maßstäbe beiden Erfolgsbegriffen entsprechen müssen. Die Stunden, die das A im Produktivitätsrelator messen, geben grundsätzlich stets die „Betriebszeit" wieder, also die Zeit, während der der Betrieb am Tage „läuft", d. h. die Belegschaft arbeitet, „auf Schicht" ist, vgl. (89).

Der Accent liegt auf dem „auf-Schicht"-sein. Denn auch wenn kein Mensch arbeitet, „läuft" der Betrieb; die Produktivkräfte der Natur wirken 24 Stunden am Tage. Die Industrie macht es ähnlich: Man berechnet die „stündliche Arbeitsproduktivität, indem man die Bruttoproduktion des Betriebes oder der Abteilung durch die Zahl ... der Stunden dividiert, die von den Arbeitern im Laufe einer bestimmten Zeit geleistet werden müssen" (92). Diese „bestimmte Zeit" ist eben die Schicht. „Die stündliche Arbeitsproduktivität ist die Arbeitsproduktivität, die in bezug auf die tatsächlich geleistete Zeit nach Abzug der Sillstandszeiten[1]) im Laufe eines Arbeitstages erreicht wird" (92). Dieser Definition schließen wir uns sinngemäß an.

Wir lehnen jede Reduktion auf irgendeine Teilzeit für die Produktivitätsmessung rundweg ab. Weshalb soll man die berühmten „Beschäftigungs-Stunden" in der bäuerlichen Familienwirtschaft weglassen? Der Lohnarbeiterbetrieb hat auch genug davon, wenn er es auch nicht wahrhaben will! Ist es nicht gerade ein erstaunliches Charakteristikum der bäuerlichen Menschen unserer Tage, daß sie trotz der dadurch vergleichsweise geringeren Arbeitsproduktivität unentwegt an ihrer Scholle festhalten, viel krisenfester sind als andere „rationale" Berufe? Wir arbeiten nicht bloß um zu leben, und vor allem der Bauer lebt in und mit seiner Arbeit. Man nimmt ihm ein Stück seines inneren Reichtums, wenn man seiner Arbeit jene emotionalen Bestandteile amputiert. Wer sollte das auch allgemeingültig quantifizieren? Wir wollen nicht die Produktivität der produktiven Arbeits*stunden* messen, das ist ein unfruchtbares Unterfangen, weil es auf völlig verschwommenen Grundlagen aufbauen müßte und außerdem auch kein sinnvolles Ergebnis brächte, vgl. S. 297. *Solange eine Arbeitskraft für den Betrieb mit konkreter, nützlicher Arbeit beschäftigt ist, dazu gehören auch die Wegezeiten und die im Betriebsleben üblichen und normalen Zeitverluste, solange dauert seine Arbeit;*

[1]) Stillstandszeiten treten auf bei „Schichtwechsel" (92); dann „läuft" der Betrieb nicht, die Arbeiter arbeiten nicht. Das trifft im Landwirtschaftsbetrieb zu auf die — unbezahlten — Mittags-, Vesper- und anderen Pausen, die Zeiten also, wo nicht gearbeitet wird.

diese Arbeiterzeit messen wir also in Stunden für das A im Produktivitätsrelator. Sie wird in der Regel der Schichtzeit proportional sein.

Man kommt ohne diese gedankliche Verbindung zwischen Arbeiterzeit und Schichtzeit nicht ganz aus, weil es Arbeiterzeiten geben kann, wo der Arbeitende nichts tut. Fallen sie in die Schichtzeit, so werden sie bezahlt, wir müssen sie also mitrechnen. Auch hierbei kommt es nicht auf die letzte halbe Arbeiter-Stunde an, mag sie ruhig untergehen. Die ermittelten Zahlen sind ohnehin ungenau. Andererseits erholt sich der Arbeiter in einer Zwangspause und arbeitet nachher intensiver, so daß sich verlorene Zeit auf diese Weise wieder ausgleichen wird.

Im übrigen kommt es stets auf den Zweck an, zu dem man die Arbeitsproduktivität ermittelt. Wer die Arbeitsproduktivität beim Anbau verschiedener Fruchtarten vergleichen will, kann wie DAHSE (75) nach der monographischen Methode vorgehen und sich auf die produktiven Zeiten beschränken. So fruchtbar die monographische Methode seit Thünen auch immer ist, daraus allein läßt sich aber DAHSEs kühner Schluß nicht herleiten: „Jedenfalls sind Werte, die sich aus produktiver und unproduktiver Arbeitszeit zusammensetzen, für die Feststellung der Arbeitsproduktivität ohne Wert“ (75). Hier gehen Arbeitsstudie als Verfahren, die Leistung zu bestimmen, Produktivitätsmessung, monographische und statistische Methode durcheinander. Gerade die Monographie bietet aber die beste Möglichkeit, wahre oder besser richtige Zahlen über den Betriebsablauf zu gewinnen; DAHSE verbaut sich mit seiner Reduktion auf die „reine Arbeitszeit“ selbst den Weg zur erreichbaren Wahrheit. Denn er übersieht, daß er Fruchtarten vergleicht, die einen recht unterschiedlichen Arbeitsbedarf haben, d. h. praktisch: Je öfter sein Betrieb aufs Rübenfeld fährt, desto höher wird der von ihm ausgeklammerte Leerlauf im Vergleich zu den c. p. sehr viel geringeren unproduktiven Zeiten für die gleiche Getreidefläche. Mag dieser Fehler aufs ganze gesehen vielleicht auch nicht allzu groß sein, so widerspricht DAHSEs Verfahren doch dem Prinzip der vollständigen Untersuchung, ein Grundsatz, dem keine Methode besser zu folgen erlaubt als gerade die monographische. Im übrigen beweist seine Abhandlung, daß es keinen Sinn hat, an irgendeiner Stelle eines so langen Rechenganges mit der Apothekerwaage zu wiegen — wie er es mit der reinen Arbeitszeit macht — wenn an den anderen die Zentesimalwaage die Zwischengrößen anzeigt. DAHSEs Kostenkalkulationen (75) sind so grob, daß 20% Leerlauf — oder nicht — völlig untergehen. Seine Ergebnisse decken sich dann auch durchaus mit den BLOHMschen (49). Es ist also nicht nur grundsätzlich falsch, es hat auch keine praktische Bedeutung, die Schichtzeit auf die produktive Arbeitszeit zu reduzieren.

Für die Rechnung mit dem Stundenmaßstab ist es prinzipiell irrelevant, ob man die Arbeitszeit in der Dimension „Stunde“ ausdrückt oder in einem Vielfachen davon, also mit 2560 Stunden (251) oder mit 2400 Stunden = 1 Arbeitskrafteinheit (105) rechnet, solange *diese* Arbeitskrafteinheiten eben nicht mehr als reine, unverfälschte Vielfache von Stunden enthalten. Wir lehnen für diesen Sammelausdruck nur die Bezeichnung „Arbeitskrafteinheit“ ab; die Arbeits*kraft* kann man nicht in Stunden messen, sie ist physiologisch wie mechanisch stets in mkg oder Calorien auszudrücken, niemals in einer Zeiteinheit. —

Wie gewinnt man nun die gearbeiteten Stunden?

In den Lohnarbeiterbetrieben macht es keine besonderen Schwierigkeiten, die von den Arbeitskräften geleisteten Stunden herauszufinden; am genauesten gibt sie die Bruttolohnrechnung her. Sollten die Leistungslohnstunden nicht aufgeschrieben sein, so rechnet man die Tage, an denen im Leistungslohn gearbeitet wurde, mit der tariflichen Arbeitszeit voll an, aber *nicht* „die auf Grund der Normzeit errechneten Stunden“ (347)! Genauso verfährt man bei Gehaltsempfängern, deren Stunden in der Regel ja auch nicht besonders registriert werden. Große Fehler werden dadurch nicht entstehen. Eine ordentliche Buchführung weist weiter stets die Tage oder Stunden aus, die bezahlt aber nicht geleistet wurden[1]); sie sind von den ermittelten Gesamtstunden der Belegschaft abzuziehen.

Sie gehen deswegen nicht unter; wir fassen sie als die festen Kosten der lebendigen Arbeit auf und rechnen sie dort zu.

Die LPG schreibt die Arbeitsstunden in der Regel (noch) nicht auf. Man kann sie also aus den Buchführungsunterlagen nicht ohne weiteres gewinnen. Auf Grund der genau registrierten Arbeitseinheiten lassen sie sich indessen nach dem gleichen Prinzip nur mit größerer Genauigkeit schätzen wie in den bäuerlichen Familienwirtschaften. Aber die Arbeitseinheit ist ein grundsätzlich anderes Maß! Alle Umrechnungskoeffizienten sind daher unangemessen und bringen praktisch auch nur grobe Werte, vgl. (66), (344). Wir kommen im nächsten Kapitel darauf zurück.

Die Stunden in der bäuerlichen Familienwirtschaft wird man schätzen müssen, wenn sie nicht zufällig ein Arbeitstagebuch geführt hat. Dieser „gewagte“ Vorschlag braucht heute niemanden aufzuregen. Wie sicher die Ergebnisse einer Schätzung sind, hängt stets vom angewandten Verfahren und den verwendeten Unterlagen oder Meßinstrumenten ab; wir unterstellen nur fachkundige Schätzer, andere sollten es nicht erst versuchen.

Das Verfahren: Der Schätzer hat zwei Möglichkeiten, zu den geleisteten Stunden zu kommen a) über einen Arbeitsvoranschlag, den er nach Belieben mehr oder weniger genau, d. h. gründlicher oder rascher machen kann; Verfahren aller Art gibt es genug dafür, b) hat der Schätzer die Arbeitskräfte des untersuchten Betriebes gezählt, ihre Leistungsfähigkeit geschätzt und sich eine Vorstellung über den Arbeitsanspruch der Betriebsorganisation gemacht, so fällt es ihm nicht schwer, die Arbeitsbelastung der einzelnen Arbeitskräfte in Stunden je Jahr zu schätzen, die Gesamtstunden müssen dann mit dem Arbeitsanspruch der Betriebsorganisation übereinstimmen. Der Schätzer wendet also beide Verfahren an.

Die Unterlagen: Um diese zwei Kalkulationen mit zureichender Sicherheit für den einzelnen Betrieb machen zu können, braucht er zahlenmäßige Vorstellungen über den Arbeitsbedarf der Betriebszweige und über die Stundenbelastung der bäuerlichen Arbeitskräfte. Über beide Punkte liegt heute bereits ein solche Fülle von Untersuchungsmaterial aus allen Teilen Deutschlands und aus Betrieben auf den verschiedensten Stufen der technischen Ausrüstung vor, in

---

1) Wir setzen voraus, was VOIGT fordert, „daß in der Lohnrechnung nicht nur die bezahlten Arbeitsstunden, sondern auch die nichtbezahlten Fehlstunden festgehalten und gebucht werden“ (376), vgl. auch (347).

jedem Jahr erscheinen mindestens drei größere und unzählige kleinere Arbeiten über diese Fragen, daß es wirklich kein Problem ist, auf solche Weise zu richtigen Vorstellungen über die geleisteten Stunden zu kommen. Es gehört nur der sachkundige Blick auf die drei entscheidenden Punkte dazu, das Ergebnis wird dann ebenso genau stimmen, wie es hundertmal erlebt, wer die Arbeitsvoranschläge mit dem später ermittelten Arbeitsaufwand vergleicht. Diese drei Punkte sind a) die richtige Größe und Leistungsbereitschaft der bäuerlichen Arbeitskraft, b) die eingesetzte technische Ausrüstung (die arbeitswirtschaftliche Stufe) und c) die Auswahl der dazu passenden Richtzahlen. Das ist im Prinzip nichts anderes wie das so erfolgreiche und ungleich schwierigere Verfahren der (Reichs)bodenschätzung.

Wer Zeit dazu hat oder der Sache nicht sicher ist, mag seine Ergebnisse an Arbeitsbeobachtungen überprüfen oder durch Arbeitstagebücher kontrollieren.
Die Eigenart des Einzelbetriebs bleibt im übrigen voll gewahrt; insofern unterscheidet sich unser Vorschlag hier grundsätzlich von dem, was PRIEBE (277) will, vgl. S. 202 und (372). Immerhin mag er durch ähnliche Vorstellungen zu seinem Plan gekommen sein, er sagt nur nichts darüber. Von den drei Punkten sind die ersten beiden durchaus „betriebsindividuell" und der dritte paßt heute dazu nicht wie eine Uniform — so wäre es noch vor 15 Jahren gewesen —, sondern wie ein erstklassiger Konfektionsanzug. Der Einfluß der immer etwas nivellierenden Kalkulation tritt diesen durchschlagenden betrieblichen Besonderheiten gegenüber völlig zurück.

Diese Methode bietet endlich auch einmal Gelegenheit, jenes Schreckgespenst zu überwinden, die „ungeheuerlichen Beschäftigungsstunden" in der bäuerlichen Familienwirtschaft. Daß sie dieser Betriebsform immanent sind, hatten wir schon gesagt, die Wissenschaft schrecken sie nur, weil man glaubt, sie nicht quantifizieren zu können. Wenn nun Jahr um Jahr immer mehr und auch immer bessere Zahlen gewonnen werden über den Arbeitsbedarf in der bäuerlichen Familienwirtschaft, so braucht man mit jenem beschäftigungsfreien Bedarf nur zu kalkulieren und das Ergebnis mit dem wirklichen Aufwand zu vergleichen, die Differenz ist die Beschäftigung. Wozu in aller Welt werden denn diese vielen Arbeiten gemacht, vgl. (145), (172), (292), (356), um nur vier zu nennen, von den hervorragenden Modellbetriebsversuchen in Kreuznach noch ganz abgesehen, wenn man das dort gewonnene Material nicht auch anwendet und damit rechnet? Wir sind überzeugt, daß es den tatsächlichen Arbeitsaufwand (einschl. Beschäftigung) der bäuerlichen Familienwirtschaft Deutschlands mit einer Genauigkeit von ± 10% zu bestimmen erlaubt. Das ist exakt genug; genauer wird das E im Produktivitätsrelator ja auch nicht gemessen.
Da wir heute bereits ein ganzes großes System betriebsstatistischer Kennzahlen zur Verfügung haben und auch die Arbeitsproduktivität in mehreren darzustellen vorschlagen, kommt es wirklich nicht mehr darauf an, daß alle mit der letzten, mühsam errungenen Feinheit herauskommen. Die vielseitige intensive Kulturwirtschaft in der hochentwickelten Volkswirtschaft ist nur mit vielen Kennzahlen rechnerisch vollständig zu durchdringen und fest in den Griff rationeller Betriebsführung zu bekommen. Deshalb heißt es heute: *Sichere Unterlagen schaffen* — das ist geschehen und noch im besten Zuge — *richtige, zweck-*

mäßige und vielseitig-kontrollierbare Verfahren entwickeln – sie sind auch da – *und beides im praktischen Betrieb fachkundig schätzend anwenden* – dazu sollte man mutig genug sein – dann wird nicht nur die Arbeitsproduktivitätsmessung, sondern auch die ganze Betriebswirtschaft den notwendigen Auftrieb erfahren bei der Anwendung der so weit entwickelten Betriebsstatistik.

3.5113 Die Arbeitseinheit in der LPG

Die Arbeitseinheit ist zweierlei a) die Einheit, deren Menge den Anteil des einzelnen an der gemeinsamen Produktion darstellt, also eine Maßeinheit für die Arbeit, und b) ist sie die Einheit, deren Menge den Anteil des einzelnen an den genossenschaftlichen Einkünften bestimmt, also eine Maßeinheit für den Verbrauch. Die Arbeitseinheit ist ein rein naturales Maß.

Es entspricht dem „Tagewerk" der sowjetischen Kolchosbauern; das ist „eine Form, nach der Quantität und Qualität der Arbeit des Kolchosmitglieds und dementsprechend auch sein Verbrauchsmaß berechnet werden" (87). „Die Arbeitseinheit ist das Maß des Arbeitsaufwands der Kollektivbauern in der gesellschaftlichen Wirtschaft der Kollektivwirtschaft, das gleichzeitig den Anteil eines jeden Kollektivbauern am Einkommen der Kollektivwirtschaft bestimmt" (262).

Hier interessiert nur der erste Aspekt, die Arbeitseinheit als Maß der Arbeit, als *Produkt aus Tagesarbeitsnorm und Bewertungsfaktor.*
Die Tagesarbeitsnormen entsprechen etwa der „Normalleistung", die wir weiter oben behandelten, sie bieten daher auch die gleichen Probleme. In der UdSSR richtet sich die Tagesarbeitsnorm nicht nach der „mittleren Arbeitsnorm des Durchschnittsarbeiters", sondern nach der „mittleren fortschrittlichen Norm des fortschrittlichen Arbeiters" (188). In der DDR scheint man sich nicht klar zu sein, was als Bezugsleistung anzusehen sei: Die „Tagesarbeitsnormen müssen für ein gewissenhaft arbeitendes Mitglied der Genossenschaft erreichbar sein" (408), sie sollen aber auch „zwischen den Durchschnittsleistungen und den Leistungen der besten Genossenschaftsmitglieder liegen" (408). „Die Arbeitsnormen geben also an, wieviel von einer Arbeitsart im Durchschnitt innerhalb von acht Stunden von einem Mitglied geleistet werden kann. Den ... Normen müssen die a) durchschnittliche Qualifizierung, b) durchschnittliche Technik und die c) durchschnittliche Arbeitsintensität zugrunde liegen" (41). Da die Praxis in der Regel nach diesen zuletzt genannten Gesichtspunkten handelt, wollen wir sie ebenfalls als „normal" unterstellen. Das bedeutet, daß die daran orientierte Bewertung ebenso „richtig", wirklichkeitsnahe, ist wie die in den Lohngruppen manifestierte der oben besprochenen Arbeitsbewertung. Für die Genossenschaft als Ganzes spielt es im übrigen keine Rolle, ob diese Normen relativ hoch oder niedrig festgesetzt sind, sie kann nur verteilen, was sie gewinnt! – Die Tagesarbeitsnorm ist als reiner Leistungsmaßstab gedacht, es widerspricht seiner ganzen Konzeption, ihn irgendwie in Stunden um„rechnen" zu wollen. Das geht schon daraus hervor, daß stets nur so viel Arbeit in täglichen Einheiten wiedererscheint, wie tatsächlich geleistet wurde. Die Norm beim Drillen beträgt z. B. 4,2 ha/Tag; hat die

Gruppe nur 3,8 ha/Tag geschafft, so werden eben diese 3,8 ha mit dem entsprechenden Bewertungsfaktor multipliziert. Auch ist den Genossenschaftsbauern und Kollektivwirtschaftsmitgliedern ein Jahresleistungssoll vorgegeben, nicht in Stunden, sondern in – 150–250 – Arbeitseinheiten (Tagewerken) nach den Musterstatuten, vgl. (46), (188).

Die Bewertungsfaktoren differenzieren die einzelne (Tages)Arbeits(norm) nach ihrer Schwierigkeit, der erforderlichen Qualifikation und der Bedeutung für die Genossenschaft oder „der durch die Arbeitsleistung bedingten Verantwortung" (8). Während wir bei der Arbeitsbewertung oben feststellen konnten, daß sie beide Seiten des Spiegelbildes Arbeit $\rightleftharpoons$ Mensch einzustufen sucht, beschränken sich die Bewertungsfaktoren hier eindeutig auf die *Arbeit*, unabhängig vom Menschen. Dadurch wird die ganze Arbeitseinheit selbst schließlich zum reinen *Maß der Arbeit* d. h. genauer, der Leistung: „Vor dem Tagewerk sind alle gleich, Männer und Frauen. Wer mehr Tagewerke leistet, der verdient auch mehr", sagt Stalin [in (188)]. Es ist daher auch grundsätzlich falsch, wenn „für die bedingt arbeitsfähigen Kolchosbauern" andere Bewertungsfaktoren angewandt werden als für die „voll arbeitsfähigen" (209). Die Bewertungsfaktoren sind nach dem sozialistischen Leistungsprinzip in der SU sehr viel weiter gestaffelt als in der DDR. Während der hiesige Normenkatalog nur in fünf Gruppen zwischen 0,8 und 1,6 Arbeitseinheiten je Tagesarbeitsnorm abstuft, vgl. (408), differenziert der sowjetische in neun Gruppen von 0,5–2,5, er steigert die niedrigste Gruppe also um das fünffache, vgl. (209), (344).

Die Arbeitseinheit – Tagesarbeitsnorm mal Bewertungsfaktor – ist also ein durchaus eigenständiger naturaler Maßstab, der zwar klar erkennbare, aber rechenhaft doch nur lose Beziehungen zu Stunde und AK hat. Das bringt einige Nachteile mit sich:

1. Die Arbeitseinheit ist grundsätzlich kein Maß für das nutzbare Potential; sie gibt vielmehr an, was der beanspruchte Teil geleistet hat. Das ist aber einseitig – die Arbeit ist stets zweierlei, vgl. Schema 2 – und für die Produktivitätsmessung erst in zweiter Linie von Belang. Denn zunächst soll sie im Vergleich zeigen, welche Erzeugnismenge auf das einsatzfähige Leistungsvermögen entfiel. Wir können uns daher der oben zitierten Forderung LAPTJEWs (195) nicht anschließen, sondern halten es dagegen für richtig, die Produktionsleistung in der LPG auch auf die Zahl der Kollektivbauern zu beziehen, so wie es im übrigen PEREMYKIN und andere ebenfalls stets tun, vgl. (66), (267), (344). „Das Tagewerk drückt die Arbeitsproduktivität nicht genau aus" (179). Wir können die Arbeitskraft der LPG aus ihrem besonderen Musterarbeitsnormenkatalog heraus vorerst allerdings noch nicht der LPG-Wirtschaft angemessen in AK ausdrücken, weil es kein eigenständiges LPG-Bewertungssystem gibt und eine an sich mögliche Ableitung aus den Bewertungsfaktoren zu umständlich und zu gewaltsam erscheint.

Rein rechnerisch ginge das wohl ebenso wie die Bewertung der Arbeitskräfte im VEG nach dem Lohngruppenkatalog; denn die fünf Bewertungsgruppen für die Arbeiten in der LPG sind genau genug beschrieben, vgl. (8), um die Arbeitskräfte, die sie jeweils machen, danach einzustufen. Aber das setzt voraus, daß man irgendwie wägt, in welche Gruppe ein Bauer kommt, dessen Arbeiten im Laufe des Jahres in drei verschiedenen Gruppen bewertet wurden. Hier zeigt sich eben der prinzipielle Unterschied: Im Lohngruppenkatalog wird mit den Arbeiten der Arbeiter eingestuft (Spiegelbild-Vergleich). Die Bewertungsgruppen der LPG-Arbeiten differenzieren nur die Arbeit, bewerten also eher die Leistung! Ein Verfahren, das dem vielseitigen Charakter der Landarbeit im übrigen viel besser Rechnung trägt, als die starren Lohngruppen, und sie vergleichsweise billig macht! Eben dieses grundsätzlichen Unterschiedes wegen lehnen wir eine Kombination beider Bewertungsverfahren ab. Man könnte die LPG-Bauern, unabhängig von den Bewertungsfaktoren der LPG-Arbeiten, nach den Tätigkeitsmerkmalen der Lohngruppenkataloge einstufen und in AK zusammenfassen, wie wir schon oben angaben, S. 197. Das geht, ist aber recht aufwendig, weil es eine ganz neue Arbeitsrechnung verlangt.

„Die Arbeitseinheit zeigt also nicht die tatsächlich verbrauchte Arbeitszeit an und kann daher nicht als Erfassungseinheit des Arbeitsaufwands dienen..." für das A im Produktivitätsrelator der Kollektivwirtschaften (66).
Daß die Arbeitseinheit gänzlich vom arbeitenden Menschen abstrahiert, ist ein empfindlicher Mangel immer dann, wenn man mit Arbeitskräften rechnen muß — von den sozialen Problemen ganz zu schweigen – und wenn kein anderes genaueres Maß für den Arbeitseinsatz da ist. Man bemüht sich deshalb in der Sowjetunion ernstlich darum, die Zahl der arbeitsfähigen Kollektivwirtschaftsmitglieder richtig zu erfassen. Als „arbeitsfähig" gelten „männliche Arbeitskräfte im Alter von 14 bis 59 und weibliche von 14 bis 54 Jahren, mit Ausnahme der Invaliden..." (344). Das festzustellen ist oft recht schwierig, vgl. (344). SONIN ist sich der Unsicherheit bewußt, die entsteht, wenn er mit solchen Zahlen weiter bilanziert. Er zieht dabei von der nach dem obigen, sehr groben Schlüssel ermittelten Zahl der „in natürlichen Personen angegebenen Arbeitskräfte" den errechneten, „in durchschnittlichen Arbeitskräften ausgedrückten" Arbeitsbedarf ab und sagt dazu, daß dieses Verfahren eine „gewisse Fiktion darstelle, die jedoch bei den bestehenden Berechnungsmethoden und bei dem vorhandenen Material für die Bilanzaufstellung nicht zu vermeiden ist" (344). Es wird damit sehr deutlich, daß sich die Messung des A im Produktivitätsrelator auch der LPG allmählich der Maßstäbe wird bedienen müssen, die wir oben als notwendig für alle Betriebsformen zuerst entwickelten; denn die lebendige Arbeit ist und bleibt stets zweierlei: Arbeitskraft (Mensch) und Arbeit (als Vorgang). „... die Berechnungsmethoden der Kennzahlen der Arbeitsproduktivität in den Kolchosen müssen maximal den Berechnungsmethoden dieser Kennzahlen in den Sowchosen und möglichst auch denen der Industrie und des Bauwesens angeglichen werden" (66)! Weil die SU die Arbeitskraftreserven, die in den Kollektivwirtschaften stecken, für die Volkswirtschaft mobilisieren will, braucht man dort *einen* Maßstab, um den Arbeitseinsatz in den Kolchosen mit dem in der Industrie vergleichen zu können. SONIN bezeichnet als „eine sehr wichtige Aufgabe für die Zukunft", den Arbeitsaufwand in den Kolchosen „neben der Erfassung in Arbeitseinheiten auch in Arbeitstagen und Arbeitsstunden" zu organisieren (344). Wir werden also früher oder später auch hier zum Stundenmaßstab kommen und dann mit seiner Hilfe die Produktivität in allen Betriebsformen durchweg einwandfrei vergleichen können.

2. Die Arbeitseinheit ist a priori weder ein konstanter noch überhaupt ein ohne weiteres für Vergleiche verwendbarer Maßstab. Denn jede LPG kann die Tagesarbeitsnormen und die Bewertungsfaktoren nach eigenem Ermessen variieren. Das geschieht, vgl. Beispiele in (209), (306), (344), und soll auch so gemacht werden, vgl. (41). Konstant wird die Arbeitseinheit nie sein, weil es die Leistung in der fortschreitenden Wirtschaft auch nicht ist, und weil die Bewertungsfaktoren einige Gesichtspunkte enthalten, deren Bedeutung sich von Zeit zu Zeit ändert, z. B. das verschiedene Gewicht der Arbeiten in der Viehhaltung gegenüber der Feldwirtschaft, unterschiedliches Vordringen des sozialistischen Leistungsprinzips, Arbeitserleichterungen bei weiterer Technisierung usw.

Wie wenig konstant die Arbeitseinheit als Leistungsmaß von Hause aus ist, und daß man sie grundsätzlich nicht richtig in Stunden umrechnen kann, zeigt SONIN (344) sehr eindringlich, der dieses Problem statistisch zu lösen versucht. Die „Kennziffer der auf einen Arbeitstag entfallenden Arbeitseinheiten nimmt ständig zu: In den Jahren von 1933 bis 1937 ... von 0,95 auf 1,25". Für 1949 rechnet SONIN (344) mit 1,31. BRJANSKI und DUMNOV geben eine Tabelle von Umrechnungskoeffizienten in den einzelnen Betriebszweigen von Arbeitseinheiten in Personentage; ihr Mittel für „den gesamten Arbeitsaufwand" liegt auch bei 1,30, in der Feld- und Wiesenwirtschaft bei 1,40, im Bauwesen bei 1,45 und in der Nutzviehhaltung bei 1,19 usw. Diese Angaben sind z. Z. „veraltet und können nicht mehr benutzt werden" (66). Wahrscheinlich haben sich die Koeffizienten inzwischen vergrößert. Die Zunahme von 1933 bis 1937 kann zwei wesentliche Ursachen haben: a) höhere Leistungen je Arbeitstag und daher auch mehr AE/Tag, b) bessere Auslastung der Arbeitskraft, also mehr Arbeitstage im Jahr je Bauer. Beides sind durchaus variable Größen, sicher mit steigender Tendenz. SONIN rechnet bereits mit 280 Arbeitstagen je Bauer im Jahr (344), aber soviel erreichen sie nicht, wie er an anderer Stelle ausführt. Das Unstabile (aber auch dem Lebendigen verhaftete!) der Arbeitseinheit steckt also in ihrem rein an der Leistung orientierten Aspekt: Tagesarbeitsnorm mal (Arbeits-)Bewertungsfaktor.

Die Genossenschaft als Ganzes kann an ihre Mitglieder nur verteilen, was sie gewonnen hat. Insofern hat es keinen Sinn, wenn sie die Normen hinab- und die Bewertung heraufsetzt; jede durchschnittlich verdiente Arbeitseinheit wird dadurch nur weniger wert, ihrer Summe steht stets der gleiche Entgelt gegenüber. Diese Kinderkrankheit wird bald überwunden sein, wenn die Genossenschaften ihre Normen technisch begründen. Aber dieses Hinab- und Heraufsetzen behält seine Bedeutung durchaus für *einzelne* Bauern oder Gruppen von ihnen. Wem es gelingt, seine Normen und Bewertungsfaktoren zu „verbessern", der „verdient" auf Kosten der anderen. Solche „Politik" wird es bei der Unvollkommenheit der Menschen immer geben, und in der LPG wirkt sich auch aus, daß keinerlei soziale Abstufung vorgesehen, diese eben nur möglich ist, wenn man anders normt oder wertet. Kurzum den Arbeitseinheiten fehlen Vergleichbarkeit und Konstanz.

Diesen beiden gewichtigen Nachteilen steht als Vorteil gegenüber, daß die Arbeitseinheiten das A im Produktivitätsrelator mit einem Maßstab messen, um den sich die ganze Betriebswirtschaft der LPG im Grunde genommen dreht. Dadurch ergibt sich ein viel geschlosseneres betriebsstatistisches Bild als im Lohnarbeiterbetrieb. Es läßt sich mit dem ausschlaggebenden Grundprinzip der bäuerlichen Familienwirtschaft vergleichen, der es immer nur darum geht, ein möglichst hohes Arbeitseinkommen zu erreichen. Diesem Gesichtspunkt untergeordnet, scheint es durchaus sinngemäß, die Arbeitsproduktivität der LPG vornehmlich über die geleisteten Arbeitseinheiten zu messen.

Wer sie mit der bäuerlichen Familienwirtschaft oder dem Lohnarbeiterbetrieb vergleichen will, muß über die unvereinheitlichte Zahl der Arbeitskräfte bzw. Genossenschaftsbauern rechnen, ein Maßstab, der für alle Betriebsverhältnisse gleich ist.

Das hat schließlich auch eine praktische Folge: Da die Arbeitseinheiten *das* Maß für die Arbeit und Verbrauch sind, werden sie stets vergleichsweise genau ausgewiesen und sind der Buchführung *rasch* bequem zu entnehmen. Es gibt also weiter keine rechnerischen Probleme damit.

„Wie Nachprüfungen an Ort und Stelle gezeigt haben, geben die angerechneten Arbeitseinheiten den tatsächlichen Arbeitsaufwand in den Kollektivwirtschaften richtig wieder" (344).

Da die MTS-Arbeiten auch in Arbeitseinheiten „bewertet" sind, macht ihre Berücksichtigung und die Errechnung der beiden Produktivitätsquotienten nach den Formeln auf S. 214 keine besonderen Schwierigkeiten.
Wenn die LPG auch eine Betriebsform ist oder zu sein scheint, die, wie hier dargelegt, grundsätzliche Unterschiede gegenüber den anderen beiden Betriebsformen aufweist, so ist sie nichtsdestoweniger doch ein landwirtschaftlicher Betrieb wie der Lohnarbeiterbetrieb und die bäuerliche Familienwirtschaft auch. Daher lassen sich schließlich alle von uns vorgeführten Maße und Maßstäbe der lebendigen Arbeit in der LPG ebenfalls anwenden: Die Genossenschaftsbauern kann man zählen und nach den Lohngruppenmerkmalen ebenso in AK einstufen wie die Landarbeiter; ihren Arbeitsaufwand haben sie geplant, über Leistung und Auslastung des einzelnen Mitglieds hat man inzwischen auch ziemlich konkrete Vorstellungen, vgl. (46), (214), (344), (399), so daß sich selbst die gearbeiteten Stunden hier recht gut schätzen ließen. Dafür gibt es dann sogar noch eine dritte Kontrollmöglichkeit: Man kann für die Tagesarbeitsnorm 8 Stunden rechnen; sie wird im Mittel mit 1,2 Arbeitseinheiten bewertet, so daß sich n insgesamt verdiente Jahres-Arbeitseinheiten nach der Formel $\frac{n \cdot 8}{1,2}$ in x Stunden umrechnen lassen. Wir sagen nicht, daß man das alles machen soll! Im Gegenteil, diese Maßstäbe sind der LPG und ihrer Betriebswirtschaft nicht angemessen, daher dort nur mit äußerster Vorsicht anzuwenden, aber sie *lassen* sich verwenden, wenn man die Arbeitsproduktivität in den verschiedenen Betriebsformen vergleichen will, und das zeigt, wie wirklichkeitsnahe unsere Maße und Maßstäbe sind.

Aufs ganze gesehen ist die Arbeitseinheit also ein für die spezielle Betriebswirtschaft der LPG sinnvoller und zweckmäßiger Maßstab zur Vereinheitlichung der lebendigen Arbeit. Als Relat im Produktivitätsquotienten wird sie durch die Arbeitseinheit allerdings nur unvollkommen erfaßt. Im wesentlichen leistungsbestimmt kann die Arbeitseinheit das nutzbare Arbeits-Potential niemals einheitlich, vergleichbar und konstant wiedergeben. Die Entwicklung in der Sowjetunion und unsere Darlegung über die immanenten Mängel der

Arbeitseinheit als Maßstab der lebendigen Arbeit ergeben am Ende zweierlei: a) Man wird in Zukunft dafür sorgen müssen, daß die Arbeitskräfte in der LPG genau und möglichst vergleichbar erfaßt werden und daß der Arbeitsaufwand in Stunden registriert wird; Ansätze dazu zeichnen sich bereits ab; b) die lebendige Arbeit im A des Produktivitätsrelators für die LPG ist nicht nur in Arbeitseinheiten zu messen, sondern auch – so unvollkommen das noch immer sein mag – schon heute als Zahl der ständig mitarbeitenden Mitglieder und der nicht ständig Beschäftigten auszudrücken.

3.52 Maßstäbe der vergegenständlichten Arbeit – naturale Maßstäbe

Die Produktivitätskennzahl soll zeigen, zu welcher Produktionsleistung das im Betriebe vorhandene und nutzbare Potential an lebendiger und vergegenständlichter Arbeit geführt hat. Für den Maßstab der vergegenständlichten Arbeit ergeben sich daraus zwei Grundforderungen: Erstens muß er das nutzbare Potential und nicht seine technische Leistung wiedergeben, und zweitens muß er das so vereinheitlicht ausdrücken, daß es irgendwie rechnerisch einwandfrei und anschaulich mit der Menge der im Betriebe eingesetzten lebendigen Arbeit in ein Maß, das A des Produktivitätsrelators, sinnvoll zusammengefaßt werden kann. Da die Produktivität, ihrem 3. volkswirtschaftlich bestimmten Merkmal gemäß, in Naturaleinheiten gemessen werden soll, haben wir also zunächst zu untersuchen, ob es einen geeigneten Mengenmaßstab für die unterschiedliche vergegenständlichte Arbeit im Betriebe gibt. Läßt er sich nicht finden, bleibt nur übrig, lebendige und tote Arbeit über den Geldmaßstab zu vereinheitlichen.

Für die Betriebswirtschaft kann niemand allgemeingültig dekretieren, daß n Einheiten vergegenständlichter Arbeit 1 Arbeitskraft ersetzten, und auch umgekehrt läßt sich nicht sagen, daß n Arbeitskräfte notwendig seien, 1 Einheit toter Arbeit abzulösen. Das nachzuweisen, wird nicht gelingen, weil der Grad der Substitution auf den einzelnen Stufen der Technisierung unterschiedlich ist und weil zu viel Bestimmungsgründe darauf einwirken, die sich nicht quantifizieren und verallgemeinern lassen. Trotzdem ist es nicht sinnlos, einen naturalen Maßstab, eben jene „Einheiten" vergegenständlichter Arbeit zu suchen. Wer sie findet, kann sie nämlich über die Indexrechnung mit der lebendigen Arbeit verbinden und käme damit zwar zu einem relativen, aber immerhin noch anschaulichen Maßausdruck des A im Produktivitätsrelator.

Dieser naturale Maßstab hätte die beiden großen Vorzüge einer jeden Naturaleinheit: Sie wird von ausschließlich betriebswirtschaftlich relevanten, wir können auch sagen von innerbetrieblichen Bestimmungsgründen gebildet und sie ist ein konstanter Maßstab. Die Indexrechnung ihrerseits erlaubt, eine beliebige Zahl von Einzelindizes multiplikativ miteinander zu kombinieren, so daß, wer sie verwendet, nicht mehr gezwungen ist, alles in eine einzige Zahl zu pressen, was den Stand der heute schon recht vielfältigen technischen Ausrüstung im

Betriebe ausmacht. Damit kann man dann auch die Wirkungen jeder einzelnen „indizierten" Bestimmungsgröße gut analysieren und planen. Die Verbindung solcher Indexreihen mit der absoluten Kennzahl der lebendigen Arbeit ist im Prinzip das gleiche wie die Kalkulation der realen Lohnausgaben aus den Plankosten mit dem Index der Kostenpreise (Beispiel: Plankosten 800 DM/ha, Index der Lohnerhöhung im Planjahr 120, reale Lohnausgaben also $\frac{800 \cdot 120}{100} = 960$ DM/ha).

Unter diesem Aspekt lassen sich die verschiedenen naturalen Punktbewertungen, deren betriebswirtschaftliche Bedeutung außer Frage steht, sinnvoll als Maßstab der vergegenständlichten Arbeit zur Produktivitätsmessung einsetzen. Mit einer wesentlichen Einschränkung: Sie ergeben kein Maß für den absoluten Stand der Produktivität. Erstens deswegen nicht, weil alle Punktbewertungen von Unterstellungen ausgehen, die sich sehr schwer verallgemeinern, d. h. als absolutes Maß setzen lassen, und zweitens auch nicht, weil die Verbindung der natürlichen Zahl der Arbeitskräfte mit einem derartigen Index eine unwirkliche Zahl ergibt, die weder in das übliche Zeit-Mengengerüst noch in die Geld-Wertung der Betriebsstatistik paßt. Diese beiden Gründe legen es andererseits aber gerade nahe, Punktbewertung und Indexrechnung zu verknüpfen, um auf diese Weise ein betriebswirtschaftlich brauchbares Maß für die relative Steigerung der Arbeitsproduktivität zumindest im Einzelbetrieb oder für den Vergleich recht ähnlicher Wirtschaften zu gewinnen.

Man wird einwenden, daß ein so wenig allgemeingültiges Maß den Aufwand nicht lohnt, der immerhin getrieben werden muß, diese Rechnung aufzumachen. Zugegeben, aber diese Punktbewertungen sind weder völlig neu, noch Ausgeburten gelehrter Phantasien am grünen Tisch. Man wird sie immer notwendiger brauchen, je mehr die technische Ausrüstung der Landwirtschaft unter ihren speziellen Bedingungen fortschreitet, um den Einsatz der (Maschinen-)Technik im Betriebe besser verfolgen, vergleichen und beurteilen zu können als mit jenem vergleichsweise groben Maßstabe, der den Wert der technischen Ausrüstung auf eine Arbeitskraft bezieht. Wer die teure Arbeitsmacht eines Betriebs heute richtig einschätzen will, muß sie ohnehin aufnehmen, bewerten und vereinheitlichen. Bei dem von HOFFMANN vorgeschlagenen Verfahren (138) macht die Bewertung nach seinem Schlüssel außerdem die allergeringste Mühe. Warum sollte man die Bewertung der *Arbeits*macht scheuen, während die Reichs*boden*schätzung längst Allgemeingut geworden ist!

Welche Indizes der vergegenständlichten Arbeit sind nun mit der Zahl der Arbeitskräfte zu verbinden, damit ein einigermaßen vollständiges „Gesamtquantum" des A herauskomme? *Wir bilden drei Indizes, die wir als entscheidende Bestimmungsgründe für den betriebswirtschaftlichen „Wert" der Kombination von lebendiger Arbeit mit vergegenständlichter* ansehen: 1. Den Grad der technischen Ausrüstung, im wesentlichen mit Arbeitsmaschinen, Werkzeugen, Geräten und Vorrichtungen, das Optimum erhält den Index 100, 2. die Fremdkraft je Arbeitskraft[1]), also die Zahl der Kraftmaschinen-PS je Arbeits-

---

1) Fremdkraft = Ausstattung der betrieblichen Arbeitskräfte mit (außermenschlichen) Kraftquellen.

kraft, Index: 5 PS/AK = 100; und 3. den Grad der Motorisierung der Zugkraft, vollmotorisiert = 100.

Der Index zu 1 hat einen gewissermaßen gleitenden zeitbedingten Wert, er verändert sich mit der technischen Ausrüstung, deren Stand jeweils als optimal angesehen wird.[1]) Werden die Anforderungen höher geschraubt, muß man auch den Index zu 2 analog heraufsetzen, obschon sich hier eine absolute Grenze wohl eher finden lassen dürfte, solange die Landwirtschaft im wesentlichen Bodennutzung bleibt. Der 3. Index hat einen endlichen Wert, d. h. wo vollmotorisiert ist, kann er aus der Rechnung wegbleiben. — Wie sieht diese nun aus?

Weil er nur relative Werte bringt, betrachten wir den Rechnungsgang mit den Indizes, zum besseren Verständnis, hier vom Ergebnis aus und konstatieren: Die höchste Arbeitsproduktivitätskennzahl soll ceteris paribus allein von der Arbeit aus gesehen, herauskommen, wenn der Stand der technischen Ausrüstung und die übrigen Merkmale der vergegenständlichten Arbeit ihr Optimum, also 100, erreicht haben, in diesem Falle ist die Gesamtarbeit = der lebendigen Arbeit; die Arbeitsproduktivität hat also rein rechnerisch ihren höchsten Wert erreicht, weil die Bodenproduktion nur auf die lebendige Arbeit allein bezogen wird. Mit sich verschlechterndem Technisierungsgrad muß auch die Arbeitsproduktivität zurückgehen, unter sonst gleichen Umständen. Das kommt bei unserer Rechnung dadurch heraus, daß die Einzelindices entsprechend ansteigen. Wir rechnen also mit den reziproken Werten der Indices. Beispiel: HOFFMANNs Punktbewertung setzt das Optimum = 1000 Punkte, der Betrieb des Bauern Schulze erreiche 800 Punkte, d. h. insgesamt also eine technische Ausrüstung von 80, vgl. (138), das ergibt einen reziproken Rechenindex von $\frac{100}{80} = 1{,}25$; Schulzes Arbeitskraft sei mit 3,5 PS ausgerüstet, das ergibt einen reziproken Rechenindex von $\frac{5}{3{,}5} = 1{,}4$, die Zugkraft sei zu 90% motorisiert, Rechenindex $\frac{100}{90} = 1{,}12$.

Die lebendige und vergegenständlichte Arbeit im Schulzeschen Betrieb erreicht also 1 AK $\times$ 1,25 (Grad der technischen Ausrüstung) $\times$ 1,4 (Fremdkraftindex) $\times$ 1,12 (Motorisierungsgradindex) = einen Gesamtwert von 1,95 A. Auf diese Größe beziehen wir dann die Bodenproduktion je AK; was dabei herauskommt, wächst mit sich verbessernder technischer Ausrüstung bis auf den absoluten Wert des mit der lebendigen Arbeit gebildeten Relators der technischen Arbeitsproduktivität, wenn die gesamte technische Ausrüstung ihr Optimum und alle Einzelindices damit die Größe 1 erreicht haben.

Unsere Rechnung ist in allen „normalen" Betrieben möglich. Für die, die gar keine Fremdkraft verwenden oder überhaupt nicht motorisiert sind, geben wir als unterste Grenze, als Minimum, 10% an, damit die reziproken Rechengrößen nicht den Nenner 0 erhalten und damit zu unendlichen Zahlen werden. Man kann praktisch also nur von 10—100 abstufen; aber das ist kein Nachteil; denn die moderne intensive Kulturwirtschaft *ist* mit Fremdkraft ausgestattet und wenigstens z. T. motorisiert.

---

[1]) Wir kommen auf die Problematik dieses „Wertes" noch zurück, S. 254, hier zeigen wir erst einmal den Rechengang.

Diese Rechnung, besonders ihr Ende, sieht nur so gewaltsam aus. Tatsächlich ergibt sie sich aus der sehr einfachen Erwägung, die wir schon oben anstellten: Die vergegenständlichte Arbeit bildet mit der lebendigen eine Einheit, eben jenes – kaum meßbare – Gesamtquantum Arbeit, das die Größe des Nenners, das A, unserer Produktivitätskennzahl angibt. Je größer dieses Gesamtquantum wird, desto kleiner wird der Wert des Bruches unter sonst gleichen Umständen, vgl. S. 250, weil eben die insgesamt eingesetzte Arbeit, in Geldeinheiten gerechnet, immer teuerer wird, wenn zum gleichen Wert der lebendigen Arbeit immer mehr vergegenständlichte tritt.

In der dynamischen Betriebswirklichkeit gibt es diese „sonst gleichen Umstände" jedoch nicht, hier verändert sich nun der Quotient vor allem aus zwei Gründen: a) die vergegenständlichte Arbeit löst lebendige ab, ihr gemeinsamer Wert muß also nicht steigen, wenn weiter technisiert wird, b) mit steigender Technisierung wächst in der Regel die Erzeugungsleistung, so muß der Wert der Kennzahl also auch deshalb nicht geringer werden, wenn mehr Arbeit insgesamt eingesetzt und diese als Ganzes daher teurer wird. An diesem Zusammenhang liegt es, daß sich oft kein signifikanter Einfluß der Technisierung auf die wirtschaftliche Arbeitsproduktivität nachweisen läßt. Aber das nur nebenbei.

Zunehmend vollkommenere Technisierung steigert die technische Produktivität der lebendigen Arbeit, diese wird dabei „wertvoller", d. h. von der lebendigen Arbeit und ihrem Erfolge her betrachtet, müssen die Gesamtquanten im Nenner relativ geringer werden. So hängen wir die Indices der technischen Ausrüstung an die Produktivität der lebendigen Arbeit an, um auf diese Weise den Effekt der vergegenständlichten Arbeit wenigstens relativ und einigermaßen wirklichkeitsnahe verfolgen zu können. Dem entspricht jetzt unsere Rechnung, die wir von der *Arbeit* her gestalten: Mit zunehmend sich vervollkommnender Technisierung verringern sich die Indizes, die Produktivität der insgesamt eingesetzten Arbeit wächst entsprechend.

Zu welchen Ergebnissen unsere Rechnung führt, zeigt die Übersicht 2, S. 252. Auch bei nur unbedeutenden Verbesserungen der vergegenständlichten Arbeit gibt es bereits kennzeichnende Ausschläge, so beim Übergang von 1950 auf 1960 in der Spalte 10. Wie stark der Einfluß der Arbeitshilfsmittel bei gleicher Arbeitsproduktivität hervortritt, zeigt auch der Vergleich der beiden sonst sehr ähnlichen VEG in der Spalte 10. Das liegt in unserer Rechnung daran, daß wir den Effekt der vergegenständlichten Arbeit gewissermaßen zweimal erfassen, einmal in der Beziehung auf die Kennzahl der technischen Produktivität der lebendigen Arbeit, die eben auch schon größer ist, wenn hoch technisiert ist, und zum anderen in den drei Indizes; hätten wir nur einen, gäbe es keine so kräftigen Unterschiede. Der erste Gesichtspunkt fällt nicht schwer ins Gewicht.

Um die Feinheit unseres Maßes noch deutlicher hervorzuheben, haben wir die Werte für das A in Spalte 11 immer auf 200 bezogen. Das ist zwar eine unwirkliche Unterstellung, zeigt aber, daß die so gemessene vergegenständlichte Arbeit auch bei gleichbleibender technischer Produktivität der lebendigen

Arbeit, also „ceteris paribus“, signifikanten Einfluß auf den mit der Gesamtarbeit gebildeten Quotienten hat. Die drei Indices andererseits sollen die vergegenständlichte Arbeit gerade möglichst vollständig, fein und rechenhaft erfassen und ausdrücken. Was damit herauskommt, sind nur relative Werte mit guter, aber eben bloß in der Beziehung auf andere, vollgültiger Aussagekraft.

Übersicht 2

Die relative Veränderung der Produktivität aus der lebendigen und vergegenständlichten Arbeit im Betrieb des Bauern Schulze[1]) und in zwei VEG[2])

Berichtsjahre und Betriebe	Bewertg. der techn. Ausrüstg. Punkte nach (138)	reziproker Rechenindex I 100: Spalte 2	Ausstattg. mit Fremdkraft PS/AK	reziproker Rechenindex II 5: Spalte 4	Motorisierungsgrad vH	reziproker Rechenindex III 100: Spalte 6	lebend. Arbeit mal Gesamtindex 1 × Sp. 3 × Sp. 5 × Sp. 7	Bodenproduktion GE/AK	Index-Quotient $\frac{\text{Sp. 9}}{\text{Sp. 8}}$	Index-Quotient $\frac{200}{\text{Sp. 8}}$
1	2	3	4	5	6	7	8	9	10	11
1930	70	1,43	2	2,50	15	6,66	24,2	100	4	8
1940	80	1,25	2,5	2,00	50	2,00	5,0	150	30	40
1950	85	1,18	3	1,67	60	1,67	3,3	160	49	61
1960	90	1,11	3,5	1,43	65	1,54	2,4	180	75	83
Optimum	100	1	5	1	100	1	1	200	200	200
VEG A	81	1,24	4,2	1,2	87	1,15	1,7	194	114	118
VEG B	65	1,54	2,8	1,8	71	1,41	3,9	190	49	51

Im übrigen geht es uns hier nicht darum, die Kennzahlen zu interpretieren. *Wir wollten nur vorführen, daß ein so umstrittener und gelegentlich angezweifelter, z. B. in (105), naturaler Maßstab der vergegenständlichten Arbeit, wie die HOFFMANNsche Punktbewertung (138), sinnvoll und mit gutem Erfolg verwendet werden kann, derart heterogene Dinge auf einen Nenner zu bringen wie die lebendige und die tote Arbeit.* Das geht, wenn man im rechenhaften Bilde dieses Maßstabs bleibt und nicht absolut zu setzen versucht, was sich dazu nicht eignet und auch nicht dazu erdacht ist. Das gesamte A wird über die Indexrechnung quantifiziert und am Ende steht dann ein zwar relatives, aber doch recht anschauliches und für den Betriebsvergleich gut geeignetes Maß, das die Arbeitsmacht erstmalig als Ganzes in Naturaleinheiten ausdrückt.

Da dieser Maßstab offensichtlich zu brauchbaren Ergebnissen führt, haben wir uns hier noch auseinanderzusetzen mit seinen drei Bestandteilen, *der Punktbewertung, der Ausstattung mit Fremdkraft* und dem *Motorisierungsgrad,* be-

1) angenommene Kennzahlen; 2) Daten nach (10) und (13).

sonders mit der Punktbewertung. Wir fassen uns kurz, weil der Betriebsstatistik mehr daran liegt, den absoluten Stand der Arbeitsproduktivität vergleichbar nachzuweisen als ihre relative Entwicklung.

Die vergegenständlichte Arbeit erscheint im Betriebe immer in zwei Grundformen a) als Kraftmaschine, als eingeführte Fremdkraft, b) als Arbeitsmaschine ohne eigene Kraft, also auch als Gerät, Werkzeug, Vorrichtung u. ä. m. Ein nur an der einen *oder* anderen Grundform orientierter Maßstab erfaßt die vergegenständlichte Arbeit unvollständig. Die vielfach übliche Einteilung in „Hand"-, „Gespann"- und „Schlepperstufe" betont die erstgenannte Grundform zu stark und die Punktbewertung die zweite. Für eine grobe Charakteristik mag das reichen, weil man in Bausch und Bogen schließen kann, daß mit der Schlepperstufe eine adäquate technische Ausrüstung auch sonst erreicht ist. Aber das stimmt im Einzelfalle ebensowenig wie diese Unterstellung an sich. Denn über 50% des gesamten Arbeitsaufwands fallen in die Innenwirtschaft, wo der Schlepper nur teilweise bestimmt, welchen Grad die Technisierung erreicht hat. Und wieviel Bauern gibt es heute, die zwar einen Schlepper besitzen, aber einen Helfer brauchen, den Pferdepflug dahinter mit der Hand zu führen! Jeder feinere Maßstab muß daher eine Kombination jener beiden Grundformen enthalten, eine Kombination, die dem jeweiligen Verhältnis Rechnung zu tragen vermag, in dem Arbeits- und Kraftmaschinen im gegebenen Betriebe vereinigt sind. Genauso, wie nun die technische Ausrüstung mit Arbeitsmaschinen verschieden wertvoll ist, je nachdem, ob der Betrieb ein technisch fortgeschrittenes oder ein altertümliches Gerät für dieselbe Arbeit benutzt, also einen Häufelpflug oder ein Vielfachgerät, einen alten Holzdreschkasten oder einen Stahl-Lanz, ebenso unterscheidet sich auch die im Betriebe eingesetzte Fremdkraft am Ende sehr danach, ob sie viel oder wenig zusätzliche Handarbeit zu ihrer Bedienung bedarf. Deswegen genügt es nicht, mit der Fremdkraft schlechthin zu rechnen, man muß sie nach ihrem arbeitstechnischen Stande abstufen. Deshalb kommt der Index des Motorisierungsgrades hinzu.

Wir haben ihn schon an anderer Stelle behandelt, vgl. (13). Hier erweitern wir ihn nach einem sowjetischen Vorschlag, vgl. (14). Dort werden alle Fremdkräfte in „mechanischen PS" ausgedrückt: Die Schlepper und Lastkraftwagen in der Summe ihrer Nenn-PS, 1 kW des Elektromotors = 1,36 PS, ein Pferd = 0,75, besser 0,65 PS, ein Ochse = 0,5, besser 0,3 PS, wir fügen hinzu: Eine Kuh = 0,2 PS, ein ha Dampfpflugarbeit = 0,2 PS, vgl. (13). Der potentielle Motorisierungsgrad kommt dann heraus nach der Formel

$$\frac{(\text{motorisierte mechanische PS} - \text{tierische PS}) \times 100}{\text{alle PS}}$$

vgl. dazu auch (14). Wir kommen auf die Beziehungen noch zurück, S. 258.

Auf diese Weise scheinen uns die beiden genannten Grundformen der vergegenständlichten Arbeit einigermaßen vollkommen erfaßt und dem wechselnden Wert ihrer verschiedenen Kombinationsmöglichkeiten sowie dem jeweiligen arbeitstechnischen Entwicklungsstande entsprechend ausgedrückt zu sein.

Ein Wort zu den Punktbewertungen: Im Laufe der letzten Jahre ist ein Punkte-System vorgeschlagen und von verschiedenen Forschern vertieft, erweitert und weiterentwickelt worden, vgl. (93), (137), (138), (182), (208). Den für unsere Messung entscheidenden Fortschritt brachte E. HOFFMANN (137), (138), weil er einige Arbeitsgruppen neu aufgenommen und sie i. g. stärker differenziert hat, vor allem aber weil er die Einzelbewertungen der verschiedenen Arbeitsgruppen in eine einzige Kennzahl für den gesamten Betrieb zusammenfaßte.

Die Schätzung als Methode der Bewertungstechnik verwendend, wirft dieses Punkte-System drei grundsätzliche Probleme auf, die seine Brauchbarkeit für die Betriebsstatistik bestimmen: a) Wonach richten sich die Ausgangswerte, was wird zweckmäßig als 100 bezeichnet, b) wie ist dieser Punkt eindeutig und allgemeingültig zu fixieren und c) wie sind die für die einzelnen Arbeitsgruppen gefundenen Werte zu gewichten?

Zu a): Die eben genannten Systeme orientieren ihre Höchstpunktezahl am Optimum, an der „nach dem gegenwärtigen Stand der Technik bestmöglichen Ausrüstung" (137), vgl. (93), (138), (182), (208). Das ist außerordentlich schwer zu bestimmen und für die Quantifizierung des A auch recht unzweckmäßig. Denn selbst wenn wir annehmen, daß sich jenes technische Optimum für die vielen verschiedenen Betriebsgrößen, Betriebstypen, Produktionsrichtungen und Verwertungsweisen verbindlich festlegen ließe, so hätten diese Kennzahlen doch nur sehr bedingten Wert, weil sie völlig anschauungs-, raum- und zeitgebundene und damit durchaus unstabile Richtzahlen darstellen, Zahlen also, die wir nicht gut brauchen können, weil jeder Maßstab wenigstens von Hause aus einigermaßen konstant sein sollte. Es ist deshalb richtiger, die Ausgangs-Punktzahlen für die technische Ausrüstung nicht am Optimum, sondern am Maximum zu orientieren, wie BEYER vorschlägt (45). Dieses Maximum – also wieviel Arbeit wird oder wurde auf der am wenigstens entwickelten Stufe aufgewendet – liegt in der Vergangenheit, seine Richtzahlen sind damit nicht mehr dem Fortschritt unterworfen, sondern können konventionell ebenso festgelegt werden wie das Urmeter oder die 3780,– DM/ha als Höchstsatz bei der Betriebsbewertung. Mit dieser Umkehr der Ausgangslage gewinnt das ganze Verfahren auch an absoluter Aussagekraft, weil es dann an konkreten, nachprüfbaren und jedem verständlichen Aufwandszahlen orientiert ist, während das Optimum in absolute Zahlen einfach nicht zu fassen ist. Am Prinzip unserer in Übersicht 2 vorgeführten Rechnung ändert sich dadurch nichts, denn auch beim „Maximum-Verfahren" bekommt die bessere technische Ausrüstung mehr Punkte als die schlechtere, wenn man das Maximum gleich 100 setzt; vgl. z. B. die Übersicht 3, S. 262.

Zu b): Die allgemeingültige Fixierung der Ausgangslage, der optimalen oder maximalen Richtzahlen ist deswegen so schwierig, weil einiges unterstellt werden muß, was schwer konkret festzulegen ist und damit subjektiven Einflüssen offensteht. Man sagt: „Die volle Punktzahl ist Maschinen und Geräten nur dann zuzuerkennen, wenn ihre Zahl und Größe ausreicht, damit die anfallenden Arbeiten rechtzeitig und sorgfältig ausgeführt werden können" (182), vgl. (137), (138). Leider geht es nicht, ohne diese Forderung zu erfüllen, weil dann die Bewertung ihren Sinn verlöre. Wir sehen nur einen Ausweg: Aus den vielen vorhandenen Untersuchungsergebnissen läßt sich ziemlich genau festlegen, welcher Besatz unter den verschiedenen natürlichen und wirtschaftlichen Standortverhältnissen sowie in einer bestimmten Arbeitswirtschaft ausreicht, alle Arbeiten ordnungsgemäß und fristgerecht zu schaffen. Es bleibt dann nichts weiter übrig, als daraus einen Rahmen zusammenzustellen, nach dem die jeweilige technische Ausrüstung im gegebenen Betriebe eingestuft wird. Das ist vergleichsweise grob! Es hat nun keinen Sinn, in einem einheitlichen Rechengang einmal mit der Apotheker- und ein andermal mit der Zentesimalwaage zu wiegen, d. h. für diesen Fall: Wer mit solchem Rahmen operiert, darf die Erhebung des Maschinen- usw. Besatzes nicht zu weit verfeinern, weil der Rahmen alle mühsam ermittelten Feinheiten wieder einebnet. Der Rahmen gibt also an, welche technische Ausrüstung für die einzelnen Arbeitsgruppen in den verschiedenen Betriebstypen, -größen usw. ausreicht, man kann ihn auch – dem Ackerschätzungsrahmen analog – so gestalten, daß er die für den gegebenen Fall einzusetzende Punktzahl gleich angibt. Damit wäre die schwierigste Unterstellung bewältigt.

Da die Maximum-Methode die durch die verbesserte technische Ausrüstung hervorgerufene Steigerung bewertet, haben die Zahlen des Rahmens kein „Ende" nach oben, wie die 100 Punkte bei den Ackerzahlen. Das schadet auch nichts: Mit besser werdender technischer Ausrüstung sinkt der Aufwand an lebendiger Arbeit, die Rahmenzahlen steigen entsprechend und damit auch der der nützlichen Arbeit angemessene Wert der jeweiligen technischen Ausrüstung. Das bringen die Punktzahlen klar und theoretisch bis in die Unendlichkeit richtig zum Ausdruck.

Aber das reicht noch nicht aus. „Bei ungenügender *Arbeitsleistung* ist die Punktzahl entsprechend herabzusetzen" (182). Das ist im Prinzip verkehrt, denn wir wollen nicht die *Leistung* einstufen, sondern das Leistungs*vermögen.* So ähnlich scheinen es die Verfasser (182) auch gemeint zu haben, wie aus ihrem Beispiel hervorgeht, wo sie nur den einen einsatzfähigen Plattformwagen unter vier vorhandenen bewerten wollen. Wir formulieren diese zweite Unterstellung dann wohl besser so: Es sind nur die einsatzfähigen Bestandteile der technischen Ausrüstung zu bewerten.

Leider gibt es in vielen Betrieben heute noch kein klares Entweder-Oder in diesem Falle; viele alte Schlepper u. ä. Maschinen werden trotz ihrer Mängel weiter eingesetzt. Ein geschulter Schätzer mag solche Maschinen entsprechend „abwerten". Wer das ablehnt, muß wenigstens angeben, wie er diesen zweiten Gesichtspunkt berücksichtigt hat. Das gilt auch für die einsatzfähigen Maschinen, die nur für einen Teil der ortsüblichen Einsatzzeit zur Verfügung stehen. Sie wären ebenfalls „abzuwerten". Das alles kompliziert die Sache aber sehr; man sollte sie deshalb nicht zu weit verfeinern, weil dann immer neue Unterstellungen und Schätzungshilfen hinzukommen, die das ganze Verfahren unhandlich machen und es damit seiner großen praktischen Bedeutung berauben. Einsatzfähig heißt hier übrigens nicht, daß das bewertete Gerät ganz oder teilweise eingesetzt worden sein muß, sondern eben nur einsatzfähig im eigentlichen Wortsinn und das ist ein Gerät auch dann, wenn es in Ordnung ist, aber im Berichtsjahre nicht gebraucht wurde.

Die dritte Unterstellung: „Sind mehrere gleichartige Geräte vorhanden so werden sie trotzdem nur als ein einziges Gerät gezählt“ (182). Das brauchte man gar nicht besonders zu dekretieren, der erste Punkt enthält es schon mit Denn der Besatz mit Mähdreschern reicht für 210 ha Getreide eben nur aus wenn zwei vorhanden sind. Hier sollte man analog fordern, daß Überbesatz an Arbeitsmaschinen nicht zu bewerten ist.

Die vierte Voraussetzung verlangt, nur das höherwertige Gerät zu punkten, wenn mehrere Geräte mit verschiedener Punktzahl vorhanden sind (182). Das verzeichnet zwar das Bild der technischen Ausrüstung, ist aber einfach und klar und muß für ein allgemeinverbindliches Schätzverfahren auch unbedingt angegeben werden.

Die technische Ausrüstung für 210 ha Getreide kann mit einem Mähdrescher und zwei Acht-Fuß-Zapfwellenbindern arbeitswirtschaftlich durchaus zweckmäßig sein, nach der obigen einfachen Forderung gibt es aber nur 5 Punkte dafür (ein für die halbe Getreidefläche ausreichender Mähdrescher) gegenüber 35 (Zapfwellenbinder) + 5 (Mähdrescher) = 40 Punkten, die der Wirklichkeit wohl näherkämen. Ebenso bedenklich scheint uns die Eingruppierung der Pflüge (138) zu sein, weil sie die obige vierte Regel verletzt. Die Beetpflüge gehören in eine eigene Gruppe; die Kehrpflüge müßten die höchste Punktzahl bekommen.

Die fünfte Unterstellung fordert, dasselbe Gerät so oft zu bewerten, wie es für verschiedene, im Rahmen vorgesehene Arbeiten zur Verfügung steht (182). Das ist richtig und notwendig. – So ergibt sich schließlich: Wenn man vernünftig abwägt, was für eine einfache Schätzungstechnik möglich, was im Sinn der Sache notwendig und was ohne die Betriebswirklichkeit zu verlassen, unterstellt und angegeben werden muß, so *läßt sich die Ausgangslage mit Hilfe eines Schätzungsrahmens und einiger vergleichsweise mühelos anzuwendender Grundsätze gut fixieren. Die Punktbewertung der technischen Ausrüstung gewinnt damit auch von dieser Seite an Allgemeingültigkeit und Gewicht.*

Voll befriedigen wird sie allerdings nur, wenn es über die Bewertung hinaus gelingt, die für die einzelnen Arbeitsgruppen vergebenen Punkte in einer bestimmten Betriebsorganisation so zu gewichten, daß die Punkte-Endzahl den Wert der technischen Ausrüstung betriebs- und arbeitswirtschaftlich richtig angibt. Einige Initiatoren der Punkt-Systeme haben diese Frage, unser obiges c), erkannt, (93), (137), (138), ihr aber nur z. T. und auch nicht mehr Rechnung getragen, als es jenen ursprünglich vor allem als Relativa gemeinten Punktzahlen entsprach. Die „richtige“ Gewichtung bietet zwei grundsätzliche Probleme: a) wie ist die technische Ausrüstung der Innenwirtschaft gegenüber der Feldwirtschaft abzustimmen, b) nach welchem Prinzip sind die Punkte innerhalb der Innenwirtschaft und der Feldwirtschaft selbst zu wiegen?

Alle Autoren orientieren ihre Gewichtung an der Praxis oder am richtigen arbeitswirtschaftlichen Gefühl des Schätzers, z. B. „die Punkteziffern sowie die Höchstzahl der Punkte jeder Gruppe ... gehen auf Vorschläge zurück, welche steirische Hauswirtschaftsberaterinnen ... erbracht haben" (208). FISCHER läßt die nähere Begründung für seine Gewichte offen „... auf Grund sorgfältiger Prüfung wurde nachstehendes Gewichtsverhältnis festgelegt" (93). Das Ergebnis solcher Abwägungen lautet dann: „Die Ausrüstung für bestimmte Betriebszweige ... wird nicht in die Bewertung eingezogen, wenn dieser Betriebszweig nur einen unbedeutenden Anteil am Betriebe hat" (138). Damit ist die Frage gestellt, wie man diese Bedeutung nun quantifiziere. HOFFMANN bewertet alle Arbeitsgruppen mit 100, die Innenwirtschaft mit 200 und gibt einige Nutzflächenanteilsgrenzen für den Kartoffel- und Rübenbau (138), FISCHER wiegt die technische Ausrüstung der Innenwirtschaft nach drei verschiedenen Betriebstypen (93) und LÖHR die technische Ausrüstung allein der Hauswirtschaft offenbar nach dem unterschiedlichen Arbeitsaufwand an ihren einzelnen Arbeitsplätzen (208).

Uns scheint nur e i n Prinzip geeignet, eine allgemeingültige und beide Teilfragen voll lösende Gewichtung zu verbürgen, das ist die Abstufung nach den Anteilen jeder bewerteten Arbeitsgruppe am jeweiligen Gesamtaufwand des Betriebs an lebendiger Arbeit. Damit wäre die von HOFFMANN (138) vorgeschlagene Abstufung nach dem Nutzflächenverhältnis, die FISCHERsche (93) Gewichtung nach dem Betriebstyp und auch der unterschiedliche Arbeitsaufwand nach LÖHR (208) in *einem* Grundsatz vereinigt. Das läßt sich praktisch auch sehr gut in einen Rahmen bringen, der rein technisch dem FISCHERschen, allerdings noch recht unvollkommenen Schema (93) entspricht. Die vom Rahmen vorgegebene Gewichtung zu finden, ist heute nicht mehr schwer, weil es eine solche Fülle von Arbeitstagebuchauswertungen aus allen Betriebsgrößen und Betriebstypen gibt, daß man mit hinreichender Genauigkeit allgemeingültige Gewichte für die Arbeitsgruppenpunktezahl in jedem Betrieb nachweisen kann. Im übrigen darf man wohl annehmen, daß in den Betrieben, wo die technische Ausrüstung nach diesem immerhin etwas aufwendigen Verfahren geschätzt wird, Arbeitstagebücher oder die Bruttolohnrechnung geführt wird.

Weil die so ins einzelne gehenden Bewertungssysteme von HOFFMANN, LÖHR und FISCHER (137), (208), (93) jede Arbeitsgruppe für sich einstufen, kommt in diesen Punktzahlen bereits zum Ausdruck, daß das gleiche Gesamtniveau der Technisierung die Arbeitsgruppen unterschiedlich fördert. Während die Technisierung den Arbeitsaufwand im Getreidebau beim Fortschreiten von Stufe I auf Stufe IV von 100 auf 27 gesenkt hat, vermochte sie ihn beim Futterrübenbau nur von 100 auf 54 in denselben Stufen zu verringern, vgl. (296). Diesen Gesichtspunkt der unterschiedlichen Auswirkung der Technisierung muß in der Gewichtung beachten, wer die technische Ausrüstung des Betriebs nur nach den großen arbeitswirtschaftlichen Stufen erfassen und bewerten will.

Am maximalen Aufwand lebendiger Arbeit für die einzelnen Arbeitskonten im Betriebe orientiert, vermag eine an Rahmen gekoppelte einfache Punktbewertung die technische Ausrüstung eines Betriebs allgemeingültig, richtig und leicht in Relativzahlen auszudrücken und in einer wohlabgewogenen Endzahl brauchbar darzustellen. Eine nach unseren Vorschlägen abgewandelte Punktbewertung erscheint damit als gut geeigneter Maßstab, die vergegenständlichte Arbeit, d. h. die Arbeitsmaschinen und was ihnen entspricht im Betriebe zu erfassen.

Wir haben nur das Grundsätzliche behandelt und nachzuweisen versucht, daß die Punktsysteme hier genau so viel Sinn haben wie bei der Arbeitsbewertung, die wir weiter oben darstellten. Wie man die drei Arbeitsgruppengliederungen von HOFFMANN, LÜHR und FISCHER (137), (208), (93) in ein System bringt, dürfte nicht allzuschwer zu finden sein, wenn man sich an die entwickelten Grundsätze hält und sich klar wird, wo die untere Feinheitsgrenze zu setzen ist, von der aus die technische Ausrüstung überhaupt zählt; nimmt man also schon den Küchenmotor oder den Staubsaugerputzer der Kühe mit auf, oder beginnt man erst beim Motormäher und der Melkmaschine? Man sollte aber nicht Maßnahmen der laufenden Betriebsführung als technische Ausrüstung bewerten wie z. B. die Verwendung von einkeimigem Rübensamen wie in (138). Wer das einbezieht, kann kaum noch sinnvoll abgrenzen, er kommt vom Hundertsten ins Tausendste.

Wir halten fest: Technische Ausrüstung, vergegenständlichte Arbeit, sind nur Arbeits- (und Kraft)maschinen oder ihnen wesensgleiche technische und mechanische Vorrichtungen im Betrieb. Wohl zu erwägen wäre allerdings, wie man das Punkte-System auf *vollständige* Erfassung der technischen Ausrüstung ausbaut. Man müßte alle Betriebszweige aufnehmen, also auch den Feldgemüsebau, die Gärtnerei, den Obstbau, vielleicht auch technische Nebenbetriebe und alle Arbeitsgänge, also noch die Stallmistausfuhr, die Schädlingsbekämpfung und die Beregnung, vielleicht auch die Meliorationsarbeiten u. ä. m. Wir haben dabei aber nur die Arbeitsmaschinen im Auge, weil man die Kraftmaschinen gar nicht ohne weiteres in dieses Punktesystem bringen kann, denn sie wirken kaum betriebszweig- oder arbeitsganggebunden. Wollte man sie dort erfassen, müßte der ganze Rahmen mächtig aufgebläht werden. Deshalb ist es richtiger, sie für die gesamte Betriebswirtschaft in einer gesonderten Wertzahl auszudrücken, wie wir oben vorschlugen.

Ein paar Worte noch zur Ausstattung der lebendigen Arbeit mit Fremdkraft und zum Motorisierungsgrad. Wir gehen für unsere beiden Indices von zwei Erwägungen aus: a) Sie sollen nicht die Arbeit, die Leistung oder die Ausnutzung, sondern das gegebene Leistungsvermögen der Zugtiere und Kraftmaschinen angeben; b) Kühe, Pferde, Elektromotoren, Schlepper und Dampfpflüge lassen sich nicht ohne weiteres auf einen betriebs- und arbeitswirtschaftlich sinnvollen Nenner bringen.

Zu a): Es scheint unserer Forderung zu widersprechen, wenn wir das gesuchte Leistungsvermögen in mechanischen PS bestimmen, also mit einem Maßstab ausdrücken, der grundsätzlich die Arbeit in der Zeiteinheit, $\frac{\text{mkg}}{\text{sec}}$, also eine Leistung mißt. Wir benutzen die PS hier jedoch als Kennzeichnung der Stärke einer zur Verfügung gestellten Kraft und sagen: Der Schleppermotor mit einer Nenn-Leistung = Motorleistung = Bremsleistung = effektive Leistung von 50 PS kann im technisch möglichen Dauerbetrieb 50 PS an sein Getriebe abgeben, er vermag also 50 PS zu leisten; ein mittelschweres Pferd kann ohne physischen Schaden dauernd 0,65 PS leisten, d. h. sein physiologisches Leistungsvermögen beträgt 0,65 PS.

Soweit glauben wir durchaus gehen zu können, ohne den in der Arbeitslehre geübten Begriffswirrwarr um Arbeit und Leistung noch zu vermehren. Arbeit ist Kraft × Weg; wo das nicht so klar nachweisbar ist, sollte man unter Arbeit stets Kraftaufwand oder sein sicht- vielleicht auch meßbares Ergebnis verstehen zunächst ohne Beziehung auf eine Zeit. Kraft × Weg in der Zeiteinheit ist Leistung, analog also auch jede Arbeit, die auf eine Zeit bezogen wird. Hier beginnt die Verwirrung, weil Arbeit auch Leistung × Zeit ist, also PSh ≈ mkg · h. Wenn die „Leistung" der Zugkraft 50 mot PSh/ha Getreide beim Bindern beträgt, so ist das nicht die Leistung, sondern die Zug*arbeit* oder besser der *Zugkraftaufwand,* weil ja nur der Mensch arbeitet, wenigstens in der Terminologie der Landarbeitslehre. Und das Leistungsvermögen ist dementsprechend also der Kraftaufwand, der in der Zeiteinheit dauernd zur Verfügung gestellt werden kann; die Zeiteinheit = 1 fällt aus diesem Ausdruck praktisch aus, so bleibt also de facto die Arbeit, mkg, übrig und damit der prinzipiell gleiche Teilbegriff für die vergegenständlichte Arbeit, den wir schon oben für die lebendige analog definiert hatten, nur mit dem Vorzug, daß sich die vergegenständlichte Arbeit sehr viel besser und objektiv quantifizieren läßt.

Das Verhältnis 0,65 PS = 1 Pferd, 0,3 PS = 1 Ochse und 0,16 PS = 1 Kuh, 1 Schlepper-Nenn-PS = 1 PS ist im Grunde nach demselben Prinzip abgestuft wie die ZK auch, die mittlere Leistungsfähigkeit und physiologisch unschädliche Benutzung unterstellt. Deshalb entsprechen sich die Relationen auch annähernd, LÖHR scheint sogar die PS-Verhältnisse seinen ZK zugrunde gelegt zu haben, vgl. (207). Daß sich Schlepper-PS und Pferde-PS in der Rechnung über mechanische PS anders zueinander verhalten, liegt daran, daß die mechanischen PS bei den Pferden das Leistungsvermögen am „Zughaken", beim Schlepper das Leistungsvermögen des Motors am Getriebe, seine Motor- oder Bremsleistung, messen. Die Schlepper arbeiten indessen nur mit einem Wirkungsgrad von rund 40% und ersetzen Pferde-PS in recht unterschiedlichen Verhältnissen, je nachdem welche Arbeit sie verrichten, so daß wir bei mittlerer Auslastung 1 PS · 0,4 · 0,5 = 0,2 PS am Zughaken, oder ein Kräfteverhältnis von 1:3,5 zwischen Schlepper-Nenn-PS und Pferdezugkraft erhalten, das dem in der ZK-Relation unterstellten, relativ ungünstigen 1:5 gut entspricht. Da die ZK nun ausdrücklich in der Absicht geschaffen wurde, das *Leistungsvermögen* der Zugkraft vergleichbar zu vereinheitlichen – GEUTING stellt das treffend dar (105) – dürfen wir also auch für die analoge Abstufung nach mechanischen PS schließen, daß sie für den gleichen Zweck wohl geeignet ist, also das Leistungsvermögen der Zugkraft richtig zum Ausdruck bringt.

Wieviel PS ein Pferd wirklich dauernd zu leisten vermag, scheint schwer festzulegen zu sein. Wir haben oben mit Jasny 0,65 PS, vgl. (320), angenommen, das ist etwas weniger als andere Autoren angeben, z. B. (77). Ziemlich sicher scheint aber das Verhältnis zu sein, in dem die Leistungen von Ochse und Kuh zum Pferdeleistungsvermögen stehen, nämlich ¹/₂ und ¹/₄ der Pferdedauerleistung, also 1 Ochse = 0,33 und eine Kuh = 0,16 PS. Dabei ist das jährliche Stundenleistungsvermögen einkalkuliert, wie es in der ZK-Rechnung üblich ist, vgl. z. B. (379). Aufs ganze gesehen macht es nicht viel aus, ob jene Koeffizienten zu hoch oder zu niedrig angesetzt sind. Denn nur bei den schweren Ackerarbeiten beeinflußt die physische Leistungsfähigkeit den Zeitaufwand signifikant, vgl. (192). Diese Arbeiten nehmen heute aber nur noch den kleinsten Teil des Zugtierkraftaufwands in Anspruch, vgl. dazu z. B. (13), (50), so daß also die 0,10 PS, um die das Leistungsvermögen vielleicht verschätzt ist, in den ermittelten Produktivitätsquotienten völlig überlagert werden von den viel durchschlagenderen Einflüssen. Außerdem gewinnen wir über die Indexrechnung ohnehin bloß Relativzahlen, die man durchaus richtig vergleichen kann, wenn nur die Ausgangszahl einheitlich festgesetzt ist.

Zu b): Weshalb aber dann der „neue" Maßstab? Weil die ZK Gegebenheiten unterstellt, die wohl für die Zugtiere, aber nicht für die Kraftmaschinen zutreffen.

„Beide Faktoren, die Leistungsfähigkeit wie auch die Ausnutzungsmöglichkeit, sind demnach für eine vergleichende Ermittlung der Zugkraftkapazität des Schleppers ungeeignet" (105). Wir schließen uns deshalb BLOHMs, GEUTINGs, HOFFMANNs (49), (105), (138) und anderer Vorschläge an, die tierischen Zugkräfte in ZK getrennt von den in mot PS vereinheitlichten Zugkräften der Schlepper anzugeben, vgl. (10), (13).

Wenn wir nun beide, oder besser alle Zugkraftarten oder sämtliche Kraftmaschinen im Betriebe zusammenfassen wollen, bleibt aber nur ein für alle gleicher Maßstab übrig, der ihr gesamtes Leistungsvermögen ohne jedwede Unterstellung erfaßt, das sind die mechanischen PS. Dieser Maßstab ist auch der einzige, der das tatsächliche Leistungsvermögen unverfälscht wiedergibt. Es liegt an der Betriebsführung, wie sie es auslastet und nutzt. Bessere oder schlechtere Nutzung kommt in den entsprechenden Produktivitätsquotienten zum Ausdruck – wie es sein soll.

Die „mechanischen PS" sind zwar ein einfacher und anscheinend wohlgeeigneter Maßstab, aber einen Mangel haben sie doch, wir sagten es schon: Sie berücksichtigen die unterschiedlichen technischen Wirkungsgrade der eingesetzten Kräfte nicht. Den „wirtschaftlichen" Wirkungsgrad, die Auslastung bei der einzelnen Arbeit oder im ganzen Jahre, sollen sie nicht vorwegnehmen, aber die Vereinheitlichung in mechanischen PS ergibt einen wesentlichen Unterschied im tatsächlichen Leistungsvermögen der Zugkraft, wenn 80 PS/100 ha einmal aus 60 Pferden = 39 PS, einem eisenbereiften 12-PS-Schlepper = 12 PS und 2 Elektromotoren = 29 PS bestehen und 20 Jahre später aus 2 Pferden = 1,3 PS, 2 gummibereiften Schleppern mit zusammen 55 PS und 2 Elektromotoren mit 24 PS. Die 60 Pferde „ziehen" wesentlich mehr als die 55 PS der Schlepper im zweiten Falle. Wir würden es also vom Technischen her betrachtet für richtiger halten, nicht mit jenen mechanischen PS zu rechnen, sondern mit PS, die über die Wirkungsgrade abgestuft sind. Nun sind aber die betriebswirtschaftlichen Wirkungen des Schleppers so vielseitig und tiefgreifend, sein arbeitswirtschaftlicher „Wert" — den wir ja eigentlich hier fixieren wollen — von so viel Untechnischem bestimmt, daß es vergleichsweise wenig ausmacht, wenn diese zusätzliche „Richtigkeit" noch in die Rechnung eingeht. Weil aber jene Leistungsdifferenz in den ermittelten Werten und damit auch in den Indizes steckt, kommt man eben ohne eine Gewichtung, unseren weiteren Index des Motorisierungsgrads, nicht aus. Richtig vergleichbar sind ohnehin nur Betriebe mit gleichartig zusammengesetztem Kraftmaschinenbestand. Da wir nur zu Relativzahlen kommen, auch mit der Indexrechnung, sehen wir keinen entscheidenden Nachteil in diesem Mangel, in der Leistungsvermögensdifferenz der mechanischen PS.

Da sich Pferde, Kühe und Kraftmaschinen nun einmal nicht auf *einen* betriebswirtschaftlich sinnvollen Nenner bringen lassen, müssen sie arbeitswirtschaftlich abgestuft werden. Wir benutzen dazu den Motorisierungsgrad, allerdings nicht den effektiven, „den Prozentsatz der Pferdestunden ..., die vom

Gesamtzugkraftbedarf durch Schlepper ersetzt werden" (13), (16), sondern den potentiellen, weil er nicht die Leistung, oder besser die Inanspruchnahme der Kapazität enthält wie der effektive, sondern den als motorische Zugkraft nutzbaren Anteil der insgesamt vorhandenen Fremdkraft, vgl. S. 253 und (13). Dieser Motorisierungsgrad bringt zwei Vorteile in unserer Indexrechnung: Erstens klammert er die von den motorischen wirkungsgradverschiedenen tierischen Zugkräfte aus. Die Zusammensetzung der Kraftmaschinen wird in der Regel von den Schleppern bestimmt, und das Verhältnis zwischen Dampf-, Verbrennungsmotor- und Elektromotorkraftmaschinen ist in der Arbeitsmacht ähnlicher Betriebe ziemlich gleich; so drückt der Motorisierungsgrad das motorische Potential zunächst *technisch* richtig aus. Zweitens: Eine Arbeitskraft kann höchstens 3,9 mechanische PS tierischer Zugkraft „bedienen", vgl. dazu (81), sie vermag aber in der landwirtschaftlichen Praxis bis 100 PS motorische Zugkraft zu regieren – in der Theorie sogar noch viel mehr. Es ist deshalb auch *arbeitswirtschaftlich* richtig, die tierische Zugkraft auszuklammern, weil ihr eine ganz andere betriebswirtschaftliche Wirkungsweise eigen ist.

Erst die Fremdkraft in Verbindung mit dem Motorisierungsgrad gibt einen technisch einigermaßen richtigen, betriebs- und arbeitswirtschaftlich zutreffenden Index für das Maß der eingesetzten Kraftmaschinen. Verbunden mit der Punktebewertung der übrigen technischen Ausstattung kommt so mit Hilfe der Indexrechnung ein relativer Maßstab zustande für die Ausstattung der lebendigen Arbeit(skraft) mit Arbeitshilfsmitteln.

Am Ende bleiben nur zwei Fragen offen, a) wie werden Arbeitshilfsmittel erfaßt, die nicht im Betriebe gehalten, aber dort eingesetzt werden, und b) geht die ganze Sache nicht noch einfacher zu machen?

Zu a)

Hier müssen wir leider unser Prinzip aufgeben, über das Leistungsvermögen zu vereinheitlichen. Fremde Arbeitshilfsmittel kann man der betriebseigenen Arbeitsmacht nur über die im Betriebe geleisteten Stunden hinzurechnen. Da fremde Leistungen und Lohnarbeiten stets bezahlt oder mit Naturalien entgolten werden müssen, sind sie in der Regel richtig aufgeschrieben, so daß man sie ohne große Mühe nachweisen kann. Die eingesetzten Kraftmaschinen schlägt man am besten so zu, wie HOFFMANN angibt (138); er setzt „normale Einsatzstunden im Jahre" fest, ein Pferd z. B. mit 2200, ein Schlepper mit 1000 Stunden. 1100 Stunden Arbeit eines fremden Pferdes bedeuteten also $0{,}5 \times 0{,}65$ PS = 0,33 tierische PS in unserer Rechnung und 1500 Stunden eines 45-PS-Schleppers $45 \cdot 1{,}5 = 66{,}5$ PS motorischer Zugkraft. Die eingesetzten fremden Arbeitsmaschinen müssen nach Typ und Art erfaßt werden; bei den MTS-Maschinen ist das auch nicht weiter schwierig. Dann muß man die von ihnen bearbeiteten Flächenanteile an der jeweiligen Gesamtfläche einer Fruchtart feststellen. Auch das ist noch keine zusätzliche Mühe, in BEYERs Arbeitsplan wird es ohnehin aufgeschrieben, um die Arbeitseinheiten errechnen zu können, vgl. (46). Wo die MTS- oder andere fremde Maschinen die gesamte

Fläche einer Fruchtart bearbeitet haben, wird die dadurch erreichte technische Ausrüstung in Punkten wie üblich bewertet; bewältigten sie nur einen Teil, so haben sie eben für alles nicht „ausgereicht" und werden dem bearbeiteten Teilstück entsprechend abgewertet.

Dabei wird sich dann allerdings empfehlen, die mit den betriebseigenen Maschinen bearbeitete Fläche zusätzlich zu bewerten. Hat die MTS also 40 ha Getreide = 50% der Getreidefläche, mit dem Zapfwellenbinder gemäht und die LPG die restlichen 40 ha mit vier Grasmähern mit Handablage, so wären für den MTS-Binder 17,5 Punkte und für die jetzt ausreichenden Grasmäher 10 Punkte zu rechnen.

Zu b)

Gibt es keinen einfacheren Maßstab für die vergegenständlichte Arbeit? Ohne Zweifel vermittelt auch die grobe Einordnung der gesamten technischen Ausstattung in vier arbeitstechnischen Stufen ein Bild von der vergegenständlichten Arbeit, aber eben ein sehr ungenaues und keineswegs einwandfrei vergleichbares. Das liegt vor allem, wir sagten es schon, am unterschiedlichen Rationalisierungsfortschritt für die einzelnen Betriebszweige in den verschiedenen arbeitstechnischen Stufen, vgl. Übersicht 3, die wir der sehr sorgfältigen Arbeit von RING entnahmen.

Übersicht 3

Die Verminderung des Handarbeitsaufwandes für verschiedene Fruchtarten und Betriebszweige auf vier arbeitstechnischen Stufen der Arbeitsmacht, nach RING (296).

Fruchtart und Betriebszweig	Arbeitstechnische Stufe[1])			
	I	II	III	IV
Getreide	100	60	47	27
Kartoffeln	100	71	44	30
Zuckerrüben	100	72	60	46
Futterrüben	100	82	59	54
Luzerne	100	62	48	42
Klee	100	64	49	43
Wiese	100	47	40	32
Standweide	100	64	57	43
Umtriebsweide	100	89	46	36
Rindviehhaltung	100	83	60	49
Schweinehaltung	100	71	49	36

Eine Kartoffel-Roggenbau-Schweinewirtschaft auf Stufe IV muß einen ganz anderen Index (Handkraft × technische Ausstattung) bekommen wie eine Hackfrucht-Futterbau-Rindviehwirtschaft auf derselben Stufe. Dem begegnet, wer die einzelnen Fruchtarten und Betriebszweige einstuft und mit dem Nutzflächenverhältnis oder den Anteilen am Gesamtarbeitsaufwand wiegt. Gut,

1) Stufe I: Handarbeits-, Stufe IV: vollmotorisierte Stufe.

aber dann kann er auch mit dem Punktesystem arbeiten. Der Vorteil dieser groben Stufen sollte doch gerade sein, mit einem Blick schnell abzuschätzen, was sonst etwas umständlich zu erheben ist. Eine an den arbeitstechnischen Stufen orientierte sinnvolle Vereinfachung ist also vorläufig noch nicht möglich.
Das heißt aber nicht, daß es später nicht doch auf diesem Wege gehen könnte. Wir vermögen schon ihn vorzuzeichnen, wenn auch heute noch die konkreten Zahlen für seine Etappen und Stationen fehlen. Aber die RINGsche Untersuchung ist bereits ein mächtiger Schritt vorwärts.

Wir dürfen hier einschalten, daß sich eine ähnliche Tabelle wie Übersicht 3 auch aus Richtzahlen zusammenstellen ließe, die in der DDR gelten. Die „Technisch-wirtschaftlichen Kennziffern", TWK, geben ebenfalls drei arbeitstechnische Stufen vor (307). Wir haben sie hier nicht verwendet, weil drei Stufen grundsätzlich ebensowenig ausreichen wie die zwei bei BLOHM (50). In der Praxis gibt es wenigstens vier Grundstufen — über Zwischenstufen läßt sich reden, vgl. (296) — I. Handarbeitsstufe, II. Gespannstufe, III. Gespann-Schlepper-Stufe, IV. vollmotorisierte Stufe. Die Stufe III darf man nicht überspringen, weil sie in der Praxis am häufigsten vorkommt, und die Stufe IV muß *als Ziel* auch rein, d. h. ohne Gespannanteil, angegeben werden.

Unsere oben vorgeführte Indexrechnung bewältigt die mögliche Vereinfachung ebenso glatt wie unser heute noch etwas kompliziertes Verfahren. Nehmen wir also einmal an, der allgemeine Rationalisierungsfortschritt von Stufe zu Stufe betrage für die gesamte Betriebswirtschaft $\overset{\text{I}}{100} : \overset{\text{II}}{75} : \overset{\text{III}}{50} : \overset{\text{IV}}{25}$; für die einzelnen Betriebstypen, -größen usw. gäbe es rahmengebundene Zu- oder Abschläge, je nach dem Anbau- oder Betriebszweiggewicht im Rationalisierungsfortschritt, also beispielsweise einen Index von 0,75 zu den obigen Zahlen für die Getreide-Hackfruchtbau-Schweinewirtschaft, so daß ein solcher Betrieb in Stufe III $50 \times 0{,}75 = 37{,}5\%$ der Handarbeit eines gleichartigen Betriebs in Stufe I aufwendet. Das ist grundsätzlich die gleiche Erwägung wie in der dargestellten Maximummethode. Die so für jeden Betrieb gegebenen berichtigten Stufen bekommen nun wieder einen Index nach demselben Prinzip wie oben. Damit wird die lebendige Arbeit im Produktivitätsquotienten multipliziert; die am Relaten Bodenproduktion zur Einheit lebendiger Arbeit gewogene Kennzahl steigt mit dem Fortschreiten von Stufe zu Stufe. Beispiel: Stufenreihe 100:60:50:30; damit wir handliche Kennzahlen bekommen, bilden wir den Index nicht mit 100, sondern nur mit 10; Indizes also $\frac{100 \cdot 10}{100} = 10$, $\frac{60 \cdot 10}{100} = 6$, $\frac{50 \cdot 10}{100} = 5$ und $\frac{30 \cdot 10}{100} = 3$. Die Arbeitsproduktivität sei $\frac{200\,\text{GE}}{1\,\text{AK}}$, dann ist die relative technische Produktivität in Stufe III $\frac{200}{1 \cdot 5} = 40$, und wenn die Entwicklung zu Stufe IV fortschreitet $\frac{200}{1 \cdot 3} = 67$. Das Ergebnis ist also recht grob, dafür aber ebenso richtig, klar und vor allem einfach zu gewinnen — wenn man den Rahmen für die Betriebstypen hat und die technische Ausstattung einigermaßen rasch und zutreffend zu schätzen versteht.

Weil besonders dieser letzte Punkt nicht ohne weiteres zu erfüllen sein wird, da man also auch in Zukunft zunächst Betriebszweig für Betriebszweig einstufen muß, hat dieses grobe Verfahren vorerst noch keine allgemeine Bedeutung. Über unsere Indexzahlen läßt sich im übrigen reden. Der Vorschlag, sie mit $\frac{100}{10}$ zu bilden, ist für die Weiterrechnung und für die gewonnenen Kennzahlen nicht unbedenklich, weil bei $\frac{10 \times 10}{100}$ bereits 1 herauskommt, wenn also die IV. Stufe einmal 10% von der I. erreicht haben wird. Bei $\frac{10 \cdot 9}{100}$ also 0,9, steigen die Quotienten über die Kennzahl der relativen technischen Produktivität der lebendigen Arbeit. Es bliebe also abzuwägen, ob man nicht gleich besser mit $\frac{100}{100}$ rechnet, obwohl dann die Kennzahlen in unserem Beispiel für Stufe III mit $\frac{50 \cdot 100}{100} = 50$, $\frac{250\,\text{GE}}{1 \cdot 50} = 4$ recht unansehnliche Werte erhalten. Wenn die meisten Betriebe in der Stufe IV sein werden und diese zwischen 2 und 20% von I liegen wird, sollte man wohl zum normalen Prozentindex von $\frac{100 \cdot 100}{100}$ übergehen. Aber am Ende ist das alles für das Prinzip der Rechnung ziemlich unerheblich.

Hier kam es uns nur darauf an, noch einmal zu zeigen, *daß die Indexrechnung geeignet ist, einen brauchbaren Maßstab für die vergegenständlichte Arbeit in Verbindung mit der lebendigen abzugeben, und daß sie darüber hinaus auch ein vergleichsweise primitives, vorerst nur denkbares Verfahren erlaubt, die groben arbeitstechnischen Stufen der Arbeitsmacht im Maß der vergegenständlichten Arbeit zu quantifizieren.*

Es hat also Sinn, naturale Maßstäbe für die vergegenständlichte Arbeit im Produktivitätsrelator zu entwickeln. Ihr Nachteil ist immer, daß sie bloß relative Maße abgeben können, Maße also, die nur die Entwicklung der Arbeitsproduktivitätskennzahlen im einbetrieblichen Vergleich richtig widerspiegeln. Für den mehrbetrieblichen Vergleich sind sie nur mit Einschränkung verwendbar. Wir brauchen also noch einen anderen Maßstab, der die vergegenständlichte Arbeit in der gleichen Einheit ebenso real wie die lebendige Arbeit mißt, damit wir auf diese Weise ein „absolutes“ Maß für die gesamte Arbeit im Betriebe gewinnen.

3.53 Der Geldmaßstab für die lebendige und vergegenständlichte Arbeit – Kosten oder Aufwand?

Was mit dem Wertmaßstab an genauerer und realerer Quantifizierung gegenüber dem eben behandelten Punkte-System oder der Arbeitsbewertung möglich ist, soll man nicht überschätzen. Denn „Kostenberechnungen bleiben eine systematische Schätzungstechnik“ (149), im Prinzip also das gleiche wie die naturalen Wertungen auch. Welchen Sinn hat dann aber der Wertmaßstab noch, der die lebendige und tote Arbeit in Geldeinheiten erfassen soll?

Wir sehen ihn von drei Gründen bestimmt:

1. Es geht darum, einen absoluten, objektiven und einheitlichen Maßstab für die insgesamt im Betriebe eingesetzte Menge an lebendiger *und* toter Arbeit zu gewinnen.

Denn die „Verminderung des in die Ware eingehenden Gesamtarbeitsquantums scheint hiernach das wesentliche Kennzeichen gesteigerter Produktivkraft der Arbeit zu sein, gleichgültig unter welchen gesellschaftlichen Bedingungen produziert wird. In einer Gesellschaft, worin die Produzenten ihre Produktion nach einem im voraus entworfenen Plan regeln, ja selbst in der einfachen Warenproduktion würde die Produktivität der Arbeit auch unbedingt nach diesem Maßstab gemessen" (222), vgl. auch (64), (313).

Dieser Punkt verlangt bereits zweierlei vom Wertmaßstab, er muß erstens „richtig", d. h. real, möglichst nicht geschätzt oder kalkuliert sein, und zweitens muß er die *Menge* der eingesetzten Arbeit darstellen.

2. Die Arbeit ist der vergleichsweise beweglichste Produktivfaktor, das am leichtesten zu variierende Produktionsmittel. Der Wertmaßstab muß also die richtigen Wertrelationen zwischen lebendiger und toter Arbeit in sich tragen.

Betriebwirtschaftlich beweglich ist die Arbeit in doppeltem Sinne, der Wirtschafter kann wählen, wo er die verfügbare Arbeitsmacht am besten einsetzt — das kann er mit dem Boden und dem Sachgüter-Vermögen nicht so ohne weiteres — und er kann die Bestandteile seiner Arbeitsmacht unterschiedlich kombinieren, also wechselnde Quanta Handarbeit durch Arbeits- und Kraftmaschinen substituieren. Weil das letztere in der fortschreitenden, volkswirtschaftlichen Entwicklung mehr und mehr geschieht, genügt es nicht mehr, die Arbeitsproduktivität nur mit der lebendigen Arbeit zu messen. Deswegen kommt es sehr darauf an, daß der Maßstab die richtigen Relationen enthält und das Gesamtarbeitsquantum zutreffend, d. h. vergleichbar wiedergibt.

3. Die Steigerung der Arbeitsproduktivität hat für den konkreten Einzelbetrieb in einer gegebenen Volkswirtschaft nur Sinn, wenn die Rentabilität, die Wirtschaftlichkeit, mit wächst. Da die Arbeit im Betriebe heute schon etwa 70% der Produktionskosten ausmacht, braucht man ein betriebsstatistisch einwandfreies Maß, um Arbeit, Arbeitskosten, technische und wirtschaftliche Produktivität sowie Aufwand, Ertrag und Wirtschaftlichkeit miteinander vergleichen zu können.

Hier fragt sich weiter, ob man die eingesetzte Menge oder den Wert der aufgewandten Arbeit (nachträglich und unvollständig) aus der Buchführung real gewinnen oder (vorsorglich und vollständig) kalkulieren soll.

Diese Vergleiche bieten heute neue Probleme besonderer Art, weil es — wieder im Zuge der fortschreitenden volkswirtschaftlichen Entwicklung (Zunahme der maschinellen Produktion) Ansteigen des Fixkostenanteils an den Produktionskosten — nicht mehr um den wirtschaftlichen Effekt der Durchschnittskosten geht, sondern um Grenzkosten und Grenzerträge. Das wird die Produktivität früher oder später in ihrem Bereich auch zu beachten haben. Solche Vergleiche zwischen Grenzproduktivität und Grenzerträgen verlangen vergleichbare und zweckrichtige Maßstäbe. So z. B. um die naheliegende Frage beantworten zu können, welche Produktivitätssteigerung ist noch rentabel? Die Bodenproduktion, der reduzierte Rohertrag, ist landbautechnisch bestimmt und das Ergebnis des technischen Organisationsprinzips der Betriebswirtschaft, der Reinertrag dagegen hat kostenwirtschaftliche Bestimmungsgründe und bedingt das wirtschaftliche Organisationsprinzip des Betriebs. Technisierung ist nur sinnvoll, wenn die Rentabilität dadurch verbessert wird. Die Steigerung der Arbeitsproduktivität muß vor allem das Arbeitseinkommen erhöhen!

Dieser Maßstab, der die Mengen der eingesetzten lebendigen und toten Arbeit vergleichbar mißt und am Ende in einer Zahl „richtig" auszudrücken erlaubt, sollen die Geldeinheiten sein.

Das wird sowohl in der kapitalistischen freien Marktwirtschaft als auch in der sozialistischen Wirtschaftsordnung grundsätzlich anerkannt. „Aber die Menge der Arbeit kann ... nicht unmittelbar in Arbeitszeit berechnet werden ... Mit Hilfe des Geldes wird demnach die Arbeit berechnet ..." (200). „Die Berechnung der gesellschaftlich verausgabten Arbeit in den Betrieben ... muß unvermeidlich Geldform annehmen, schon auf Grund der Tatsache, daß der Arbeitslohn in Geldform gezahlt wird. ... Die Geldform ... erstreckt sich auch ... auf die Berechnung der Produktionsmittel. Daher wird die historisch überkommene Form der Berechnung der verausgabten Arbeit, das Geld, ausgenutzt" (364). „Für die summarische Berechnung ... der Kosten der lebendigen und verdinglichten Arbeit wird Geld benötigt" (180), vgl. auch (399). Und in der sowjetischen Praxis: „Die Gelder, die, je Kollektivbauer berechnet, eingenommen werden, spiegeln den Stand der Arbeitsproduktivität in der Kolchose wider, sie charakterisieren auch die Wirksamkeit der Kapitalinvestitionen für grundlegende Produktionsmittel" (215), vgl. auch (66). „So wird das Geld das Maß für Stoffe und Arbeit" (176), vgl. auch (168).

Die allgemeine Kategorie der Produktivität fixierte sie in den naturalen Bereich der sachlichen Ergiebigkeit der Produktionswirtschaft, diesem sind Wertmaßstäbe nicht adäquat. Solange es nichts Besseres gibt, könnte man sie indessen als am Wert orientierte Gewichte hinnehmen für die Vereinheitlichung heterogener Bestandteile des A, so wie wir es in den grundsätzlichen Formeln auf S. 123 für die Bodenproduktion veranschaulicht hatten. Aber so einen neutralen Wert, einen Geld-Mengen-Begriff, gibt es nur in der Theorie; wollte man sie in der Betriebswirtschaft fruchtbar machen, käme man sogleich in die oben bei den Meßwerten abgehandelten Probleme hinein. Wir müssen also dieses Merkmal der Produktivität weitgehend aufgeben und die Geldeinheiten an eine der im praktischen Wirtschaftsleben üblichen Wertungen binden. Von den beiden prinzipiell möglichen, den Marktzeitwerten, oder dem Verkehrswert, und dem Kostenwert kommt dafür nur der Kostenwert in Betracht, weil die eingesetzte Arbeit aufwandsorientiert ist und nicht verkauft wird.

Das gilt indessen nur für die einschichtige Produktionswirtschaft. Theoretisch sind in der Volkswirtschaft stets Kosten auch gleich Preisen und Preise gleich Kosten. Diese Vorstellung wirkt bis in den Betrieb zurück. So wird gelegentlich vorgeschlagen, das E der Arbeitsproduktivitätskennzahl nicht mit Meßwerten oder Abgabepreisen, sondern mit den betrieblichen Produktionskosten, den „Planproduktionskosten" oder mit dem „Kostenwert des optimalen Leistungsverzehrs" zu messen, vgl. (168), (194). Solche Erwägungen mögen wohl für die Kostenkontrolle, den Vergleich der Istkosten mit den Plankosten, bedeutsam sein, der Produktivitätsrechnung sind sie grundsätzlich wesensfremd.

Dem Kostenbegriff entsprechend ist der Kostenwert an die Produktionskosten gebunden und diese sind ausdrücklich leistungsbezogen. Wer den Kostenwert ohne weiteres als Maßstab für die Vereinheitlichung der toten und der lebendigen Arbeit nimmt, verstößt wieder gegen die allgemeine Kategorie Produktivität, sie soll die Ergiebigkeit eines Leistungsvermögens, eines Produktivfaktors zeigen und nicht den wirtschaftlichen Effekt des Güter- und Leistungsverzehrs in der Produktionswirtschaft. Mit guten Gründen kann man also die Messung des A in kostenwertorientierten Geldeinheiten für die Produktivitätsermittlung ablehnen und diese selbst damit auf den reinen naturalen Maßbereich beschränken. Wir könnten uns also das folgende Kapitel sparen und die Messung des gesamten A dem Kostenspezialisten oder dem überlassen, der Wirtschaftlichkeit und Rentabilität analysieren und beinflussen will. Wir tun das nicht, sondern schlagen eine vielleicht nicht unbedenkliche und dem Wesen des Produktivitätsbegriffs nicht voll entsprechende Möglichkeit vor, das A in Geldeinheiten vergleichbar zu erfassen, weil es uns für die praktische Betriebswirtschaft viel gefährlicher erscheint, wenn die Produktivitätskennzahlen ein isoliertes Sonderdasein in der Betriebsstatistik führen. Das verleitet zu leicht dazu, ihre Größe absolut zu setzen und ihnen, zum Schaden des Ganzen, eine Dominanz zuzugestehen, die unwirtschaftlich ist, weil der landwirtschaftliche Betrieb ein Organismus mit wirtschaftlicher Zielsetzung ist. Diesen immanenten Charakter der landwirtschaftlichen Betriebe müssen auch die Kennzahlen der Betriebsstatistik widerspiegeln, und das tun sie nur, wenn sie ineinander verzahnt und aufeinander beziehbar sind, d. h. in gleichen Maßstäben gemessene vergleichbare Maße darstellen.

Solche Kosten, die das Leistungsvermögen der Produktivfaktorenkombination im Betriebe einigermaßen vollkommen darstellen, sind wohl denkbar. HEUSER baut drei Schichten „fester Kosten" auf, die oberste nennt er die „Betriebsbereitschaftskosten" (130). Zusammen sind sie aber nur z. T. mit den festen Kosten identisch. Diese Kosten mag man wohl in einer hübschen Skizze der systematischen Kostengliederung einprägsam darstellen, aber wie soll man sie praktisch erfassen? HEUSER selbst weist bereits darauf hin, wie schwer und nahezu unmöglich es ist, hier immer sauber zwischen festen und proportionalen Kosten zu unterscheiden. Gerade diese Trennung ist aber wichtig, denn sie bestimmt — rein rechnerisch — den Verlauf der wirtschaftlich entscheidenden Grenzkosten. Es hat also keinen Zweck, auf diesem Wege über die Bereitschaftskosten zu einem klaren Kostenausdruck der Arbeit zu kommen, der vollinhaltlich dem Produktivitätsdenken angemessen wäre. Das Problem „Betriebsbereitschaftskosten" ist schon deswegen kaum zu lösen, weil sich die einzelnen Kostenarten darin durchaus unterschiedlich, einige fix die anderen gleichzeitig mehr proportional verhalten, von ihrer Veränderungstendenz zwischen der Degression und Progression ganz zu schweigen. Es ist deswegen richtiger, die Kostenvorstellung hier ganz aufzugeben.

Kosten oder Aufwand? Ob etwas geht und richtig ist oder nicht, hängt in sehr vielen Fällen davon ab, ob das Problem genau genug erkannt, die entsprechende Frage klar formuliert wurde; das gilt besonders für alle Erwägungen um die Kosten. Clark und HORRING sagen es kurz und treffend: „Different costs for different purposes" (149), vgl. auch (177). Bezeichnen wir unseren Zweck deshalb noch einmal: Wir suchen in der Betriebswirklichkeit gegebene, also an den Kosten orientierte Geldeinheiten, die (möglichst) das Leistungsvermögen (und nicht die Leistung) oder wenigstens den Einsatz der lebendigen und vergegenständlichten Arbeit im Betriebe einheitlich, vergleichbar und wirklichkeitsnahe zu messen erlauben. Kostenorientiert ist hier nur qualitativ gemeint und bezeichnet bloß den Bereich, wo die Geldwertung der Arbeit ihren Ursprung hat. Kostenorientierte Geldwertung heißt *nicht* Produktions*kosten!* Weil die Produktionskostenkalkulation etwas grundsätzlich anderes ist und prinzipiell andere Zwecke verfolgt wie die Produktivitätsmessung.

Kosten sind für einen Abrechnungszeitraum errechenbarer wertmäßiger Güter- und Dienstverzehr zur Erstellung von Leistungen im organisierten Betriebe, vgl. (177). Kosten sind leistungsbedingter Güterverbrauch. Den Kosten stehen die Leistungen gegenüber. Damit sind sie selbst ausdrücklich leistungsbezogen, was ja auch ihr wirtschaftlicher Sinn ist in der Kostenkalkulation zum Zwecke der Preisstellung oder auch zur Grenzkostenkalkulation in der Wirtschaftlichkeitsrechnung. Wer Kosten ermittelt, tut das stets mit dem Ziel, die Selbstkosten für eine Leistungseinheit zu berechnen. Das ergibt das grundsätzliche Begriffspaar: Kosten – Leistung.

Unserer Forderung für die Produktivitätsmessung viel näher kommt der Begriff Aufwand. *Aufwand* ist erfolgswirksamer, wertmäßiger Güterverbrauch des Betriebs, also ein Element der Buchhaltung und dadurch viel fester an die ehemaligen Ausgaben des Betriebs geknüpft als die Kosten, denen gegenüber er auch den neutralen Aufwand als Mehr enthält. Der Aufwand wird ausschließlich in der Erfolgsrechnung verwendet. Begriffspaar: Aufwand – Ertrag.

Die Selbstkostenrechnung hebt sich von der Erfolgsrechnung in aller Deutlichkeit ab: Die Erfolgsrechnung beschäftigt sich mit den Aufwendungen und Erträgen, die innerhalb gewisser Perioden vorkommen, die Selbstkostenrechnung projiziert Kosten und Leistungen auf das Objekt, auf die Leistungseinheit, vgl. (321). „*Kosten* sind ein kalkulatorischer Begriff. Die Ertragsrechnung hat es mit tatsächlich erfolgtem Aufwande zu tun. *Aufwand* ist ein der Ertragsrechnung zugehörender Begriff. Man sollte zu einer Einheitlichkeit der Auffassung kommen" (166).

Aufwand und Kosten unterscheiden sich in ihrem Umfang, in der Bewertung, in der Anwendung und in der Zielsetzung. Die Zielsetzung dürfte das entscheidende sein; jede verlangt auch eine andere Grundform des betrieblichen Rechnungswesens: Die Selbstkostenrechnung fordert die Kalkulationsbuchführung, also die Kostenträgerrechnung, die Erfolgsrechnung dagegen kommt aus mit der (einfachen) Buchführung und Bilanz als der ursprünglichsten Form der Buchführung überhaupt. Trotzdem haben Kosten und Aufwand auch rein buchführungstechnisch wohl mehr gemeinsame gleiche (Grundkosten und Zweckaufwand) als verschiedene Merkmale. Wir haben uns mit dieser Deduktion an die in die landwirtschaftliche Betriebslehre neu aufgenommenen Gedankengänge des industriellen Rechnungswesens, vor allem der Schmalenbachschen Schule angelehnt, weil sie uns klarer erscheinen, und weil auch das richtungweisende Rechnungswesen der VEG offensichtlich davon ausgeht.

HEUSER definiert die Kosten noch als „in einem bestimmten Zeitraum verbrauchte Mengen an Produktionsmitteln und Arbeit, bzw. die Summe aller direkten und indirekten Aufwendungen hierfür" (130), also Kosten = Aufwendungen; es fehlt der entscheidende Begriffsinhalt der Kosten, daß sie auf eine Leistung bezogen oder beziehbar sein müssen, also wenigstens auf eine Kostenstelle, richtiger allerdings auf einen Kostenträger, vgl. dazu (142). Wer das begriffsgerecht tut, darf nicht in Kalender- oder Wirtschaftsjahren rechnen, wie der wertmäßige Aufwand, der schon deshalb als adäquater Relat in die Arbeitsproduktivitätsquotienten eingeht. Kosten werden dagegen auf zugehörige Leistungen bezogen, unabhängig vom Zeitraum, da sie entstanden.

Wir haben hier nur die beiden grundsätzlichen, verschiedenen Zielsetzungen dargestellt. Die Kostenrechnung kann einer Fülle von Zwecken angepaßt werden, nicht nur der Preisstellung, sondern auch der Wirtschaftlichkeitskontrolle und der Betriebsdisposition, vgl. (177), und vielen weiteren damit verbundenen Fragen. Das geschieht auch. Es ist jedoch insofern gefährlich, als damit immer wieder neue Gesichtspunkte auftauchen, die die jeweilige Kostenrechnung gestalten und damit auch ihre konkreten Ergebnisse bestimmen. „Different costs for different purposes!" So kann man selbst dem engbegrenzten Zweck, die Arbeitskosten zu finden, nachgehen und doch ganz verschiedene Werte ermitteln, je nachdem welches Verfahren angewandt wird. Es scheint uns deshalb auch aus diesem Grunde unfruchtbar, eine speziell auf die Produktivitätsermittlung ausgerichtete Arbeits-Kostenrechnung aufzumachen. Dafür haben die Kosten eine zu lose Verbindung mit dem Produktivitätsbegriff. Ihr angemessener Bereich in ähnlichem Zusammenhang ist die Wirtschaftlichkeitskontrolle. Wer dafür eine Kostenrechnung entwickelt und dabei an den naturalen Aspekt denkt, der auch der Wirtschaftlichkeit immanent ist, mag die Produktivitätsgesichtspunkte berücksichtigen. Für die Produktivitätsermittlung selbst genügt der Aufwand als Maß der eingesetzten und bewerteten Menge des Produktivfaktors Arbeit.

Wenn der Aufwand ausdrücklich dem Ertrage zugeordnet ist, so dürfen wir ihn für die Messung des A am Ende mit demselben Recht verwenden, wie wir das E im Produktivitätsrelator mit dem Maße des reduzierten Rohertrags erfassen.

Der Aufwand scheint uns also recht gut geeignet, ein brauchbares Maß für die vergegenständlichte und lebendige Arbeit im Produktivitätsrelator abzugeben, denn er ist erstens einigermaßen leistungsunabhängig, er entspricht etwa dem naturalen Stundenmaßstab, mit dem wir die lebendige Arbeit erfassen, und zweitens kommt er unmittelbar aus der Betriebswirklichkeit und findet in der Betriebsstatistik vielseitige fruchtbare Verwendung.

Mit diesem Maß haben wir gleichzeitig eine ganze Reihe von Vorteilen gegenüber der Kostenrechnung gewonnen: 1. Wo überhaupt Bücher geführt werden, wird der Aufwand ermittelt, die Kosten nur sehr selten; 2. die Rechnung mit dem Aufwand bietet nur einen Bruchteil der Probleme, die die Kostenrechnung mit sich bringt; 3. der ausgewiesene wertmäßige Arbeits-Aufwand entspricht dem wirtschaftlichen Einsatz der Arbeit im Betriebe recht gut und ist mit dem in naturalen Maßstäben ausgedrückten Arbeitseinsatz weitgehend identisch. Das heißt also auch, daß er das Tatsächliche und damit die Betriebswirklichkeit vergleichsweise vollkommener wiedergibt als die Kosten. Aus dem häufig geäußerten Satz: Menge × Preis = Kosten folgt Menge $= \frac{\text{Kosten}}{\text{Preis}}$; wir meinen, daß die wirklich eingesetzte Menge in der Formel $\frac{\text{Aufwand}}{\text{Preis}}$ richtiger zum Ausdruck kommt. Der Aufwand selbst stammt aus der Buchhaltung, die den tatsächlichen Betriebsablauf so gut wie möglich und objektiv erfaßt. „Die Kostenkalkulation steht" dagegen „aber getrennt von der Buchhaltung" (149), vgl. auch (166).

Wir begeben uns mit diesem Verzicht auf die Kosten(rechnung) allerdings eines Vorteils, den man in Zukunft vielleicht zum ersten Male wird wahrnehmen können: Der Kalkulation eines Ertragswerts der Maschinen und Arbeitshilfsmittel — wenn man die darin steckenden Zurechnungsprobleme bewältigen kann. Aber auch wenn das nicht vollkommen gelingen sollte, was sehr wahrscheinlich ist, wird man doch die Grenzen angeben können, innerhalb welcher der Ertragswert jeweils liegen dürfte. Damit wäre für die Wirtschaftlichkeits- und Rentabilitätskontrolle in der Betriebswirtschaft ebenso wie für die volkswirtschaftliche Investitionskontrolle sehr viel gewonnen, von der aufschlußreichen Gegenüberstellung Verkehrswert/Ertragswert ganz abgesehen. Auch diese Erwägung zeigt andererseits wieder, daß Wirtschaftlichkeits- und Produktivitätsrechnung aufeinander abgestimmt sein müssen, aber nicht identisch sind.

So sind es also im wesentlichen zwei Gründe, die zwingend nahelegen, den wertmäßigen Arbeits-Aufwand und nicht die Kosten der Arbeit als Maß des A im Produktivitätsrelator zu verwenden: Erstens die vergleichsweise ähnliche Zielrichtung, die die Aufwand-Erfolgsrechnung der Produktivitätsrechnung näher verwandt erscheinen läßt als Kostenrechnung und Kalkulation, und zweitens ihre mehr aus dem realen Betriebsablauf stammenden, eben nicht irgendwie „kalkulierten" Werte.

Das hat nun eine eminent praktische Bedeutung. Nehmen wir nur zwei Beispiele vorweg, um das schon hier klar zu machen. Erstens: Eine richtige Kostenrechnung *muß* den Zinsanspruch des eingesetzten Vermögens kalkulieren und tut das auch. Aber das warum, wann, wo und wie bewegt die Kostentheorie erheblich, eine für die Wirtschaftsordnung der DDR verbindliche Lösung ist noch nicht gefunden, vgl. z. B. (142). Der Aufwand dagegen stellt die „Produktionskosten" ohne die Zinsansprüche dar, er ist überdies am pacht- und schuldenfrei gedachten Betriebe orientiert und damit das angestammte *wirklichkeitsnähere* Maß für den Aufwand der Produktionswirtschaft; denn „Zinsansprüche sind Fiktionen" (176), vgl. auch (130). Zweitens: Die Kosten eingesetzter Produktionsmittel sind nur z. T. fix, d. h. hier vom Umfang des Einsatzes unabhängig. Sie richtig zu kalkulieren, erfordert also zunächst eine sehr genaue Buchführung und deren zweckmäßige Auswertung. Aber damit nicht genug, dieses Gemisch aus fixen und proportionalen Kosten muß den Kostenträgern auch richtig zugeschrieben werden. Was ist nun im Einzelfalle richtig? Selbst wenn man schließlich die Spezialkosten zutreffend ermittelt und die Gemeinkosten ebenso richtig zugeschlagen hat, bleibt noch die ewig ungeklärte Frage offen: Wie haben denn die Veränderungen der Produktion einer anderen Kostenstelle auf die davon zunächst unabhängig ermittelten Kosten des untersuchten Kostenträgers gewirkt? Eine in mathematischem Sinne funktionale Beziehung zwischen Kosten und Leistung besteht schon für den Industriebetrieb nicht, vgl. (403), vom landwirtschaftlichen ganz zu schweigen. „Im Mehrproduktbetrieb ... wird nie eine mathematisch genaue Proportionalität zwischen Kostenverursachung und Kostenverrechnung erzielt werden können" (177). Auch diesem Problem weicht der Aufwand aus: Er grenzt nur den insgesamt ausgewiesenen Aufwand der Produktionswirtschaft ab, in die Aufwandsarten, und erfaßt im Arbeits-Aufwand, was tote und lebendige Arbeit im Abrechnungszeitraum ge„kostet" haben. Dabei geht es zwar ebenfalls nicht ohne einige Willkür ab, aber sie ist vergleichsweise bedeutungslos gegenüber den Unterschieden, die herauskommen, wenn man die wirklichen Kosten der Arbeit nach diesem oder jenem Verfahren „kalkuliert".

Bei all diesen Vorzügen soll man jedoch nicht verkennen, daß der gesuchte wertmäßige Arbeitsaufwand eine ziemlich schwierig zu gewinnende Größe ist. Denn weder die einfache noch die einfache erweiterte oder gar die doppelte Buchführung[1]) weist sie ohne weiteres richtig aus, und aus der Kalkulationsbuchführung ist sie auch noch umständlich genug herauszulösen. Der wertmäßige Arbeitsaufwand ist am Ende also ein ziemlich ungenaues Maß. Und noch eine zweite wesentliche Einschränkung: Mit dem Arbeitsaufwand läßt sich guten Gewissens nur die insgesamt im Betriebe eingesetzte Arbeit wertmäßig ausdrücken. Unser oben geäußertes Anliegen, die Arbeitsproduktivität in den einzelnen Betriebszweigen zu messen, ist zunächst bloß mit der lebendigen Arbeit und nur dort zu verwirklichen, wo Arbeitstagebücher oder die Bruttolohnrechnung geführt und ausgewertet werden. Wo es dagegen schon eine Kalkulationsbuchführung oder einen BAB gibt, kann man auch die Arbeitsproduktivität in den Betriebszweigen bestimmen. Aber erstens verfügen darüber nur einige wenige VEG und zweitens bietet die Kostenrechnung heute noch eine solche Fülle von Problemen aller Art, daß man sie nicht mit den zusätzlichen Fragen belasten sollte, die eine so spezielle Messung mit sich bringt. Ihr Aussagewert steht obendrein auch dahin. *Weil der wertmäßige Arbeitsaufwand mithin ein ziemlich ungenaues und durchaus kein universales, ja sogar ein der Produktivität nicht einmal voll adäquates Maß ist, wollen wir uns im folgenden auf seine wesentlichen Bestandteile beschränken und darzustellen versuchen, wie man das unumgänglich notwendige möglichst einfach erfassen kann.*

Wie man es aus der einfachen Buchführung herausbekommt, ist häufig gezeigt worden, z. B. (85), (105), (205). Wir bringen deshalb im folgenden stets einige Hinweise, wie man zum Aufwand auch in den Betrieben kommt, die keine Bücher führen. Schätzung ist überall dabei; das beeinträchtigt heute, wo es so viele Richtzahlen gibt, die Genauigkeit der Aussage nicht so sehr, daß man das ganze Verfahren und seine Ergebnisse von vorneherein verwerfen müßte.

---

1) Das doppelte Aufschreibungs- und Verrechnungssystem ist hier gemeint.

Um im Bilde der Kostenrechnung zu bleiben, könnten wir vielleicht so sagen: Wir grenzen die – zumindest in der einfachen Buchführung ausgewiesenen – „Kosten"arten≈Aufwandsarten ab, d. h. wir bestimmen die Kosten, oder hier den wertmäßigen Aufwand an Arbeit,

wir verzichten darauf, die Kostenart „Arbeitsaufwand" als Kosten zu kalkulieren, auf Kostenstellen zu verteilen und Kostenträgern zuzurechnen. Die Aufwandsermittlung bleibt also gewissermaßen auf der Unterstufe der Kostenkalkulation stehen;

und stellen ihn dem reduzierten Rohertrag oder der Bodenproduktion gegenüber, um so einen rechenhaft-vergleichbaren Ausdruck für den absoluten Stand der Arbeitsproduktivität zu gewinnen.

Wenn wir im folgenden, angelehnt an viele Autoren, jene Aufwandsart der Arbeit abgrenzen, so stellen wir uns in einen gewissen begrifflichen Gegensatz zu ihnen, weil die meisten unentwegt von Kosten sprechen, jedoch auch nur den Aufwand meinen oder de facto jedenfalls erfassen. Unsere eben abgehandelte Unterscheidung zwischen Kosten und Aufwand ist aber sehr wichtig, weil Aufwand und Kosten nicht um ihrer selbst willen dargestellt werden sollen, sondern weil man sich zuvor über den Zweck der Rechnung klar sein muß. Denn er bestimmt, wie man methodisch vorzugehen hat. Die oft unklar gesetzten Zwecke führen nicht nur dazu, daß man Aufwand mit Kosten verwechselt, sie verleiten vielmehr dazu, daß Mitteldinge zwischen Aufwand und Kosten gesucht werden, die als Aufwand zu weitläufig und zu schwer verständlich sind, als Kosten aber nicht ausreichen. Dieser Hinweis mag genügen. Angesichts des heißen Bemühens um die „Kosten der Arbeit" scheint eine (wissenschaftlich wohl gebotene) Polemik um die Sache selbst unangebracht – und im Verhältnis zu ihrem Wesen auch relativ bedeutungslos, weil Kosten und Aufwand eben viel Gemeinsames haben. Wir ermitteln also n i c h t die „kalkulativen Arbeitskosten" (105), sondern den wertmäßigen Aufwand an toter und lebendiger Arbeit, wie ihn die betriebswirtschaftliche Erfolgsrechnung aufweist. Diesen Unterschied macht GEUTING sehr richtig, nur nennt auch er Arbeits k o s t e n, was in Wirklichkeit Aufwand ist. Mit der Kostenrechnung hat die Aufwandsermittlung zweierlei gemeinsam, wenn hier auch nur abgeschwächt und weniger problematisch ausgeprägt: Der wertmäßige Aufwand an Arbeit kommt nur durch teilweise Bewertung und einige kalkulative Unterstellungen heraus. Auch die Aufwandsermittlung bleibt z. T. also eine „systematische Schätzungstechnik".

D e n w e r t m ä ß i g e n A u f w a n d a n l e b e n d i g e r A r b e i t weist die Buchhaltung als „Gesamtlohnaufwand" aus. Er enthält a) Barlöhne, Gehälter, Prämien und Sozialversicherungsbeiträge, b) den Naturallohn, c) den Lohnanspruch des Bauern und seiner mithelfenden Familienglieder. Im VEG gibt es nur das unter a) genannte, in der bäuerlichen Familienwirtschaft das unter c), und im Großbauernbetrieb gibt es gleichzeitig alle drei Bestandteile des Gesamtlohnaufwands. Seine Höhe erlaubt also, Betriebe mit unterschiedlicher Lohnstruktur theoretisch richtig zu vergleichen. Wie weit das auch praktisch zutrifft, hängt vom gewählten Verfahren der Aufwandsermittlung ab. Ein paar Worte dazu.
Wo *Barlöhne* gezahlt werden, vor allem also im VEG, weist die Buchhaltung sie richtig aus, die Sozialversicherungsbeiträge bewegen sich im gleichen Sinne; es gibt weder Schwierigkeiten der Bewertung noch der Verteilung.

Die Barlöhne enthalten auch Prämien und Leistungslohnanteile, also ausgesprochene Leistungskomponenten, die über das eigentlich zu messende Leistungsvermögen hinausgehen, vgl. dazu (80) und (225). Was zusammenkommt und wie man damit rechnen kann, zeigt u. a. DAHSE (75). In der Schweiz hat man aus anderen Gründen vorgeschlagen, den Gesamtlohn zu unterscheiden in „den Lohnanteil für die Anwesenheit des Arbeiters, der dem Betrieb seine Zeit und sein Arbeitspotential zur Verfügung stellt... Dieser Teil soll dem Arbeiter das Existenzminimum garantieren" (380). Das wäre ein recht gut geeignetes Maß für das Potential der lebendigen Arbeit. Hierzu käme der „Tätigkeitsanteil", der in direktem Verhältnis stünde zu Umfang und Güte der Leistung. „Diese Unterscheidung ist in Deutschland nicht gebräuchlich, sie ist auch wohl nicht zweckmäßig und läßt sich praktisch überhaupt nicht durchführen..." (380). Für die Produktivitätsmessung wäre sie allerdings recht sinnvoll.

Der *Naturallohn* umfaßt verschiedenartige Produkte, Rechte und Dienstleistungen, die bewertet werden müssen, Naturaldeputate, Land, Wohnung, Verpflegung, Stallungen u. ä. m. Man kann verschiedene Gesichtspunkte der Bewertung zu Grunde legen, je nachdem, ob man den Lohnaufwand des Betriebs oder den Arbeitsverdienst der Landarbeiter berechnen will. Das Arbeitseinkommen sollte man nach dem Reallohn beurteilen oder wenigstens am Geldbetrag messen, den ein Industriearbeiter aufzubringen hätte, wenn er den gleichen Naturallohn empfangen wollte wie ein Landarbeiter, vgl. (345). Den Lohnaufwand des Betriebs, um den es uns hier geht, orientiert man am Nominallohn und bewertet die gewährten marktfähigen Produkte mit den Erzeugerpreisen, die zugekauften Naturalien mit den Einkaufspreisen und die Wohnung entweder nach der ortsüblichen Miete oder einem festen Satz von 6,5% von 5500,– DM für eine 40 m^2 große Landarbeiterwohnung; nähere Begründung für diese Berechnungsweise siehe (345). Aus eingehenden Untersuchungen, vgl. (345), kennt man die von einem vollverpflegten Landarbeiter verzehrten Mengen, die zu rund 60% aus dem eigenen Betrieb stammen, 40% werden zugekauft. Diese Mengen werden wieder mit Erzeuger- bzw. Einkaufspreisen bewertet, 14% für Zutaten aller Art zugeschlagen und von diesem Gesamtaufwand 20% für weibliche Mitarbeiterinnen abgezogen, weil sie erfahrungsgemäß weniger verbrauchen (345). Für freie Unterkunft, Beleuchtung usw. werden 20% zum eben ermittelten Beköstigungssatz zugeschlagen. Zur Verfügung gestelltes Deputatland wird mit dem ortsüblichen Pachtpreis in Rechnung gestellt. Für die Dienstleistungen berechnet der Betrieb nur die beweglichen Aufwendungen, also das Leistungsfutter für die Spanntiere sowie die Treib-, Schmier- und sonstigen Betriebsstoffe, denn die festen Kosten muß er für seine Arbeitsmacht ohnehin aufbringen. Er stellt sie außerdem i. g. nur selten und meist zu Zeiten zur Verfügung, wo er sie selbst nicht braucht. SPECKS, dessen Gedanken wir uns eben im wesentlichen anschlossen, hat einen einfachen und durchaus brauchbaren „Naturalwertschlüssel zur Berechnung des Lohnaufwands der Betriebe" ausgearbeitet (345).

HEUSER gibt noch einen zweiten, einfacheren Weg an, den Naturallohnbestandteil „Verpflegung" zu bewerten. Man soll die „Verpflegungstage zählen und mit einem einheitlichen Wertansatz multiplizieren, der aus den steuerlichen Richtsätzen abgeleitet werden kann" (130). Er weist auch darauf hin, daß dieser Haushaltsverbrauch gerade in der Erfolgsrechnung bei nichtbuchführenden Landwirten ins Gewicht fällt. Man sollte deshalb vielleicht eher dem SPECKSschen Vorschlag folgen, weil er anpassungsfähiger ist und damit der jeweiligen Gegebenheit besser gerecht wird.

Um richtig im Bilde der Erfolgsrechnung zu bleiben, darf man nicht vergessen, daß der Aufwand für den Naturallohn auch als Ertrag erscheint. Der Reinertrag ist dann derselbe, ganz gleich ob der Abschluß die Erträge aus eigenen Erzeugnissen und den entsprechenden Aufwendungen des Betriebs ausweist oder nicht.

Der *Lohnanspruch* des Besitzers und seiner mitarbeitenden Familienangehörigen ist die Bewertung der von ihnen geleisteten Arbeit. Dafür gibt es Richtsätze der Finanzverwaltungen, die etwa den Löhnen entsprechen sollen, die für gleichwertige fremde Arbeitskräfte gezahlt werden, vgl. (85), (263) und (285). Die folgende Übersicht 4 [nach (85)] dient nur als Anhalt, die Richtsätze differieren regional, vgl. (285).

Übersicht 4

Richtsätze für die Bewertung der Arbeitsleistung des Bauern und seiner Familienangehörigen

I. Betriebsinhaber (Betriebsleiter):

Einheitswert der landwirtschaftlichen Nutzfläche	*Lohnanspruch*
5 000 DM	= 2 000 DM
5 100– 7 500 DM	= 2 200 DM
7 600– 10 000 DM	= 2 400 DM
10 100– 15 000 DM	= 2 650 DM
15 100– 20 000 DM	= 2 850 DM
20 100– 25 000 DM	= 3 100 DM
25 100– 30 000 DM	= 3 300 DM
30 100– 35 000 DM	= 3 500 DM
35 100– 40 000 DM	= 3 750 DM
40 100– 50 000 DM	= 4 200 DM
50 100– 60 000 DM	= 4 600 DM
60 100– 70 000 DM	= 5 050 DM
70 100– 80 000 DM	= 5 500 DM
80 100– 90 000 DM	= 5 950 DM
90 100–100 000 DM	= 6 400 DM
100 100–120 000 DM	= 6 800 DM
120 100–140 000 DM	= 7 250 DM
usw.	

II. Ehefrau: einheitlich = 1 250 DM

III. Sonstige mitarbeitende Familienmitglieder:

	männlich	*weiblich*
14–18 Jahre	1350 DM	1250 DM
18–21 Jahre	1650 DM	1450 DM
über 21 Jahre	2000 DM	1650 DM

Die Sätze der Übersicht 4 dürften unter Umständen heute höher liegen; REISSIG (285) hat andere Werte angegeben, für Württemberg. Dort gibt man auch allen bäuerlichen Arbeitskräften den gleichen, nach Geschlecht und Alter gestaffelten Lohnanspruch vor und gewährt dem Betriebsleiter ebenfalls einen nach dem Einheitswert seines Betriebs bemessenen und mit ihm steigenden „Verwaltungszuschlag" (285). Es kommt bei all dem nicht so sehr auf die finanzamtlichen Richtsätze an, wenn der Aufwand richtig vergleichbar durch alle Betriebsformen betrachtet werden soll, als vielmehr darauf, daß die Lohnansprüche so bewertet werden wie die Fremdlöhne. L. REISSIG hat in ihren Untersuchungen deshalb auch daran orientierte Werte verwendet, also höhere als von den Finanzämtern festgesetzte.

Was hier bewertet wird, ist aber auf jeden Fall nur das reine Arbeitsentgelt; ein Unternehmerlohn, besser -einkommen oder Unternehmergewinn, gehört nicht zum Aufwand, vgl. Schema 3!

Als Aufwandsfaktor „kann nur der vom Unternehmer bezogene Arbeitslohn in der Höhe angerechnet werden, wie er an entsprechende Arbeitskräfte in der gleichen Tätigkeit gezahlt werden müßte" (130), vgl. auch (85).

In der LPG würde sich der wertmäßige Aufwand an lebendiger Arbeit am einfachsten aus der Vergütung für die geleisteten Arbeitseinheiten plus den mit den Erzeugerpreisen bewerteten und entsprechend verteilten Naturalien errechnen.

Aber darin sind Teile des Ertrags enthalten; die Arbeitseinheit ist auch ein Verbrauchsmaß! Vgl. dazu auch (179). Im Vergleich verschiedener LPG wird sich dies zwar ausgleichen, aber besser ist schon, mit dem Geldausdruck für die Arbeitseinheiten überhaupt nicht zu rechnen. Man könnte den in Stunden erfaßten Arbeitsaufwand in der LPG mit den entsprechenden Lohnaufwendungen je Std. aus dem VEG multiplizieren, oder mit einem anderen wirklichkeitsnahen Aufwandssatz. Was für die geleisteten Arbeitseinheiten ausgezahlt wird, dürfte in den meisten Fällen über diesen Aufwendungen liegen, die Differenz ist der Ertragsanteil, der in dem Wert der Arbeitseinheiten auch noch enthalten ist, neben dem Entgelt für die verrichtete lebendige Arbeit, den Aufwendungen für Arbeit, die wir hier brauchen. Die Arbeitseinheitenvergütung entspricht dem Arbeitseinkommen oder der Wertschöpfung je Mitglied und ist damit eben kein Maß mehr der Produktivität, sondern der Rentabilität.

Hier zeigt sich wieder, daß es keinen Sinn hat, mit allzugroßer Genauigkeit vorgehen zu wollen. Mit Ausnahme des Barlohns enthalten die übrigen Bestandteile des Aufwands für die lebendige Arbeit bereits so viel gleichmachende Unterstellungen, daß Einzelfälle nicht unerheblich abweichen können. Aufs Ganze gesehen, scheint aber der wertmäßige Aufwand an lebender Arbeit vollständig und zutreffend, d. h. hinreichend genau erfaßbar zu sein.

„Hier hat das Rechnungswesen also den Voraussetzungen für einen sinnvollen Betriebsvergleich bereits weitgehend entsprochen" (131).

Da er „feste" und „bewegliche" Aufwandsarten enthält, entspricht der wertmäßige Aufwand an lebendiger Arbeit weder der Zahl der Arbeitskräfte noch den aufgewendeten Stunden genau. Seinem Inhalt nach ist er also ein drittes Maß für den Produktivfaktor lebendige Arbeit.

Wir halten es gar nicht für erstrebenswert, daß der Gesamtlohnaufwand völlig mit dem Stundenaufwand gleichläuft. Täte er das nämlich, brauchte man den durchaus eigenständigen und vollberechtigten Stundenmaßstab überhaupt nicht mehr. Auf den Geldmaßstab können wir nicht verzichten, weil er allein tote und lebendige Arbeit zu vereinheitlichen vermag. Deshalb beeinträchtigt es auch die positiven Zukunftsperspektiven des landwirtschaftlichen Rechnungswesens nicht, wenn wir feststellen, daß es sich nicht um eine völlige Übereinstimmung von Lohn- und Zeitaufwand bemühen soll, weil es ihm nie gelingen wird, sie herbeizuführen, wenn schon das so viel weiter entwickelte Rechnungswesen der Industrie sie nicht erreicht hat. Der „unbedingte Gleichlauf zwischen Zeit und Geld wird durch nachträgliche Umbuchungen des Lohnes gestört ..." (381). Wir ziehen dann auch die logische Folgerung aus WALTERs (381) betriebsstatistischen Betrachtungen: Die landwirtschaftliche Betriebsstastistik benötigt beide Maßstäbe, sie vermitteln verschiedenartige Erkenntnisse, ihre Meßergebnisse brauchen daher nicht übereinzustimmen.

Der wertmäßige Aufwand an vergegenständlichter Arbeit, also an Zugtieren, Arbeits- und Kraftmaschinen ist sehr viel schwieriger festzustellen, weil die einfache Buchführung nur wenig davon erfaßt. Man bildet am besten die obigen drei Gruppen, um den für sie im einzelnen getriebenen Aufwand auch vergleichen und ihn mit dem jeweiligen wertmäßigen Aufwand an lebendiger Arbeit verbinden zu können. Ein paar Worte vorweg zur allen gemeinsamen Gliederung und Ermittlung der Aufwandsbestandteile.

Die Arbeitsmittel „im engeren Sinne", also die Arbeitshilfsmittel ohne Gebäude, Meliorationen und bauliche Anlagen, vgl. (128), sind Vermögensbestandteile und verursachen „Kosten der Kapitalbenutzung" und der „Kapitalabnutzung".

Die Kosten der Kapitalbenutzung gehören nicht in die Erfolgsrechnung, also auch nicht zum Aufwand, den wir hier darstellen wollen.

„Mir scheint es wichtig, daß in dieser Frage unterschieden wird zwischen der *Erfolgsrechnung*, bei der Zins und auch die Differentialerträge des Bodens Teile des Gewinns und nicht des Aufwands sind, und der *Kostenrechnung*, bei der für den Einsatz aller Kapitalgüter eine Benutzungsgebühr einen Kostenbestandteil darstellt" (166). Damit die Sache ganz klar wird, muß man noch weiter unterscheiden zwischen „Zinsanspruch" und „Verzinsung". Der „Zinsanspruch" wird kalkuliert; die im Reinertrag enthaltene „Verzinsung" befriedigt ihn. Die Verzinsung gehört also in das Ergebnis der Erfolgsrechnung, der Zinsanspruch als kalkulatorischer Begriff in die Kostenrechnung. Es ist zunächst unmöglich, den kalkulierten Zinsanspruch eines Mähdreschers dem durch ihn bedingten Anteil an der insgesamt ausgewiesenen Verzinsung richtig gegenüberzustellen. Die Summe aller Zinsansprüche des Aktivkapitals kann man jedoch mit seiner im Reinertrag ausgewiesenen Verzinsung vergleichen. Wenn diese Reinertragsdifferenz positiv ist, war der „Nutzeffekt der Kapitalinvestition" (245) zumindest betriebswirtschaftlich in Ordnung. Das ergibt die (globale) Erfolgsrechnung. Die Kostenkalkulation wird im Einzelfalle zu anderen Resultaten kommen, eben weil sie von dem von ihr geprägten Zinsanspruch ausgeht. Wer den Zinsanspruch falsch kalkuliert oder ihn ganz wegläßt wie der Aufwand, verzichtet darauf, seine die Investitionstätigkeit regulierende Wirkung vollständig zu verfolgen. Das mag die Wirtschaftlichkeits- und die Rentabilitätsrechnung auf die Dauer belasten. Für die Produktivitätsrechnung ist diese Frage durchaus irrelevant, weil die investierte tote Arbeit mit dem Abschreibungsbetrage im Aufwand enthalten ist, damit kommt die vollzogene und unmittelbar produktionswirtschaftswirksame Tatsache also gebührend zum Ausdruck.

Die Kapitalabnutzung ist als Aufwand zu verstehen, der dadurch entsteht, daß die Anschaffungskosten eines Vermögensbestandteils auf alle die Jahre verteilt werden, in denen das Arbeitsmittel gebraucht wird. Diese Abschreibung bemißt sich entweder nach der Zeit des Einsatzes oder nach der Arbeit der Maschine usw. Die klarsten Maßeinheiten sind die Betriebsstunden oder die bearbeiteten Flächen bis zum wirtschaftlichen Ende des betreffenden Arbeitsmittels, vgl. (318). Nun ist die Abschreibung aber „die a-priori-Schätzung eines Aufwandes zum Zwecke der Verteilung auf einen längeren Zeitraum" (176). Das nützt uns nichts oder wenigstens heute noch nichts, weil wir hier nicht ex ante, sondern ex post zu rechnen haben. Damit fallen hier auch alle die gelehrten und für die Kostenkalkulation sinnvollen Erwägungen über die degressive bis zur progressiven Abschreibung aus.

Nur eins: Abschreibung ist nicht dasselbe wie Amortisation, der Erwerb eines Schleppers nicht gleichbedeutend mit einem Rentenkauf! Auf die verwirrenden Folgen von Betrachtungsweisen, die diesen grundsätzlichen Unterschied nicht machen, weist KERMANN sehr richtig hin (166). Somit ist die Abschreibung ein eindeutiger Bestandteil des Aufwands.

Für die Produktivitätsrechnung sollte man stets mit der linearen Abschreibung rechnen. Das ist auch das gegebene für die sozialistische Wirtschaftsordnung, vgl. dazu (181).

Wir brauchen irgendeine einigermaßen richtige, wenn auch globale Zahl für die tatsächliche Abschreibung aus der Buchführung. Dazu benutzt man am einfachsten die Vermögensrechnung. Für die einzeln bewerteten Arbeitsmittel ist die Abschreibung angegeben, und für die in Gruppen mit anderen Vermögensteilen bewerteten Arbeitshilfsmittel nimmt man den Anteil als Abschreibungssumme, der ihrem Anteil am Gesamtwert der betreffenden Gruppe entspricht. Die Sache hat allerdings den Nachteil, daß solche Abschreibungen von Betrieb zu Betrieb auch bei gleicher Ausstattung mit Arbeitshilfsmitteln aus steuerlich bedingten Gründen stark schwanken und damit die Vergleichbarkeit in Frage stellen, vgl. (105). Deswegen ist es u. U. besser, durchschnittlich 4–5% vom Neuwert aller Maschinen und Geräte als Abschreibungssumme anzusetzen; der Neuwert aller Maschinen und Geräte ist durchschnittlich das 2,22fache des Zeitwerts, vgl. (105). Wer genauer kalkulieren will, verwende die sowjetischen Formeln in (181), die „Anlage zu den Veranlagungs-Richtlinien 1952" (409) oder die ausgezeichneten Richtzahlen von SCHAEFER-KEHNERT in (318), vgl. auch (183), (309), (419).

Mit dieser sehr summarischen Form der Abschreibung wird man allerdings der bäuerlichen Familienwirtschaft nicht so ganz gerecht. Dort mögen die Maschinen wohl nach Ablauf der kalkulierten Gebrauchsdauer wirtschaftlich am Ende sein, weil sie veraltet sind; tatsächlich wurden sie aber so liebevoll gepflegt und sind noch so gut im Stande, daß sie noch einmal so lange halten. Das hätte mit der kalkulierten Abschreibung noch nichts zu tun – im Gegenteil, je schneller die Maschine abgeschrieben, desto eher kann sich der Bauer eine neue bessere kaufen, eben deshalb sollten sie alle nach 8 bis 10 Jahren abgeschrieben sein – wenn der Bauer sie nur nicht schon von vorneherein auf so „lange" Sicht gekauft hätte, denn für eine Abschreibung innerhalb von 8 Jahren fehlt es ihm einfach an liquidem Geld. Diese Erwägung ist aus zwei Gründen wichtig: 1. Der Bauer stellt sich wirklich auf wesentlich längeren Gebrauch seiner neu angeschafften Maschinen ein, vgl. (78), und die Kapitalbeschaffung ist für ihn tatsächlich *die* Frage vor dem

Maschinenkauf, vgl. (279); und 2. mit abnehmender Betriebsgröße einerseits und zunehmender Technisierung andererseits gewinnen die Kosten der Kapitalbenutzung erheblich an Gewicht in der Betriebswirtschaft mit allen Folgen für sie, z. B. wirtschaftlichem Widerstand gegen Änderungen der auf bestimmten hohen Vermögensbesatz zugeschnittenen Betriebsorganisation. Zu falschen Schlüssen kommt also, wer die Abschreibung verkehrt oder richtiger unwirtschaftlich kalkuliert. Diese Problematik wird durch die praktische Handhabung der steuerlichen Abschreibungsvorschriften erheblich verschärft. Aber das gehört nicht hierher, zeigt nur wieder, wie ungenau die eingesetzte Abschreibung sein kann, ganz gleich, ob man sie aus der einfachen Buchführung gewinnt oder global kalkuliert.

Abgeschrieben werden im übrigen alle Arbeitshilfsmittel, die Bestandteile des Anlagevermögens, des „Gebrauchskapitals", sind, mit Ausnahme der Ochsen und Zugkühe, weil die Ochsen am Lebensende noch so viel wie zu Beginn der Arbeitsnutzung wert sind, und die Kühe, weil sie eine Nebennutzung liefern, vgl. (49). Neuanschaffungen werden sinngemäß mit dem anteiligen Betrag, der auf das erste Jahr ihrer Nutzung entfällt, als Aufwand in Rechnung gestellt.

Soviel über die Abschreibung. Wo sie sich, wie man sich das wünscht, auf die drei Gruppen Zugtiere, Schlepper, Arbeitsmaschinen aufteilen läßt, bildet sie also die erste Aufwandsart, die allen gemeinsam ist, aber in unterschiedlicher Höhe entsprechend ausgewiesen wird.

Solange das Rechnungswesen keine genaueren Daten hergibt, sollte man die aus so vielen Untersuchungen bekannten Richtzahlen für den Futterverbrauch und die sonstigen *Aufwendungen für ein Arbeitspferd* im Jahr als Aufwand einsetzen, vgl. (131). Wo es einen Naturalbericht gibt, kann man den wertmäßigen Futteraufwand auch aus Menge × Erzeugerpreis berechnen. Die baren Ausgaben für Tierarzt, Geschirr, Beschlag, Versicherungen wird man auch nicht ohne weiteres dem Arbeitspferd zuschreiben können, weil sie im Abschluß der einfachen Buchführung mit dem gleichartigen Aufwand für andere Tiere zusammen ausgewiesen werden. Der dadurch entstehende Fehler ist vergleichsweise gering, weil diese Aufwandsart gegenüber dem Futter und den Abschreibungen keine große Rolle spielt. Am besten kommt man also zum Ziele, wenn man einen kalkulierten Jahresaufwand mit den in der Buchführung ausgewiesenen Zahlen vergleicht und gegebenenfalls danach berichtigt. Wie man die Zugtierkosten als wertmäßigen Aufwand ermittelt, zeigt DAHSE (75).

Den Aufwand für nichtmarktfähige Futterstoffe berechnet man zweckmäßig über die Milcherzeugungswerte. Der Aufwand für die Einstreu gleicht sich mit dem Wert des gewonnenen Stallmistes aus.

Der wertmäßige Aufwand für die Treib-, Schmier- und sonstigen Betriebsstoffe der Kraftmaschinen erscheint als bare Ausgabe im Abschluß auch der einfachen Buchführung, vermengt allerdings mit den Ausgaben für die gleichen Aufwandsarten, die anderen Zwecken dienen (Kohle für den Dampfpflug, die Lokomobile, aber auch zum Heizen; Schmieröl für die Schlepper, aber auch für die Arbeitsmaschinen u. ä. m.). Das ist noch schlimmer bei den

Aufwendungen für Unterhaltung, Pflege und Reparaturen. Auch von der einfachen Buchführung kann man als ersten Schritt zur Erfassung der Arbeitskosten verlangen, daß sie zunächst die Aufwendungen für die Sachgüter gesondert ausweist, die nicht Arbeitshilfsmittel sind. Da die übrigen Aufwendungen samt und sonders ohnehin als Ausgaben erscheinen, brauchten sie nur getrennt für Arbeits- und Kraftmaschinen gebucht zu werden, eine Forderung, die sich auch verwirklichen läßt.

Diese Aufwandsart Reparatur, Instandhaltung und Pflege wird meist in einer Zahl ausgewiesen. Das ist recht unzweckmäßig, denn dadurch wird der Betriebsstastitik praktisch unmöglich gemacht, gerade den Wert oder die Werte einwandfrei zu gewinnen, die man als Richtzahlen für jene Aufwandsarten in den Betrieben braucht, die keine Bücher führen. Was sind Reparaturen? Der Landwirt bezeichnet auch das Mähmesserschleifen und alles andere so, was auf der Schmiederechnung steht. Um nun einen einigermaßen zutreffenden, an den Anschaffungspreis gebundenen Richtwert für die Reparaturen zu bekommen, müßte man einheitlich festlegen, was Reparaturen sind. Dann gäbe es nicht Angaben, die zwischen 40 und 100% des Anschaffungswertes als Reparaturaufwendungen schwanken, vgl. (293). Auf irgendeinen dazwischenliegenden Richtwert sollte man sich aber allmählich einigen, damit Betriebsvergleiche und unsere Aufwandsermittlung wenigstens methodisch sicherer sind.

Zum Aufwand für die vergegenständlichte Arbeit rechnen schließlich auch die Ausgaben für Maschinenmiete und der nach Erzeugerpreisen bewertete Naturalentgelt für Maschinen- und Zugkrafteinsatz bzw. -ausleihe bei den MTS oder Einzelbauern der LPG vom Typ I, und die zu 50% ihres Anschaffungspreises eingesetzten Ausgaben für die laufende Ergänzung von Handgeräten und Kleininventar. Vergleichsweise schwierig zu isolieren sind die Aufwendungen für Strom und Heizmaterial für die Kraftmaschinen. Hier muß man entweder schätzen oder den gesamten Betrag einsetzen. Als Näherungslösung empfiehlt sich, den Strom voll und das Heizmaterial gar nicht als Aufwand der vergegenständlichten Arbeit zu rechnen. Wo all diese Aufwandsarten nicht aus der Buchführung oder aus Belegen zu entnehmen sind, muß man genauso wie beim Aufwand je Arbeitspferd die bekannten Richtwerte einsetzen, nachdem man sie mit den Gegebenheiten des untersuchten Betriebs abgestimmt hat. Da der Aufwand nicht auf die Arbeitsstunde bezogen wird, werden die Schätzungsergebnisse dann auch befriedigen.

Mit etwas Mühe wird es also tatsächlich heute schon gelingen, auch aus der einfachen Buchführung oder mit Hilfe einiger Richtwerte einigermaßen zutreffend herauszubekommen, was an lebendiger und vergegenständlichter Arbeit wertmäßig aufgewendet wurde. Das Ergebnis mag ziemlich grob und ungenau sein. Immerhin ist es auch wieder nur eins im Zahlenspiegel der Betriebsstatistik, obendrein eins, das sich ohne viel Mehraufwand wesentlich vollkommener darstellen ließe, als es z. Z. möglich ist und geschieht.

Damit hat sich am Ende der Geldmaßstab im Maße des wertmäßigen Aufwands an lebendiger und vergegenständlichter Arbeit als wohl geeignet erwiesen, das A für den Produktivitätsrelator hinreichend genau auszudrücken.

Wir erhalten es mit seiner Hilfe in einer aus der Betriebswirklichkeit stammenden natürlichen Zahl, die absolut und vergleichbar angibt, wie die mit dem gleichen Maßstab gemessene lebendige Arbeit mit der vergegenständlichten im gegebenen Falle kombiniert worden ist. Die Geldeinheiten im Aufwand drücken zwar nicht unmittelbar das Potential des Produktivfaktors aus, geben aber seinen durchschnittlichen Einsatz für den Produktivitätsquotienten brauchbar wieder.

Wir haben damit *einen* Weg gewiesen, der in jedem Betrieb zum gesuchten Gesamtarbeitsquantum führt. Theoretisch gibt es noch einen anderen, den zu praktizieren uns allerdings etwas fragwürdig erscheint, obgleich er die konsequenteste Anwendung MARXscher Gedanken sein soll: VOIGT erörtert ihn und schlägt schließlich vor, die vergegenständlichte Arbeit auf Arbeitszeit zurückzuführen. Das sei zwar sehr schwierig, müsse aber vorbereitet werden (374). Sehen wir ab von den methodischen Problemen, die heute noch bestehen, wenn man mit diesem Maßstab messen will, vgl. (374), so liegt auf der Hand, daß die vergegenständlichte Arbeit = Arbeitszeit niemals einen konstanten Maßstab abgeben kann. Dagegen sprechen alle die Gründe, die wir schon bei der Arbeitsmethode anführten, vgl. Kap. 3.312. Da die Arbeitsmethode keinen konstanten Maßstab hergeben kann, soll man ruhig mit Geldeinheiten rechnen. Der Aufwand ist genausowenig konstant — und deshalb prinzipiell nicht besser geeignet als die Arbeitsmethode und der VOIGTsche Vorschlag — aber er ist eine entscheidende Größe in der Betriebswirtschaft. Darauf zugunsten einer so problematischen Erwägungsrechnung zu verzichten, wäre zumindest betriebswirtschaftlich wenig sinnvoll. Das soll die Betriebs- und Arbeitslehre andererseits aber nicht hindern, der Politischen Ökonomie konkrete Daten zu vermitteln, die den Arbeitszeitaufwand für alle landwirtschaftlichen Erzeugnisse angeben, die ebenfalls vergegenständlichte Arbeit sind. Wir haben unseren Beitrag dazu an anderer Stelle geliefert (13) und werden das Problem weiter verfolgen. Seine Grundlage haben wir oben dargestellt: Sinn und Anwendung des Stundenmaßstabes zur Arbeitsproduktivitätsmessung. Vorerst halten wir für unzweckmäßig, das Gesamtarbeitsquantum in Zeiteinheiten ausdrücken zu wollen.

Im Maß des Aufwands ist die Summe aus der lebendigen und der vergegenständlichten Arbeit in Geldeinheiten enthalten. Daraus läßt sich nun noch eine recht aufschlußreiche Beziehungszahl bilden, die „Ausrüstung" einer AK mit Arbeitshilfsmitteln, also

$$\frac{\text{wertmäßiger Aufwand an vergegenständlichter Arbeit}}{\text{AK}}$$

Diese Kennzahl, bezeichnen wir sie kürzer mit $\frac{\text{vA}}{\text{AK}}$, drückt aus, wieviel vergegenständlichte Arbeit je AK im Betriebe wertmäßig aufgewendet wurde, sie gibt also den auf die Arbeitskraft bezogenen Einsatz der technischen Ausrüstung an. Diese Kennzahl wird immer in einem bestimmten, wenn auch wechselnden Verhältnis zum wirtschaftlichen Arbeitsproduktivitätsquotienten stehen, also zum $\frac{\text{reduzierten Rohertrag}}{\text{AK}}$ oder kürzer zu $\frac{\text{Ro}}{\text{AK}}$. Dieses Verhältnis schreiben wir $\frac{\text{Ro}}{\text{AK}} : \frac{\text{vA}}{\text{AK}}$ und rechnen es weiter über $\frac{\text{Ro}}{\text{AK}} \times \frac{\text{AK}}{\text{vA}}$ zu $\frac{\text{Ro}}{\text{vA}}$; damit ist ein Ausdruck gewonnen für die Ergiebigkeit der vergegenständlichten Arbeit. Er mag vergleichsweise ungenau sein, weil eben der Aufwand an vergegenständlichter Arbeit meist nur grob zu ermitteln ist, aber für den Betriebsvergleich und für Wirtschaftlichkeitsrechnungen sagt er eine ganze Menge aus, auch über den Ertragswert der vergegenständlichten Arbeit! Es ist am Ende der alle drei Größen vereinheitlichende Geldmaßstab, der diese Kennzahl zu bilden gestattet – ein Grund mehr, ihn zur Messung des vollständigen A im Produktivitätsrelator zu verwenden.

3.6 Die Zurechnung von Produktionsleistung zu Arbeit

Die Produktionsleistung des landwirtschaftlichen Betriebs kommt zustande, weil die drei Produktivfaktoren Boden, lebendige und vergegenständlichte Arbeit i. w. S. zusammenwirken. Auf jeden kommt also ein Teil der Gesamtleistung, aber welcher? Das zu quantifizieren, hat die Zurechnungstheorie versucht. Erfolg war ihr nicht beschieden, weder in der Volks- noch in der Betriebswirtschaft, weil dieses Problem eben grundsätzlich nicht lösbar ist, vgl. (84).

Trotzdem haben die vielen Theorien einige wertvolle Erkenntnisse gebracht, mit denen sich auch die Betriebsforschung auseinandersetzen muß. Wir werden das an anderer Stelle tun.

Das Zurechnungsproblem der Arbeitsproduktivität im landwirtschaftlichen Betriebe hieße konkret beispielsweise so: Wieviel der 200 GE der Bodenproduktion, die auf eine AK entfallen, sind nun tatsächlich durch ihre lebendige Arbeit entstanden, kommen also auf sie allein, wieviel sind daneben dem Boden und wieviel den Betriebsmitteln zuzurechnen? Diese Frage stellen heißt zweierlei: Erstens zuzugeben, daß sie positiv tatsächlich nur willkürlich beantwortet werden kann, und zweitens, daß damit gar kein Problem der Messung, sondern eine eigenständige Frage der Wirtschaftstheorie vorliegt. Wenn wir daher hier von Zurechnung reden, meinen wir etwas ungleich bescheideneres: *Welche Produktionsleistung ist welcher Arbeit zuzurechnen?* Dabei ist also unabhängig von den „großen“ Zurechnungsproblemen stets die von allen drei Produktivfaktoren gemeinsam hervorgebrachte gesamte Produktionsleistung gemeint, die eben *einem* Faktor, der Arbeit allein oder ihren Teilen, zugerechnet wird. Jedermann weiß, daß hier nicht die volle Ursache einer Wirkung gegenübergestellt wird, sondern daß diese Beziehung $\frac{A}{E}$ bloß *zweckmäßig* ist – und praktisch.

Die Frage zu beantworten, welche Produktionsleistung gehört zu welcher Arbeit, bietet keine besonderen Schwierigkeiten, solange man den ganzen Betrieb, seine Leistung und die im Berichtsjahr eingesetzte Arbeit im Auge hat. Hier gibt es nur ein ziemlich unbedeutendes zeitliches Problem: Die Produktionsleistung enthält periodenfremde Bestandteile; selbst wenn man nur die Ernte des Berichtsjahrs nimmt, bleibt der Tatbestand, daß die Viehhaltung aus großen Teilen der Ernte des vorangegangenen Jahres gelebt hat – und ein Teil der Arbeit im Kalenderjahre dient der Ernte des kommenden Jahres, z. B. die

Herbstbestellung. Dazu gibt es einige buchführungstechnische Schwierigkeiten: Zum Beispiel die Ermittlung der vollen Ernte, also auch der nicht ausgedroschenen Vorräte. Das alles beeinträchtigt die Aussage nicht, wenn man mehrere Jahre vergleicht, weil sich dann die relativ geringfügigen Fehler ausgleichen, die durch unnormale Verhältnisse und größere Veränderungen in der Betriebswirtschaft entstehen. Da auf den Wirtschaftsablauf von nur einem Jahre gegründete Kennzahlen auch sonst nichts Sicheres aussagen und daher in der Regel alleine nicht verwendet werden, können wir durchaus mit diesem Ausgleich und daher mit richtigen Quotienten der Arbeitsproduktivität rechnen.

Diese Beziehung der Gesamtleistung des Betriebs auf die insgesamt im Jahre eingesetzte Arbeit ist zwar die bedeutsamste Kennzahl der Arbeitsproduktivität, aber sie reicht nicht aus, wenn man die mit der Arbeitsproduktivität verbundenen Probleme wirklich lösen will. Dazu braucht man einigermaßen zutreffende und vergleichbare Vorstellungen über die effektive Arbeitsproduktivität in den einzelnen Betriebszweigen oder mit den verschiedenen Produkten, die der Betrieb erzeugt. Dazu nun also noch ein paar Worte.

a) Welche Erzeugungsleistung ist der jeweiligen Arbeit zuzurechnen? Hier gibt es zwei ernster zu nehmende Fragen, die eine leitet sich aus der Stufenproduktion im landwirtschaftlichen Betriebe her, die andere aus der Tatsache, daß viele seiner Erzeugnisse Kuppelprodukte sind.

Zu 1.: Wie sind die Erzeugnisse der Betriebszweigeeinheit Futterbau-Nutzviehhaltung oder Kartoffelbau-Brennerei richtig darzustellen? Sie werden durch Arbeit in beiden Betriebszweigen hervorgebracht, stellen aber nur *ein* beabsichtigtes Erzeugnis des Betriebs dar. Wenn man auch diese Erzeugnisse über Getreideeinheiten in einer Zahl ausdrücken und damit kalkulieren kann, so geht es doch noch darum: Was wird aus den Teilen dieser Produktion, die nicht aus dem betriebseigenen Futterbau oder der sonst noch vorgeschalteten betrieblichen Produktionsstufe stammen? Für die Produktionsleistung des gesamten Betriebs hatten wir die Antwort schon gegeben, in der Bodenproduktion sowie im reduzierten Rohertrag sind die Zukäufe abgesetzt, als E kommt also nur die echte Bodenleistung zum Ausdruck. Für den Vergleich mit den übrigen betriebsstatistischen Kennzahlen ist das auch durchaus sinnvoll. Anders aber, wenn man die Arbeitsproduktivität in den einzelnen Betriebszweigen mißt. Dabei wollen wir nicht mehr die Bodenproduktion erfassen, um so weniger als ja das zugekaufte Kraftfutter z. B. unerläßlich ist, wenn man die im Betriebe gegebene Futtergrundlage voll zur Wirkung bringen will. Dieser Kraftfuttereinsatz oder die zugekauften Brennereikartoffeln sind das Resultat vom Boden ziemlich unabhängiger betriebswirtschaftlicher Überlegungen, also Ergebnis komplizierter Arbeit. Ihre Produktionsleistungsanteile sollten deshalb aus der Betriebszweige-Produktivität nicht ausgeklammert werden; denn wieviel davon eingesetzt wird, bemißt der Wirtschafter nach Wirtschaftlichkeitserwägungen, und dazu geht er stets vom Rohertrag oder der Bruttoproduktion aus. Dem hat auch der Produktivitätsquotient Rechnung zu tragen. *Die insgesamt hervorgebrachte Menge des erzeugten Endprodukts der Stufenproduktion wird also in dz oder entsprechenden Einheiten ausgedrückt.* Bestandsveränderungen sind zu berücksichtigen.

Die Sache hat allerdings einen Haken: Mit diesem Satz haben wir nämlich einem betriebsgebundenen Standpunkt das Wort geredet; jene Angabe nützt nur den betrieblichen Erwägungsrechnungen aller Art, sie ist aber nicht geeignet, verbindliche Richtzahlen zu liefern oder gar richtige Vergleiche zu ermöglichen zwischen der Produktivität verschiedener Betriebszweige. Das ganz einfach deswegen nicht, weil das zugekaufte Kraftfutter oder die anderswoher bezogenen Brennereikartoffeln ohne den Arbeitsaufwand in die Rechnung eingehen, den sie zu ihrer Erzeugung verursacht hatten. So muß es also ceteris paribus ganz unterschiedliche Kennzahlen für die Produktivität einer Arbeitsstunde geben, je nachdem ob viel oder wenig zugekauftes „Material" in die jeweilige Produktion eingeht. Man kann sich nun in zweifacher Weise helfen: Erstens mag man wie bei der Bodenproduktion über die GE-Rechnung vom Endprodukt abziehen, was zugekauft wurde — das wird der Arbeit nicht gerecht — oder zweitens: Man setzt am Arbeitseinsatz zu, was die, wieder über GE vereinheitlichte, Menge an zugekauftem Material nach den im eigenen Betrieb ermittelten Kennzahlen an Arbeitsaufwand gebraucht hätte. Das ist bestechend, aber eine betriebswirtschaftlich nicht zu rechtfertigende Unterstellung, weil die Betriebsorganisation, damit die ganze Arbeitswirtschaft und mit ihr schließlich auch die in die Rechnung eingesetzten Kennzahlen eben ganz anders aussähen, wenn der Betrieb das Zugekaufte selbst erzeugte. Mit diesen Methoden kann man also alles mögliche ausrechnen. Wirklichkeitsnahe und damit richtig, mithin gut vergleichbar wird es nie sein. Deswegen befürworten wir den obigen betriebswirtschaftlich sinnvollen Weg.

Wie könnte man nun aber zu solchen Richtzahlen kommen, wie sie ROSENKRANZ (304) vorschweben? Dafür gibt es nur eine Möglichkeit: Man ermittelt unterschiedliche „Normen", je nach der jeweiligen Betriebsform der Nutzviehhaltung und der technischen Nebenbetriebe. Das sieht bloß so kompliziert aus, ist de facto aber nichts anderes wie die drei TWK für jede Arbeit nach den arbeitstechnischen Stufen (307). Wenn man erst einmal die einzelnen Komponenten dieser Richtzahlen besser kennen wird — also wieviel Arbeit erfordern unter bestimmten Verhältnissen 1 dz Kartoffeln, 1 dz Heu und 1 dz Schweinefleisch in der Mastanstalt usw.? — lassen sie sich nicht schwerer zusammenstellen als die TWK auch. Solange es aber noch nicht so weit ist, sollte man unserem Vorschlage folgen, um damit überhaupt erst einmal Zahlen zu bekommen, die wenigstens für den untersuchten Betrieb Bedeutung haben. ROSENKRANZ selbst schlägt ein einfacheres, dafür aber recht starres Verfahren vor, er ermittelt die Richtzahlen z. B. für den dz Schweinefleisch auf Grund der Kartoffel-Getreide-Mast, die zugekauften Kraftfuttermittel wertet er als Getreide und zieht sie von der Leistung ab (304). Damit präjudiziert er *einen*, sicher sehr häufigen, Fall unter vielen. Es liegt auf der Hand, daß solchen Zahlen nicht viel Bedeutung zukommt. Sie sind der feineren rechnerischen Durchdringung, *die der Betriebszweig erfordert*, nicht angemessen. Für die Betriebswirtschaft als Ganzes gehen sie an; die Parallele zum Futterabzug, den die GE-Rechnung auch macht, zeigt das deutlich.

Zu 2.: Wie ist die Arbeitsproduktivität für Kuppelprodukte zu errechnen? Diese Frage wirkt in die erste zurück: Die Kühe fressen u. a. Rübenblatt, wieviel Arbeit „kostete" seine Erzeugung; wiewiel das Stroh für die Einstreu und wieviel das Stroh für Futter; wieviel die Wolle, wieviel das Fleisch? Das ist nicht schlüssig zu beantworten, Theorien aller Art gibt es genug, vollkommen ist keine. Wir folgen an sich HORRINGs Grundsatz: „Es hat nur Sinn, die gemeinschaftlichen Kosten über zwei oder mehrere Produkte zu verteilen, wenn es Möglichkeiten für eine wesentliche Veränderung in dem quantitativen Zusammenhang der Produkte gibt" (149). Wo das der Fall ist, haben wir in der Regel Einzelprodukte, und dieses Problem tritt gar nicht auf.

Trotzdem wird auch die Produktivitätsrechnung nicht darum herumkommen, sich zu einem gangbaren Wege solcher Kalkulation zu bekennen, weil man eben für die verschiedenen Zwecke Kennzahlen für die gekoppelten Bestandteile der Erzeugungsleistung braucht. Von den zwei in der Kostenrechnung üblichen Methoden scheint uns weniger das „Subtraktionsverfahren" (177) als vielmehr die „marktpreisproportionale Verteilung der Gesamtkosten" (177) betriebswirtschaftlich zweckmäßig, weil sich die Betriebswirtschaft eben nach den Preisen *wirtschaftlich* organisiert. Da die Produktivität indessen mehr ein Ausdruck für den Erfolg des *technischen* Organisationsprinzips sein soll, rechnen wir zunächst nicht mit den wechselnden Abgabepreisen, sondern mit Getreideeinheiten: Der Bauer Schulze ernte 300 dz/ha Rüben und 200 dz/ha Blatt, das sind 75 GE Rüben und 20 GE Blatt, dazu habe er je ha 600 Stunden lebendige Arbeit eingesetzt. Für die Rüben hat er dann gebraucht:

$\frac{75 \cdot 600}{75 + 20}$ = 473 Std./ha = 6,4 Std./GE = 1,59 Std./dz Rüben; das Blatt erforderte entsprechend: $\frac{20 \cdot 600}{75 + 20}$ = 127 Std./ha = 6,4 Std./GE = 0,64 Std./dz Blatt.

Daß der Arbeitsaufwand je GE hier übereinstimmt, liegt am Rechenverfahren. Würde man statt über GE mit ROSENKRANZ' „Arbeitsnormen" vereinheitlichen, käme je „erarbeitete" Stunde auch stets der gleiche Stundenaufwand heraus. Er wäre im übrigen nur dann größer oder kleiner als 1, wenn der Betrieb von der unterstellten Norm abwiche — ein Beweis mehr dafür, daß die ROSENKRANZschen Normen eben den Leistungsgrad messen.

Die gleiche Rechnung läßt sich für den wertmäßigen Aufwand an lebendiger und toter Arbeit aufmachen, und dasselbe Prinzip wendet auch an, wer nicht mit den Getreideeinheiten, sondern mit den Marktpreisen rechnet. Da das ganze ohnehin etwas gewaltsam ist, braucht man vor der Tatsache nicht zurückzuschrecken, daß einige landwirtschaftliche Erzeugnisse keinen unmittelbaren Marktpreis haben. Er läßt sich stets mit hinreichender Genauigkeit und für den Einzelfall zutreffend ansetzen. Als Rechenbeispiel wieder der Bauer Schulze: Er ernte 300 dz/ha Rüben und 200 dz/ha Blatt, für den dz Rüben bekomme er 4,– DM und für den dz Blatt 2,– DM. An lebendiger Arbeit habe er 600 Stunden je ha Rübenbau eingesetzt. Dann wendete er für die Rüben auf: $\frac{300 \cdot 4}{300 \cdot 4 + 200 \cdot 2} \cdot 600$ Stunden $= \frac{1200}{1600} \cdot 600 = 450$ Std./ha $= 1{,}5$ Std./dz;

und für das Blatt entsprechend: $\frac{200 \cdot 2}{300 \cdot 4 + 200 \cdot 2} \cdot 600$ Stunden $= \frac{400}{1600} \cdot 600$ $= 150$ Std./ha $= 0{,}75$ Std./dz. Damit sind die gekoppelten Produkte getrennt, jeder Bestandteil einem angemessenen Teilaufwand „richtig" zugerechnet, einmal dem technischen und beim zweiten Male dem wirtschaftlichen Organisationsprinzip folgend.

Die getreideeinheitsproportionale Verteilung der eingesetzten Arbeit auf die gekoppelten Erzeugnisse gibt also ein für den Betriebsvergleich gut geeignetes, konstantes Maß für die Arbeitsproduktivität bei der Erzeugung von Kuppelprodukten im landwirtschaftlichen Betriebe. Es bringt die Arbeitsproduktivität als Teilerfolg des technischen Organisationsprinzips betriebswirtschaftlich zweckmäßig zum Ausdruck. Stufen- und Kuppelproduktion sind also auch in der Arbeitsproduktivitätsrechnung ohne große Mühe rechnerisch zu bewältigen.

b) Welche Arbeit ist der jeweiligen Erzeugungsleistung zuzurechnen? Es gibt hier zwei Möglichkeiten der Zurechnung, 1. eine, die eigentlich gar keine ist: Man bezieht die Menge der erzeugten einzelnen Produkte auf den Gesamtarbeitseinsatz. Beispiel: Ein 10 ha Betrieb baue 40% Getreide an und ernte 140 dz bei einem Gesamtaufwand von 7000 Stunden im Betrieb, so hätte er eine Arbeitsproduktivität im Getreidebau von $\frac{140}{7000} = 2$ kg je Std. Diese Auffassung ließe sich begründen, wenn man davon ausgeht, daß der landwirtschaftliche Betrieb ein harmonischer Organismus ist und kein Betriebszweig ohne den anderen bestehen kann. 2. Indem man jede Arbeitsstunde dem von ihr direkt hervorgebrachten Erzeugnis zurechnet und den Rest nach dem Arbeits- oder irgendeinem anderen Schlüssel verteilt. Dabei wird der Betrieb als eine mehr oder weniger veränderbare Kombination verschiedener selbständiger Betriebszweige aufgefaßt. Es liegt auf der Hand, daß die vielseitige intensive Kulturwirtschaft Deutschlands nur mit der zweiten Möglichkeit etwas anfangen kann. Der Betrieb bleibt trotzdem ein wirtschaftlichen Zwecken dienender (landbau)technisch-ökonomisch determinierter Organismus. Man kann ihn heute nicht mehr beliebig umorganisieren. Um aber die relativ feinen Unterschiede in den Grenzkosten oder den Grenzproduktivitäten der einzelnen Betriebszweige richtig abtasten zu können, brauchen wir jenes genauere, unter 2 angegebene Maß. Denn die Gewinnchancen sind allenthalben knapp bemessen und der Betrieb durch die hohen festen Kosten in seiner Organisation gebunden.

Die Voraussetzung, daß man überhaupt etwas zurechnen kann, sind ordnungsgemäß geführte und ausgewertete Arbeitstagebücher. In der Literatur ist dieses in der ganzen Welt gebräuchliche Verfahren oft beschrieben worden. Wir lieferten unseren Beitrag dazu in (13). Man kann die Daten der ausgewerteten Arbeitstagebücher nicht ohne weiteres der Produktivitätsrechnung zugrunde legen, weil die Arbeitstagebücher i. allg. nicht im Stile der „Kostenträger"-rechnung geführt und ausgewertet werden, sondern nach eigenständigen, arbeitswirtschaftlichen Gesichtspunkten. Sie sind in Konten gegliedert, die meist als „Kostenstellen" im Betriebe fungieren. Um ihre Daten auf die Produkte, auf die „Kostenträger" umzulegen, bedarf es einiger Zusammenfassungen, deshalb ein paar Worte dazu.

Man kann die aus Arbeitstagebüchern zusammengestellten Aufwandszahlen nach drei Gruppen unterscheiden: 1. Zahlen, die sich den Erzeugnissen unmittelbar zurechnen lassen, weil sie entsprechend aufgeschrieben wurden (der Aufwand für Bestellung, Pflege und Ernte – jeder Fruchtart; der Aufwand im Schweinestall – den dort gewonnenen Produkten usw., das entspräche etwa den „Spezialkosten"); 2. Zahlen, die sich den Produkten bedingt zurechnen lassen, d. h. mit einigen dem Landwirt verständlichen und der Betriebswirtschaft geläufigen Unterstellungen (die anteilige Bodenbearbeitung allen Feldfrüchten des Ackerlandes, der Drusch allen Druschfrüchten, die viehwirtschaftlichen Sonderaufwendungen der Nutzviehhaltung, die Stallmistausfuhr den Hackfrüchten und den Folgefrüchten, nach den neueren ackerbaulichen Vorstellungen usw.); 3. Zahlen, die sich nur nach irgendeinem Schlüssel verteilen lassen, weil sie offensichtlich Aufwendungen wiedergeben, die nicht im Dienste eines einzigen Produkts gemacht wurden (Betriebsleitung, Hofwirtschaft, Fernfuhren u. ä. m., das entspräche den „Gemeinkosten"). Daraus ergeben sich zwei Fragen: 1. Wie ist der für mehrere Erzeugnisse zusammen ausgewiesene Aufwand, die obige Gruppe 2, zum Spezialaufwand hinzuzurechnen, und 2. wie ist der allgemeine Betriebsaufwand auf die Erzeugnisse zu verteilen?

Zu 1: Die Bodenbearbeitung wird allen Früchten des Ackerlands anteilig zugerechnet, die Stallmistausfuhr zunächst noch den (Hack)Früchten, die mit Mist gedüngt wurden; dabei lassen sich unterschiedliche Mengen zwar berücksichtigen, aber solche Feinheiten täuschen mehr Genauigkeit vor, als sie praktischen Wert haben. Die viehwirtschaftlichen Sonderaufwendungen sollte man über den GV-Schlüssel anteilig auf die Viehzweige verteilen. Die Überwinterung der Hackfrüchte und den Drusch muß man, wenn es nicht anders geht, den überwinterten Hackfrüchten und den ausgedroschenen Früchten anteilig zurechnen, aber das ist recht grob, besonders dann, wenn gelegentlich nur kleine Flächen mit geringen Ernten angebaut werden. Es ist deshalb schon besser, in diesen Fällen etwas genauer zu erheben. Arbeits- und Naturalberichte der Betriebe geben die gewünschte Auskunft. Damit ist der den einzelnen Fruchtarten und Nutzviehzweigen einigermaßen treffend zurechenbare Aufwand erfaßt und auf sie verteilt. Welche Fehlerquellen in den Arbeitstagebüchern liegen, wie man ihnen begegnet und welche Grenzen dem ganzen Verfahren gesetzt sind, haben wir in (13) am praktischen Beispiel eingehend dargestellt. Dort ist auch ein ziemlich grobes Verfahren vorgeführt, wie man den Aufwand für die Nutzviehzweige ermitteln kann, wenn er nicht so genau aufgeschrieben wurde wie in der Bruttolohnrechnung.

Zu 2: Wie ist der allgemeine Betriebsaufwand auf die Erzeugnisse zu verteilen? Auch dafür gibt es eine ganze Reihe von Methoden, die in der Kostenkalkulation alle nur zu „Näherungslösungen“ (177) führen. Deshalb hat es keinen Zweck, die Probleme der einzelnen Verfahren hier abzuhandeln, um so weniger, als die Unterschiede für unsere Kennzahlen vergleichsweise unbedeutend sind, denn rund 80% der lebendigen Arbeit sind den einzelnen Erzeugnissen direkt zurechenbar. Ob nun die eine Methode von den restlichen 20% den Kartoffeln 5% mehr oder weniger Arbeit zurechnet als eine andere, spielt keine Rolle. Mit Fehlern von ± 10% muß in der Arbeitstagebuchführung und bei der Übertragung ihrer Daten auf „Kostenträger“ ohnehin rechnen, wer sich nichts vormachen will. Im Grunde genommen gibt es auch für diese Verteilung nur wieder zwei prinzipiell verschiedene Verfahren, alle übrigen sind immer wieder auf diese beiden Grundformen zurückzuführen: a) Die Verteilung nach den Anteilen der einzelnen Erzeugnisse am Rohertrag oder an der Bodenproduktion (in der Kostenrechnung verfährt die „Einheitsmethode von Laur“ nach diesem Prinzip, vgl. dazu [177]), b) die Verteilung nach dem Anteil am gesamten Spezialaufwand, den eine Fruchtart oder ein tierisches Erzeugnis hat. Uns scheint die zweite Methode sinnvoller, weil sie den Aufwand am Aufwand orientiert, und weil es auch im praktischen Betriebe wohl tatsächlich so ist, wie dieses Verfahren unterstellt, daß nämlich auch der Allgemein-Arbeits-Aufwand für die Erzeugnisse am größten ist, deren Kostenstellen ohnehin die meiste Arbeit beanspruchen. Da nun selbst Produktionskosten nach diesem Verfahren kalkuliert werden, vgl. (248), (388), dürfen wir es hier ebenfalls ohne weitere Begründung anwenden. Wie es im einzelnen gemacht wird, scheint uns keines Beispiels mehr zu bedürfen, nachdem wir oben schon eins für die Ertragsverteilung gebracht haben, S. 284; wir geben hier nur die allgemeine Formel dafür an: Zuschlag zum Spezialaufwand $_E$[1]) =

$$\frac{(\text{Gesamtaufwand} - \sum \text{Spezialaufwendungen}) \cdot \text{Spezialaufwand}_E}{\sum \text{Spezialaufwendungen}}$$

Der allgemeine Betriebs-Arbeits-Aufwand wird also zweckmäßig und rechnerisch einfach nach den Anteilen des jeweiligen Spezialaufwands (für ein Erzeugnis) am gesamten Spezialaufwand des Betriebs verteilt.

Zum Arbeitsaufwand für die einzelnen Fruchtarten kommt man also, indem man den Spezialaufwand mit dem anteiligen Gruppenaufwand und dem wie oben errechneten Anteil am allgemeinen Betriebs-Arbeits-Aufwand zusammenfaßt. Genauso errechnet sich auch der Arbeitsaufwand für die tierischen Produkte aus Spezial-, anteiligem Gruppenaufwand und verteilten Anteilen vom betrieblichen Allgemein-Aufwand, soweit das alles für die Nuztviehhaltung unmittelbar, also allein für Haltung, Fütterung und Pflege, geleistet wird.

1) Für ein bestimmtes Erzeugnis = E.

Um nun zum vollen Aufwand zu kommen, der einem dz tierischen Erzeugnisses zuzurechnen ist, müssen wir noch den Weg beschreiben, wie der zur Erzeugung des Futters geleistete Aufwand mit dem für die Fütterung, Pflege und Haltung der Tiere gemachten zusammenzubringen ist. Dafür gibt es wieder zwei Möglichkeiten, eine gröbere und eine feinere. Wer solche Rechnungen überhaupt aufmacht, sollte sie recht genau durchführen, also die feinere Methode anwenden, weil so subtile Kalkulationen keinen rechten Sinn haben, wenn der zu erwartende wirtschaftliche Erfolg noch innerhalb des Fehlerbereichs der Rechnung liegt oder gar nicht zustande kommt, weil dem Erzeugnis ein zu hoher Aufwand zugerechnet wurde.

Die feinere Methode geht aus von der je dz tierischen Erzeugnisses verfütterten Ration; sie muß genau bekannt sein und ist es auch, wo betriebswirtschaftlich ausgerichtete Naturalberichte oder die Materialkartei ordnungsgemäß geführt werden. Für die einzelnen Futterstoffe wird dann, soweit sie im Betrieb erzeugt werden, der Arbeitsaufwand ermittelt, d. h. daß man die Futterstoffe nun nicht mehr in physischen Mengen zusammenzählt, sondern nur ihre Stundenwerte addiert. Dazu kommt dann der festgestellte Aufwand für Fütterung, Haltung und Pflege, und diese Aufwandssumme wird dem dz Fleisch, Milch, Wolle usw. zugerechnet, wobei man zu bedenken hat, was oben über die Bruttoproduktion als Ausdruck der jeweiligen Produktionsleistung ausgeführt wurde, S. 82/83.

Die gröbere Methode geht von der Futterfläche aus, die je GV oder je RGV zur Verfügung steht; diese Kennzahl weist jeder ordentliche Betriebsvergleich aus, weil die (bereinigten) Leistungen der Nutzviehzweige darauf bezogen werden, vgl. (10); wieviel Arbeit die Futterfläche erforderte, ergibt die Auswertung des Arbeitstagebuchs; die Zurechnung macht keine weiteren Schwierigkeiten, ist sogar vergleichsweise einfach, weil die tierischen Leistungen ebenfalls bereits auf die anteiligen Futterflächen bezogen sind. Das aber, wie gesagt, ist recht grob und bedingt ziemlich weite Fehlergrenzen.

Mit einiger Willkür zwar, am Ende aber doch mit Methoden, die dem betriebswirtschaftlich orientierten landwirtschaftlichen Rechnungswesen geläufig sind, läßt sich also stets ein bestimmbarer Arbeits-Aufwand im Betriebe einem seiner Erzeugnisse zurechnen. Diese Zurechnung verbindet nicht Ursache mit Wirkung und klammert auch nicht die neben der Arbeit mitwirkenden Produktivfaktoren aus, sie wird nur gemacht, weil sie betriebswirtschaftlich zweckmäßig ist. So kommen also zunächst Kenn-, später vielleicht auch Richtzahlen zustande für den Arbeitsaufwand je naturale Erzeugniseinheit.

Sehen wir einmal ab von der Willkür, auch von den theoretischen Unzulänglichkeiten der Zuschlagskalkulation und der Problematik um die Stufen- und Kuppelproduktion, so bleibt immer noch viererlei, das uns zu beachten wichtig scheint, wenn solche Zahlen gesucht werden:

1. Wir haben hier immer nur mit der lebendigen Arbeit gerechnet, d. h. rechnen müssen, weil es kaum möglich erscheint, die vergegenständlichte Arbeit

ebenso zuzurechnen ohne eine sehr umfangreiche Buchführung, die am Ende kaum ohne den BAB für solche Zwecke auskommt. Für die Masse der landwirtschaftlichen Betriebe wird es eine derart aufwendige Buchführung in absehbarer Zeit wohl nicht geben. Die mit der lebendigen Arbeit allein ermittelten Richtzahlen werden also stark schwanken, stärker als die Produktivitätskennzahlen der gesamten Betriebswirtschaft, weil die Betriebe die Rationalisierungsfortschritte in den einzelnen Betriebszweigen sehr unterschiedlich wahrgenommen haben und sich darin eben nichts ausgleichen kann, was sonst die Regel ist. Das beeinträchtigt den Wert solcher Zahlen von vornherein.

Mit dieser Rechnung und den damit verbundenen Erwägungen haben wir die Produktivität stark in den Bereich der Wirtschaftlichkeit gedrängt. Wir taten das bewußt, weil wir in der Arbeitsproduktivität immer nur eine Kennzahl im Spiegel der Betriebsstatistik sehen. Aber auch sie hat ihren eigenständigen Bereich, und der verlangt eigentlich, daß neben der toten Arbeit vor allem das *Potential* der Arbeitsmacht und nicht bereits die in Anspruch genommenen Teile davon in Rechnung gestellt werden. Da eine solche Rechnung allerdings vollends willkürlich wäre oder einen unverantwortlichen Buchführungsaufwand erforderte, verzichten wir darauf und benutzen den der Produktivität weniger angemessenen Stundenmaßstab, weil er, wie wir zeigten, den Arbeitseinsatz sicher teilbar und damit überhaupt erst zurechenbar macht.

2. Kenn- und Richtzahlen für die tierischen Produkte zu gewinnen, ist nicht nur wegen der eben genannten Gründe besonders schwierig, hinzu kommt noch, daß die außerordentlich unterschiedlichen Betriebsformen der Nutzviehhaltungszweige selbst unter sonst gleichen Umständen stets neue Kennzahlen zeigen werden, die sich nur sehr bedingt zu Richtzahlen ausmünzen lassen. Man sollte deshalb nicht damit beginnen, sondern mit der Ermittlung von Richtzahlen für die rechnerisch leichter zu durchdringenden Betriebszweige der Feldwirtschaft.

3. So aufschlußreich solche Produktivitätskennzahlen für die Betriebszweige und ihre Wirtschaftlichkeit immer sein mögen, sie sollten nicht die betriebswirtschaftlich viel sinnvollere Methode verdrängen, die die verbundene und z. T. in Stufen ablaufende landwirtschaftliche Produktion über die GE-Rechnung und die Bewertung in Abgabepreisen in die einfache Produktion zurückführt. Damit lassen sich Betriebe stets vergleichen, und daraus kann der Kundige wirksame Maßnahmen zur Betriebsbeeinflussung sicher ableiten.

4. So sehen wir den tieferen betriebswirtschaftlichen Sinn der ganzen Zurechnung schließlich in einer zweckmäßigen Verbindung dieser Punkte: Wirtschaften heißt wählen, und das bedeutet für die Betriebswirtschaft, Zweige zu kombinieren, die unterschiedlich arbeitsproduktiv sind. Wieviel Arbeit nun jeder für sich und im Zusammenspiel mit den anderen optimal verwertet, kann der Wirtschafter nicht daran erkennen, wieviel dz Getreide, Fleisch, Milch oder Flachs 100 Stunden Arbeit bringen, sondern schon eher daran, wieviel Getreideeinheiten oder welchen Ertrag er mit dieser oder jener Fruchtart je 100 Stunden gewinnt. Danach wird er bemessen, wählen, wie weit er die einzelnen Zweige auf Kosten der anderen ausdehnt. *So kommt es am Ende also darauf an, die technische und wirtschaftliche Arbeitsproduktivität in den Betriebszweigen doch*

zu ermitteln und mit den die Betriebswirtschaft bewegenden Maßstäben auszudrücken, mit den GE und den Abgabepreisen, damit der Wirtschafter den Umfang der Betriebszweige u. a. auch danach einrichten kann.

3.7 Niveau und Bewegung der Arbeitsproduktivität

Sehr viele Bestimmungsgründe wirken auf die Größe der jeweils gemessenen konkreten Kennzahl der Arbeitsproduktivität im landwirtschaftlichen Betriebe, vgl. (11). Wer sie einigermaßen zutreffend interpretieren will, wird solche komplizierten Kennzahlen räumlich und zeitlich mit anderen vergleichen, die nach der gleichen Methode gewonnen wurden. Der Zweck solcher Vergleiche ist, Anhaltspunkte zu finden für ein Urteil über die Leistung einer Wirtschaftseinheit gegenüber einer anderen oder ihrer eigenen in einem anderen Zeitraum. Weiter sollen die Vergleiche erlauben, die Ursachen der Produktivitätsunterschiede zu analysieren, und schließlich sollen sie die Produktivitätskennzahlen kontrollieren und damit dazu beitragen, ihre Größe zu steigern, vgl. Kap. 3.1.
Der räumliche Vergleich verlangt, 1. den *Stand der Arbeitsproduktivität* in mehreren ähnlichen Betrieben im selben Berichtsjahre gegenüberzustellen, und der zeitliche fordert, 2. die *Bewegung der Arbeitsproduktivitätskennzahl* im selben Betrieb durch eine Reihe von Jahren hindurch zu verfolgen. Wir haben also mehr-, zwischen- oder überbetriebliche, und einbetriebliche oder Zeit-Vergleiche der Arbeitsproduktivitätskennzahlen statistisch zu bewältigen.

Da das das prinzipiell gleiche Anliegen ist, dem auch die industrielle und die volkswirtschaftliche Statistik nachgeht, fassen wir uns, angelehnt an BEHRENS' und anderer Arbeiten (25), (35), (287), (289), (317), (374), (375) hier kurz und behandeln nur einige grundsätzliche Fragen der Bildung der Rechenquotienten. „Die Erforschung der Arbeitsproduktivität stellt der Statistik folgende Aufgaben: 1. den Stand der Arbeitsproduktivität zu messen, 2. diesen Stand mit einer bestimmten Basis zu vergleichen oder — anders ausgedrückt — den Index der Arbeitsproduktivität aufzustellen“ (317).

Handwerkszeug und Kontrollmittel der angewandten Betriebslehre und der Betriebsstatistik sind die Zahlen. Sie sind im logischen Gebäude der Mathematik zu denken. Die Mathematik nennt die Beziehung, in die die Größen der Zahlenwelt gestellt werden, eine Gleichung. Sie erlaubt, das Denkergebnis eindeutig und objektiv festzulegen, mit Worten ist daran nichts mehr zu ändern! Das hat aber auch den Vorteil, „daß man einmal Durchdachtes und in einer Gleichung Fixiertes nicht stets neu . . . nachzudenken braucht“ (63). Was die Mathematik uns bietet, ist mithin recht „wirtschaftlich“ und führt durchaus rationell zum Ergebnis. Jede richtige Gleichung drückt dem Kundigen einen oft nur in vielen Worten beschreibbaren Sachverhalt aus. Unsere im folgenden entwickelten Gleichungen sind einfach zu durchschauen, wir bringen daher nur wenige Beispiele und beschränken uns darauf, das Notwendigste zur Aufstellung und Errechnung der Quotienten und Indizes zu sagen.

Die angewandte Betriebslehre ist keine Mathematik! Sie stellt sie nur als Hilfswissenschaft in ihren Dienst. Es scheint uns deshalb wichtiger, das größere Gewicht im nächsten Abschnitt auf die kurze Ausdeutung und Ordnung der Gleichungen im betriebsstatistischen System zu legen.

Zu 1: Messung des Niveaus der Arbeitsproduktivität. Die betriebsstatistische Praxis steht ausschließlich im Dienste der betriebswirtschaftlich richtigen Organisation und Führung landwirtschaftlicher Betriebe und ihrer rechnerischen Kontrolle. Im Zahlenspiegel der so orientierten Betriebsstatistik kommt den Kennzahlen, die den (absoluten) Stand einer wirtschaftlichen Erscheinung ausdrücken, hervorragende Bedeutung zu. Die Betriebsstatistik weist nach, was ein Betrieb unter den gegebenen natürlichen und wirtschaftlichen Standortsbedingungen tatsächlich geleistet hat; sie verzichtet darauf, ausdrücklich oder gar ausschließlich Urteile über die Betriebsorganisation und -führung zu präjudizieren nur auf Grund von Zahlenreihen der relativen Entwicklung. Man soll nicht Schlendrian mit Schlendrian vergleichen oder den Fortschritt gegenüber der Schlamperei mehr als nötig „belohnen" und auch tüchtiger Betriebsführung nichts vorenthalten, die über Jahre hinweg keine großen Fortschritte nachweisen konnte, weil sie schon die obere Grenze höchster Leistung erreicht hatte. So sieht es auch die Praxis, vgl. dazu z. B. (72), (197) und S. 76/77.

Wir haben deshalb im letzten Kapitel nur Maße und Maßstäbe vorgeführt, die diesem Zweck dienen, der Messung des Standes der Arbeitsproduktivität. Damit gibt es nun aber auch kein besonderes statistisches Problem mehr. Der Arbeitsproduktivitätsquotient kommt sehr einfach zustande als Beziehungszahl, Gleichung $A_{pr} = \frac{E}{A}$. E und A sind gefügegleich gemachte Teilmassen, die sich zwar aus verschiedenartigen Bestandteilen zusammensetzen, aber betriebswirtschaftlich sinnvoll vereinheitlicht und damit für diesen Zweck einander richtig zurechenbar sind.

Das jeweilige konkrete Niveau der Arbeitsproduktivität A_{pr} läßt sich also mit dem Quotienten $\frac{E}{A}$ betriebsstatistisch ebenso einwandfrei wie einfach ausdrücken.

Diese mit den verschiedenen Maßstäben gebildeten Kennzahlen erfüllen ihren betriebswirtschaftlichen Zweck. Auch die Politische Ökonomie dürfte ein „absolutes" Maß für den Stand der Arbeitsprodukitvität brauchen, schon allein deswegen, weil sie den Lohn daran ausrichten will, vgl. (38). Wir haben an anderer Stelle bereits näher darauf hingewiesen (13). Seit MARX' klassischem Beispiel in der Polemik gegen den Bürger Weston (213) haben viele marxistische Polit-Ökonomen immer wieder die überragende Bedeutung solcher Kennzahlen unterstrichen, die den „absoluten" Stand einer Erscheinung statistisch objektiv darstellen. Kein geringerer als Stalin macht den gleichen entscheidenden Unterschied zwischen dem „Entwicklungstempo" und dem gegenwärtigen Stande in „ökonomischer Hinsicht", wo er die Roheisen-, Stahl- und Industrieerzeugung der SU mit anderen Ländern vergleicht.[1]) Auf die Betriebswirtschaft angewandt, dreht sich unser ganzes statistisches Bemühen eben um jene „ökonomische Hinsicht" in erster

1) STALIN, J. W., Fragen des Leninismus, S. 695/696; Verlag für Fremdsprachige Literatur, Moskau 1946.

Linie, denn vor allem aus solchen „absoluten“ Kennzahlen lassen sich betriebsorganisatorische Schlüsse ziehen und die Kräfte erkennen, die es zu mobilisieren gilt. Wenn sie weiter ihren volkswirtschaftlichen Zweck erfüllen will, wird die Betriebslehre daher jener anderen These der Polit-Ökonomie nicht unbedingt folgen: *„Die Messung der Veränderungen der Arbeitsproduktivität ist für uns von größerer Bedeutung als der Niveauvergleich“ (25).* Trotzdem wollen wir hier einige der von BEHRENS entwickelten Formeln für die auch betriebsstatistisch möglichen Zahlenreihen der Bewegung der Arbeitsproduktivitätskennzahlen übernehmen und ordnen.

Zu 2: Die Messung der Bewegung der Arbeitsproduktivitätskennzahlen. „Die Theorie der Indizes“ gibt die „logische Basis“ her, auf der der zahlenmäßige Vergleich von gleichartigen Kennzahlen der Entwicklung einer wirtschaftlichen Erscheinung aufgebaut wird. „Die technische Form derartiger Berechnungen sind Einzelindices bzw. zusammengefaßte Indexreihen, die auf einem bestimmten System von Vergleichsmaßstäben verschiedenartiger Erzeugnisse aufgebaut werden“ (310). Im letzten Satz tritt wieder deutlich hervor, worum es den Polit-Ökonomen geht, sie suchen nach einem möglichst vollkommenen Maßstab, der verschiedenartige Erzeugnisse „richtig“ vergleichbar und damit einwandfrei rechenhaft macht. Wir sind einen anderen Weg gegangen und haben diese Maßstäbe nicht aus Rechenoperationen abgeleitet, sondern aus den wirtschaftlichen Größen, die den konkreten Betrieb in der gegebenen Volkswirtschaft bewegen. Deshalb behandeln wir hier alle die vielen verwickelten statistischen Probleme nicht, die die Entwicklung der Produktivität rechnerisch zu verfolgen so erschweren, wenn von unterschiedlich zusammengesetzter Arbeit mehrere Erzeugnisse hergestellt werden und das Verhältnis, in dem man sie produziert, von Zeitabschnitt zu Zeitabschnitt wechselt, vgl. dazu (25), (287), (289), (310), (317), (374), (375).

Zu welchen Irrtümern solche komplizierten Rechnungen führen können, haben wir bereits auf S. 164 ff. dargelegt. Der Streit um die statistischen Rechenverfahren ist noch in vollem Gange, vgl. (289). Wir gehen deshalb zunächst nur von richtig gefügegleich gemachtem A und E aus und betrachten kurz, was die BEHRENSschen Formeln (25), (35) für die landwirtschaftliche Betriebsstatistik unter *dieser* Voraussetzung bringen.

Im Anschluß an sowjetische Forscher hat BEHRENS drei verschiedene Indices entworfen, die die Entwicklung konkreter Arbeitsproduktivitätskennzahlen statistisch einwandfrei und sinnvoll darstellen sollen, vgl. (25), (35). Dabei werden die jeweiligen Entwicklungsfortschritte stets auf eine gleich 100 gesetzte Basisperiode bezogen.

1. Der Index mit „variabler Zusammensetzung“ (J_v) bringt die Veränderung der Arbeitsproduktivitätskennzahl von der Basis- zur Berichtsperiode am einfachsten zum Ausdruck:

$$\text{(I)}\ J_v = \frac{E_b}{A_b} : \frac{E_a}{A_a}$$

$$= \frac{E_b}{E_a} : \frac{A_b}{A_a}$$

E_b = Erzeugungsleistung in der Berichtsperiode = 2500 GE
A_b = eingesetzte Arbeit in der Berichtsperiode = 10 AK
E_a = Erzeugungsleistung in der Ausgangsperiode = 2200 GE
A_a = eingesetzte Arbeit in der Ausgangsperiode = 11 AK

$$J_v = \frac{2500}{2200} : \frac{10}{11} \cdot 100$$
$$= \frac{25}{22} \cdot \frac{11}{10} \cdot 100$$
$$= 125.$$

Die Arbeitsproduktivität ist also von 100 in der Basisperiode auf 125 in der Berichtsperiode gestiegen.

Mit diesem Index läßt sich auch das Verhältnis der Indizes des Produktionsvolumens und des Arbeitsaufwands von der Basis- zur Berichtsperiode ausdrücken:

$\frac{E_b}{E_a} : \frac{A_b}{A_b} = \frac{2500}{2200} \cdot 100 = 114$, das Produktionsvolumen ist auf 114 gestiegen und der Arbeitseinsatz auf 91 gesunken:

$\frac{E_b}{E_b} : \frac{A_a}{A_b} = \frac{E_b}{E_b} \cdot \frac{A_b}{A_a} = \frac{10}{11} \cdot 100 = 91$, vgl. (35). Im übrigen sind „diese Formeln in der westlichen und östlichen Welt zu finden" (339).

Dieser Index vergleicht also die durchschnittliche Arbeitsproduktivität zweier Perioden. Strukturveränderungen, d. h. „Veränderungen in der Zusammensetzung nach Arbeiterkollektivs mit verschiedenem Produktionsniveau" werden nicht ausgeschaltet (35). Der Index mit variabler Zusammensetzung bringt also die Produktionsveränderung im Betriebe zum Ausdruck und damit auch die Auswirkung der gegebenenfalls verschieden kombinierten Betriebszweige mit unterschiedlichem Einsatz lebendiger und vergegenständlichter Arbeit und ihrer wechselnden Verbindung in der Arbeitswirtschaft. Er *übersetzt mithin die Kennzahlen des Standes der Arbeitsproduktivität zwanglos ins relative und stellt sie angemessen vergleichbar und den „absoluten" Kennzahlen proportional dar.*

2. Der Index mit „fester Zusammensetzung" ist schwieriger ins Landwirtschaftliche zu übertragen. Er geht davon aus, daß mehrere in einer Wirtschaftseinheit, wo die Entwicklung der Arbeitsproduktivität gemessen werden soll, vereinte Arbeiterkollektivs, Brigaden, Betriebe oder Wirtschaftszweige, unterschiedliche und nicht gefügegleich zu machende Gebrauchswerte mit wechselnder Arbeitsproduktivität herstellen. Diese Gebrauchswertmengen werden als Arbeitsproduktivitätsrelaten nur vergleichbar, wenn man nicht mit ihnen, sondern mit der durch sie bedingten unterschiedlichen Arbeitsproduktivität des jeweiligen Kollektivs rechnet. Das vollzieht sich nach der allgemeinen Formel, vgl. (25):

$$\text{(II)}\quad J_f = \frac{\frac{\Sigma A_{pa}}{\Sigma A_{pb}}}{\Sigma B_a} = \frac{\Sigma J_b \cdot B_a}{\Sigma B_a}$$

A_{pa} = Arbeitsproduktivität in der Ausgangs-, = Basisperiode
A_{pb} = Arbeitsproduktivität in der Berichtsperiode
B_a = Arbeitseinsatz in der Ausgangs-, = Basisperiode
J_b = Einzelindices in der Berichtsperiode.

Damit sich im folgenden Beispiel vergleichen läßt, was die beiden Indices, I und II, herausbringen, rechnen wir vorsorglich mit Getreideeinheiten und nehmen an, in einem Betriebe gäbe es drei Brigaden, die miteinander im Wettbewerb stünden. Die zweite Brigade liegt an der Spitze. Wie hat sich jetzt die Arbeitsproduktivität des Betriebs entwickelt, bei unterschiedlichen Fortschritten in den drei Brigaden? Wir wandeln die Formel II etwas ab, nach (35), Nomenklatur wieder wie unter I:

	1. Brigade	2. Brigade	3. Brigade	
$E_b =$	5000	4000	6000	GE
$E_a =$	4400	3600	5400	GE
$A_a =$	22	12	30	AK
$A_b =$	20	10	30	AK

$$J_f = \frac{\left(\frac{5000}{4400} \cdot \frac{22}{20}\right) + \left(\frac{4000}{3600} \cdot \frac{12}{10}\right) + \left(\frac{6000}{5400} \cdot \frac{30}{30}\right) \times 64}{64}$$

$$= \frac{(1{,}25 \cdot 22) + (1{,}66 \cdot 12) + (1{,}11 \cdot 30) \cdot 100}{64}$$

$$= 126$$

nach der Formel I rechnen wir:

$$J_v = \frac{\Sigma E_b}{\Sigma E_a} \cdot \frac{\Sigma A_a}{\Sigma A_b}$$

$$= \frac{15000}{13400} \cdot \frac{64}{60} \cdot 100$$

$$= 119.$$

Die beiden verschiedenen Ergebnisse zeigen deutlich, daß der Index I die Veränderung der *durchschnittlichen Arbeitsproduktivitätskennzahlen* und der Index II die *durchschnittliche Veränderung der Arbeitsproduktivität* zum Ausdruck bringt. Der Unterschied kommt dadurch zustande, daß der I. Index implicite das Gewicht der Brigaden und damit auch ihrer Arbeitsproduktivität im Betriebe wiedergibt, während der zweite alle drei Brigaden gleichrangig subsummiert. Der Index II, mit fester Zusammensetzung, zeigt also das Ausmaß der Arbeitsproduktivitätsänderung an, das sich in den einzelnen Brigaden tatsächlich ergeben hat, unabhängig von ihrer Bedeutung im Betriebe. Solche Kennzahlen sind nicht ungefährlich, weil sie das betriebswirtschaftliche Gewicht der Steigerung der jeweiligen Arbeitsproduktivität ausklammern, sie haben aber durchaus ihre Bedeutung für den innerbetrieblichen und den zwischenbetrieblichen Wettbewerb, weil weder der einzelne Arbeiter noch ein bestimmter Betrieb verantwortlich sind für das wirtschaftliche Gewicht ihrer gegebenen Stellung in einer übergeordneten und von ihnen unabhängig zustande gekommenen Wirtschaftseinheit. *Der Index mit fester Zusammensetzung bringt also eigenständige Kennzahlenreihen, die den betriebswirtschaftlich relevanten Niveaukennzahlen der Arbeitsproduktivität nicht gleichlaufen* und daher nur für bestimmte Zwecke, z. B. Brigadewettbewerbe, brauchbar sind.

Ihre Bedeutung darf man nicht überschätzen. Aus zwei Gründen nicht: Erstens vergleichen sie unter Umständen ungerechtfertigt Schlamperei mit ordentlicher, aber keineswegs überdurchschnittlicher Leistung, und zweitens kann kein sinnvoller Wettbewerb nur nach Indices angelegt werden, die wohl (rechen)technisch einwandfrei, wirtschaftlich dagegen zweifelhaft sind, weil sie das wirtschaftliche Gewicht des Betriebs oder seiner Teile bewußt vernachlässigen. Diese an sich aussagekräftige Kennzahl darf daher stets nur eine unter den vielen der Wettbewerbsbedingungen sein! Auch die Volkswirtschaftsstatistik der UdSSR ist wieder zum Index mit variabler Struktur zurückgekehrt (375), sicher aus dem gleichen Grunde, weil die Teilindices das wirtschaftliche Gewicht des einzelnen Wirtschaftszweigs eben nicht wiedergeben.

Wenn man konkrete, nach beiden Formeln im selben Betrieb und Jahr ermittelte Produktivitätsindices miteinander vergleicht, so zeigen sie wenigstens grob an, welchen Einfluß die von der einen oder anderen Brigade, von einem oder anderem Arbeiterkollektiv erreichte Produktivitätsänderung (J_f) auf die Arbeitsproduktivität im ganzen Betrieb hatte (J_v).

3. Nun kann man noch den Arbeitsaufwand in der Basisperiode zugrunde legen, damit den Arbeitsaufwand in der Berichtsperiode vergleichen und beide auf die Erzeugungsleistung der Berichtsperiode beziehen. Das vollzieht die „Aggregatformel" mit dem Index J_{agg}. Hier „wird eine fiktive Summe des Arbeitsaufwands gemessen, die Summe ..., die notwendig gewesen wäre" (die Gebrauchswertmenge der Berichtsperiode mit dem Arbeitsaufwand je Einheit der Basisperiode herzustellen), „an einer tatsächlichen Summe des Arbeitsaufwands", nämlich an der eingesetzten Arbeit in der Berichtsperiode (35). Die Formel für J_{agg} kommt wie folgt zustande:

In der Rechenformel

$$J_f = \frac{\Sigma \left(\frac{E_b}{A_b} : \frac{E_a}{A_a} \right) \cdot A_b}{\Sigma A_b}$$

kann man an Stelle von A_b und A_a auch $E_b \cdot a_b$ und $E_a \cdot a_a$, oder allgemein stets $A = E \cdot a$, sagen; a ist der entsprechende Arbeitseinsatz je Einheit $\frac{A}{E} = a$. A also = Menge der Einheiten mal zugehörigem Arbeitsaufwand. Mithin $\frac{A_b}{E_b} = a_b$, $\frac{A_a}{E_a} = a_a$, folglich $A_b = E_b \cdot a_b$ und $A_a = E_a \cdot a_a$. Das setzen wir in die obige Formel ein:

$$\text{(III)}\ J_{agg} = \frac{\sum \left(\frac{E_b}{E_b \cdot a_b} : \frac{E_a}{E_a \cdot a_a}\right) \cdot E_b \cdot a_b}{\sum E_b \cdot a_b}$$

$$J_{agg} = \frac{\sum E_b \cdot a_a}{\sum E_b \cdot a_b}$$

Ein Beispiel dazu: Wir wollen die Entwicklung der Arbeitsproduktivität der Brigade Schulze verfolgen und nehmen an, sie hätte im Berichtsjahr und im Basisjahr nur drei Erzeugnisse produziert, Getreide, Kartoffeln, Raps, die Stunden sind zugerechnet, wie in Kap. 3.6 vorgeschlagen:

	Basisjahr		Berichtsjahr	
	Menge dz	Stunden	Menge dz	Stunden
Getreide	1000,–	10000	1200,–	9600
Kartoffeln	2500,–	7500	2000,–	5000
Raps	100,–	1200	150,–	1500

$$J_{agg} = \frac{\left(1200 \cdot \frac{10000}{1000}\right) + \left(2000 \cdot \frac{7500}{2500}\right) + \left(150 \cdot \frac{1200}{100}\right)}{\left(1200 \cdot \frac{9600}{1200}\right) + \left(2000 \cdot \frac{5000}{2000}\right) + \left(150 \cdot \frac{1500}{150}\right)}$$

$$= \frac{12000 + 6000 + 1800}{9600 + 5000 + 1500}$$

$$= \frac{198 \cdot 100}{161} = 123.$$

Gemessen am Arbeitsaufwand in der Basisperiode hat die Brigade Schulze in der Berichtsperiode so viel Arbeit bei der Produktion der gleichen Erzeugnisse eingespart, daß ihre durchschnittliche Arbeitsproduktivität auf 123 gegenüber der Basisperiode gestiegen ist.

Die grundsätzlich gleiche Rechnung läßt sich mit der toten und lebendigen Arbeit zusammen aufmachen, vgl. dazu (374), wenn man sie „hat" und richtig zurechnen kann, und auf alle „hergestellten" Fruchtarten der Feldbaubrigade ausdehnen. Insofern ist diese Methode tatsächlich „praktisch leicht anwendbar" (35).

Mit der Aggregatformel haben wir die Entwicklung der Arbeitsproduktivität unter einem dritten Aspekt verfolgt: Wie stellt sie sich dar, wenn dasselbe Arbeiterkollektiv die gleichen Erzeugnisse, die man nicht vereinheitlichen will oder kann, in zwei verschiedenen zu vergleichenden Zeiträumen produziert? Es liegt auf der Hand, daß diese Aussage nur für den innerbetrieblichen Wettbewerb in einer Brigade oder zwischen gleichartigen Brigaden gewisse Bedeutung hat. Denn auch die Aggregatformel gewichtet nichts, und der reine Leistungsgradvergleich sagt eben nur (arbeits)technisch etwas aus. Wobei stets zu bedenken ist, daß mit der Erzeugungsleistung eine landarbeitstechnisch „falsche" Bezugsgröße eingeführt wird, weil eben durchaus nicht von der eingesetzten Arbeit allein abhängt, ob und wieviel Ertrag oder Gebrauchswerte gewonnen werden, vgl. (222).

Auf die Gesamtproduktion in der Berichtsperiode beziehend, gibt die Aggregatformel also an, in welchem Maße sich der Einsatz an Arbeit für die Gesamtproduktion gleichartiger aber verschieden vieler Erzeugniseinheiten in der Berichtsperiode gegenüber der Basisperiode verändert hat. Der Aggregatindex gibt die Entwicklung der Arbeitsprodukivität weder ausgesprochen betriebswirtschaftlich noch ausgesprochen arbeitstechnisch wieder. Er ist ausschließlich technisch orientiert.

„Der Aggregatindex der Arbeitsproduktivität zeichnet sich also durch die Konkretheit seines Inhalts und die Klarheit seines ökonomischen Sinns aus" (35). Weiter oben haben wir bereits nachgewiesen, daß alle diese und ähnliche Formeln die Vereinheitlichung der heterogenen Bestandteile der Erzeugungsleistung nicht ersetzen können. Der „ökonomische Sinn" des Aggregatindexes liegt also auf der technischen Ebene, er ist vor allem für die gleichartig ablaufenden und von „Naturverhältnissen" weitgehend unabhängigen Arbeitsbedingungen der Industrie wertvoll. „Zwar berühren und überschneiden sich die Bereiche von Technik und Wirtschaft in gewissen Grenzen; stets aber ist es die Aufgabe der Betriebslehre, den technischen Einzelvorgang aus dem Ganzen des Betriebs und das Ganze des Betriebs aus der Gesamtheit der Volkswirtschaft zu sehen" (391)!

Über alle diese Verfahren gibt es bereits eine Fülle von Literatur, z. B. (25), (26), (32), (102), (287), (288), (289), (310), (317), (374), (375). Untersucht man sie näher, zeigt sich, daß sich alle Vorschläge, die Entwicklung der Arbeitsproduktivität zu messen, in jene drei Formeln bringen lassen. Wir verzichten darauf, uns mit allen Varianten auseinanderzusetzen, weil weitere grundsätzliche Erkenntnisse daraus nicht zu gewinnen sind. Im übrigen handelt es sich hier gar nicht so sehr um statistische Probleme als vielmehr um betriebswirtschaftliche Fragen! Ob sich die drei Methoden nun in der betriebsstatistischen Praxis und vor allem in den Betrieben selbst bewähren, wird davon abhängen, was man mit den so errechneten Kennzahlen tut. Leben gewinnen sie erst, wenn man sie zur Planung, zur Plankontrolle und für Wettbewerbe anwendet. Wir haben gezeigt, wie man dazu vorzugehen hat.

Wer Indexreihen der Arbeitsproduktivität in verschiedenen Betrieben vollkommen vergleichen will, muß naturgemäß besonderen Wert darauf legen, daß die Entwicklung der Reihen in allen Betrieben bei der gleichen Ausgangslage beginnt und auch nur in durchaus gleichartiger Produktion verläuft, vgl. (310).

Wenn wir auch davor warnen, diese Indizes zu überschätzen, so sind sie doch nützlich, wenn man die vorgegebene Arbeitsproduktivitätssteigerung in Betrieben oder Brigaden kontrollieren will. Dazu muß man die in absoluten Zahlen, nach Getreideeinheiten oder Abgabepreisen, kalkulierten betrieblichen Kennzahlen, die über die Formel J_v ja auch in eine Zahlenreihe relativer Entwicklung zu bringen sind, vergleichen mit den nach J_f oder J_{agg} errechneten Reihen. Auf diese Weise läßt sich der Betriebsplan zweifellos besser und vor allem richtiger auf die Brigaden aufschlüsseln, als wenn man nur nach globalen

Zahlen plant und kontrolliert. Wie wir gezeigt haben, setzen sie allerdings eine ziemlich umfassende betriebliche Abrechnung voraus. Solange diese fehlt, muß es ohnehin bei dem einfacheren, gröberen, dafür aber wirtschaftlich besser zu vertretenden Verfahren nach Formel I bleiben.

Im übrigen kommt es entscheidend darauf an, daß man diesen Indizes nicht nur einen betrieblichen Sinn gibt, sondern daß die Wirtschaftsplanung ihre Aussagen ebenfalls anerkennt. Das scheint noch ziemlich weit im Felde zu stehen, denn auch RICHTER fordert es unentwegt, z. B. (289).

Mit diesen drei Formeln, die die Entwicklung der Arbeitsproduktivität in Relativzahlen zum Ausdruck bringen, sind wir von der Betriebswirtschaft (J_v) über den Teilbetrieb oder die Brigade (J_f) fast bis zum Arbeitsplatz, mit J_{agg} jedenfalls bereits in den (arbeits)technischen Bereich gekommen. Das muß sich stets vor Augen halten, wer diese Formeln anwendet und Schlüsse aus ihren Resultaten zieht. Sie werden nur richtig, wirtschaftlich nur sinnvoll sein, wenn Fragestellung und Methode, hier also der eine oder der andere Index, dem jeweils untersuchten Bereich angemessen sind.

Damit glauben wir der äußerst unfruchtbaren Auseinandersetzung zwischen BEHRENS und ROSENKRANZ (35), (304) doch noch eine wirtschaftsrelevante Perspektive abgewonnen zu haben. ROSENKRANZ geht es um die Messung des *Niveaus* und BEHRENS um die *relative Entwicklung* der Arbeitsproduktivität. Deswegen verstehen sie sich nicht. Die Betriebswirtschaft braucht beide Aspekte. Der Grundgedanke von ROSENKRANZ, die Bestandteile der Erzeugungsleistung zu vereinheitlichen, ist der landwirtschaftlichen Betriebslehre aus vielerlei Gründen längst in Fleisch und Blut übergegangen. Ihn für die Messung der Arbeitsproduktivität nutzbar zu machen, erscheint selbstverständlich. Man kann das nicht mit dem Hinweis auf ausgezeichnete Formeln, die die *Entwicklung* der Arbeitsproduktivität messen, totschlagen. Wer aber gerade diese messen will, soll jene drei Formeln anwenden; wenn er die Grenzen ihrer Aussagen kennt, wird er damit fruchtbare Ergebnisse erzielen. Nur mit dieser wesentlichen Einschränkung kann man schließlich auch BEHRENS' These hinnehmen, die wir an sich nicht von vornherein anzuerkennen vermögen: „... hinsichtlich der Messung der Veränderung der Arbeitsproduktivität in Industrie und Landwirtschaft bestehen prinzipielle Unterschiede nicht" (35).

3.8 Kennzahlen der technischen und der wirtschaftlichen Arbeitsproduktivität

Die Betriebsstatistik überzieht den landwirtschaftlichen Betrieb mit ihrem Kennzahlennetz, um darin die Kräfte und ihre Wirkungen einzufangen, die die Betriebswirtschaft bewegen. Ausgewählt nach dem jeweils verfolgten Zweck und angepaßt an die von der Buchführung gegebenen Unterlagen können diese Netze enger- oder weitermaschig sein, sie sollten aber nicht aus engen und weiten Maschen in buntem Gemisch bestehen. Es hat wenig Sinn, die technische Arbeitsproduktivität über den Stundeneinsatz oder die Arbeitskräftebewertung in Verbindung mit irgendeinem Punktsystem für die technische

Ausrüstung auszurechnen, wenn man nicht weiß, wie groß der Betrieb eigentlich ist, welche Futterflächen er bewirtschaftet und wieviel Dünger er aufwendet. Die Arbeitsproduktivitätskennzahlen bilden stets nur eine Gruppe unter vielen anderen. Alle zusammen führen erst zum Urteil über die Betriebswirtschaft. Das wird in den vorbestimmten Grenzen hieb- und stichfest sein, wenn sich die Mengen der Kennzahlen aus allen Betriebszweigen und Rechnungen entsprechen, und wenn die Kennzahlen im Grad der Genauigkeit und in der Feinheit der angewandten Erhebungen übereinstimmen.

Daraus ergibt sich eine natürliche Ordnung der von uns bezeichneten Produktivitätsquotienten, die die Betriebsstatistik und die Modellkalkulation auch notwendig hat, um nicht zu ersticken in der Fülle der Kombinationsmöglichkeiten zwischen Maßen und Maßstäben für Erzeugungsleistung (E) und Arbeitseinsatz (A). Wir ordnen die Kennzahlen nach der Tiefe bis zu der ihre Errechnung die Betriebswirtschaft durchdringt, vom einfachsten zum kompliziertesten Quotienten fortschreitend. Je schwieriger der Ausdruck zu errechnen ist, desto aufwendiger wird die Erhebung im Betriebe und die Buchführung über seine Komponenten. t_{Apr} = technische, w_{Apr} = wirtschaftliche Arbeitsproduktivität des gesamten Betriebes, Fr beim Anbau einer Fruchtart, B in einem Betriebszweig, A_E = Arbeitsergiebigkeit.

$$\text{(I)} \quad t_{Apr} = \frac{\text{Bodenproduktion (GE)}}{\text{natürliche Zahl aller Arbeitskräfte im Betriebe (Personen)}^{1)}}$$

$$\text{(II)} \quad w_{Apr} = \frac{\text{reduzierter Rohertrag (DM)}}{\text{natürliche Zahl aller Arbeitskräfte im Betriebe (Personen)}^{1)}}$$

$$\text{(III)} \quad t_{Apr} = \frac{\text{Bodenproduktion (GE)}}{\text{Arbeitseinheiten (AE)}}$$

$$\text{(IV)} \quad w_{Apr} = \frac{\text{reduzierter Rohertrag (DM)}}{\text{Arbeitseinheiten (AE)}}$$

$$\text{(V)} \quad t_{Apr} = \frac{\text{Bodenproduktion (GE)}}{\text{Arbeitskrafteinheiten (AK)}}$$

$$\text{(VI)} \quad w_{Apr} = \frac{\text{reduzierter Rohertrag (DM)}}{\text{Arbeitskrafteinheiten (AK)}}$$

$$\text{(VII)} \quad t_{Apr} = \frac{\text{Bodenproduktion (GE)}}{\text{AK} \times \text{Indices der technischen Ausrüstung}^{2)}}$$

$$\text{(VIII)} \quad w_{Apr} = \frac{\text{reduzierter Rohertrag (DM)}}{\text{AK} \times \text{Indices der technischen Ausrüstung}^{2)}}$$

$$\text{(IX)} \quad t_{Apr} = \frac{\text{Bodenproduktion (GE)}}{\text{Arbeitsaufwand (Std.)}}$$

$$\text{(X)} \quad w_{Apr} = \frac{\text{reduzierter Rohertrag (DM)}}{\text{Arbeitsaufwand (Std.)}}$$

1) Oder natürliche Zahl der ständigen oder der produktiven oder der produktiven und notwendigen Arbeitskräfte — das gilt auch für die entsprechenden Nenner der folgenden Formeln.
2) Anstelle der AK lassen sich auch die Arbeitseinheiten der LPG oder der Gesamtstundenaufwand im Betriebe setzen.

$$(XI) \quad t_{Apr} = \frac{\text{Bodenproduktion (GE)}}{\text{wertmäßiger Aufwand an lebendiger und vergegenst. Arbeit (DM)}}$$

$$(XII) \quad A_E = \frac{\text{reduzierter Rohertrag (DM)}}{\text{wertmäßiger Aufwand an lebendiger und vergegenst. Arbeit (DM)}}$$

$$(XIII) \quad t_{Apr_{Fr}} = \frac{\text{Bruttobodenproduktion (dz)}}{\text{Arbeitsaufwand (Std.)}}$$

$$(XIV) \quad w_{Apr_{Fr}} = \frac{\text{Wert der Bruttobodenproduktion (DM)}}{\text{Arbeitsaufwand (Std.)}}$$

$$(XV) \quad t_{Apr_B} = \frac{\text{Bruttoproduktion (dz oder GE)}}{\text{wertmäßiger Aufwand an lebendiger und vergegenst. Arbeit im Betriebszweig (DM)}}$$

$$(XVI) \quad A_{E_B} = \frac{\text{Wert der Bruttoproduktion (DM)}}{\text{wertmäßiger Aufwand an lebendiger und vergegenst. Arbeit im Betriebszweig (DM)}}$$

Hier haben wir acht Grundformen von Kennzahlenpaaren vorgestellt, die von I bis XVI fortschreitend immer aufwendiger zu ermitteln sind. Das letzte Paar ist bereits der Kostenträgerrechnung analog und stellt entsprechende Anforderungen an die Buchführung. Die Relaten lassen sich noch vielfältig kombinieren, aber das führt weder zu neuen Grundformen noch darf man tiefere sinnvolle Durchdringung der Betriebswirtschaft davon erwarten. *Der erhofften Aussage über den Stand der Arbeitsproduktivität angemessen und die Möglichkeiten des neuzeitlichen, fortgeschrittenen Rechnungswesens erschöpfend, werden die entwickelten Kennzahlen erlauben, die Arbeitsproduktivität in allen landwirtschaftlichen Betrieben vollständig zu analysieren.* Damit gewinnt der Wirtschafter die gesuchte Handhabe, die Produktivität der in seinem Betriebe eingesetzten Arbeit im Rahmen rationeller Betriebsführung angemessen und wirtschaftlich zu steigern.

4. Zusammenfassung

Die Arbeitsproduktivität ist zu einem wesentlichen Erfolgsmaß der intensiven Kulturwirtschaft geworden. Sie im Zusammenhang mit der Bodenproduktivität zu analysieren und im allgemeinen Rahmen des wirtschaftlichen Prinzips zu heben, ist eine vordringliche Aufgabe der landwirtschaftlichen Betriebsforschung. Dazu müssen die Arbeitsproduktivität, und ihre betriebswirtschaftlich wichtigen Komponenten, klar definiert, in geeignete Maße gefaßt und mit anschaulichen Maßstäben gemessen werden. Die Fülle der vorliegenden Literatur kritisch auswertend und viele Erkenntnisse der modernen Betriebs- und Arbeitslehre anwendend und weiterführend, entwickelten wir einen betriebswirtschaftlich sinnvollen Begriff und die entsprechenden Maße und Maßstäbe, die die Arbeitsproduktivität als *eine* Kennzahl aussagekräftig in den Zusammenhang der übrigen betriebsstatistischen Daten stellen.

Um die vielschichtigen Fragen um die Arbeitsproduktivität im Stile der angewandten Betriebslehre für die Betriebe der DDR zu praktisch brauchbaren und konkreten Ergebnissen führen zu können, mußten wir bestimmte Lösungen unterstellen und einige Aspekte vernachlässigen, die mit unserem Problem nur lose in Verbindung stehen, vgl. Kap. 1.1. Wesentlich ist, daß sich die Arbeitsproduktivität in der Betriebswirtschaft als eigenständiger Begriff definieren und messen läßt. Das geht, weil die Betriebslehre von der Politischen Ökonomie und der Wirtschaftszweigökonomik klar abzugrenzen ist und einen besonderen Inhalt, die Betriebswirtschaft hat, die auch eigenen Gesetzen folgt. Die Kennzahlen der Arbeitsproduktivität sind wie die Daten der Betriebsstatistik objektiv, frei von jeder vorgefaßten Meinung, dienstbar nur dem einen Ziel, die Betriebswirtschaft rechnerisch tiefer zu durchdringen. Wir beschränkten uns daher bewußt auf die wirtschaftstechnischen Probleme, auf den rationalen und rechenbaren Kern der Produktivität in der intensiven Kulturwirtschaft Deutschlands.

Den Begriff der Arbeitsproduktivität entwickelten wir aus dem gedanklichen Inhalt seiner Komponenten Arbeit und Produktivität in der Wirtschaftswirklichkeit.

Die Produktivität stellt eine Relation dar, die Beziehung zwischen zwei Dingen, zwischen Erzeugungsleistung und Produktivfaktor. Diese Beziehung entsteht zwischen dem Wesen zweier Erscheinungen, sie formt die ökonomische

Kategorie Produktivität, und zwischen den Größen zweier Dinge, diese formt das Maß der Produktivität. So ergeben sich drei Elemente der Produktivität: ihr gedanklicher Inhalt, ihre Erscheinungsweisen und ihre Maße. Vom praktischen Wirtschaftsleben ausgehend leiteten wir neun Merkmale her, hier die wichtigsten: Produktivität ist die materielle Ergiebigkeit kombinierter Produktivfaktoren in Wirtschaftseinheiten, die nach dem wirtschaftlichen Prinzip produzieren. Als kinetisch-dynamischer Ausdruck der Spannungsüberwindung zwischen Bedarf und Deckung hat die Produktivität nachhaltige, steigende Tendenz und ist nur relativ zu verstehen. Von den Erscheinungsweisen der Produktivität sind betriebswirtschaftlich relevant nur die effektive Produktivität als technische und wirtschaftliche. Die volkswirtschaftliche Produktivität läßt sich ohne weiteres aussondern. Als Maße sind die technische Produktivität die Relation zwischen Produktivfaktor und erzeugten Gebrauchswerten und die wirtschaftliche Produktivität der Quotient aus Rohertrag und Produktivfaktor. Die technische Produktivität ist das Erfolgsmaß der Produktion, die wirtschaftliche ist das auch, zeigt aber außerdem an, mit welchem volkswirtschaftlichen Gewicht sich der Einzelbetrieb an der Gesamtwirtschaft beteiligt, vgl. Schema 1, S. 37. Diese Maße der Produktivität erfassen die Gebrauchswertsumme und den Rohertrag, die der Gesamtbetrieb hervorbringt und beziehen sich auf die Produktivfaktoreneinheit. Eine analoge Relation für den einzelnen Betriebszweig ist auch Produktivität. Produktivität ist nicht Wirtschaftlichkeit, auch nicht Rentabiltät, nicht Leistungsgrad, nicht Wirkungsgrad und nicht Leistung. Sie ist ein eigenständiges ökonomisch-technisches Maß.

Die Arbeit als Produktivfaktor der Wirtschaft enthält gedanklich sieben Merkmale, hier die wesentlichen: Sie ist absolut körperlich-geistig-seelischer Kraftaufwand des Menschen in der Produktion, gerichtet auf die Erzeugung objektiver Realität. Die physische menschliche Arbeitskraft wird mehr und mehr durch Maschinen ersetzt. Der Produktivfaktor Arbeit ist recht vielseitig, er hat bestimmte Eigenschaften: Abstrakte Arbeit und konkrete Arbeit als Lebensbestätigung scheiden wir aus. Als Produktivfaktor wirken die konkrete, nützliche lebendige und die tote Arbeit im Betriebe. Die lebendige Arbeit ist einfach und kompliziert, produktiv und notwendig. Diese Eigenschaften der Arbeit sind einzeln erfaßbar. Arbeitswirtschaftlich wirken sie zusammen. Das verlangt zwar aus der Arbeitstechnik entwickelte Maße, erfordert aber auch einige rechenhafte Unterstellungen. So ergeben sich acht Maße der Arbeit als Produktivfaktor. Betriebswirtschaftlich relevant ist vor allem die gesamte lebendige und die vergegenständlichte Arbeit während eines Wirtschaftsjahres sowie ihre Zusammenfassung in einem Maß, vgl. Schema 2, S. 39.

Diese verschiedenen Maße und Maßstäbe unterstellend, definieren wir die Arbeitsproduktivität im landwirtschaftlichen Betriebe allgemein als den gesamten Ertrag, der im Durchschnitt auf den Produktivfaktor Arbeit im Zusammenwirken mit dem Boden und den Betriebsmitteln in einem Wirtschaftsjahre entfällt. Unabhängig zwar von allen Gesellschaftsformen, aber eingeordnet in die bestehende Wirtschaftsordnung ist die Arbeitsproduktivität eine allgemein-ökonomische Kategorie der Betriebswirtschaft. Mit angemessenen ökonomisch-technischen Maßen erfaßt, drückt sie stets nur gegebene Sachverhalte, nicht kalkulierte Entwicklungen aus. Das Wesen ihrer Komponenten prägt die Arbeitsproduktivität zu einem ökonomisch-technischen Maß der landwirtschaftlichen Betriebsstatistik. Das impliziert zwei Begrenzungen, 1. die Relation Gesamtprodukt zu Produktivfaktor ist keine vollständige Kausalbeziehung, und 2. die gefundenen Kennzahlen der Arbeitsproduktivität sind betriebsanalytische Teilmaße, nicht entscheidende Aussagen über zielbewußte Betriebsorganisation und zweckmäßige Betriebsführung.

In der Betriebsstatistik erscheint die Arbeitsproduktivität als Quotient $A_{pr} = \frac{E}{A}$. Als Maße für das E, die Erzeugungsleistung, und für das A, die eingesetzte Arbeit, führen wir vor allem betriebswirtschaftlich sinnvolle Ausdrücke vor. Die Messung der Arbeitsproduktivität wird am Betriebsvergleich orientiert und auf ihn zugeschnitten. Sie hat zwei Aufgaben zu erfüllen, 1. soll sie den Stand der Arbeitsproduktivität des gesamten Betriebs und in seinen Zweigen richtig vergleichbar ausweisen, und 2. soll sie handliche und anschauliche Indices aufzustellen erlauben, die die Entwicklung der Arbeitsproduktivität durch eine Reihe von Jahren kennzeichnen. Die erste Aufgabe ist wichtiger, wir entwickelten Maße und Maßstäbe vor allem unter ihrem Aspekt.

Die Maße für das E von der Bruttoproduktion bis zur Lohnsumme schrittweise kritisch reduzierend, vgl. Schema 3, führten wir die Bodenproduktion als geeignetes Maß für das E der technischen und den reduzierten Rohertrag für die wirtschaftliche Arbeitsproduktivität vor. Sie bringen kommensurabel alles und ausschließlich zum Ausdruck, was der Betrieb im Untersuchungszeitraum aus eigener Kraft erzeugt hat. Den als vergegenständlichte Arbeit, als Arbeitshilfsmittel, im Betriebe mitwirkenden Teil des Produktivfaktors Arbeit reduzieren wir nicht unvollkommen vom Ertrag, wie das der Nettoproduktionswert tut, sondern setzen ihn in den Nenner des Quotienten, zum A.

Das Volumen der Erzeugungsleistung, die Bodenproduktion, messen wir mit konstanten naturalen Maßstäben und ihren Wert, den reduzierten Rohertrag, im Geldmaßstab der wechselnden Abgabepreise. Die naturalen Maßstäbe haben die Aufgabe, die heterogenen Bestandteile der Bodenproduktion vergleichbar zu vereinheitlichen. Das vollzieht sich nach der allgemeinen Formel:

$$A_{pr} = \frac{(p_1 \cdot a_1 + p_2 \cdot a_2 \cdots + p_n \cdot a_n) - (p_{10} \cdot a_{10} + p_{11} \cdot a_{11} \cdots + p_n \cdot a_n)}{A}$$

$p_1, p_2 \cdots p_n$ = verschiedene Erzeugnisse (Getreide, Milch usw.),
$p_{10}, p_{11} \cdots p_n$ = zugekaufte landwirtschaftliche Produkte,
$a_1, a_2 \cdots a_n$ = konstante Gewichte für die einzelnen Produkte.

Nur von dieser nüchternen Formel aus ist ein richtiges Urteil über die vorgeschlagenen Maßstäbe möglich. Allein die Getreideeinheit gibt einen betriebswirtschaftlich sinnvollen und zur Vereinheitlichung der heterogenen Bestandteile des E wohlgeeigneten konstanten Maßstab. Wir begründeten näher, weshalb Calorie, Nährcalorie und eingesetzte Arbeit solche Vereinheitlichungsgewichte nicht geben können.

Der Geldmaßstab für das E und seine heterogenen Bestandteile mißt niemals die Werte, sondern nur die Preise. Da die konstanten Getreideeinheiten bereits das Volumen der Erzeugungsleistung zu messen erlauben, bedarf es der Meßwerte zum gleichen Zweck nicht mehr. Außerdem sprechen weitere schwerwiegende Gründe gegen ihre Verwendung als Maßstab. Der an den Abgabepreisen ausgerichtete Geldmaßstab gibt die effektive wirtschaftliche Produktivität marktwirtschaftlich vollkommen wieder; dieser Maßstab korrespondiert überdies mit dem wirtschaftlichen Organisationsprinzip des Betriebs.

Vor- und Nachteile dieser Maße und Maßstäbe gründlich abwägend, stellten wir fest: Bodenproduktion, reduzierter Rohertrag, Getreideeinheit und Abgabepreis sind zwar mehr der Produktionswirtschaft als der Arbeit gemäße Maße und Maßstäbe; solange die (Arbeit in der) intensive(n) Kulturwirtschaft jedoch im Dienste des „mehr und wirtschaftlicher" erzeugen steht, diese also in erster Linie Naturbenutzung ist, gibt es keine besseren. Es hieße die gesamte Betriebsstatistik konsequent auf neue, an der Arbeit orientierte Erfolgskategorien umstellen, wollte man der Arbeit angemessene Maße und Maßstäbe finden und einführen.

Den vielgestaltigen Produktivfaktor Arbeit in Maße zu fassen und mit geeigneten Maßstäben zu messen, war außerordentlich kompliziert. Die Messung der Arbeitsproduktivität fordert, daß wir arbeitswirtschaftlich und nicht arbeitstechnisch denken. Außerdem kommt es darauf an, mehr das Leistungsvermögen und weniger die Leistung der Arbeit zu erfassen.

Die lebendige Arbeit, die Arbeitskräfte im Betriebe soll man zunächst zählen.

Wer vom Betriebe lebt, auf ihm wohnt und dort schafft, ist eine Arbeitskraft, gleichgültig in welchem Maße er leistungsbereit ist und wieviel er leistet. Die Zahl der nichtständigen Arbeitskräfte ist gesondert anzugeben; über den Lohn gerechnet ergibt sich ein wenigstens z. T. betriebswirtschaftlich brauchbarer Ausdruck dafür. Die produktiven und notwendigen Arbeitskräfte lassen sich in allen Betriebsformen einigermaßen genau unterscheiden. Die Zahl der Arbeitskräfte stellt das nutzbare Leistungsvermögen unverfälscht dar.

Qualifikations-, Leistungsbereitschafts- und Tätigkeitsmerkmale differenzieren die Arbeitskräfte. Man muß sie auf einen gemeinsamen Nenner bringen, wenn man vergleichen will. Es ist unsinnig und entspricht dem heutigen Stand der Wissenschaft nicht mehr, wenn man, die Arbeitskräfte in AK zu vereinheitlichen, zwei grundsätzliche Betrachtungsweisen kombiniert, die unterschiedliche Leistungsbereitschaft und die verschiedene Zahl der von jeder Arbeitskraft im Jahre gearbeiteten Stunden. Wir trennten das und gewannen zwei Maßstäbe der lebendigen Arbeit daraus: Die an der analytischen Arbeitsbewertung ausgerichtete und über die Lohngruppen gestaffelte anschauliche und recht feine Abstufung der Arbeitskräfte in AK und die Zahl der gearbeiteten Stunden. Der Stundenmaßstab gibt das einzige unterteilbare und den Betriebszweigen gut zurechenbare Maß der lebendigen Arbeit her. Wir zeigten, wie abzugrenzen ist und wie die Arbeitsstunden in allen Betriebsformen ermittelt werden können.

In der Betriebsstatistik der LPG wird man das Maß der eingesetzten lebendigen Arbeit zunächst noch in Arbeitseinheiten ausdrücken. Die Vor- und Nachteile dieses Maßstabes für den Produktivitätsrelator wogen wir ab.

Die natürliche Zahl der Arbeitskräfte oder ihre in AK vereinheitlichte Menge, die summierten Stunden und die Arbeitseinheiten sind also die drei verschiedenen Maßstäbe der lebendigen Arbeit, die die ständigen und nichtständigen, die produktiven und notwendigen Arbeitskräfte und ihren Einsatz im Betriebe erfassen, wobei es jeweils möglich ist, die einfache und komplizierte Arbeit sinnvoll zu vereinheitlichen.

Maße und Maßstäbe der vergegenständlichten Arbeit haben wir so gestaltet, daß sie sich mit den Ausdrücken der lebendigen Arbeit kombinieren ließen ins Gesamtquantum des eingesetzten Produktivfaktors Arbeit. Zur toten Arbeit rechnen die Kraftmaschinen und Zugtiere sowie die Arbeitsmaschinen, Geräte und Vorrichtungen, dagegen nicht die Gebäude. Naturale Maßstäbe für die vergegenständlichte Arbeit entwickelten wir aus drei Komponenten: a) dem Grad der technischen Ausrüstung, b) der Ausstattung der Arbeitskraft mit Fremdkraft, c) dem Motorisierungsgrad. Was der Geldmaßstab an toter Arbeit vergleichbar ermittelt, ist nicht genauer als die mit naturalen Maßstäben gebildeten Daten, nur gibt der Geldmaßstab ein absolutes, objektives und einheitliches Maß des eingesetzten A. das dem ebenfalls absoluten E adäquat ist. Dieses Maß können nicht die Kosten der Arbeit sein, sondern nur der wertmäßige Aufwand an lebendiger und vergegenständlichter Arbeit im Betriebe. Er entspricht gedanklich dem Stundenmaßstab.

So ergeben sich zwei Maßstäbe für die vergegenständlichte Arbeit, beide sind zwanglos mit den Maßen der lebendigen Arbeit zu verbinden: das naturale Maß multiplikativ über die Indexrechnung und das Wertmaß additiv im wertmäßigen Gesamt-Aufwand an Arbeit.

Da wir die Arbeitsproduktivität auch in den einzelnen Betriebszweigen ermitteln, haben wir weiter die Frage beantwortet: Welche Erzeugungsleistung ist der jeweiligen Arbeit zuzurechnen und umgekehrt, welche Arbeit der jeweiligen Erzeugungsleistung? Das ist bedeutsam für die Stufenproduktion und für die Kuppelprodukte. Wir rechnen die insgesamt hervorgebrachten Mengen der erzeugten Endprodukte der Stufenproduktion der jeweils eingesetzten Arbeit zu und verteilen die gekoppelten Erzeugnisse proportional ihren in GE oder in Abgabepreisen ausgedrückten Bestandteilen auf die jeweilige Arbeit. Der allgemeine Betriebs-Arbeitsaufwand wird im Verhältnis des Spezialaufwands zugeschlagen. Die Vor- und Nachteile dieser Verfahren abwägend, kommen wir zu dem Schluß, die technische und wirtschaftliche Arbeitsproduktivität in den Betriebszweigen doch zu ermitteln und mit den Maßstäben auszudrücken, die die Betriebswirtschaft bewegen, damit der Wirtschafter den Umfang der Betriebszweige auch nach diesen Kennzahlen bemessen kann.

Den beiden oben genannten Aufgaben entsprechend, die die Messung der Arbeitsproduktivität für die Betriebswirtschaft erfüllen soll, galt es schließlich, rechenhafte Ausdrücke für Niveau und Bewegung der Arbeitsproduktivität im Spiegel der Betriebsstatistik zu finden. Diese Ausdrücke faßten wir in Gleichungen; der betriebswirtschaftliche Accent liegt auf der Fixierung des Standes der Arbeitsproduktivität, dem wir die Maße und Maßstäbe für das E und A angepaßt hatten. Die Gleichung $A_{pr} = \frac{E}{A}$ drückt dann das jeweilige konkrete Niveau der Arbeitsproduktivität betriebsstatistisch ebenso einwandfrei wie einfach aus. Auf der logischen Basis der Theorie der Indizes bauten wir drei an der industriellen Statistik orientierte Grundformeln, drei Indices, auf, die die Entwicklung der Arbeitsproduktivität in Betrieben und Brigaden für spezielle Zwecke, z. B. Wettbewerbe, sinnvoll zu verfolgen erlauben.

Je nach der ihr im Einzelfall gestellten Aufgabe soll die Betriebsstatistik die Betriebswirtschaft genauer oder gröber erfassen. Dieser immanenten Bestimmung passen sich am Ende auch die aus den vorgeschlagenen und im einzelnen begründeten Maßen und Maßstäben gebildeten Kennzahlen unserer technischen und wirtschaftlichen Arbeitsproduktivität an. Wir haben dem entsprechend, vom einfachen zum komplizierten fortschreitend, am Ende acht Grundformen von Kennzahlenpaaren vorgestellt. Ihre Relaten lassen sich vielfältig weiterkombinieren und tragen auf diese Weise dem Anliegen der aktuellen Betriebsstatistik voll Rechnung, die danach strebt, ein lebendiges Kennzahlenprogramm zu besitzen, das ebenso vielfältig ist wie die Erscheinungsformen der intensiven Kulturwirtschaft in der hochentwickelten arbeitsteiligen Volkswirtschaft.

Die vorgeführten Kennzahlen der technischen und wirtschaftlichen Arbeitsproduktivität erlauben, die Arbeitsproduktivität der Betriebe unter allen Aspekten zu analysieren, unter denen ihre materielle Produktionswirtschaft betrachtet wird. Die Kennzahlen werden unter allen Umständen rechenhaft zeigen, was die effektive Arbeitsproduktivität im Betriebe beeinflußt und in welchem Umfang das konkret geschieht. Daraus kann jeder Betrieb die ihm im Zusammenhang mit den übrigen betriebsstatistischen Kennzahlen geeignet erscheinenden Maßnahmen ableiten, die Arbeitsproduktivität zu steigern. Die Betriebsforschung hat damit ins Maß- und Rechenhafte erhoben, was die Arbeitsproduktivität als wesentliches Erfolgsmaß der modernen Betriebswirtschaft bewegt.

5. Literaturverzeichnis

(1) AEREBOE, F.: Allgemeine landwirtschaftliche Betriebslehre, 5. Auflage; Verlag Paul Parey, Berlin 1923.

(2) ALBRECHT, K.: Produktivität als wirtschafts- und staatspolitische Aufgabe; Verlag J. C. B. Mohr (Paul Siebeck), Tübingen 1949.

(3) ALTMANN, E.: Produktion, Produktivität und Arbeitsleistung; in der „Arbeit" **3**, S. 305—309; Verlag Tribüne, Berlin 1949.

(4) ALTMANN, E.: Produktive und unproduktive Arbeit; in der „Arbeit" **5**, S. 324 bis 329; Verlag Tribüne, Berlin 1951.

(5) ARAKELJAN, A.: Die Arbeitsproduktivität im Sozialismus; in den „Woprossy Ekonomiki" Nr. 11, Moskau 1954; übersetzt in der „Presse der Sowjetunion" Nrn. 3 und 4, S. 59—62 und S. 79—82; Kongreß-Verlag, Berlin 1955.

(6) ARCULARIUS, H.: Der Kalorienwert in der Tierzucht und Tierernährung; in der „Deutschen Landwirtschaft" **3**, S. 384—386; DBV, Berlin 1952.

(7) ATLAS, S.: Zur Theorie des Sowjetgeldes; in der „Sowjetwissenschaft", Heft 5/6, S. 664—683; Verlag Kultur und Fortschritt, Berlin 1953.

(8) AUSSCHUSS FÜR DEUTSCHE EINHEIT: Die Bauernfibel; S. 90—92 und S. 127—129; DBV, Berlin 1955.

(9) BAIL, A.: Ein Beitrag zur Methodik der Untersuchungen landwirtschaftlicher Handgeräte, angewandt auf Arbeitsversuche mit dem Handrübenroder; im „Kühn-Archiv" **63**, S. 129—296; Verlag Max Niemeyer, Halle 1950.

(10) BAIL, A.: Die Entwicklung der Betriebsorganisation und Leistung in dreizehn landwirtschaftlichen Großbetrieben während der Wirtschaftsjahre 1946/47 bis 1950/51 im Spiegel der Betriebsstatistik; in der „Wissenschaftlichen Zeitschrift der Martin-Luther-Universität Halle-Wittenberg" **III**, Heft 1 der mathematisch-naturwissenschaftlichen Reihe, S. 176—260, Halle 1953.

(11) BAIL, A.: Über die Arbeitsproduktivität im landwirtschaftlichen Betriebe; in der „Wissenschaftlichen Zeitschrift der Martin-Luther-Universität Halle-Wittenberg", math.-nat. Reihe **3**, S. 665—679, Halle 1954.

(12) BAIL, A.: Betriebsvergleiche der VEG führen zu rationellem Einsatz der Arbeitskräfte; in der „Wirtschaft" **9**, Heft 53, S. 4; Verlag Die Wirtschaft, Berlin 1954.

(13) BAIL, A.: Die Arbeitswirtschaft im landwirtschaftlichen Betrieb im Spiegel der Betriebsstatistik; Neumann Verlag, Radebeul und Berlin 1956.

(14) BAKANOW, M., SCHOLOMOWITSCH, J.: Die Analyse der wirtschaftlichen Tätigkeit der Sowjetgüter; Verlag Die Wirtschaft, Berlin 1954.

(15) BAKANOW, M.: Industriestatistik, Moskau 1953; Methoden der Qualitätsstatistik in der Sowjetunion; in der „Statistischen Praxis" **9**, S. 62—63; DZV, Berlin 1954.

(16) BASJUK, T. L.: Die Organisation der Produktion in den Sowchosen; Landwirtschaftsverlag, Moskau 1952, russ.

(17) BASJUK, T. L.: Die Entwicklung der Arbeitsproduktivität in der sozialistischen Landwirtschaft; in der „Sozialistischen Landwirtschaft" **18**, Heft 11, S. 28—34, Moskau 1947.

(18) BASJUK, T. L.: Fragen zur Organisation der Landwirtschaft und zur Kombination der einzelnen Betriebszweige; in der „Sozialistischen Landwirtschaft" **22**, Heft 3, S. 44—53, Moskau 1951.

(19) BASJUK, T. L.: Die Rentabilität der sowjetischen Maschinen-Traktoren-Stationen; in der „Sozialistischen Landwirtschaft" **24**, Heft 8, S. 50—61; Moskau 1953.

(20) BAUERMEISTER: Bessere betriebliche Messung der Arbeitsproduktivität ab 1954; in der „Wirtschaft" **8**, Nr. 16, S. 8; Verlag Die Wirtschaft, Berlin 1953.

(21) BAXA, G.: Geschichte der Produktivitätstheorie; Band 1 der „Deutschen Beiträge zur Wirtschafts- und Gesellschaftslehre"; Verlag von G. Fischer, Jena 1926.

(22) BECK, M.: Betriebsplanung und Schichtungsordnung; in der „Zeitschrift für Betriebswirtschaft" **23**, S. 137—143; Betriebswirtschaftlicher Verlag Dr. Th. Gabler, Wiesbaden 1953.

(23) BECKER, W.-D.: Standards und Normen in der Wettbewerbswirtschaft; in der „Rationalisierung" **4**, S. 226—227; Verlag Carl Hanser, München 1953.

(24) BEHRENS, F.: Alte und neue Probleme der politischen Ökonomie; Dietz-Verlag, Berlin 1948.

(25) BEHRENS, F.: Die Arbeitsproduktivität; Fachbuchverlag, Leipzig 1952.

(26) BEHRENS, F.: Die Messung der Arbeitsproduktivität; in der „Arbeit" **6**, S. 627 bis 639; Verlag Tribüne, Berlin 1952.

(27) BEHRENS, F.: Stalin als politischer Ökonom; in der „Deutschen Finanzwirtschaft" **3**, S. 498—505; Verlag Die Wirtschaft, Berlin 1949.

(28) BEHRENS, F.: Grundgedanken zur Betriebslehre und zum Rechnungswesen der volkseigenen Industrie; in der „Arbeit" **4**, S. 309—314, S. 381—384, S. 423—426, S. 486—489; Verlag Tribüne, Berlin 1950.

(29) BEHRENS, F.: Herrmann Heinrich Gossen oder die Geburt der „Wissenschaftlichen Apologetik" des Kapitalismus; 1. Heft der „Leipziger Schriften zur Gesellschaftswissenschaft"; Verlag Bibliographisches Institut, Leipzig 1949.

(30) BEHRENS, F.: Arbeitsproduktivität und Selbstkosten; in der „Arbeit" **4**, S. 261 bis 265; Verlag Tribüne, Berlin 1950.

(31) BEHRENS, F.: Zu einigen aktuellen Problemen der Messung der Arbeitsproduktivität; in der „Wirtschaftswissenschaft" **1**, S. 44—54; Verlag Die Wirtschaft, Berlin 1953.

(32) BEHRENS, F.: Die Messung der Arbeitsproduktivität, Heft 1 der „Diskussionsbeiträge zu Wirtschaftsfragen"; Verlag Die Wirtschaft, Berlin 1953.

(33) BEHRENS, F.: Die Produktivität und ihre Messung; in den „Jahrbüchern für Nationalökonomie und Statistik" **148**, S. 416—429; Verlag von Gustav Fischer, Jena 1938.

(34) BEHRENS, F.: Die Bedeutung der Steigerung der Arbeitsproduktivität für die Landwirtschaft; „Diskussionsbeiträge zu Wirtschaftsfragen", Heft 13, Verlag Die Wirtschaft, Berlin 1954.

(35) BEHRENS, F.: Die Messung der Arbeitsproduktivität in der Landwirtschaft; in der „Deutschen Landwirtschaft" **4**, S. 461—466; DBV, Berlin 1953.

(36) BEHRENS, F.: Arbeitsproduktivität, Wert und Selbstkosten; Heft 14 der „Diskussionsbeiträge zu Wirtschaftsfragen"; im Verlag Die Wirtschaft, Berlin 1954.

(37) BEHRENS, F.: Wie hoch ist die Arbeitsproduktivität?; in der „Arbeit" **3**, S. 344 bis 355; Verlag Tribüne, Berlin 1949.

(38) BEHRENS, F.: Der Kampf um die Milliarde; in der „Wirtschaftswissenschaft" **2**, S. 398—399; Verlag Die Wirtschaft, Berlin 1954.

(39) BEHRENS, F.: Bemerkungen zum Verhältnis von Arbeitsproduktivität, Nationaleinkommen und Lohnentwicklung; in der „Wirtschaftswissenschaft“ **3**, S. 80—104; Verlag Die Wirtschaft, Berlin 1955.

(40) BEHRENS, F.: Arbeitsproduktivität und Selbstkostensenkung; in der „Wirtschaft“ **9**, Heft 5, S. 6; Verlag Die Wirtschaft, Berlin 1954.

(41) BERGER, A.: Durch reale praktische Bewertung nach Arbeitsnormen zur wirtschaftlich-organisatorischen Festigung der landwirtschaftlichen Produktionsgenossenschaften; aus: „Der Mitschurin-Zirkel“, Herausgeber: Zentraler Mitschurin-Ausschuß im Ministerium für Land- und Forstwirtschaft 1/1954, 3. Jahrgang, S. 9—11.

(42) BERGER, H.: Produktivität und allgemeine Lohnrate; wirtsch. und sozialwiss. Diss. Köln; Buch- und Kunstdruckerei W. Postberg, Bottrop 1932.

(43) BERTSCH, S.: Leistungsgradkontrolle; in der „Rationalisierung“ **5**, S. 202—203; Carl Hanser Verlag, München 1954.

(44) BEUTMANN, G.: Zum Problem der Arbeitsproduktivitätsmessung in der Landwirtschaft; in der „Deutschen Landwirtschaft“ **4**, S. 6—8; DBV, Berlin 1953.

(45) BEYER, W.: Die Bewertung der technischen Ausrüstung im landwirtschaftlichen Betriebe; vorläufiger Titel einer geplanten, noch unveröffentlichten Arbeit des Instituts für landw. Betriebs- und Arbeitslehre an der Martin-Luther-Universität, Halle 1955.

(46) BEYER, W.: Die Arbeitsplanung in der LPG; in der „Deutschen Landwirtschaft“ **6**, S. 8—14; DBV, Berlin 1955.

(47) BIERMANN, K.: I. TAN-Richtlinie, Berlin 1950.

(48) BIESALSKI, E.: Der 5. Europäische Landarbeitskongreß in Wageningen/Niederlande; in der „Agrarwirtschaft“ **3**, S. 346; Alfred Strothe Verlag, Hannover 1954.

(49) BLOHM, G.: Angewandte landwirtschaftliche Betriebslehre, 2. Auflage; Verlag Eugen Ulmer, Stuttgart 1950.

(50) BLOHM, RIEBE, VOGEL: Arbeitsleistung und Arbeitskalkulation in der Landwirtschaft; Verlag Eugen Ulmer, Stuttgart, z. Z. Ludwigsburg 1953.

(51) BLUM, W. R.: Die Arbeitsproduktivität der deutschen Landwirtschaft; in „Währung und Wirtschaft“, Heft 10, Jahrgang 1949/50.

(52) BÖHME, C.: Die dänische Buchführung; in den „Betriebswirtschaftlichen Nachrichten“, H. I, Bl. 4, Lieferung Februar; Verlag Pflug und Feder, Ratzeburg 1951.

(53) BÖHME, C.: Leistungszahlen; in den „Mitteilungen für die Landwirtschaft“ **58**, S. 921—922; Reichsnährstandsverlag, Berlin 1943.

(54) BÖHME, C.: Grundsätzliches zur Kalorienrechnung; in den „Neuen Mitteilungen für die Landwirtschaft“ **1**, S. 220—221; Verlag der Landwirtschaftskammer, Hannover 1946.

(55) BÖHME, C.: Dänemarks Leistung; in der DLP **73**, Nrn. 8 und 9, S. 10; Verlag Paul Parey, Berlin und Hamburg 1950.

(56) BÖHRS, H.: Probleme der Vorgabezeit, S. 35—51; Carl Hanser Verlag, München 1950.

(57) BÖHRS, H., BRAMESFELD, E., EULER, H.: Einführung in das Arbeits- und Zeitstudium, S. 99 ff; Carl Hanser Verlag, München 1948.

(58) BÖKER, H.: Betriebswirtschaftliche Fragen der landwirtschaftlichen Erzeugung; in den „Vorträgen der 5. Hochschultagung der landwirtschaftlichen Fakultät Bonn-Poppelsdorf“, S. 24—43; Landwirtschaftsverlag GmbH, Hiltrup bei Münster 1952.

(59) BÖKER, H.: Die Produktivität in der Landwirtschaft; in den „Berichten über Landwirtschaft“ **30**, 2, S. 161—166; Verlag Paul Parey, Hamburg und Berlin 1952.

(60) BORCHERT, H.: Die Grundrententheorie von Karl Marx in ihrer Anwendung auf die verschiedenen ökonomischen Formationen; in der „Wissenschaftlichen

Zeitschrift der Martin-Luther-Universität Halle-Wittenberg" **II**, gesellschafts- und sprachwissenschaftliche Reihe Nr. 3, S. 223—234, Halle 1953.

(61) BORER, M.: Das Rechnungswesen als Kontrollmittel der Produktivität; in der „Industriellen Organisation" **6**, S. 225—229; Zürich 1952.

(62) BORGMEIER, A.: Über Preispolitik und Preisplanung; in der „Wissenschaftlichen Zeitschrift der Martin-Luther-Universität Halle-Wittenberg" **2**, gesellschafts- und sprachwissenschaftliche Reihe, S. 369—372, Halle 1953.

(63) BREDT, O.: Produktivität; Inhalt und Sinn des Begriffes, Beurteilungsmaßstab und wirtschaftliche Bedeutung; in der „Rationalisierung" **3**, S. 173—178; Carl Hanser Verlag, München 1952.

(64) BREJEW, M. W.: Zur Theorie der Planung der Selbstkosten der materiellen Produktion in der UdSSR; in der Schriftenreihe „Die Arbeit", Heft 4, 2. Aufl., S. 35—63; Tribüne-Verlag, Berlin 1952.

(65) BRINKMANN, Th.: Die Ökonomik des landwirtschaftlichen Betriebes; in der VII. Abteilung des „Grundrisses der Sozialökonomik", S. 27—124; Verlag J. C. B. Mohr (Paul Siebeck), Tübingen 1922.

(66) BRJANSKI, A. und DUMNOV, D.: Über die Bestimmungsmethoden der Kennzahlen der Arbeitsproduktivität in der Landwirtschaft; in „Westnik Statistiki" Nr. 4, S. 32—41; Moskau 1955.

(67) BUSCH, W.: Betriebsvergleich und Kennzahlen im Gartenbau; im „Bericht über die sechste Arbeitstagung der Berater im Gartenbau" 1953; Zentralverband des deutschen Gemüse-, Obst- und Gartenbaues e. V., Referat Technik im Gartenbau (KTL), Bonn 1954.

(68) BUSCH, W.: Ein Beitrag zur Produktivitätsfrage; in der „Agrarwirtschaft" **1**, S. 247—251; Alfred Strothe Verlag, Hannover 1952.

(69) BUTKO, S. D.: Der Finanzplan des Kolchos; in der „Kolchoznaja proizvodstvennaja enciklopedija" **II**, S. 23; Moskau 1953.

(70) CHOROSHUN: Die vielseitige Entwicklung ist die Grundlage der Rentabilität; in der „Sovchosnaja gazeta", Heft 26, Moskau 1952.

(71) CHRUSTSCHOW, N. S.: Über die Steigerung der Produktion von tierischen Erzeugnissen; in der „Prawda" vom 3. 2. 1955; übersetzt in der „Presse der Sowjetunion", Sondernummer im Auftr. des Ministeriums für Land- und Forstwirtschaft, herausgegeben vom Presseamt beim Ministerpräsidenten der DDR, Kongreß-Verlag Berlin 1955.

(72) CHRUSTSCHOW, N. S.: Die Landwirtschaft vor großen Aufgaben; in der „Täglichen Rundschau" **11**, Nr. 68 (3002), S. 5; Verlag Tägliche Rundschau, Berlin 1955.

(73) CLARK, C., und JONES, J. O.: The „Production Funktions" for the Average and marginal Productivity of Land and Labour in English Agriculture; in „Agricultural Economics Society", S. 1—21, London 1954.

(74) CLAUSEN, F.: Leistungslohn — Leistungssteigerung; S. 22 und S. 29 ff; Verlag „Tägliche Rundschau", Berlin 1949.

(75) DAHSE, F.: Die Arbeitsproduktivität im Getreide-, Kartoffel- und Zuckerrübenbau mit Ausblicken auf die Möglichkeiten zu ihrer Steigerung; landw. Diss., Rostock 1951.

(76) DAMM, K.: Probleme bei der Ermittlung der industriellen Bruttoproduktion; in der „Statistischen Praxis" **6**, S. 121—124 und S. 137—140. DZV, Berlin 1951.

(77) DENCKER, C. H.: Landwirtschaftliche Stoff- und Maschinenkunde, 16. Auflage; Verlag Paul Parey, Berlin 1951.

(78) DENCKER, C. H.: Möglichkeiten und Aussichten der Eigenmechanisierung im Kleinbetrieb; in den „Berichten über Landtechnik" **41**, S. 48; Verlag Hellm. Neureuter, Wolfratshausen 1954.

(79) DERLITZKI, G.: Arbeitswirtschaftliche Verhältnisse im Landhaushalt auf Grund von Erhebungen in der Praxis; Heft 87 der RKTL-Schriften, Verlag Paul Parey, Berlin 1938.

(80) DERLITZKI, G.: Entlöhnung und Arbeitsleistung; über die Wirkung der Entlöhnung auf die Arbeitsleistungen; in der „Illustrierten Landwirtschaftlichen Zeitung“ **44**, S. 165—167; Berlin 1924.

(81) DERLITZKI, G.: Die wirtschaftlichen Vorteile der Vielanspannung; in der DLP **57**, S. 349—350; Verlag Paul Parey, Berlin 1930.

(82) DERLITZKI, G.: Berechnungen über die wirtschaftlich zulässige Belastung von Siedlerbetrieben mit Boden-, Gebäude- und Inventarkapital; in den „Kleinbauerngehöften“ 2. Heft; Arbeitsgemeinschaft für landwirtschaftliches Bauwesen, Berlin 1931.

(83) DIEHL, K.: Produktivität; im „Wörterbuch der Volkswirtschaft“ **2**, S. 1177—1184, 4. Auflage; Verlag G. Fischer, Jena 1932.

(84) DIEHL, K.: Zurechnungstheorie und Verteilungslehre; in den „Jahrbüchern für Nationalökonomie und Statistik“ **131**, III. Folge, **76**, S. 687, Verlag G. Fischer, Jena 1929.

(85) DLG, BETRIEBSABTEILUNG: Betriebswirtschaftliche Begriffsbestimmungen für die Buchführungsstatistik; Umdruck der DLG; Frankfurt/Main 1955.

(86) DOBBERT, V.: Die Produktionsplanung in der sowjetischen Industrie; in der „Statistischen Praxis“ **5**, S. 20, DZV, Berlin 1950.

(87) ENZYKLOPÄDIE DER UNION DER SOZIALISTISCHEN SOWJET-REPUBLIKEN: Band I, Sp. 1175; Verlag Kultur und Fortschritt, Berlin 1950.

(88) ERMANSKI, J.: Theorie und Praxis der Rationalisierung; Verlag für Literatur und Politik, Berlin und Wien 1928 (aus dem Russischen übertragen von Krönlein).

(89) EULER, H.: Die betriebswirtschaftlichen Grundlagen und die Grundbegriffe des Arbeits- und Zeitstudiums, 2. Auflage, S. 85—86; Carl Hanser Verlag, München 1949.

(90) EULER, H., STEVENS, H.: Unterlagen und Anleitungen für die analytische Arbeitsbewertung (als Hilfsmittel für die Leistungsentlohnung); in „Werkstatt und Betrieb“ **81**, Hefte 3 und 4; Carl Hanser Verlag, München 1948.

(91) FENSCH, H. F.: Rohertrag und Reinertrag; Deutsche Verlagsgesellschaft mbH, Berlin 1931.

(92) FERSKI, A.: Die Planung und die Analyse des Verhältnisses zwischen Arbeitsproduktivität und Löhnen; in der polnischen Monatszeitschrift „Die Planwirtschaft“ Nr. 11; Warschau 1952.

(93) FISCHER, K. H.: Die Technik in der Innenwirtschaft bäuerlicher Betriebe; Verlag Hellm. Neureuter, Wolfratshausen/München 1947.

(94) FORBRIG, G.: Die Bewertung der industriellen Bruttoproduktion; in der „Statistischen Praxis“ **9**, S. 69—71 und S. 85—86; DZV, Berlin 1954.

(95) FOURASTIE, J.: Organisation scientifique et productivité; in den „Chefs“ XII, S. 2—5, Centre Suisse de la Productivité, Genf 1952.

(96) FRANKE, A.: Messung der Arbeitsproduktivität bei Großserienfertigung; in der „Wirtschaft“ **8**, Heft 29, S. 5; Verlag Die Wirtschaft, Berlin 1953.

(97) FRANKE, A.: Theorie und Praxis der Messung der Arbeitsproduktivität an Hand fester Zeitsummen; in der „Wirtschaftswissenschaft“ **2**, S. 108—114; Verlag Die Wirtschaft, Berlin 1954.

(98) FREDEMANN, R.: Die betriebswirtschaftlichen Verhältnisse im Osnabrücker Südland unter besonderer Berücksichtigung der Arbeitsproduktivität und der betrieblichen Arbeitskapazität und die sich daraus ergebenden Aufgaben des landwirtschaftlichen Beratungswesens in diesem Gebiet; landw. Diss., Kiel 1952.

(99) FUHRMANN, K. H.: Statistik und Planung im Betrieb, 2. Aufl.; Verlag Tauchnitz, Halle 1952.

(100) FÜRST, G.: Die amtliche Statistik im Dienste der Produktivitätsmessung; in „Wirtschaft und Statistik" **5**, N. F., S. 239—245; Verlag Kohlhammer, Stuttgart 1953.

(101) GEHLE, F.: Internationale Tagung über Arbeitsbewertung in Genf; Referat von H. K. im „Zentralblatt für Arbeitswissenschaft" **5**, S. 30; Karl Hanser Verlag, München 1950.

(102) GENIN, S.: Die Berechnung der Bruttoproduktion der Industrie der Sowjetunion in vergleichbaren Großhandelspreisen; in den „Westnik statistiki" Nr. 2, 1952; übersetzt in der „Statistischen Praxis" **7**, S. 161—164; DZV Berlin 1952.

(103) GENIN, S.: Die Analyse der Kennziffern der Arbeitsproduktivität; in „Westnik statistiki" 5/1951; übersetzt in der „Statistischen Praxis" **7**, S. 113—116; DZV Berlin 1952.

(104) GEUTING, H.: Maßstäbe der Produktivität und Rentabilität; im Handbuch der Landwirtschaft 2. Aufl., Band V, S. 463—490; Verlag Paul Parey, Berlin und Hamburg 1954.

(105) GEUTING, H.: Grundlagen und Methodik des landwirtschaftlichen Betriebsvergleichs; Heft 81 der Schriftenreihe des AID; Land- und Hauswirtschaftlicher Auswertungs- und Informationsdienst, Bad Godesberg 1954.

(106) GLÄSER, H.: Die körperliche Beanspruchung bei der Waldarbeit, insbesondere bei Einschlagsarbeiten am Steilhang; im „Zentralblatt für Arbeitswissenschaft" **8**, S. 215; Metta Kinau-Verlag, Lüneburg 1954.

(107) GRÜNIG, F.: Volkswirtschaftliche Bilanzen 1936 und 1947; in den „Vierteljahresheften zur Wirtschaftsforschung" **1**. S. 5—43; Verlag Duncker & Humblot, Berlin 1948.

(108) GRUSCHWITZ, E.: Bewertungsschlüssel und Anleitung zur Durchführung betriebswirtschaftlicher Planungsarbeiten in der Landwirtschaft; Verlag M. & H. Schaper, Hannover 1947.

(109) GÜNTHER, H.: Die Messungen der Arbeitsproduktivität in der Landwirtschaft; in der „Deutschen Landwirtschaft" **3**, S. 505—508; DBV Berlin 1952.

(110) GUTENBERG, E.: Grundlagen der Betriebswirtschaftslehre 1. Band, Die Produktion, Springer Verlag, Berlin, Göttingen, Heidelberg 1951.

(111) v. HAAN, H.: Von der Rationalisierung zur Produktivität; in der „Industriellen Organisation", S. 96, Zürich 1952.

(112) HAGE, K. und NOSS, E.: Umfang und Bedeutung der Frauenarbeit in bäuerlichen Familienbetrieben; Schriftenreihe B der Bundesforschungsanstalt für Hauswirtschaft; Agricola-Verlag GmbH, Hamburg 36, 1954.

(113) HAGNER, G. W. und WENG, H.: Arbeitsschwierigkeit und Lohn; Bund-Verlag GmbH, Köln, 1952.

(114) HAHLBROCK: Ist der Getreidewert noch der geeignete Maßstab für Leistungsbewertungen in der Landwirtschaft? In den „Neuen Mitteilungen für Landwirtschaft" **6**, S. 458; Landbuch-Verlag, Hannover 1951.

(115) HAMM, H.: Vergleichbare Warenproduktion und Selbstkostensenkung; in der „Wirtschaft" **8**, Nr. 35, S. 8; Verlag Die Wirtschaft, Berlin 1953.

(116) HAMPICKE, E.: Die Theorie von Karl Marx über einfache und komplizierte Arbeit und ihre Anwendung auf die Lohnpolitik in der Deutschen Demokratischen Republik; in der „Wissenschaftlichen Zeitschrift der Martin-Luther-Universität Halle-Wittenberg" **2**, S. 245—253, Gesellschaftswissenschaftliche Reihe, Halle 1953.

(117) HANAU, A.: Preisprobleme einer europäischen Agrarunion; in „Gutachten zu Fragen einer europäischen Agrargemeinschaft“; Verlag Bonner Universitäts-Buchdruckerei Gebr. Schnur GmbH, Bonn 1953.

(118) HARRACH, W. Graf von: Über die Arbeitsproduktivität in der Landwirtschaft und die Methoden ihrer Ermittlung; math. nat. Diss. Göttingen 1950.

(119) HÄSSNER: Nochmals: Die technisch begründete Arbeitsnorm; in der „Arbeit“ **4**, S. 34—35; Verlag Tribüne, Berlin 1950.

(120) HAUPTVERBAND FÜR LANDWIRTSCHAFTLICHE BUCHFÜHRUNG UND BERATUNG E. V.: Betriebswirtschaftliche Begriffe für die landwirtschaftliche Buchführung und Wirtschaftsberatung; 2. und 3. Auflage vom Heft 14 der Schriftenreihe des Hauptverbandes für landwirtschaftliche Buchführung und Beratung e. V.; Verlag Pflug & Feder GmbH, Ratzeburg 1952, Bonn-Beuel 1954.

(121) HECHT, R. W., und BARTON, G. T.: Gains in Productivity of Farm Labor Technical Bulletin No. 1020; U. S. Department of Agriculture, Washington, D. C., 1950.

(122) HELBIG, K.: Die Bedeutung des Studiums des Wertgesetzes für die Gewerkschaftsarbeit; in der „Arbeit“ **7**, S. 339—354; Tribüne Verlag, Berlin 1955.

(123) HEROLD, H.: Die Kostenerfassung im sozialistischen Industriebetrieb; in der „Wissenschaftlichen Zeitschrift der Technischen Hochschule Dresden“ **3**, S. 581 bis 589; Dresden 1954.

(124) HERRMANN, H. G.: Der Aufwand an menschlicher Arbeit in der Landwirtschaft und seine Schwankungen im Laufe des Jahres, untersucht für die verschiedenen Betriebsgrößen an 21 Betrieben in der Umgebung der Städte Mühlhausen und Langensalza (Thüringen) für die Jahre 1922 bis 1925; nat. Diss. Halle 1927.

(125) HESSEL, H.: Die Bilanzierung in der Planung der Volkswirtschaft der DDR (17), (19); in der „Wirtschaft“ **8**, Hefte 38, 40, S. 8; Verlag Die Wirtschaft, Berlin 1953.

(126) HESSEL, H.: Die Bilanzierung in der Planung der Volkswirtschaft der DDR; in der „Wirtschaft“ **8**, Hefte 32, 24, 27; Verlag Die Wirtschaft, Berlin 1953.

(127) HESSEL, H.: Zum Begriff des Betriebes; aus dem „Recht der Arbeit“ **4**, Heft 12, S. 450, 1951, im „Zbl. AW“ **6**, S. 31; Metta Kinau Verlag Wolf & Täuber, Lüneburg 1952.

(128) HEUSER, O. E.: Kosten und Produktivität der Landarbeit; in der „Landbauforschung Völkenrode“ **3**, S. 31—33; Forschungsanstalt für Landwirtschaft, Braunschweig 1953.

(129) HEUSER, O. E.: Betriebswirtschaftliche Fragen der Hofwirtschaft; in der „Übersicht“ **5**, S. 216—217; Hannover 1954.

(130) HEUSER, O. E.: Die Kosten im landwirtschaftlichen Betrieb; in den „Berichten über Landwirtschaft“ **30**, S. 406—422; Verlag Paul Parey, Berlin und Hamburg 1952.

(131) HEUSER, O. E.: Von den Kosten der Arbeit; im „Landwirtschaftlichen Wochenblatt für Westfalen und Lippe“, Jahrgang 109A, Folge 46, S. 1859—1860; Münster 1952.

(132) HEVESI, G.: Die Kategorien der Arbeit vom Gesichtspunkt des sozialistischen Verteilungsprinzips; in den „Acta Technica“, Academiae scientiarum hungaricae III 2—4, S. 449—460, Budapest 1952.

(133) HEYDE, S.: Diskussionsbeiträge zur Messung der Arbeitsproduktivität; in der „Wirtschaft“ **8**, Nr. 23, S. 10; Verlag Die Wirtschaft, Berlin 1953.

(134) HILF, H. H.: Grundleistung oder Normalleistung?; im „Zentralblatt für Arbeitswissenschaft“ **7**, S. 145—149; Metta Kinau Verlag, Lüneburg 1953.

(135) HILF, H. H.· Die Bedeutung der Bezugsleistung; im „Zentralblatt für Arbeitswissenschaft" **8**, S. 57—59; Metta Kinau Verlag, Lüneburg 1954.

(136) HOFFMANN, E.: Über den Ertragszuwachs in der deutschen Landwirtschaft; in „Forschungen und Fortschritte" **27**, S. 36—41; Akademie-Verlag, Berlin 1953.

(137) HOFFMANN, E: Die Bewertung der technischen Ausrüstung als Hilfsmittel bei der Steigerung der Arbeitsproduktivität in der Landwirtschaft; in der „Deutschen Bauerntechnik" **3**, Heft 11/12, S. 1—8; DZV, Berlin 1949.

(138) HOFFMANN, E.: Praktische Dorfberatung, 1. Auflage; DBV, Berlin 1950.

(139) HOFFMANN, E.: Landwirtschaftliche Betriebsplanung und Wirtschaftsberatung; DZV, Berlin 1949.

(140) HOFFMANN, E.: Zum Problem der ernährungswirtschaftlichen Leistungsmaßstäbe; im „Kühn-Archiv" **64**, S. 1—33; Verlag Max Niemeyer, Halle 1951.

(141) HOFFMANN, E.: Über die Anwendung von Leistungsmaßstäben in der Landwirtschaft; in den „Mitteilungen der Deutschen Landwirtschafts-Gesellschaft" **1**, S. 51—53; DZV, Berlin 1948.

(142) HOFFMANN, E.: Produktionskostenrechnung in der wirtschaftlichen Rechnungsführung; „Sitzungsberichte" der Deutschen Akademie der Landwirtschaftswissenschaften zu Berlin **III**, Heft 7; S. Hirzel Verlag, Leipzig 1954.

(143) HOFFMANN, E.: Aufgaben und Arbeitsmethoden der landwirtschaftlich-betriebswirtschaftlichen Einzelberatung und Betriebsprüfung; im „Kühn-Archiv" **60**, S. 77; Verlag Paul Parey, Berlin 1943/44.

(144) HOFFMANN, W.: Auswertung der Diskussion über die Messung der Arbeitsproduktivität; in der „Wirtschaft" **8**, Heft 17, S. 8; Verlag Die Wirtschaft, Berlin 1953.

(145) HOFSTEE, E. W.: Die „Normalarbeitsstunden"-Methode; in der „Zeitschrift für das gesamte Siedlungswesen" **1**, S. 111—115; Deutscher Heimat-Verlag, Bielefeld 1952.

(146) HÖHL, H.: Über den Bruttoproduktionswert; in der „Statistischen Praxis" **5**, S. 42—44; DZV, Berlin 1950.

(147) HOLZWEISS, G.: Messung und Rationalisierung der menschlichen Arbeitskraft im Betrieb; rechts- und staatswiss. Diss. Göttingen 1952.

(148) HOPFE, V.: Reinertrag und Arbeitsertrag in der bäuerlichen Buchführung; in den „Berichten über Landwirtschaft" **30**, S. 301—313; Verlag Paul Parey, Hamburg und Berlin 1952.

(149) HORRING, J.: Die Kostenkalkulation in der Landwirtschaft; Vortrag; gehalten vor der landwirtschaftlichen Fakultät der Martin-Luther-Universität am 1. VI. 1954, und „Agrarwirtschaft" **2**, Heft 1, Hannover 1954.

(150) HOWALD, O.: Über die Produktivität der schweizerischen Landwirtschaft; in der „Agrarpolitischen Revue" **9**, S. 428—440, Zürich 1953.

(151) HOWALD, O.: Von der Produktivität in der Landwirtschaft in der „Agrarpolitischen Revue" **8**, S. 169—181, Zürich 1952.

(152) HOWALD, O.: ABC für Agrarpolitik und Agrarwirtschaft; herausgegeben vom Schweizerischen Bauernsekretariat, Brugg 1951.

(153) HOYER, H.: Vergleichbare Warenproduktion und Selbstkostensenkung; in der „Wirtschaft" **8**, Nr. 40, S. 4; Verlag Die Wirtschaft, Berlin 1953.

(154) HÜBLER, A. E.: Gütekontrolle im Betriebe; Verlag Tribüne, Berlin 1951.

(155) ILJEWSKI, M.: Berechnung von Kennziffern der Arbeitskräfteauslastung unter Beachtung des Prinzips der Vergleichbarkeit; in der „Statistischen Praxis" **8**, S. 61—63; DZV, Berlin 1953.

(156) INGENOHL, J.: Die Bestimmung der Arbeitsschwierigkeit; in der „Industriellen Psychotechnik" **19**, S. 145—201; Verlag Buchholz und Weißwange, Berlin-Charlottenburg 1942.

(157) JAMPOLSKI, M.: Die Arbeitskräfteplanung; in der „Planwirtschaft" Nr. 5, Moskau 1951; übersetzt in Nr. 37 der „Presse der Sowjetunion" S. 273–280; Amt für Information der DDR, Berlin 1952.

(158) JASTREMSKIJ, B.: Das Gesetz der mittleren Zahlen in der Statistik; in der „Statistischen Praxis" **9**, S. 21–24; DZV, Berlin 1954.

(159) JOFFE, J.: Die Planung der Industrieproduktion; 4. Beiheft zur „Sowjetwissenschaft"; Verlag Kultur und Fortschritt, Berlin 1948.

(160) KAMLAH, H.: Die menschliche Arbeitskraft in der Landwirtschaft; im „Kühn-Archiv" **60**, S. 61–73; Verlag Paul Parey, Berlin 1943/44.

(161) KAMPFFMEYER, E.: Die „Nährkalorie", ein Leistungsmaßstab für die Ernährungs- und Landwirtschaft; in der „Deutschen Landwirtschaft" **4**, S. 67–71; DZV, Berlin 1950.

(162) KAMPFFMEYER, E.: Maßstäbe zur Arbeitsproduktivität in landwirtschaftlichen Betrieben unter besonderer Berücksichtigung der Nähr- oder Nutzkalorie; in der „Wissenschaftlichen Zeitschrift der Friedrich-Schiller-Universität" Jahrgang 1952/53, S. 81–92; Jena 1952.

(163) KASCH, W.: Die Messungen der Arbeitsproduktivität in der Landwirtschaft (Diskussionsbeitrag); in der „Deutschen Landwirtschaft" **4**, S. 9; DBV, Berlin 1953.

(164) KATAJEW, W. P: Komplexe Bestimmung der inneren Reserven der Arbeitsproduktivität; in der „Planwirtschaft" Heft 8, Moskau 1951.

(165) KELLER, P.: Leistungs- und Arbeitsbewertung; Bund-Verlag GmbH, Köln 1950.

(166) KERMANN, K.: Der Zinsanspruch als kalkulatorischer Kostenanteil; in den „Berichten über Landwirtschaft" **31**, S. 324–330; Verlag Paul Parey, Hamburg und Berlin 1953.

(167) KERSCHAGL, R.: Beiträge zur Frage der Produktivität und der Produktivitätsrechnung; Hochschule für Welthandel, Wien 1953.

(168) KIENZL, H.: Das Problem des zwischenbetrieblichen Vergleichs der „Arbeitsproduktivität" in der industriellen Massenfertigung; in der „Zeitschrift für Betriebswirtschaft" **22**, S. 225–234; Betriebswirtschaftlicher Verlag Dr. Th. Gabler, Wiesbaden 1952.

(169) KINDELBERGER, A.: Die Aufgaben der Statistik im Volkswirtschaftsplan 1951; in der „Wirtschaft" **6**, Heft 25, S. 9; Verlag Die Wirtschaft, Berlin 1951.

(170) KISSELJEW, J. J.: Leistungsreserven im Maschinen- und Traktorenpark; DBV, Berlin 1954.

(171) KLANKE, H.: Betriebswissenschaft, Versuch einer Abgrenzung gegenüber der Betriebswirtschaftslehre; in der „Zeitschrift für Betriebswirtschaft" **24**, S. 195 bis 201; Verlag Dr. Th. Gabler, Wiesbaden 1954.

(172) KLARE, F.: Untersuchung über Einsatz und Ausnutzung der menschlichen Arbeitskräfte in bäuerlichen Betrieben; in den „Landwirtschaftlichen Jahrbüchern" **75**, S. 85–158; Verlag Paul Parey, Berlin 1932.

(173) KLAUDER, G.: Zur Systematik der Produktivität; in den „Berichten über Landwirtschaft" N. F. **31**, S. 508–512; Verlag Paul Parey, Hamburg und Berlin 1953.

(174) KLAUDER, G.: Landarbeiterverhältnisse in westeuropäischen Ländern; in den „Berichten über Landwirtschaft" N. F. **30**, S. 509–512; Verlag Paul Parey, Hamburg und Berlin 1952.

(175) KLAUDER, G.: Landwirtschaftliche Faustzahlen, 3. Aufl., Verlag Paul Parey, Berlin und Hamburg 1950.

(176) KLAUDER, G.: Über Abschreibungen und Wertungen im landwirtschaftlichen Betrieb; 126. Sonderheft der „Berichte über Landwirtschaft" N. F., Verlag Paul Parey, Berlin 1937.

(177) KNABBE, E.: Industrielle und landwirtschaftliche Kostenrechnung; landw. Diss.; Hohenheim 1952.

(178) KOLESNJEW, S. G.: Zu Fragen der Organisation landwirtschaftlicher Betriebe; in der „Deutschen Landwirtschaft“ **5**, S. 393–394; DBV Berlin 1954.

(179) KOLESNJEW, S. G.: Die Organisation der sozialistischen landwirtschaftlichen Betriebe, 1. Auflage, S. 206–220; Staaatlicher Verlag für Landwirtschaftliche Literatur, Moskau 1947.

(180) KOSLOW, G.: Das Geld im Sozialismus; in der „Neuen Welt“ **7**, S. 1406 bis 1418; Verlag der „Täglichen Rundschau“, Berlin 1952.

(181) KOSSAKOWSKI, F.: Die Verwendung der betrieblichen Amortisationen; in der „Deutschen Finanzwirtschaft“ **9**, S. 57; Verlag Die Wirtschaft, Berlin 1955.

(182) KÖSTLIN, CZERWINKA, GEYER, LÖHR, Der landwirtschaftliche Betriebsvergleich als Grundlage der Dorfberatung; Heft 105 der RKTL-Schriften; Verlag Neureuter & Co., Berlin-Halensee 1944.

(183) KRASNOPOLSKI, A.: Neue Möglichkeiten zur Kostensenkung für Traktorenarbeiten; in der „Deutschen Agrartechnik“ **3**, S. 70; VT Berlin 1953.

(184) KRAUTTER, P., und KÜHN, K.: Die analytische Arbeitsplatzbewertung, eine raffinierte Methode zur Überausbeutung der Arbeiter; in der „Arbeit“ **9**, S. 22 bis 38; Verlag „Tribüne“, Berlin 1955.

(185) KROHN, H. B.: Die Produktivität der Landwirtschaft im europäischen Vergleich; in der „Agrarwirtschaft“ **2**, S. 108–112; Alfred Strothe Verlag, Hannover 1953, und in den „Berichten über Landwirtschaft“ **32**, S. 1–34; Verlag Paul Parey, Hamburg und Berlin 1954.

(186) KROLL, E.: Der Begriff der Arbeit im ökonomischen Materialismus und im Idealismus; phil. Diss., Berlin 1938.

(187) KRONROD, G. A.: Grundprobleme der marxistisch-leninistischen Lehre von der produktiven Arbeit im Kapitalismus und Sozialismus; in der „Sowjetwissenschaft“ 4/1948, S. 3–28; Verlag Kultur und Fortschritt, Berlin 1948.

(188) KUROPATKIN, A.: Die Ökonomik der landwirtschaftlichen Arbeit in der UdSSR; DBV, Berlin 1953.

(189) LANDGRAF, F.: Die Industrieökonomik als Forschungsdisziplin; in der „Wirtschaftswissenschaft“ **1**, S. 282–294; Verlag Die Wirtschaft, Berlin 1953.

(190) LANGE, H.: Die Erforschung des Zusammenhangs und der Wechselbeziehungen zwischen sozialökonomischen Erscheinungen und Prozessen durch die Statistik (II); in der „Statistischen Praxis“ **8**, S. 25–26; DZV, Berlin 1953.

(191) LANGE, H.: Die statistische Beobachtung der Investitionstätigkeit; in der „Statistischen Praxis“ **9**, S. 35–38; DZV, Berlin 1954.

(192) LANGE, W.: Der Arbeitsvoranschlag in der Landwirtschaft; im „Kühn-Archiv“ **65**, S. 1–144; Max Niemeyer Verlag, Halle 1952.

(193) LANGER, H.: Das Preissystem der Sowjetunion; Verlag Die Wirtschaft, Berlin 1953.

(194) LANGER und MICHEL: Die Steigerung der Arbeitsproduktivität und ihre Ermittlung nach dem neuen Rechnungswesen; in der „Deutschen Finanzwirtschaft“ **8**, S. 799–801; Verlag Die Wirtschaft, Berlin 1954.

(195) LAPTJEW, J.: Die Beschlüsse des September-Plenums des ZK der KPdSU und die Aufgaben der Wirtschaftswissenschaft auf dem Gebiet der Landwirtschaft; in der „Sozialistischen Landwirtschaft“ **25**, Heft 2, S. 31–48; Moskau 1954.

(196) LAUR, E.: Grundlagen und Methoden der Bewertung, Buchhaltung und Kalkulation in der Landwirtschaft, 3. neubearbeitete Auflage; Verlag Paul Parey, Berlin 1928.

(197) LAZAR, H.: Produktiver durch Betriebsvergleiche; in der „Wirtschaft“ **10**, Nr. 12 vom 24. III., S. 4; Verlag Die Wirtschaft, Berlin 1955.

(198) LEHMANN, H.: Lehrlinge und Produktivitätsberechnung; in der „Wirtschaft" 6, Heft 32, S. 7; Verlag Die Wirtschaft, Berlin 1951.

(199) LEHMANN, O.: Die technisch begründeten Arbeitsnormen und ihre Bedeutung für das Wachstum der Arbeitsproduktivität als wichtigste Bedingung für den erfolgreichen Aufbau des Sozialismus, 22 S., FDGB-Bundesvorstand, Abt. Schulung, Berlin 1952; und Die Verteilung nach Leistung als ständig wirkender Faktor für die Verbesserung der Arbeitsorganisation und für das Wachstum der Arbeitsproduktivität; in der „Arbeit" 8, S. 122—141; Verlag Tribüne, Berlin 1954.

(200) LEMNITZ, A.: Das Geld im Sozialismus; in der „Arbeit" 5, S. 519—522; Verlag Tribüne, Berlin 1951.

(201) LEMNITZ, A.: Zwei Linien der Währungpolitik; in der „Wirtschaftswissenschaft" 2, S. 208—230; Verlag Die Wirtschaft, Berlin 1954.

(202) LEMNITZ, A.: Dr. Margarete Schmidt, Probleme bei der Ermittlung der industriellen Bruttoproduktion — Buchkritik; in der „Statistischen Praxis" 9, S. 131—132; DZV, Berlin 1954.

(203) LETENKO, W.: Die Planung der Produktion im sozialistischen Betrieb; Verlag Kultur und Fortschritt, Berlin 1951.

(204) LIBKIND, A.: Wege zur Steigerung der Rentabilität der Sowjetgüter; in der „Sozialistischen Landwirtschaft" 10/1950; übersetzt in der „Presse der Sowjetunion" Nr. 27, S. 193—197; Amt für Information der DDR, Berlin 1952.

(205) LINDNER, G.: Die Ermittlung der Kosten der Arbeit auf den Universitätsgütern; unveröffentlichte Diplomarbeit des Instituts für landwirtschaftliche Betriebs- und Arbeitslehre an der Martin-Luther-Universität; Halle 1954.

(206) LJAPIN, A.: Die Arbeit im Sozialismus; S. 93; S. 72; Tribüne Verlag, Berlin 1952.

(207) LÖHR, L.: Faustzahlen für den Landwirt; 2. Aufl.; Leopold Stocker Verlag, Graz/Göttingen 1953.

(208) LÖHR, L.: Rentabilitätsfragen der Maschinenverwendung; im „Internationalen Landmaschinenmarkt" 3, S. 171—176; Verlag „Welsermühl", Wels 1951.

(209) LOPATINA, O. F.: Die Ausarbeitung von Leistungsnormen in den Kollektivwirtschaften; DBV, Berlin 1953.

(210) LOKSCHIN, E.: Die Normung des Rohstoff- und Materialverbrauchs in der Produktion; aus „Planowoje Chosjaistwo", Heft 6, Moskau 1950; übersetzt in der „Arbeit" 7, S. 25—31; Verlag Tribüne, Berlin 1953.

(211) LUDOLPH, F. J.: Der Vergleich in der statistischen Analyse; in der „Statistischen Praxis" 7, S. 171—173 und S. 181—184; DZV, Berlin 1952.

(212) MAFRASA-TEXTILWERKE, Produktivitätsberechnung auf Meßwertbasis? in der „Statistischen Praxis" 6, S. 133; DZV, Berlin 1951.

(213) MAKAROWA, M.: Die Warenproduktion und das Wertgesetz im Sozialismus; in der „Prawda" vom 28. XI. 1952; übersetzt in der „Presse der Sowjetunion" Nr. 239, S. 1889—1922; Amt für Information der DDR, Berlin 1952.

(214) MAMAJEW, P.: Die Anrechnung von Tagewerken für die Kollektivbauern entsprechend den erzielten pflanzlichen Erzeugnissen; in der „Sozialistischen Landwirtschaft" 24, Heft 8, S. 73—84, Moskau 1953.

(215) MANDELSTAM, L.: Die Produktionsmittelstruktur in den Kolchosen; in der „Sozialistischen Landwirtschaft" 23, Heft 5, S. 27—33; Selchosgis, Moskau 1952.

(216) MANOILESCO, M.: Die nationalen Produktivkräfte und der Außenhandel, Berlin 1937, oder Arbeitsproduktivität und Außenhandel; im „Weltwirtschaftlichen Archiv" 42, S. 13—36; Verlag von G. Fischer, Jena 1935.

(217) MARIS, A.: Het kleine-boerenvraagstuk in groter verband; in der „Tijdschrift voor Economische en Sociale Geografie" 43, S. 173—182; Verlag van Waesberge, Hoogewerff & Richards N. V., Rotterdam 1952.

(218) MARR: Messung der Arbeitsproduktivität in der Bauindustrie; in der „Wirtschaft“ **9**, Heft 28, S. 7; Verlag Die Wirtschaft, Berlin 1954.

(219) MARTIN, P.: L'acroissement de la productivité en agriculture; in der „Productivité Française“, Heft 9, S. 6; Paris 1952.

(220) MARX, K.: Das Kapital, Band I, S. 44—52, 103, 175, 185—189, 192, 198, 207, 329—330, 371, 373, 534, 537, 562; Dietz Verlag, Berlin 1951.

(221) MARX, K.: Das Kapital, Band II, S. 18, 34, 127 ff.; Dietz Verlag, Berlin 1951.

(222) MARX, K.: Das Kapital, Band III, S. 290, 667, 870, 894, 907; Dietz Verlag, Berlin 1951.

(223) MARX, K.: Lohn, Preis und Profit; S. 33; Dietz Verlag, Berlin 1951.

(224) MARX, K., Fr. ENGELS: Ausgewählte Schriften, Band I, S. 396; Moskau 1950.

(225) MATHESIUS, H.: Wertmäßige Ermittlung der Arbeitsproduktivität; in der „Wirtschaft“ **7**, Heft 21, S. 7; Verlag Die Wirtschaft, Berlin 1952.

(226) MAYER, H.: Produktion; im „Handwörterbuch der Staatswissenschaften“ **6**, S. 1116—1120, 4. Aufl.; Verlag von G. Fischer, Jena 1924.

(227) MEINICKE, H.: Industrialisierung der Landwirtschaft; in der „Wirtschaft“ **9**, Berlin 1954.

(228) MELLEROWICZ, K.: Betriebswirtschaftslehre am Scheidewege?; in der „Zeitschrift für Betriebswirtschaft“ **23**, S. 265—276; Betriebswirtschaftlicher Verlag Dr. Th. Gabler, Wiesbaden 1953.

(229) MELLEROWICZ, K.: Betriebswirtschaftslehre und Politische Ökonomie; in der „Deutschen Finanzwirtschaft“ **3**, S. 519—527; Verlag Die Wirtschaft, Berlin 1949.

(230) MERKLE, F.: Produktivität und Rentabilität, 2. Aufl.; C. E. Poeschel Verlag, Stuttgart 1951.

(231) MESSBAUER, R.: Was gilt als vergleichbare Warenproduktion?; in der „Wirtschaft“ **9**, Heft 10, S. 6; Verlag Die Wirtschaft, Berlin 1954.

(232) MEWIS, M.: Der Produktionswert in der Landwirtschaft; in der „Statistischen Praxis“ **5**, S. 157—160; DZV, Berlin 1950.

(233) MICHAEL, H.: Die Berechnung der industriellen Bruttoproduktion; in der Statistischen Praxis“ **9**, S. 7—10; DZV, Berlin 1954.

(234) MIELCK, O.: Die Nahrungsleistung der deutschen Landwirtschaft; in den „Mitteilungen für die Landwirtschaft“ **59**, S. 523—526; Reichsnährstandsverlag, Berlin 1944.

(235) MIELCK, O.: Der Leistungsmaßstab für die landwirtschaftliche Erzeugung; in den „Mitteilungen für die Landwirtschaft“ **58**, S. 695—699; Reichsnährstandsverlag, Berlin 1943.

(236) MIELCK, O.: Getreidewert oder Kalorie?; in den „Neuen Mitteilungen für die Landwirtschaft“ **1**, S. 138; Verlag der Landwirtschaftskammer, Hannover 1946.

(237) MILTZ, O.: Die Produktivität der Landwirtschaft — eine Bevölkerungsfrage; rechts- und staatswiss. Diss., Greifswald 1929.

(238) MINISTERIUM DER FINANZEN: Preisverordnung Nr. 305 vom 22. Mai 1953; VEB DZV, Berlin 1953.

(239) MINISTERIUM FÜR LAND- UND FORSTWIRTSCHAFT, Hauptabteilung VI, (VEG): Richtlinien zur Ausarbeitung und Einführung technisch begründeter Arbeitsnormen in den volkseigenen Gütern und den volkseigenen Gartenbaubetrieben; DBV, Berlin 1953.

(240) MINISTERIUM FÜR LAND- UND FORSTWIRTSCHAFT der DDR: Erläuterungen und Arbeitsanweisungen zum Betriebsplan der volkseigenen Güter für das Jahr 1953; VEB Vordruckleitverlag, Osterwieck 1952.

(241) MINUTH, E.: Kritische Bemerkungen zur Messung der Arbeitsproduktivität; in der „Wirtschaft“ **8**, Nr. 5, S. 9; Verlag Die Wirtschaft, Berlin 1953.

(242) MÜLLER, F.: Zu dem Artikel „Die analytische Arbeitsplatzbewertung, eine raffinierte Methode zur Überausbeutung der Arbeiter"; in der „Arbeit" **9**, S. 137 bis 138; Verlag Tribüne, Berlin 1955.

(243) MONTAG, R., REUSS, P.: Zum Begriff der Produktionskapazitäten der Industriebetriebe; in der „Wirtschaft" **8**, Nr. 25, S. 8; Verlag Die Wirtschaft, Berlin 1953.

(244) MOSKWIN, P.: Die Klassifizierung der Zweige der materiellen Produktion; in „Westnik statistiki" Heft 2, Moskau 1952, übersetzt von K. WALTHER in der „Statistischen Praxis" **8**, S. 18–21; DZV, Berlin 1953.

(245) MSTISLAWSKI, P.: Zum Nutzeffekt der Kapitalinvestitionen in der sowjetischen Wirtschaft; in der „Sowjetwissenschaft" 4/1949, S. 19–42; Verlag Kultur und Fortschritt, Berlin 1949.

(246) MÜLLER, E. A.: Die Leistungsfähigkeit von Mann und Frau; in der „Landarbeit" **5**, S. 101–103; Verlag Studiengesellschaft für landwirtschaftliche Arbeitswirtschaft E. V., Bad Kreuznach 1954.

(247) MUNDE, H.: Etwas über die Kosten der Arbeit; im „Landwirtschaftlichen Wochenblatt für Westfalen und Lippe" Jahrgang 111a, Folge 23, S. 959–960; Münster 1954.

(248) MÜNZINGER, A.: Die Erzeugungskosten der württembergischen Landwirtschaft; Verlag Eugen Ulmer, Stuttgart, Ludwigsburg 1948.

(249) NEUWIRTH, H.: Festpreise in der Bauindustrie; in der „Wirtschaft" **9**, Nr. 44, S. 5; Verlag Die Wirtschaft, Berlin 1954.

(250) NIEHAUS, H.: Betrachtungen über die Zukunft der Landwirtschaft; in den „Beiträgen zur Agrarwissenschaft" I, S. 3–16; Hannover 1947.

(251) NOWACK, E. F.: Untersuchungen über die Arbeitsproduktivität in landwirtschaftlichen Betrieben Kurhessens; landw. Diss. der Justus-Liebig-Hochschule, Gießen 1952.

(252) NOWACK, H.: Der Arbeitsbegriff der Wirtschaftswissenschaft; in den „Jahrbüchern für Nationalökonomie und Statistik" **131**, III. Folge, **76**, S. 513–539; Verlag von G. Fischer, Jena 1929.

(253) ODERMATT, J.: Über den Rohertrag in Landwirtschaftsbetrieben; in der „Agrarpolitischen Revue" **9**, S. 233–235; Zürich 1953.

(254) OELSSNER, F.: Über die wirtschaftliche Rechnungsführung; Verlag Die Wirtschaft, Berlin 1952.

(255) OELSSNER, F.: Eine neue Etappe der marxistischen politischen Ökonomie; Dietz Verlag, Berlin 1953.

(256) OELSSNER, F.: Die Übergangsperiode vom Kapitalismus zum Sozialismus in der Deutschen Demokratischen Republik; S. 51, 60, 66, 70, 73, 87; Akademie-Verlag, Berlin 1955.

(257) OELSSNER, F.: Bemerkungen zur Reproduktionstherorie; in „Forschungen und Fortschritte" **27**, S. 169–179; Akademie-Verlag, Berlin 1953.

(258) OSTROWITJANOW, K. W.: Eine Wendung in der Volkswirtschaft der UdSSR; in der „Täglichen Rundschau" **6**, Nr. 202 (2532) vom 2. IX., S. 4; Berlin 1953.

(259) OSTROWITJANOW, K. W.: Produktion und Konsumtion im Sozialismus; übersetzt aus Heft 12, S. 10–25 der „Fragen der Wirtschaft", Moskau 1953, in der „Sowjetwissenschaft" Ges. Abt. S. 145–162; Verlag Kultur und Fortschritt, Berlin 1954.

(260) OSTROWITJANOW, K. W.: Was lehrt die Politische Ökonomie?; in der „Neuen Welt" **9**, S. 2640–2650; Verlag Tägliche Rundschau, Berlin 1954.

(261) OSTROWITJANOW, K. W.: Die Statistik ist eine Gesellschaftswissenschaft; in der „Statistischen Praxis" **9**, S. 162; DZV, Berlin 1954.

(262) OSTROWITJANOW, K. W.: im VERFASSERKOLLEKTIV, Politische Ökonomie, Lehrbuch, Kap. XXXIV, XXXIII, XXXI, XXX, XXXII; Dietz Verlag, Berlin 1955.

(263) PADBERG, K.: Geld-, Naturalumsatz und Rentabilität der landwirtschaftlichen Betriebe im Vereinigten Wirtschaftsgebiet, S. 18; Landbuch Verlag GmbH, Hannover 1949.

(264) PAENTZ, H.: Lehrlinge und Produktivitätsberechnung; in der „Wirtschaft" **6**, Nr. 29, S. 7; Verlag Die Wirtschaft, Berlin 1950.

(265) PALMER, S.: Was ist Landflucht — heute?; in der „Zeitschrift für das gesamte Siedlungswesen" **2**, S. 111—113; Deutscher Heimat-Verlag, Bielefeld 1953.

(266) PECENIN, N.: Selbstkosten und Rentabilität; in der „Sovchoznaja gazeta" Nr. 130 vom 28. Oktober, Moskau 1952.

(267) PEREMYKIN, W.: Verwendung der Arbeitskräfte in den Feldbaubrigaden der Kolchose; in der „Sozialistischen Landwirtschaft" **24**, Heft 4—5; S. 22—31, Moskau 1953.

(268) PETERSEN, A.: Die landwirtschaftlichen Produktionszonen als Grundlage der Agrarplanung; in „Rechenschaftsbericht und Vorträge anläßlich des zweijährigen Bestehens der Akademie" S. 148—170; Deutsche Akademie der Landwirtschaftswissenschaften zu Berlin, 1953.

(269) PETRICEVIC, J.: Die Arbeitsproduktivität in einigen schweizerischen Bauernbetrieben; in den „Schweizerischen landwirtschaftlichen Monatsheften" **19**, Heft 10, S. 3—11; Verlag Benteli A. G., Bern-Bümpliz 1951.

(270) PETRICEVIC, J.: Zur Produktivitätssteigerung in der schweizerischen Landwirtschaft; in der „Agrarpolitischen Revue" **7**, S. 1—8; Zürich 1951.

(271) PETRICEVIC, J.: Umstellung der Produktion und Entwicklung der Produktionskosten in einem Schweizer Bauernbetrieb; Separatabdruck aus Heft 1, September 1948, der „Agrarpolitischen Revue", Basel 1948.

(272) PETTER, H.: Nochmals: „Messung der Arbeitsproduktivität in der Landwirtschaft" (Diskussionsbeitrag); in der „Deutschen Landwirtschaft" **4**, S. 175—179; DBV, Berlin 1953.

(273) PIELERT, W. und REDAKTION der „Statistischen Praxis": Produktivitätsberechnung auf Meßwertbasis?; in der „Statistischen Praxis" **6**, S. 133; DZV, Berlin 1951.

(274) POZDENA, L.: Die Energieerzeugung in der Landwirtschaft; im „Pflug" **4**, S. 149—152; Österreichischer Fachzeitschriftenverlag, Wien I, 1951.

(275) PREUSCHEN, G.: Leitfaden für die Wirtschaftsberatung in der Landwirtschaft; Verlag Aug. Lutzeyer, Minden 1949.

(276) PREUSCHEN, G., und LAMPE, G. F.: Der Arbeitsvoranschlag im landwirtschaftlichen Betrieb; Landbuch Verlag GmbH, Hannover 1946.

(277) PRIEBE, H.: Landarbeit heute und morgen; Verlag Paul Parey, Hamburg und Berlin 1953.

(278) PRIEBE, H.: Die Arbeitsproduktivität in der Landwirtschaft; in den „Berichten über Landwirtschaft" **30**, 2, S. 131—282; Verlag Paul Parey, Berlin und Hamburg 1952.

(279) PRIEBE, H.: Der Einfluß der Mechanisierung auf die Arbeitswirtschaft und den Ertrag der Kleinbetriebe; in den „Berichten über Landtechnik" Nr. 41, S. 67 bis 92; Verlag Hellmut Neureuter, München-Wolfratshausen 1954.

(280) PRIEBE, H.: Die Arbeitskosten der Landwirtschaft; in der „Agrarwirtschaft" **1**, S. 49—51; Alfred Strothe Verlag, Hannover 1952.

(281) PRIEBE, H., und LÜSCHOW, H.: Arbeitskräftebesatz und Wirtschaftserfolg; in der „Agrarwirtschaft" **3**, S. 78—83; Alfred Strothe Verlag, Hannover 1954.

(282) RABINOWITSCH, M., und MASSALKIN, M.: Die Entwicklung der gesellschaftlichen Viehwirtschaft und die Arbeitsproduktivität in den Kollektivwirtschaften; aus der „Sozialistischen Landwirtschaft" **23**, Heft 11, Moskau 1952, übersetzt in der „Presse der Sowjetunion" Nr. 12, S. 155—157, Berlin 1953.

(283) RAKOW, H.: Sind die Begriffe „Normalleistung" und „Leistungsgrad" in der volkseigenen Wirtschaft noch verwendbar?; in der „Arbeit" **4**, S. 9—11; Verlag Tribüne, Berlin 1950.

(284) RAUCH, H.: Zur Erfassung der industriellen Bruttoproduktion; in der „Statistischen Praxis" **8**, S. 173—175; DZV, Berlin 1953.

(285) REISSIG, L.: Die Flächen- und Arbeitsproduktivität in der Landwirtschaft, dargestellt an einigen Buchführungsbetrieben in Württemberg; landw. Diss., Hohenheim 1951.

(286) RHEINWALD, H.: Leistungsmaßstab und Betriebsvergleich in der Landwirtschaft; Sonderdruck eines Vortrages; Verband für landwirtschaftliche Buchführung und Betreuung e. V., Hamburg 1947.

(287) RICHTER, G.: Grundfragen der Messung der Arbeitsproduktivität; Heft 4 der „Diskussionsbeiträge zu Wirtschaftsfragen"; Verlag Die Wirtschaft GmbH, Berlin 1953.

(288) RICHTER, G.: Probleme der Arbeitsproduktivitätsmessung; in der „Statistischen Praxis" **7**, S. 153—157; DZV, Berlin 1952.

(289) RICHTER, G.: Zur Statistik der Arbeitsproduktivität; in der „Wirtschaftswissenschaft" **2**, S. 694—702; Verlag Die Wirtschaft, Berlin 1954.

(290) RICHTER, K.: Der Fünfjahrplan; in der „Statistischen Praxis" **5**, S. 137—141; DZV, Berlin 1950.

(291) RICHTER, K.: Der Wert der gesellschaftlichen Produktion; in der „Statistischen Praxis" **4**, S. 177—180; DZV, Berlin 1949.

(292) RIEBE, K.: Die Arbeit in der kleinbäuerlichen Familienwirtschaft mit Kuhanspannung und Schleppereinsatz; im „Kühn-Archiv" **65**, S. 145—273; Max Niemeyer Verlag, Halle/S. 1952.

(293) RIES, L. W.: Die Arbeit in der Landwirtschaft, 2. Auflage; Verlag Eugen Ulmer, Stuttgart 1950.

(294) RIES, L. W.: Arbeitstechnik und Arbeitswirtschaft; im „Handbuch der Landwirtschaft", 2. Auflage, Band V, S. 266; Verlag Paul Parey, Berlin und Hamburg 1954.

(295) RIES, L. W.: Mehr Leistung und weniger Mühe in der Landarbeit; S. 180; Verlag Eugen Ulmer, Stuttgart, Ludwigsburg 1952.

(296) RING, W.: Der Arbeitsaufwand landwirtschaftlicher Arbeiten unter Berücksichtigung verschiedener arbeitswirtschaftlicher Stufen; landw. Diss. der Justus-Liebig-Hochschule, Gießen 1953.

(297) RINTELEN, P.: Mittel und Wege zum Betriebserfolg; durch Verbesserung der Betriebsorganisation zu privat- und volkswirtschaftlicher Ertragssteigerung, Vorträge, gehalten 1951 und 1953; im „Landwirtschaftlichen Wochenblatt für Kurhessen und Waldeck" Nr. 4/1951, in den „Nachrichten für Beratung und Ausbildung in der Landwirtschaft" **4**, Nr. 8; Verlag Eugen Ulmer, Stuttgart 1951 und in den „Betriebswirtschaftlichen Nachrichten" des Hauptverbandes für landwirtschaftliche Buchführung und Beratung e. V., A I, Blatt 177, Rückseite; Bonn 1953.

(298) ROEPKE, A.: Der Arbeitswert, eine natürliche Dimension menschlicher Leistung; im „Zentralblatt für Arbeitswissenschaft" **8**, S. 1—10; Metta Kinau Verlag, Lüneburg 1954.

(299) RÖHNER, J., und WANDER, J.-F.: Die Hälfte der Arbeitszeit unproduktiv; in der „Landtechnik" **6**, S. 564—567; Verlag von Hellm. Neureuter, Wolfratshausen 1951.

(300) ROLFES, M.: Die Bewertung der Gebäude im landwirtschaftlichen Betrieb; in den „ALB-Mitteilungen" **4**, S. 71—73; 1953.

(301) ROMANCENKO, G.: Über das Lehrfach Ökonomik der sozialistischen Landwirtschaft; in den „Voprosy ekonomiki", Heft 4, S. 72—77; Moskau 1953.

(302) ROSENKRANZ, O.: Deutsche Agrarwissenschaftler berichten aus der Sowjetunion (VII); in der „Deutschen Landwirtschaft" **4**, S. 566—569; DBV, Berlin 1953.

(303) ROSENKRANZ, O.: Zu Fragen der Organisation landwirtschaftlicher Betriebe in der Sowjetunion; in „Sowjetische Agrarwissenschaft", Berichte von einer Studienreise; S. 191—215; DBV, Berlin 1954.

(304) ROSENKRANZ, O.: Ein Maßstab für die Arbeitsproduktivität in der Landwirtschaft; in der „Deutschen Landwirtschaft" **3**, S. 75—77; DBV, Berlin 1952.

(305) ROSENKRANZ, O.: Der Einfluß der praktischen Ausbildung auf die Leistungen in der Landwirtschaft; Vortrag im „Methodischen Kabinett" des Ministeriums für Arbeit und Berufsausbildung, Berlin; Halle 1955.

(306) ROSENKRANZ, O.: Die Organisation der Feldwirtschaft und der Feldbaubrigaden in den Landwirtschaftlichen Produktionsgenossenschaften; Heft 29 der „Schriftenreihe für die Landwirtschaftlichen Produktionsgenossenschaften" der Deutschen Akademie der Landwirtschaftswissenschaften zu Berlin; DBV, Berlin 1954.

(307) ROSENKRANZ, O., und Mitarbeiter: Technisch-wirtschaftliche Kennziffern zur Planung der Feldwirtschaft in den Volkseigenen Gütern der Deutschen Demokratischen Republik; herausgegeben vom Ministerium für Land- und Forstwirtschaft der DDR, Berlin 1953.

(308) ROSTAS, L.: Entwurf einer Terminologie der Produktivität; OEEC, Arbeitsgemeinschaft Nr. 3, 2. Fassung, Paris 1950; und im „Zentralblatt für Arbeitswissenschaft" **6**, S. 8—9; Metta Kinau Verlag, Lüneburg 1952.

(309) ROTH, H. A.: Buchführung in der Landwirtschaft, 2. neubearbeitete Auflage; Verlag Paul Parey, Berlin 1944.

(310) ROTSTEIN, A. J.: Die Arbeitsproduktivität; in der „Sowjetwissenschaft" **2**, S. 17 bis 50; Verlag Kultur und Fortschritt, Berlin 1950.

(311) RÜHMANN, H.: Kuhanspannungsbetriebe vollmotorisiert?; in der „Landtechnik" **9**, S. 308—312; Verlag Hellm. Neureuter, München 1954.

(312) RUNTSCH, A.: Nur jedes zweite Belegschaftsmitglied produktiv?; in der „Rationalisierung" **3**, S. 206—208; Verlag Carl Hanser, München 1952.

(313) RYSHOW, J.: Die Statistik der neuen Technik; aus „Westnik statistiki", Moskau 1953, übersetzt in der „Statistischen Praxis" **8**, S. 86; DZV, Berlin 1953.

(314) SACHSE, R.: Zum Problem der Arbeitsproduktivitätsmessung in der Landwirtschaft; in der „Deutschen Landwirtschaft" **4**, S. 173—175; DBV, Berlin 1953.

(315) SANDEL: Versorgung in Fleisch und Fett für 1953 erhöht; in „Land und Forst" **4**, Nr. 51, S. 4; DBV, Berlin 1952.

(316) SASHNIKOW, G. J.: Die Einführung des Trawopolnaja-Systems der Landwirtschaft und die Schaffung einer Futtergrundlage; in der „Presse der Sowjetunion" Nr. 240, S. 2000—2001; Berlin 1952.

(317) SAWINSKI, D. W.: Die Statistik der Arbeitsproduktivität; in der „Sowjetwissenschaft" 4/1951, Ges. Abt., S. 610—629; Verlag Kultur und Fortschritt, Berlin 1951.

(318) SCHAEFER-KEHNERT, W.: Kostenberechnung von Landmaschinen; in der „Agrarwirtschaft" **4**, S. 72—80; Alfred Strothe Verlag, Hannover 1955.

(319) SCHINDLER: Durst in Meßwerten; in der „Wirtschaft" **9**, Nr. 46, S. 9; Verlag Die Wirtschaft, Berlin 1954.

(320) SCHLICHTING, M.: Messung der Schlepperausnutzung und der Zugarbeit beim Pflügen; Band 8 der „Wissenschaftlichen Abhandlungen" der Deutschen Akademie der Landwirtschaftswissenschaften zu Berlin, Berlin 1954.

(321) SCHMALENBACH, E.: Grundlagen der Selbstkostensenkung und Preispolitik, 5. Auflage; Verlag G. A. Gloeckner, Leipzig 1930.

(322) SCHMEDTJE, J.: Sozialprodukt und Volkseinkommen; in „Wirtschaft und Statistik“ N. F., **4**, S. 479—481; W. Kohlhammer Verlag, Stuttgart 1952.

(323) SCHMIDT, G.: Zur Frage der bewußten Anwendung des Wertgesetzes in der DDR; in der „Wissenschaftlichen Zeitschrift der Martin-Luther-Universität Halle-Wittenberg“ **2**, Gesellschafts- und sprachwissenschaftliche Reihe, S. 365 bis 368, Halle 1953.

(324) SCHMIDT, J.: Die Bedeutung der Normen für die Verausgabung vergangener Arbeit (Materialverbrauchsnormen) und der Kapazitätsausnutzungsnormen für die Steigerung der Arbeitsproduktivität; in Heft 8 der „Diskussionsbeiträge zu Wirtschaftsfragen“, S. 95—164; Verlag Die Wirtschaft, Berlin 1953.

(325) SCHMIDT, M.: Die industrielle Bruttoproduktion und die politische Ökonomie; in der „Statistischen Praxis“ **6**, S. 181—183; DZV, Berlin 1951.

(326) SCHMIDT, M.: Probleme bei der Ermittlung der industriellen Bruttoproduktion; Heft 12 der „Diskussionsbeiträge zu Wirtschaftsfragen“; Verlag Die Wirtschaft, Berlin 1953.

(327) SCHMITZ, F.: Produktivität; in der „Rationalisierung“ **2**, S. 207—209; Verlag Carl Hanser, München 1951.

(328) SCHNETTLER, A.: Der Betriebsvergleich, 2. Auflage; C. E. Poeschel Verlag, Stuttgart 1951.

(329) SCHNUTENHAUS, O.: Zur Auswirkung der fixen Kosten in der betriebswirtschaftlichen Praxis; in der „Betriebswirtschaftlichen Forschung und Praxis“ **2**, S. 1—14, 1953.

(330) SCHOLL, G.: Zur Ermittlung der Produktionskapazität; in der „Wirtschaft“ **8**, Nr. 27, S. 5; Verlag Die Wirtschaft, Berlin 1953.

(331) SCHOLOMOWITSCH, J. A.: Betriebsanalyse eines Industriebetriebes, 2. Aufl.; Staatl. Finanzverlag, Moskau 1950.

(332) SCHOLZ, M.: Die Aufgaben der Statistik im Jahr der großen Initiative; in der „Statistischen Praxis“ **9**, S. 1—6; DZV, Berlin 1954.

(333) SCHRÖDER, M.: Über das Problem der Arbeitsproduktivität in der Landwirtschaft; in den „Neuen Mitteilungen für die Landwirtschaft“ **6**, S. 87—88 und 107; Landbuch Verlag GmbH, Hannover 1951.

(334) SCHRÖDER, M.: Vom Betriebsvergleich; in den „Mitteilungen der DLG“ **67**, S. 273 und 281—282; Verlag der DLG, Frankfurt/Main 1952.

(335) SCHRÖDER, M.: Der Einfluß der Mechanisierung auf die Arbeitsproduktivität in der Landwirtschaft; in der „Deutschen Bauerntechnik“ **4**, Heft 7/8, S. 2—5; DBV, Berlin 1950.

(336) SCHULZ-PILLGRAM: Geld oder Kalorie?; in den „Neuen Mitteilungen der DLG“ **1**, S. 207; Landbuch Verlag GmbH, Hannover 1946.

(337) SCHWAKE, E.: Der Begriff der Produktivität; Diss., Erlangen 1951.

(338) SCHWEIZERISCHES BAUERNSEKRETARIAT: Rentabilität in der schweizerischen Landwirtschaft im Erntejahr 1947/48; Statistische Schrift des Schweizerischen Bauernsekretariats, Brugg 1949.

(339) SEISCHAB, H.: Produktivität und Wirtschaftlichkeit der Betriebe; in der „Zeitschrift für Betriebswirtschaft“ **23**, S. 501—514; Verlag Dr. Th. Gabler, Wiesbaden 1953.

(340) SEKTION AGRARÖKONOMIK der Deutschen Akademie der Landwirtschaftswissenschaften zu Berlin: Die Verteilung des genossenschaftlich geernteten Futters an die Genossenschaftsbauern mit individueller Viehhaltung; in der „Deutschen Landwirtschaft“ **4**, S. 5—6; DBV, Berlin 1953.

(341) SERVANT, J.: Der Kreuzzug für die kapitalistische Produktivität; in der „Wirtschaftswissenschaft" **1**, S. 81—94; Verlag Die Wirtschaft, Berlin 1954.

(342) SIEBER, H.: Die technischen Arbeitsnormen als Grundlage der Produktivitätsmessung; in der „Statistischen Praxis" **6**, S. 157—162; DZV, Berlin 1951.

(343) SOMBART, W.: Produktivität; im „Weltwirtschaftlichen Archiv" **28**, S. 1—32; Verlag von G. Fischer, Jena 1928.

(344) SONIN, M.: Die Arbeitskräftebilanz; Gosplanisdat, Moskau 1949; übersetzt im Verlag Die Wirtschaft, Berlin 1953.

(345) SPECKS, F. J.: Die Arbeits- und Lohnverhältnisse in der Landwirtschaft des Kreises Bergheim unter besonderer Berücksichtigung der Arbeitsproduktivität in Zuckerrübenwirtschaften; landw. Diss., Bonn 1953.

(346) SPEISER, H.: Technik um das Tier; in der „Schriftenreihe der Landwirtschaftlichen Fakultät der Universität Kiel", Heft 8, S. 43—55, Kiel 1952.

(347) STAATLICHE ZENTRALVERWALTUNG FÜR STATISTIK bei der Staatlichen Plankommission: Erläuterungen zur Arbeitskräfteplanabrechnung (AQ/L) und Arbeitskräftemeldung (AM/L) in der VE-Land- und Forstwirtschaft für das Jahr 1954; Heft 6/13, Tribüne Druckerei, Berlin 1953.

(348) v. STACKELBERG, H.: Grundlagen der theoretischen Volkswirtschaftslehre, S. 348; Verlage A. Francke AG, Bern, und J. C. B. Mohr (Paul Siebeck), Tübingen 1951.

(349) STADNITSCHENKO, A.: Branchenökonomie und Betriebsökonomie als Lehrfach; in den „Fragen der Ökonomik", Heft 7, Moskau 1953.

(350) STALIN, J.: Ökonomische Probleme des Sozialismus in der UdSSR; in der „Presse der Sowjetunion" 194/1952, S. 1443—1466; DZV, Berlin 1952.

(351) STAROWSKI, W.: Der XIX. Parteitag der KPdSU und die Aufgaben der sowjetischen Statistik; in den „Westnik statisiki", 5/1952; übersetzt in der „Statistischen Praxis" **8**, S. 21—24; DZV, Berlin 1953.

(352) STATISTISCHES ZENTRALAMT bei der Regierung der DDR: Allgemeines Warenverzeichnis, zugleich Verzeichnis der Meßwerte zur Aufstellung und Abrechnung der Bruttoproduktionspläne, 3. Auflage, Teilabschnitt I; DZV, Berlin 1952.

(353) STEDEN, A.: Produktivität und Rentabilität in der Landwirtschaft; Sonderdruck aus dem Jahresbericht 1952 der Raiffeisen-Zentralkasse Steiermark; 13 S., Graz 1953.

(354) STRASSENBERGER, P.: Methoden der Wirtschaftsplanung; in der „Wirtschaft" **6**, Heft 37; Verlag Die Wirtschaft, Berlin 1951.

(355) STUDER, W.: Probleme der bäuerlichen Arbeitswirtschaft und Landtechnik; in den „Schweizerischen Landwirtschaftlichen Monatsheften" **19**, S. 390—406; Verlag Benteli AG, Bern-Bümpliz 1951.

(356) SUDAU, H.: Untersuchungen über die Arbeitswirtschaft bäuerlicher Betriebe; Heft 87 der RKTL-Schriften; Verlag von Paul Parey, Berlin 1938.

(357) SVOBODA, K.: Die Warenproduktion und das Wertgesetz in der Landwirtschaft der Tschechoslowakei; in Serie B — Ökonomie der Zeitschrift der tschechoslowakischen Akademie der Landwirtschaftswissenschaften „Für die sozialistische Landwirtschaftswissenschaft", Heft 2/3, S. 165—175, Prag 1954.

(358) U. T.: Wechselnutzung bringt höhere Erträge; in der „Täglichen Rundschau" **9**, Nr. 14 (2344), S. 5; Verlag der Täglichen Rundschau, Berlin 1953.

(359) THALMANN, H.: Die Bedeutung technisch begründeter Arbeitsnormen für die Steigerung der Arbeitsproduktivität; in Heft 8 der „Diskussionsbeiträge zu Wirtschaftsfragen", S. 27—84; Verlag Die Wirtschaft, Berlin 1953.

(360) THAMM, J.: Erläuterungen zum Betriebsplan 1951; in der „Wirtschaft" **6**/17, S. 9; Verlag Die Wirtschaft, Berlin 1951.

(361) THAMM, J., LANGE, H., KNAUTHE, E.: Der Betriebsplan des volkseigenen Industriebetriebes; Verlag Die Wirtschaft, Berlin 1952.

(362) TOPEL, R.: Wie kann die Steigerung der Arbeitsproduktivität in der Forstwirtschaft gemessen werden?; im „Wald" Nr. 3, S. 78—79, Berlin 1953.

(363) TREITZ, W.: Nach welchen Grundsätzen sind die Preise der industriellen und der landwirtschaftlichen Erzeugnisse bei der Ermittlung der Wertschöpfung anzusetzen?; landw. Diss., Gießen 1952.

(364) TRIFONOW, D.: Form und Inhalt einiger ökonomischer Kategorien im Sozialismus; in „Woprossy Ekonomiki", Heft 10, Moskau 1953, übersetzt in der „Neuen Welt" **8**, S. 3010—3026; Verlag „Tägliche Rundschau", Berlin 1953.

(365) TSCHERNOMORDIK, D.: Der Nutzeffekt der Kapitalinvestitionen und die Theorie der Reproduktion; in der „Sowjetwissenschaft" 3/1949, S. 15—37; Verlag Kultur und Fortschritt, Berlin 1949.

(366) ULBRICHT, W.: Einige wichtige Aufgaben in der Deutschen Demokratischen Republik; in der „Täglichen Rundschau" **9**, 88 (2418), S. 1, Berlin 1953.

(367) ULBRICHT, W.: Die neuen Aufgaben im nationalen Aufbau — zur Wissenschaft von der Ökonomik der einzelnen Industriezweige; in der „Täglichen Rundschau" **11**, Nr. 81 (3015) vom 6. IV., S. 4; Verlag der Täglichen Rundschau, Berlin 1955.

(368) ULBRICHT, W.: Die Aufgaben der Wissenschaft und Forschung; in der „Wirtschaft" **9**, Nr. 25, S. 4; Verlag Die Wirtschaft, Berlin 1954.

(369) ULBRIEG, F.: Grundsätze und Methoden unserer Finanzpolitik; in der „Wirtschaft" **6**, Nr. 27, S. 14; Verlag Die Wirtschaft, Berlin 1952.

(370) IV. UNTERAUSSCHUSS: Verhandlungen und Berichte des Unterausschusses für Arbeitsleistung, Band 8, Die Arbeitsleistung in landwirtschaftlichen Betrieben und ihre Abhängigkeit von Arbeitszeit, Arbeitslohn und anderen Faktoren, dargestellt auf Grund der dem Arbeitsleistungsausschuß vorliegenden Materialien und Verhandlungsergebnisse; Verlag E. S. Mittler & Sohn, Berlin 1930.

(371) VERSHOFEN, W.: Die Grenzen der Rationalisierung; Nürnberg 1927.

(372) VOGEL, G.: Über Arbeitsproduktivität; in der „Agrarwirtschaft" **3**, S. 173—178; Alfred Strothe Verlag, Hannover 1954.

(373) VOGEL, G.: Über unproduktive Arbeiten in der Landwirtschaft; in den „Mitteilungen der deutschen Landwirtschaftsgesellschaft" **69**, S. 1248—1250; DLG-Verlags-GmbH, Frankfurt/Main 1954.

(374) VOIGT, B.: Welches ist die wissenschaftlich richtige Methode der Arbeitsproduktivitätsmessung?; in der „Statistischen Praxis" **8**, S. 137—140; DZV, Berlin 1953.

(375) VOIGT, B.: Die gegenwärtige Methode der Arbeitsproduktivitätsmessung, ihre Mängel und die gangbaren Wege zu ihrer Verbesserung; in der „Statistischen Praxis" **8**, S. 155—159; DZV, Berlin 1953.

(376) VOIGT, B.: Wie steht es mit der Einführung einheitlicher Arbeitsunterlagen für die Arbeitskräftestatistik?; in der „Statistischen Praxis" **9**, S. 89—90; DZV, Berlin 1954.

(377) VOIGT, B.: Zur Methodik der Betriebsstatistik; in der „Statistischen Praxis" **5**, S. 75; DZV, Berlin 1950.

(378) WAFFENSCHMIDT, W.: Anschauliche Einführung in die allgemeine und theoretische Nationalökonomie; Westkulturverlag Anton Hain, Meisenheim 1950.

(379) WAGGERSHAUSER, O.: Landwirtschaftliche Richtzahlen und Hinweise, 2. Auflage; Verlag Eugen Ulmer, Stuttgart, Ludwigsburg 1949.

(380) WANDEL, L.: Arbeitsbewertung und Arbeitsstudie als Hilfsmittel zu einer gerechteren Entlohnung; im „Zentralblatt für Arbeitswissenschaft" **4**, S. 1—2; Carl Hanser Verlag, München 1950.

(381) WALTER, E.: Bemerkungen zur Abrechnungsmethode des Arbeitskräfteplanes; in der „Statistischen Praxis“ **9**, S. 169—170; DZV, Berlin 1954.

(382) WATERSTRADT, F.: Die Wirtschaftslehre des Landbaues; Verlag Eugen Ulmer, Stuttgart 1912.

(383) WEBER, E.: Studien zum Maßbegriff; phil. Diss., Göttingen 1946.

(384) WEBER, R.: Arbeitsbedarf und Arbeitsverteilung bei verschiedenem Anbauverhältnis der Früchte; Verlag Paul Parey, Berlin 1930.

(385) WEINMANN, R.: La productivité, Ce qu'elle n'est pas — Ce qu'elle est; in den „Chefs“ Nr. 8, S. 2—9, Genf 1952.

(386) WENK, E.: Produktivität und Volkseinkommen; in der „Schweizerischen Zeitschrift für Volkswirtschaft und Statistik“, Heft 5, S. 433—437, Zürich 1953.

(387) WERNER, Dr.: Der Lohn, Anteil am gesellschaftlichen Gesamtprodukt; in der „Wirtschaft“ **10**, Nr. 11, S. 7; Verlag Die Wirtschaft, Berlin 1955.

(388) WERNER, K.: Die Zuschlagskostenrechnung im landwirtschaftlichen Betrieb; im „Kühn-Archiv“ **69**, Heft 4; VEB Max-Niemeyer-Verlag, Halle 1955.

(389) WIBBE, J.: Entwicklung, Verfahren und Probleme der Arbeitsbewertung; Carl Hanser Verlag, München 1953.

(390) WICHERT: Zur qualitativen Arbeitsbewertung durch Lohngruppenkataloge; in der „Arbeit“ **4**, S. 533; Verlag Tribüne, Berlin 1950.

(391) WILMANNS, W.: Zur Frage der Leistungsmaßstäbe in der Landwirtschaft; im „Forschungsdienst“ **5**, S. 444—452; Verlag von J. Neumann, Neudamm und Berlin 1938.

(392) WINTERNITZ, J.: Zur Frage der Messung der Arbeitsproduktivität; in der „Arbeit“ **3**, S. 345—347; Verlag Tribüne, Berlin 1949.

(393) WOERMANN, E.: Das Strukturbild der westeuropäischen Landwirtschaft und betriebswirtschaftliche Probleme einer Agrarunion; in „Gutachten zu Fragen einer europäischen Agrargemeinschaft“, Verlag Bonner Universitäts-Buchdruckerei Gebr. Schnur GmbH, Bonn 1953.

(394) WOERMANN, E.: Ernährungswirtschaftliche Leistungsmaßstäbe; in den „Mitteilungen für die Landwirtschaft“ **59**, S. 787—792; Reichsnährstandsverlag, Berlin 1944.

(395) WOERMANN, E.: Landwirtschaftliche Betriebssysteme, Vorbemerkungen; im Handbuch der Landwirtschaft, Band V, 2. Auflage, S. 345; Verlag Paul Parey, Berlin und Hamburg 1954.

(396) WOERMANN, E.: Maßstäbe der Produktivität und Rentabilität in der Landwirtschaft; in den „Betriebswirtschaftlichen Nachrichten“ des Hauptverbandes für landwirtschaftliche Buchführung und Beratung e. V., Lieferung April, A I, Blatt 207, Bonn 1954.

(397) WOERMANN, E.: Wandlungen in den Arbeitskosten der Landwirtschaft; in der „Agrarwirtschaft“ **2**, S. 274—281; Alfred Strothe Verlag, Hannover 1953.

(398) WOLF, H.: Zu den Grundlagen der marxistisch-leninistischen allgemeinen Theorie von der produktiven Arbeit; in der „Wissenschaftlichen Zeitschrift der Universität Leipzig“, Jahrgang 1952/53, Heft 4, S. 229—276; Leipzig 1953.

(399) WOLKOW, M.: Die Senkung der Produktionsselbstkosten im fünften Fünfjahrplan der UdSSR; in der „Arbeit“ **8**, S. 255—261; Tribüne-Verlag, Berlin 1954.

(400) WUNDERLICH, F.: Produktivität; Verlag von G. Fischer, Jena 1926.

(401) ZAGOROFF, S. D.: The Concept of Energy in Economics; im „Weltwirtschaftlichen Archiv“ **72**, Heft 1, S. 84—100; Verlag Hoffmann & Campe, Hamburg 1954.

(402) ZEIDLER, F.: Wirtschaftlichkeit und Produktivität — wie kann man sie messen?; in der „Betriebswirtschaft“, Beilage „Neue Betriebswirtschaft“, S. 105—106; 1952.

(403) ZOLL, W.: Gedanken zur Grenz-Plankostenrechnung; in der „Zeitschrift für Betriebswirtschaft“ **24**, S. 401—406; Verlag Dr. Th. Gabler, Wiesbaden 1954.

(404) ZOLL, W.: Austauschtabelle; im „Bauern-Echo", Nr. 288 vom 10. XII., S. 2; DBV, Berlin 1955.

(405) —: Die Agrarpolitik der Deutschen Demokratischen Republik; Herausgeber: Ministerium des Innern der DDR; Heft 20, Berlin 1950.

(406) —: Die Arbeitskräfteplanung; Heft 4 der Schriftenreihe „Der Fünfjahrplan", Verlag Die Wirtschaft, Berlin 1952.

(407) —: Anlagen zur Direktive des Ministeriums für Land- und Forstwirtschaft des Zentralvorstands der Gewerkschaft Land und Forst über den Abschluß der Betriebskollektivverträge 1954 für die Volkseigenen Güter und Volkseigenen Gartenbaubetriebe; Berlin 1954.

(408) —: Musterarbeitsnormen und Bewertung der Arbeit in Arbeitseinheiten in den Landwirtschaftlichen Produktionsgenossenschaften, herausgegeben vom Ministerium für Land- und Forstwirtschaft; VEB Vordruck-Leitverlag, Osterwieck 1954.

(409) —: Anlage zu den Veranlagungsrichtlinien 1952; herausgegeben vom Ministerium der Finanzen; VEB DZV, Berlin o. J.

(410) —: Der Bauer bestimmt den Betriebserfolg, Ergebnis eines Betriebsvergleichs; in der „Deutschen Landwirtschaftlichen Presse" **77**, S. 152—153; Verlag Paul Parey, Berlin und Hamburg 1954.

(411) —: Futterbuch der LPG, gedruckt 1953.

(412) —: Erläuterungen zum Betriebsplan der volkseigenen Güter für das Jahr 1952; herausgegeben vom Ministerium für Land- und Forstwirtschaft der DDR, Berlin 1951.

(413) —: Der Betriebsplan der volkseigenen Wirtschaft; in der „Wirtschaft" **6**, Nr. 26, S. 5; Nr. 27, S. 5; Verlag Die Wirtschaft, Berlin 1951.

(414) —: Methoden der Wirtschaftsplanung (34), die Planung der Arbeitskräfte; in der „Wirtschaft" **6**, Hefte 18 und 22, S. 3; Verlag Die Wirtschaft, Berlin 1952.

(415) —: Die statistische Berichterstattung zum Volkswirtschaftsplan 1950; in der „Statistischen Praxis" **5**, S. 49—52; DZV, Berlin 1950.

(416) —: Aus den Planungsrichtlinien Nr. 26/50 der HA Wirtschaftsplanung beim Ministerpräsidenten von Sachsen-Anhalt vom 29. Aug. 1950.

(417) —: Das neue Rechnungswesen im Unterricht; Reihe 16 der „Allgemeinen Schriften zur Berufsausbildung", Heft 13; herausgegeben vom Staatssekretariat für Berufsausbildung der Regierung der DDR; Volk und Wissen VE-Verlag, Berlin 1954.

(418) —: UdSSR ändert Landwirtschaftsplanung; in der „Wirtschaft" **10**, Nr. 11 vom 17. III., S. 1; Verlag Die Wirtschaft, Berlin 1955.

(419) —: Mittlere Neuwerte und durchschnittliche Nutzungsdauer landwirtschaftlicher Maschinen und Geräte; Verlag Pflug & Feder, Ratzeburg/Holstein, o. J.

(420) —: Die Produktionsfaktoren: I Die Arbeit (1); Betriebswirtschaftliches Repetitorium, Beilage zur „Zeitschrift für Betriebswirtschaft" **24**, Nr. 1; Betriebswirtschaftlicher Verlag Dr. Th. Gabler, Wiesbaden 1954.

(421) —: Die landwirtschaftliche Arbeitsproduktivität in Sowjetrußland, Deutschland und USA; „Wochenbericht" des Deutschen Instituts für Wirtschaftsforschung (IfK) **17**, Heft 11, S. 43—45; Verlag Duncker & Humblot, Berlin 1950.

(422) —: Zur Entwicklung der Arbeitsproduktivität in der westdeutschen Landwirtschaft; im „Agrardienst" **VI**, Heft 22, S. 2; Verlag Agrarwerbung, Hamburg 1952.

(423) —: Wirtschaftlichkeit und Rentabilität; im „Betriebswirtschaftlichen Repetitorium", Beilage Nr. 5 zur „Zeitschrift für Betriebswirtschaft" **23**, S. 25—32; Betriebswirtschaftlicher Verlag Dr. Th. Gabler, Wiesbaden 1953.

(424) —: Wirtschaftstheoretiker tagten; in der „Wirtschaft" **10**, Nr. 11, S. 7; Verlag Die Wirtschaft, Berlin 1955.

(425) ZOLL, W.: Die neue Lage und die Politik der Sozialistischen Einheitspartei Deutschlands; Beschluß des 25. Plenums des Zentralkomitees; in der „Wirtschaft" **10**, Nr. 44, S. 5—11; Verlag Die Wirtschaft, Berlin 1955.

(426) —: Jahresabschlußbericht der Landwirtschaftlichen Produktionsgenossenschaft ... für das Jahr 1955; herausgegeben vom Ministerium für Land- und Forstwirtschaft der DDR; Berlin 1955.

FSC
www.fsc.org
MIX
Papier | Fördert gute Waldnutzung
FSC® C083411

Kolibri 360 GmbH
Ferdinand-Jühlke-Straße 7
99095 Erfurt, Deutschland
produktsicherheit@kolibri360.de